预拌混凝土实用技术简明手册

主编　黄荣辉

参编　牟志财　王常洪　王　龙　孙文生

　　　曲　哲　王　鹏　于忠良　谢晓明

　　　张科婷

主审　张浩生

机械工业出版社

本书是编者心血之作，编者将 40 余年的科研成果、行业经验以及收集的行业资料结合起来，依据最新规范标准和行业发展，对预拌混凝土实用技术进行了详细的阐述。本书共 11 篇（分 68 章），包括建站须知，混凝土主要原材料，掺合料，混凝土外加剂，混凝土配合比设计，新型混凝土与特种混凝土，混凝土拌合物性能、质量通病及其防治，混凝土冬期生产与施工，预拌砂浆，质量管理体系，新技术、新工艺、新材料及其他。本书还设置了附录，包括：用户须知，预拌混凝土冬期生产与施工措施，预拌混凝土工程冬期生产及施工热工计算，大体积混凝土施工方案，混凝土耐久性试验简化表，试验与经验数据汇总，预拌混凝土碳化，主要岗位作业指导书，补偿收缩混凝土无缝施工方案实例，混凝土拌合物自密实性能试验方法，实验室常用标准、规范（现行）。

本书配套"混凝土应用计算实例"讲解视频，使用本书的读者可以登录 i. youku. com/BIMers 或扫描"混凝土应用计算实例"讲解视频二维码，免费观看下载。

本书以服务工程实践为宗旨，内容深度适中，可作为预拌混凝土生产企业员工的培训手册，也可作为初入预拌混凝土行业从业人员的自学手册，同时可作为广大一线施工管理和技术人员的参考资料。

图书在版编目（CIP）数据

预拌混凝土实用技术简明手册/黄荣辉主编 . —北京：机械工业出版社，2014.9
ISBN 978-7-111-48009-9

Ⅰ.①预… Ⅱ.①黄… Ⅲ.①预搅拌混凝土-技术手册
Ⅳ.①TU528.52-62

中国版本图书馆 CIP 数据核字（2014）第 215463 号

机械工业出版社（北京市百万庄大街 22 号 邮政编码 100037）
策划编辑：刘思海 责任编辑：刘思海 版式设计：霍永明
责任校对：丁丽丽 封面设计：张 静 责任印制：乔 宇
北京机工印刷厂印刷（三河市胜利装订厂装订）
2014 年 11 月第 1 版第 1 次印刷
184mm×260mm·36 印张·3 插页·835 千字
0 001—3 000 册
标准书号：ISBN 978-7-111-48009-9
定价：108.00 元

前　言

　　预拌混凝土是现代建筑工程结构最重要的材料之一，我国预拌混凝土从 20 世纪 80 年代至今，生产企业如雨后春笋般得到空前发展。据全国混凝土协会的不完全统计，2012 年末全国 27 个省市已有 6098 个生产企业，设计和实际年生产能力已达 34.69 亿 m^3 和 14.94 亿 m^3，企业已从大城市向中小城市扩展，预拌混凝土的生产和应用技术有了很大的发展和提高。因而，预拌混凝土的生产和施工质量越来越受到关注和重视。目前，预拌混凝土生产企业，特别是中小城市中的生产企业，缺乏专业人才，技术力量薄弱，渴望技术指导；施工企业对预拌混凝土的特性和使用要求知之甚少，需要技术培训；建筑市场需要预拌混凝土方面的实用技术知识作指导，以使预拌混凝土在广泛推广中得以健康发展。本书便在这样的背景下诞生了。

　　本书第一篇中，向准备建设混凝土搅拌站的投资人介绍了行业的特点、建站需要的投入（包括资金、环境、技术、设备、人力、能源等方面的资源），对企业的筹建有指导意义。

　　第二篇中，编者编制了"水泥厂生产须知"，从水泥矿物组分、水泥所用石膏种类、水泥细度、出厂温度、碱含量等方面对混凝土工作性能和物理力学性能、耐久性的影响以表格的形式表达出来，直观且便于预拌混凝土生产企业与水泥厂交流，使水泥生产企业了解他们的产品不仅要满足强度的要求，还要照顾到预拌混凝土这一特殊产品对水泥的技术要求以及供需双方的配合等，这会对混凝土质量的提高起巨大的推动作用。这是一个创新点。

　　对于骨料一般都重视石子的含泥量、泥块含量、筛分、针片状含量等指标，但对于其孔隙率对混凝土的工作性能和生产成本会有什么影响，没有引起重视。本篇还对石子的孔隙率对混凝土流动性和混凝土后期性能的影响进行了阐述，并计算出孔隙率的变化将会带来其水泥和搅拌用水量的相应变化，同时介绍了石子粒径适当减小对混凝土强度、耐久性的影响。这将会引起企业技术人员、采购部门，特别是企业领导对骨料采购质量的高度重视，对优质骨料的推广应用和混凝土质量的提高将会起到不可估量的效果。这是本书的又一个创新点。

　　此外本篇还介绍了在全国天然砂资源日益枯竭的情况下，机制砂的生产、标准和使用方面的知识，可指导广大技术人员正确使用机制砂。

　　第三篇中，重点介绍了石灰石粉这一新型混凝土掺合料。通过认真阅读大量的相关资料，对石灰石粉的作用机理，石灰石粉对混凝土拌合物工作性能、物理力学性能、耐久性的影响，石灰石粉的合理掺量等作了比较详细的介绍，这对在粉煤灰供应日趋紧张的现状下，为广大预拌混凝土生产企业开辟新的掺合料来源将是极其有价值的。

第四篇中，在全面介绍各种混凝土外加剂的性能、特点和使用方法的基础上，根据编者3年多使用实践和全国各地有关论文，重点介绍了聚羧酸高效减水剂使用注意事项，为的是使同行少走一些弯路。同时向大家推荐了一种节能、降耗的新产品混凝土强效剂（增效剂）——2013年通过住房和城乡建设部科技发展促进中心"科技成果评估鉴定"的新产品，这个功能性外加剂可以降低水泥用量$30 \sim 40 kg/m^3$，其效益十分可观。

这一篇中还介绍了混凝土碱骨料含量产生的条件、各种外加剂中的碱含量、混凝土碱含量计算方法，并附有计算书实例，可指导新入门的技术人员进行计算。

第五篇中，根据现行规范介绍了普通混凝土、高强混凝土、大体积混凝土、抗渗混凝土、补偿收缩混凝土、清水混凝土、自密实混凝土、抗冻混凝土对原材料的要求、配制参数以及配合比实例。其中重点介绍了普通混凝土配合比计算和大体积混凝土热工计算的全过程，并附有实例，便于预拌混凝土生产企业技术人员学习和培训。

第六篇中，介绍了纤维混凝土、轻骨料混凝土、泡沫混凝土、再生骨料混凝土、大孔混凝土、防射性混凝土、水下不分散混凝土、道路混凝土、抗硫酸盐混凝土、喷射混凝土。特别是再生骨料混凝土，是一种绿色、环保型的混凝土。编者在认真阅读各期《混凝土》杂志和查阅相关资料的基础上，比较详细地介绍了再生骨料的生产、性能指标、改性、材料选择、配合比设计和泵送施工等方面的内容，希望对这一环保绿色混凝土的使用能起到一点推动作用。

虽然预拌混凝土生产企业很少生产耐酸、耐热、耐碱、耐油、聚合物混凝土，但编者也经常接到一些预拌混凝土生产企业来电询问，希望在为化工、电力企业提供普通混凝土时，能为这些用户现场搅拌混凝土提供技术服务。因此，本书也对这些特种混凝土的原材料、配合比、施工等作了介绍，希望本书能成为预拌混凝土生产企业技术人员的简明手册。

第七篇中，除了对混凝土拌合物性能及其影响因素、检验方法进行介绍外，还将各种通病以表格方式介绍了其产生的原因和防治措施，十分直观、易懂。

第八篇中，重点介绍了混凝土早期受冻对混凝土物理力学性能和耐久性的影响，特别提醒施工人员注意混凝土早期养护，设计人员注意现行规范对抗渗混凝土、高强混凝土、抗冻混凝土的受冻临界强度有更高的要求。对高层建筑冬期施工，列出了比较详细的施工措施，为广大施工人员采用现代信息技术推算受冻临界强度提供了技术指导。

第九篇中，由于近几年预拌砂浆得到了大力推广，因此增设此篇，主要介绍了预拌砂浆有关行业标准，可供参考。

第十篇中，由于作者在预拌混凝土生产企业工作了近20年，深知质量管理体系对混凝土质量和生产成本的重要性，而好的质量是和生产全过程、全体员工的工作质量紧密相关，因此，本篇将每一个环节需要做的工作和相应的记录表格都列了出来，这是用许多沉痛的教训和代价换来的！

第十一篇中，编者收集了近年来的有关资料，介绍一些新材料、新技术、新工艺，如纳米新材料、再生纤维材料等，向读者推荐了水泥基结晶抗渗材料和丙乳液修补混凝土裂缝和缺陷的低成本、施工方便的新方法。我想大家可能会从中获得收益。

　　本书的附录给出了混凝土生产企业常遇到的大体积混凝土、超长结构施工、冬期生产与施工的方案和热工计算，使一些年轻的技术人员制作方案时，可以参考。此外，附录中泵车司机、混凝土运输司机、混凝土搅拌操作员、带班工程师以及调度等岗位作业指导书也是编者从实践中总结出来的，相信对预拌混凝土生产企业会有启发价值。

　　本书由黄荣辉担任主编。参加编写的还有牟志财、王常洪、王龙、孙文生、曲哲、王鹏、于忠良、谢晓明、张科婷。全书由黄荣辉统稿，张浩生主审。

　　由于编者水平有限，书中一定有许多不足之处，欢迎广大读者提出宝贵意见。期望本书的出版、发行，对广大读者有所裨益，对预拌混凝土生产、应用技术的提高和行业技术管理进步发挥一些推动作用。

编　者

目　录

第四篇　混凝土外加剂

第五篇　混凝土配合比设计

第六篇　新型混凝土与特种混凝土

第七篇　混凝土拌合物性能、质量通病及其防治

第八篇　混凝土冬期生产与施工

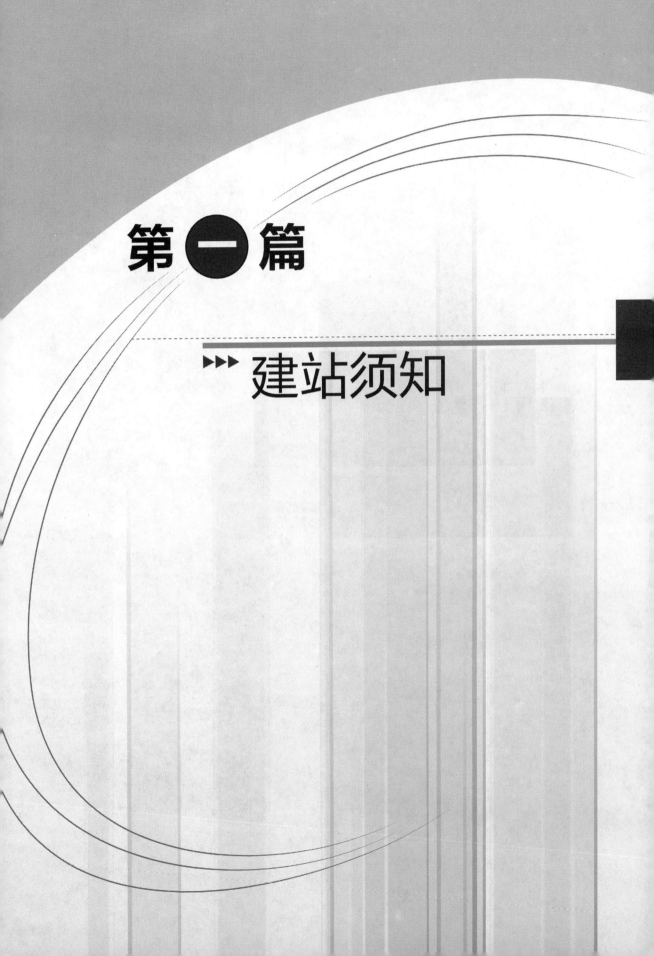

第一篇

▶▶▶ 建站须知

第1章　预拌混凝土概述与生产

1.1　预拌混凝土概述

1.1.1　预拌混凝土发展简介

随着我国经济建设的不断发展和国家对环境保护要求的日益提高，我国预拌混凝土实现了工厂化生产、集中搅拌，采用机械化运输和泵送立体化作业发展模式。预拌混凝土已成为工程建设商品化和工业化的主要建筑材料。继 20 世纪北京开始采用预拌混凝土至今 40 多年，我国从东南沿海大城市到中部、西部地区中等城市，预拌混凝土生产企业和设备生产厂如雨后春笋般迅猛发展。预拌混凝土以其稳定的原材料供应、计算机的精确配料控制和强制拌和，以及快速的运输和浇筑方式，在加快工程进度和提高工程质量上起到了保证性作用。同时，集中搅拌改善了施工环境，减少了粉尘、污水和噪声对城市环境的影响。预拌混凝土发展大势所趋，不可阻挡。

1.1.2　预拌混凝土的生产特点

预拌混凝土的生产特点是：

1）原材料来源渠道多，水泥检验周期长，质量控制风险大。

2）产品出厂除流动性指标外，其他性能仅能以宏观肉眼检查，产品的物理力学和其他特殊要求的耐久性指标要滞后 28d 甚至更长时间才能得出，质量控制难度大，风险大。因此混凝土配合比必须留有一定的安全系数，而且应严格执行从原材料进厂到产品泵送全过程的质量控制。

3）预拌混凝土仅仅是一种半成品，混凝土主体的质量还要受到环境（气温、风力、湿度）、运输（运输的时间、司机对混凝土运输过程中的质量维护）和施工（浇筑、振捣、养护等）等的影响，要做好针对用户的技术交底。

4）预拌混凝土企业运输、泵送操作人员占企业总人数的 80% 以上，人员流动性大，人员素质参差不齐，管理难度大。因此要做好新员工上岗前的培训、员工的定期培训以及每日的班前培训。

5）流动资金量大，混凝土原材料和设备、能源消耗占成本的比例大，目前市场供大于求，许多时候是先供货，28d 甚至更长时间回款，因此企业资金运转困难。有时不得不使用赊账材料，此时要严格把好质量关，防止不合格材料用于生产中。

基于上述特点，预拌混凝土生产企业的领导层要充分认识并高度重视企业管理，特别是质量管理，一定要建立完善的质量管理体系和经营管理体系。同时，还要搞好员工的全员培训，不断提高全员素质，严格实行岗位责任制，奖优罚劣，尤其要注意提高技术队伍的素质，及时了解行业科技新动向，采用新技术、新材料，不断提高产品质量，降低生产成本。

1.2　预拌混凝土生产工艺和主要生产设备

1.2.1　预拌混凝土生产工艺流程

预拌混凝土生产工艺流程如图 1-1 所示。

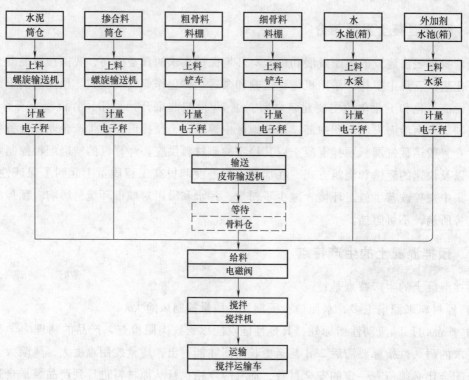

图 1-1　预拌混凝土生产工艺流程

1.2.2　预拌混凝土搅拌站主要生产设备

年产 50 万 m^3 搅拌站设备及投资参考见表 1-1。

表 1-1　年产 50 万 m^3 搅拌站设备及投资参考

序号	设备名称	规格	单价	单位	数量	金额/万元
1	搅拌站	$3m^3$	225	套	2	450
2	混凝土搅拌运输车	$9m^3$	35	台	自定	约1200
		$12\ m^3$	40	台		
		$15m^3$	50	台		
		$18m^3$	56	台		
3	泵车	$42m$	255	台	2	510

（续）

序号	设备名称	规　格	单价	单位	数量	金额/万元
4	泵车	46m	300	台	1	300
5	泵车	52m	370	台	1	370
6	车载泵	90m³/h	85	台	2	170
7	装载机（或铲车）	ZL50	30	台	2	60
8	电子汽车衡	150t	15	套	1	15
9	小型货车	130	6.0	台	1	6
10	办公用车			台	5	50
11	变压器	500KFA	50	套	1	50
12	全套试验设备			套	1	40
13	砂石分离机		15	套	1	14
14	GPS 卫星定位系统			每车		0.30
15	锅炉	4t	10	台	1	10
16	发电机组	350kW	12	套	1	12
17	深井泵	5.5kW	1.0	台	2	2
18	土建工程及管线			项	1	250
19	开盘费（材料备件）			项	1	750
合计						约 4300

注：搅拌站包括主机、3 个 300t 筒仓、2 个 200t 筒仓、皮带机、电子秤、控制柜、除尘设备和外加剂储罐等。

1.3　混凝土运输、泵送设备和能耗

1.3.1　搅拌站运输和泵送设备选择

搅拌站运输和泵送设备选择可参考下列原则：

1）运输车容量尽量是搅拌机组每盘生产方量的整倍数。

2）运输车宜选择较大容量的，其油耗低，如 12m³ 车单方油耗为 1.9L，而 15m³ 车单方油耗为 1.6L。但也要适当配备一些容量较小的运输车，以便在道路狭窄和运输清管水时用。

3）运输车与泵送设备的比例大约是 5∶1。

1.3.2　搅拌站的综合能耗

搅拌站的综合能耗大约为：电耗 1.8kW·h/m³；油耗 2.4kg/m³；水耗 190kg/m³。

1.3.3　各种车辆的平均油耗

各种车辆的平均油耗大约为：运输车 2L/m³；车泵 0.55L/m³；车载泵 0.55L/m³；拖式泵：0.49L/m³。

1.3.4　搅拌站的节能降耗和减排措施

1）搅拌站储水池、空压机室、外加剂储罐宜设置于地下。在搅拌站基础设计时，可将搅拌楼基础、水泥筒仓基础连成一体，同时将水和外加剂储罐、空压机室置于此上，这样既可以减少施工用地，又可使水和外加剂在冬季减少加热所需热能，还可以减小空压机运行噪声对环境的影响。

2）将水平上料皮带廊建在地下，减少装载机上料时的爬坡量，以减小其工作量，同时降低油耗。

3）根据天津保税区航保商品混凝土公司提供的资料，采用电伴热可实现搅拌站各种管路的保温防冻。具体做法是：管道电伴热保温将电能直接转化为热能，使保温防冻系统自动控制其温度保持在允许范围内，实现了对管道的主动性保温防冻，主要应用于搅拌站冬季生产时对管路，包括液体（水和减水剂）和气体（气路）管路的加热和保温。管道保温防冻的目的就是补充由于管道外壳内外温差引起的热散失。发热电缆管道保温防冻系统就是提供给管路损失的热量，维持其温度基本不变。管道电伴热系统由发热电缆供电电源系统、管道防冰冻电缆加热系统和管道电伴热智能控制报警系统三部分组成。每根伴热电缆单元包括温控器、温度传感器、空气开关、交流越限报警隔离变速器、伴热电缆断路监测器、工作状态显示器、故障蜂鸣报警器及变压器等电路，以便观察控制与调节电伴热工作情况。温度传感器安置在被加热的管道上，可随时测量出其温度。温控器根据事先设定好的温度，与温度传感器测出的温度比较，通过伴热电缆控制箱内的空气开关与交流越限报警隔离变速器，及时切断与接通电源，以达到加热防冻的目的。

4）电机变频和节电器。搅拌站上料皮带机电动滚筒功率较大，而搅拌机连续运行一个生产循环一般需170s，其中皮带机滚筒空载145s，皮带滚筒负载持续率仅为15%。皮带输送机空载损耗大，无功功率低是搅拌站的共性问题。

天津保税区航保商品混凝土公司的节能措施是：应用工业节电器解决功率因数低、无功损耗大的问题，通过对皮带输送系统应用变频器进行时序控制，解决皮带机空载无功损耗问题；节电器采用并联式补偿技术进行节电，将电力电子器件智能化集成，组成内置的专用电压调节与能效优化软件，自动识别和调节功率；通过电感之间的电磁相互作用，回收被彼此反相剩余的电流和无功功率，有效提高功率因数。

变频驱动皮带机断续运行节电则是采用变频器驱动电动滚筒，使原有滚筒星角启动连续运行控制系统，变为变频器驱动软启动间断运行控制系统，实现皮带间断运行。变频器大幅降低了滚筒的启动电流，提高了电动滚筒的效率，断续运行使整个系统大大缩短了运行时间，节约电能。

5）搅拌站在生产过程中形成的废弃混凝土拌合物的数量是可观的，除利用砂石分离机进行分离外，还可以利用废弃混凝土制作小型预制构件，如路面砖、路沿石、植草砖、隔离墩等小构件。这些构件的模具简单、小型、成本低、操作方便。采用这种方法来消耗部分废弃的混凝土，较进入砂石分离机能耗更低，附加值更高。

第 2 章　建站中的环境保护防治

随着城市建设对环保要求的日益提高，我国对治污、减霾、扬尘的治理力度越来越大，对建设绿色、环保型企业的要求越来越严，因此混凝土搅拌站在建设中也必须高度重视环保。对于骨料及废料堆放、生产废水和废弃物处理和车辆清洗等方面的问题，都要采取科学有效的措施，达到应有的环保要求，即厂区粉尘排放达标，搅拌系统能封闭降尘，粉料筒仓有除尘装置，骨料仓能进行空气净化处理，配置强制除尘设备，生产厂区设置沉淀池等。

2.1　砂石骨料仓

砂石露天堆场历来是混凝土搅拌站的一个主要污染区，为此，新建搅拌站宜采用封闭砂石料仓，这种料仓不仅有利于降低粉尘和噪声污染，而且也将砂石含水率受天气的影响降到最低。冬期生产砂石又可适当加热，消除冻块对混凝土质量的影响。砂石堆场应至少可堆放一周以上生产用料，一般占地面积宜 20 亩（1 亩 ≈ 666.67 平方米）左右。封闭室内砂石堆场如图 2-1 和图 2-2 所示。

图 2-1　砂石堆场外景

此外，砂石料仓宜设 7 个及以上的分隔，为机制砂、细砂、中粗砂、细石、卵石、普通混凝土用石和高强混凝土用石等，以及分粒级骨料仓储提供条件。料仓应为混凝土地面并排水良好。

图 2-2　砂石堆场内景

2.2　搅拌站除尘

　　混凝土搅拌站应进行整体封闭,如图 2-3 所示。搅拌主机、水泥秤、粉料筒仓均应安装高效除尘器。主机室、计算机操作室除墙体保温隔声外,还应安装空调或采暖装置,保证正常生产。

图 2-3　某封闭搅拌站外景

2.3　筒仓除尘

水泥、粉煤灰和矿渣粉等粉状物料顶部必须安装高效除尘设备，并有可靠的措施防止冒顶，还应定期清理收尘装置。

2.4　废料中砂石的回收

搅拌站应每日清理搅拌运输车。搅拌运输车罐体内壁会黏附约 0.5% 的残留混凝土，每台班、每辆车洗刷需 2~4t 水，排出砂石渣 100kg 左右。一个 30 台车的搅拌站，每月约排出 90t（60 m^3）砂石渣和 3600t 污水，给城市带来很大污染。同时搅拌站每年也要消耗巨额资金排放这些废渣，也对厂容、厂貌带来十分不良的影响。

目前，我国已有较多砂石分离机，可利用该机倾斜滚筒内的回转螺旋推料系统，提取混凝土残渣中直径 0.15mm 以上的固体物质，并经筛分，实现砂石分离和回收利用。洗车水也可循环使用，污水基本可以达到零排放。一般一台砂石分离机的筛分能力为 42t/h，功率为 23kW。

2.5　清罐废水利用

目前许多砂石分离机专业生产厂已配套供应泥浆沉淀池和泥浆泵。清洗罐车和搅拌机内部的水经沉淀后，引入供水系统，可用于清洗设备，也可用于混凝土生产。

回收水中含有 0.08mm 以下的细颗粒，对混凝土性能有一定影响，回收水用量可视混凝土型号和水的细颗粒浓度而定，一般使用量在搅拌用水的 20%~60%。据北京市第五建筑工程有限公司经验介绍，对于新建搅拌站应要求设备生产厂安装两个水秤，清水称量后经加压水泵喷淋入搅拌机；清罐水称量后采用自落添加法入搅拌机。这样可以避免泥浆磨损水泵，而且日后泥浆沉积影响水秤蝶阀开闭时，清水秤可以正常工作，不会造成生产中断。

对于已有搅拌站，可添加一块电子秤前端仪表，用精密运算放大器搭接一个求和电路、两三个信号继电器和一个水泵驱动接触器和相应的连线，前端选用无纸记录仪表即可。

搅拌站水源系统如图 2-4 所示。

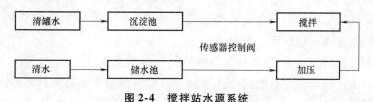

图 2-4　搅拌站水源系统

第3章 搅拌站组织机构及信息化管理

3.1 搅拌站的组织机构和人员

搅拌站组织机构和人员编制与企业生产规模有关，年产 50 万 m^3 的某混凝土搅拌站的组织机构和人员见表 3-1。

表 3-1 年产 50 万 m^3 的某混凝土搅拌站的组织机构和人员

部 门	人员总数	其中技术人员	其中工人	备 注
领导层	3	—	—	—
办公室	7	—	5	含食堂、办公区清洁工
技术科	9	6	3	试验员持证上岗
搅拌站	85	1	84	司机、电工持证上岗
设备科	7	1	6	
结算中心	3	—	—	
供应科	4	—	2	含检斤员
销售科	3	—	—	
财务科	2	2	—	
合计	123	12	110	—

注：1. 每辆罐车配两名司机；每台车泵配 4 名司机；拖泵配 1 名司机；每台搅拌机配两名操作员；以上人员 24h 倒班作业。
2. 试验室另作一章表述，详见第 4 章。

3.2 企业信息化管理系统

目前我国的预拌混凝土生产企业已进入信息化管理时代，即以系统工程的理论与方法为指导，结合企业现代管理思想和企业各类资源，规划混凝土企业信息化管理平台，优化生产经营过程中的物料流、信息流、资金流。

目前市场上已有的控制系统大多采用高可靠、易维修的通用"仪表 + 工业 PC + PLC"的架构，整个系统运行在稳定可靠的硬件平台上，能确保整个体系的可靠性，可实现采购供应、入厂计量、质量检验、材料消耗和财务结等多环节一体化全流程的管理监督。

3.2.1 信息化管理系统

预拌混凝土企业信息化管理系统示意图如图 3-1 所示。

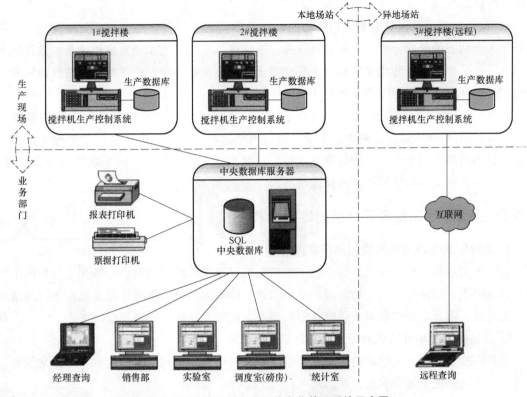

图 3-1　预拌混凝土企业信息化管理系统示意图

3.2.2　信息化管理系统的功能

1）搅拌站从调度室生产指令的发出、配合比输入、计量、搅拌、卸料、数据采集和信息储存等全部由计算机完成。数据通过计算机可传递到技术、统计、财务、调度、有关经理。

2）技术部门可随时了解各站生产的工程名称、建筑部位、混凝土型号、数量和技术要求，以便及时配合相关部门和人员进行混凝土质量检查、试件留置和现场跟踪技术服务等工作。

3）生产部门可直观地看到各工地施工进度和车辆调度是否合理，做到车辆不积压也不断条，从而提高服务质量。

4）管理部门可以通过计算机随时掌握各工程混凝土的供应情况和混凝土运输车、泵车工作情况，以便发现问题，随时纠正。同时，信息化管理系统使领导对各部门和各岗位的工作质量考核有了依据，在本企业服务质量改进上也有了第一手资料。

5）统计和供应部门可从局域网准确掌握各工程、各型号混凝土的供应情况和材料消耗、库存准确数字，为成本核算和材料采购提供可靠的依据，从而大大减少了统计人员的工作量。

6）同时信息化管理系统与筒仓进料系统相连后，可以随时显示各仓料位，从而节省了昂贵的料位指示器；可以防止散装粉料冒顶造成环境污染和材料浪费；能杜绝筒仓料空而造成停产的情况出现。

7）信息化管理系统具有集团调度功能，与 GPS 集成控制接口连接，可实现车辆站外调度及其工作状态的管理。生产管理人员可随时掌握各施工现场的车辆数量和各条运输路线上车辆行进的准确位置，防止车辆私自下线或错走路线，从而提高运输效率。而站内视频监控加强了生产调度、质量管理和车辆有序排队等的管理。

8）信息化管理系统还有故障自诊断系统，可直接提示用户可能存在的故障和解决办法，也可以通过 GSM 远程协助诊断系统，通过网络远程传输到厂家，由厂家工程师远程协助进行故障诊断，以便尽快排除故障。同时，信息化管理系统有先进的参数在线调整功能，可以在控制界面直接调整参数，方便操作。

3.2.3　企业与外部信息管理网的连接要求

1. 试验室要与城市质监检测部门联网

在当今信息化管理的时代，许多城市的质量监督部门或质量检测中心已开始与各检测机构和各混凝土公司试验室建立检测网，质量监督、检测部门可以随时掌握各混凝土搅拌站的生产配合比、每日水泥和混凝土强度自检数据，发现不合格产品立即跟踪检查。

2. 建站时网络和计算机的配置应满足联网要求

预拌混凝土生产企业建站时要把外部信息网有关工作安排到位。试验室和搅拌站的相关外线和计算机的配置必须满足要求。

第4章　试验室设备配置及环境要求

4.1　主要试验设备配置

4.1.1　试验室主要试验与检验设备配置

试验室主要试验与检验设备配置见表4-1。

表4-1　试验室主要试验与检验设备配置

序号	仪器设备名称	技术指标		检定周期
		型号规格	准确度等级或不确定度	
1	水泥细度负压筛析仪	150B	±2r/min	一年
2	行星式水泥胶砂搅拌机	JJ—5	快速 ±10r/min 慢速 ±5r/min	一年
3	水泥净浆搅拌机	NJ—160	公转慢速 ±5r/min 公转快速 ±10r/min 自转慢速 ±10r/min 自转快速 ±20r/min	一年
4	水泥标准稠度测定仪 维卡仪	国家规范	滑动部分 ±1g 试针卡度 ±1mm 直径 ±0.5mm	一年
5	水泥安定性沸煮箱	—	±5min	一年
6	水泥胶砂流度测定仪	10mm	±0.2mm 跳动 ±1s 圆盘直径 ±1mm 落距 ±0.1mm	一年
7	水泥胶砂试块成型振实台	—	±3r/min ±0.3mm	一年
8	水泥胶砂试体恒温预养箱	—	±1℃	一年
9	水泥胶砂试体恒温水养护箱	—	±1℃	一年
10	水泥电动抗折机	5000N	加荷速度 (50±10)N/s	一年
11	水泥压力试验机	30kN	加荷速度 (2400±200)N/s	一年
12	电热恒温干燥箱	300℃	±2℃	一年
13	砂石标准筛电动震筛机	振动147次/min 摇动220次/min	—	一年

（续）

序号	仪器设备名称	技术指标		检定周期
		型号规格	准确度等级或不确定度	
14	电子计重秤	6kg	±5g	半年
15	电子计重秤	2kg	±2g	半年
16	亚甲蓝试验用三片或四片式叶轮搅拌器及定时装置	600r/min 400r/min	—	
17	氯离子含量快速测定仪	电极测量范围为 $5 \times 10^{-5} \sim 10^{-2}$ mol；pH值范围为 2～12；响应时间≤2min	—	
18	钢筋锈蚀仪	—	—	—
19	60L强制式混凝土搅拌机	—	±5r/min	一年
20	电液式压力试验机	2000kN	±1%	一年
21	混凝土压力泌水仪		±0.1MPa	一年
22	调压混凝土抗渗仪	0.1～2.0MPa	±0.05MPa	一年 压力表半年
23	混凝土含气量测定仪	直读式	0.1%	一年
24	混凝土贯入阻力仪	—	10N	一年
25	磁盘振动台	空载振幅0.5mm 最大载重250kg 振动频率50Hz	—	一年
26	冷冻试验箱	-40℃	±1℃	一年
27	混凝土标养室恒温恒湿控制仪		±2℃	一年
28	膨胀剂养护箱	—	温度±2℃ 湿度±5%	一年
29	混凝土限制膨胀率测量仪	—	千分表分辨率0.001mm	一年
30	混凝土快速养护箱	—	—	一年
31	电子计重台秤	60～100kg	±100g	半年
32	高温炉	1400℃	—	一年
33	分析天平	100g	±0.0001g	一年
34	电子计重秤	1kg	0.01g	半年
35	混凝土养护室窗式空调机	—	—	—
36	砂石标准筛	—	—	一年
37	水泥抗压夹具	—	—	一年
38	比表面积测定仪	—	—	一年

4.1.2　其他仪器设备

其他仪器设备见表 4-2。

表 4-2　其他仪器设备

序号	名称	规格	备注
1	石子针、片状规准仪	—	检定周期一年
2	容量瓶、量筒	10~500mL	—
3	滴定管	精度 ±0.5mL	—
4	李氏瓶	250mL	—
5	金属容量筒	1~20L	检定周期一年
6	钢板尺	1m,精度 ±1mm	检定周期一年
7	游标卡尺	精度 ±0.02mm	检定周期一年
8	温度计	0~100℃	检定周期一年
9	温度计	-30~50℃	检定周期一年
10	秒表	±0.5s	检定周期一年
11	混凝土抗压试模	100mm×100mm×100mm	150~200 套 检定周期一年
12	混凝土抗渗试模	175mm(上口),185mm (下口),150mm(高)	8~10 套 检定周期一年
13	混凝土抗冻试模	100mm×100mm× 400mm	9~10 套 检定周期一年
14	混凝土膨胀试模	100mm×100mm× 540mm	3 套,检定周期一年
15	水泥胶砂试模	40mm×40mm×160mm	10 套(自检) 检定周期一年
16	电炉(1kW)、炒锅	—	1 套
17	压碎值指标测定仪	—	检定周期一年
18	干湿度计	—	2 支 检定周期一年
19	混凝土坍落度筒	—	5 套 检定周期一年
20	水泥留样筒	—	15~20 个
21	大、中、小瓷盘	—	各3~5 个
22	混凝土回弹仪	—	—
23	粉状材料取样器	2m	—
24	坩埚及干燥器皿	—	—

4.2　试验室设备布置与环境要求

4.2.1　设备布置的一般要求

1）试验室应有较好的温湿度和照明以及清洁的工作环境。试验室一般应设置空调机，并保持室内环境温度为 17～25℃。

2）试验室应尽量采用两路供电系统（一般企业有自发电回路），其电路总容量应根据各试验设备容量计算确定。总配电盒应在试验室中心部位。通往湿度大的养护室的线路和灯具应有防潮、防爆功能，应采用能使光线扩散的照明装置，并有足够的亮度。

3）各试验室都有需要上下水的设备，如水泥、砂石检验室和混凝土成型室排水应设置在同一侧，以便排出的污水流入沉淀池。必须保证下水通畅，能排入污水系统，同时防止管路堵塞和环境污染。

4.2.2　试验室的特殊要求

1）混凝土养护室要求环境温度为（20±2）℃，相对湿度为 90%。墙、门需要隔热保温，顶棚需要吊顶，一般不设采光窗。混凝土养护室宜设置在混凝土成型室和力学室附近的北侧。

2）混凝土成型室要求环境温度为（20±5）℃，水泥室要求环境温度为（20±2）℃，两室均需要设置空调机。混凝土成型室应设有 1.2m 以上宽的大门，以便砂石和混凝土运输。

3）水泥室、掺合料室和外加剂室工作台需要根据有关规范和工作确定其高度。电子精密天平应设置在温度变化小和周围受干扰小的位置。高温炉和水泥跳桌宜单独设基础，防止影响其他试验。

4）混凝土成型和水泥成型都有较大噪声，因此应尽量远离办公区和精密仪器室，有条件的还可设减震和隔声设施。

5）试验室应有符合要求的消防设施。

6）力学室与主任（总工）室应设有与外线相连通的宽带，以供日后传递水泥和混凝土强度相关的信息。

4.2.3　试验室各工作室的工作面积

试验室各工作室需要的面积见表 4-3。

表 4-3　试验室各工作室需要的面积　　　　　　　　（单位：m²）

混凝土养护室	水泥室	砂石室	力学室	混凝土成型室	掺合料室	外加剂室	仓库	办公室	档案室
50	25	25	25	40	25	25	25	50	20

第5章 预拌混凝土生产企业资质申报

5.1 预拌混凝土生产企业资质条件

5.1.1 预拌混凝土生产企业资质

预拌混凝土生产企业资质分为二级和三级两个等级。

1. 二级资质标准

（1）生产能力 商品混凝土年产量 10 万 m^3 以上，产品质量合格。

（2）专业人员

1）企业经理具有 5 年以上从事工程管理工作经历或具有中级以上职称。

2）技术负责人具有 3 年以上从事商品混凝土生产工作经历并具有相关专业中级以上职称。

3）财务负责人具有中级以上会计职称。

4）企业中的工程技术和经济管理人员不少于 15 人，其中工程技术人员不少于 10 人；工程技术人员中，具有中级以上职称的人员不少于 5 人。

（3）资金

1）企业注册资本金 2000 万元以上，企业净资产 2500 万元以上。

2）企业近 3 年最高年工程结算收入 3000 万元以上。

（4）主要设备

1）配有 2 台搅拌量为 55m^3/h 以上的搅拌系统。

2）混凝土运输车不少于 10 辆。

3）输送泵不少于 2 台。

4）企业设有混凝土专项试验室。

2. 三级资质标准

（1）生产能力 商品混凝土年产量 5 万 m^3 以上，产品质量合格。

（2）专业人员

1）企业经理具有 3 年以上从事工程管理工作经历。

2）技术负责人具有 2 年以上从事商品混凝土生产工作经历并具有相关专业中级以上职称。

3）财务负责人具有初级以上会计职称。

4）企业有职称的工程技术和经济管理人员不少于 8 人，其中工程技术人员不少于 5 人；工程技术人员中，具有中级以上职称的人员不少于 2 人。

（3）资金

1）企业注册资本金 1000 万元以上，企业净资产 1200 万元以上。

2）企业近 3 年最高年工程结算收入 1500 万元以上。

（4）主要设备

1）配有 1 台搅拌量为 30m³/h 以上的搅拌系统。

2）混凝土运输车不少于 5 辆。

3）输送泵不少于 1 台。

4）企业设有混凝土专项试验室。

5.1.2　承包工程范围

1）二级企业：可生产各种强度等级的混凝土和特种混凝土。

2）三级企业：可生产强度等级 C60 及以下的混凝土。

3）二级、三级企业均可兼营市政工程方砖、道牙、隔离墩、地面砖、花饰、植草砖等小型预制构件。

5.2　预拌混凝土生产企业资质申报程序

资质申报程序如下：

1）租赁或购买场地，签订合同。

2）购置生产设备。

3）到工商部门申办营业执照。

4）持营业执照到环保部门申办环境评估检查（如企业是否适合在此环境中生产，对周围环境有无污染，企业噪声、粉尘、污水和污物排放的处理是否符合要求等）。

5）进行人员招聘和培训。

6）进行搅拌站土建施工和安装。

7）进行试验室检测设备购置、安装和检定。编制试验室质量手册、设备操作规程、自检规程等。

8）确定试验室人员并缴纳五险。

9）填写试验室资质申报表（表可从网上下载），持试验人员证件（6 个上岗证、2 个工程师证、4 个初级证）、五险缴纳证明、设备检定证书和质量手册到当地建设主管部门申报试验室资质。

10）持试验室资质证书、企业人员资格证书、五险缴纳证明、企业土地租赁（购买）合同、企业设备购置清单和发票凭证、企业环境评估合格报告，到当地建设主管部门申报企业资质。

第二篇

▶▶▶ 混凝土主要原材料

第6章 水 泥

水泥是一种磨细材料，加入适量水拌和后，成为塑性浆体，既可以在空气中硬化，也可以在水中硬化，并能把砂、石等材料牢固地胶结在一起，因此，水泥也是一种水硬性胶凝材料。

6.1 水泥的分类

6.1.1 按用途和性能分类

按用途和性能，水泥可分为通用硅酸盐水泥、专用水泥和特殊水泥，见表6-1。

表6-1 水泥按用途和性能进行分类

类别	主要品种	用途
通用硅酸盐水泥	硅酸盐水泥、普通硅酸盐水泥、矿渣硅酸盐水泥、粉煤灰硅酸盐水泥、火山灰硅酸盐水泥、复合硅酸盐水泥	用于一般工业与民用建筑工程
专用水泥	油井水泥、砌筑水泥、耐酸水泥、耐热水泥、道路水泥等	用于某种专用工程
特殊水泥	快硬硅酸盐水泥、抗硫酸盐水泥、膨胀水泥、自应力水泥等	用于对混凝土有某种特殊要求的工程

6.1.2 按主要水硬性矿物成分分类

按主要水硬性矿物成分，水泥可分为硅酸盐水泥、铝酸盐水泥、硫铝酸盐水泥、铁铝酸盐水泥等。

6.1.3 按技术特性分类

按技术特性，水泥可分为快硬水泥、中热和低热硅酸盐水泥、抗硫酸盐水泥、耐热水泥、耐酸水泥、膨胀和自应力水泥等。

预拌混凝土主要采用以硅酸盐水泥熟料、适当石膏以及规定的混合材料制成的通用硅酸盐水泥，因此本章主要介绍此种水泥。

6.2　通用硅酸盐水泥的品种和质量标准

6.2.1　通用硅酸盐水泥的组分、代号和强度等级

通用硅酸盐水泥的组分、代号和强度等级应符合表6-2的规定。

表6-2　通用硅酸盐水泥的组分和代号及强度等级

| 品种 | 代号 | 组分(质量百分数)(%)[⊖] | | | | |
		熟料+石膏	粒化高炉矿渣	火山灰质混合材料	粉煤灰	石灰石
硅酸盐水泥	P·I	100	—	—	—	—
	P·II	≥95	≤5	—	—	—
		≥95	—	—	—	≤5
普通硅酸盐水泥	P·O	≥80 且 <95	>5 且 ≤20[①]			
矿渣硅酸盐水泥	P·S·A	≥50 且 <80	>20 且 ≤50[②]			
	P·S·B	≥30 且 <50	>50 且 ≤70[②]			
火山灰硅酸盐水泥	P·P	≥60 且 <80		>20 且 ≤40[③]		
粉煤灰硅酸盐水泥	P·F	≥60 且 <80			>20 且 ≤40[④]	
复合硅酸盐水泥	P·C	≥50 且 <80	>20 且 ≤50[⑤]			

① 本组分材料为符合标准《通用硅酸盐水泥》（GB 175—2007）5.2.3 的活性混合材料，其中允许用量不超过水泥质量的 8%，且符合标准《通用硅酸盐水泥》（GB 175—2007）5.2.4 的非活性混合材料或不超过水泥质量的 5% 且符合标准《通用硅酸盐水泥》（GB 175—2007）5.2.5 的窑灰材料代替。

② 本组分材料为符合《用于水泥中的粒化高炉矿渣》（GB/T 203—2008）或《用于水泥和混凝土中的粒化高炉矿渣粉》（GB/T 18046—2008）的活性混合材料，其中允许用量不超过水泥质量的 8%，且符合标准《通用硅酸盐水泥》（GB 175—2007）5.2.3 的活性混合材料或符合标准《通用硅酸盐水泥》（GB 175—2007）5.2.4 的非活性混合材料或符合标准《通用硅酸盐水泥》（GB 175—2007）5.2.5 的窑灰中的任一种材料代替。

③ 本组分材料为符合《用于水泥中的火山灰质混合材料》（GB/T 2847—2005）的活性混合材料。

④ 本组分材料为符合《用于水泥和混凝土中的粉煤灰》（GB/T 1596—2005）的活性混合材料。

⑤ 本组分为由两种（含）以上符合标准《通用硅酸盐水泥》（GB 175—2007）5.2.3 的活性混合材料或和符合本标准《通用硅酸盐水泥》（GB 175—2007）5.2.4 的非活性混合材料组成，其中允许用量不超过水泥质量的 8%，且符合本标准第 5.2.5 的窑灰代替。掺矿渣时混合材料掺量不得与矿渣硅酸盐水泥重复。

6.2.2　水泥的组成材料

1. 硅酸盐水泥熟料

由主要含 CaO、SiO_2、Al_2O_3 和 Fe_2O_3 的原料，按适当比例磨成细粉烧至部分熔融所得以硅酸钙为主要矿物成分的水硬性胶凝物质称为硅酸盐水泥熟料。其中硅酸钙矿物含量（质量分数）不小于66%，氧化钙和氧化硅质量比不小于2.0。

2. 石膏

1）天然石膏：应符合《天然石膏》（GB/T 5483—2008）中规定的 G 类或 M 类二级（含）

⊖ 本书中某含量、掺量等百分数（%）若没有明确指出为体积百分数（%），一律默认为质量百分数（%）。

以上的石膏或混合石膏。

2）工业副产石膏：以硫酸钙为主要成分的工业副产物。采用前应经过试验证明对水泥性能无害。

3. 活性混合材料

应使用符合《用于水泥中的粒化高炉矿渣》（GB/T 203—2008）、《用于水泥和混凝土中的粒化高炉矿渣粉》（GB/T 18046—2008）、《用于水泥和混凝土中的粉煤灰》（GB/T 1596—2005）和《用于水泥中的火山灰质混合材料》（GB/T 2847—2005）要求的粒化高炉矿渣、粒化高炉矿渣粉、粉煤灰和火山灰质混合材料。

4. 非活性混合材料

活性指标分别低于《用于水泥中的粒化高炉矿渣》（GB/T 203—2008）、《用于水泥和混凝土中的粒化高炉矿渣粉》（GB/T 18046—2008）、《用于水泥和混凝土中的粉煤灰》（GB/T 1596—2005）、《用于水泥中的火山灰质混合材料》（GB/T 2847—2005）等标准要求的粒化高炉矿渣、粒化高炉矿渣粉、粉煤灰、火山灰质混合材料；石灰石和砂岩，其中石灰石中的三氧化二铝含量（质量分数）应不大于 2.5%。

5. 窑灰

应符合《掺入水泥中的回转窑窑灰》（JC/T 742—2009）的规定。

6. 助磨剂

水泥粉磨时允许加入助磨剂，其中加入量不应大于水泥质量的 0.5%，助磨剂应符合《水泥助磨剂》（JC/T 667—2004）的规定。

6.2.3 强度等级

1）硅酸盐水泥的强度等级分为 42.5、42.5R、52.5、52.5R、62.5、62.5R 六个等级。

2）普通硅酸盐水泥的强度等级分为 42.5、42.5R、52.5、52.5R 四个等级。

3）矿渣硅酸盐水泥、火山质硅酸盐水泥、粉煤灰硅酸盐水泥、复合硅酸盐水泥的强度等级分为 32.5、32.5R、42.5、42.5R、52.5、52.5R 六个等级。

6.2.4 技术要求

1. 化学指标

1）通用硅酸盐水泥的化学指标应符合表 6-3 的规定。

表 6-3 通用硅酸盐水泥的化学指标 （%）

品种	代号	不溶物（质量分数）	烧失量（质量分数）	三氧化硫（质量分数）	氧化镁（质量分数）	氯离子（质量分数）
硅酸盐水泥	P·Ⅰ	≤0.75	≤3.0	≤3.5	≤5.0[①]	≤0.06[③]
	P·Ⅱ	≤1.50	≤3.5			
普通硅酸盐水泥	P·O	—	≤5.0			
矿渣硅酸盐水泥	P·S·A	—	—	≤4.0	≤6.0[②]	
	P·S·B	—	—		—	

（续）

品种	代号	不溶物（质量分数）	烧失量（质量分数）	三氧化硫（质量分数）	氧化镁（质量分数）	氯离子（质量分数）
火山灰硅酸盐水泥	P·P	—	—	≤3.5	≤6.0[②]	≤0.06[③]
粉煤灰硅酸盐水泥	P·F	—	—			
复合硅酸盐水泥	P·C	—	—			

① 如果水泥压蒸试验合格，则水泥中氧化镁的含量（质量分数）允许放宽至 6.0%。
② 当水泥中氧化镁的含量（质量分数）大于 6.0% 时，需进行水泥压蒸安定性试验并合格。
③ 当有更低要求时，该指标由买卖双方确定。

2）碱含量（选择性指标）。水泥中碱含量按 $Na_2O + 0.658K_2O$ 计算值表示。若使用活性骨料，用户要求提供低碱水泥时，水泥中的碱含量应不大于 0.60% 或由买卖双方协商确定。

2. 物理指标

1）凝结时间。硅酸盐水泥初凝时间不小于 45min，终凝时间不大于 390min。

普通硅酸盐水泥、矿渣硅酸盐水泥、火山灰硅酸盐水泥、粉煤灰硅酸盐水泥和复合硅酸盐水泥初凝时间不小于 45min，终凝时间不大于 600min。

2）安定性。沸煮法合格。

3）强度。不同品种、不同强度等级的通用硅酸盐水泥，其不同龄期的强度应符合表 6-4 的规定。

表 6-4　各品种通用硅酸盐水泥不同龄期的强度

品　种	强度等级	抗压强度/MPa		抗折强度/MPa	
		3d	28d	3d	28d
硅酸盐水泥	42.5	≥17.0	≥42.5	≥3.5	≥6.5
	42.5R	≥22.0		≥4.0	
	52.5	≥23.0	≥52.5	≥4.0	≥7.0
	52.5R	≥27.0		≥5.0	
	62.5	≥28.0	≥62.5	≥5.0	≥8.0
	62.5R	≥32.0		≥5.5	
普通硅酸盐水泥	42.5	≥17.0	≥42.5	≥3.5	≥6.5
	42.5R	≥22.0		≥4.0	
	52.5	≥23.0	≥52.5	≥4.0	≥7.0
	52.5R	≥27.0		≥5.0	
矿渣硅酸盐水泥火山灰硅酸盐水泥、粉煤灰硅酸盐水泥、复合硅酸盐水泥	32.5	≥10.0	≥32.5	≥2.5	≥5.5
	32.5R	≥15.0		≥3.5	
	42.5	≥15.0	≥42.5	≥3.5	≥6.5
	42.5R	≥19.0		≥4.0	

（续）

品　种	强度等级	抗压强度/MPa		抗折强度/MPa	
		3 d	28 d	3 d	28 d
矿渣硅酸盐水泥、 火山灰硅酸盐水泥、 粉煤灰硅酸盐水泥 复合硅酸盐水泥	52.5	≥21.0	≥52.5	≥4.0	≥7.0
	52.5R	≥23.0		≥4.5	

4）细度（选择性指标）。硅酸盐水泥和普通硅酸盐水泥的细度以比表面积表示，其比表面积不小于 $300 m^2/kg$；矿渣硅酸盐水泥、火山灰硅酸盐水泥、粉煤灰硅酸盐水泥和复合硅酸盐水泥的细度以筛余表示，其 $80\mu m$ 方孔筛筛余量不大于 10% 或 $45\mu m$ 方孔筛筛余不大于 30%。

6.2.5　试验方法

1. 水泥试验方法

水泥试验方法应按国家规定标准执行，见表 6-5。

表 6-5　水泥试验方法标准

检验项目	执行标准
不溶物、烧失量、氧化镁、SO_3、碱含量	《水泥化学分析方法》（GB/T 176—2008）
比表面积	《水泥比表面积测定方法 勃氏法》（GB/T 8074—2008）
细度	《水泥细度检验方法筛析法》（GB/T 1345—2005）
凝结时间、安定性	《水泥标准稠度用水量、凝结时间、安定性检验方法》（GB/T 1346—2011）
压蒸安定性	《水泥压蒸安定性试验方法》（GB/T 750—1992）
强度	《水泥胶砂强度检验方法（ISO 法）》（GB/T 17671—1999）

注：水泥检验批按 500t 为一批量，不足 500t 仍为一个检验批。

2. 水泥快速检验

预拌混凝土生产企业在生产中常遇到急需进厂一些未曾使用过或年初选定的合格分供方以外的产品，为了保证混凝土质量，需按《水泥强度快速检验方法》（JC/T 738—2004）进行快速检验。试验室应注意积累本公司快速检验与标准养护的试验数据，建立本公司 28d 强度预测公式。在未取得 30 组以上的数据并预建立本公司预测模型的情况下，可暂借助下式推断，作为水泥 28d 强度参考值。

$$R_{28d预} = a \cdot R_快 + b$$

式中　$R_{28d预}$——水泥 28d 抗压强度预测值（MPa）；

$R_快$——快速测定的水泥抗压强度（MPa）；

a、b——待定系数（a、b 取值方法见《水泥强度快速检验方法》（JC/T 738—2004）附录 A、B）。

同时，需要特别提醒的是，试验室应同时做一下混凝土配合比试验，观测混凝土需水量、流动性、与外加剂的相容性以及 3d、7d 强度，以防 $R_{28d预}$ 误导水泥使用。

6.2.6　通用硅酸盐水泥的性能和适用范围

预拌混凝土常用的通用硅酸盐水泥分为硅酸盐水泥、普通硅酸盐水泥、矿渣硅酸盐水泥、粉煤灰硅酸盐水泥、火山灰硅酸盐水泥。各种水泥的组成已在表6-3中表明。其性能和适用范围见表6-6。

表 6-6　通用硅酸盐水泥的性能和适用范围

品种	优点	缺点	适用范围	不宜用工程
硅酸盐水泥	1. 早强、快硬 2. 抗冻性好 3. 耐磨性好、透水性不好	1. 水化热高 2. 抗水性差 3. 耐蚀性差	1. 配制高强度混凝土 2. 配制道路工程	1. 大体积混凝土 2. 地下工程
普通硅酸盐水泥	与硅酸盐水泥性能基本相似,优点略有降低,缺点略有改善		适应性强,加各种掺合料后可普遍用于各种工程	
矿渣硅酸盐水泥	1. 水化热低 2. 抗硫酸盐腐蚀性强 3. 耐热性较好	1. 易泌水 2. 抗冻性较差 3. 早期强度较低,后期强度增长率大	1. 大体积混凝土工程 2. 高温环境工程 3. 水工工程	1. 冬期施工工程 2. 受冻融循环或干湿循环的工程
火山灰硅酸盐水泥	1. 水化热低 2. 保水性好 3. 抗硫酸盐腐蚀性强 4. 抗淡水溶蚀性和抗碱骨料反应能力较好	1. 早期强度低,后期强度增长大 2. 需水量大,干缩大 3. 抗大气稳定性及耐冻性较差	1. 地下工程、水下工程、大体积混凝土工程 2. 一般工业与民用工程	1. 冬期施工工程 2. 受冻融循环或干湿循环的工程
粉煤灰硅酸盐水泥	1. 水化热低,后期强度发展高 2. 保水性好 3. 抗硫酸盐腐蚀性好 4. 需水性及干缩率较小 5. 抗裂性较好	1. 早期强度较矿渣水泥低,后期强度增长率大 2. 抗冻性差	1. 地下及大体积混凝土工程 2. 一般工业与民用工程	1. 冬期施工工程 2. 受冻融循环或干湿循环的工程

6.3　水泥熟料各矿物的水化反应

由于水泥和水作用形成的化合物关系到混凝土拌合物的工作性能和混凝土硬化后的各种性能,因此本节将从水泥熟料各矿物与水的反应开始介绍,对硅酸盐水泥各矿物组分的水化反应及其主要性能作以下介绍。

6.3.1　硅酸盐的水化

水泥由 C_3S（硅酸三钙）、C_2S（硅酸二钙）、C_3A（铝酸三钙）和 C_4AF（铁铝酸四钙）组成。C_3S（硅酸三钙）和 C_2S（硅酸二钙）的水化产物完全相同,生成水化硅酸钙凝胶 C-S-H,它是结晶很不完全而且颗粒细小（$<1\mu m$）的产物,同时还有氢氧化钙晶

体生成。C_3S 水化生成的氢氧化钙是 C_2S 的 3 倍，这种化合物将对水泥的耐久性起不良影响。它们的化学反应方程式为

$$2C_3S + 6H_2O \longrightarrow C_3S_2H_3 + 3Ca(OH)_2$$

$$2C_2S + 4H_2O \longrightarrow C_3S_2H_3 + Ca(OH)_2$$

水泥熟料矿物与水的反应是放热反应，两种硅酸盐遇水，都会放热，由于 C_3S 在硅酸盐水泥中的量常常达到 50% 以上，所以其水化放热过程对硅酸盐水泥的水化有一定代表性。

C_3S 颗粒一接触水，表面产生水解反应的同时，钙离子和氢氧根离子迅速地从各个 C_3S 粒子表面释放出来，在几分钟内溶液就具有很强的碱性，pH 值高达 12 以上，当钙离子和氢氧根离子达到过饱和时，氢氧化钙和 C-S-H 开始从溶液中析出来，C_3S 又继续水化。随着水化反应的继续，C-S-H 在 C_3S 颗粒表面生成的量越来越多，形成包裹层，水化反应开始变得缓慢。C_2S 与 C_3S 的水化过程基本相同，但是反应的速率要慢得多。C_3S 水化后形成的水化硅酸钙只有 61%，而 C_2S 则有 82%，因此 C_2S 最终强度要比 C_3S 高。

对于水泥浆体来说，C_2S 在酸性和硫酸盐环境中的耐久性比 C_3S 好，因此用于大体积混凝土和水工工程的水泥，要限制其中 C_3S 的含量。同时 C_3S 完全水化需要的水量约为 21%，C_3S 需要 24%，需水量大，对混凝土的性能也是不利的。

6.3.2 铝酸盐的水化

C_3A（铝酸三钙）遇水后会立即发生化学反应，迅速形成 C_3AH_6、C_4AH_{19} 和 C_2AH_8 的结晶水化物，并放出大量热。化学方程式为

$$2(C_3A) + 27H_2O \longrightarrow C_4AH_{19} + C_2AH_8$$

C_3A 也可与水直接生成 C_3AH_6。这个反应非常迅速，因此在硅酸盐水泥中要加入一定量的石膏，以减慢它的反应速度。化学方程式为

$$C_3A + 26H_2O + 3CaSO_4 \cdot H_2O \longrightarrow C_6AS_3H_{32}$$

C_3A 在石膏存在的条件下生成钙矾石。当石膏量不足时，生成单硫型硫铝酸盐或低硫型硫铝酸盐，这也是个放热过程。

在硅酸盐水泥水化浆体液相中铝酸盐与硫酸盐之间的平衡，是决定凝结行为是否正常的主要原因，常会出现以下五种情况，如图 6-1 所示。

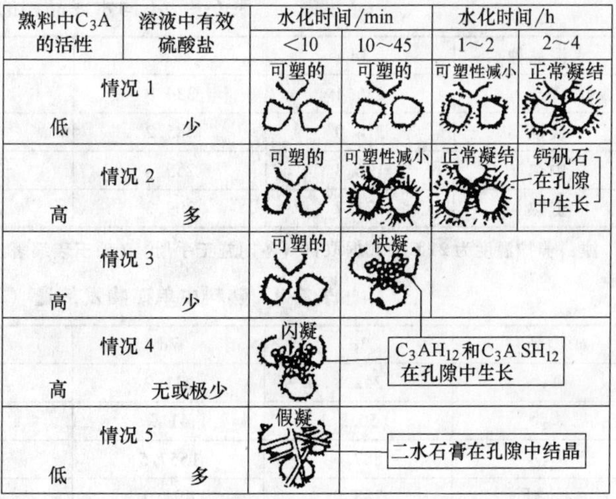

情况 1：熟料中 C_3A 低，液相中有效硫酸钠量适宜，水泥正常凝结。

情况 2：熟料中 C_3A 高，液相中有效硫酸钠量多，水泥浆体在 10 ~ 45min 内稠度明显降低，浆体在 1 ~ 2h 内固化。

情况 3：熟料中 C_3A 高，液相中

熟料中C_3A的活性	溶液中有效硫酸盐	水化时间/min		水化时间/h	
		<10	10~45	1~2	2~4
情况 1 低	少	可塑的	可塑的	可塑性减小	正常凝结
情况 2 高	多	可塑的	可塑性减小	正常凝结	钙矾石在孔隙中生长
情况 3 高	少	可塑的	快凝		
情况 4 高	无或极少	闪凝 C_3AH_{12}和C_3ASH_{12}在孔隙中生长			
情况 5 低	多	假凝 二水石膏在孔隙中结晶			

图 6-1 硫酸盐的浓度对 C_3A 水化反应的影响

有效硫酸钠量少，水泥浆体在 45min 内凝结，出现快凝现象。

情况 4：熟料中石膏的掺量极少或没有掺，C_3A 遇水后很快水化，形成大量水化铝酸钙，几乎瞬间产生凝结，同时放出大量热，这个现象称为闪凝，浆体的最终强度很低。

情况 5：熟料中 C_3A 因某种原因活性降低，而水泥中的半水石膏又较多，此时钙和硫酸根浓度很快达到过饱和，二水石膏晶体大量形成，浆体失去稠度，但是并不放出热量，这个现象叫做假凝。若在浆体中再加一些水，同时将浆体激烈搅拌，可消除上述现象，浆体还可以正常凝结硬化。

6.3.3　铁铝酸盐的水化

水泥熟料中的铁铝酸盐以 C_4AF（铁铝酸四钙）为代表，在没有石膏的情况下和水反应的生成物与 C_3A 一样，只是反应速度较慢，水化热也少，不会引起瞬凝。水泥中 C_4AF 含量高，具有较好的抗硫酸盐腐蚀性。

6.3.4　硅酸盐水泥熟料矿物的水化热

1. 硅酸盐水泥熟料矿物的水化热

硅酸盐水泥熟料矿物的水化热见表 6-7。

表 6-7　硅酸盐水泥熟料矿物的水化热　　（单位：J/g）

矿物名称	3d 水化热	90d 水化热	13 年水化热
C_3S	58.4	104	122
C_2S	12	42	59
C_3A	212	311	324
C_4AF	69	98	102

2. 国产水泥的矿物成分和水化热

不同水泥品种的水化热和熟料中单矿物发热量（21℃）的水化热分别见表 6-8 和表 6-9。

表 6-8　不同水泥品种的水化热　　（单位：J/g）

水泥品种	3d	7d	28d	90d	1 年
普通	255.4	334.9	401.9	435.4	456.4
快硬	314.0	385.2	422.9	448.0	473.1
中热	196.8	255.4	334.9	368.4	397.7
低热	171.7	209.3	276.3	314.0	339.1

注：养护温度为 21℃，数据取自《冬期施工手册》（项玉璞编著，中国建筑工业出版社，2005.9）。

表 6-9　熟料中单矿物发热量（21℃）的水化热　　（单位：J/g）

矿物品种	3d	7d	28d	90d	1 年
C_3S	242.8	221.9	376.8	435.4	489.9
C_2S	50.2	41.9	104.7	175.9	226.1
C_3A	887.6	1557.5	1377.5	1302.1	1168.1
C_4AF	288.9	494.0	494.0	410.3	376.8

注：数据取自《冬期施工手册》（项玉璞编著，中国建筑工业出版社，2005.9）。

3. 水泥水化热的估算方法

水泥的水化热受许多因素影响，如水泥品种、细度、烧失量、水泥熟料的矿物组成、掺合料的品种和数量，以及水泥的存放期和养护温度等。即使同一厂家生产的同一品种、同标号的水泥，因批号不同，水化热也有差异。因此，要确切地取得某种水泥的水化热值，只有通过试验确定。

由于国标中无水泥水化热指标，因此我国至今尚缺少对国产水泥水化热系统研究的资料。为适应混凝土冬期施工的需要，可根据水泥的矿物组成来估算水化热量，计算结果应满足工程使用需要。水泥 28d 水化热可按下式估算

$$Q_{总} = 569C_3S + 260C_2S + 837C_3A + 126C_4AF$$

式中 $Q_{总}$——水泥水化热总值（J/g）；

C_3S、C_2S、C_3A、C_4AF——水泥熟料中各单矿物所占百分比。

也可按下式计算水泥 3d 和 7d 的水化热

$$Q_t = a_t C_3S + b_t C_2S + c_t C_3A + d_t C_4AF$$

式中 Q_t——熟料硬化 7d 龄期时的水化热（J/g）；

a_t、b_t、c_t、d_t——各相应单矿物在 7d 龄期的发热量（J/g）。

4. 水泥水化热计算示例

【例 6-1】 某厂生产的水泥，其熟料矿物成分为：$C_3S = 54.2\%$，$C_2S = 18.8\%$，$C_3A = 4.57\%$，$C_4AF = 15.11\%$。求该熟料 3d 和 7d 的水化热。

【解】

查表 6-9，$a_3 = 242.8J/g$，$a_7 = 221.9J/g$，$b_3 = 50.2J/g$，$b_7 = 41.9J/g$ 等，把有关系数代入水泥 3d 和 7d 水化热计算公式得

$$Q_3 = (242.8 \times 54.2\% + 50.2 \times 18.8\% + 887.6 \times 4.57\% + 288.9 \times$$
$$15.11\%)J/g = (131.60 + 9.44 + 40.56 + 43.65)J/g = 225.25J/g$$
$$Q_7 = (221.9 \times 54.2\% + 41.9 \times 18.8\% + 1557.5 \times 4.57\% + 494.0 \times$$
$$15.11\%)J/g = (120.27 + 7.88 + 71.18 + 74.64)J/g = 273.97J/g$$

所以该熟料 3d 水化热为 225.25J/g，7d 水化热为 273.97J/g。此结果可作为由该种熟料配成的硅酸盐水泥的水化热估算值。如果被配制成普通硅酸盐水泥，可将熟料的水化热乘以熟料在水泥中所占的质量百分数来求取其估算值。

6.4 水泥熟料各矿物的性能

6.4.1 水泥浆体中各矿物的强度

水泥熟料中 C_3S 与 C_2S 的水化产物一样，都是水化硅酸钙凝胶，占水泥浆体的 70%，再与水化产物氢氧化钙板状晶体和水化硫铝酸钙晶体交织在一起，构成一个整体，从而具有强度。C_3S 水化速度快，早期强度发展很快，28d 后虽然强度继续增长，但发展的速度却大大减慢了。而 C_2S 正好相反，早期水化速度慢，但一年后强度可以达到或超过 C_3S。

C_3A 早期水化速度快，但强度并不高，尤其是后期强度几乎没有大的增长。在没有石膏的情况下，如果温度高，其水化产物会发生晶格转化，使水泥浆体强度下降。这就是为什么水化浆体有时会出现强度倒缩的原因。

C_4AF 的强度不论早期还是后期都很高，是一种水化活性很好的熟料矿物。水泥单矿物净浆试体的抗压强度见表 6-10。

表 6-10　水泥单矿物净浆试体的抗压强度　　　　　　　　（单位：MPa）

矿物名称	3d	28d	180d	365d
C_3S	31.6	45.7	50.2	57.3
C_2S	2.35	4.12	18.9	31.9
C_3A	11.6	12.2	0	0
C_4AF	29.4	37.7	48.3	56.3

6.4.2　硅酸盐水泥各矿物的体积稳定性

水泥熟料在水化过程中，水化物的密度下降。C_3S、C_2S、C_3A 和 C_4AF 的密度分别是 $3.14t/m^3$、$3.28t/m^3$、$3.04t/m^3$ 和 $3.48t/m^3$，它们水化后的生成物，水化硅酸钙和钙矾石分别为 $2.44t/m^3$ 和 $2.73t/m^3$。CaO 水化生成 $Ca(OH)_2$ 后，密度从 $3.32t/m^3$ 下降到 $2.23t/m^3$。虽然水泥加水固体体积加大，但按水泥加水的总体积计算，体积却减少了。C_3S 水化反应后体积减少率为 5.31%，C_3A 体积减少达 23.79%，C_2S 体积减少最小，仅 1.97%。按此推算 $1m^3$ 混凝土中加 300kg 水泥，则最大的体积减缩量可达 1.8%。

6.4.3　水泥熟料各矿物综合性能

综上所述，可以把水泥熟料各矿物的综合性能归纳为表 6-11。

表 6-11　水泥熟料各矿物的综合性能

矿物名称	水化速度	需水量	水化热	早期强度	后期强度	收缩
C_3S	快	大	高	高	发展不大	大
C_2S	慢	比 C_3S 稍低	最低	较低	高	小
C_3A	很快	最大	最高	最高	几乎无增长	最大
C_4AF	适中	适中	低	高	高	不大

6.5　水泥与外加剂（掺合料）的相容性

6.5.1　混凝土外加剂与水泥（掺合料）相容性的定义

按照混凝土外加剂应用技术的相关规范，将经检验合格的外加剂掺加到混凝土中，若能产生预期应有的效果，即可认为该混凝土所用水泥（掺合料）与外加剂是相容的。反之，如出现混凝土流动性差、减水率低、拌合物流动性损失过快、不正常凝结等现象，则外加剂与水泥（掺合料）相容性不良。若在工程中使用，严重者会造成质量事故。

6.5.2 水泥矿物成分对外加剂的影响

水泥矿物成分主要是 C_3A、C_3S、C_2S 和 C_4AF，这几种成分的化学反应速度以 C_3A 最快，其次为 $C_3S > C_2S > C_4AF$，而且 C_3A 和 C_3S 对外加剂的吸附速度也最快，这两项是水泥对外加剂相容性的主要影响因素。许多经验资料介绍，当 C_3A 含量小于 8%，C_3S 含量为 50%～55% 时，用二水石膏配制的水泥，对各种外加剂的相容性一般都较好。反之，水泥中 C_3A 含量高，而调凝剂石膏用量仍为常规的 3%～5%，不管采用何种石膏，无论是普通减水剂还是萘系高效减水剂，或者是当今最好的聚羧酸系高效减水剂，都会造成水泥与外加剂不相容。

6.5.3 水泥中石膏的形态对减水剂作用的影响

水泥生产过程需加入 5% 左右的石膏作为调凝剂。一般加入的石膏为天然二水石膏（$CaSO_4 \cdot 2H_2O$）。但有些水泥厂为了降低成本，采用无水石膏（硬石膏，$CaSO_4$），或者二水石膏和无水石膏的混合物，甚至加入氟石膏和磷石膏（主要成分是无水石膏）。半水石膏要消耗大量水变成二水石膏，会使混凝土变干，而无水石膏的溶解速率低于二水石膏，当外加剂中含木钙、糖蜜等物质时，无水石膏硫酸钙的溶解速率会大大降低，水泥中的 C_3A 不能充分地与硫酸钙水化生成钙矾石，而直接与水反应生成铝酸钙，从而引起速凝或假凝。此时水泥调凝剂若为磷石膏，混凝土后期强度将明显降低。试验表明：羟基羧酸盐类、醚类和二甘醇类缓凝剂对硬石膏不会产生假凝现象。石膏形态对水泥净浆流动度的影响见表 6-12。

表 6-12 石膏形态对水泥净浆流动度的影响 （单位：mm）

品种名称	100%硬石膏配制水泥	100%二水石膏水泥	硬石膏:二水石膏=1:1	硬石膏:二水石膏=2:8
萘系高效减水剂	105～110	240～245	200～210	230
木钙、糖蜜	假凝	正常	无流动性	流动性差

从表 6-12 可见，石膏形态对混凝土流动性影响极大。尤其是在减水剂中含有木钙、糖蜜类减水缓凝剂时，影响就更大。预拌混凝土生产企业应经常做水泥与外加剂适应性试验，发现问题及时与厂家联系，尽早解决。

此外，如果水泥中可溶性 SO_3 的含量不足或外部因素使石膏溶解度降低，从而破坏了 SO_3 与 C_3A 和碱含量的平衡，则会使水泥凝结加快，浆体很快便会失去流动性。解决这种"欠硫"现象的办法是在混凝土中加入约 0.05% 硫酸钠或 0.07% 碳酸钾，后者溶解度较高，便于液体泵送剂复配。

6.5.4　水泥碱含量对外加剂应用效果的影响

水泥中碱含量越高，其与外加剂适应性越差，这会导致混凝土凝结时间缩短和坍落度损失加快。由于水泥中碱的存在，加速了铝酸盐的溶出，导致水泥颗粒对外加剂的吸附量增大，因此预拌混凝土生产企业应优先采用低碱水泥，这样还能避免发生混凝土碱-骨料反应。水泥中可溶性碱的最佳含量为 0.4% ~ 0.6%。

6.5.5　水泥中掺合料对外加剂相容性的影响

1. 粉煤灰

粉煤灰中的含碳量对外加剂的使用效果影响很大。粉煤灰越粗，含碳量越高，其对外加剂的吸附性越强，相应地带来外加剂的需求量也要随之增加。

2. 磨细矿渣粉

磨细矿渣粉由于生产质量一般比较稳定，对外加剂相容性都较好。因此，在水泥掺合料中被广泛采用。

3. 其他工业废渣

其他工业废渣如石灰石粉、煤矸石粉等，因其成分复杂而不稳定，一般情况下与外加剂相容性较差。

6.5.6　水泥生产造成混凝土的不正常凝结

1）石膏若与高温熟料共同粉磨，二水石膏会变成半水石膏，温度会开至 160℃，半水石膏还会变成硬石膏，影响预拌混凝土的流动性，甚至出现假凝。

2）新鲜水泥生产后立即使用，会造成对外加剂的吸附量增大，而且 80 ~ 90℃ 就出厂的水泥，早期水化速度变快，需水量大，对外加剂吸附量也增大，带来混凝土坍落度损失大和凝结时间缩短等异常现象。

3）水泥厂为了提高产品早期强度而提高其细度，这不仅对混凝土后期强度无贡献，而且会使混凝土的抗冻性和抗拉强度下降，还会使水泥与高效减水剂，尤其是萘系高效减水剂的相容性变差，从而加大混凝土坍落度损失，致使混凝土生产企业不得不加大减水剂掺量，以满足泵送需要。

4）水泥厂为了提高产品早期强度而加入早强组分，特别是在与外加剂或混凝土生产企业的早强组分相重叠时，也会造成混凝土坍落度损失大和凝结时间缩短等异常现象。

5）水泥厂为了提高产量，生产时加入助磨剂，有时某些助磨剂会对混凝土的保塑性、保水性、引气性和凝结时间等带来不同程度的影响。

6.5.7　水泥厂生产须知

为了使水泥厂更了解预拌混凝土生产企业对水泥的技术要求，笔者编制了水泥厂生产须知，供预拌混凝土企业与水泥厂参考，见表 6-13。

表 6-13　水泥厂生产须知

项目	后果	机理
$C_3A > 8\%$	外加剂掺量增加,生产成本提高;混凝土坍落度损失增大,施工工地会因混凝土流动性小而现场加水,最后导致混凝土强度下降	C_3A 水化速度最快,且对外加剂的吸附性极强
采用硬石膏作调凝剂	混凝土坍落度急剧损失或外加剂中含有木钙、糖钙时混凝土会瞬间失去流动性	硬石膏与木钙类相遇,溶解度大大降低,水泥缺少调凝剂而假凝
水泥研磨过细	水泥水化速度加快,混凝土坍落度损失加大;混凝土易开裂(水泥比表面积从 $250m^2/kg$ 增加到 $5000m^2/kg$,水泥砂浆开裂时间从 86.3h 提前至 28.2h);混凝土抗冻性降低;水泥与外加剂相容性降低;混凝土后期强度倒缩	过细水泥水化速度过快,水化水泥石结构不致密;水泥吸附外加剂多
水泥研磨温度过高	混凝土坍落度急剧损失,甚至快凝	高温时部分二水石膏脱水为半水石膏或无水石膏
"新鲜"水泥出厂	外加剂减水效果降低,混凝土坍落度损失加大,如水泥温度在 60℃ 以上,混凝土会速凝(尤其夏季和用聚羧酸高效减水剂时更显著)	刚出磨机的水泥带正电荷,与外加剂颗粒所带负电荷离子相互吸引,其作用力大,造成外加剂减水性降低,宜生产后 15d 趋于正常再出厂
水泥含碱量 $>0.6\%$	外加剂减水效果明显降低,塑化效果差;混凝土所用骨料中有活性骨料时,会发生碱-骨料反应,导致混凝土开裂、破坏	水泥含碱量大,早期水化速率快;碱与活性骨料反应体积膨胀,导致混凝土开裂破坏
水泥中 SO_3 高	混凝土抗裂性降低	

为了使水泥厂更好地了解混凝土生产企业对水泥的技术要求,可将表 6-13 送到水泥厂,以便其了解用户的要求,生产出更适合预拌混凝土生产使用的水泥。

6.5.8　水泥与外加剂相容性的判断方法

1)用同一种外加剂与几种品牌的水泥进行净浆或砂浆流动性试验。

2)用常用的和相容性好的一种水泥与若干种类、不同厂家的外加剂进行净浆或砂浆流动度试验。

用以上方法来分析和判断是外加剂还是水泥造成了不相容的问题。如果是水泥造成的,则应及时了解水泥厂生产所用矿物的成分组成和石膏种类等情况;如果是外加剂造成的,应立即与生产厂联系,了解其固含量变化、缓凝剂品种和用量的变化。不合格的外加剂应及时退货和更换,而采用与水泥相适应的泵送剂。

据资料介绍,采用某些改性高分子外加剂和聚羧酸盐类外加剂时,由于其分子量大、黏度大,采用净浆流动度法不能真实反映其扩展性能,即采用净浆流动度检测时流动度并不大,但砂浆流动度却大,使用效果也好,此时,单用净浆流动度法易产生误判,宜采用砂浆流动度法或试拌混凝土来检测判断。

6.5.9　外加剂与水泥不相容时采取的措施

一般情况下,由于预拌混凝土生产企业一次性购入水泥量大,且已入仓储存。因此,大部分情况下均是由外加剂来适应水泥，两者不相容时，可采取如下措施：

1）适当增减外加剂掺量。

2）更换外加剂品种，如采用聚羧酸盐类外加剂或氨基酸盐与萘系减水剂复合使用。

3）与外加剂厂联系，更换缓凝剂品种或适当增减缓凝剂掺量。

4）现场二次流化，掺加高效减水剂。许多预拌混凝土生产企业都在混凝土运输车上备有高效减水剂，这种方法使用方便，防止浪费，流化效果好。

5）在保持水胶比不变的前提下，适当增加混凝土中的水泥浆量，相应地增大出厂坍落度。经验证明，出厂坍落度越大，混凝土经时损失也越小。一般情况下，每增加 1cm 坍落度，$1m^3$ 混凝土用水泥浆量增加 1.5% ~ 2.5%，由此会造成混凝土生产成本的增加，只能在不得已的情况下才采用。

第7章 骨　料

骨料占混凝土体积的70%～80%，骨料质量的好坏会直接影响预拌混凝土的工作性能和硬化后的物理力学性能。

7.1 粗骨料

7.1.1 粗骨料的分类

1. 按岩石地质成因分类

按岩石地质成因，粗骨料可分为火成岩、沉积岩和变质岩。

1) 火成岩（从熔融状态固化而成）。如玄武岩、辉绿岩、浮石等，可以用来配制耐热混凝土。深成的火成岩有花岗石、正长岩、闪长岩、橄榄石等。

2) 沉积岩（由水、空气、冰、重力、搬运沉积而成）。沉积岩变化范围比较大，分石灰盐类（石灰岩等）、硅酸盐类（蛋白石、玉髓等），而硅酸盐类安定性极差，易引起混凝土碱骨料反应。

3) 变质岩（由火成岩或沉积岩由热力、压力作用而成）。变质岩有成层片状的板岩、片麻岩和块状的大理石、石英石。

2. 按粗骨料的密度分类

混凝土粗骨料按密度的分类见表7-1。

表 7-1　混凝土粗骨料按密度的分类

种　类	表观密度 /(kg/m³)	堆积密度 /(kg/m³)	适用混凝土强 度范围/MPa	典型用途
超轻质	500	300～1100	<7	非结构用隔热材料
轻　质	500～800	1100～1600	7～14	隔热保温混凝土
结构用质	650～1100	1450～1900	17～35	结构用
正常重	1100～1750	2100～2650	20～60	结构用
特　重	2100	2900～6100	20～40	防射线混凝土

3. 按粗骨料形成的条件分

按粗骨料形成的条件分，有天然矿物骨料和人造骨料。天然骨料包括碎石、卵石和火山渣等。人造骨料包括工业废料，工业副产品，建筑垃圾（混凝土）经破碎、筛分而成的再生骨料和人工焙烧的轻质陶粒等材料。

目前预拌混凝土主要采用天然骨料，近几年来随着绿色环保混凝土的发展，再生骨料和工业废料的利用已越来越多地被应用于混凝土中。

7.1.2　普通混凝土用粗骨料质量要求

目前我国涉及粗骨料的标准有《建设用砂》（GB/T 14684—2011）、《建设用卵石、碎石》（GB/T 14685—2011）、《普通混凝土用砂、石质量及检验方法标准》（JGJ 52—2006）、《海砂混凝土应用技术规范》（JGJ 206—2010）。

本节仅就《普通混凝土用砂、石质量及检验方法标准》（JGJ 52—2006）加以介绍。

1. 颗粒级配

碎石及卵石的颗粒级配应符合表 7-2 的规定。

表 7-2　碎石或卵石的颗粒级配范围

级配情况	公称粒径/mm	累计筛余,按质量计(%)											
		方孔筛筛边长尺寸/mm											
		2.36	4.75	9.5	16.0	19.0	26.5	31.5	37.5	53	63	75	90
连续粒级	5~10	95~100	80~100	0~15	0	—	—	—	—	—	—	—	—
	5~16	95~100	85~100	30~60	0~10	0	—	—	—	—	—	—	—
	5~20	95~100	90~100	40~80	—	0~10	0	—	—	—	—	—	—
	5~25	95~100	90~100	—	30~70	—	0~5	0	—	—	—	—	—
	5~31.5	95~100	90~100	70~90	—	15~45	—	0~5	0	—	—	—	—
	5~40	—	95~100	70~90	—	30~65	—	—	0~5	0	—	—	—
单粒级	10~20	—	95~100	85~100	—	0~15	0	—	—	—	—	—	—
	16~31.5	—	95~100	—	85~100	—	—	0~10	—	—	—	—	—
	20~40	—	—	95~100	—	80~100	—	—	0~10	0	—	—	—
	31.5~63	—	—	—	95~100	—	—	75~100	45~75	—	0~10	0	—
	40~80	—	—	—	—	95~100	—	—	70~100	—	30~60	0~10	0

注：1. 混凝土用石应采用连续粒级。

2. 单粒级宜用于组合成满足要求的连续粒级，也可与连续粒级混合使用，以改善其级配或配成较大粒度的连续粒级。

3. 当卵石的颗粒级配不符合表 7-2 的要求时，应采取措施并经试验证实能确保工程质量后，方允许使用。

2. 含泥量、泥块含量及针片状颗粒含量

碎石及卵石中含泥量、泥块含量及针片状颗粒含量应符合表7-3的规定。

表 7-3 碎石及卵石中含泥量、泥块含量及针片状颗粒含量

混凝土强度等级	≥C60	C55 ~ C30	≤C25
含泥量（按质量计）（%）	0.5(1.0)	≤1.0(1.5)	≤2.0(3.0)
泥块含量（按质量计）（%）	0.2	≤0.5	≤0.7
针片状颗粒含量（%）	≤8	≤15	≤25

注：1. 有抗冻、抗渗或其他要求的混凝土，石子含泥量不应大于1.0%，当碎石或卵石中的含泥是非黏土时，表中含泥量采用括弧中数值。
  2. 有抗冻、抗渗或其他要求的强度等级小于C30的混凝土，石子中泥块含量不应大于0.5%。

3. 强度

1）碎石的强度可用岩石的抗压强度和压碎指标表示，岩石强度应由生产单位提供，工程中采用压碎指标进行质量控制。碎石压碎指标应符合表7-4的规定。

表 7-4 碎石压碎指标

岩石种类	混凝土强度等级	压碎指标（%）
沉积岩	C60 ~ C40	≤10
	≤C35	≤16
变质岩或深成的火成岩	C60 ~ C40	≤12
	≤C35	≤20
喷出的火成岩	C60 ~ C40	≤13
	≤C35	≤30

注：1. 岩石的抗压强度应至少比所配制的混凝土强度高20%。
  2. 配制C60以上强度等级混凝土时，应进行岩石抗压强度检验。

2）卵石的强度可用压碎指标表示，其压碎指标见表7-5。

表 7-5 卵石压碎指标

混凝土强度等级	C60 ~ C40	≤C35
压碎指标（%）	≤12	≤16

4. 坚固性

碎石及卵石的坚固性应用硫酸钠溶液法检验，试样经5次循环后，其质量损失应符合表7-6的规定。

表 7-6 碎石及卵石的坚固性指标

混凝土所处的环境及其要求	经5次循环后的质量损失（%）
寒冷及严寒地区室外使用，且经常处于潮湿或干湿交替状态；有腐蚀性介质作用或处于水位变化区的地下结构；有抗疲劳、抗冲击、耐磨要求的混凝土	≤8
有其他条件使用要求的混凝土	≤12

5. 有害物质含量

碎石及卵石中的硫化物、硫酸盐含量以及卵石中有机物等有害物质含量，应符合表7-7

的规定。

表 7-7　碎石及卵石中有害物质的含量

项　目	质量要求
硫化物及硫酸盐含量(%)(折算成 SO_3,按质量计)	≤1.0
卵石中有机物含量(用比色法试验)	颜色应不深于标准色,当颜色深于标准色时,应配制成混凝土进行强度对比试验,抗压强度比≥0.95

6. 碱活性

对于长期处于潮湿环境下的重要结构的混凝土,其所用的粗骨料应进行碱活性检验。

进行碱活性检验时,首先应采用岩相法检验碱活性骨料的品种、类型和数量。当检查出骨料中有活性二氧化硅时,应采用快速砂浆棒法和砂浆长度法进行碱活性检验,当检验出骨料中含有活性碳酸盐时,应采用岩石柱法进行碱活性检验。

经上述检验,当判断骨料中存在潜在碱-碳酸盐反应危害时,不宜用作混凝土骨料。否则,应通过专门的混凝土试验,做最后的评定。

当评定骨料存在潜在碱-硅反应危害时,应控制混凝土中碱含量不超过 $3kg/m^3$,或采取能抑制碱-骨料反应的有效措施。

7. 放射性

根据国家标准《建筑材料放射性核素限量》（GB 6566—2011）,砂中天然放射性核素镭-226、钍-232、钾-40 的放射性比活度应同时满足外照射指数 I_f≤1.0 和内照射指数 I_{Ra}≤1.0。

7.1.3　粗骨料性质对新拌混凝土工作性能的影响

粗骨料的颗粒形状和表面结构（光滑和粗糙程度）是影响新拌混凝土工作性能的主要因素。对预拌混凝土来说,由于泵送的要求,所以还对其针片状含量、粒径大小和级配有更多的规定。

预拌混凝土所用骨料除满足现行标准《普通混凝土用砂、石质量及检验方法标准》（JGJ 52—2006）的规定外,还应满足下列要求:

1）针片状含量不大于 10%,否则易堵泵。

2）骨料级配。粗骨料为连续级配,有利于预拌混凝土泵送。骨料的级配越好,其空隙率越小,两个指标密切相关,如仅有某一区段的骨料,特别是大骨料多时,混凝土很容易离析和堵泵。

高品质的骨料具有良好的粒形、级配和低孔隙率,用于填充空隙用的浆体量少,因此获得相同流动性的混凝土,混凝土用胶凝材料和水（即浆体量）少,最终混凝土不仅可以获得良好的经济效益,而且混凝土耐久性——抗氯离子渗透和抗硫酸盐侵蚀性能得到很大的提高。目前采用引进砂石生产线生产的精品石子针片状含量都在 5% 以下,孔隙率在 38% 左右,用这种石子配制 C30 泵送混凝土,$1m^3$ 可节约水泥 15kg,减少用水量 8kg。

我们试想做这样一个推算 : 以石子孔隙率 43% 和 38% 做对比,石子在混凝土中的用量大约是 0.7m^3，5% 石子的孔隙率的体积是 0.035m^3，试求 0.035m^3 水泥浆体中含有水泥和水各是多少。

设水泥质量为 x，水的质量是 y，假设水胶比为 0.5，则

$$0.5x = y$$

$$x/3200 + y/1000 = 0.035$$

解此二元一次方程，得 $x = 43kg$ $y = 21.5kg$

也就是说石子孔隙率从 43% 降到 38%，由于需要填充混凝土中石子孔隙的水泥浆少了 0.035m^3，因而混凝土 1m^3 可减少水泥 43kg 和水 21.5kg，可见优质骨料带来的可观的经济效益。总之，对于骨料采购的质量，一定要高度重视。

北京建筑大学和天山水泥厂试验研究成果证明了高品质骨料所带来的效果。

试验所用材料：

① 水泥为 P·O 42.5 级，28d 抗压强度为 49.5MPa。

② 粉煤灰为 Ⅱ 级，需水量比为 102%，0.045mm 筛孔筛余 24%。

③ 矿渣粉为 S95 级，28d 活性指数为 96。

④ 粗骨料为石灰石碎石（5~10mm：10~25mm = 1：2），孔隙率为 38.9%，针片状含量为 0.51%，压碎指标为 3.9%，表观密度为 2752kg/m^3。

⑤ 砂为石灰石尾矿机制砂，细度模数 $\mu_f = 2.7$。

⑥ C25~C50 混凝土采用萘系泵送剂，C60~C70 混凝土采用聚羧酸系泵送剂。

试验得出的高品质骨料配制的混凝土配合比及强度值见表 7-8。

表 7-8 高品质骨料配制的混凝土配合比及强度值

强度等级	胶凝材料总量	混凝土配合比/(kg/m^3)							坍落度/mm	混凝土强度/MPa		
		水泥	粉煤灰	矿渣粉	砂	碎石	外加剂	水		3d	7d	28d
C25	330	144	110	76	915	991	1.8	170	215	12.9	18.8	32.0
C30	340	210	100	30	842	1028	2.0	168	220	19.3	24.3	39.2
C35	367	220	92	55	833	1017	2.0	165		20.2	28.5	44.1
C40	393	230	96	67	784	1039	2.2	165		2305	30.1	48.3
C45	435	260	99	76	718	1077	2.6	160	>220	31.6	35.4	55.9
C50	485	280	108	97	673	1098	2.8	155		32.8	40.1	61.3
C60	520	324	92	104	623	1108	1.2	150		38.3	50.5	68.8
C70	540	337	95	108	575	1116	1.3	148		50.1	58.2	80.1

从表 7-8 可见，采用高品质的骨料后，与大孔隙率骨料配制的混凝土相比，混凝土胶凝材料用量和用水量明显下降，但混凝土和易性还是很好，坍落度在 200mm 以上，混凝土 3d、7d 和 28d 强度稳定，满足配合比设计要求。

硬化后的混凝土密实性好，内部孔结构得到改善，其经过 60 次硫酸盐干湿循环后，混凝土的抗压耐蚀系数都在 95% 以上，各级混凝土的氯离子扩散系数均在 $150 \times 10^{-14}m^2/s$ 以下，混凝土强度等级越高，氯离子渗透性越低，耐久性越好。混凝土抗硫酸盐试验和氯离子

渗透结果见表 7-9。

表 7-9　混凝土抗硫酸盐试验和氯离子渗透结果

强度等级	浸泡 60d 抗压强度/MPa		混凝土抗硫酸盐腐蚀系数(%)	混凝土氯离子扩散系数/(10^{-14} m²/s)
	水溶液	硫酸盐溶液		
C25	38.3	40.6	106.1	150
C30	46.7	47.3	101.3	110
C35	49.0	50.3	102.7	90
C40	53.4	52.1	98.8	85
C45	58.7	58.4	97.8	75
C50	64.5	62.2	96.4	60
C60	73.2	71.4	97.5	40
C70	85.0	81.6	96.0	35

从上面的数据可知，不能忽视骨料质量对混凝土生产成本和质量的影响。

3）骨料的含水率会直接影响预拌混凝土的工作性能和强度，生产过程应精确测定其含水率。

4）粗骨料最大粒径受到泵送高度和输送管径的约束。泵送高度和输送管径对粗骨料粒径的要求见表 7-10。

表 7-10　泵送高度和输送管径对粗骨料粒径的要求

石子品种	泵送高度/m	粗骨料最大粒径与输送管径比
碎石	<50	≤1:3
	50 ~ 100	≤1:4
	>100	≤1:5
卵石	<50	≤1:2.5
	50 ~ 100	≤1:3
	>100	≤1:4

从表 7-10 可知，泵送高度越高，粗骨料粒径应相应减小，采用碎石时较卵石需要更小一点的粒径。

7.1.4　粗骨料对硬化混凝土力学性能的影响

1）粗骨料的表面粗糙，有利于增大水泥浆与骨料的界面强度。根据多年试验，卵石配制的混凝土一方面由于其含风化石较多，本身压碎指标低于碎石，而且表面光滑，界面强度低，因此，混凝土强度会比同配比碎石混凝土低 3 ~ 4MPa。

2）粗骨料粒径效应。近年来国内外许多学者的试验表明，粗骨料最大粒径对硬化后的混凝土力学性能有很大影响。尤其是配制富浆混凝土时，增大粗骨料最大粒径，会导致混凝土强度下降，这称为粗骨料粒径效应。配制强度较高的混凝土时，混凝土抗压强度随粗骨料最大粒径增大而降低，而对于水胶比高的低强度混凝土来说，粒径大小对混凝土强度则无很大影响。为此，配制高强混凝土时，宜采用粒径小于 20mm 的粗骨料。粒径效应对混凝土抗拉强度和抗冻强度的影响比抗压强度的影响要更大些。

3）粗骨料粒径效应的机理

① 随着粗骨料粒径的加大，其与水泥浆体的黏结不断削弱，增加了混凝土材料内部结构的不连续性，导致了混凝土强度的降低。

② 粗骨料在混凝土中对水泥收缩起着约束作用。由于粗骨料与水泥浆体的弹性模量不同，因而在混凝土内部会产生拉应力。此内应力随粗骨料粒径的增大而增大，从而导致混凝土强度的降低。

③ 随着粗骨料粒径的增大，在粗骨料界面过渡区的 $Ca(OH)_2$ 晶体的定向排列程度增大，使界面结构削弱，从而降低了混凝土的强度。

试验表明：混凝土中粒径为 15 ~ 25mm 的粗骨料周围界面裂纹宽度为 0.1mm 左右，裂缝长度为粒径周长的 2/3，界面裂纹与周围水泥浆中的裂纹连通的较多；而粗骨料粒径为 5 ~ 10mm 的混凝土中，界面裂纹宽度较均匀，仅为 0.03mm，裂纹长度仅为粒径周长的 1/6。

由于粗骨料的粒径大小不同，因此混凝土硬化后在粒径下部形成的水囊积聚量也不同。大粒径粗骨料下部水囊大且多，水囊中水蒸发后，其下界面形成的界面缝必然比小粒径的宽，界面强度自然就低。

7.1.5 骨料中细粉料对混凝土力学性能的影响

骨料含黏土、石粉等细粉料，一方面会增加混凝土的需水量和外加剂，另一方面，由于粉料聚集在骨料表面，削弱了骨料和水泥浆之间的黏结力，从而降低了混凝土的力学性能。

7.2 细骨料

细骨料需满足《普通混凝土用砂、石质量及检验方法标准》（JGJ 52—2006）的规定。

7.2.1 天然砂混凝土用细骨料的质量标准

1. 颗粒级配

细骨料按细度模数分为四种：3.1 ~ 3.7 为粗砂，2.3 ~ 3.0 为中砂，1.6 ~ 2.2 为细砂，1.5 ~ 0.7 为特细砂。

除特细砂外，砂的颗粒级配可按公称直径为 0.063mm 筛孔的累计筛余量（以质量百分率计），分成三个级配区，砂的颗粒级配应处于表 7-11 中的某一区内。配制混凝土应优先采用 II 区中砂。

表 7-11　砂的颗粒级配区分级标准

累计筛余 公称粒径/mm	Ⅰ区	Ⅱ区	Ⅲ区
5.00	10 ~ 0	10 ~ 0	10 ~ 0
2.50	35 ~ 5	25 ~ 0	15 ~ 0
1.25	65 ~ 35	50 ~ 10	25 ~ 0
0.63	85 ~ 71	70 ~ 41	40 ~ 16
0.315	95 ~ 80	92 ~ 70	85 ~ 55
0.160	100 ~ 90	100 ~ 90	100 ~ 90

2. 含泥量及泥块含量

天然砂中含泥量及泥块含量应符合表 7-12 的规定。

表 7-12　天然砂中含泥量及泥块含量

混凝土强度等级	≥C60	C55 ~ C30	≤C25
含泥量(按质量计)(%)	2.0	≤3.0	≤5.0
泥块含量(按质量计)(%)	0.5	≤1.0	≤2.0

注：对有抗冻、抗渗或其他要求的 C25 及其以下混凝土用天然砂，其含泥量不应大于 3.0%，泥块含量不应大于 1.0%。

3. 坚固性

砂的坚固性应用硫酸钠溶液检验，试样经 5 次循环后，其质量损失应符合表 7-13 的规定。

表 7-13　砂的坚固性指标

混凝土所处的环境及其性能要求	5 次循环后的质量损失(%)
寒冷及严寒地区室外使用，且经常处于潮湿或干湿交替状态；有腐蚀性介质作用或处于水位变化区的地下结构；有抗疲劳、抗冲击、耐磨要求的混凝土	≤8
有其他条件使用要求的混凝土	≤10

4. 有害物质含量

当砂中含有云母、轻物质、有机物、硫化物及硫酸盐等有害物质时，其含量应符合表 7-14 的规定。

表 7-14　砂中有害物质含量

项　目	质量要求
云母含量(按质量计)(%)	≤2.0
轻物质含量(按质量计)(%)	≤1.0
硫化物及硫酸盐含量(折算成 SO_3，按质量计)(%)	≤1.0
有机物含量(用比色法试验)	颜色应不深于标准色，当颜色深于标准色时，应配制成混凝土进行强度对比试验，抗压强度比≥0.95

5. 氯离子含量

砂中氯离子含量应符合下列规定：

1）钢筋混凝土用砂，其氯离子含量不得大于 0.06%（以干砂质量的百分数计）。

2）预应力混凝土用砂，其氯离子含量不得大于 0.02%（以干砂质量的百分数计）。

6. 放射性

根据国家标准《建筑材料放射性核素限量》（GB 6566—2011），砂中天然放射性核素镭-226、钍-232、钾-40 的放射性比活度应同时满足外照射指数 $I_f \leqslant 1.0$ 和内照射指数 $I_{Ra} \leqslant 1.0$。

7.2.2 细骨料对预拌混凝土性能的影响

1. 细度

预拌混凝土应采用中砂，通过 0.315mm 筛孔的颗粒不应小于 15%，以利于泵送。但细砂会造成混凝土的需水量增大，导致混凝土收缩加大和强度下降。

2. 粒形

细骨料的颗粒形状和表面结构会影响新拌混凝土的工作性能，预拌混凝土应采用表面浑圆的细骨料，有利于泵送。

3. 含水量

细骨料的含水率会影响混凝土的水胶比和新拌混凝土的工作性能及硬化后强度。由于细骨料的表面含水率远远高于粗骨料，因此，应着重对细骨料的含水率进行控制和精确测定。

4. 吸水率

骨料的吸水率会影响混凝土的抗冻性和耐久性。若骨料的吸水率上升，那么混凝土的抗冻性和抗硫酸盐性能会随之下降。

随着我国农田和河道环境的保护措施逐步加强，目前建筑市场较普遍地出现了砂资源缺乏、天然砂细度下降、含泥量增高和价格上涨等现象，严重影响了混凝土的质量，提高了混凝土的生产成本。因此，寻找新的混凝土用砂资源已迫在眉睫。

7.2.3 细砂使用对策

细砂或特细砂用在混凝土中势必会造成混凝土水泥用量高，随之而来的是拌合物的泌水和硬化后混凝土表面的开裂。解决这一问题的较好办法是采用人工砂或混合砂。

1. 人工砂生产设备选型

一般采石场生产的机制砂普遍颗粒尖锐，多棱角，流动性不良。据资料介绍，经过滚筒式进行二次破碎的机制砂外表浑圆，级配良好。当细度模数在 3.1～3.7 时，按一定比例掺入细砂或特细砂中，使用效果良好。

现代高效制砂机拥有超大的弧形破碎腔，骨料进入制砂机内被转子刀头高速冲击而高速射入物料密集悬浮的破碎腔内，物料间高速撞击产生高频率的"理解粉碎"，破碎成砂的物料像波涛汹涌的江水一样呈漩涡串流状态，物料间产生激烈的"搓""磨"，最后变成圆形颗粒的砂子。由于制砂机 70%～80% 的破碎是物料间自相碰橦、搓和磨，因此具有下列优点：

1）机械磨损小（刀头寿命是常规制砂机的 3～4 倍）。

2）砂的颗粒形状、级配与天然砂类似。

3）工艺布置简洁、节能。

4）进料粒度范围广。

2. 混合砂配比

通常需根据天然细砂和人工砂细度，按不同比例混合，进行混凝土拌合物工作性能和混凝土力学性能、耐久性试验，确定最佳混合砂配比。河南金峰混凝土公司试验室提供的天然砂和人工砂颗粒级配见表 7-15，各种细骨料性能见表 7-16，供读者参考。

表 7-15　天然砂、人工砂颗粒级配

砂 类	筛分结果							
人工砂颗粒级配	筛孔尺寸/mm	4.75	2.36	1.18	0.60	0.30	0.15	筛底
	分计筛余(%)	0.2	31.7	24.9	16.7	11.6	5.6	9.0
	累计筛余(%)	0	32	57	74	85	91	100
天然细砂颗粒级配	筛孔尺寸/mm	4.75	2.36	1.18	0.60	0.30	0.15	筛底
	分计筛余(%)	0.1	0.4	0.3	2.1	45.1	44.6	7.1
	累计筛余(%)	0	0	1	3	48	93	100
天然中砂级配	筛孔尺寸/mm	4.75	2.36	1.18	0.60	0.30	0.15	筛底
	分计筛余(%)	6.0	8.8	11.6	32.2	26.4	9.6	5.4
	累计筛余(%)	6	15	26	59	85	95	100

表 7-16　各种细骨料性能

细骨料种类	细度模数	表观密度/(kg/m³)	堆积密度/(kg/m³)	孔隙率(%)	含泥量(%)	压碎值(%)
天然中砂	2.7	2640	1460	46	0.6	—
人工砂	3.3	2770	1530	45	4.3	24
天然细砂	1.5	2610	1500	43	0.5	—
30%细砂 + 70%人工砂	2.8	2720	1670	39	—	—
40%细砂 + 60%人工砂	2.6	2680	1660	38	—	—
50%细砂 + 50%人工砂	2.5	2690	1670	38	—	—
60%细砂 + 40%人工砂	2.3	2680	1640	39	—	—

3. 混凝土拌合物的工作性能和力学性能

各品种混配细骨料混凝土拌合物的性能和抗压强度见表 7-17。

表 7-17 混配混凝土拌合物的性能和抗压强度

细骨料种类	初始坍落度/mm	初始扩展度/mm	1h 坍落度/mm	1h 扩散度/mm	和易性	初凝时间/(h:min)	抗压强度/MPa	
							R_{7d}	R_{28d}
中砂	240	560	230	540	优	8:25	37.8	49.9
人工砂	220	510	170	280	差	7:15	38.0	50.8
80% 人工砂 + 20% 细砂	230	510	185	320	中	7:25	36.1	55.2
70% 人工砂 + 30% 细砂	220	530	190	340	良	7:20	34.7	58.4
60% 人工砂 + 40% 细砂	230	600	225	570	优	8:15	39.4	58.8
50% 人工砂 + 50% 细砂	225	570	220	550	优	8:00	37.1	53.8

表 7-17 的试验数据表明，配比中的细骨料全采用人工砂，用相同的配合比，很难达到天然中砂配制的混凝土的效果。原因为：其一，人工砂为机械破碎而成，棱角较多，导致混凝土的流动性减小；其二，从一般人工砂的级配可以看出，人工砂筛余 0.30mm 以下所占比例较小，仅有 10% 左右，而《混凝土泵送施工技术规程》（JGJ/T 10—2011）中指明，泵送混凝土细骨料通过 0.30mm 筛孔的筛余量不应小于 15%。而天然细砂的直径主要集中在 0.30mm 以下，与人工砂复合正好填补 0.30mm 以下的累计筛余，使细骨料具有较好的级配，同时，天然细砂减少了人工砂之间的内摩擦力，从而获得良好的施工性能。

试验结果还表明，人工砂与天然细砂混合使用，在天然细砂掺量不大于 50% 的情况下，随着细砂掺量的增加，混凝土拌合物初始坍落度增大，扩展度增大，1h 坍落度保留值也较大，且和易性得到很好的改善，从坍落度损失和同龄期的强度来看，优势也非常显著。相比之下，60% 的人工砂与 40% 的天然细砂混合作为细骨料配制的混凝土性能较为优越。

4. 细骨料品种对混凝土收缩性能的影响

在相同配合比的情况下，对天然中砂和混合砂（60% 人工砂 + 40% 天然细砂）配的混凝土的收缩性能进行对比检验，结果见表 7-18。

表 7-18 混凝土的收缩性能

原材料		各龄期收缩值/(1×10^{-4})							
水 泥	细骨料	1d	3d	7d	14d	28d	45d	60d	90d
P · O32.5	中砂	0.26	0.52	1.60	1.90	2.36	2.84	3.15	3.96
P · O32.5	混合砂	0.29	0.58	0.95	1.84	2.30	2.80	3.04	3.40

表 7-18 表明，在相同配比情况下，混合砂配制的混凝土早期收缩值略大于天然中砂配制的混凝土，后期天然中砂的收缩值变化明显增大。

5. 细骨料品种对混凝土耐久性的影响

细骨料品种混配混凝土的抗渗性能见表 7-19。

表 7-19　细骨料品种混配混凝土的抗渗性能

细骨料种类	水压/MPa	试件最大渗水高度/mm
天然中砂	1.2	65
混合砂(60%的人工砂 +40%的天然细砂)	1.2	30

从表 7-19 中可知，采用混合砂的混凝土内部结构致密，抗渗性良好。预拌混凝土生产企业可按照上述思路，通过试验来确定合理的混合砂配比。

7.3　特殊骨料

7.3.1　轻骨料

表观密度在 1100kg/m³ 以下的骨料通常称为轻骨料。根据表观密度不同，轻骨料又分超轻质、轻质和结构用轻质三类。轻骨料有天然的，也有人造的。前者为火成岩，如浮石、火山渣。后者由黏土、页岩、珍珠岩和蛭石等天然材料或高炉矿渣、粉煤灰等经热处理而制得。轻骨料内部结构具有高度的多孔性，因此，由其配制的混凝土强度均较低，一般用于保温绝热混凝土。也有些轻骨料由于其孔结构为均匀分布的细孔，颗粒强度较高，如页岩陶粒也可配制结构用混凝土。用轻骨料配制混凝土详见第六篇第 37 章。

不同类型的轻骨料混凝土的性能见表 7-20。

表 7-20　不同类型的轻骨料混凝土的性能

骨料 种类	骨料干密度/(kg/m³)	混凝土表观密度/(kg/m³)	28d 抗压强度/MPa	热传导系数/[W/(m·K)]	质量吸水率/(%)
页岩陶粒	550~1050	1100~1850	14~42	0.26~0.43	5~15
粉煤灰陶粒	600~1000	1350~1390	14~42	0.17~0.51	14~24
膨胀蛭石	65~200	400~950	0.07~3	0.07~0.10	20~35
膨胀珍珠岩	65~250	550~800	0.6~3.5	0.07~0.10	10~50
天然浮石	—	800~1300	4~5	0.15~0.30	—

7.3.2　重骨料

重骨料是一种具有高密度的骨料，一般用于配制防核辐射的混凝土防护工程。重骨料也分天然和人工两种，天然骨料如钛矿石等，人造重骨料如铁球、铁锻、磷铁合金矿石等。采用重骨料配制混凝土时，由于骨料自重很大，混凝土较易产生离析现象，施工中应予以注意，并采取相应技术措施。

1. 利用工业废渣制成的骨料

除了粉煤灰（可制成粉煤灰陶粒）以外，另一种重要的工业废料是高炉矿渣，它是高炉炼铁时产生的融渣经自然冷却形成的石质材料。高炉重矿渣经破碎、筛分而得矿渣碎石，其质密坚硬，可广泛用于生产混凝土预制构件，也可用于预拌混凝土。我国鞍钢等工厂已广泛采用矿渣碎石配制普通混凝土和耐热混凝土，目前有标准《混凝土用高炉重矿渣碎石》（YB/T 4178—2008）可参阅。

矿渣碎石表观密度为 $1250 \sim 1550 \text{kg/m}^3$，压碎指标为 $11\% \sim 15\%$。可用于配制 C50 及其以下混凝土。

2. 再生混凝土骨料

随着环保意识的逐年提高，近几年来我国各大城市已经在开发再生混凝土骨料，即用建筑垃圾中的废混凝土经破碎、筛分而成的骨料。这种骨料表面粗糙，多棱角，比表面积大，吸水量大。因此，配制混凝土时单位用水量比普通混凝土大。据资料介绍，与普通骨料配比相同的再生骨料混凝土，若不增加单位用水量，会导致坍落度降低 130mm 左右。再生骨料混凝土其强度和弹性模量相当于天然骨料配制混凝土的 2/3。再生混凝土骨料需经破碎、分级，粉尘的控制与处理及有害组分的分离，这些流程均需耗用一定的资金。因此，其在工程中的应用取决于成本预算的多少。

再生骨料混凝土详见第六篇第 44 章。

7.4 机制砂

7.4.1 机制砂的定义

利用岩石、尾矿、建筑垃圾等通过破碎和筛分形成的细骨料，称为机制砂。发展机制砂产业，可以利用一些废弃采石场，以有效解决我国庞大的尾矿资源再利用，促进建筑垃圾资源化，并可以为建筑业解决当前普遍存在的天然砂匮乏的问题。

7.4.2 机制砂的生产工艺

机制砂生产主要有干法和湿法工艺两种，相应的工艺流程如图 7-1 和图 7-2 所示。

流程图说明如下：

1）湿法固液分离系统和干法除尘脱粉系统的目的是除去泥粉和 0 ~ 1mm 的细砂。

2）一般中碎和细碎工艺所产普通 0 ~ 5mm 机制砂细度模数偏高，针片状较多，借助琴弦筛筛分出 3 ~ 5mm 石屑并经立轴整形工艺进一步破碎和整形制得 0 ~ 5mm 机制砂，改善了粒形、级配和细度模数。

3）0 ~ 1mm 细砂、普通 0 ~ 5mm 机制砂、琴弦筛筛下 0 ~ 3mm 细砂、整形 0 ~ 5mm 机制砂可以通过配料系统均匀混合。

上述工艺可以以较低的成本达到优化机制砂产品质量指标的效果。图 7-3 为江苏泰州某干法制砂厂生产线外观之一。

7.4.3 机制砂的质量标准

机制砂的质量高低对混凝土性能的影响非常显著。我国规定的机制砂质量标准的主要约束指标及分类见表 7-21、表 7-22 和表 7-23。

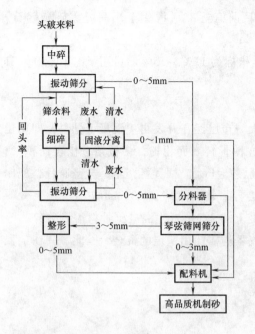

图 7-1 机制砂湿法生产工艺流程

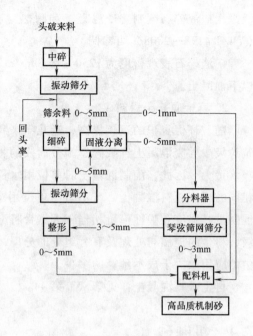

图 7-2 机制砂干法生产工艺流程

图 7-3 江苏泰州某干法制砂厂生产线外观之一

表 7-21 机制砂质量标准的主要约束指标及分类（一）

约束类型	约束值			
	类别	Ⅱ、Ⅲ	Ⅰ、Ⅱ、Ⅲ	Ⅱ、Ⅲ
级配约束	级配区	1 区	2 区	3 区
	4.75mm	10 ~ 0	10 ~ 0	10 ~ 0

（续）

约束类型	约束值			
	类别	Ⅱ、Ⅲ	Ⅰ、Ⅱ、Ⅲ	Ⅱ、Ⅲ
级配约束	2.36mm	35~5	25~0	15~0
	1.18mm	65~35	50~10	25~0
	600μm	85~71	70~41	40~16
	300μm	95~80	92~70	85~55
	150μm	97~85	94~80	94~75
	细度模数	3.7~2.8	3.2~2.1	2.4~1.6

表 7-22 机制砂质量标准的主要约束指标及分类（二）

约束类型			约束值		
		类别	Ⅰ	Ⅱ	Ⅲ
含泥量和泥块含量	$MB \leq 1.4$	石粉含量(%)	≤10	≤10	≤10
		泥块含量(%)	0	≤1.0	≤2.0
	$MB > 1.4$	石粉含量(%)	≤1.0	≤3.0	≤5.0
		泥块含量(%)	0	≤1.0	≤2.0

注：MB 的含义为：机制砂中有一部分粒径在 0.075mm 以下的粉料，因此必须鉴定这部分粉料是石粉还是泥粉。若是石粉，则对混凝土的力学性能和工作性能是有利的，若是泥粉，其作用则反之。所以要用专用设备进行亚甲蓝试验，控制 MB 的值不大于 1.4。具体试验方法见《普通混凝土用砂、石质量及检验方法标准》（JGJ 52—2006）。

表 7-23 机制砂质量标准的主要约束指标及分类（三）

约束类型	级 别	粗 砂	中 砂	细 砂	特细砂
细度分类	细度模数	3.1~3.7	2.3~3.0	1.6~2.2	0.7~1.5
	平均粒径	>0.5mm	0.5~0.35mm	0.35~0.25mm	>0.25mm

7.4.4 各强度等级混凝土适宜的细度模数和石粉含量

据一些单位的实践经验，各强度等级混凝土的适宜 μ_f 和石粉含量见表 7-24。

表 7-24 各强度等级混凝土的适宜 μ_f 和石粉含量

混凝土强度等级	适宜细度模数 μ_f	石粉含量(%)	MB
C30 及其以下	3.02~1.91	≤20	≤1.4
C35~C55	3.30~2.08	≤15	≤1.0
C60	2.76~3.59	≤10	≤0.5

7.4.5 机制砂级配对混凝土性能的影响

西南交大、中铁二院等单位对机制砂级配对混凝土性能的关系试验研究表明，机制砂颗粒级配及其颗粒间连续程度，以及砂的粒形是决定混凝土工作性能优劣的关键因素。机制砂颗粒级配≥1.18mm（即 1.18~4.75mm 称为Ⅰ组分，1.18mm 以下的称为Ⅱ组分）组分的含量大小及颗粒间组成比例是影响混凝土强度的主要因素。机制砂的细度模数仅表征砂的粗细程度，不能反映砂的级配真实情况，不能作为判断砂质量好坏的衡量标准，对混凝土强度及工作性能起到决定影响效果的是机制砂合理的颗粒级配组分。

试验表明，以 1.18mm 筛孔为分界点将机制砂颗粒组分分成 Ⅰ、Ⅱ 组分，则 Ⅰ 组分主要影响混凝土泌水性，Ⅱ 组分主要影响混凝土的保水性和黏聚性。为保证混凝土的良好性能，宜使 Ⅰ、Ⅱ 组分的含量比例保持在 1:2 左右，并应有效控制 Ⅰ 组分颗粒间的组成比例（即颗粒级配及其颗粒间连续程度）。

在机制砂中，Ⅰ 组分含量及颗粒组成比例是影响混凝土强度的关键因素。试验表明，宜将 1.18mm 筛档累计筛余百分率控制在级配中值附近，且 4.75、2.36 和 1.18mm 三筛档累计筛余百分率按 2:3:1 进行控制，有利于发挥 Ⅰ 组分填充密实与次骨架结构作用的效应，从而提高混凝土的整体性能。

高品质的机制砂由于经过整形，表面浑圆，不含泥，配制混凝土时外加剂和水泥用量明显减少，流动性好。

7.4.6 机制砂与天然砂试验对比

近年来，我国出现不少人工砂装备制造公司，他们引进了美国、德国、日本等国家先进的碎石加工技术和工艺，研制出机制砂生产成套设备。此套设备有整形机，可生产出外形似天然砂、级配良好和不同细度模数的机制砂。由于机制砂不含泥，用于生产混凝土可降低水泥和外加剂用量，机制砂中 3% ~ 12%（可控）的石粉又可代替粉煤灰，而机制砂的售价低于粉煤灰，因此混凝土 1m³ 可节省水泥 30 ~ 50kg，降低成本 15 ~ 20 元。

1) 某混凝土公司试验对比结果见表 7-25。

表 7-25 某混凝土公司机制砂与天然砂试验对比结果

混凝土配合比/(kg/m³)						混凝土抗压强度/MPa		
砂		石子	P.C					
天然中砂（细度模数为 2.6）	机制砂（细度模数为 2.75）	5 ~ 25mm	(%)	P·O42.5	矿粉	3d	28d	56d
0	800	970	1.2	250	100	36.0	57.4	58.9
780	0	1010	1.4	270	80	27.7	57.9	56.6

2) 机制砂拌制的混凝土流动性差的对策见表 7-26。

表 7-26 机制砂拌制的混凝土流动性差的对策

流动性不良的原因	控制指标
机制砂含山皮土或石粉过大	$MB > 1.4$ 不宜用,石粉含量按表控制
机制砂级配不良	机制砂中 4.75mm:2.36mm:1.18mm = 2:3:1 (4.75mm + 2.36mm + 1.18mm):1.18mm 以下 = 1:2
机制砂外形尖角多	建议采用整形机消除尖角

7.4.7 尾矿粉人工砂在混凝土中的应用

1. 尾矿粉的物理化学成分

尾矿粉是铁矿山开采后的废弃物，后经破碎、筛分而成的人工砂称为尾矿人工砂。尾矿粉的矿物组成和化学成分见表 7-27 和表 7-28。

表 7-27 尾矿粉的矿物组成

矿物	石英	长石	辉石	磁铁矿	其他矿物
尾砂	40	20	20	10	10

表 7-28 尾矿粉的化学成分

成分	SiO_2	Al_2O_3	TiO_2	Fe_2O_3	K_2O	Na_2O	CaO	MgO	SO_3	L
尾矿	72.12	4.40	0.21	12.87	1.10	1.10	2.90	3.77	0.36	1.08

2. 尾矿人工砂与天然砂配制混凝土在同条件下的对比试验

首钢矿业公司采用尾矿人工砂配制商品混凝土在同条件下与天然砂混凝土进行了对比试验研究。试验原材料：水泥为 P·O32.5，28d 抗压强度为 46.8MPa；石子为卵碎石，粒径为 5~25mm，针片状含量为 6%，含泥量为 0.6%，泥块含量为 0.3%；外加剂为 BLD—3 泵送剂；粉煤灰为 Ⅱ 级；天然砂中，中砂细度模数为 2.6，含泥量为 3.0%，泥块含量为 1.0%，堆积密度为 1448kg/m³；尾矿人工砂中，细度模数为 2.5，石粉含量为 4.4%，泥块含量为 0.8%，堆积密度为 1488kg/m³。试验结果见表 7-29。

表 7-29 尾矿人工砂与天然砂进行混凝土同条件抗压强度对比

试件编号	水胶比	砂率(%)	坍落度/mm	抗压强度/MPa			28d 强度比(%)
				3d	7d	28d	
TT—10	0.60	45.0	170	16.2	23.3	31.7	100
WT—10			165	16.9	23.7	33.2	105
TT—20	0.50	43.0	200	20.4	28.9	37.8	100
WT—20			200	22.1	32.0	41.9	111
TT—30	0.45	41.0	210	25.0	34.7	44.4	100
WT—30			200	27.5	37.6	48.2	109
TT—40	0.40	39.0	230	29.0	37.4	46.4	100
WT—40			195	29.5	42.9	56.7	122
TT—50	0.35	37.0	210	39.4	48.8	57.6	100
WT—50			200	40.5	52.1	63.4	111

注：TT 表示天然砂制作的混凝土；WT 表示尾矿人工砂配制的混凝土。

从表 7-29 可知，两种混凝土拌合物的和易性没有明显区别，而尾矿人工砂混凝土抗压强度高于天然砂配制的混凝土，最高达 22%，最低为 5%，平均高 12% 左右。早期抗压强度（3d）相差不多，而随着时间延长，尾矿人工砂配制混凝土的抗压强度逐步高于天然砂配制的混凝土，且不同水胶比的配比均是如此，规律明显，表明其长期抗压强度或能更高于天然砂混凝土，这对混凝土的耐久性是有利的。试验证明，尾矿人工砂可以配制出 C10~C55 强度等级的混凝土，采用尾矿人工砂配制混凝土可以节约水泥，降低成本，获得良好的经济和社会效益。

3. 采用尾矿人工砂石配制高密实混凝土

1）原材料。水泥：P·O32.5，28d 抗压强度为 40.6MPa；粉煤灰：Ⅱ 级；减水剂：

BLD 高效泵送剂，减水率为 20%；尾矿砂：表观密度为 2730kg/m³，堆积密度为 1520 kg/m³，细度模数为 2.8，石粉含量为 4%；磁滑轮碎石：表观密度为 2780kg/m³，堆积密度为 1530kg/m³，含泥量为 0.3%，针片状含量为 4%。

2）配合比试验。首先确定致密堆积参数 α 和 β。α = 粉煤灰/（粉煤灰 + 砂），β = （粉煤灰 + 砂）/（粉煤灰 + 砂 + 石），以堆积密度最大时确定。然后在不同 n 值和水胶比下，依据相关公式设计满足和易性和强度的配合比。通过试验得到最佳的 α 值为 11%；β 值为 53%。试验配合比见表 7-30。

表 7-30　尾矿人工砂石配制高密实混凝土试验配合比　　　（单位：kg/m³）

序号	水胶比	砂率	水	水泥	砂	石	粉煤灰	外加剂
1	0.55	46	196	284	878	1039	74	4.3
2	0.46	47	177	260	898	1003	121	5.2
3	0.43	47	174	310	882	980	98	5.2
4	0.4	49	166	325	894	918	91	4.8
5	0.39	48	161	328	883	936	86	5.8

3）试验结果。试验结果见表 7-31。

表 7-31　尾矿人工砂石配制高密实混凝土试验结果

序号	坍落度/mm	抗压强度/MPa			抗渗等级
		3d	7d	28d	
1	190	19.0	26.0	32.2	>12
2	190	20.8	28.7	34.5	>12
3	210	25.0	32.9	41.5	>12
4	230	19.0	37.2	44.3	>12
5	200	14.7	34.5	48.0	>12

从试验结果可知，高密实混凝土配合比具有高砂率和低水泥用量的特点，高密实混凝土没有因低水泥用量而影响强度的主要原因是由于结构高密实堆积，孔隙率低，水泥只起到界面黏结的作用，但多填充了孔隙，水泥的强度效益得以提高；其次粉煤灰的掺量以填满空隙为好，避免了过多掺加对早期强度的影响；低水胶比充分保证了混凝土 28d 强度；尾矿砂洁净、多棱角，机械咬合力高，这也是对强度十分有利的。

4. 关于采用尾矿人工砂的几个问题

1）尾矿砂中的石粉。在尾矿砂中含有一定量的石粉，是否会影响到混凝土的强度问题。通过大量试验证明，当亚甲蓝试验 MB 值不大于 1.4 时，应认为粉料主体是石粉。它不同于黏土，可以填充结构空隙优化孔结构，起到微骨料效应，且水泥基材相容性良好对混凝土强度是有利的。试验研究证明，MB 值不大于 1.4，石粉含量不大于 7% 时，收缩并无明显增大。

2）尾矿砂的和易性。尾矿砂的保水性不如天然砂，因此，在配制混凝土时应注意避免泌水。由于高密实混凝土配合比中砂率高，且有足够的粉料（粉煤灰、石粉），因此有效地克服了尾矿砂保水性差的缺点，同是低水泥用量，但坍落度损失得到了很好的控制。

第8章 拌 合 水

8.1 混凝土拌合水种类及水质要求

8.1.1 混凝土用水的种类及使用范围

混凝土用水是混凝土拌合用水和养护用水的总称，包括饮用水、地表水、地下水、再生水、混凝土企业设备洗刷水和海水等。不同类别的水的使用范围见表8-1。

表8-1 混凝土用水的种类

类别	使 用 范 围
饮用水	可用于拌制普通混凝土、钢筋混凝土、预应力钢筋混凝土
地表水及地下水	地表水(河水、湖泊水、冰川水、沼泽水)，其受季节影响较大，可能受污染；地下水是存在于岩石缝隙和泥土空隙中的可流动水。这两种水首次使用前必须进行适用性检验，合格后方可使用
再生水	再生水又称为中水，即污水经适当再生工艺制成的具有使用功能的水。符合《城市污水再生利用 城市杂用水水质》(GB/T 18920—2002)和《混凝土用水》(JGJ 63—2006)要求的水可用于拌制普通混凝土、钢筋混凝土、预应力钢筋混凝土
混凝土企业设备洗刷水	不宜用于预应力混凝土、装饰混凝土、加气混凝土和暴露于腐蚀环境的混凝土，不得用于碱骨料或有潜在碱活性骨料的混凝土
海水	只能用于拌制素混凝土，未经处理的海水不宜拌制有饰面要求的混凝土、耐久性要求高的混凝土、大体积混凝土和特种混凝土，严禁用于钢筋混凝土和预应力混凝土

8.1.2 混凝土拌合水的水质要求

混凝土搅拌用水应符合《混凝土用水标准》(JGJ 63—2006)的规定。

1. 混凝土拌合用水的物质含量限量

混凝土拌合用水的物质含量限量见表8-2。

表8-2 混凝土拌合用水水质要求

项目	预应力混凝土	钢筋混凝土	素混凝土
pH 值	≥5.0	≥4.5	≥4.5
不溶物/(mg/L)	≤2000	≤2000	≤5000
可溶物/(mg/L)	≤2000	≤5000	≤10000
Cl^-/(mg/L)	≤500	≤1000	≤3500
SO_4^-/(mg/L)	≤600	≤2000	≤2700
碱含量/(mg/L)	≤1500	≤1500	≤1500

注：1. 碱含量 $Na_2O + 0.658K_2O$ 按计算值表示，采用非碱性骨料时，可不检验碱含量。

2. 对设计使用年限为 100 年的结构混凝土，氯离子含量不得超过 500mg/L。

3. 使用钢丝或经热处理钢筋的预应力混凝土，氯离子含量不得超过 350mg/L。

2. 放射性

混凝土拌合用水和养护用水的放射性应符合现行国家标准《生活饮用水卫生标准》（GB 5749—2006）的规定，水中放射性物质不得危害人体健康。其中，放射性核素的总放射性体积活度的限量为 0.5Bq/L，放射性核素的总放射性体积活度的限量为 1Bq/L。

3. 对凝结时间影响的要求

混凝土拌合用水应与饮用水样进行水泥凝结时间对比试验。对比试验的水泥初、终凝时间差均不应大于 30min，同时初、终凝时间应符合现行国家标准《通用硅酸盐水泥》（GB 175—2007）的规定。

4. 对抗压强度影响的要求

混凝土拌合用水应与饮用水样进行水泥胶砂强度对比试验，混凝土拌合用水样 3d 和 28d 强度不应低于饮用水样配制的水泥胶砂 3d 和 28d 强度的 90%。

5. 其他要求

1）混凝土拌合用水不应有漂浮明显的油脂和泡沫，不应有明显的颜色和异味。

2）地表水每六个月检验一次；地下水每年检验一次；再生水每三个月检验一次，在质量稳定一年后，可每六个月检验一次。

8.2 洗罐水的利用

8.2.1 利用洗罐水不会对混凝土性能带来不利影响

预拌混凝土生产企业对搅拌机和运输车进行清洗时，洗罐水经砂石分离机将大于 0.15mm 的颗粒除去，剩余的水中含有细小的水泥和掺合料颗粒、骨料所带入的黏土或淤泥颗粒、可溶解的无机盐、外加剂离子等。据北京市有关混凝土生产企业的试验数据介绍，使用洗罐水不会对混凝土凝结时间、混凝土抗压强度和耐久性等带来不利影响。

8.2.2 利用洗罐水要注意以下事项

为安全起见，提出如下使用注意事项：

1）将洗罐水浓度的 3.5% 作为安全使用值，即浓度 3.5% 以内时，其中粉料可作为掺合料取代粉煤灰，而不影响混凝土性能；当浓度高于 3.5% 时，可降低洗罐水使用量，补充部分清水。

2）技术部门应根据本企业实际生产情况，制定使用方案。

3）据一些预拌混凝土生产企业试验证明，洗罐废水对混凝土凝结时间基本没有影响，全部用 3.5% 浓度的废水制备的水泥胶砂试件 28d 抗压强度降低 4%~5%。为确保混凝土质量，C30 以上强度等级的混凝土可不使用回收的洗罐水。C30 混凝土可使用 50% 回收洗罐水，C25 混凝土可使用 60% 回收洗罐水，C20 混凝土可使用 70% 回收洗罐水。

4）每工作班应对回收洗罐水进行两次以上的浓度检测，根据检测浓度调节使用量。

5）使用回收洗罐水应适当延长搅拌时间。

6）更换水泥、外加剂品种后，应注意及时试验，防止因水泥、外加剂不同而对拌合物产生影响。

7）洗罐水可能会使混凝土坍落度损失加大，可适当上调外加剂用量来调节。

8.2.3　水质检查要求

1）水质检验水样不应少于 5L，用于测定水泥凝结时间和胶砂强度的水样不应少于 3L。

2）采集水样的容器应无污染。容器应用采集水冲洗三次，并应封闭待用。

3）洗罐水应沉淀后，在池中距水面 100mm 以下采集。

4）洗罐水应每 3 个月检验一次，在质量稳定一年后，可半年检验一次。

第三篇

▶▶▶ 混凝土掺合料

第9章 粉 煤 灰

粉煤灰是燃煤电厂排出的烟道飞灰，它是一种有活性的火山灰材料，也是预拌混凝土胶凝材料中不可缺少的材料之一。

9.1 粉煤灰质量标准及组成成分

9.1.1 粉煤灰质量标准

1. 粉煤灰技术质量标准

预拌混凝土和砂浆用粉煤灰按《用于水泥和混凝土中的粉煤灰》（GB/T 1596—2005）标准分为Ⅰ级、Ⅱ级和Ⅲ级，其技术要求见表9-1。

表 9-1 拌制混凝土和砂浆用粉煤灰技术要求

项目	技术要求		
	Ⅰ级	Ⅱ级	Ⅲ级
细度(45μm 方孔筛筛余量)(%)	≤12.0	≤25.0	≤45.0
需水量比(%)	≤95	≤105	≤115
烧失量(%)	≤5.0	≤9.0	≤15.0
含水量(%)	≤1.0		
三氧化硫(%)	≤3.0		
游离氧化钙(%)	≤1.0(无烟煤、烟煤燃烧) ≤4.0(褐煤、次烟煤燃烧)		
安定性,雷氏夹沸煮后增加距离/mm	≤5.0(褐煤、次烟煤燃烧)		

这里要说明一下，由于我国尚没有粉煤灰的综合评定指标，粉煤灰的分级在一定程度上限制了对低品质粉煤灰的应用，而其他一些国家的标准则相对有利于低品质粉煤灰特性的利用，如美国粉煤灰标准（ASTM C618—05）规定，如果粉煤灰的烧失量或细度超出标准的规定，可以采用复合因素进行评价，即烧失量×细度是否小于等于225，英国也根据此复合因子判断粉煤灰，并划分其等级。

2. 粉煤灰进厂质量验收

粉煤灰进厂按200t为一个批量，检验其细度和需水量比。但目前由于粉煤灰供应商比较杂，为保证混凝土质量，大多数预拌混凝土生产厂都采用车车抽样检验的办法来控制质量。取样器长宜1.5m左右，尽量能取到运输车下部的物料，细度检验合格方可入仓。

放射性和碱含量可根据用户要求进行检验。

9.1.2　粉煤灰的化学、矿物组分及对混凝土质量的影响

1. 化学、矿物组分

粉煤灰的化学组成决定于其煤源，我国大部分现代发电厂粉煤灰的化学组成变化范围见表9-2。

表 9-2　我国大部分现代发电厂粉煤灰的化学组成变化范围

组分	SiO_2	Al_2O_3	Fe_2O_3	CaO	MgO	R_2O	SO_2	烧失量
%	34 ~ 55	16 ~ 34	1.5 ~ 19	1 ~ 10	0.7 ~ 2.0	1 ~ 2.5	0 ~ 2.5	1 ~ 15

2. 粉煤灰中 CaO、SO_3 含量对混凝土质量的影响

1）粉煤灰按其中 CaO 含量不同，分为普通粉煤灰和高钙粉煤灰，后者 CaO 含量高于 10%。

高钙粉煤灰与普通粉煤灰在品质上有明显差异，它的 CaO 在高温燃烧时，一部分以 C_2S 形态存在，所以粉煤灰有自硬性，即与水拌和就有一定胶凝性，与水泥拌和，早期强度比普通粉煤灰高得多，而且这种灰往往需水量低，这是高钙灰的优点。但是高钙灰中存在较多的游离 CaO，可能引起体积不安定，易产生膨胀，这是要特别需要注意的。此时要按实际掺量的比例和相关标准做体积安定性试验，合格后方可使用。

黑龙江省低寒地建筑科学研究院研究表明，将 CaO 含量为 21.81% 的高钙灰用于负温防冻混凝土，增钙粉煤灰取代 $100kg/m^3 P \cdot O42.5$ 水泥，在 $-25 \sim -6℃$ 自然环境下养护 28d，混凝土强度可达 20.2MPa，是标养 28d 强度的 62.3%，负温养护 56d，强度为 29.2MPa，是标养 28d 强度的 90.1%。

此外，高钙灰在钢管混凝土中应用时，混凝土受到钢管外部的约束，体积不安定性造成的微膨胀性能建立前期主动紧箍力，能增大钢管对核心混凝土的紧箍效应。

2）粉煤灰中 SO_3 含量不应大于 3%，否则可能引起钙矾石膨胀。

3. 要定期进行粉煤灰含碳量检验

粉煤灰中未燃尽的碳粒是十分有害的组分，因颗粒表面呈海绵多孔状，会增加粉煤灰的需水量和对外加剂的吸附量，明显增加混凝土用外加剂用量。因此，含碳量高的粉煤灰不宜用于预拌混凝土工程。预拌混凝土生产企业试验室宜设高温炉，定期进行粉煤灰含碳量检验。

4. 把住进厂验收关

在日常粉煤灰验收过程中，应将颜色作为一个重要的指标之一。由于其中含碳量的不同，可使粉煤灰的颜色从乳白色变成灰黑色。宏观检查时应选择浅色、手感细腻的灰。一些经验丰富的质量检查员，由于注意日常积累，因此宏观检查和仪器检测的对比数据误差率很小。

9.2　粉煤灰混凝土性能及应用

9.2.1　粉煤灰的火山灰效应、填充效应和形态效应

1. 火山灰效应

粉煤灰中含有丰富的 SiO_2、Al_2O_3 等矿物成分，其掺入混凝土中与水泥水化放出的

Ca（OH）$_2$发生二次水化反应，生成对强度有贡献的水化硅酸钙和铝酸钙，即为"火山灰效应"。

2. 填充效应

粉煤灰在粉煤灰水泥浆体中的反应程度是很低的。粉煤灰水泥浆体早期孔隙率较粗大，强度也较低。但随龄期增长，粉煤灰水泥浆体内部粗孔逐渐被粉煤灰和Ca（OH）$_2$反应生成的凝胶所填充，细化了粉煤灰水泥浆体内部孔隙，即为"填充效应"。

同时，由于粉煤灰固体颗粒有较高的强度，随着龄期的增长，粉煤灰颗粒与周围水化产物日益增加的界面黏结强度，成为对后期强度贡献的重要组分。因此，掺有30%的粉煤灰水泥浆体后期360d强度几乎与同期纯水泥浆相等，能消除或减轻高强度等级水泥后期强度倒缩的现象。

3. 形态效应

粉煤灰是一种很微小的玻璃体，这种玻璃体有球状的和表面多孔状的。前者如同玻璃球一般，在水泥浆或混凝土中起到了滚珠轴承的作用，使达到同样流动性的水泥浆需水量减少，即称为"形态效应"。

9.2.2 粉煤灰混凝土的性能及应用

1. 粉煤灰混凝土强度

粉煤灰混凝土3d、7d早期强度均低于普通混凝土，后期强度则高于普通混凝土，收缩值小于或等于普通混凝土。但劣质粉煤灰由于多孔和碳粒的吸附性大，有可能加大混凝土收缩值。

2. 粉煤灰混凝土抗蚀性

粉煤灰混凝土由于后期内部孔的细化，其抗渗性优于普通混凝土，耐硫酸盐侵蚀能力也优于普通混凝土。据资料介绍，掺30%粉煤灰混凝土后期抗硫酸盐性能相当于抗硫酸盐水泥。试验证明，粉煤灰混凝土的保护钢筋锈蚀性能也优于普通混凝土。

3. 粉煤灰混凝土抗碳化性能

应指出的是，由于我国粉煤灰品质还不是太好，目前粉煤灰混凝土的碳化速率要比纯水泥混凝土快。因此，用回弹法评定混凝土强度时，评定结果偏低。一些省目前已在编制掺合料混凝土回弹规程和地方曲线。

4. 粉煤灰混凝土抗冻性

据资料介绍，不掺引气剂的粉煤灰混凝土抗冻性较差。因此，有抗冻要求的粉煤灰混凝土宜配合引气剂使用。而有抗盐冻要求的混凝土，不宜单掺粉煤灰，必须与引气剂和硅灰复合使用。

9.3 劣质粉煤灰的改性处理

劣质粉煤灰表面呈海绵状或蜂窝状，并含有一些不规则的碎屑，用于混凝土中会增加外加剂用量和搅拌用水量，而且一般这种灰含碳量都高，粒径均粗大，因此不宜掺入到预拌混凝土中。因此，粉煤灰需水量比是一个重要指标，优质粉煤灰需水量小，较同坍落度劣质灰拌制的混凝土单方搅拌用水量可少 5～15kg，对混凝土强度带来的影响就可想而知了。

9.3.1　对劣质粉煤灰的改性处理方法

可以采取以下方法对劣质粉煤灰进行改性处理。

1. 粉磨

当下粉煤灰的供应十分紧张，其粒径粗大，或需水量比大，而采用磨细的办法可改善其性能。磨细主要有三个作用：一是增大比表面积，发挥微骨料效应和填充效应。二是增加其活性，磨细后粉体发生晶格变化，晶格尺寸变小，表面形成无定形或非晶态物质；三是通过破坏粉煤灰表面致密的玻璃体外壳，增加硅铝的溶出，以及破坏较低的硅氧键、铝氧键，增加活性硅铝基团的数量。如果和矿渣等共同磨细为复合掺合料，可以充分发挥"叠合效应"，则更好。

在 28d 龄期之前，粉煤灰主要是通过微骨料填充作用来改善水泥和混凝土的性能。粉煤灰越细，与水泥颗粒间颗粒的细度差异越大，越能有效地填充到水泥颗粒之中，堵截泌水通道，减小收缩，提高结构的密实性和强度；28d 后，粉煤灰的火山灰活性提高，颗粒越细，化学活性越高，反应生成的水化产物越多，其填充在结构孔隙中，细化了孔尺寸，改善了混凝土孔结构，提高了混凝土强度，所以说粉煤灰细度越细越好。而水泥则不同，水泥越细，混凝土早期强度越高，但带来的却是混凝土需水量大，坍落度损失大，混凝土易开裂等弊病。

2. 化学激发

（1）碱性激发剂　可以采用碱性试剂激发低品质粉煤灰进行改性，激发剂主要有石灰、NaOH、KOH 等。碱激发的机理是碱性试剂中 OH⁻ 能有效地将低活性粉煤灰中的高键合的聚集态进行解聚，破坏其化合键。如 OH⁻ 可将 Si-O-Si 键与 Al-O-Al 键打开。解聚之后的产物与石灰很容易进一步反应，生成具有水硬性的水化硅酸钙与水化铝酸凝胶产物。

（2）硫酸盐激发　常用的硫酸盐激发剂有石膏和 Na_2SO_4 等。采用硫酸盐激发的机理是：

1）在 SO_4^{2-} 在 Ca^{2+} 的作用下，与溶解于液相的活化 Al_2O_3 反应，生成钙矾石（AFt）。钙矾石最终在粉煤灰颗粒表面形成纤维状或者网格结构的包裹层，其较小的密度，有利于 Ca^{2+} 扩散到粉煤灰内部与 SiO_2、Al_2O_3 反应。

2）SO_4^{2-} 能置换 C-S-H 凝胶中的部分 SiO_4^{4-}，被置换出的 SiO_4^{4-} 与包裹在外层的 Ca^{2+} 反应，生成 C-S-H 凝胶，使粉煤灰的活性继续进行，从而很好地激发了粉煤灰的活性。

3. 用五种化学激发剂进行粉煤灰胶砂试验对比分析

上述机理说明，要提高粉煤灰的早期化学活性，必须破坏表面致密玻璃质外壳，使内部可溶性的活性 SiO_2、Al_2O_3 释放出来，并将网络聚集体解聚、瓦解。

9.3.2　劣质粉煤灰改性处理试验实例

通过使用五种化学激发剂（硫酸钠、熟石灰、硅酸钠、石膏和硫酸钠熟石灰复合剂）进行粉煤灰胶砂试验对比分析。

1）试验材料选用：低钙粉煤灰（F）、高钙粉煤灰（C）；P·C32.5 级水泥；中砂细度模数为 2.8；聚羧酸减水剂。粉煤灰占胶凝材料的 95%，水胶比取 0.45，灰砂比为 1∶2.5，激发剂按胶凝材料的 2% 添加。按照《水泥胶砂强度检验方法（ISO 法）》（GB/T 17671—1999）进行试验。

2）粉煤灰胶砂试验配合比见表 9-3。

表 9-3　粉煤灰胶砂试验配合比

编号		砂/g	粉煤灰/g	水泥/g	水/g	激发剂/g				减水剂/g
						硫酸钠	熟石灰	硅酸钠	石膏	
低钙粉煤灰胶砂（F）	F—0	1428.6	542.83	28.57	257.13	0	0	0	0	2.85
	F—1	1428.6	542.83	28.57	257.13	11.42	0	0	0	2.85
	F—2	1428.6	542.83	28.57	257.13	0	11.42	0	0	2.85
	F—3	1428.6	542.83	28.57	257.13	0	0	11.42	0	2.85
	F—4	1428.6	542.83	28.57	257.13	0	0	0	11.42	2.85
	F—5	1428.6	542.83	28.57	257.13	5.71	5.71	0	0	2.85
高钙粉煤灰胶砂（C）	C—0	1428.6	542.83	28.57	257.13	0	0	0	0	0.57
	C—1	1428.6	542.83	28.57	257.13	11.42	0	0	0	0.57
	C—2	1428.6	542.83	28.57	257.13	0	11.42	0	0	0.57
	C—3	1428.6	542.83	28.57	257.13	0	0	11.42	0	0.57
	C—4	1428.6	542.83	28.57	257.13	0	0	0	11.42	0.57
	C—5	1428.6	542.83	28.57	257.13	5.71	5.71	0	—	0.57

3）劣质粉煤灰改性处理试验结果见表 9-4 和表 9-5。

表 9-4　劣质粉煤灰改性处理抗折强度试验结果

编号	抗折强度/MPa	编号	抗折强度/MPa
F—0	0.170	C—0	1.653
F—1	0.205	C—1	1.307
F—2	0.265	C—2	1.483
F—3	0.230	C—3	1.537
F—4	0.387	C—4	2.387
F—5	0.593	C—5	1.843

表 9-5　劣质粉煤灰改性处理抗压强度试验结果

编号	抗压强度/MPa	编号	抗压强度/MPa
F—0	3.198	C—0	9.589
F—1	3.435	C—1	9.342
F—2	3.669	C—2	9.369
F—3	3.317	C—3	10.319
F—4	5.710	C—4	13.918
F—5	5.965	C—5	12.534

从表 9-3、表 9-4 和表 9-5 可得出：

1) 对于低钙粉煤灰来说，与无掺加活性激发剂的 F—0 对比，掺有化学激发剂的试件其抗折强度和抗压强度均有不同程度的提高，在相同粉煤灰活性激发剂用量下，硫酸钠-熟石灰复合剂的效果最佳，其次是石膏、熟石灰、硫酸钠和硅酸钠的激发剂。

2) 对于高钙粉煤灰来说，与无掺加活性激发剂的 C—0 对比，掺有化学激发剂的硫酸钠-熟石灰复合剂和石膏的试件其抗折强度和抗压强度均有不同程度的提高。在相同的粉煤灰活性激发剂用量下，石膏的效果最佳，其次是硫酸钠-熟石灰复合剂，而熟石灰、硫酸钠和硅酸钠基本上无明显的激发效果。

3) 高钙粉煤灰胶砂的抗折、抗压强度均比同组的低钙粉煤灰胶砂高很多，因此说明粉煤灰的含钙量对抗折和抗压试验结果有决定性的影响，高钙粉煤灰优于低钙粉煤灰。

9.4 激发剂

随着粉煤灰、磨细矿渣在预拌混凝土中的推广应用，近几年来，建材市场出现了一种新型材料——激发剂。其通过对粉煤灰（矿粉）活性的激发，大大提高了粉煤灰（矿粉）在预拌混凝土中的掺量，一般可做到等量取代 30% ~ 40% 粉煤灰或 40% ~ 50% 磨细矿渣，保持混凝土强度不降低。其掺量一般为胶凝材料的 0.6% ~ 1%。

一般情况下激发剂的加入，对混凝土工作性能均无不利影响，后期强度（60d、90d）正常发展。在保持水胶比不变的情况下，掺加 1% 激发剂可使混凝土同龄期强度增加 5 ~ 6MPa。聚羧酸盐系高效减水剂 PCA 与 JH 激发剂双掺混凝土试验性能见表 9-6。

表 9-6 聚羧酸盐系高效减水剂 PCA 与 JH 激发剂双掺混凝土试验性能

混凝土配合比/(kg/m³)						外加剂（%）		混凝土强度/MPa			
水	水泥 42.5R	砂	I 级 FA	矿渣粉 S95	碎石 5 ~ 25mm	PCA	JH	7d	28d	60d	90d
156	400	781	—	—	1080	1	—	44.8	54.8	65.2	68.6
156	200	781	100	100	1080	1	—	37.9	51.6	59.3	63.0
156	200	781	100	100	1080	1	1	42.8	58.2	70.1	71.7

值得介绍的是，粉煤灰如果采用机械磨细-化学激发复合激发法，取得的效果将显著得多。复合激发法试验结果见表 9-7。

表 9-7 复合激发法试验结果

粉煤灰 活化法类型		抗折强度/MPa			抗压强度/MPa		
		3d	7d	28d	3d	7d	28d
原状灰	无	2.6	4.2	6.1	12.5	21.3	33.8
	化学法	3.5	5.1	7.0	16.4	25.6	36.4
磨细灰比表面积 6077cm²/g	粉磨	3.6	5.6	8.4	16.2	29.4	53.5
	复合	5.3	6.8	8.4	28.7	40.6	60.6

注：粉煤灰掺量为 35%，水胶比相同。

第 10 章 磨细矿渣粉

符合《用于水泥中的粒化高炉矿渣》（GB/T 203—2008）规定的粒化高炉矿渣，经干燥、粉磨达到相当细度，且符合相应活性指数的粉体称为粒化高炉矿渣粉。

10.1 矿渣粉的技术要求及化学组分

10.1.1 矿渣粉的技术指标及试验方法标准

矿渣粉的技术指标及试验方法标准应符合《用于水泥和混凝土中的粒化高炉矿渣粉》（GB/T 18046—2008）的规定。矿渣粉的技术指标及试验方法标准见表 10-1。

表 10-1 矿渣粉的技术指标及试验方法标准

项目		级别			试验方法标准
		S105	S95	S75	
密度/(g/cm³)		≥2.8			《水泥密度测定方法》（GB/T 208—1994）
比表面积/(m²/kg)		≥350			《水泥比表面积测定方法 勃氏法》（GB/T 8074—2008）
活性指数	7d	95%	75%	55%	《用于水泥和混凝土中的粒化高炉矿渣粉》（GB/T 18046—2008）
	28d	105%	95%	75%	
含水量		≤1.0%			
流动度比		≥85%	≥90%	≥95%	
三氧化硫		≤4.0%			《水泥化学分析方法》（GB/T 176—2008）
氯离子		≤0.02%			《水泥中氯离子的化学分析方法》（JC/T 1073—2008）
烧失量		≤3.0%			《水泥化学分析方法》（GB/T 176—2008）

10.1.2 矿渣的化学组成和活性

1. 矿渣的化学组成

矿渣的化学组成，取决于炼铁高炉中所用铁矿石和石灰石的成分。高炉矿渣的主要氧化物成分是 SiO_2、Al_2O_3、CaO 和 MgO，这四个成分约占全部氧化物的 95% 以上，其化学成分与普通水泥很相似，详见表 10-2 。

表 10-2 矿渣与普通水泥的化学成分对比

化学成分	矿渣(%)	水泥(%)	化学成分	矿渣(%)	水泥(%)
SiO_2	33.7	21.8	MnO	0.50	0.16
Al_2O_3	14.4	5.1	FS	0.98	—

（续）

化学成分	矿渣(%)	水泥(%)	化学成分	矿渣(%)	水泥(%)
CaO	41.7	63.8	SO_3	—	2.0
MgO	6.4	1.7	Na_2O	0.26	0.32
TiO_2	1.1	0.34	K_2O	0.31	0.50
FeO	0.37	—	碱度	1.86	—
Fe_2O_3	—	3.0	玻璃化率	98.1	—

2. 矿渣的冷却方法与性质

1）在炼铁炉中处于 1500℃ 左右高温熔融状态的矿渣排出冷却，由于冷却方法不同性能也不同，所以有"徐冷矿渣"和"急冷矿渣"之分。

徐冷是使熔融状态的矿渣在缓慢冷却过程中形成结晶态，一般为块状，其化学结构稳定。因此，徐冷矿渣几乎没有水硬性，主要矿物成分是钙铝黄长石（$2CaO \cdot Al_2O_3 \cdot SiO_2$）和镁黄长石（$2CaO \cdot MgO \cdot 2SiO_2$）的固熔体以及 $\beta\text{-}2CaO \cdot SiO_2$。

急冷是将熔融状态的矿渣排出时采用大量的水急速冷却（达每秒数百度）而形成松软的玻璃质颗粒状物质，颗粒直径一般为 0.5～5mm。由于急速冷却使黏度提高，矿物组织中的原子来不及沿着晶体方向排列就被固定下来，形成玻璃质（非晶质），这称为水淬（急冷）高炉矿渣。与徐冷矿渣相比，其结构不稳定，储有较高的潜在化学能。

2）矿渣的水硬性。矿渣硅酸盐水泥与水所形成的水化物和硅酸盐水泥与水形成的水化物的主要生成物基本相同，都是硅酸钙水化物（CSH）。

矿渣粉与水混合后，可生成与硅酸盐水泥水化产物类似的凝胶状物质，但水化速度较为迟缓，成为致密的水泥浆。其早期水化要比硅酸盐水泥的水化迟缓，为了加速其水化可加入激发剂。决定水硬性的主要因素有：

① 矿渣的化学成分。

② 反应体系中的碱含量。

③ 矿渣中的玻璃体系。

④ 矿渣的细度。

矿渣粉的活性受磨细细度和矿渣玻璃体含量的影响，比表面积越大，水淬玻璃体越多，则活性越高。此外，如果细度大的高活性矿渣粉储存时间很久，则会使活性下降，所以储存时间最好不要超过一个月。

3）矿渣的物理性质。矿渣是带棱角、形状不规则的砂状物质。它的应用是与硅酸盐水泥熟料共同磨细或单独磨细。单独磨时可磨到比表面积为 3000～6000cm^2/g。按照矿渣水泥的质量而定，当矿渣磨到 40μm 时，其水硬活性提高，所以矿渣要比硅酸盐水泥磨得更细些。一般规定高炉矿渣微粉末的细度在 2750cm^2/g 以上，通常应在 3400～4500cm^2/g 范围内，现也有细度达到 8000cm^2/g 的超细微粉末。高炉矿渣微粉末所表现出的强度大小均受到细度、碱度、玻璃化率以及 SO_3 含量的影响。下面的公式针对活性度指数作了规定，它可以用一个标准值来定量表示出矿渣活性的大小。这个标准值，说明掺 50% 矿渣的试验砂浆强度在龄期 7d、28d 时，试验砂浆强度应达到各相应龄期标准水泥砂浆强度的百分比。

$$活性指数 = \frac{各龄期试验用砂浆的强度}{各龄期使用标准水泥砂浆的抗压强度} \times 100\%$$

10.2　矿渣粉对混凝土性能的影响及其应用

10.2.1　对新拌混凝土的影响

1. 和易性

超细矿渣对水泥的置换率越大，单位用水量越低。矿渣的细度还与砂浆的流动值有关，细度越大，其流动值越小。矿渣的细度、置换率与砂浆和混凝土的流动性有密切关系，尤其是当矿渣微粉末的比表面积达到 $8000cm^2/g$（超细粒子）时，它对新拌混凝土的影响更明显。同时超细矿渣的细度及置换率越大，为了得到相同的含气量，需要引气剂的量也应增加，越细矿渣配制的混凝土黏性越大。一般情况下，在矿渣粉掺入量小于 50% 时，混凝土和易性和浇筑性能会有所改善。

2. 泌水性

混凝土泌水量和泌水速度，受矿渣粉比表面积和单位体积用水量之比的影响。矿渣粉细时，泌水减少；反之，矿渣粗粉掺入混凝土中，泌水量和泌水速度可能增加。

3. 凝结时间和混凝土坍落度

矿渣粉掺入混凝土中，混凝土凝结时间会稍有延长。掺量高，取代水泥量大，则凝结时间延长得多，坍落度经时损失减小。

4. 混凝土可泵性

矿渣粉在适当掺量范围内，对混凝土可泵性无不利影响。但当掺量大于 50% 时，混凝土黏聚性太高，可泵性下降，甚至会堵泵。

5. 对减水率的影响

矿渣粉对不同品种的减水剂，会有不同程度的辅助减水率。对减水率大于 18% 的高效减水剂，辅助减水率作用明显大于 10%，对减水率小于 15% 的减水剂，辅助减水率仅有 2% ~4%。

10.2.2　对硬化混凝土的影响

1. 强度

矿渣粉对混凝土强度的影响大小，取决于其活性指数和掺量。掺矿渣粉的混凝土较用硅酸盐水泥拌制的混凝土早期强度低，后期强度有较大增长。活性指数大的优质矿渣粉，即使掺量达到 50%，后期强度仍可大于空白胶砂试件强度，掺矿渣粉胶砂对比试验详见表 10-3。掺矿渣粉的混凝土对抗压强度的影响详见表 10-4。

表 10-3　掺矿渣粉胶砂试件强度

水泥品种	矿渣粉产地/取代率	3d 抗压强度/MPa	28d 抗压强度/MPa
吉林双阳 P · O42.5	0	29.9	57.4
	沈阳/30%	20.1	57.3

（续）

水泥品种	矿渣粉产地/取代率	3d 抗压强度/MPa	28d 抗压强度/MPa
沈阳冀东 P·O42.5	0	26.2	50.9
	沈阳/30%	15.8	56.0
沈阳冀东 P·O42.5	0	42.1	58.6
	本钢 / 50%	32.4	64.0
	0	42.2	58.6
	鞍钢 / 50%	33.7	65.3

表 10-4　掺矿渣粉的混凝土对抗压强度的影响

序号	混凝土配合比/（kg/m³）							混凝土抗压强度/MPa		混凝土坍落度/mm
	水泥	矿渣粉	砂	石 5 ~ 20mm	水	矿渣粉置换率(%)	FDN 高效减水剂	3d	28d	
0	450	0	717	1075	168	0	4.5	35.6	65.3	190
1	405	45	701	1096	163	10	4.5	38.2	69.6	210
2	360	90	684	1117	159	20	4.5	34.7	75.2	220
3	315	135	662	1137	155	30	4.5	33.8	78.8	230
4	270	180	652	1158	150	40	4.5	29.2	76.1	225

注：水泥为 P·O42.5；矿渣粉为 S95 级。

2. 干缩

矿渣粉掺入混凝土中会略增大混凝土收缩，矿渣越细，置换率越高，其干缩也会增大。

3. 耐久性

矿渣粉掺入混凝土中其抗冻性、弹性模量与普通混凝土无明显区别。但由于矿渣粉有良好的微骨料效应，因此混凝土结构致密，抗渗性、抗硫酸盐腐蚀性和抗锈蚀能力有了很大改善。

4. 碳化

矿渣粉掺入混凝土中会使混凝土中的氢氧化钙减少，因此，混凝土的化学碳化很容易发生。为此，需要特别注意这种混凝土的早期湿养护，应使其形成早期密实的结构。

10.2.3　矿渣粉的应用

1. 矿渣粉和粉煤灰可同时掺入混凝土，降低水化热

矿渣粉与粉煤灰一样，掺入混凝土中可降低混凝土水化热。因此，在混凝土中粉煤灰和矿渣粉可同时掺入，实现二者优势的互补，并能很好地控制大体积混凝土的中心温度。目前粉煤灰和矿渣粉双掺技术已广泛用于预拌混凝土中，取得了良好的技术经济效益。

2. 可配制抗硫酸盐混凝土

矿渣粉具有高抗硫酸盐能力，可配制抗硫酸盐混凝土。

3. 可取代部分水泥配制水下混凝土

超细矿渣粉具有良好的抗离析性，可同时取代部分水泥配制水下混凝土。利用比表面积为 5500～6000cm^2/g 的超细矿渣粉，取代部分水泥，可配制高流态自密实混凝土。

4. 掺入水泥熟料中配制高强矿渣水泥

将其按不同比例掺入水泥熟料中，可配制出高强矿渣水泥。超细矿渣掺量达到 55% 时，水泥的强度还可达到 60MPa，见表 10-5。

表 10-5　高掺量超细矿渣水泥强度

矿渣掺入量（%）	熟料掺入量（%）	抗折强度/MPa			抗压强度/MPa		
		3d	7d	28d	3d	7d	28d
0	95.5	7.7	8.6	10.3	38.6	47.5	65.2
15	80.5	6.7	7.7	8.8	37.3	46.7	56.7
45.5	50	6.0	7.8	9.9	32.6	46.4	65.0
55.5	40	7.3	7.8	10.2	34.6	43.9	63.8
65.5	30	6.8	8.6	11.4	32.2	43.8	56.8

第11章 沸 石 粉

沸石是一种天然矿产资源，我国河北、浙江、黑龙江以及辽宁锦州地区都有着丰富的矿床。沸石经磨细后，可掺入混凝土、高性能混凝土以及砂浆中，特别是超细沸石粉配制高性能混凝土与硅灰的效果相近，已经越来越受到国内外的重视。

11.1 沸石的种类及矿物特性

11.1.1 沸石的化学组成

天然沸石是指以沸石为主要矿物的岩石。沸石是具有架状构造的含水铝酸盐矿物，主要含有 Na、Ca、K 等金属离子及少数的 Sr、Ba、Mg 等离子。

11.1.2 沸石的种类及其特性

1. 种类

目前天然沸石的种类有 38 种。沸石种类繁多，但并不是所有的沸石都有工业价值，在建筑方面有广泛应用的主要是斜发沸石和丝光沸石。

2. 矿物特性

（1）斜发沸石的矿物特性　斜发沸石属单斜晶系，晶体常呈板状或片状，粒径一般为 $0.02 \sim 0.05$mm，颜色为白色或淡黄色，有玻璃光泽，硬度为 $4 \sim 5$，密度为 2.16t/m^3。

（2）丝光沸石的矿物特性　丝光沸石的单位晶胞式为：$Na_8[Al_8Si_{40}O_{96}]24H_2O$，属斜方晶系。丝光沸石的结晶呈纤维状和毛发状，集合体呈束状。其大小一般为 $0.01 \sim 0.3$mm，白色，丝绢光泽，密度为 2.12t/m^3，热稳定性能好，耐酸性强。

11.2 沸石的活性

沸石的活性主要通过 30d 饱和石灰吸收值（mg/g）来测量，吸收值高，则活性高。此外，沸石粉细度越大，活性也越高。

天然沸石细度的变化，对其活性有较大的影响。表 11-1 中的斜沸石磨细通过 100 目、200 目、260 目和 360 目，取代水泥 20% 和 40% 配制成标准试件，测其 7d 和 28d 的强度。

表 11-1　不同细度的沸石水泥强度

细度		100 目		200 目		260 目		360 目	
掺量（%）		20	40	20	40	20	40	20	40
强度 /MPa	7d	8.29	5.62	7.93	6.72	8.49	6.98	8.75	8.57
	28d	26.9	20.8	27.4	22.6	29.7	24.6	33.7	28.3

由表 11-1 可知，随着天然沸石细度的增大，水泥 28d 强度相应提高。

11.3 沸石粉的应用及使用注意事项

11.3.1 沸石粉的应用

1) 沸石粉可作为水泥的活性掺合料。它的掺入还可有效地解决立窑水泥体积安定性不良的问题。

2) 沸石粉可取代混凝土中的部分水泥。沸石粉还可取代混凝土中的部分水泥提高混凝土的保水性，但会增大混凝土用水量。

3) 沸石粉配制轻骨料混凝土在振动成型中可改善骨料上浮问题。在配制轻骨料混凝土时，它的掺入会提高水泥浆的结构黏度，可使轻骨料在振动成型中的上浮问题大大改善。

4) 沸石混凝土适用于水下混凝土和地下潮湿环境养护的混凝土，不适用于蒸汽养护。沸石混凝土抗冻性、抗渗性良好。采用沸石粉配制高性能混凝土时，其取代水泥量 10% 为佳。

11.3.2 沸石粉的使用注意事项

1) 沸石粉应存放在通风和干燥的场所，有效期不得超过两年，如有受潮结块需经碾碎和细度检验合格后方可使用。

2) 配制沸石混凝土时，宜用硅酸盐、普通硅酸盐和矿渣硅酸盐水泥，不宜采用火山灰质硅酸盐、粉煤灰硅酸盐和复合硅酸盐水泥，采用后三种水泥时，应经试验确定。

第 12 章　硅　　灰

12.1　硅灰的来源及用途

12.1.1　硅灰的来源

硅灰是冶金厂生产硅铁和工业硅过程中产生的废灰。当硅、焦炭和生铁在电炉中共冶,温度达到 1700 ~ 2000℃ 时,部分硅与空气中的氧反应生成一氧化硅,一氧化硅烟气在上升过程中进一步氧化成二氧化硅,并冷却凝聚成细微的球状颗粒。用收尘器加以回收,就得到灰色的细粉末——硅灰。硅灰在国内外还有硅雾、硅粉、硅尘、凝聚硅灰及活性硅等称呼。

工业上,通常从烟尘中分离的硅灰经冷却筛选,去掉粗颗粒,保留 0.1μm 左右的细颗粒。这种微细硅灰为纯净度 86% ~ 97% 的活性火山灰材料,其粒径为普通硅酸盐水泥粒度的 1/100,呈球状,为非结晶体。

12.1.2　硅灰的用途

硅灰作为有效的掺合料掺入新拌混凝土后,可使水泥颗粒间的孔隙由形成的硅化钙水化物核子所填充,硅灰与新形成的氧化钙通过化学反应又形成了新的硅化钙水化物,不但提高了混凝土的强度,并从根本上改善了孔隙结构,增强了抗渗性。试验证明,普通混凝土掺入 7.5% ~ 8.1% (水泥质量) 的硅灰,28d 强度可达到 90 ~ 100MPa,比一般混凝土的强度提高 50%,坍落度可达到 200 ~ 260mm。掺入硅灰的新浇混凝土,在控制产生离析和减少灰浆损失方面具有更大的稳定性,混凝土的和易性好。掺入硅灰的混凝土用于泵送可增加黏聚力;用于喷射混凝土时很少出现回弹现象。利用硅灰可以制取高强砂浆、高强混凝土、高强轻混凝土、超高强现浇混凝土、耐腐蚀混凝土和抗盐冻混凝土等。

12.2　硅灰的物理特性和化学组成

12.2.1　硅灰的物理特性

1. 外观

硅灰外观为浅黄色极细粉末,颜色视其含碳高低而有深浅变化,白度为 40 ~ 50。硅灰掺混在水中带暗黑色,用其配制的混凝土也略带青黑色,在一般情况下往往团聚在一起。

2. 密度

硅灰的表观密度约为普通硅酸盐水泥的 2/3。硅灰的堆积密度只有 250 ~ 300kg/m³,而普通硅酸盐水泥为 1200kg/m³，这意味着袋装 50kg 一包水泥的纸袋只能装硅灰 10~12.5kg。

3. 细度

硅灰是一种空心球状超细粉体。大部分颗粒粒径都小于 1μm，最细颗粒小于 0.01μm，平均粒度约为 0.1μm。用氮吸附法测得硅灰比表面积为 25~35m²/g，比水泥的比表面积（约 0.4m²/g）大 50~100 倍，约是粉煤灰比表面积的 30~50 倍。硅灰比表面积与粒径分布情况见表 12-1。

表 12-1 硅灰比表面积与粒径分布情况

序号	比表面积 /(m²/g)	45μ 筛余量(%)	粒径测试方法	粒径分布(%)				
				0~0.3μ	0.3~0.5μ	0.5~0.7μ	0.7~1.0μ	1.0~5.0μ
1	28.4	0.77	超声	44.8	20.2	5.2	5.2	24.6
2	35.3	072	震动	51.1	20.4	6.4	4.8	14.3
3	31.4	1.62	—	63.6	14.7	3.5	3.5	14.7

由表 12-1 可知，由于硅灰颗粒十分细小，用 45μ 筛筛余量已经不能正确反映出硅灰的细度，只有在使用分散剂和超声震荡分散条件下，测得的硅灰颗粒粒径分布才较为理想。

12.2.2 硅粉的化学组成

用偏光显微镜观察得知，硅灰中除含少量可见碳粒外，绝大多数均为非晶体矿物。硅灰由 1μm 以下大小不均的球形颗粒所组成。因此可以认为，硅灰主要由无定形 SiO₂ 为主要成分的超细珠形颗粒所组成。工业硅灰 SiO₂ 含量基本上稳定在 94%，烧失量稳定在 3%。表 12-2 为国产硅灰的化学组成及与普通硅酸盐水泥、高炉矿渣、粉煤灰化学组成的对比。

表 12-2 国产硅灰、水泥、矿渣、粉煤灰化学组成对比

名称	SiO₂	Al₂O₃	Fe₂O₃	MgO	CaO	SO₃	烧失量
定期检测含量范围(%)	87.11~91.8	0.12~0.76	0.20~0.97	0.20~0.90	0.13~0.69	0.22~0.46	0.71~9.64
连续检测 28d 含量范围(%)	93.7~97.02 平均 94.9	—	—	—	—	—	2.66~3.26 平均 2.9
总平均值(%)	93.4	0.5	0.6	0.5	0.4	0.4	3.6
普通硅酸盐水泥(%)	17~28	2~8	0~6	0.1~4.0	60~67		0.7
高炉矿渣(%)	28~40	10~22	4.0	2~16	32~48	—	—
粉煤灰(%)	40~55	20~30	5~10	1~4	3~7		4.5

12.3 硅灰的作用机理

12.3.1 火山灰反应

硅灰表面的高自由能和大量超细颗粒（大大小于 1.0μm）的存在，与水混合后部分硅灰很快就溶解，当大部分细颗粒或表面层耗尽，则出现集结、成团或沉淀，导致无定型富硅贫钙凝胶的

生成。水泥中矿物水化释放出来的 $Ca(OH)_2$ 与溶液中的 SiO_2 以及此种凝胶反应生成水化硅酸钙（C-S-H），并由水泥矿物向外生长，其化学反应的实质为火山灰反应，即

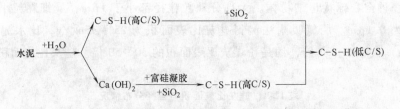

图 12-1　硅灰的"火山灰反应"

12.3.2　各种硅灰掺量对水泥浆体游离石灰的影响

各种硅灰掺量对水泥浆体游离石灰的影响见表12-3。

表 12-3　各种硅灰掺量对水泥浆体游离石灰的影响

品种	$Ca(OH)_2$(%)		
	龄期 7d	龄期 28d	龄期 90d
硅酸盐水泥	15.0	16.9	18.9
硅酸盐水泥 +22% 粉煤灰	11.8	13.2	13.4
硅酸盐水泥 +22% 硅灰	10.7	7.9	4.2
硅酸盐水泥 +11% 硅灰 +11% 粉煤灰	11.0	10.2	9.5

由表 12-3 中对比数据可见，硅灰具有良好的火山灰活性，并且可由 $Ca(OH)_2$ 的消耗推知水泥石中的 C-S-H 含量的增加。

12.3.3　浆体的孔结构

硅灰的掺入会极大地影响水泥浆体的孔级配和孔隙率。硅酸盐水泥-硅灰浆体，7d 时，大孔（$>0.1\mu m$）体积仅 $0.123mL/g$，而硅酸盐水泥相应为 $0.30mL/g$；在 28d 和 90d 时，总孔体积大小相近，而前者大孔体积接近于零，硅酸盐水泥浆体分别为 $0.225mL/g$ 和 $0.17mL/g$。在普通硅酸盐水泥中掺入 11% 粉煤灰和 11% 硅灰，孔级配亦引起很大的变化，大于 $0.1\mu m$ 的孔显著减小。

掺入硅灰后，孔隙率下降和大孔率下降，并随掺入量增加，这种现象还会提早出现，其原因在于：

1）活性 SiO_2 可促进水泥的最初水化反应，硅灰活性是很高的，它的掺入降低了 Ca^{2+} 含量，因而加快了水化进程。

2）火山灰反应生成的 C-S-H 的密度小于由硅酸盐水泥生成的 C-S-H。因此会有更多体积的凝胶填充毛细孔，使大孔变小，毛细孔变得不连续。

3）在水泥浆中，$Ca(OH)_2$ 粗大晶体的交错连生，为硬化水泥浆体中大孔的来源之一。由于硅灰的存在，$Ca(OH)_2$ 结晶量有所减少，有利于减少大孔。

12.4 硅灰混凝土

12.4.1 硅灰混凝土拌合物的特性

1. 水胶比

由于硅灰的比表面积特别大，所以其需水量也相应大增。在掺水量不变的情况下，随着硅灰的掺入和掺量的增加，混凝土坍落度明显减小。一般硅灰掺量在 5% 左右时，对需水量影响不大，但若再增加掺量则需水量成直线上升，可达 130%。硅灰的粒径大部分小于 1μm，平均粒径在 0.1μm 左右，约比水泥细 100 倍，如在硅灰掺量为 10% 的水泥浆体中，每个水泥颗粒约被 5 万个硅灰粒子所包围，水泥颗粒水化所需要的水通过硅灰层，透过的阻力随粒子的增加而增加，这是需水量增大的主要原因。

由于硅灰本身要吸水生成硅凝胶这一中间产物，然后再生成 C-S-H，因此，一旦凝胶开始生成，水泥浆体就会变稠，甚至出现早凝。为了保持混凝土具有一定的流动度和坍落度，需要加入高效减水剂。

2. 流变性能

硅灰的掺入能改善混凝土拌合物的均匀性，提高内聚力，故其混凝土有很好的稳定性，甚至在高坍落度的情况下也不离析。试验证明，当硅灰取代水泥用量大于 15% 时，坍落度为 15~20cm，未见材料离析和泌水，硅灰混凝土的可泵性得以提高，用作喷射混凝土时，回弹损失减少。由于泌水性好，减少了在粗骨料或钢筋下形成的泌水空腔，可改善混凝土的开裂和减小钢筋锈蚀；由于内聚力提高，在塑性状态下已有较好的强度，故有良好的水下浇注性能。

3. 水化放热与凝结速度

因为硅灰的比表面积特别大，当硅灰存在于水泥颗粒之间的孔隙中时，可与水泥水化时析出的 $Ca(OH)_2$ 迅速反应，从而导致强度快速增长。与粉煤灰同时应用，可以改善粉煤灰早期水化速度慢的缺点。

4. 坍落度损失

掺入高效减水剂的硅灰混凝土拌和后的坍落度为 15~20cm 时，坍落度损失比普通混凝土大，而且坍落度损失与硅灰掺量成正比。

5. 含气量

随着硅灰取代率的增加，为获得所要求的含气量，引气剂的掺量将显著增大。这是由于硅灰用量增加，其总比表面积显著增加以及含碳量也增大等所造成的。

6. 成型和表面修整性能

硅灰混凝土拌合物的黏性很大，所以在成型时大的空气泡易于残留在混凝土中。但由于这种混凝土经过分振动也几乎不会产生离析，所以必要时可进行过分的振动以驱除大的气泡。当硅灰取代率在 20% 以上时，混凝土黏性非常大，表面修整很困难，一般应采用边振动边修整的办法。

12.4.2　硬化硅灰混凝土的特性

1. 物理力学性能

（1）抗压强度　通常用"活性指数" K 值来表示硅灰对混凝土抗压强度的效应，即加入单位质量的硅灰到空白混凝土中所引起的强度增长相当于加入多少质量的水泥才能等效。硅灰掺入后，$1m^3$ 含 300kg 水泥的混凝土（20℃，100% 相对湿度养护），一般 28d 的 K 值等于 3 左右。几种水泥浆体的孔级配和与其相应的混凝土（骨料总质量不变，配比有调整）的抗压强度见表 12-4。

表 12-4　四种混凝土不同龄期时的强度

强度 品种	3d		7d		28d		90d	
	/MPa	对比（%）	/MPa	对比（%）	/MPa	对比（%）	/MPa	对比（%）
对比混凝土	14.7	—	20.0	—	26.6	—	28.6	—
硅酸盐水泥 +22% 粉煤灰	12.1	−18	17.8	−11	23.2	−12	27.6	−3
硅酸盐水泥 +22% 硅灰	15.2	+3	24.4	+22	47.0	+77	56.2	+93
硅酸盐水泥 +11% 粉煤灰 +11% 硅灰	14.2	−3	20.2	+1	37.9	+43.3	43.3	+53

由表 12-4 可知，随着硅灰掺入量的增加，混凝土早期强度亦得到明显的改善，大大地改进了单独掺入粉煤灰引起的强度增进缓慢、早期强度低的缺点。抗压强度与硅灰掺量成正比例关系，但硅灰掺量最多不得超过 35%，一般硅灰掺量在 5%～10% 之内是有效的，经济上也是合理的。

对于掺硅灰混凝土来说，其抗压强度、抗折强度、与钢筋黏结强度与普通混凝土相比都有不同程度的提高，且随着硅灰掺量的增加而提高。

（2）弹性模量　硅灰混凝土的弹性模量较普通混凝土有所提高。试验证明，弹性模量随着抗压强度的提高而增大，两者之间有良好的相关性，相关系数为 0.966。

（3）收缩　在等强的情况下，硅灰混凝土的收缩值比基准混凝土略小。但是随着硅粉和减水剂掺量的增大，硅灰混凝土的早期收缩值偏大，后期则趋于正常。

2. 耐久性能

（1）抗冻性　硅灰混凝土具有良好的抗冻性。如在水泥含量为 $250kg/m^3$ 的混凝土内加入 10% 硅灰和 1% 的塑化剂，K 值约为 8。在没有引气剂的条件下这种混凝土的抗冻性和含硅酸盐水泥 $400kg/m^3$ 相等。掺入 5% 硅灰就可以改善混凝土的抗冻性，取代量增加到 15%～25% 时效果更好。

在混凝土中掺入硅灰对抗冻性的增强，对加气混凝土和轻骨料混凝土尤为突出。加气混凝土中掺入 5%～15% 硅灰，不仅提高了强度，而且抗冻性明显提高。轻骨料混凝土中掺入 10% 硅灰，即使骨料含水率为 15%～20%，但混凝土耐久性指数仍有 80%。

（2）抗渗性　混凝土掺入硅灰后密实度明显提高。在含水泥 $100kg/m^3$ 的混凝土中加入 10% 的硅灰后，渗透性从 $1.6 \times 10^{-7}m/s$ 下降到 $4.0 \times 10^{-10}m/s$。其渗透能力的水泥等效因素 K 值高于强度的 K 值。K 值随硅灰的掺量而减小。

（3）抗硫酸盐侵蚀性 国外曾用 15% 硅灰取代硅酸盐水泥，经 26 年的暴露，结果表明，其受侵蚀的程度与抗硫酸盐水泥（C_3A 含量小于 5%）相同。这显示了掺硅灰砂浆（混凝土）的抗硫酸盐性能良好。

（4）抑制碱-骨料反应性能 混凝土中掺入硅灰可有效地抑制水泥浆体中碱（$Na_2O + K_2O$）与活性硅质骨料之间产生的有害反应，如冰岛曾在硅酸盐水泥中掺入 7.5% 硅灰，很好地防止了由碱骨料而引起的严重破坏。

（5）抗碳化及防止钢筋锈蚀性能 在混凝土中加入硅灰和外加剂能使混凝土的抗碳化性能得以明显改善。试验表明，随着硅灰和高效减水剂掺量的增加，硅灰混凝土的抗碳化性能明显提高。硅灰中几乎不含氯离子、氟离子等有害物质，因此，在混凝土中外掺硅灰和外加剂后，并未增加对钢筋有害的物质。国内外通过试验和试验表明，掺硅灰混凝土对钢筋无锈蚀作用。

（6）耐冲磨性能 硅灰混凝土耐磨性能大大优于普通混凝土。经试验，结果见表 12-5 和表 12-6。

表 12-5 含砂水流冲刷试验结果

外掺料	平均失量/kg	磨损率/[g/(h·m²)]
0	0.2125	3.73
硅灰 + SN—Ⅱ	0.0925	1.62

注：SN—Ⅱ为上海建筑科学研究院生产的减水剂。

表 12-6 硬化砂浆磨损试验结果

外掺料	平均磨损度/(g/cm²)	
	3d	28d
0	0.089	0.068
硅灰 + SN—Ⅱ	0.069	0.058

注：SN—Ⅱ为上海建筑科学研究院生产的减水剂。

12.4.3 硅灰混凝土强度增长的原因

1）学者研究指出，在相同的水胶比下，水泥浆体的抗压强度与大孔（0.1μm）的体积成反比。硅灰的掺入使孔隙率下降，孔级配改善，大于 0.1μm 的孔减少，致使强度得到提高。

2）掺硅灰后生成的水化产物是由极小的粒子构成的连续多孔状物，粒子大小在 100nm 以下。颗粒越小，比表面积越大，表面相互黏结的力量亦越大。超细颗粒的硅灰可在水泥浆体中起到骨架作用，所以能形成较高的强度。

3）水泥浆体骨料的界面上的 $Ca(OH)_2$ 晶体有取向性，它的结构疏松，是材料破坏的薄弱环节，而掺硅灰后由于火山灰反应能很快地进行，$Ca(OH)_2$ 晶体大大减少，晶粒也减小，因而使界面区的 $Ca(OH)_2$ 取向生长现象减弱，具有较好的界面黏结力。

12.4.4 硅灰混凝土耐久性增强的原因

掺入硅灰后浆体的孔结构得到改善，火山灰反应使得 $Ca(OH)_2$ 含量降低致使减少了因其溶解而产生的新的通道，这样混凝土变得很密实，水分子、SO_4^{-2} 和 Cl^- 的扩散受到阻力，使混凝土抗渗性能大大增加，抗冻性能也得到提高。孔隙溶液中的 pH 值虽有下降，但当掺入 30% 硅灰时 pH 值为 11.5，仍在保持钢筋良好状态的临界值上。另外硅灰的良好的火山灰活性，以及在掺硅灰后产生的 C-S-H 凝胶内能保留更多的碱，减少了孔隙溶液中的碱含量，因而在抗渗性能好的条件下，碱骨料反应不易产生。

12.4.5　影响硅灰混凝土强度的因素

1. 温度

硅灰混凝土的早期强度受温度影响很大，温度越高，强度越高，但 28d 强度与常温下养护的混凝土强度基本相同。硅灰混凝土与普通混凝土相比较，即使在低温下，早期强度增长也较大，28d 两者趋于接近。

2. 水泥品种及标号

用 32.5 级矿渣水泥时，其强度虽有一定提高，但效果远不如 42.5 级普通硅酸盐水泥。

3. 骨料与减水剂

砂、石材料和高效减水剂都能用来配制高强度等级的硅灰混凝土。当然若需配制超高强度（如 > C70）的混凝土，则对骨料及减水剂有更高的要求。

12.5　硅灰的应用

12.5.1　用于高强混凝土的配制

硅灰常用于 C60 以上高强混凝土的配制。

12.5.2　用于海洋环境下高耐久性混凝土的配制

1. 海洋环境下，预防钢筋混凝土墩柱钢筋锈蚀的措施

海洋环境下，氯盐的侵蚀会导致钢筋混凝土墩柱的钢筋锈蚀，由此产生的锈胀最终将导致保护层混凝土剥落，大大加速内部钢筋的锈蚀速度，从而降低桥墩的承载能力，导致其出现耐久性破坏。为了提高混凝土构筑物的耐久性水平，根据上海交通大学船舶海洋与建筑工程学院试验研究，提出以下预防措施：

1）保护层的增加可以有效提高氯离子侵蚀期的长度，从而提高耐久性使用寿命。

2）降低水胶比可以改善混凝土的耐久性，但不如增加保护层厚度和调整掺合料效果明显。

3）掺合料的种类和掺合量对氯离子侵蚀期的长短影响显著，尤其是硅灰对混凝土构筑物的耐久性影响有显著效果。

2. 在 L3 环境下 100 年时的材料和构造限值

经科研试验，当环境海水盐浓度为 23.3kg/m³，同时处于大气区、浪溅区、潮差区和浸泡区时，按我国铁路耐久性规范，环境类别为 L3，设计年限为 100 年时其具体限值见表 12-7。

表 12-7 L3 环境下设计年限 100 年时的材料和构造限值

名称	保护层厚度/mm	最大水胶比	最小强度等级	粉煤灰含量（%）	矿渣（%）	硅灰（%）	56d 电通量/C	56d 扩散系数/(m²/s)
限值	60	0.36	C50	30~50	40~60	5~15	1000	3×10^{-12}

3. 硅灰和保护层厚度对侵蚀期的影响

图 12-2 为水胶比 0.36 时不同硅灰掺量与保护层厚度的变化对侵蚀期的影响，其中 SG 表示硅灰。从图中可知，对于硅灰掺量为 9% 的墩柱来说，当保护层厚度从 60mm 增加到 90mm 时，其侵蚀期从 16.2 年增加到 49.8 年；对于保护层厚度为 75mm 的墩柱来说，当硅灰从 5% 增加到 15% 时，侵蚀期可从 14.2 年增加到 90.1 年。

对于设计基准期为 20 年和 50 年的混凝土墩柱来说，当水胶比为 0.36，保护层厚度和硅灰含量满足表 12-8 的要求时，可保证其在基准期内不发生锈蚀。

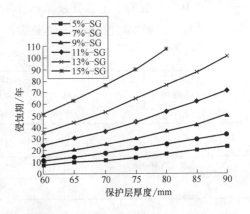

图 12-2 保护层和硅灰对侵蚀期的影响

表 12-8 基准期内不发生锈蚀的硅灰含量和保护层厚度限值

保护层厚度	mm	60	65	70	75	80	85	90
硅灰含量	%	11	9	9	7	7	5	5
侵蚀期长度	年	23.9	20.5	25.4	20.9	25	20	20.3
硅灰含量	%	15	15	13	13	11	11	9
侵蚀期长度	年	50.8	63.1	53.7	64.2	52.9	61.8	49.9

4. 硅灰和水胶比对侵蚀期的影响

图 12-3 是保护层厚度为 60mm 时不同硅灰掺量和水胶比条件下的侵蚀期变化。通过图 12-2 可以看出，随着水灰比的降低，锈蚀期长度随之增加。当保护层厚度为 60mm，设计基准期为 20 年时，若硅灰含量低于 9%，即便水胶比降低到 0.32 仍无法保证基准期内不发生锈蚀。但当硅灰含量大于 11% 时，即便水胶比取限值 0.36，仍可满足要求。当硅灰含量为 15% 时，即便取水胶比 0.36，仍能满足 50 年基准期限内不发生锈蚀的要求。

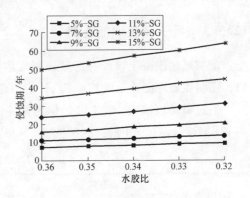

图 12-3 水胶比和硅灰对侵蚀期的影响

5. 配制高强高性能 C50 海工混凝土实例

1）材料。

C：P·Ⅱ52.5 级，$R_{28d} = 59.3$MPa。

KF：S95，28d 活性指数 103%。

硅灰：28d 活性指数 95%。

砂：模数 2.76，Ⅱ区中砂，含泥 0.6%，泥块 0.2%。

石：压碎指数 11.5%，5~10mm：10~20mm = 3:7。

外加剂：P.C（聚羧酸高效减水剂），减水率 34.8%。

2）C50 海工混凝土配合比及工作性能见表 12-9。自密实混凝土间隙通过性见表 12-10，混凝土含气量、表观密度及抗压强度见表 12-11。混凝土电通量及扩散系数见表 12-12。

表 12-9　C50 海工混凝土配合比及工作性能

C /(kg/m³)	KF /(kg/m³)	硅灰 /(kg/m³)	S /(kg/m³)	G /(kg/m³)	W /(kg/m³)	P.C /(kg/m³)	坍/扩 /mm	T_{500} /s	V形漏斗流出时间/s
195	267	24	911	810	170	7.78	260/655	4.8	22.5

表 12-10　自密实混凝土间隙通过性

L形仪高度比(H_2/H_1)	U形仪填充高度/mm	粗骨料振动离析率(%)
0.85	335	5.7

表 12-11　混凝土含气量、表观密度及抗压强度

含气量 (%)	表观密度 /(kg/m³)	抗压强度/MPa			
		7d	28d	56d	90d
1.7	2335	48.9	62.5	68.2	73.7

表 12-12　混凝土电通量及扩散系数

电通量/C			RCM 扩散系数法/(10^{-12} m²/s)		
28d	56d	90d	28d	56d	90d
1448	807	534	2.177	1.950	1.412

注：海洋环境抗氯盐侵蚀耐久性要求：56d 电通量 <1000C，90d 扩散系数 <1.5×10m²/s。

12.5.3　用于植生混凝土降碱

配制植生混凝土掺入一定量硅灰能取得较好的降碱效果。普通混凝土 pH 值约为 12~13，而对生态混凝土通常控制其 pH 值不超过 10 即可满足植生要求。

通过碱环境试验，将 28d 龄期的试件试压后的碎块经破碎、研磨、筛选、过滤等步骤，用 pH 测试计测试 pH 值，结果见表 12-13。混凝土强度对比试验结果见表 12-14。

表 12-13　试验胶结浆试件及 pH 值

试件编号	胶凝材料（%）			硅灰 （外掺）(%)	减水剂 (%)	水胶比	(28d)试块 pH 值
	水泥	粉煤灰	矿粉				
G1	100	0	0	0	2.2	0.28	11.69
G2	85	15	0	0	2.1	0.21	10.34
G3	70	30	0	0	2.1	0.21	10.24
G4	70	30	0	0	2.1	0.22	10.19

（续）

试件编号	胶凝材料（%）			硅灰（外掺）（%）	减水剂（%）	水胶比	(28d)试块pH 值
	水泥	粉煤灰	矿粉				
G5	70	30	0	0	2.1	0.23	10.11
G6	70	30	0	0	2.1	0.24	10.02
G7	55	45	0	0	2.1	0.21	9.89
G8	70	0	30	0	2.1	0.24	10.42
G9	100	0	0	3	1.9	0.26	9.66

表 12-14　混凝土强度对比试验结果

试件编号	水泥/kg	粉煤灰/kg	矿粉/kg	硅灰/kg	水胶比	骨胶比	骨料粒径/mm	抗压强度/MPa	抗折强度/MPa
N1	211.3	90.6	0	0	0.22	5.3	10～16	16.35	2.36
N2	211.3	0	90.6	0	0.24	5.3	10～16	20.69	2.85
N3	301.9	0	0	9.1	0.26	5.3	10～16	26.15	3.06

　　由表 12-13 可知，对比 G6 和 G8 组试件，在水胶比同为 0.24 的情况下，同掺量的粉煤灰 pH 值 10.02 稍小于矿粉 pH 值 10.42；对比 G1 和 G9 组试件，在水胶比从 0.28 降至 0.26 的情况下，加入硅灰可明显降低混凝土的碱性，pH 值由 11.69 降低到 9.66，同时硅灰对混凝土强度有提高作用。因此，配制植生型生态混凝土时应适当掺入硅灰。

　　上述试验结果表明，掺入粉煤灰、矿粉和硅灰都可以降低混凝土碱性，其中矿粉的掺入效果最差，硅灰最好，而且硅灰有利于提高混凝土强度。试验中掺入硅灰的混凝土 28d 龄期抗压强度为 26.15MPa，pH 值为 9.66，满足植生条件，见表 12-14。条件允许的情况下可以加入适量硅灰。

第13章 钢 渣

钢渣是炼钢时产生的废渣，其排放量约为钢产量的 40%，已累积约 3 亿 t，而我国钢渣利用率较低，约为 10%。钢渣堆积不仅占用大量土地，造成环境污染，而且是不可再生资源的浪费。探索钢渣这一工业废渣的利用使其资源化，已成为环境保护必须解决的问题。

钢渣可应用于水泥工业的生产，可用钢渣代替部分熟料（约 20%～30%）。钢渣具有一定的活性，经加工后有胶凝性的特点，复合少量硅粉作为混凝土掺合料部分取代水泥，可配制出超高强度、高流动性、高耐久性的高性能混凝土。

钢渣用作粗掺料代替混凝土中的骨料，可达到节省水泥、废物利用的目的。

13.1 钢渣粉作为水泥掺合料的应用

13.1.1 钢渣的化学成分

所选用的钢渣为排放量大且活性较高的转炉钢渣。钢渣成分随着炼钢品种及工艺不同而差异较大。矿物成分中，C_3S 含量为 40% 左右，C_2S 含量为 16%～20%，RO 相为 26%～30%，$C_2F + CF$ 约为 1%，f-CaO 含量为 1%～5%，其化学成分见表 13-1 所示。

表 13-1　钢渣的化学成分及碱度

试验种类	化学成分（%）								碱度
	SiO_2	Fe_2O_3	Al_2O_3	CaO	MgO	FeO	f-CaO	P_2O_5	
$S_1^{\#}$	21.51	2.43	10.56	46.19	6.96	7.34	1.75	—	2.15
$S_2^{\#}$	12.39	10.37	3.13	44.46	9.86	9.77	1.29	0.17	3.54
$W_1^{\#}$	15.04	6.41	6.69	40.19	10.97	9.07	1.70	0.81	2.54
$W_2^{\#}$	11.39	17.53	1.96	42.13	7.57	5.48	2.36	0.26	3.62

对四组数据分析表明，其矿物成分相近，并且与水泥的矿物组成十分接近，其化学成分也与水泥的化学成分相似，经过一定的配制过程，可制成磨细钢渣掺合料。其中 f-CaO 可通过存放一段时间降低其含量，而 MgO 含量偏高，提供碱度的氧化物（主要是难溶物）钾、钠含量极低，不会因其碱度高而引起碱-骨料反应。配制掺合料的钢渣主要选择性能稳定的转炉钢渣，这些钢渣经过精选，其活性较高，杂质较少，有利于稳定掺合料的性能。

13.1.2 钢渣对水泥物理力学性能的影响

1）对各种渣样进行适当处理，可再与其他几种材料一起配制成钢渣掺合料。用不同掺量的钢渣等量取代部分水泥，其物理性能见表 13-2。

表 13-2　不同掺量的钢渣等量取代部分水泥对水泥物理性能的影响

编号	掺合料掺量（%）	成型水量/mL	R_{28d}强度/MPa		标准稠度（%）	安定性	凝结时间/min	
			抗压	抗折			初凝	终凝
C100	0	238	41.4	9.28	27.0	合格	155	220
W90	10	238	42.8	9.68	26.0	合格	155	245
W80	20	238	46.8	8.81	26.0	合格	150	255
W70	30	238	34.2	8.50	25.0	合格	160	305
S90	10	238	43.3	9.44	26.0	合格	185	230
S80	20	238	47.6	9.28	26.0	合格	204	270
S70	30	238	36.8	8.58	25.5	合格	265	390
S60	40	238	35.4	6.33	23.5	合格	—	—

由表 13-2 可知，当钢渣的掺入量达到 40% 时，其压蒸及沸煮安定性合格。说明掺量低于 40% 时，水泥安定性不会受到任何影响，尽管钢渣中 MgO 含量较高，钢渣中还有一定量的 f-CaO，但试验证明这些因素都不会使水泥安定性不合格，若按 20%~30% 掺入钢渣，安定性将更稳定。

随着钢渣掺入量的增加，凝结时间明显延长，初凝不早于 45min，终凝不迟于 12h，满足了水泥标准要求。这是因为掺入钢渣后，使得水泥水化反应中 C_3S 的含量相应减少，水化反应速度适当降低，因此，凝结时间较普通硅酸盐水泥有所延长。此外，随着钢渣掺量的增加，水泥标准稠度稍有降低，但变化不大。

综上所述：掺入 30% 以内的钢渣（以等量取代水泥），不会对水泥物理性能产生明显的影响，且符合目前的相关标准，也不会造成直接的经济损失。

2）掺入不同量的钢渣对水泥力学性能的影响，见表 13-3。

表 13-3　不同掺量的钢渣对水泥力学性能的影响

编号	掺合料掺入量（%）	抗压强度/MPa				抗折强度/MPa			
		7d	28d	60d	90d	7d	28d	60d	90d
C100	0	31.6	48.5	55.9	59.6	6.22	9.38	10.15	10.48
W90	10	30.0	47.2	54.8	57.9	6.18	9.03	9.82	10.07
W80	20	21.6	42.0	49.3	54.2	5.70	8.33	9.50	9.70
W70	30	23.8	38.7	47.0	50.8	5.50	7.27	8.37	9.78
W60	40	18.2	32.6	40.4	44.0	4.52	6.65	8.00	8.83
S90	10	28.7	50.0	58.2	61.7	6.18	8.90	9.35	9.53
S80	20	24.9	46.0	54.5	57.6	5.43	3.20	9.05	9.58
S70	30	20.2	39.0	50.0	53.1	4.67	7.57	8.72	8.95
S60	40	18.2	35.4	44.2	49.3	3.72	6.33	7.62	7.60

从表 13-2、表 13-3 中可看出，随着钢渣掺量的增加，水泥不同期龄的强度总体上呈下降趋势，但当掺入量低于 30% 时，早期强度略偏低，而 28d、60d、90d 强度值与基准水泥强度相当，甚至要高于基准水泥强度。这是因为钢渣中含有部分与水泥熟料相似的矿物成

分，即含有一定量的 C_3S、C_2S、C_2F+CF 等矿物。这些矿物在适当的激发剂作用下，遇水能起到与水泥熟料相似的水化反应。当掺入量控制在 20% 左右时，对水泥的物理力学性能没有不利影响。

13.2　钢渣用作混凝土掺合料

13.2.1　钢渣掺合料对混凝土拌合物性能的影响

泵送混凝土施工要求拌合物具有较大的坍落度值，并应有较小的损失，以满足施工中对混凝土工作性的要求。钢渣掺合料在配以适当的外加剂后，对水泥适应性好，可适当改善混凝土拌合物的工作性，降低泌水率。试验结果见表 13-4 所示。

表 13-4　钢渣掺合料对混凝土拌合物性能的影响

编号	配合比/(kg/m³)						泌水率（%）	坍落度/cm			
	水泥	砂	石	掺合料	外加剂	水		0min	10min	30min	60min
C	365	821	1044	—	1.10	190	0.64	17.5	14.5	8.0	7.0
W	292	821	1044	73	1.10	190	0.05	19.2	17.0	15.0	14.0
S	292	821	1044	73	1.10	190	0.14	20.0	18.0	18.0	17.0

在同等条件下，掺入掺合料能适当提高混凝土坍落度，减小坍落度损失。这是因为掺合料中的矿物基本是以固溶体状态存在的，如 C_3S 中往往固溶了 FeO、MgO、Al_2O_3 等氧化物，而 C_3S 含量也低于水泥中 C_3S 的含量。掺合料中的 C_3S 与水泥中的 C_3S 相比，水化速度较慢。另外，含量较多的 C_2S 早期水化速度较慢。因此，掺入这种掺合料会导致水泥的早期水化速度减缓，早期水化热降低，减少了早期水化用水量，有利于减小坍落度损失，改善混凝土的工作性，适用于泵送大体积混凝土工程的施工。若以掺合料超量取代水泥，拌合物中浆体量增加，更有利于泵送施工。

13.2.2　钢渣复合掺合料对混凝土工作性和力学性能的影响

1. 试验用原材料

1）水泥采用广东金羊牌 P·Ⅱ52.5 级。

2）矿渣粉采用广东韶钢嘉羊 S95 磨细矿渣粉。

3）硅粉采用埃肯国际贸易公司的 920 硅粉。

4）钢渣采用广州珠江钢铁公司炼钢产生的废钢渣经粉磨磨细的钢渣粉。

5）河砂采用广州北江河砂，Ⅱ区细度模数为 2.84。

6）碎石采用：5~10mm 粒径为广州增城石场，5~20mm 粒径为大亚湾石场，两级粗骨料合成连续级配骨料。

7）外加剂采用广州柯杰公司产 KJ—JS 型高效减水剂。

2. 试验用混凝土配合比

试验水胶比设定为 0.218，砂率固定为 42.2%，高效减水剂掺量为 2.58%，用水量为

$135kg/m^3$，掺合料总掺量为 31.5%，硅灰掺量为 $45kg/m^3$，钢渣与矿渣掺量比例分别为1:2、1:1、2:1。钢渣复合掺合料混凝土配合比见表 13-5。

表 13-5　钢渣复合掺合料混凝土配合比　　　　　　　（单位：kg/m^3）

编号	水泥	硅灰	矿渣	钢渣	砂	石	水	减水剂
M1	425	45	150	—	730	1000	135	16
M2	425	45	100	50	730	1000	135	16
M3	425	45	75	75	730	1000	135	16
M4	425	45	50	100	730	1000	135	16

3. 试验结果和分析

钢渣复合掺合料混凝土的工作性能和力学性能见表 13-6。

表 13-6　钢渣复合掺合料混凝土的工作性能和力学性能

编号	坍落度/mm		扩展度/cm		倒坍落度桶流出时间/s		抗压强度/MPa		
	0h	2h	0h	2h	0h	2h	3d	7d	28d
M1	262	245	68	60	9.0	9	72.6	91.4	119.2
M2	268	—	60	—	4.3	—	67.1	95.0	114.7
M3	263	260	62	59	6.2	14	75.1	91.2	108.2
M4	261	—	59	—	11.0	—	65.7	85.1	99.7

从表 13-6 可知，掺钢渣的混凝土扩展度稍小于未掺的混凝土，混凝土倒坍落度桶流出时间随着钢渣掺量的增加而延长，且都未超过 25s。混凝土的黏性随着钢渣掺量的增加而有所加大，新拌混凝土 2h 工作性经时损失很小，掺加钢渣能保持混凝土具有很好的工作性能。混凝土强度随着钢渣掺量的增加以及矿渣掺量的减少有所下降。

13.2.3　钢渣掺合料对硬化混凝土力学性能及耐久性的影响

选择钢渣掺合料为 20% 掺量，进行硬化混凝土力学性能及耐久性的试验，结果见表 13-7和表 13-8（配合比同表 13-4）。

表 13-7　掺合料对硬化混凝土力学性能的影响

编号	掺合料掺入量(%)	混凝土抗压强度/MPa					劈裂抗拉 f_t(128d)/MPa
		f_{ce}(7d)	f_{ce}(28d)	f_{ce}(60d)	f_{ce}(90d)	f_{ce}(180d)	
C	0	21.70	27.90	29.00	34.00	36.90	2.68
W	20	18.10	24.20	26.00	35.00	37.00	2.29
S	20	18.20	27.20	30.10	35.90	38.70	2.15

由表 13-7 和表 13-8 中结果可知，掺入钢渣掺合料后，早期混凝土强度略低于基准混凝土强度，而后期强度有一定程度的提高，混凝土的抗冻性、抗渗性和抗碳化等耐久性能都得到不同程度的提高。由于掺合料碱度偏高，更有利于提高钢筋的抗锈蚀性能。另外，掺合料虽然碱度提高，但因为其中提供碱度的氧化物主要是难溶或不溶的物质（并非 K_2O、Na_2O 等易溶氧化物），所以不会因其掺入水泥中而引起混凝土的碱-骨料反应。

表13-8　掺合料对混凝土耐久性的影响

编号	掺合料掺量(%)	抗渗结果	钢筋锈蚀	碳化深度/mm				抗冻性能			
								质量损失(%)		强度损失(%)	
				3d	7d	14d	28d	50次	100次	50次	100次
C	0	0.1MPa 2h 漏2块	未见锈蚀	25.3	40.6	42.1	50.0	0	0.18	3.06	8.30
W	20	0.1MPa 6h 漏2块		—	—	—	—	0	0.24	2.22	11.30
S	20	0.4MPa 漏3块		25.7	35.5	42.0	42.3	0.21	0.22	0	10.10

在钢渣成分中，以水化反应速度较慢的 C_2S 矿物和呈固溶性状的 C_3S 矿物为主要成分，当以适量掺合料取代部分水泥时，这部分水泥中所含的水化反应速度快、对早强有利的矿物成分也被取代，相应增加了有利于混凝土后期强度的水化硬化矿物的比例。同时，这也有利于水泥石晶体均匀发展，结构更合理、更成熟，使得混凝土密实性提高，后期强度较基准混凝土有所增加。

13.3　钢渣粗、细骨料的应用

钢渣骨料有助于增强混凝土界面机械咬合力，提高混凝土的强度和耐磨性，可改善混凝土界面性能，减少有害物质渗透通道，从而提高混凝土的耐久性能。钢渣骨料适用于环境较恶劣的道路、护岸等混凝土工程。

13.3.1　钢渣骨料性能分析

1. 钢渣细骨料

试验用细骨料为宝钢转炉渣砂（滚筒渣经磁选、筛选，0~5mm），基本物理性能及化学成分分别见表13-9和表13-10。

表13-9　钢渣砂的基本物理性能

名　称	表观密度/(kg/m³)	紧密密度/(kg/m³)	紧密孔隙率(%)	细度模数	含泥(粉)量(%)	泥块含量(%)	吸水率(%)
钢渣砂	3600	2060	43	3.1	2.4	0.1	2.9

表13-10　钢渣砂的化学成分

名称	SiO_2	Al_2O_3	FeO	CaO	MgO	S	MnO	P_2O_5	M. Fe	f-CaO	T. Fe
含量(%)	10.2	1.21	12.32	41.58	11.49	0.045	3.09	1.50	0.66	8.07	20.16

由表13-9可知，钢渣砂的密度较大，含泥量较低。转炉滚筒渣砂的细度模数为3.1，经筛分发现转炉滚筒渣砂的颗粒分布位于细骨料Ⅱ级上下限之间，其颗粒分布比较合理。

由表13-10可知，钢渣砂中CaO和含铁氧化物含量高，二者占60%以上，SiO_2 含量约占10%，这和天然石英砂以 SiO_2 为主要成分的特点区别较大。

由表13-11可知，钢渣砂的放射性比活度满足标准 $I_{Ra} \leqslant 1.0$ 和 $I_r \leqslant 1.0$ 的要求。

表 13-11　钢渣砂的放射性检测结果

I_{Ra}（内照射指数）	I_r（外照射指数）
0. 114	0. 084

2. 钢渣粗骨料

钢渣粗骨料选用宝钢电炉热泼渣石，经破碎、筛选、磁选加工所得 5～25mm 粒径渣石。其基本物理性能及化学成分见表 13-12 和表 13-13。

表 13-12　电炉热泼渣石（钢渣粗骨料）的基本物理性能

名称	表观密度 /（kg/m³）	堆积密度 /（kg/m³）	紧密密度 /（kg/m³）	堆积孔隙率（%）	紧密孔隙率（%）	针片状含量（%）	含泥（粉）量（%）	泥块含量（%）	吸水率（%）	压碎指标（%）
钢渣石	3720	1920	2100	48	44	1. 8	0. 1	0. 1	1. 20	6. 9
碎石	2664	1400	1500	47	44	6. 3	0. 8	0. 5	0. 95	6. 6

表 13-13　电炉热泼渣石的化学成分

名称	SiO_2	Al_2O_3	FeO	CaO	MgO	SO_3	MnO	P_2O_5	M. Fe	f-CaO	T. Fe
含量（%）	9. 67	1. 99	15. 38	36. 6	5. 79	3. 37	3. 42	0. 90	0. 52	2. 96	27. 48

由表 13-12 可知，电炉热泼渣石的密度比碎石大，空隙率和碎石比较接近；钢渣针片状含量远小于碎石；钢渣石吸水率、压碎指标和碎石比较接近；化学成分与钢渣砂基本一致，详见表 13-13；其放射性比活度满足标准要求，详见表 13-14。

表 13-14　电炉热泼渣石的放射性检测结果

I_{Ra}（内照射指数）	I_r（外照射指数）
0. 192	0. 312

3. 钢渣微粉

钢渣通过磨细到一定程度，颗粒表面状况发生变化，表面能提高有利于胶凝性的发挥。

钢渣微粉已纳入《普通混凝土配合比设计规程》（JGJ 55—2011），试验选用 0～5mm 转炉滚筒钢渣砂磨细加工所得钢渣微粉（比表面积≥450m²/kg），满足《用于水泥和混凝土中的钢渣粉》（GB/T 20491—2006）中一级钢渣粉的要求。钢渣微粉的基本性能见表 13-15。

表 13-15　钢渣微粉的基本性能

名称	表观密度 /（g/cm³）	比表面积 /（m²/kg）	含水率（%）	7d 活性指数（%）	28d 活性指数（%）	流动度比（%）
钢渣粉	3. 45	486	0. 33	68	85	102

试验中将钢渣微粉按一定比例与矿粉混合成钢矿渣复合粉用作混凝土掺合料，采用水泥胶砂试验方法，确定钢矿渣复合粉中钢渣微粉的适宜掺量为 15%～20%。

4. 钢渣用于混凝土时的安定性评价

（1）钢渣微粉安定性分析　钢渣微粉的 f-CaO 含量及沸煮安定性试验结果，见表 13-16。

表 13-16　钢渣微粉的 f-CaO 含量和沸煮膨胀值

f-CaO（%）	沸煮膨胀值/mm
2. 35	1. 3

由试验结果表明，沸煮膨胀值满足标准≤5mm 的要求，煮沸安定性合格。

（2）钢渣骨料安定性分析　将钢渣粗细骨料磨粉后测试其 f-CaO 含量和沸煮安定性，试验结果见表 13-17。

表 13-17　钢渣骨料 f-CaO 含量和沸煮膨胀值

钢渣骨料	f-CaO（%）	沸煮膨胀值/mm
电炉热泼渣石	2.96	0.8
转炉滚筒渣砂	8.07	1.5

从表中可看出，转炉滚筒渣的 f-CaO 含量比电炉热泼渣高，这与转炉炼钢石加入大量含 CaO 的造渣材料有关。f-CaO 是影响渣稳定性的因素之一，但不能简单以含量高低评判，渣的安定性需要做进一步的检测。

根据《泡沫混凝土砌块用钢渣》（GB/T 24763—2009）的方法，将 100% 的钢渣骨料为骨料并经压蒸试验，钢渣石和钢渣砂制成的三条试件均已裂成碎块。这表明钢渣砂和钢渣石均存在安定性风险，以钢渣 100% 替代普通碎石用于水泥基材料中时，易引发体积稳定性问题。因此，钢渣砂和钢渣石用于混凝土时，其合理掺量须试验确定。经近 20 组压蒸对比试验，最终确定采用 35% ~45% 转炉滚筒钢渣代砂和 20% ~30% 电炉热泼渣代石，压蒸膨胀率合格。

另试验研究发现，钢渣碎石的掺入对混凝土的初始工作性能基本无影响，但钢渣砂的掺入会引起混凝土初始工作性能的降低，需略提高外加剂掺量以满足初始工作性能的要求。

13.4　钢渣混凝土墙体参考配合比

13.4.1　钢渣混凝土墙体配合比实例

经试配确定某工程墙体混凝土配合比（水泥配入量按 1 计，钢矿渣复合粉和粉煤灰按与水泥配入质量比计）见表 13-18，墙体混凝土拌合物性能见表 13-19。

表 13-18　墙体 C30 混凝土配合比

编号	坍落度/mm	水泥 P·O42.5	粉煤灰	钢矿渣复合粉	矿粉 S95	钢渣代砂（%）	钢渣代石（%）	固废物占比（%）
Q1	120±20	1	0.3	—	0.39	0	0	0
Q2	120±20	1	0.3	0.39	—	43	23	32.1

表 13-19　墙体混凝土拌合物性能

编号	表观密度/（kg/m³）	坍落度/mm	30min 坍落度值/mm	含气量（%）	凝结时间/min	
					初凝	终凝
Q1	2290.6	130	100	2.8	848	1054
Q2	2467.2	130	95	2.7	735	957

13.4.2　墙体混凝土部分物理力学性能

墙体混凝土部分物理力学性能见表 13-20。

表 13-20　墙体混凝土部分物理力学性能

编号	抗压强度/MPa		抗折强度/MPa	通电量/C	抗渗等级	抗冲磨强度/(h·m²/kg)
	28d	360d	28d	56d		
Q1	39.8	55.2	5.63	1635	P13	1.99
Q2	41.5	64.7	5.84	1788	P14	2.08

从表 13-18 ~ 表 13-20 中可看出，钢渣混凝土强度明显大于普通混凝土，抗压强度比普通混凝土高，其中 28d 提高 4.3%、360d 提高 17.2%；抗折强度 28d 提高 3.7%；抗渗也比普通混凝土提高 1 个等级；氯离子渗透能力与普通混凝土接近。经取 Q2 试块（截面为 100mm × 100mm）用压蒸釜进行 2.0MPa 气压下 3h 压蒸试验，2 块试块完好，说明 Q2 混凝土配合比掺入钢渣后安定性仍然稳定。

综上所述：

1）钢渣加工所得比表面积≥450m²/kg 的钢渣微粉按钢矿渣复合粉应用时，钢渣微粉掺量控制在 15% ~ 20% 为宜。

2）通过安定性分析，35% ~ 45% 转炉滚筒钢渣代砂、20% ~ 30% 电炉热泼渣代石应用于混凝土，可满足混凝土体积稳定性要求。

3）合理掺量的钢渣骨料将引起混凝土拌合物密度的增大，混凝土力学性能和抗渗等性能均有一定程度的提高。

4）经科学配制钢渣等固体废弃物掺量达 30% 时，采用钢渣微粉，钢渣粗、细骨料的资源利用型混凝土具有良好的力学性能和耐久性。

第14章 石灰石粉

石灰石粉是以石灰矿生产石灰石碎石和机制砂时产生的小块碎石、细砂和石屑为原料，采取进一步的粉磨技术制成颗粒≤0.075mm的细粉，作为掺合料具有提高混凝土早期强度并改善其流变性等优良的性能，因而在国外早已被广泛利用，如世界跨度最大的日本明石海峡大桥的桥墩、法国西瓦克斯核电站以及德国的Ⅱ/A—L波特兰水泥都将石灰石粉作为一种有效的掺合料。我国的石灰石资源十分丰富，开采和生产过程中产生的大量石灰石粉目前大部分处于闲置的状态，不但占用土地，更是对资源的浪费，因此，研究石灰石的利用具有很高的社会效益。

14.1 石灰石粉的作用机理

14.1.1 石灰石的化学成分

石灰石的主要物理性能和化学成分见表14-1。

表14-1 石灰石的主要物理性能和化学成分

相对密度	堆积密度 /（kg/m³）	抗压强度 /MPa	烧失量 （%）	CaO （%）	MgO （%）	Cl （%）	SO_2 （%）	有机物含量 （%）	SiO_2 （%）	坚固性 （%）
2.63	1345	68.5	41.0	52.4	1.08	无	0.0446	无	6.7	0.24

14.1.2 石灰石粉在水泥中的作用机理

石灰石粉在水泥中的作用机理主要包括：填充效应、活性效应和晶核反应。在水化早期以填充效应和加速效应为主，而在水化后期则以填充效应和活性效应为主。具体来说，主要有以下几个作用：

1. 微晶粒效应

水泥水化产生 C-S-H 和 $Ca(OH)_2$ 可生长在石灰石粉（$CaCO_3$）的颗粒表面，防止 $Ca(OH)_2$ 在水泥石和骨料界面生成大晶体，增强了界面黏结，同时降低了液相离子浓度，从而加速了 C_3S 的水化，有利于混凝土强度的增长。

2. 保水增稠作用

石灰石粉加入混凝土中，可降低混凝土泌水和离析的危险，石灰石粉在混凝土中开始时吸水，而等混凝土硬化后，其吸入的水分又慢慢释放出来，补偿混凝土的后期水化，减小混凝土收缩。同时，石灰石粉还有粉末滚珠轴承形态效应，粉末滚珠可改善水泥浆体的流动性，降低混凝土的黏滞性，从某种意义上说，它比矿渣和粉煤灰的作用还要好，石粉掺量以

10%为最佳。

3. 微骨料填充效应

微骨料填充效应主要表现为石灰石粉对水泥浆基体和界面过途区中孔隙的填充作用,使浆体更为密实,减小孔隙率和孔径直径,改善孔结构。加入石灰石粉后,由于石灰石粉的粒径很小,能与水泥熟料及其他矿物掺合料形成良好的级配,因而具有良好的填充效果。试验表明,石灰石粉对砂浆和混凝土的孔结构均具有明显的改善作用,随着石灰石粉掺量的增加,大于200nm的孔结构明显减少,50nm以下的孔结构明显增加,石灰石粉对砂浆孔隙的细化作用明显。

4. 活性效应

在水化早期,石灰石粉不参与水化反应,没有新的水化产物生成。随着水化反应的不断进行,水化后期生成的 C_3A 和 C_4AF 发生化学反应生成稳定的水化产物碳铝酸钙（$3CaO \cdot Al_2O_3 \cdot CaCO_3 \cdot 11H_2O$）,与石膏在水泥中的作用相当,也可用作水泥缓凝剂。石灰石粉还有促进水泥熟料中 C_3S 的水化作用,在某种意义上说,它比矿渣、粉煤灰的作用还好,这说明石灰石粉在水化后期具备水化活性。此外,水化碳铝酸盐与其他水化产物相互搭接,使水泥石结构更加密实,从而提高混凝土的强度和耐久性。

5. 晶核效应

石灰石粉在混凝土硬化过程中具有加速作用。适当掺量的石灰石粉充当了 C-H-S 的成核基体,降低了成核位垒,加速了水化反应,可增加混凝土的密实性。无论何种水泥,掺入石灰石粉均加速了其水化,石灰石粉的细度越大,其早期抗压强度增长越明显。

14.2 石灰石粉用作混凝土掺合料的试验研究

14.2.1 石灰石粉掺合料对混凝土性能的影响

磨细石灰石粉是非活性材料,细度很小,它不但补充了混凝土中缺少的细颗粒,增大了固体的表面积对水体积的比例,从而可减少泌水和离析,而且石灰石粉能和水泥与水形成柔软的浆体,既增加了混凝土的浆量,又改善了混凝土的和易性。如果要保持相同的坍落度,则掺石灰石粉的混凝土用水量即可减少,并影响了混凝土的诸多性能。

1. 坍落度的影响

1）石灰石粉掺量比例相同而水泥用量不同时坍落度变化的结果见表 14-2。

表 14-2 掺石灰石粉的水泥坍落度变化

序 号	用水量 /（kg/m³）	水泥用量 /（kg/m³）	石粉掺量（%）（占胶凝物质）	坍落度/cm 无石粉	坍落度/cm 掺石粉
1	195	300	10	70	115
2	195	325	10	80	95
3	195	355	10	90	100
4	192	365	10	65	75
5	195	433	10	95	60

2）水泥用量不变而坍落度随石灰石粉掺入量变化的结果见表 14-3。

表 14-3　坍落度随石灰石粉掺入量的变化

序　号	用水量 /(kg/m³)	水泥用量 /(kg/m³)	石粉掺量 /(kg/m³)	坍落度/cm
1	192	365	—	80
2	192	365	25	85
3	192	365	45	90
4	192	365	65	95

由表 14-2 和表 14-3 可知，混凝土中掺入一定量的石灰石粉可以增加其坍落度，尤其是在水泥用量较少的情况下更加明显，这有利于贫混凝土的泵送施工。但混凝土坍落度的增加量随着水泥用量的增加而减小，当水泥用量达到一定数量时，混凝土的坍落度不但不增加反而减少。这是因为石灰石粉黏聚性过大而引起的，所以在掺入石灰石粉时，最好通过试验找出最佳掺量。

3）掺入石灰石粉的混凝土坍落度随时间的变化。混凝土在炎热气候下浇筑并在较长距离运输时，其坍落度的损失是个严重问题。根据试验，结果见表 14-4。

表 14-4　坍落度的损失试验

水泥用量 /(kg/m³)	外加剂掺量 /(L/m³)	石粉掺量 /(kg/m³)	出搅拌机的坍落度 /mm	坍落度经时变化					
				出机后 15min		出机后 30min		出机后 45min	
				实测 /mm	损失率 （%）	实测 /mm	损失率 （%）	实测 /mm	损失率 （%）
320	—	—	140	100	28.6	70	50.0	0	100
320	—	35	160	140	12.5	120	25.0	90	43.8
330	0.825	—	125	100	20.0	65	48.0	0	100
330	—	35	165	145	12.1	115	30.3	95	42.4

由表 14-4 可知，不管是否加外加剂，掺石灰石粉的混凝土都能延缓混凝土坍落度的损失，在达到相同损失程度的时间可延长 15min 以上。掺入石灰石粉所赢得的这 15min 在炎热气候下施工或长距运输混凝土来讲是非常宝贵的。

2. 石灰石粉掺合料对混凝土凝结时间、含气量和泌水率的影响

在相同水胶比、相同水泥用量条件下对掺石灰石粉和不掺石灰石粉的混凝土的凝结时间、含气量和泌水率进行试验，其结果见表 14-5。

表 14-5　掺入石灰石粉对混凝土凝结时间的影响

混凝土类型	混凝土凝结时间		含气量 （%）	泌水率 （%）
	初凝	终凝		
空白混凝土	9h5min	11h40min	2.1	4.8
掺石灰石粉混凝土	9h	11h40min	1.3	3.4

由表 14-5 可知，掺入石灰石粉对混凝土的凝结时间几乎没有影响，但含气量和泌水率

都在减小，这对混凝土质量是有益的。

掺入石灰石粉有保水增稠的作用。石粉的存在可以吸收混凝土中的用水，一定程度上增加了混凝土 $1m^3$ 的水量，随着石粉用量增高，混凝土黏度不断增大，有效降低了混凝土拌合物离析和泌水的风险。另外，当混凝土硬化后，被石粉吸收的水分会慢慢释放，用于补偿混凝土后期水化用水，从而减少了混凝土的收缩。

14.2.2 不同类型减水剂与粉煤灰-水泥胶凝体系的相容性

将聚羧酸系高效减水剂、萘系高效减水剂、脂肪族高效减水剂分别掺加到复合石灰石粉的粉煤灰-水泥胶凝体系中，取石灰石粉掺量为 10% ，比表面积为 $600m^2/kg$ ，三种减水剂与胶凝体系的相容性表现如图 14-1 所示。

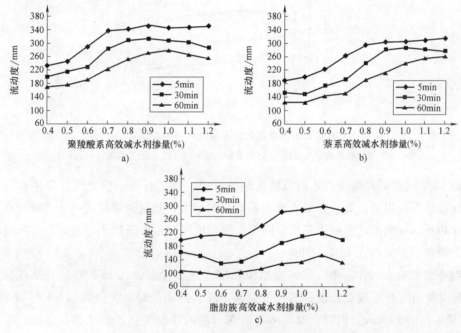

图 14-1 三种减水剂与胶凝体系的相容性表现

a) 聚羧酸系高效减水剂 b) 萘系高效减水剂 c) 脂肪族高效减水剂

由图 14-1 可知，聚羧酸系高效减水剂与胶凝材料的相容性最好，不但有较高的初始流动度，达到饱和点时减水剂掺量较小，约为 0.7% ，而且静置 30 ~ 60min 后浆体仍然有较大的流动度，经时损失小。

萘系高效减水剂与胶凝材料的相容性一般，达到饱和点时减水剂掺量较小，约为 0.8% ，但浆体初始流动性不如聚羧酸系高效减水剂，特别是经时损失大，虽然随着减水剂掺量增大，60min 流动度有持续提高，经时损失有减小趋势，但此时减水剂掺量较大。

脂肪族高效减水剂与胶凝材料的相容性差，达到饱和点时减水剂掺量较大，约为 1.1% ，且流动度经时损失明显大于前两种减水剂。

1. 石灰石粉掺量对相容性的影响

根据以上的试验结果，取各种减水剂相对应的饱和点减水剂量，考查石灰石粉掺量变化时，浆体流动度的变化情况，试验结果如图 14-2 所示。

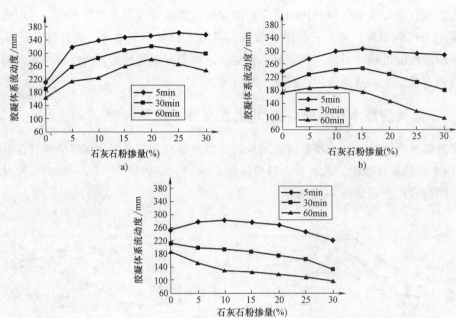

图 14-2　石灰石粉掺量变化时三种减水剂胶凝体系的流动度

a）聚羧酸系高效减水剂　b）萘系高效减水剂　c）脂肪族高效减水剂

由图 14-2 可知，在聚羧酸系高效减水剂体系中，掺了石灰石粉之后，浆体初始流动度有一个比较显著的提高，其后随着石灰石粉掺量的增大，初始流动度进一步逐渐升高，而浆体 30min 和 60min 的流动度则先升高后降低，流动度经时损失先减小后增大，石灰石粉掺量存在一个最佳值，大约在 15% ~ 20%。

在萘系高效减水剂体系中，浆体初始流动度表现较稳定，在 15% 时达到最佳掺量，但 60min 流动度则随着石灰石粉掺量的加大显著下降，造成经时损失由掺量 0% 时的 65mm 达到掺量 30% 时的 190mm，说明此时浆体对石灰石粉的掺量变化比较敏感，因此，可通过调整石灰石粉的掺量来调整萘系高效减水剂的减水效果。

在脂肪族高效减水剂体系中，随着石灰石粉的掺入，初始流动度先升高后降低，总体呈下降趋势，浆体 30min、60min 的流动度则随着掺量的增大迅速下降，流动度经时损失始终很大，说明石灰石粉的掺入使胶凝材料与脂肪族减水剂的相容性变得劣化，再次证明了前面脂肪族减水剂与胶凝材料的相容性差的结论。

2. 石灰石粉细度对相容性的影响

从前面的研究结果可知，聚羧酸系高效减水剂与复掺石灰石粉的粉煤灰-水泥胶凝体系相容性最好，因此，在这研究当加入聚羧酸系高效减水剂时，石灰石粉细度变化对体系相容性的影响。取石灰石粉掺量 15%，聚羧酸系减水剂掺量 0.7%，考查石灰石粉比表面积依次取 400m²/kg、600m²/kg、800m²/kg、1000m²/kg、1200m²/kg 时，浆体流动度的变化情况，试验结果如图 14-3 所示。

由图 14-3 可知，随着石灰石粉细度增大，初始流动度增大，但增大趋势逐渐放缓，

60min 后的流动度在细度为 $800m^2/kg$ 时达到最高点，其后细度再增大流动度反而下降，说明对浆体的流动度来说石灰石粉细度不是越大越好，而且细度大将提高加工时的成本，所以应用时取适中的细度为宜。

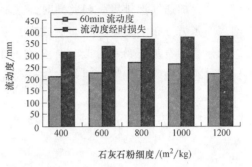

图 14-3 石灰石粉细度变化时体系流动度

3. 石灰石粉影响粉煤灰-水泥胶凝体系与减水剂相容性的机理

综合上面三种减水剂胶凝体系净浆的试验结果来看，粉煤灰-水泥净浆掺入石灰石粉后，流动度都比单掺减水剂时有比较明显的提高，说明石灰石粉对增大浆体流动性确实有利，此时，掺入的石灰石粉发挥了良好的形态效应和填充效应，超细颗粒均匀分散在浆体中，既可将水泥与粉煤灰颗粒间的水置换出来增加有效自由水量，又能发挥"滚珠轴承"的作用，因而掺石灰石粉有助于降低浆体的黏度和初始剪切应力，可有效减少用水量或在同样用水量情况下获得更佳的流动性能。

随着石灰石粉掺量的加大，不同的减水剂表现出不同的适应性，表现最好的仍然是聚羧酸系高效减水剂。石灰石粉对聚羧酸系高效减水剂的吸附作用较弱，石灰石粉颗粒表面圆滑，且有较大惰性，所以掺入适量石灰石粉后有助于降低胶凝材料对减水剂的吸附量从而增大流动性，且石灰石粉吸附减水剂分子后，其空间位阻效应比水泥颗粒和粉煤灰颗粒的大，使浆体中能够较长时间保持相当浓度的减水剂分子，让其充分持续地发挥作用，因此表现出流动度经时损失小的优点。石灰石粉具有惰性，水化反应活性低，水化慢，水化产物少，加入石灰石粉减少了水泥水化产物对减水剂分子的覆盖和消耗，从而减小了流动度损失，掺量适合时，掺入石灰石粉对相容性影响明显利大于弊。

石灰石粉细度增大时，水泥颗粒、粉煤灰颗粒与石灰石粉颗粒之间的级配效应得到进一步的改善，填充效应和微骨料效应更加明显，因此流动度升高。但细度过大则比表面积显著增大，对减水剂分子的吸附量增大，加快了对减水剂的消耗，导致浆体中减水剂分子浓度下降，因而流动度经时损失增大且细度过大时胶凝体系浆体易形成絮凝状结构使浆体变得黏稠，这都会明显增大流动度损失。

综上所述，聚羧酸系高效减水剂与复掺石灰石粉的粉煤灰-水泥胶凝体系相容性最好。而聚羧酸系高效减水剂体系的流动度与石灰石粉掺量增加并非单调递增，而是存在最佳掺量关系，即在掺量 15%~20% 时流动度经时损失最小。石灰石粉细度增大，虽然可提高初始流动度，但细度过大时浆体流动度经时损失会随之加大，同时耗能和成本会增加，因此细度不宜过大。

14.2.3 掺石灰石粉可加速混凝土中气泡排出

就混凝土配合比参数而言，水胶比和单位用水量较小，胶凝材料颗粒与颗粒之间缺少润滑作用，导致浆体屈服应力与黏性有所提高。但石灰石粉的掺入，能与水泥、粉煤灰、矿粉组成紧密的四元堆垛体系，置换出浆体絮状颗粒间的自由水及微气泡，极大地改善了拌合物的黏滞性，加速气泡排出。与此同时，微米级的石灰石粉颗粒在气泡表面不均匀铺展，导致气泡表面张力分布不均匀，进而造成膜上液体向高表面张力处移动，使此区域气泡破裂。因此，内掺超细石灰石粉，可改善拌合物的工作性和可施工性，易于振捣密实，加速气泡排除，从而有效地降低构件表观气泡的出现概率。

14.3　掺石灰石粉混凝土的物理及力学性能

14.3.1　掺石灰石粉混凝土的力学性能

1. 抗压强度

把采用相同比例的掺量而不同水泥用量及相同水泥用量而不同掺量的两组试验进行对比，找出石灰石粉掺量对混凝土抗压强度的影响规律，见表 14-6。

表 14-6　石灰石粉掺量对混凝土抗压强度的影响

试验编号	用水量 /(kg/m³)	水泥用量 /(kg/m³)	石粉用量 /(kg/m³)	坍落度 /cm		混凝土龄期强度/MPa					
						7d		28d		60d	
				无石粉	掺石粉	无石粉	掺石粉	无石粉	掺石粉	无石粉	掺石粉
C137	195	300	—	7.0	—	24.5/100	—	34.0/100	—	36.1/100	—
C142			33	—	11.5	—	27.0/110	—	35.0/103	—	36.8/102
C136	195	325	—	8.0	—	28.4/100	—	39.6/100	—	41.2/100	—
C141			36	—	9.5	—	29.9/105	—	40.4/102	—	42.7/106
C135	195	355	—	9.0	—	33.3/100	—	43.8/100	—	45.2/100	—
C140			40	—	10.0	—	34.9/105	—	44.6/102	—	47.1/102
C128	192	365	—	6.5	—	36.2/100	—	45.9/100	—	48.4/100	—
C123			45	—	7.5	—	39.9/110	—	47.0/103	—	49.8/103
C133	195	433	—	9.5	—	40.8/100	—	51.4/100	—	54.8/100	—
C138			48	—	6.0	—	44.9/110	—	52.5/102	—	58.6/107
C112	192	365	—	8.0	—	31.1/100	—	45.5/100	—	47.9/100	—
C113			25	—	8.5	—	32.6/105	—	46.4/102	—	51.7/108
C114			45	—	9.0	—	33.9/109	—	46.7/103	—	50.8/106
C115			65	—	9.5	—	34.9/112	—	46.3/102	—	50.8/106

由表 14-6 可知，掺入石灰石粉混凝土的各龄期的抗压强度均有提高，提高的范围为 2%～12%，平均提高 5%，而强度的增加并不因为掺入石灰石粉比例的增加而增加。这是由于石灰石粉是惰性材料，它并不参与水化，只是因为石粉中的微细颗粒进入水泥水化产物的晶格中起了一点微骨料作用，因而对混凝土强度的增加是有限的。

但在表 14-6 中看到同样的水胶比和同样的水泥用量不但增加了强度，而且坍落度也增加了，所以要保持基本相同的坍落度和基本相同的强度则可以减少水泥用量。试验结果见表 14-7。

表 14-7　保持基本相同的坍落度和强度而减少水泥用量试验结果

水泥用量/(kg/m³)	石粉掺量/(kg/m³)	坍落度/mm	90d 混凝土压强度/MPa
340	无	12.3	39.9
310	35	12.6	40.1

从表 14-7 中的试验结果可以肯定，在大体积混凝土施工中掺入石灰石粉可以减少水泥用量，从而降低混凝土的水泥水化温度，减少混凝土内外温差，这对防止温度裂缝是有好处的。

2. 其他力学性能

在混凝土中掺入一定量的石灰石粉既可改善其和易性，又可提高一定的抗压强度，但对于其他的力学性能有何影响，试验结果见表 14-8。

表 14-8　掺入石灰石粉 C40 混凝土的力学性能

混凝土龄期	抗压强度 /MPa	轴心抗压强度 /MPa	弹性模量 /MPa	劈裂抗拉强度 /MPa	抗折强度 /MPa
28d	45	36.2	3.84×10^4	3.68	5.69
90d	54	41.1	4.33×10^4	3.98	6.22

由表 14-8 可知，用 C40 的配合比所做的掺入石灰石粉混凝土的各项力学性能测试结果完全符合普通混凝土的要求。

14.3.2　混凝土的长期性能和耐久性能

结合某核电站混凝土所要求的一些项目，采用 C40 配合比的混凝土做试验，结果见表 14-9。

表 14-9　掺石灰石粉的 C40 混凝土耐久性能试验结果

抗渗强度 /MPa	混凝土 180d 的干缩率	混凝土加载 28d 持荷 360d 受压徐变系数	混凝土养护 28d 的碳化深度 /mm
1.2	514×10^{-6}	1.19	9

由表 14-9 可知，掺石灰石粉的混凝土抗渗强度比较高，收缩率比较小，徐变值在正常范围内，而碳化深度远低于 20mm 保护层厚度。同时在使用石灰石粉与其他掺混合料的混凝土耐久性相对比，也发现掺石灰石粉的混凝土其有利作用明显。

14.3.3　热工性能

按照《水工混凝土试验规程》（SL 352—2006）相关规定，对掺入石灰石粉的混凝土进行混凝土导温系数、导热系数、比热容及绝热升温试验，其结果见表 14-10。

表 14-10　掺石灰石粉的混凝土热工性能试验结果

导温系数 /(m²/h)	导热系数 /[(J·m)/(m²·s·℃)]	$T = 20 \sim 50℃$ 的比热容 /[J/(kg·℃)]	温度膨胀系数 /℃⁻¹	混凝土绝热温度 /℃⁻¹
0.002933	2.279	1051~981	7.61×10^{-6}	48.1

除上述主要力学性能外，掺入石灰石粉还对混凝土的耐火性、耐磨性和抗侵蚀性等具有程度不同的改善作用。同时掺磨细石灰石粉混凝土的各项性能指标均符合普通混凝土的要求。

14.3.4　玄武岩粉用作混凝土掺合料

玄武岩属火成岩，是火山爆发时从熔融状态冷却成的浅成岩，因此可作耐火混凝土骨料。玄武岩的主要成分是 SiO_2、Al_2O_3，还有 10% 以下的 CaO 和 Fe_2O_3，其粉料是火山灰质材料，有碱性介质时，可生成水酸性胶凝材料。据一些试验资料证明，玄武岩磨至比表面积为 $450m^2/kg$ 时，其掺量可达 15%～25%，混凝土工作性能和抗压强度都较好，特别是对混凝土后期强度有贡献。

但是需要注意白云岩石粉掺入混凝土中会降低复合胶凝体系的强度，掺量越高，强度下降越显著。白云岩石粉不可作为掺合料使用。

14.4　石灰石粉配制自流平砂浆

14.4.1　用石灰石粉替代特细河砂对砂浆性能的影响试验

试验结果见表 14-11。

表 14-11　石灰石粉替代河砂对砂浆性能的影响

序　号	石灰石粉量 （%）	保水性 （%）	流动性 /mm	抗压强度 /MPa	抗折强度 /MPa
1	0	85.5	265	23.6	5.6
2	5	96.7	285	26.1	5.8
3	10	96.8	305	26.7	6.1
4	15	95.4	280	28.9	6.7
5	20	95.1	245	26.3	6.1
6	25	94.7	230	22.4	5.2
7	30	94.0	195	20.9	4.9

由表 14-11 试验结果可知：

1）随着石灰石粉取代特细河砂百分率的增加，砂浆的保水性明显提高，而继续增加石灰石粉的含量，砂浆的保水性又逐步减小，最后逐步趋于稳定，石灰石粉取代特细河砂 10% 时，砂浆保水性最好；砂浆的流动度则是在掺入了石灰石粉后逐渐增大，当达到最大值后而又逐渐减小，最佳的石灰石粉取代特细河砂的百分率也是 10%。这是因为石灰石粉具有填充效应，石灰石粉的颗粒较细，在高效减水剂的作用下，石灰石粉的颗粒被充分分散，填充到水泥和细骨料颗粒间的孔隙中，孔隙中的填充水被迫挤出来，因此，在单位用水量不变的情况下，石灰石粉可以改善新拌砂浆的和易性（即保水性和流动性）。随着石灰石粉的继续增加而单位用水量不变，粉体材料增加，包裹粉体材料的水量则相对减少，浆体变稠，因此新拌砂浆和易性下降。

2）掺入了石灰石粉后，砂浆的抗压强度明显提高，在达到最大值后又逐渐减小，最佳的石灰石粉取代特细河砂的百分率是 15%；掺入了石灰石粉后，砂浆的抗折强度也有提高，在提高到一定程度后又逐渐减小，最佳的取代率也是 15%。这是由石灰石粉的微骨料填充效应和微晶核效应所决定的。石灰石粉颗粒比河砂颗粒小得多，可以改善孔结构；微晶核效应是指水化产物中 $C\text{-}S\text{-}H$ 和 $Ca(OH)_2$ 生长在 $CaCO_3$ 颗粒表面，防止了 $Ca(OH)_2$ 在水泥石和骨料界面生长成很多大晶体，增强了界面黏结，同时降低了液相离子浓度，加速了 C_3S 的水化，有利于硬化强度的增长。而当石灰石粉掺量超过 15% 时，石粉的掺量过多，石灰石粉是惰性粉料，减弱了水泥水化产物之间的化学结合力，从而导致砂浆的抗压强度和抗折强度的降低。

14.4.2　石灰石粉替代粉煤灰时对砂浆性能的影响

试验结果见表 14-12。

表 14-12　石灰石粉替代粉煤灰时对砂浆性能的影响

序　号	石灰石粉量（%）	保水性（%）	流动性/mm	抗压强度/MPa	抗折强度/MPa
1	0	85.5	265	23.6	5.6
2	20	94.1	265	25.0	6.1
3	40	94.0	250	23.4	6.0
4	60	93.6	245	20.8	5.8
5	80	93.3	240	19.2	5.6
6	100	91.7	240	15.4	5.6

1）由表 14-12 可知，随着石灰石粉取代粉煤灰百分率的增加，砂浆的保水性明显提高，而继续增加石灰石粉的含量，砂浆的保水性又明显减小，石灰石粉取代粉煤灰 20% 时，砂浆保水性最好；当石灰石粉掺量从 0% 增加到 20% 时，砂浆的流动度基本不变，而继续增加石灰石粉含量，砂浆的保水性又逐渐降低并趋于稳定。这是因为石灰石粉的掺入，改善了砂浆材料的颗粒级配，石灰石粉的最佳掺量为 20%。

2）由表 14-12 可知，掺入了石灰石粉后，砂浆的抗压强度略有提高，在达到最大值后又急剧降低，最佳的石灰石粉取代粉煤灰的百分率为 20%；对于抗折强度来讲，最佳取代率也是 20%。这是石灰石粉填充效应和成核效应造成的结果。石灰石粉在复合胶凝材料（水泥-粉煤灰-石灰石粉）水化早期能加速水泥的水化，具有较强的加速效应（即成核效应）；石灰石粉与普通硅酸盐水泥在早期（28d 以前）基本不会发生水化反应，但后期（180d）能水化生成水化碳铝酸钙。在 28d 之前，石灰石粉只有填充效应和成核效应，而粉煤灰具有填充效应、成核效应和化学活性效应，这是石灰石粉取代粉煤灰超过 20% 时强度急剧下降的主要原因。

3）按照《预拌砂浆》（GB/T 25181—2010）规定的地坪水泥砂浆有 M5、M7.5、M10、M15、M20、M25、M30 等强度等级和保水性超过 88% 等性能指标。从表 14-12 中可知，当石灰石粉全取代粉煤灰时，所配制的自流平砂浆符合地坪砂浆性能指标（强度等级达到 M15，保水性超过 88% 等，砂浆流动性大于 220mm 能自流平）。所以，石灰石粉完全替代粉煤灰可配制性能符合要求的自流平水泥基地坪砂浆。

综上所述，用石灰石粉替代细河砂，10% ~15% 的掺量是最佳掺量，所制得的砂浆性能如保水性、流动性、抗压和抗折强度均比基准配合比高。石灰石粉和粉煤灰复掺时，石灰石粉替代 20% 的粉煤灰，砂浆的和易性和强度最高。在砂浆 28d 以前的性能中，石灰石粉主要起微骨料填充作用和微晶核效应作用，后期（180d）能水化生成水化碳铝酸钙。石灰石粉完全替代粉煤灰也可配制性能符合要求的自流平水泥基地坪砂浆。

第四篇

▶▶▶ 混凝土外加剂

　　在搅拌混凝土过程中掺入的用以改善混凝土性能的物质称为混凝土外加剂。其掺量一般不大于水泥质量的 5%（除膨胀剂外）。

　　应用外加剂可以改善混凝土拌合物的工作性能，如泵送剂、减水剂、保水剂；可提高混凝土的保水性、保塑性、可泵性、流动性，降低泌水性，从而改善施工条件，提高工程质量；外加剂的掺入，如引气剂、防水剂等，可以提高混凝土的物理、力学性能和耐久性，提高混凝土抗冻融、抗硫酸盐、抗碳化、抑制碱-骨料反应的能力；一些外加剂可以调节混凝土的凝结时间，如速凝剂、缓凝剂、早强剂，从而解决了混凝土施工的特殊需要；一些外加剂可以解决混凝土特殊功能的需求，如水下抗分离剂、防冻剂、着色剂、膨胀剂。总之外加剂已是现代混凝土必不可少的重要材料。

　　混凝土外加剂主要有以下几类：

　　1）普通减水剂。在混凝土坍落度基本不变的条件下，能减少拌合用水的外加剂，其减水率不小于 5%。

　　2）高效减水剂。在坍落度基本相同的条件下，能大幅度减少拌合用水量的外加剂，其减水率不小于 10%。

　　3）早强剂。能加速混凝土早期强度发展的外加剂。

　　4）缓凝剂。能延长混凝土凝结时间的外加剂。

　　5）引气剂。在搅拌混凝土过程中能引入大量均匀分布、稳定且封闭的微小气泡的外加剂。

　　6）早强减水剂。兼有早强和减水功能的外加剂。

　　7）缓凝减水剂。兼有缓凝和减水功能的外加剂。

　　8）引气减水剂。兼有引气和减水功能的外加剂。

　　9）防水剂。能降低混凝土在静水压力下透水性的外加剂。

　　10）阻锈剂。能抑制或减轻混凝土中钢筋或其他预埋金属锈蚀的外加剂。

　　11）加气剂。混凝土在制备过程中因发生化学反应，放出气体，而使混凝土中形成大量气孔的外加剂。

　　12）膨胀剂。能使混凝土产生一定体积膨胀的外加剂。

　　13）防冻剂。能使混凝土在负温下硬化，并在规定时间内达到足够防冻强度的外加剂。

　　14）着色剂。能制备具有稳定色彩混凝土的外加剂。

　　15）速凝剂。能使混凝土迅速凝结硬化的外加剂。

　　16）泵送剂。能改善混凝土拌合物工作性能的外加剂。

　　17）水下抗分离剂。在混凝土中加入能增强基体的黏性和保水性，防止混凝土在水下施工时骨料与基体分离的外加剂。

　　18）混凝土增效剂。能改善混凝土复合体的均匀性、包裹性、保水性，在减少单方水泥用量的条件下，保持混凝土的工作性能和物理力学性能不降低的外加剂。

　　19）粉煤灰（矿粉）激发剂。能使粉煤灰（矿粉）的活性得到激发，生成具有强度水化产物的外加剂。

第15章 减 水 剂

15.1 概述

减水剂又称分散剂或塑化剂，是预拌混凝土中应用量最大的且必不可少的外加剂。由于它的吸附分散作用、湿滑作用和润湿作用，使用后可使工作性能相同的新拌混凝土的用水量明显减少，从而使混凝土的强度、耐久性等一系列性能得到明显的改善。

减水剂按其减水效果可分为普通减水剂和高效减水剂。减水剂在应用中可按工程需要与其他外加剂复合配制成早强型、普通型、缓凝型和引气型减水剂。

减水剂按其主要化学成分可分为木质素磺酸盐及其衍生物、多环芳香族磺酸盐类、水溶性树脂磺酸盐类、脂肪族磺酸盐类、高级多元醇类、羟基羧酸盐类、多元醇复合体和聚氧乙烯醚及其衍生物等。

15.2 减水剂作用机理

减水剂均为表面活性剂。减水剂的减水作用主要是通过减水剂的表面活性作用来实现的。减水剂的主要作用机理如下：

15.2.1 吸附-分散作用

在不加减水剂的混凝土中，当水泥加水搅拌后，浆体中有一些絮凝状结构，游离水被包围，从而降低了混凝土的流动性。

混凝土中加入了减水剂后，减水剂憎水基团定向吸附在水泥颗粒表面，亲水基团指向水溶液，构成单分子或多分子吸附膜，水泥颗粒吸附减水剂后，表面带有相同的电荷，在电性斥力的作用下，通过减水剂与产生空间保护作用，避免了水泥粒子的直接接触，阻止并减少了絮凝结构的形成，从而将絮凝状凝聚体中的游离水释放出来，达到减水的目的。同时，降低了表面张力，改善水泥粒子的表面湿润状态，使水泥分散体的热力学不稳性降低，从而获得相对稳定性。对于聚羧酸盐和氨基磺酸盐类高效减水剂而言，减水剂的吸附呈环状、引线状和齿轮状，因而使水泥粒子之间产生静电斥力作用的距离增大，表现出更好的分散性和保坍性。

15.2.2 润湿浸透作用

水泥加水后，其颗粒表面被润湿，湿润的状况对新拌混凝土的性能影响很大，湿润浸透作用是减水剂的重要作用。许多减水剂，如高效引气型减水剂的化学结构中多含有与水分子亲和性好的氢氧基（—OH）、醚基（—O—）和氨基（NH$_2$）。外加剂的吸附提高了水泥颗粒与水的亲和力，水分子进入水泥颗粒之间，阻止了水泥的凝聚。此外，许多普通减水剂降低水的表面张力，更加有助于水泥颗粒的湿润，使水进入水泥颗粒间的细小空隙中，水泥颗粒被分散，改善了混凝土的黏性，使混凝土的工作性能得到改善。

15.2.3　润滑作用

在掺用减水剂的混凝土中，水泥加水拌和后，减水剂中极性亲水基团定向吸附在水泥粒子表面，和水分子之间的氢键缔合起来，这种氢键缔合作用远大于该分子与水泥颗粒间的分子引力。当水泥颗粒吸附了足够的减水剂后，水泥颗粒表面形成溶剂化水膜，阻止水泥颗粒间的直接接触，产生对水泥初期水化的抑制作用，从而提高游离水量，起到润滑作用，提高水泥浆体的流动性。

一些减水剂也会引入一定量的微小气泡。气泡被减水剂分子膜包围，由于和水泥粒子所带电荷符号相同，所以电性斥力使水泥颗粒分散，气泡能均匀地分散在水泥浆中。气泡一方面增加了水泥浆的体积，另一方面又像滚珠一样，提高了水泥颗粒间的滑动能力，减小颗粒间的摩擦力，从而提高水泥浆体的分散性和稳定性。

15.3　减水剂对混凝土性能的影响

15.3.1　对新拌混凝土性能的影响

1. 增加拌合物的流动性

减水剂的重要用途之一是在保证水胶比和用水量不变的情况下提高混凝土的流动性，从而满足预拌混凝土在各种工程中泵送的要求，这是预拌混凝土得以发展的基础。

普通减水剂对混凝土的塑化效果由大到小的顺序为：木质素磺酸盐 > 多元醇 > 羟基羧酸盐。高效减水剂对混凝土的塑化效果由大到小的顺序为：聚羧酸盐 > 氨基磺酸盐 > 脂肪族羟甲基磺酸盐 > 磺化三聚氰胺树脂、β—萘磺酸盐 > 磺化古玛隆树脂 > 蒽系 > 甲基萘系、蒽油系。

对大多数高效减水剂均有一个临界掺量，超过临界掺量，混凝土塑化效果不再增加，甚至会出现泌水和离析现象。临界掺量也称饱和点，其因减水剂和水泥品种等因素而不同。

2. 引气性

一些减水剂会使混凝土中引入空气，使混凝土含气量增加 1% ~ 3%，引入的空气泡使水泥浆体积增大，从而增加了塑化效果。但是如果引气量大，会造成混凝土强度大幅度降低。因此在使用减水剂时必须注意它们的引气性。普通减水剂中，聚氧乙烯烷基醚和木质素磺酸盐均具有引气性，在混凝土中掺 0.3%（水泥用量）的木钙时，混凝土的含气量约为 4%。通常使用的高效减水剂中，聚羧酸盐、甲基萘磺酸盐和蒽基磺酸盐均显示出一定的引气性。而萘磺酸盐、三聚氰胺树脂磺酸盐和氨基磺酸盐三种减水剂对混凝土不引气。

普通减水剂对混凝土的引气性由大到小的顺序为：聚氧乙烯烷基醚 > 木质素磺酸盐 > 多元醇 > 羟基羧酸盐。而各类高效减水剂对混凝土的引气性由大到小的顺序为：甲基萘磺酸盐 > 聚羧酸盐 > 蒽基磺酸盐 > 脂肪族羟甲基磺酸盐 > 古玛隆树脂磺酸盐 > β—萘磺酸盐、磺化三聚氰胺树脂 > 氨基磺酸盐。

3. 凝结时间

普通减水剂对混凝土均有缓凝作用，使用普通减水剂能延缓混凝土的初、终凝时间，因此在泵送混凝土中常用它们与高效减水剂复合以控制混凝土的坍落度经时损失，在大体积混凝土中常使用它们控制混凝土的水化热。

而各类高效减水剂在它们的最佳掺量范围内对混凝土的缓凝作用较弱，聚羧酸盐和氨基磺酸盐减水剂对水泥显示了缓凝作用，具有较好的保坍性能，而蒽基磺酸盐减水剂具有促凝作用。

普通减水剂对水泥的缓凝作用由大到小的顺序为：多元醇 > 羟基羧酸盐 > 木质素磺酸盐。各类高效减水剂的坍落度损失由快到慢的顺序为：蒽基磺酸盐 > 甲基萘磺酸盐 > β—萘磺酸盐、磺化三聚氰胺树脂 > 磺化古玛隆树脂磺酸盐 > 脂肪族羟甲基磺酸盐 > 氨基磺酸盐 > 聚羧酸盐。

值得指出的是，以上排序是在各种减水剂的最佳掺量范围内，如果增大掺量，其对水泥水化的抑制作用则增大。以萘磺酸高效减水剂为例，掺量在 1% （以固体物质计）以内对水泥水化的抑制作用较弱，但当掺量超过 1% 时，与矿物掺合料配合比使用，可以保持坍落度在较长时间内不损失而无需使用缓凝剂。

4. 泌水性和离析性

在减少用水量的情况下，掺入减水剂的混凝土泌水量会显著减少。多数减水剂能够减少混凝土的泌水量和泌水速度。其根本原因是加入减水剂后，水泥浆体的稳定性提高，骨料颗粒的沉降速度减慢。但也有些减水剂会增大混凝土的泌水量，如羟基羧酸盐类，这类减水剂不适合用于贫混凝土。

当高效减水剂掺量过高时，在提高混凝土的流动性的同时，会增大混凝土的泌水量，产生离析和泌水现象，混凝土的黏性增大，工作性反而降低。

具有引气作用的减水剂对抑止混凝土的离析和泌水则有良好的作用。

15.3.2　对硬化混凝土性能的影响

1. 混凝土强度

减水剂对混凝土强度的影响可分为两种情况。在保持水泥用量和工作性能不变时，在混凝土中掺入减水剂可以起到早强和增强作用。例如在与基准混凝土保持相同坍落度的条件下，掺入水泥质量 0.25% 的木钙可以减少用水量 10%，混凝土 28d 强度提高 15% ~ 20%；掺入少量高效减水剂（水泥质量的 0.5% ~ 2.0%）可以使混凝土用水量减少 18% ~ 25%，能够配制出高强混凝土和流态混凝土。而在保持水胶比不变，改善混凝土和易性或节约水泥的情况下，减水剂对混凝土的强度几乎没有影响。减水剂对混凝土的增强效果取决于其减水分散作用的大小，减水分散作用越强，其增强效果越显著。

普通减水剂对混凝土增强效果由大到小的顺序为：木质素磺酸盐 > 多元醇系 > 羟基羧酸盐。高效减水剂对混凝土增强效果由大到小的顺序为：聚羧酸盐 > 氨基磺酸盐 > 脂肪族羟甲基磺酸盐 > 萘磺酸盐、磺化三聚氰胺树脂 > 磺化古玛隆树脂 > 蒽系 > 甲基萘系、蒽油系。

2. 干缩

干缩对混凝土具有负面影响。在有约束力存在的情况下，干缩会造成混凝土开裂，从而影响混凝土的使用功能，降低混凝土的耐久性，严重的会危及建筑物的结构安全。

影响混凝土干缩的因素较为复杂，诸如水泥成分、水泥用量、水胶比、配合比和养护条件等都有可能引起混凝土干缩。减水剂对混凝土的干缩呈现不同的影响，这是由于减水剂使用情况不同引起的。减水剂用于减少混凝土用水量而提高强度或节约用水量时，混凝土的干缩值小于不掺减水剂的空白混凝土；用于增加坍落度而改善和易性时，混凝土的干缩略高于或等于不掺减水剂的空白混凝土。

3. 抗渗性能

在混凝土中掺入减水剂，由于减水剂的减水分散作用，可以提高水泥的密实度，因而提高混凝土的抗渗性能。而具有引气作用的减水剂由于其在混凝土中引入大量微气泡，阻塞了连通毛细孔的通道，变开放孔为封闭孔，由此可进一步提高混凝土的抗渗性能。

4. 抗冻性能

混凝土抗冻性与水胶比及含气量密切相关。在混凝土中掺入减水剂可以降低混凝土的单位用水量，改善水泥孔结构。有些减水剂由于具有引气作用，会在混凝土中引入适量的气泡，因而提高混凝土的抗冻性能。

15.4 常用普通减水剂

15.4.1 木质素磺酸盐减水剂

木质素磺酸盐减水剂是最常用的普通混凝土减水剂。木质素磺酸盐减水剂属阴离子表面活性剂，是世界上开发应用最早的减水剂，其价格低廉，来源丰富，属普通减水剂。木质素磺酸盐减水剂是造纸工业废料，经石灰乳中和，生物发酵除糖后，喷雾干燥而成棕色粉末。由于造纸原料不同，其性能也有很大不同，主要是其中木质素含量不同。如针叶树木质素含量达 27% ~ 37%；阔叶树木质素含量为 16% ~ 19%；苇浆、草浆中木质素的含量则更低些。因而从表面活性剂对混凝土的作用来看，针叶树木质素磺酸盐优于阔叶树，最差的是芦苇、稻草等一年生草本类木质素。我国以东北开山屯造纸厂的木钙质量为最佳。

1. 木质素磺酸盐减水剂的性能

木质素磺酸盐减水剂分为木钙、木钠和木镁三种。木质素磺酸盐减水剂的性能见表15-1。

2. 木质素磺酸盐减水剂使用中应注意的问题

1）宜配制成一定浓度的溶液与混凝土拌合水同时掺入。因其掺量小，遇水易发黏，在混凝土中分散不均匀。

表 15-1　木质素磺酸盐减水剂性能

项目		木钙	木钠	木镁
pH		4 ~ 6	9 ~ 9.5	—
外观		深黄或黄绿粉	棕色粉	浅棕色粉
减水率(%,质量分数)		5 ~ 8	8 ~ 10	5 ~ 8
引气性(%,质量分数)		约 3	约 2.5	约 2.5
抗压强度比	3d	90 ~ 100	95 ~ 105	约 100
	28d	100 ~ 110	100 ~ 120	约 110
凝结时间/min	初凝(终凝)	+270(+275)	+30(+60)	+0(+30)

2）要注意当水泥采用硬石膏和氟石膏做调凝剂时，会使混凝土假凝以致速凝，特别是当水泥中 C_3A 含量较高时，更易产生假凝。

3）木钙适宜掺量为胶凝材料用量的 0.25%，不宜超过 0.3%。木钙在超过适宜掺量后，其减水率与掺量不再保持正比关系，而且由于木钙引气，超量使用不仅混凝土会长时间缓凝，而且后期强度会大幅度下降，一般情况下，常温下 3d 如果混凝土不凝结硬化，后期强度就难以保证了，超剂量木钙的混凝土强度见表 15-2。

表 15-2　超剂量木钙的混凝土强度

掺量 (%)	水胶比	减水率 (%)	含气量 (%)	坍落度 /mm	抗压强度/MPa			
					1d	7d	28d	90d
0	0.59	0	1.7	9	5.0	16.4	31.6	37.7
0.15	0.55	7.0	2.0	10	6.0	13.7	35.7	42.8
0.25	0.51	13.0	3.3	8	5.9	14.9	36.8	41.1
0.40	0.50	15.0	5.0	14	3.7	11.9	32.4	36.5
0.70	0.48	19.0	7.0	11	0.8	10.3	37.4	30.0
1.00	0.47	20.5	9.3	9	0.2	9.5	14.8	18.7

4）木质素磺酸盐减水剂因其引气量较大并有一定的缓凝性，浇灌后需要较长时间才能形成一定的结构强度，所以用蒸汽养护混凝土要特别注意，必须延长静停时间或减小掺量，否则蒸养后混凝土容易产生微裂缝、表面酥松、起鼓及肿胀等质量问题，因此木质素磺酸盐减水剂不宜单独使用于蒸养混凝土。

15.5　高效减水剂

15.5.1　高效减水剂的特性

1）由于高效减水剂有机分子的长链可在水泥颗粒表面呈现各种吸附状态，因此高效减水剂具有强烈的分散作用，能大大提高水泥拌合物的流动性和混凝土的坍落度，同时大幅度降低用水量，显著改善混凝土工作性能。

2）高效减水剂能大幅度降低用水量，因而可显著提高混凝土各龄期强度。

3）高效减水剂基本不改变混凝土凝结时间，掺量大时（超掺量）稍有缓凝作用，但并不延缓硬化混凝土早期强度增长。

4）在保持混凝土强度恒定值时，可节约水泥 10% 或更多。

5）可提高混凝土的抗渗性、抗冻融性和耐腐蚀性，增强混凝土耐久性。

6）单独使用时，一般情况下混凝土坍落度损失大，掺量过大则会泌水。

15.5.2　高效减水剂的技术要求

高效减水剂的技术要求见表 15-3。

表 15-3　高效减水剂的技术要求

类　别		减水率（%）	泌水率比（%）	含气量（%）	凝结时间差/min	抗压强度比，≥（%）				收缩率比（%）	对钢筋的锈蚀作用
						1d	3d	7d	28d		
高效减水剂	一等品	≥12	≤90	≥3.0	−90 ~ +120	140	130	125	120	≤135	应说明对钢筋有无锈蚀危害
	合格品	≥10	≤95	≥4.0		130	120	115	110		
缓凝高效减水剂	一等品	≥12	≥100	<4.5	初凝 > +90	—	125	125	120	≤135	
	合格品	≥10			初凝 −	—	120	115	110		

15.5.3　高效减水剂种类

1. 萘系高效减水剂

萘系高效减水剂其生产主要原料是工业萘，生产工艺流程如图 15-1 所示。

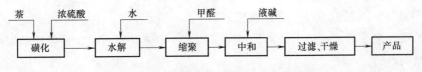

图 15-1　萘系高效减水剂的生产工艺流程

该系列外加剂国内主要产品有 NF、UNF、FDN、SN—Ⅱ、AE 等高效减水剂。混凝土中掺入占胶凝材料用量 0.5% ~1% 的萘系高效减水剂，在保持胶凝材料用量和坍落度相同的条件下，减水率可达 15% ~25%。1d、3d 混凝土抗压强度可提高 60% ~90%，28d 强度提高 20% ~50%。在水胶比不变的条件下，可将新拌混凝土坍落度提高 3 倍以上。

萘系高效减水剂得益于很容易制成干粉，便于长久储存和运输，已在预拌混凝土生产中被广泛采用。但是由于其生产过程中采用萘和甲醛等，对环境造成污染，同时其对水泥适应性较差，坍落度损失较快，随着科学技术的发展，已逐渐被更新的产品替代。

萘系高效减水剂与一些新型高效减水剂（如三聚氰胺、氨基磺酸盐类高效减水剂）复合使用，可提高水泥适应性，降低坍落度损失（采用滞后法、分次掺法）。

此外，编者曾遇到过使用某种进口萘生产萘系高效减水剂时，掺入 0.75% 以上萘系高效减水剂，混凝土中会产生很多气泡，而且气泡长时间不消的情况。此时应及时与生产厂联系，采取加消泡剂、与国产萘搭配使用等措施解决。

2. 聚羧酸盐高效减水剂

聚羧酸盐高效减水剂是近十年新开发的高性能、高强度、高体积稳定性、高流动性和高耐久性混凝土用超塑化剂。其特点是减水率较其他高效减水剂都高，保塑性好，配制的混凝土流动性好。因此日本在 1985 年以后已大量采用，其用量已超过萘系高效减水剂。前几年由于价格较高，只在北京、上海等大城市高强、高性能混凝土中采用。近几年来随着聚羧酸原料国产化的推进，聚羧酸盐高效减水剂的价格由贵族化走向平民化。随着聚羧酸生产技术的不断进步和国外先进技术的引进，许多优质聚羧酸产品纷纷上市，如不同分子结构的聚羧酸，解决了各种水泥和原材料适应性问题，开发出用于市政工程、公路工程、铁路工程、水电工程、管片预制构件和适应含泥量大砂石的聚羧酸专用产品。自 2010 年开始，聚羧酸的应用面已从大城市发展到中小城市，混凝土型号也从高等级普及到 C30 及其以下型号，不仅降低了生产成本，混凝土的工作性能和质量水平也得到了提高。

（1）聚羧酸类减水剂的分类　聚羧酸类减水剂主要有脂类和醚类两种，脂类减水剂主要采用聚乙二醇单甲醚（MPEG）和甲基丙烯酸（MAA）/甲基丙烯酸甲酯等原材料，通过脂化反应合成大单体，然后在引发剂作用下，将大单体与可聚合单体进行聚合，得到聚羧酸类减水剂。甲基丙烯酸价格高，能耗大，成本高，而且生产工艺复杂，脂化过程难控制，制约了脂类产品的发展。而醚类减水剂以性能稳定，成本低，生产工艺简单及环保等优点逐步取代聚酯型减水剂成为聚羧酸减水剂的主流。

（2）合成聚羧酸系减水剂　合成聚羧酸系减水剂常用的单体主要有以下四种类型。

1）不饱和酸：马来酸、马来酸酐、丙烯酸、甲基丙烯酸等。

2）聚链烯基：聚链烯基烃、醚、醇及磺酸。

3）聚苯乙烯磺酸盐或酯。

4）（甲基）丙烯酸盐或酯、丙烯酰胺。

实际的聚羧酸系减水剂是由二元、三元、四元等单体共聚而成，聚羧酸系减水剂分子大多呈梳形结构。

（3）聚羧酸盐高效减水剂的特点

1）聚羧酸盐高效减水剂为无色透明液体，比萘系高效减水剂碱含量低，有利于增强混凝土的耐久性。配制的混凝土收缩小，抗碳化能力优于萘系。

2）聚羧酸盐高效减水剂具有特殊的梳状分子结构，能在水泥颗粒表面形成稳定的立体保护层，使混凝土具有良好的分散性和分散保持性，免去了过去靠延长混凝土凝结时间保持坍落度的做法。优质聚羧酸盐高效减水剂高掺量时不必复合缓凝剂，混凝土就可保持 2~3h 坍落度不损失或损失很小，解决了困扰预拌混凝土坍落度损失的问题，有利于泵送施工，是配制高强混凝土、自密实混凝土和清水混凝土的外加剂。

3）掺量低、减水率高。折固掺量 0.2%~0.35%，高掺量时，减水率高达 35%，可使混凝土水胶比降至 0.25 以下，可配制抗压强度为 80~100MPa 的高强混凝土。混凝土不仅后期强度高，早期强度也很好，一般 1d 强度可达设计强度的 30%，3d 可达到 80%，有利于快速施工。

4）该减水剂对水泥适应性一般都优于萘系高效减水剂，可缓解萘系高效减水剂与水泥不相容的问题。

5）聚羧酸盐高效减水剂具有一定的引气性，因而混凝土流动性、抗冻性和泌水性均优于萘系。

6）聚羧酸盐高效减水剂在合成过程中不使用甲醛、浓硫酸等具有强刺激性物质，对环境无污染。

（4）聚羧酸系减水剂生产中应注意的问题

1）聚羧酸系减水剂对生产条件的要求比其他减水剂更苛刻，因此选用反应釜、生产用水、原材料选择和工艺参数控制等方面都要严格控制。

2）由于原材料选择和生产技术路线不同，产品颜色、气味可能会不同，一般不会影响混凝土性能。但成品中存在未聚合的单体，会有强烈刺激气味，可能会影响其性能，要采取措施消除未聚合单体和气味。

3）当加入消泡剂、引气剂、缓凝剂、早强剂、防冻剂等组分时，复配的聚羧酸盐高效减水剂产品会呈现浑浊、变色等不良现象。有的聚羧酸盐高效减水剂加入葡萄糖酸钠后会发霉，可加入一定量防腐剂，如过氧化氢（双氧水）、苯甲酸钠等缓解上述现象。

4）聚合物的链长是其性能的关键，随着链长增加，减水率增大，分散性、保塑性都会增加。外加剂生产厂应通过分子设计并合成低引气缓凝剂调节产品性能，消除大泡，满足用户对使用功能的要求。

5）聚羧酸盐高效减水剂产品呈弱酸性，如与铁制品长期接触会发生缓慢反应，可能对某些聚羧酸盐高效减水剂性能，诸如混凝土含气量或减水率有一定影响，建议尽可能不选用铁制容器存放其聚羧酸盐高效减水剂，但如果采用铁桶包装时，不宜超过三个月。采用塑料桶或不锈钢包装是最佳的选择。

（5）聚羧酸高效减水剂使用注意事项

1）掺聚羧酸盐高效减水剂生产过程会产生一定量的气泡，使用前要先消除对混凝土不利的大泡，再引入优质气泡剂。

2）聚羧酸盐高效减水剂对减水剂和搅拌用水量高度敏感，有时超掺量 0.5kg 外加剂或 1~2kg 水，混凝土会立即离析、泌水、板结和堵管，浇筑的混凝土拆模后会出现严重的蜂窝和麻面。因此建议使用时将溶液浓度降至 8%~10% 使用，同时必须保持水和外加剂的计量精度。同时要随时注意监测砂含水率的变化，及时调整搅拌用水量。

3）该产品依然存在与水泥适应性的问题。水泥中石膏的掺量和结晶形态对聚羧酸溅水效果有影响。石膏掺量高时，液相中 SO_4^{2-} 含量增加，聚羧酸的吸附分散效果下降，采用无水石膏时，其分散性也下降。某些水泥的净浆流动度试验结果与混凝土相关性不大，有时甚至会出现相反的试验结果，因此使用前应采用工程所用水泥做混凝土试验加以确认。

4）聚羧酸高效减水剂对砂含泥量和细度敏感性强。当砂含泥量超过 3% 后，混凝土流动性明显下降。此外石粉含量和针片状含量，都会对其有不良影响，因此要严格控制砂石质量。

5）聚羧酸高效减水剂对环境温度敏感，夏季中，受砂石含泥量、水泥品种和水泥温度的影响大于冬季。气温 <10℃ 时，聚羧酸高效减水剂常有坍落度滞后增长，甚至放置一段时

间后，出现泌水的现象。而且要注意聚羧酸高效减水剂对水泥细度和温度的敏感性高于萘系高效减水剂，尤其在夏季高温水泥遇到聚羧酸高效减水剂立即速凝，而换成萘系减水剂后，情况要好很多。此外水泥过细时，聚羧酸的缓凝效果会明显下降。

6) 聚羧酸高效减水剂对掺合料质量也较挑剔。如采用Ⅲ级粉煤灰时，劣质粉煤灰对聚羧酸有强烈的吸附性，导致混凝土坍落度急剧下降，而不得不提高外加剂的掺量。而矿渣粉因质量相对稳定，影响要小得多。但矿渣粉掺量过高会使混凝土黏度上升、泌水，因此矿渣粉和粉煤灰双掺比较好。

7) 在低掺量的低强度等级混凝土中，应用效果不如高强度等级混凝土效果好。配制低强度等级混凝土时，可利用其高效减水功能，降低水胶比，适当提高胶结料中矿物掺合料的比例和砂率，降低成本的同时可得到较好的混凝土工作性能。当低坍落度低于 180mm 时，混凝土流动性经时损失会很大，所以聚羧酸高效减水剂不适用于小坍落度混凝土。

8) 聚羧酸盐高效减水剂使用中要注意其不可与某些外加剂混用。聚羧酸盐高效减水剂与常用减水剂、缓凝剂的相容性见表 15-4。

表 15-4　聚羧酸盐高效减水剂与常用减水剂、缓凝剂相容性

萘系	氨基磺酸盐	脂肪族	木钙	木钠	三聚氢胺	皂角引气剂	葡萄糖酸钠	蔗糖	焦磷酸钠	柠檬酸钠	三乙醇胺
× ×	× ×	×	√√	√√	√	× ×	√√	√√			√

注：上表中×、××为不相容、很不相容；√、√√为较相容、相容。

聚羧酸盐高效减水剂与萘系高效减水剂不能混用，储液容器、搅拌机、混凝土运输车等需清洗后再用，否则混凝土流动性会迅速降低。

9) 聚羧酸盐高效减水剂保质期较萘系短，一般保质期半年，超期后性能可能会下降，须通过试验确定是否可用。储存温度 +5℃ 以上，受冻后将失效。

3. 水溶性树脂类减水剂

其主要产品是磺化三聚氰胺甲醛树脂减水剂，为浅黄色透明液体，含固量为 22% ~ 30%，pH 值为 8 ~ 9。

水溶性树脂类减水剂的特点有：

1) 减水率较高，折固量为 0.48% 时减水率达 30%，不缓凝，增强作用显著。

2) 引气作用小，掺量大时不会造成混凝土强度下降。

3) 三聚氰胺系高效减水剂的吸附状态是棒状链，静电吸附作用较弱，坍落度损失较大。

4) 对胶凝材料品种的适应性较好，与其他外加剂相容性好。

5) 硫酸钠含量低，在 –10℃ 环境下储存无结晶现象，而且用其配制的混凝土在负温下强度发展很快，适用于混凝土冬期施工。

6) 生产过程无三废排放，是一种绿色环保产品。

4. 氨基磺酸盐高效减水剂

氨基磺酸盐高效减水剂是以氨基苯磺酸钠、苯酚、甲醛等为原料，以水为介质，在加热条件下缩合反应生成的产物。

氨基磺酸盐高效减水剂具有以下特点：

1）减水率高。折固量为 0.5% ~ 0.75% 时，减水率达 20% ~ 30%，其对掺量非常敏感，超量使用时，不仅减水率没有明显提高，而且混凝土出现泌水、离析和缓凝现象。最佳掺量要通过试验确定。

2）掺氨基磺酸盐高效减水剂分子在水泥颗粒表面呈现环状、引线状和齿轮状吸附，它使水泥颗粒之间的静电斥力呈现立体式和纵横交错式。静电斥力电位经时变化小，宏观表现为混凝土流动性好于掺萘系混凝土，且坍落度经时损失小，1h 几乎没有损失，2h 降幅也不大。

3）可与萘系等高效减水剂复合使用，而且两元复配后明显改善混凝土泌水、扒底现象，同时又解决了环境温度低时萘系等高效减水剂中硫酸钠结晶堵管问题。

4）对水泥及各种矿物掺合料适应性好于萘系，尤其对低碱水泥适应性更好，但对木质素磺酸盐系相容性差。

5）含气量低，消泡，与引气剂复配性能差，因而在高寒地区应用受到限制。

6）掺氨基磺酸盐高效减水剂的混凝土耐久性（抗渗性、抗冻性）好于萘系等高效减水剂配制的混凝土。

5. 脂肪族高效减水剂

生产主要原料为丙酮、甲醛、无水亚硫酸钠和纯碱，产品为棕褐色溶液。生产工艺简单，周期短，常压反应，无三废排放，生产和使用过程对环境无污染。

该产品与水泥适应性良好，分散力强，掺量为 0.5% ~ 1.2%，减水率为 15% ~ 30%，混凝土早期强度提高 40% ~ 150%，28d 强度提高 20% ~ 50%。在不同减水剂掺量的情况下，可配制高强度、大流动性混凝土，也可与萘系高效减水剂复合使用，而且两者复合使用时混凝土坍落度损失、泌水性将降低，抗冻性也较好。

使用该减水剂的混凝土拌合物与使用萘系减水剂拌制的混凝土拌合物相比，颜色有些发红，但约 7d 以后，混凝土颜色趋于正常，如将其与萘系减水剂复合使用，可解决混凝土表面颜色发红的现象。

该产品价格也较萘系减水剂低 30%，使用其可降低混凝土生产成本，也是一种具有推广前景的高效减水剂。

6. 蜜胺类高效减水剂

蜜胺类高效减水剂掺量为 1.5% ~ 2.5% 时，减水率为 12% ~ 18%，引气为 1.7%。掺蜜胺类高效减水剂的混凝土有以下特点：

1）混凝土坍落度经时损失大，尤其采用早强型水泥时，损失就更大。

2）对含煤矸石、沸石粉掺合料的水泥，需加大掺量。

3）超掺量时混凝土会严重泌水。

4）可与萘系高效减水剂复配使用。

5）对硫铝酸盐水泥和铝酸盐水泥适应性好于较萘系减水剂，还可用于耐火混凝土，硬化后混凝土表面光洁，气泡少。

第16章 早 强 剂

早强剂是一种能提高混凝土早期强度而对其后期强度无显著影响的外加剂，其主要作用是增加水泥和水的反应初速度，缩短水泥的凝结、硬化时间，促进混凝土早期强度的增长。

16.1 早强剂分类及技术标准

16.1.1 早强剂的分类

早强剂可分为无机物和有机物两大类，无机早强度剂主要是一些盐类，如氯化钠、亚硝酸钠等；有机早强剂常用的有三乙醇胺、甲醇、尿素等。

16.1.2 早强剂的技术标准

掺早强剂混凝土技术标准应符合《混凝土外加剂》（GB 8076—2008）的要求，见表16-1。

表16-1 掺早强剂混凝土技术要求

等级	泌水率比（%）	凝结时间差/min		抗压强度比（%）				收缩率比(90d)（%）
		初凝	终凝	1d	3d	7d	28d	
一等品	≤100	−90 ~ +90		≥136	≥130	≥110	≥100	≤135
合格品	≤100	—		≥125	≥120	≥105	≥95	

16.2 早强剂的品种及性能

16.2.1 氯盐早强剂

常用的氯盐早强剂有氯化钠、氯化钙、氯化钾、氯化锂、氯化铁、氯化铝等。氯化铁是一种廉价早强剂，且兼有防冻剂功能，其会加速钢筋锈蚀，只能用于素混凝土中或与阻锈剂同时使用，一般掺量小于 1%。

1. 氯化铁

氯化铁为黄褐色块体，有吸湿性，易溶于水，溶液呈酸性，加热到 37℃ 时失水成无水氯化铁（$FeCl_3$），溶于水时放出热量。在混凝土或砂浆中单独存在，具有早强、保水、密实和降低冰点的作用，还可显著提高混凝土 28d 强度。掺量不大时，对钢筋基本没有锈蚀，但会使混凝土或砂浆增稠，增加干缩量。常用量为 0.5% ~ 2%（$FeCl_3 \cdot 6H_2O$）。氯化铁常与三乙醇胺或三异丙醇胺复合使用。氯化铁（$FeCl_3$）和氯化亚铁（$FeCl_2$）与水泥水化产物氢氧化钙反应生成难溶解的氢氧化铁、氢氧化亚铁以及 $CaCl_2$。

$$2FeCl_3 \cdot 6H_2O + 3Ca(OH)_2 = 2Fe(OH)_3 \downarrow + 3 CaCl_2 + 6H_2O$$

$$FeCl_2 \cdot 2H_2O + Ca(OH)_2 = 2Fe(OH)_2 \downarrow + 3 CaCl_2 + 2H_2O$$

生成的 $CaCl_2$ 及其中的一部分与铝酸盐反应产生的氯铝酸钙都被胶体所包围、吸附，使其对钢筋的腐蚀作用减弱，胶体还能阻碍内部氯盐随水分向表面转移，使内外氯盐浓度差减小，从而使浓度差电位造成的腐蚀作用相应减弱。氯化铁对混凝土强度的影响见表 16-2。

表 16-2　氯化铁对混凝土强度的影响

$FeCl_3 \cdot 6H_2O$ 掺量(%)	水泥品种	混凝土水中养护抗压强度/MPa			备注
		3d	7d	28d	
0	普通硅酸盐 52.5	13.5	—	37.0	$FeCl_3$ 与 $FeCl_2$ 混合
1.5		17.1	—	46.6	
0	普通硅酸盐 42.5	10.8	—	30.8	—
1.5		13.9	—	38.5	
0	矿渣 32.5	5.5	11.3	24.8	
1.5		8.5	13.7	24.9	

2. 氯化钠、氯化钙

氯化钠、氯化钙早强剂技术性能见表 16-3。

表 16-3　氯化钠、氯化钙早强剂技术性能

品名	技术性能	混凝土性能	占水泥掺量(%)
氯化钙	$CaCl_2 \geq 96\%$ $H_2O \leq 3\%$ 镁及碱金属 $\leq 1\%$ 水不溶物 $\leq 5\%$	有明显早强和降低冰点作用,但对钢筋有腐蚀,会使混凝土坍落度损失加大,增加混凝土收缩率	钢筋混凝土中占水泥掺量 ≤ 1 素混凝土中占水泥掺量 ≤ 3
氯化钠	$NaCl \geq 95\%$ 水中最大溶解度为 0.3kg/L,此时冰点为 $-21.2℃$	单掺早强效果不明显,降低冰点作用好,但对钢筋有明显腐蚀,构件表面析盐;环境湿度大时,混凝土强度会降低;与三乙醇胺或三乙丙醇胺复合早强效果好,但混凝土干缩会加大	占水泥掺量 ≤ 0.3

16.2.2　硫酸盐早强剂

1. 硫酸钠

市场上的硫酸钠有两种：无水硫酸钠（又称元明粉）和带有 10 个结晶水的硫酸钠（又称芒硝）。后者因带有 10 个结晶水，因此其中有效 Na_2SO_4 含量仅占 44.1%，掺量以无水硫酸钠为准。无水硫酸钠（元明粉）为白色粉末，味咸苦，无臭，易溶于水，其溶解度随温度升高而提高。

Na_2SO_4 早强的机理是硫酸钠在水泥水化过程中能与饱和的 $Ca(OH)_2$ 反应，生成二水石膏，二水石膏的溶解度比硫酸钠小十几倍，故反应能继续进行，生成的 $NaOH$ 能使水泥中的石膏及铝酸三钙溶解度提高，从而加快了硫铝酸钙的生成，提高了混凝土早期强度。化学方

程式为

$$Ca(OH)_2 + Na_2SO_4 + 2H_2O \Longrightarrow CaSO_4 \cdot 2H_2O + 2NaOH$$

Na_2SO_4 对我国大多数水泥均有早强作用，但早期强度提高的幅度随水泥而异。

硫酸钠有以下几点特点：

1）其对矿渣硅酸盐水泥和火山灰硅酸盐水泥早强作用比普通硅酸盐水泥明显，对原来早期强度低的水泥较强度高的水泥早强效果好。对早强型硅酸盐水泥基本无早强效果。因为 Na_2SO_4 不能促进水泥熟料的水化，只能对水泥中掺合料起早强作用，因此采用高标号水泥时，不应掺加 Na_2SO_4。

2）掺 2% 以下 Na_2SO_4 的混凝土拌合物的工作性能以及混凝土硬化后期物理力学性能与空白混凝土基本无差异，掺量大于 2% 时，生成过多的膨胀性硫铝酸钙使水泥石结构受到破坏。采用蒸汽养护时，混凝土强度快速增长，这种不利作用还更大些，同时还会增大混凝土坍落度经时损失。

3）硫酸钠作为外加剂使用时，存在一些潜在的危险。Na_2SO_4 与 $Ca(OH)_2$ 反应生成 NaOH，使混凝土中含碱量增加，增加了混凝土发生碱-骨料反应的可能性，对有含碱量要求的混凝土，应控制早强剂的掺量，1kg Na_2SO_4 含碱 0.436kg，北京市已规定 $1m^3$ 混凝土中碱含量不超过 1kg。硫酸钠溶液与水化铝酸钙反应生成硫铝酸钙，会使混凝土膨胀破坏或强度降低。因此，在水中或处于潮湿环境的混凝土，不宜使用硫酸钠作早强剂。

2. 硫酸钙

硫酸钙存在的形式有无水石膏、半水石膏和二水石膏三种。二水石膏（$CaSO_4 \cdot 2H_2O$）为白色晶体，密度为 $2.32t/m^3$，120℃时失去 1.5 个结晶水，变成半水石膏，163℃时失去 2 个结晶水，变成无水石膏。

水泥生产时加入 3% ~ 4% 的石膏，起缓凝作用。商品水泥再加 1% 石膏，反而使凝结速度加快，这是因为 Ca^{2+} 离子进入液相过多会加速聚沉而促凝，因此掺量超过 3% 会促凝，但超过 5% 则不再加快，见表 16-4。

表 16-4　硫酸钙对水泥凝结时间的影响

硫酸钙品种	掺量(%)	初凝	终凝	备注
$CaSO_4 \cdot 2H_2O$	0	5h10min	6h55min	
	1	4h46min	5h53min	
	3	4h33min	5h43min	P · O32.5 水泥
$CaSO_4 \cdot 0.5H_2O$	1	1h42min	3h50min	
	3	1h31min	3h24min	
	5	6min	2h54min	
	10	6min	2h41min	

16.2.3　三乙醇胺早强剂

三乙醇胺简称 TEA，分子式为 $C_6H_{15}O_3N$，为橙黄色透明油状液体，稍臭，呈强碱性，

pH 值为 8 ~ 9.8,易溶于水。

三乙醇胺是一种表面活性剂,掺入混凝土中,能促使水泥水化生成胶体的活泼性加强,有加剧吸附、湿润及使微离子分散的作用,因此对混凝土有加快强度发展与提高混凝土强度的作用。又由于它能使胶体粒子膨胀,阻塞毛细管通路,因此可增加混凝土的密实性及抗渗性。

加入水泥量 0.02% ~ 0.05% 的三乙醇胺,可使混凝土 2 ~ 28d 抗压强度提高,水泥的凝结时间延缓 1 ~ 3h,与氯盐、硫酸盐和亚硝酸盐复合早期效果明显提高。

三乙醇胺早强剂使用注意事项有以下几条:

1)三乙醇胺对水泥品种有选择,掺量小于 0.05% 时,对大多数水泥有缓凝,掺量大于 0.1% 时,对一部分水泥有缓凝作用,但对另一部分水泥有促凝作用。因此要通过试验,才能掺用,以免浪费。

2)要有专人控制掺量,如掺量大于 0.1% 时,随掺量提高,混凝土强度显著降低,大于 0.2% 时,会剧烈下降。

3)三乙醇胺常与氯盐复合使用,一般三乙醇胺掺量为 0.03%,NaCl 掺量为 0.15% ~ 0.3%,混凝土 3d 强度可提高 40%。在配制较高浓度溶液时,常出现乳白色物质,为生成的三乙醇胺酸盐,对外加剂质量和掺入效果没有影响。

4)在没有其他组分时,三乙醇胺不宜与木质素系减水剂复合,以免过分缓凝。

5)对于水胶比小于 0.4 的混凝土,掺用三乙醇胺效果不大,亦不经济。

6)三乙醇胺掺量小,应先稀释后再使用。

16.2.4   三乙丙醇胺早强剂

三乙丙醇胺简称 TP,其化学性能与三乙醇胺相似,常温下为淡黄色黏稠液体,呈碱性,低于 12℃ 时凝成白色脂状物。单掺占水泥质量 0.03% ~ 0.05% 的三乙丙醇胺,可显著提高混凝土 28d 强度,略有早强效果。可作为增强剂以降低混凝土单方水泥用量,与氯盐复合使用,早强效果好,混凝土后期强度也较高,是一种良好的早强剂。与铁、铝等金属盐,如 $FeSO_4$、$FeCl_3$ 等复合,能显著提高混凝土密实性、抗渗性。三乙丙醇胺对水泥石物理力学性能的影响见表 16-5。

表 16-5   三乙丙醇胺对水泥石物理力学性能的影响

混凝土型号	TP(%)	水胶比	混凝土抗压强度/MPa				水泥品种
			3d	7d	28d	90d	
C20	0	0.47	5.5	11.3	24.8	36.9	P·S32.5
	0.05		5.5	11.6	30.3	43.7	
C30	0	0.45	12.7	—	34.3	47.3	P·O32.5
	0.05		17.2		46.3	54.6	
C45	0	0.40	19.7	29.0	48.6	—	P·O42.5
	0.05		16.9		54.0		

16.3　早强剂的复合使用

各种外加剂都有其优点和局限性，如果复合使用，则可以扬长避短，充分发挥优点的叠加作用。本节重点介绍一下含硫酸钠的复合早强剂和含三乙醇胺的复合早强剂。

硫酸钠与氯化剂、亚硝酸钠、二水石膏、三乙醇胺等复合使用早强效果好，见表16-6。

表 16-6　硫酸钠复合早强剂配比参考表

养护条件	采用普通硅酸盐水泥（%）	采用矿渣水泥（%）	使用范围
全过程正温养护	硫酸钠 + 氯化钠 + 二水石膏 (1.5~2.0) + (0.5~1.0) + 2.0	硫酸钠 + 氯化钠 + 三乙醇胺 (1.5~2) + (0.5~0.75) + 0.05	一般钢筋混凝土结构
	硫酸钠 + 亚硝酸钠（硝酸钠）+ 二水石膏 (1.5~2) + (0~1.0) + 2.0	硫酸钠 + 亚硝酸钠 + 三乙醇胺 (1.5~2.0) + 1.0 + 0.05	预应力或其他不允许掺氯盐的结构
	硫酸钠 + 石膏 + 三乙醇胺 (1.5~2.0) + 2.0 + 0.05	硫酸钠 + 三乙醇胺 (1.5~2.0) + 0.05	预应力或其他不允许掺氯盐的结构
养护初期可达 -3~5℃	硫酸钠 + 氯化钠 + 亚硝酸钠 + 二水石膏 (1.5~2) + 1.0 + 1.0 + 2.0	硫酸钠 + 氯化钠 + 亚硝酸钠 2.0 + 1.0 + 2.0	一般钢筋混凝土结构
	硫酸钠 + 亚硝酸钠（硝酸钙）+ 二水石膏 (1.5~2.0) + (1.5) + 2.0	硫酸钠 + 亚硝酸钠 + 三乙醇胺 (1.5~2.0) + 2.5 + 0.05	预应力或其他不允许掺氯盐的结构
养护温度可达 -5~8℃	硫酸钠 + 氯化钠 + 亚硝酸钠 + 二水石膏 (1.5~2.0) + 1.0 + 3.0 + 2.0	硫酸钠 + 氯化钠 + 亚硝酸钠 2.0 + 1.0 + 3.0	一般钢筋混凝土结构
	硫酸钠 + 亚硝酸钠 + 二水石膏 (1.5~2.0) + 3.0 + 3.0 + 2.0	硫酸钠 + 亚硝酸钠 + 三乙醇胺 (1.5~2.0) + 3.5 + 0.05	预应力或其他不允许掺氯盐的结构
蒸汽养护	硫酸钠 + 二水石膏 (2.0~3.0) + 2.0	硫酸钠 2.0~3.0	—

16.4　早强剂应用技术要点

16.4.1　早强剂掺量的限值

早强剂掺量的限值见表16-7。

表 16-7　早强剂掺量的限值

混凝土种类及使用条件	早强剂品种	掺量(%)
预应力混凝土	硫酸钠	≤1
	氯盐总量(以无水氯化钙计，并包括其他原材料带入的氯盐)	≤0.1
	三乙醇胺	≤0.05

（续）

混凝土种类及使用条件		早强剂品种	掺量（%）
钢筋混凝土	干燥环境	氯盐	≤1
		硫酸钠	≤2
		硫酸钠与缓凝减水剂复合	≤3
		三乙醇胺	≤0.05
	潮湿环境	氯盐	≤0.25
		硫酸钠	≤1.5
		三乙醇胺	≤0.05
有饰面要求		硫酸钠	≤1
无筋混凝土		氯盐	≤3

16.4.2　氯化物早强剂应用的限制

1）在下列情况下，不得在钢筋混凝土中使用氯盐及含氯盐的早强剂、复合剂。

① 在相对湿度大于 80% 的环境中使用的结构，处于水位升降的结构以及露天结构和经常受雨淋的结构。

② 与含有酸、碱和硫酸盐介质相接触的结构。

③ 使用环境在 60℃ 以上的结构。

④ 使用冷拔低碳钢丝或冷拉钢筋的结构。

⑤ 给排水构筑物、薄壁结构、中级和重级工作制吊车梁、屋架、落锤或吊锤基础。

⑥ 电解车间和距高压直流电源 100m 以内的结构。

⑦ 直接靠近发电站或变电所的结构。

⑧ 预应力混凝土结构。

⑨ 含有活性骨料的混凝土。

2）含有强电解质无机盐类的早强剂（如硫酸钠）及其复合剂不得用于：

① 有镀锌钢材或有铝铁相接触部位的结构，以及有外露钢筋预埋件而无防护措施的结构。

② 使用直流电源的企业和电气化运输设施的钢筋混凝土结构。

③ 含有活性骨料的混凝土结构。

3）含有机胺类早强剂（如三乙醇胺）不宜用于蒸汽养护的混凝土制品。因其引入微细气泡而使经蒸汽养护工艺的混凝土制品表面起酥。

16.5　早强剂的碱含量

混凝土中的碱含量来自水泥和外加剂，尤其是早强剂，因碱性激活剂主要是各种酸的钾、钠盐。水泥中的碱含量是以氯化钠、氯化钾的当量计算的，当测得该物质中的氯化钠、氯化钾含量后，碱含量可由下式计算得出

$$K_2O = 1 \times NaO + 0.658 K_2O$$

各种早强剂的碱含量见表 16-8。

表 16-8　各种早强剂的碱含量

名称	化学式	每 kg 物质碱含量/kg
硫酸钠	Na_2SO_4	0.436
硫代硫酸钠	$Na_2S_2O_3$	0.291
氯化钠 + 硫酸钠	$NaCl + Na_2SO_4$	0.464
氯化钠 + 亚硝酸钠	$NaCl + NaNO_2$	0.486

目前北京等市为防止碱-骨料反应破坏,已规定 $1m^3$ 混凝土中因外加剂带入的碱含量不得超过 1kg。

16.6　早强减水剂

兼有提高混凝土早期强度和减水功能的外加剂,称为早强减水剂。该剂种主要是由早强剂和减水剂复合而成的,适用于蒸汽养护、常温、低温、环境温度不低于 $-5℃$ 条件下的施工以及有早强或防冻要求的混凝土工程。早强减水剂技术要求见表 16-9。

表 16-9　早强减水剂技术要求

等级	泌水率比 (%)	减水率 (%)	初终凝时间差 /min	含气量 (%)	抗压强度比(%)				收缩率比(28d) (%)
					1d	3d	7d	28d	
一等品	≤95	≥8	−90 ~ +90	≤3.0	≥140	≥130	≥120	≥105	≤135
合格品	≤100	≥5		≤4.0	≥130	≥120	≥110	≥100	

早强减水剂的品种繁多,有糖钙或木钙与硫酸钠复合加载体粉煤灰、硫酸钠加萘系减水剂复合等,大部分为粉剂,掺量 2% ~ 5% 不等。也有将三乙醇胺喷洒入硫酸钠和氯化钠加载体化合物的做法。使用前要通过试验确定掺量,同时要防止粉料受潮结块,并适当延迟搅拌时间。

第17章 缓 凝 剂

缓凝剂是一种能延缓水泥与水反应，从而延迟混凝土凝结的物质。混凝土凝结时间的适当延迟，有利于施工上有关问题的解决，同时在长龄期中对混凝土的各项性能基本没有不利的影响。缓凝剂有两类，即有减水效果的减水缓凝剂和无减水效果的缓凝剂。

17.1 缓凝剂的种类及作用机理

17.1.1 缓凝剂的主要用途

1. 延缓混凝土凝结时间

缓凝剂可以解决预拌混凝土在长时间运输和浇筑过程中，尤其是夏季高温施工，防止混凝土坍落度损失问题。只掺高效减水剂的混凝土一般在搅拌后半小时坍落度基本全部损失，因此必须在泵送剂中掺入能延缓混凝土凝结时间的外加剂——缓凝剂。

2. 使水泥水化速度减慢

大体积混凝土工程要降低中心温度以避免开裂，也须在混凝土中加入缓凝剂。缓凝剂可使水泥水化速度减慢，易于热量散失，减少或避免裂缝产生。

3. 在特种施工工艺中使用

采用填石灌浆施工、导管水下施工灌注桩和滑模施工时应使用缓凝剂。

17.1.2 缓凝剂的种类

常用缓凝剂有以下几种：

1）羟基羧酸及其盐类及衍生物，如葡萄糖酸、柠檬酸、酒石酸等。

2）糖类及其衍生物、糖蜜等。

3）木质素磺酸盐类。

4）无机盐，如磷酸盐、硼酸。

5）多羟基碳水化物，如多元醇。

17.1.3 缓凝剂的技术标准

缓凝剂、缓凝减水剂技术要求见表17-1。

17.1.4 缓凝机理

水泥的凝结时间与水泥矿物的水化速度、水泥-水胶体系的凝结过程和加水量有关。因此凡是能改变水泥矿物的水化速度、水泥-水胶体系的凝结过程和加水量的都可以作为调凝剂使用。

表 17-1　缓凝剂、缓凝减水剂技术要求

等级	泌水率比（%）	减水率（%）	初终凝时间差/min	含气量（%）	抗压强度比（%）			收缩率比（28d）（%）	钢筋锈蚀
					3d	7d	28d		
缓凝剂一等品	≤100	—	>90	>5.5	100	90	≥100	≤135	应说明对钢筋有无锈蚀
合格品					90		90		
缓凝减水剂一等品	≤100	≥8		—	≥100	≥110	100		
合格品		≥5		—			105		

　　一般来说，有机表面活性剂都能吸附于水泥矿物表面，起阻止水泥矿物水化的作用，并且表面活性剂的亲水基团能吸附大量水分子，使扩散层水膜加厚，从而起到缓凝作用。一些无机化合物，如二水石膏能与水泥水化物生成复盐钙矾石，吸附在水泥矿物表面，同样可阻止水泥矿物水化，亦可起延缓作用。

　　对于羟基羧酸类缓凝剂，主要是水泥颗粒中的 C_3A 成分吸附羟基羧酸分子，使它们难以较快生成钙矾石结晶。对于磷酸盐类缓凝剂，其溶解于水中生成离子，被水泥颗粒吸附生成溶解度很小的磷酸盐薄层，使 C_3A 的水化和钙矾石的形成被延缓。各类缓凝剂主要是抑制 C_3A 和 C_3S 两种组分的水化，对 C_2S 影响相对小得多。缓凝剂不影响水泥的后期水化和长龄期强度增长，很多缓凝剂兼有着减水和塑化作用。

17.2　常用缓凝剂

17.2.1　糖类缓凝剂

1. 糖蜜缓凝剂

　　糖蜜是以制糖工业提炼食糖后剩下的残液为原料，后经石灰中和配制的产品，又称糖钙减水剂，减水率为8%，掺量占胶凝材料用量的0.2%～1%。糖蜜含量超过1%时，混凝土将长期疏松不硬；正常掺量时，可缓凝2～4h，糖钙对混凝土的各种物理力学性能均有不同程度的改善和提高。糖蜜是一种价格低，综合指标较好的缓凝剂之一。糖钙对混凝土强度的影响见表17-2。

表 17-2　糖钙对混凝土强度的影响

水泥品种	糖钙掺量（%）	水胶比	坍落度/mm	抗压强度/MPa			
				1d	3d	7d	28d
P·S32.5	0	0.59	6.0	—	5.1/100	9.8/100	25.4/100
	0.35	0.56	7.2	—	4.3/85	10.2/102	29.4/116
P·O32.5	0	0.65	6.4	5.0/100	11.6/100	18.5/100	29.3/100
	0.35	0.62	7.2	2.1/42	13.2/114	23.3/126	36.1/123

2. 葡萄糖、蔗糖

这是一种常用的缓凝剂,蔗糖超过 0.5% 时,混凝土强度损失严重。在相同掺量下,蔗糖的缓凝作用较大。此外蔗糖超过 4% 时,有促凝作用,使用时要严格控制掺量。葡萄糖、蔗糖对混凝土凝结时间的影响见表 17-3。

表 17-3　葡萄糖、蔗糖对混凝土凝结时间的影响

缓凝剂	掺量(%)	初凝时间/h	终凝时间/h
不掺	0	3.2	5.3
蔗糖	0.1	14	24
	0.25	144	360
葡萄糖	0.06	4.3	7.5

3. 麦芽糊精

麦芽糊精又称水溶性糊精,是以谷类淀粉为原料,经酶化工艺、水解转化、提纯和干燥而成,是一种有机缓凝剂。

麦芽糊精属于多糖类混凝土缓凝剂,外观为白色粉末,水溶性好。作为缓凝剂,掺量一般为胶结料用量的 0.08%。同时也可作食品添加剂。多糖类糊精对抑制 C_3A 水化效果较明显,黏性较大,掺量大时会引起拌合物坍落度短时内减小,但不泌水。麦芽糊精由于价格较低,也是一种多用的缓凝剂。

此外麦芽糖在低掺量条件下(0.01% ~ 0.05%),对水泥早期强度的提高较明显。

4. 柠檬酸

柠檬酸是一种羟基多元醇,分子式为 $C_6H_8O_7 \cdot H_2O$,为无色、有酸味的结晶或白色粉末,易溶于水,呈弱酸,水溶液易发霉变质,不宜长期存放,其掺量甚少,仅是胶结料用量的 0.05% ~ 0.1%,可缓凝 2 ~ 9h,缓凝作用显著,易引起混凝土泌水,尤其会使大水胶比、低水泥用量的贫混凝土产生离析。掺量为 0.05% 时,混凝土 28d 强度有提高,但继续增大掺量会影响混凝土强度。加入柠檬酸能改善混凝土抗冻性能,使用时要严格控制掺量。

5. 木钙、木钠

二者均会有 10% ~ 12% 还原糖,因而具有缓凝作用,该剂已在减水剂一节中作了介绍,此处不再赘述。

17.2.2　磷酸盐系缓凝剂

磷酸盐系缓凝剂有焦磷酸钠、三聚磷酸钠、多聚磷酸钠、偏磷酸钠、磷酸二氢钾、磷酸二氢钠、磷酸二氢钙等,在相同的掺量情况下,其缓凝效果的顺序是:焦磷酸钠($Na_2P_2O_7$) > 三聚磷酸钠($Na_5P_3O_{10}$) > 多聚磷酸钠($Na_6P_4O_{13}$) > $Na_3PO_4 \cdot 10H_2O$ > $Na_2HPO_4 \cdot 2H_2O$ > $NaH_2PO_4 \cdot 2H_2O$ > H_3PO_4。

1. 磷酸钠

磷酸钠(Na_3PO_4)为无色或白色结晶,呈强碱性,在空气中易风化,在水溶液中几乎完全分解为磷酸二氢钠和氢氧化钠,故能与水泥水化产物 $Ca(OH)_2$ 发生反应

$$3\ Ca(OH)_2 + Na_2PO_4 = Ca(PO_4)_2 + 6NaOH$$

由于在水泥颗粒表面形成致密的正磷酸钙，阻止了水分子向反应区渗透，因此延缓了新组织的形成。

通常情况下掺胶凝材料用量的 0.5% ~ 1.0%，能显著增加混凝土拌合物的塑性，同时因掺入磷酸钠后混凝土的孔结构有所改善，因此混凝土抗压强度可提高 12% ~ 15%，抗渗等级亦成倍提高。磷酸钠对混凝土抗压、抗渗性能的影响见表 17-4，不同磷酸钠掺量的水泥石孔结构见表 17-5。

表 17-4　磷酸钠对混凝土抗压、抗渗性能的影响

掺量(%)	水胶比	28d 抗压强度/MPa	抗渗等级
0	0.65	19.1	P2
0.5	0.01	23.1	P4
1.0	0.61	23.2	P6

表 17-5　不同磷酸钠掺量的水泥石孔结构

外加剂	掺量(%)	气孔总体积(%)	开放毛细孔体积(%)	封闭气孔体积(%)	气孔平均尺寸/μm
无	0	15.98	15.79	0.19	3.4
Na_3PO_4	0.5	14.96	12.76	2.2	3.0
$Na_3PO_4 + A$	1 + 0.2	14.53	12.39	2.4	2.35

注：A 为亚硫酸盐酵母塑化剂。

2. 聚磷酸钠

其主要成分为三聚磷酸钠，但往往会有少量聚偏磷酸钠。聚磷酸钠为白色粉末或粒状固体，吸湿性强，可溶于水，掺量一般为胶凝材料用量的 0.06% ~ 0.1%。

多聚磷酸钠对水泥和混凝土具有较强的分散和缓凝作用，缓凝效果强于磷酸三钠，编者曾遇到过混凝土因过量掺多聚磷酸钠，造成 72h 缓凝和严重泌水的现象，因此使用时要严格控制掺量。多聚磷酸钠在水泥中的缓凝作用见表 17-6。

表 17-6　多聚磷酸钠在水泥中的缓凝作用

掺量(%)	0	0.05	0.1	0.2
初凝时间/min	—	180	337	—
终凝时间/min	—	430	510	960

3. 焦磷酸钠

焦磷酸钠（$Na_4P_2O_7$）俗称硫酸钠玻璃，是对水泥水化热的延缓作用很强的磷酸盐，外观为白色粉末。焦磷酸钠的主要作用是使水泥中 C_3S 缓凝，掺量一般为胶凝材料用量的 0.08%。

4. 六偏磷酸钠

六偏磷酸钠分子式为（$NaPO_3$）$_6$，它与焦磷酸钠一样，也是磷酸盐中缓凝作用很强的外

加剂，外观为白色结晶体，易溶于水，空气中易吸湿变黏。掺量为胶结料用量的 0.08%。其性能较温和，掺量范围较宽，掺量稍大一些不会造成混凝土泌水和长时间缓凝，价格也比较低，常被混凝土外加剂厂采用。

17.2.3 葡萄糖酸钠

该产品是目前国内外公认的、缓凝效果较好的缓凝剂，在预拌混凝土中被广泛应用。

葡萄糖酸钠又称为羟基己酸钠，分子式为 $C_6H_{11}NaO_7$，外观为白色或淡黄色结晶形粉末，pH 值为 8~9，易溶于水，微溶于醇，其缓凝性很强，主要抑制 C_3A 的水化，抑制强度大于焦磷酸钠，对碱含量高的水泥缓凝效果好。通常条件下能使混凝土拌合物保塑 1~2h，且耐温效应比较显著。

葡萄糖酸钠能明显增大混凝土的坍落度，即所谓二次塑化效应，具有 8%~10% 的减水率，因此可减少减水剂用量。其另一个优点是对木钙的适应性好，且与磷酸盐系、硼酸盐和某些羟基羧酸盐缓凝剂有良好的协同作用，从而进一步提高缓凝效果。

其掺量一般为胶结料用量的 0.08%，由于它对 3d 龄期以内的水泥水化有强烈的抑制作用，因此一般用量不超过 0.1%。

17.3 缓凝剂应用技术要点

17.3.1 缓凝剂的选择条件

1. 根据使用目的选择缓凝剂

使用缓凝剂的目的不外乎三种，第一类目的是用来控制混凝土坍落度经时损失，满足混凝土运输和泵送要求，应首选能显著延长混凝土初凝时间，但初、终凝时间间隔短一点的缓凝剂；第二类目的是用以降低水泥水化热，推迟热峰出现，应首选显著延长混凝土终凝时间或初、终凝时间间隔较长，但不影响后期水化和强度增长的缓凝剂；第三类目的是提高混凝土密实性、耐久性，应首先选择同第二类目的的缓凝剂。

2. 根据使用温度选择缓凝剂

气温低时，羧基羧酸盐类、糖类、无机盐类缓凝剂会显著延长混凝土凝结时间，这些缓凝剂不宜用于 +5℃ 以下的环境施工，不宜用于蒸汽养护。羟基羧酸盐及其盐类缓凝剂在高温下对 C_3S 的抑制明显减弱，因此高温时，必须加大掺量。

3. 根据对缓凝时间的要求选择缓凝剂

不同磷酸盐缓凝程度有十分显著的差别，需要超缓凝时，应多选用焦磷酸钠而不用磷酸钠。木质素磺酸盐类一般都引气，缓凝效果较轻，而糖钙虽不引气，但缓凝程度重，超掺会引起后期强度增长缓慢。

17.3.2 严格按设计剂量及掺入时间

1) 缓凝剂掺量一般很少，剂量必须准确，否则会造成混凝土长时间达不到终凝或由于其引气会严重降低混凝土强度，造成工程事故。如遇到不引气的缓凝剂，超量使用造成长时间缓凝，则要保持混凝土潮湿养护，后期强度不会降低。

2）掺入缓凝剂的时间。缓凝剂与减水剂一样，用后掺法，即混凝土搅拌 1min 后再掺，效果更佳。如木钙在干料加水拌和后 1min 掺，较同掺法可延长凝结时间 2h，如滞后 2min 掺，则可延长凝结时间 2.5～3h。

17.3.3　其他注意事项

1）缓凝减水剂和多元醇类缓凝剂有时会引起混凝土急凝（假凝）现象，因此使用前要进行水泥适应性试验。如试验结果表明水泥假凝，则可试用先加水拌和混凝土料，1.5～2min 后再加入缓凝减水剂，往往可以避免假凝的发生。

2）有些缓凝剂会增加混凝土泌水，必须采用时，宜同时掺用引气剂。

3）木钙等做缓凝减水剂会引起硬石膏做调凝剂的水泥产生假凝，此时可采用羟基羧酸盐、醚类和二甘醇等缓凝剂。

4）缓凝剂与其他外加剂，尤其是早强型外加剂存在相容性问题，复合使用前应先行试验。

5）多种缓凝剂复合往往会收到比单一品种缓凝剂更好的效果。

第18章 引 气 剂

在混凝土搅拌过程中能引入大量均匀分布、稳定且封闭的微小气泡的外加剂称为引气剂。

把引气剂加入到混凝土中，是对这种材料发展过程的最重要的贡献之一。由于引气剂使混凝土工程的寿命，特别是冻融作用下的使用寿命成倍延长，同时其抗渗性和抗碳化能力也有不同程度的提高，因此它对混凝土而言已是一种不可替代的耐久性材料。在混凝土冬期施工的防冻剂中几乎没有不用引气剂的。现代预拌混凝土要满足高温、远距离和超高层的泵送，也离不开引气剂。因此引气剂已是当今混凝土发展中不可缺少的主要材料。

18.1 引气剂的特点及应用

18.1.1 引气剂的特点

引气剂是气泡形成剂，也是表面活性剂。它在水中使水的表面张力从 0.72×10^{-3} N/cm 大幅降低至 $(0.30 \sim 0.4) \times 10^{-3}$ N/cm，体系的表面自由能降低，有利于气泡的稳定。

此外，引气剂还能在气-液界面形成一个具有弹性的较坚固的水膜，这个水膜能承受气泡内部和外部的压力，并能抵抗空气穿透水膜与邻近气泡聚结成大气泡。

由于其表面张力降低，搅拌时就容易起泡，水的表面张力变得越低，搅出来的气泡也越细。这种气泡是封闭的，大小均匀，直径为 $0.1 \sim 0.4$mm，大多数小于 0.2mm，气泡壁之间的平均间距为 0.2mm，1cm^3 水泥浆中约有 10 万 ~ 20 万个形状为球形的微小气泡。每种引气剂的引气量都不是固定值，因为影响因素太多，所以其值在 3% ~ 5% 波动。不加稳定剂，气泡是不稳定的，这是由于气泡越小，内压越大，混凝土在运输和浇筑过程中气泡也发生迁移而形成大气泡，逐渐上升到混凝土表面破裂。

18.1.2 引气剂的适用范围

引气剂的主要作用是改善混凝土的工作性能，混凝土中引入无数微小且封闭的气泡，犹如滚珠减小了混凝土内部摩擦力，增加了混凝土的流动性，提高了混凝土的可泵性，同时减小了拌合物的泌水、离析。由于无数微小且封闭的气泡在混凝土硬化后仍能保留，因此，会带来诸多优点，如提高混凝土的耐久性，即提高混凝土的抗冻性和抗盐冻性，提高混凝土路面的抗蚀性，提高混凝土抵抗交变膨胀和收缩引起裂纹的性能。

因此，引气剂适用范围十分广泛，在防水混凝土、抗冻融混凝土、冬季施工混凝土、泵送混凝土、轻骨料混凝土、水工混凝土、道路混凝土等工程中，都是不可缺少的组分。目前在北欧、北美、日本等国，几乎80%以上的混凝土都掺入引气剂，近几年来我国引气剂的开发和应用，已越来越引起混凝土界的重视，推广应用面已有较大发展。

18.2　引气剂的主要品种及技术标准

18.2.1　引气剂的主要品种和性能

引气剂按化学成分分为脂肪酸盐类、松香树脂酸类、皂甙类、合成洗涤剂类和木质素磺酸盐类。

1. 脂肪酸盐类

此类引气剂如脂肪醇硫酸钠，水溶性强且泡沫力和泡沫稳定性较好，掺量为 0.005% ~ 0.02%，含气量为 2% ~ 5%，减水率为 7%，但混凝土强度下降 15%。商品名称为 OP—8、OP—9 和 OP—10。

2. 松香树脂酸类

松香树脂酸类引气剂包括松香热聚物、松香酸钠、改性松香酸盐等。松香酸钠引气剂为黑褐色黏稠体，掺量为 0.003% ~ 0.02%，减水率约为 10%。改性松香酸盐为粉状，溶解性和引气性都较好，是目前我国最为被广泛采用的引气剂，引气量为 3.5% ~ 6.0%。

3. 皂甙类

皂甙是黄士元教授研制开发的具有中国特色的非离子型引气剂，是从多年乔木皂角树果实或油茶籽中提取，经改性而成的天然原料产品。主要成分是三萜皂甙，为浅棕色粉末，有刺鼻气味，其特点是：

1）易溶于水，起泡性强，起始泡沫高度 >180mm，泡沫壁较厚且富有弹性，泡沫细腻稳定性好（气泡平均孔径小于 200μm）。

2）对酸、碱和硬水有较强的化学稳定性，与其他外加剂有良好的相容性，可直接在聚羧酸高效减水剂中使用。

3）减水率为 6%。

4）掺量为 0.008% ~ 0.05%，引气量为 1.5% ~ 4.0%。目前，上海、安徽、福建等地有专门生产厂，出售液体和粉剂产品。

4. 合成洗涤剂类（如烷基磺酸盐、烷基苯磺酸盐类）

此类引气剂为白色粉末，水溶性好，易起泡，但气泡稳定性差，且气泡孔径较大，所以一般不推荐采用此类引气剂。

5. 木质素磺酸盐（如木钙、木钠、木镁等）

此类产品也能在混凝土中引气，但其气泡孔径大，提高混凝土抗冻性效果远远小于上述各类引气剂，且掺量稍大，造成混凝土缓凝和强度大幅度下降，一般不作为引气剂单独使用。

18.2.2　引气剂的技术标准

引气剂的技术标准见表 18-1。

表 18-1　引气剂的技术标准

项　　目		《混凝土外加剂》(GB 8076—2008)		《水工混凝土试验规程》(SL 352—2006)
		一等品	合格品	
减水率(%)		≥6	≥6	—
泌水率比(%)		≤70	≤80	—
含气量(%)		>3	>3	—
凝结时间差/min	初凝	−90 ~ +120		−60 ~ +60
	终凝			−15 ~ +15
抗压强度比(%)	3d	≥95	≥80	≥90
	7d	≥95	≥80	≥90
	28d	≥90	≥80	≥90
	90d	—	—	≥90
	180d	—	—	≥90
抗拉压强度比(%)	7d			≥90
	28d			≥90
收缩率比(%)		≤135		—
相对耐久性(200 次)(%)		≥80	≥60	—
对钢筋锈蚀作用		应说明对钢筋有无锈蚀		—

18.3　引气剂对混凝土性能的影响

18.3.1　引气剂对混凝土工作性能的影响

1. 提高混凝土流动性

引气剂的加入可显著改善混凝土的工作性能。当配合比不变时，每引入 1% 空气泡，混凝土用水量可减少 2% 左右，如保持配比不变，则每增加 1% 含气量，混凝土坍落度可增加 1cm，而且混凝土的坍落度经时损失也会减小。

2. 减少混凝土泌水

混凝土中引入微气泡，阻止了固体颗粒的沉降和水分上升，使混凝土均质性提高，减小拌合物泌水，减小坍落度经时损失，提高混凝土可泵性和混凝土表面质量，在高程泵送时是必不可少的外加剂。

3. 减少用水量

保持拌合物的坍落度不变，可以减少用水量。一般每引入 1% 空气泡，混凝土用水量可以减少 1% ~2%，如混凝土原水胶比为 0.5，胶结料用量为 350kg/m³，当含气量增加 4%，拌合用水量可减少 15kg/m³，水胶比可降至 0.47。由于混凝土中引入 3% 左右的气，还可解决混凝土计量不足的问题，减少了与用户在结算混凝土量方面的纠纷。

18.3.2　引气剂对混凝土物理力学性能和耐久性的影响

1. 提高混凝土的抗冻性

这将在第 35 章中详细介绍。

2. 提高混凝土的抗渗性和耐久性

混凝土中引入微小气泡，切断了混凝土内部贯通的毛细孔，阻止了水的渗透，提高了混凝土抗化学侵蚀性和抗碳化能力。由于大量微细气泡起着缓和应力集中的作用，引气混凝土还能较好地抵抗因干湿交替和温度变化造成的膨胀收缩而产生的裂纹。

3. 对混凝土强度的影响

据交通部公路研究所的研究成果证明，加入引气剂在保持水胶比不变时，混凝土抗压强度会下降，但对抗折强度影响却很小，有时甚至能提高抗折强度，这对以抗折强度作为强度指标的道路工程来说至关重要。由于引气剂质量不同，其下降的幅度也不同。一般每增加1%含气量，混凝土抗压强度下降3% ~5%。但实际工程中引气混凝土水胶比降低了，可以弥补引气量引起的强度下降。

4. 降低混凝土的弹性模量

弹性模量降低将会加大预应力损失，因此，在预应力结构中不宜采用。

5. 降低混凝土对钢筋的握裹力

当含气量增加1%时，垂直方向钢筋握裹力降低10% ~15%，水平方面也有所降低。

18.4　引气剂使用应注意的问题

18.4.1　影响引气剂使用效果的因素

1. 引气剂的掺量受水泥品种、水泥用量、细度和含碱量的影响

（1）水泥品种的影响　在相同剂量条件下，普通硅酸盐水泥引气效果依次大于普通硅酸盐水泥、矿渣水泥、火山灰水泥。要达到相同引气量，矿渣水泥引气剂用量需比普通硅酸盐水泥增加1/3左右。

（2）水泥用量的影响　同一品种水泥配制混凝土时，水泥用量小的混凝土含气量大于水泥用量高的混凝土，水泥用量每增加90kg/m³，混凝土含气量减少1%左右，因此混凝土中引气剂用量要随水泥用量增加而增加。水泥用量越小的贫混凝土掺引气剂改善和易性的效果越好。

（3）细度和含碱量的影响　水泥越细，含碱量越高，引气剂用量要适当提高。

2. 掺合料的影响

粉煤灰对表面活性剂有较强的吸附性，因此掺有粉煤灰的混凝土引气剂用量要提高。掺20%粉煤灰时，引气剂掺量需增加一倍左右。当粉煤灰含碳量高时，引气量还要加大。此外混凝土中掺加矿渣粉、沸石粉时，引气剂掺量需适当增加。

3. 骨料粒径与级配的影响

砂的粒径对混凝土含气量影响较大，含气量的峰值出现在粒径为0.3 ~0.6mm的范围内。这是由于砂的表面粗糙，凹凸不平，易于聚存气体。当砂的粒径大于该范围时，由于表面积小，吸附空气量小，因此混凝土拌合物含气量小；而砂粒径小于该范围时，细颗粒含量增加，混凝土拌合物易于凝聚成团，阻碍了气体的进入，含气量也减小。卵石比碎石引气量大；天然砂引气量大于人造砂。砂率高引气量大；骨料粒径大，引气量则小。

综上所述，引气剂对粒形不好的碎石、特细砂和人工砂配制的混凝土和易性改善效果显著。

4. 混凝土温度的影响

混凝土含气量一般随温度升高而减少，气温每升高 10℃，含气量减少 20% ~ 30%。

5. 拌合用水量的影响

拌合用水量增大，混凝土坍落度增大，引气量增大。水的硬度大，引气量会减小。

6. 搅拌时间的影响

含气量随搅拌时间的增加而增大，到一定时间后，含气量就不再增加，这时气泡的生成率与消失率平衡，再搅拌，气泡的消失率要大于生成率，含气量下降，见表 18-2 。

表 18-2 搅拌时间与含气量的关系

搅拌时间/min	6	12	30	90
含气量(%)	90	100	86	58

7. 拌合物运输距离和停放时间

拌合物运输距离和停放时间长，装卸次数多，含气量损失大。

8. 振动器频率的影响

采用高频振动器振捣或延长振捣时间，混凝土含气量降低。

9. 泵送施工

在泵压作用下，混凝土含气量会降低。

18.4.2 引气剂应用技术要点

1）引气剂掺量很小，一般仅为水泥用量的万分之几，为使引气剂在混凝土中均匀分布，应先将引气剂充分溶解再与泵送剂复配成溶液使用。

2）混凝土搅拌过程中会带入 1% ~1.5% 的空气，引气剂引入气量是实测含气量与搅拌引入气量之差，引气超量，混凝土强度会下降。如设计要求含气量为 3.5% ~6%，考虑运输损失 1% ~2%，试验室配制时含气量则应控制在 5.5% ~7.5%。

3）高频振捣不宜超过 20s。由于高频振捣会使混凝土中气泡大量逸出，致使混凝土含气量明显降低，因此振捣应均匀，同一部位振捣时间不宜超过 20s。

4）含气量会增大混凝土的体积，配合比设计时应从湿密度或含气量来调整配合比，以免单方混凝土中实际水泥用量不足。

5）有些引气剂如十二烷基磺酸钠起泡性好，但气泡大，稳定性差，可考虑加入微量稳泡剂，其表面活性剂吸附在气-液界面上，可形成牢固的液膜，使液膜具有适合气泡永久存在的黏滞性，起到稳泡的效果。如天津助剂厂生产的"尼纳尔"稳泡剂，为黄色黏稠油状物，在极稀薄的水溶液中，能使水的黏度明显提高，耐硬水性好，对阴离子表面活性剂有较好的稳泡效果，同时具有一定的防锈效果。

第19章 泵 送 剂

能改善混凝土拌合物泵送性能的外加剂称为泵送剂。所谓泵送性能就是使混凝土拌合物具有能顺利通过输送管道，不阻塞、不离析、保塑性良好的性能。

19.1 泵送剂技术要求

19.1.1 新拌混凝土泵送剂应满足的要求

1）优异的流化效果。
2）良好的保塑性（包括含气量、低离析）。
3）适宜的凝结时间、泌水率。
4）良好的泵送性。

19.1.2 硬化混凝土泵送剂应满足的要求

1）对混凝土力学性能（抗压强度、抗拉强度、抗弯强度、弹性模量等）无有害作用。
2）对混凝土干缩和徐变无不良影响。
3）混凝土耐久性优良（抗冻性、抗渗性、防碳化、耐盐腐蚀等）。

19.2 泵送剂的质量标准

19.2.1 泵送剂的技术性能指标

泵送剂应符合一定的技术指标要求，见表19-1和表19-2。

表19-1 泵送剂混凝土的性能指标

试验项目		性能指标	
		一等品	合格品
坍落度增加值≥/mm		100	80
常压泌水率比≤（%）		90	100
压力泌水率比≤（%）		90	95
含气量≤（%）		4.5	5.5
坍落度保留值≥/mm	30min	1.50	120
	60min	1.20	100
抗压强度比≥（%）	3d	90	85
	7d	90	85
	28d	90	85
收缩率比≤（%）	28d	135	135
对钢筋锈蚀作用		—	应说明对钢筋有无锈蚀作用

表 19-2 泵送剂匀质性指标

试验项目	指标
含固量或含水率	液体外加剂:应控制在生产厂控制值相对量的 3% 内
	固体外加剂:应控制在生产厂控制值相对量的 5% 内
密度	液体外加剂应在生产厂原控制值的 $\pm 0.02 g/m^3$ 内
氯离子含量	应在生产厂原控制值相对量的 5% 内
水泥净浆流动度	应不小于生产厂控制值的 0.5%
细度	0.315mm 筛筛余应小于 15%
总碱量 $Na_2O + 0.658K_2O$	应在生产厂控制值的相对量的 5% 内

19.2.2 泵送剂主要组分及性能

1) 减水剂、高效减水剂。详见第 15 章 混凝土外加剂。

2) 引气剂。详见第 15 章 混凝土外加剂。

3) 增稠剂。增稠剂大多属于亲水性高分子聚合物,可分为天然、半天然和纯合成三类,用于改进混凝土塑化性能、降低泌水离析。

天然类有黄原胶、明胶、改性淀粉和淀粉衍生物;半天然合成物有羧甲基纤维素醚、甲基和羟丙基甲基纤维素;合成物有聚丙烯酸、聚甲基丙烯酸等。

各种增稠剂掺量均很低,必须通过试验试配来选定。

4) 保水剂。其用来减少混凝土失水,一般增稠剂均有保水功能,此外保水剂还有下列品种:甲基纤维素、羟乙基纤维素醚、膦酸酯淀粉(0.5% 溶液有明显保水效果)。

5) 缓凝剂。详见第 15 章 混凝土外加剂。

6) 无机掺合料细粉。其主要用于固体粉剂泵送剂,常用的粉体有粉煤灰、沸石粉和矿渣粉。

泵送剂往往是以上有关组分的多元复合,这种复合前必须掌握各组分的性质和复合规律,从而得到大而稳定的混凝土流动性,较好的早期强度以及耐久性。

第 20 章 防 冻 剂

20.1 防冻剂的性能及分类

能使混凝土在负温下硬化，并在规定时间内达到足够防冻强度的外加剂称为防冻剂。

20.1.1 防冻剂的性能指标

防冻剂的性能指标见表 20-1。

表 20-1 防冻剂的性能指标

试 验 项 目		性能指标	
		一等品	合格品
减水率(%)		≥8	—
泌水率(%)		≤100	≤100
含气量(%)		≥2.5	≥2.0
凝结时间差/min	初凝	−120 ~ +120	−150 ~ +150
	终凝		
抗压强度比(%)	规定温度/℃	−15	−15
	R_{28d}	≥90	≥85
	R_{-7d}	≥10	≥10
	$R_{-7d+28d}$	≥85	≥80
	$R_{-7d+56d}$	≥100	≥100
90d 收缩率(%)		≤120	
抗渗压力或高度比(%)		≥100	
30 次冻融强度损失率(%)		≤100	
钢筋锈蚀情况		对钢筋无锈蚀作用	

20.1.2 防冻剂的分类

1) 与水有很低的共熔温度，具有降低水的冰点而使混凝土在负温下仍能进行水化的作用，如亚硝酸钠、氯化钠等。这种防冻剂一旦用量不足或环境温度过低，就会造成混凝土冻害，降低其最终强度。

2) 既能降低水的冰点又能使含该物质的冰晶格构造严重变形，因而无法形成冻胀应力而破坏水化产物结构，使混凝土强度不受损，这一类属冰晶干扰型，如尿素、甲醇、乙二醇、乙醇胺等。此类防冻剂用量不足时，混凝土在负温下强度停止增长，但转入正温后对后期强度无影响。

3）其水溶液具有很低的共熔温度，但却不能明显降低混凝土中水的冰点，它的作用在于能使混凝土加速凝结硬化，尽早达到临界强度。如氯化钙、碳酸钾等，因其掺入混凝土中会造成坍落度经时损失加大，很少用在预拌混凝土中。

20.2　常用防冻剂

20.2.1　防冻组分的主要特点

防冻组分的主要特点见表 20-2。常用防冻组分的混凝土强度见表 20-3。

表 20-2　防冻组分的主要特点

名称	化学分子式	析出固相共熔体时		主要特点					其他
		浓度/(g/100g 水)	温度/℃	早强	降低冰点	冰晶干扰	阻锈	缓凝	
硝酸钙	$Ca(NO_3)_2$	78.6	-28	—	+①	—	—	—	
亚硝酸钙	$Ca(NO_2)_2$	73.6	-28.8	+	+	—	+	—	有塑化性、有毒
		58.4	-18.5	+	+	—	—	—	
亚硝酸钠	$NaNO_2$	61.3	-19.6		+	—	+	—	
氯化钠	$NaCl$	30.1	-21.2	+	+	—	—	—	腐蚀钢筋
氯化钙	$CaCl_2$	42.7	-55	+	+	—	—	—	
硫代硫酸钠	NaS_2O_3	42.8	-11	+	+	—	—	—	—
乙酸钠	CH_3COONa	—	-17	+	+	—	—	—	
尿素	$(NH_2)_2CO$	78.6	-17.6	—	+	+	+	+	有塑化作用,易污染环境
氨水	NH_4OH	161	-84	—	+	—	—	+	易挥发污染环境
甲醇	CH_3OH	212	-96	—	+	+	+	+	易挥发、有毒
乙二醇	$HOCH_2CH_2OH$	—	-115	+	+	—	—	—	
乙醇胺	C_2H_3NO	—	—	—	+	+	—	—	

① "+"表示有效果。

表 20-3　常用防冻组分混凝土强度

名称	掺量(占水泥用量)(%)	混凝土抗压强度/MPa		
		$f_{ce, 28d}$	$f_{ce, -28d}(-10℃)$	$f_{ce, -28d \sim +28d}①(-10℃)+28d$
空白	0	23.6MPa	0.5	11.4
硝酸钙	5	25.2	0.8	12.3

（续）

名称	掺量(占水泥用量)(%)	混凝土抗压强度/MPa		
		$f_{ce.28d}$	$f_{ce.-28d}(-10℃)$	$f_{ce.-28d~+28d}①(-10℃)+28d$
硫代硫酸钠	5	22.5	1.8	8.5
氯化钙	5	23.7	2.0	20.2
尿素	6	24.8	3.2	12.4
甲醇	10	25.3	5.1	18.9
乙酸钠	5	24.4	5.3	15.9
硝酸钠	5	18.7	6.7	14.2
氯化钠	5	24.7	9.0	15.2
亚硝酸钠	5	25.7	9.7	17.7

① -28d ~ +28d 表示混凝土经冻 28d 后转正温标养 28d。

20.2.2　常用防冻剂

1. 硝酸钙

硝酸钙无色透明、无毒，在水中速溶，极易吸湿潮解，防冻效果好，可提高混凝土孔结构的密实性。但其在负温下强度增长极慢，有效降低冻点时掺量较大。当其与尿素摩尔比达 4:1（代号 NKM）时，低温硬化增强效果有改善，硝酸钙-尿素水溶液的特性见表 20-4。

表 20-4　硝酸钙-尿素（NKM）水溶液的特性

20℃溶液密度/(g/cm³)	无水 NKM 含量		冰点/℃
	1L 溶液中①	1kg 溶液中①	
1.065	0.137	0.125	-4.0
1.090	0.194	0.175	-5.5
1.120	0.254	0.225	-7.0
1.160	0.344	0.306	-9.6
1.230	0.465	0.378	-14.6
1.260	0.525	0.416	-16.6
1.290	0.857	0.455	-22.2

① 为方便使用，可用体积计量，也可用质量计量。

掺硝酸钙的混凝土和易性较亚硝酸钙好，低温下坍落度损失较亚硝酸钙小。在泵送混凝土中可在入泵前掺入 0.5% ~1%，运输车快转 3min，即可溶解泵送。在泵送防冻剂中，掺量不宜大于 1.0%。据一些资料介绍，在泵送防冻剂中掺入适量焦磷酸钠，可解决硝酸钙的经时损失问题。

2. 硫代硫酸钠

硫代硫酸钠又称海波、大苏打，为无色透明略带黄色晶体，溶于水，对水泥有塑化作用，不腐蚀钢筋，且能使混凝土早强。一般掺量为水泥质量的 0.5% ~1.5%，掺量过大时，混凝土后期强度降低。硫代硫酸钠 0℃砂浆增长率见表 20-5。

表 20-5　硫代硫酸钠 0℃砂浆增长率

掺量	强度增长率（%）		
	1d	3d	7d
0	100	100	100
0.6	180	120	104
1.0	230	127	126

硫代硫酸钠在大连地区较多使用。

3. 尿素

尿素易溶于水，易吸湿，为无色晶体，对混凝土有塑化和缓凝作用。单掺尿素的混凝土在正温条件下，强度增长稍高于基准混凝土 5%，在负温下可提高 4~6 倍。掺尿素的混凝土在自然干燥过程中表面会析盐（表面有白色粉状物），影响建筑物美观，因此掺量不能超过水泥量的 4%。其在封闭环境下会散发出刺鼻臭味，影响人体健康，因此，近几年来已不常采用。

4. 甲醇

甲醇又称木精，为易燃，易挥发，无色刺激性液体，在水中溶解度很高，掺入混凝土中不缓凝，在负温下强度增长很慢，转入正温后强度增长较快。掺甲醇混凝土强度增长见表 20-6。由于其易燃、易挥发，掺入后混凝土坍落度经时损失大，很少应用。

表 20-6　掺甲醇混凝土强度增长表

养护温度/℃	W/B	坍落度/cm	掺量（%）	抗压强度/[MPa/（%）]			
				28d	-3d	-3d+28d	-7d+28d
20	0.65	6.7	—	35.3	—	—	—
-10	0.65	7.0	0.3	—	7.6/22	44.7/127	39.0/110
-15	0.65	7.0	0.3	—	7.3/21	42.8/121	41.7/118

5. 氯化钠

氯化钠早强防冻效果较好，价格低廉，但因会引起钢筋锈蚀。此外氯盐在混凝土中反复潮解和结晶，产生体积膨胀，降低混凝土耐久性，已极少采用。

6. 亚硝酸钠

亚硝酸钠是较为广泛采用的一种防冻组分，可在混凝土硬化温度不低于 -16℃ 时使用。亚硝酸钠易溶于水，在空气中易潮解，与有机物接触易燃易爆，有毒（人致死量为 2kg），有阻锈和弱早强作用，可在氯盐阻锈型复合防冻组分中应用。当氯盐掺量为水泥质量的 0.5%~1.0% 时，$NaNO_2:Cl^->1:1$；氯盐掺量达 1.0%~2% 时，$NaNO_2:Cl^->1.3:1$。亚硝酸钠对混凝土有塑化作用，有时可能会增大混凝土泌水性，掺量大于 4% 时，混凝土后期强度会下降。亚硝酸钠对混凝土强度的影响见表 20-7。亚硝酸钠溶液浓度与冰点的关系见表 20-8。

表 20-7　亚硝酸钠对混凝土强度的影响

温度/℃	混凝土与基准混凝土 28d 强度比（%）			
	7d	14d	28d	90d
−5	30	50	70	90
−10	20	35	55	70
−15	10	20	35	50

表 20-8　亚硝酸钠溶液浓度与冰点的关系

溶液密度 (20℃)/(g/cm³)	无水 NaNO₂ 含量		冰点/℃
	1L 溶液中	1kg 溶液中	
1.031	0.051	0.05	−2.3
1.052	0.084	0.08	−3.9
1.065	0.106	0.10	−4.7
1.099	0.164	0.15	−7.5
1.137	0.227	0.20	−10.8
1.176	0.293	0.25	−15.7
1.198	0.336	0.28	−19.6

另据国内资料介绍，掺 $NaNO_2$ 的负温硬化混凝土，抗渗性有所降低。有抗渗要求的混凝土，早期受冻时混凝土的临界强度应达到设计强度的 50% 以上。

$NaNO_2$ 每 kg 含碱 0.449kg，$NaCl:NaNO_2 = 1:1$ 时 1kg 含碱 0.486kg。使用者可据此计算外加剂中的碱含量。亚硝酸钠有毒，不得用于饮水工程。

7. 亚硝酸钙

亚硝酸钙为无色、透明或略带黄色的人工矿物，常温下易吸湿潮解。防冻增强效果在掺量 4% 以下时较亚硝酸钠好，但掺入混凝土中和易性差，对钢筋有阻锈作用。混凝土在负温下强度增长极慢，几乎处于休眠状态。因此，目前在严寒的黑龙江省极少采用，处寒冷地区但白天仍有正温的地区可采用。其做防冻剂掺量不宜大于 2%，但应选择与其相容性好的调凝剂，否则混凝土经时损失很大。

8. 乙二醇

乙二醇是一种无色液体，一般含固量为 35%，其不仅可降低水的冰点，而且可干扰混凝土中的冰晶格构造，使混凝土强度不受损。掺入泵送防冻剂中，可在环境温度 −10℃ 以内防止混凝土受冻害。一般掺量为胶凝材料用量的 0.08% ~ 0.1%，其负温下强度较低，这是醇类防冻剂的一个共同缺点，目前多与亚硝酸钠复合使用以提高早期强度。

9. 乙醇胺

乙醇胺为无色液体，其不仅可降低水的冰点，而且可干扰混凝土中冰晶格构造，一般掺量为胶凝材料用量的 0.08%，防冻效果较好。使用时要注意不能与硝酸钙复合，否则二者化学反应会放出气体，降低混凝土强度。

10. 氨水

氨水是氢氧化铵和氨的混合液，有刺鼻臭味。氨水有较强的缓凝性，但能提高混凝土抗冻性和抗渗性，对钢筋有阻锈作用。对皮肤有刺激性，仅可用于人们不居住环境中的混凝土作防冻剂。

以上各种防冻组分如通过试验同时掺加，当它们之间无化学反应，则冰点下降是这些化合物各自降低的叠加。

20.3 泵送防冻剂

泵送防冻剂是由高效减水组分、保塑组分、防冻组分、引气组分，有时还掺有早强组分、阻锈等组分构成，以满足泵送剂和防冻剂指标的外加剂。混凝土中加入泵送防冻剂后，使混凝土在负温下具有可泵性，并避免冻害。因此，泵送防冻剂的配制难度要比防冻剂大得多，目前，我国国标中仅有防冻剂行业标准《混凝土防冻剂》（JC 475—2004），暂无泵送防冻剂标准。北京市地方标准《混凝土外加剂应用技术规程》（DBJ 01-61—2002）规定泵送防冻剂受检混凝土初始坍落度为（210 ± 10）mm，坍落度保留值 30min 不小于 120mm；60min 不小于 100mm，其余指标同《混凝土防冻剂》（JC475—2004）。

20.3.1 预拌混凝土对防冻组分的要求

1）降低冰点效果好。
2）与泵送剂复合后，不会造成混凝土较大的经时损失。
3）混凝土在负温下尽可能强度增大快一点，满足施工进度的要求。
4）对混凝土长期性能和耐久性无负面影响。
5）对人体及环境无害。
6）价格合理，使用方便。

20.3.2 减水组分

水是混凝土冻害的根源，因此在冬期施工中，混凝土减水组分的减水率应尽可能高，以减少混凝土中的游离水。减水越多，混凝土早期强度越高，这就大大缩短了混凝土达到允许受冻临界强度的时间，提高了混凝土胶孔比、密实性、抗渗性、耐久性和对钢筋的握裹力。因此，配制泵送防冻剂时减水率必须比常温下要高。

20.3.3 引气组分

1. 引气组分的作用
引气组分对混凝土冬期施工具有不可忽视的重要作用。

1）封闭混凝土中的微孔，隔断毛细孔，降低混凝土中溶液的冰点。微孔越细，气泡间距越小，溶液冰点越低。混凝土水泥浆中游离水冰点为 $-1.5 \sim -1$℃；孔径为 5nm 的微孔中游离水，冰点 -5℃；孔径为 5nm 的微孔中游离水，冰点 -60℃；孔径为 1.5nm 的微孔中游离水，冰点可降至 -70℃。因此冬期施工用泵送防冻剂应采用优质引气剂。

2）空气引入混凝土中，可降低混凝土导热系数，减少混凝土热量损失。

　　3）混凝土中微孔的存在，可使毛细孔中水冻胀时水分向气泡中转移，缓冲水在变相中伴生的体积膨胀力。

20.3.4　早强组分

　　早强组分的掺入，可使混凝土尽快达到抗冻临界强度，防止冻害，也有利于施工单位加快施工速度。但是，相应会带来混凝土坍落度较大的经时损失。因此，必须通过试验来确定采用何种早强剂及其掺量。

20.3.5　阻锈组分

　　如混凝土泵送剂各组分中有对钢筋锈蚀的组分，则应增加组锈组分。

第 21 章　膨　胀　剂

21.1　膨胀剂的分类及技术要求

混凝土膨胀剂是与水泥、水拌和后，经水化反应生成钙矾石或氢氧化钙，并使混凝土产生膨胀的混凝土外加剂。

21.1.1　膨胀剂的分类

膨胀剂按其水化产物分成：钙矾石（$C_3A \cdot 3CaSO_4 \cdot 32H_2O$）的硫酸钙类膨胀剂、钙矾石和氢氧化钙的硫铝酸钙-氧化钙类膨胀剂、氢氧化钙的氧化钙膨胀剂。其质量标准按《混凝土膨胀剂》（JC 475—2004）标准方法测定。膨胀剂的应用执行《混凝土外加剂应用技术规范》（GB 50119—2013）。

21.1.2　膨胀剂的应用范围

膨胀剂的应用范围见表 21-1。

表 21-1　膨胀剂的适用范围

用途	适用范围
补偿收缩混凝土	用于地下、水中、海水中、隧道等构筑物，大体积混凝土（除大坝外），配筋混凝土路面、屋面与厕浴间防水、构件补强、渗漏修补、预应力混凝土、回填槽等
填充用膨胀混凝土	用于结构后浇带、隧道堵头、钢管与隧道间的填充
自应力混凝土	仅用于常温下使用的自应力钢筋混凝土压力管

21.1.3　膨胀剂的技术要求

混凝土膨胀剂的性能指标应符合表 21-2 的规定。

表 21-2　混凝土膨胀剂的性能指标

项目			指标值
化学成分	氧化镁≤（%）		5.0
	含水率≤（%）		3.0
	总碱性≤（%）		0.75
	氯离子≤（%）		0.05
物理性能	细度	比表面积≥/（m^2/kg）	250
		0.08mm 筛余≤（%）	12
		1.25mm 筛余≤（%）	0.5

（续）

物理性能	凝结时间	初凝 ≥/min		45
		终凝 ≤h		10
	限制膨胀率(%)	水中	7d ≥	0.025
			28d ≤	0.10
		空气中	21d ≥	−0.020
	抗压强度/MPa	A 法	7d ≥	25
			28d ≥	45
		B 法	7d ≥	20
			28d ≥	40
	抗折强度/MPa	A 法	7d ≥	4.5
			28d ≥	6.5
		B 法	7d ≥	3.5
			28d ≥	5.5

注：细度仲裁检验时，须用比表面积法或 1.25mm 筛余。强度仲裁检验时，须用 A 法。

21.2　膨胀剂的主要品种及性能

21.2.1　硫铝酸钙类

这类膨胀剂以水化硫铝酸钙即钙矾石为膨胀源，如常用的 UEA 膨胀剂就是用特制硫铝酸盐熟料、明矾石和石膏粉磨而成的。AEA 则是以铝酸盐水泥熟料、明矾石和石膏粉磨而成。这类膨胀剂常用掺量占胶凝材料用量的 8% ~12%。此类膨胀剂配制的混凝土必须在潮湿的环境中，才能获得预期的膨胀值。

UEA 混凝土早期强度发展较快，但 28d 强度有损失，抗压、抗折强度均低于空白的混凝土，但长期强度稳定增长，10 年抗压强度增长 160%，抗拉强度增长 100%。UEA 混凝土长期膨胀性能见表 21-3，UEA 混凝土长期强度见表 21-4。

表 21-3　UEA 混凝土长期膨胀性能

试验项目	水中养护(×10⁻⁴)						空气中养护(10⁻⁴)		
	7d	14d	28d	1 年	3 年	5 年	28d	180d	1 年
自由膨胀率	5.17	5.44	5.11	5.89	5.27	5.28	—	—	—
限制膨胀率	2.79	2.80	2.97	3.57	3.80	3.82	—	—	—
自由膨胀率	4.83	5.57	—	—	—	—	3.5	0.89	− 0.50
限制膨胀率	3.13	3.18	—	—	—	—	1.21	− 1.44	− 2.06

AEA 化学成分中 CaO 含量较 UEA 几乎多一倍，掺 AEA 水泥的物理性能见表 21-5。

21.2.2　氧化钙类混凝土膨胀剂

这类膨胀剂的主要成分是生石灰（CaO），加水后生成消石灰产生膨胀，其生成物是贝壳类结晶，其特点是膨胀速度快，膨胀量大，但约束混凝土膨胀而获得的自应力较小。

表 21-4 UEA 混凝土长期强度

养护条件	抗压强度/MPa					抗拉强度/MPa				
	7d	28d	1 年	5 年	10 年	7d	28d	1 年	5 年	10 年
雾室	28.1	38.5	50.6	65.1	88.3	2.1	3.4	4.6	6.8	7.1
露天	27.2	32.1	48.7	63.2	84.3	2.8	3.2	4.1	6.3	7.5
	29.8	37.5	51.2	64.3	77.1	3.1	3.3	4.5	6.7	7.4

表 21-5 掺 AEA 水泥的物理性能

掺量 (%)	凝结时间/(h:min)		限制膨胀率(%)		抗压强度/MPa		抗折强度/MPa	
	初凝	终凝	水中(14d)	空气中(28d)	7d	28d	7d	28d
10	2:55	5:30	0.044	−0.006	46.0	57.1	6.6	8.0
10	1:35	3:20	0.056	0.003	42.0	51.2	6.6	7.1

21.2.3 硫铝酸钙-氧化钙类混凝土膨胀剂

这是一种复合膨胀剂,其种类甚多,性能也相差很大,大多数与缓凝剂复合,以减小混凝土坍落度经时损失,用于预拌混凝土。

21.3 膨胀剂的应用技术要点

1)各类膨胀剂应按使用说明书,通过试配确定掺量,否则混凝土的自由膨胀率太大,混凝土的抗压强度、抗折强度会随掺量增大而降低。一般膨胀混凝土成型后72h内膨胀率急剧升高,7d内快速增长,混凝土试件应用钢模,成型后应3d后拆模。

2)一般情况下,膨胀剂会加剧新拌混凝土的坍落度损失,因此使用时要注意,选择合适的化学外加剂与之匹配。

3)无论掺加何种膨胀剂都会使混凝土的凝结时间提前,其掺量越大,凝结时间越快,因此必须适当调整缓凝剂的掺量,以保证运输和泵送的要求,但延缓时间也不可太长。因凝结时间过长混凝土膨胀率会降低。

4)膨胀剂中的铝酸钙、硫铝酸钙或氧化钙等矿物易吸水,在储存过程中要采取防雨、防潮措施,否则其吸水受潮后,膨胀性能会显著降低,在通风干燥的储库内存放6个月。包装良好的膨胀剂,膨胀率不会降低。

5)掺膨胀剂的混凝土只有在潮湿状态下,才能确保获得需要的膨胀率,若在空气中养护同样会产生与不掺膨胀剂的混凝土相同的干缩,因此应高度重视混凝土的湿养护。

第22章 防 水 剂

22.1 防水剂的作用及技术要求

能降低混凝土在静水压力下的透水性的外加剂称为防水剂。

22.1.1 防水剂的作用

预拌混凝土用防水剂是在搅拌混凝土过程中添加粉剂或水剂,在混凝土结构中均匀分布,充填或堵塞裂缝及气孔,使混凝土更加密实而达到阻止水分透过之目的。防水混凝土主要用于工业与民用建筑地下工程、储水构筑物及水工建筑物。

22.1.2 防水剂的技术要求

1)防水剂技术标准按《砂浆、混凝土防水剂》(JC 474—2008)执行。

2)防水剂匀质性指标见表22-1。

表 22-1 防水剂匀质性指标

试验项目	指标
含固量	液体防水剂:应在生产厂控制值相对量的3%内
含水率	粉状防水剂:应在生产厂控制值相对量的5%内
总碱量($Na_2O + 0.658K_2O$)	应在生产厂控制值相对量的5%内
密度	液体防水剂:应在生产厂控制值的 $\pm 0.02g/cm^3$ 内
氯离子含量	应在生产厂控制值相对量的5%内
细度(0.315mm 筛)	筛余小于15%

注:含固量和密度可任选一项检验。

3)防水剂受检混凝土性能见表22-2。

表 22-2 防水剂受检混凝土性能

试验项目		性能指标	
		一等品	合格品
净浆安定性		合格	合格
凝结时间/min	初凝	−90 ~ +120	−90 ~ +120
	终凝	−120 ~ +120	−120 ~ +120
泌水率比≤(%)		80	90
抗压强度比≥(%)	7d	110	100
	28d	100	95
	90d	100	90

（续）

试验项目			性能指标	
			一等品	合格品
渗透高度比 ≤（%）			30	40
48h 吸水量比 ≤（%）			65	75
90d 收缩率比 ≤（%）			110	120
抗冻性能（50 次冻融循环）（%）	慢冻	抗压强度损失率比 ≤	100	100
		质量损失率比 ≤	100	100
	快冻法	相对动弹性模量比 ≤	100	100
		质量损失率比≤	100	100
对钢筋的锈蚀作用			应说明对钢筋有无锈蚀作用	

22.2 防水剂的主要品种及性能

22.2.1 防水剂的品种

防水剂可分为无机质、有机质及复合三个系列。

1. 无机质系

其有：氯化钙、硅酸盐、硅酸质粉末等。

2. 有机质系

其有：脂肪酸（盐）、有机硅、石蜡乳液、树脂乳液、水溶性树脂等。

3. 复合系

其有：无机质混合物、有机质混合物、无机-有机混合物等。

22.2.2 预拌混凝土常用防水剂

预拌混凝土常用防水剂有：

1. 三氯化铁

掺量为 3%，适用于水下工程，其超量使用会加剧钢筋锈蚀。

2. 有机硅防水剂

主要成分是甲基硅酸钠，无毒、无味、可用于饮水工程。其性能见表 22-3。

表 22-3 有机硅防水剂的技术性能

项次	项目	品种	
		甲基硅醇钠	高沸硅醇钠
1	外观	淡黄色至无色透明	淡黄色至无色透明
2	固体含量	30%～32.5%	31%～35%
3	pH 值	14	14
4	相对密度（25℃）	1.23～1.25	1.25～1.26

（续）

项次	项目	品种	
		甲基硅醇钠	高沸硅醇钠
5	氯化钠含量	<2%	<2%
6	硅含量	—	1%～3%
7	甲基硅酸钠含量	18%～20%	—
8	总碱量	<18%	<20%

注：表中性能指标为北京建材制品总厂的产品指标。

以硅烷和硅氧烷为主要功能组分的有机硅防水剂理化性能指标见表22-4。

表 22-4 有机硅防水剂理化性能指标

序 号	试验项目	指标	
		W	S
1	pH 值	规定值 ±1	
2	固体含量	≥20%	≥5%
3	稳定性	无分层、无漂油、无明显沉淀	
4	吸水率比	≤20%	
5	渗透性≤	标准状态	2mm，无水迹无色变
		热处理	2mm，无水迹无色变
		低温处理	2mm，无水迹无色变
		紫外线处理	2mm，无水迹无色变
		酸处理	2mm，无水迹无色变
		碱处理	2mm，无水迹无色变

注：1、2、3项为未稀释的产品性能，规定值在生产企业说明书中应告知用户。

3. 水泥基渗透结晶型防水剂

水泥基渗透结晶型防水剂是近几年开发的防水涂料，其以水泥、石英砂为主要基材，掺入多种活性化学物质的粉状材料。它以水为载体或通过渗透作用，在混凝土的微孔及毛细管中传输、充盈催化混凝土内的微粒和未完成水化的成分，再次发生水化作用，形成不溶性的枝蔓状结晶，并与混凝土结合为整体，堵塞了混凝土内的细微裂缝。

（1）水泥基渗透结晶型防水涂料的特点

1）它具有超强的裂缝自愈合功能，能封闭不大于0.4mm的微裂缝。

2）具有透气功能。材料中的活性物质聚合后形成大量纵横交错和层层叠叠的网状结构，堵塞裂缝和填充空隙。但此白色结晶体具有透气功能，潮气可以通过，而水不能透过。

3）防水永久性。该材料属无机物，不存在老化问题，防水效果是永久的。

4）基层潮湿可施工。可在潮湿或初凝的混凝土表面施工，可在迎水面或背水面施工。

5）耐腐蚀。可有效防止化学品及恶劣环境对混凝土的侵蚀，对钢筋无锈蚀无毒，无味、不燃、不爆，可用于饮水工程。

（2）水泥基渗透结晶型防水材料的性能　水泥基渗透结晶型防水材料匀质性指标见表22-5。受检混凝土的性能指标见表22-6。水泥基渗透结晶型防水涂料和混凝土的物理力学性能分别见表 22-7 和表 22-8。水泥基渗透结晶型防水材料常用于堵漏和地下防水工程。

表 22-5 水泥基渗透结晶型防水材料匀质性指标

序号	试验项目	指标
1	含水量	应在生产厂控制值相对量的 5% 之内
2	总碱量($Na_2O + 0.658K_2O$)	
3	氯离子含量	
4	细度(0.315mm 筛)	应在生产厂控制值相对量的 10% 之内

注:生产厂控制值应在产品说明书中告知用户。

表 22-6 受检混凝土的性能指标

试验项目		性能指标	
		一等品	合格品
净浆安定性		合格	合格
泌水率比(%)		≤50	≤70
凝结时间/min	初凝	≥90	
	终凝	—	
抗压强度比(%)	3d	≥100	≥90
	7d	≥110	≥100
	28d	≥100	≥90

表 22-7 水泥基渗透结晶型防水涂料的物理力学性能

序号	试验项目		性能指标	
			I	II
1	安定性		合格	
2	凝结时间	初凝时间/min	≥20	
		终凝时间/h	≤24	
3	抗折强度/MPa	7d	≥2.80	
		28d	≥3.50	
4	抗压强度/MPa	7d	≥12.0	
		28d	≥18.0	
5	湿基面黏结强度/MPa		≥1.0	
6	抗渗压力/MPa		≥0.8	≥1.2
7	第二次抗渗压力(56d)/MPa		≥0.6	≥0.8
8	渗透压力比(28d)(%)		200	300

表 22-8 水泥基渗透结晶型防水混凝土的物理力学性能

序号	试验项目	性能指标
1	减水率(%)	≥10
2	泌水率(%)	≤70

（续）

序号	试验项目		性能指标
3	抗压强度比（%）	7d	≥120
		28d	≥120
4	含气量（%）		≤4.0
5	凝结时间差/min	初凝	＞－90
		终凝	—
6	收缩率比（28d）（%）		≤125
7	渗透压力比（28d）（%）		≥200
8	第二次抗渗压力（56d）/MPa		≥0.6
9	对钢筋的锈蚀作用		对钢筋无锈蚀危害

22.3　防水剂的使用技术要点

1）掺防水剂混凝土不宜用于受冲击荷载的结构。

2）优先采用普通硅酸盐水泥，一般不采用火山灰质水泥和泌水性大、干缩大的矿渣水泥。

3）严格控制掺量，通常防水剂（有机类）均会增大混凝土含气量，超量使用会降低强度和防水效果。

4）有机防水剂制备时要注意搅拌均匀，以免影响防水功能。

5）防水剂与其他外加剂复合使用时，必须经过相应试验，合格后才能使用。

第23章 流 化 剂

23.1 流化剂的特点和性能

23.1.1 流化剂特点

在混凝土中加入高效减水剂（超塑化剂）以提高混凝土流动性的外加剂称为流化剂，其具有以下特点。

1）高减水率：减水率为 20%～30%。

2）低引气性：流化剂几乎不引入空气，因而不会降低混凝土强度。

3）无缓凝性：流化剂不同于普通减水剂和泵送剂，即使掺量较高也不会使混凝土缓凝。

23.1.2 流化剂掺加方法对流化效果的影响

大量试验证明，后加法能使混凝土获得更大的流动性。对不同类型流化剂要获得相同的坍落度（1.9cm±1cm），不同添加方法的掺量比例见表 23-1。

表 23-1 为获得相同坍落度，不同添加方法的掺量比例

萘系减水剂类	后添加为 1	同时添加法为 1.9
木质素磺酸盐类	后添加为 1.9	同时添加法为 2.5
密胺树脂类	后添加为 2.0	同时添加法为 3.1
多元醇类	后添加为 2.5	同时添加法为 4.3

23.2 流化剂使用注意事项

1）流态混凝土拌合物的坍落度会随时间的持续而降低，为保证混凝土正常泵送，流化剂往往会出现反复添加的现象。试验证明，反复添加流化剂后，混凝土性能几乎与原来的流态混凝土相同。但是，对混凝土的含气量和气泡大小会产生影响，使混凝土抗冻性有所降低。因此对于处严寒地区反复遭受冻融的混凝土应引起注意。

2）应视罐车中混凝土坍落度的大小适当掺加流化剂。流化剂超量使用会使混凝土产生离析。

3）一般情况下，应在即将泵送前添加流化剂，因流化剂掺入后，坍落度增大值的保持时间在 20～30min，过早流化会造成流化剂的浪费。

4）混凝土在现场停留时间过长，坍落度剩余值已极小时，流化效果会很差。

第24章 增 效 剂

24.1 增效剂的作用机理及综合效益

混凝土增效剂是近年来新开发的一种新型外加剂，它能改善混凝土的施工性能，提高混凝土的强度和耐久性。该产品在保证混凝土综合性能（强度、流动性、保塑性）不降低的情况下，掺入仅占水泥用量0.6%的增效剂，即可提高水泥利用率，增强减水剂的分散性，减少混凝土单方水泥用量10%～15%。因此，此新型外加剂已在广东、湖南、湖北、辽宁、内蒙古等许多省市得到推广应用。该产品已于2013年9月通过住房及城乡建设部科技发展促进中心的科技成果评估鉴定。

24.1.1 增效剂的作用机理

根据国内外研究资料表明，混凝土中有20%～30%的水泥水化不充分，只起到填充作用，这是混凝土应用中的最大成本浪费。而增效剂能使水泥颗粒充分地分散，防止团聚在一起，进而加速水泥的水化过程，并能使减水剂对水泥颗粒的有效吸附能力增强，从而进一步扩大水泥颗粒的分散性，增强减水剂的使用效果。试验还证明增效剂加入后，混凝土拌合物的工作性以及硬化后混凝土的抗裂性、抗冻性都有不同程度的提高。

24.1.2 增效剂应用的综合效益

1. 混凝土和易性得到改善，泵送效果好

使用增效剂后，混凝土保水性好，不但看不出来胶结料减少，骨料增加，反而显现混凝土浆料对骨料的包裹性很好，泵送流畅。

2. 混凝土开裂性得到改善

由于混凝土中胶凝材料减少，骨料增加，混凝土开裂性得到改善。

3. 混凝土碳化有所下降

增效剂中含有引气组分，混凝土拌合物工作性、保塑性以及硬化后混凝土抗冻性、耐久性得到提高，混凝土碳化有所下降。

4. 混凝土后期强度有后劲

增效剂与各种高效减水剂相容性好，特别是与聚羧酸高效减水剂相容性尤其好，在高强度等级混凝土中显现出二者十分匹配，28d强度保值率100%，混凝土后期强度有后劲。

5. 有较好的经济效益

应用增效剂可获得较好的经济效益，平均1m³混凝土可节省成本5～10元，混凝土强度等级越高，降低成本的幅度越大。

24.2 增效剂与各品种水泥及外加剂相容性试验

24.2.1 试验用原材料

1）水泥：采用沈阳冀东 P·O 42.5（$f_{ce}=48\sim50$MPa）、P·S 32.5（$f_{ce}=40\sim42$MPa）；辽阳天瑞 P·S 32.5（$f_{ce}=40$MPa）；通辽公牛 P·O 42.5（$f_{ce}=43$MPa）。

2）掺合料：矿渣（KF）为本溪华源建材有限公司生产的 S95 级磨细矿渣；粉煤灰（FA）为 II 级灰。

3）细骨料：中砂（细度模数为 2.4 含泥 3.5%）；特细砂（细度模数为 1.1 含泥 4.2%）；细石 5mm。

4）粗骨料：5~25mm 石灰石。

5）泵送剂：萘系（XW）；聚羧酸系（PC），含固量为 15%。

6）增效剂（JH）：无色透明液体，含固量为 12%，密度为 1.01g/cm³，pH = 10.5 ±1。

24.2.2 增效剂与各品种水泥相容性试验

增效剂与各品种水泥相容性试验结果见表 24-1。

表 24-1 增效剂与各品种水泥相容性试验结果

编号	混凝土配合比/(kg/m³)							坍扩度/mm	混凝土强度/MPa			水泥品种
	C	W	S	G	FA	XW	JH		R_{3d}	R_{7d}	R_{28d}	
1	280	165	660	990/210	80	9.0	—	230/540	11.8	16.5	26.1	冀东 P·S 32.5
	240	155	680	1010/230		8.0	2.4	220/500	11.6	19.1	32.1	
2	320	160	660	990/210	40	9.5	—	230/540	14.6	24.8	31.2	同上
	280	150	680	1010/230		8.5	2.4	230/530	16.6	25.4	39.1	
3	360	160	630	950/230	100	14.0	—	230/590	30.2	37.8	51.7	冀东 P·O 42.5
	320	150	650	970/230	/KF	13.0	2.4	230/560	26.3	40.3	61.7	
4	340	167	555	1067/250	40	11.4	—	215/450	11.3	19.3	29.2	天瑞 P·S 32.5
	300	157	585	1087/250		11.4	2.6	200/440	13.7	24.5	37.8	
5	380	162	735	1102	70	16.0	—	230/490	27.0	38.8	47.9	天瑞 P·O 42.5
	340	152	755	1122	/KF	16.0	2.8	220/490	26.2	40.4	50.7	
6	310	170	783	998	65	12.2	—	230/450	—	26.4	35.4	公牛 P·O 42.5
	270	160	806	1025		12.2	2.6	220/440		24.6	38.0	

注：1. 表中石子用量斜线上为 5~25mm 的碎石，斜线下为 5mm 的细石。
　　2. 凡掺细石的混凝土均采用细砂。

24.2.3 增效剂与聚羧酸型高效减水剂相容性试验

结果见表 24-2。

表 24-2　增效剂与聚羧酸型高效减水剂相容性试验结果

编号	混凝土配合比/(kg/m³)							混凝土坍扩度/mm	混凝土强度值/MPa			备注
	C	W	S	G	FA/(KF)	P.C泵送剂	增效剂		R_{3d}	R_{7d}	R_{28d}	
7	420 390	160 150	712 732	1068 1088	0/80	15.0	0 2.8	240/600 250/600	37.2 34.5	53.9 50.1	62.1 63.3	冀东 P·O 42.5
8	380 340	162 152	761 781	1052 1072	0/70	12.6 12.6	0 2.8	240/610 240/600	29.5 26.9	47.6 42.0	50.8 49.7	同上
9	390 340	176 162	250/530 257/516	1041 1061	30/30	11.3 11.3	0 2.6	240/590 230/560	18.9 17.2	32.0 31.8	46.8 47.0	冀东 P·S 32.5
10	340 300	171 166	250/545 257/558	1054 1074	40/0	8.0 8.0	0 2.6	230/550 230/500	14.0 13.4	29.2 23.8	41.5 40.3	同上
11	280 240	173 166	250/571 259/584	1046 1066	80/0	6.8 6.8	0 2.4	— —	— —	20.6 16.5	32.1 31.8	同上

注：1. 表中砂用量斜线上为 5mm 的细石，斜线下为含泥量为 4.2% 的特细砂；砂、石、水泥、掺合料同前。
　　2. P.C 含固量为 15%。

24.3　增效剂对混凝土性能的影响

24.3.1　对混凝土工作性能的影响

C30 混凝土配合比对比试验结果见表 24-3。

表 24-3　C30 混凝土配合比对比表

项目	配合比/(kg/m³)							混凝土工作性能	
	P·O 42.5水泥	I 级粉煤灰	S95 矿渣粉	中砂	碎石.5～25mm	自来水	NF 减水剂	初始坍扩度/mm	90min 坍扩度/mm
基准	170	85	85	801	1061	178	1.90	195/435	135/350
对比	145	85	85	816	1082	168	1.95	200/465	165/385

24.3.2　对混凝土力学性能及耐久性的影响

增效剂对混凝土力学性能及耐久性的影响试验结果见表 24-4。

表 24-4　C30 混凝土力学性能与耐久性试验结果对比表

项目	抗渗等级		电通量/C		抗压强度/MPa			混凝土收缩值/10⁻⁶			
	28d	56d	56d	180d	28d	90d	180d	28d	56d	90d	180d
基准	P12	P20	1593	1402	38.6	42.0	43.6	280	352	379	408
对比	P16	P30	1103	922	38.5	44.1	46.8	245	320	338	355

24.4 增效剂在工程中的应用要点及实际效果

24.4.1 搅拌站设备改造

由于增效剂 $1m^3$ 用量仅为 $2.4 \sim 2.8kg$，其用量较小，必须保证计量精度，为此，对搅拌站设备应进行如下改造：

1) 在搅拌站下设一个容量为 5t 的储罐（储罐要求不透光），设 1in 潜水泵，配 1.2in 管线（胶管）。

2) 对搅拌站控制盘进行改造。增效剂和泵送剂用一台电子秤并累计计量（每个控制盘改造费用约 3000 元，包括编程序在内 2d 即可完成改造工作）。

24.4.2 增效剂进场检验需配置的设备

1. 密度测试

测定其密度是否达到规定的浓度，此时需要配置的仪器是密度计（比重计）$0.9 \sim 1.0$、$1.0 \sim 1.1$、$1.1 \sim 1.2$ 各一支，量筒 500mL，测量密度满足 (1.0 ± 0.1) g/cm^3 为合格标准。

2. pH 值测试

应准备精密 pH 试纸（$pH = 9.5 \sim 13.5$）和试管一支，当溶液在试纸上静止 1min，与此色卡对比测得 $pH = 10.5 \pm 1$ 即为合格品。

3. 成分测试

应准备 10mL 移液管、1000mL 容量瓶、电子天平（精度 0.01g）、150mL 锥形管、50mL 和 100mL 量筒、烧杯、玻璃棒等和浓盐酸（分析纯）、溴甲酚绿（分析纯）、甲基红（分析纯）、无水乙醇（分析纯）、蒸馏水等试剂。用滴定所消耗的盐酸体积来判断混凝土增效减水剂是否合格。

上述仪器、试剂准备好后，对试验人员进行技术培训后，即可开始生产应用工作。

24.4.3 增效剂在工程中的应用实例

1. 进行工业性试验

在大量试验的基础上，沈阳某公司对这一新材料进行了工业性试验，即用生产配比在搅拌站掺加增效剂，相应减少水泥用量，搅拌一车混凝土，跟踪到工地，测定原配比和掺增效剂混凝土的坍落度，观察其可泵性，分别在施工现场留取试件，测定 3d、7d、28d 强度，详见表 24-5。

2. 实际效果

1) 混凝土中掺入增效后，其保塑性有较大改善，混凝土的坍落度损失明显减小，夏季高温季节，也不用担心混凝土运至工地难以泵送。

2) 掺增效剂混凝土可泵性好，不易泌水，抗离析性能好。

3) 增效剂为中性或弱碱性，它对各品种水泥、矿物掺合料和各系列高效减水剂均有良好的兼容性。

表 24-5　工业性试验现场取样试件强度表

工程名称	混凝土配合比/(kg/m³)				坍落度	可泵性	抗压强度/MPa		
	水泥	粉煤灰/矿粉	泵送剂	增效剂			R_{3d}	R_{7d}	R_{28d}
沈阳某住宅楼 2#楼柱	280	80	9.0	—	210	好	9.7	14.4	25.4
	240	80	9.0	2.4	215	好	8.2	13.5	25.8
某住宅楼 16 层梁板墙	340	40	9.5	—	220	好	15.2	21.6	33.5
	300	40	9.5	2.6	220	好	14.3	21.3	38.6
某住宅楼 5 层梁板	240	70/70	6.8	—	200	好	—	20.1	25.2
	210	70/70	6.8	2.1	200	好	—	18.7	27.9

4）增效剂能改善混凝土的工作性能、保塑性，使混凝土可泵性、抗离析性和抗泌水性有明显提高。

3. 应用增效剂混凝土成本分析

增效剂在混凝土中应用，1m³ 生产成本可降低 5～10 元，高强度等级混凝土成本降低幅度较大。C30 混凝土占企业生产总量的 50% 以上，59 万 m³ 产量的混凝土公司，年可降低成本 200 万元，C30 混凝土原材料成本对比见表 24-6。

表 24-6　C30 混凝土原材料成本对比

水泥单价	水泥 400 元/t	水泥 440 元/t	水泥 480 元/t
基准混凝土/(元/m³)	199.29	207.79	216.29
对比混凝土/(元/m³)	196.21	203.71	211.21
成本差价/(元/m³)	-3.08	-4.08	-5.08

注：水泥以外的其他原材料价格为：矿渣粉 330 元/t、粉煤灰 180 元/t、砂石 40 元/t、外加剂（折固）6964 元/t、增效剂 3050 元/t。

综合上述，混凝土增效减水剂的推广应用，具有良好的技术经济效益，是一种值得推广的外加剂。

第 25 章　外加剂应用中的问题

混凝土外加剂的应用给混凝土工程带来不可估量的技术经济效益。随着外加剂的广泛应用，由于外加剂的选择和使用不当产生的负面影响频频发生，甚至于发生工程事故，所以有必要将外加剂可能对混凝土性能产生的负面效应总结一下，以鉴外加剂应用者。

25.1　外加剂品种选择不当

1. 普通减水剂
目前，主要的品种是木钙和糖钙两类减水剂，对水泥适应性差，用于以硬石膏或氟石膏作调凝剂的水泥会产生假凝。木钙具有相当的引气性，掺量过大会导致混凝土强度下降，尤其是对蒸养混凝土表现更为明显。

2. 高效减水剂
萘系高效减水剂和三聚氰胺系高效减水剂会导致混凝土坍落度经时损失加大。在水泥正常情况下采用高浓型萘系高效减水剂，无论塑化效果或保塑效果都优于低浓型产品，但用于碱含量较高的水泥中，高浓型虽然有效成分含量高，但塑化及保塑效果却不如低浓型。氨基磺酸盐系高效减水剂虽然减水率大，但单一的掺用会增大混凝土离析、泌水，过度延长混凝土凝结时间。

3. 早强剂
早强剂多为无机盐类，对混凝土后期强度不利。氯盐早强剂会引起钢筋锈蚀；硫酸盐早强剂可能产生体积膨胀，使混凝土耐久性降低；钠盐早强剂将增加混凝土中碱含量，与活性二氧化硅骨料产生碱-骨料反应。

4. 缓凝剂
糖类缓凝剂（如蔗糖、糖蜜等）能有效抑制 C_3A 的早期水化，糖蜜后期增强效果好，但对水泥适应性差，用于以硬石膏或氟石膏作调凝剂的水泥会产生假凝；柠檬酸、三聚磷酸钠、硫酸锌可增大水泥塑化效果，但也会增大混凝土泌水和混凝土收缩；葡萄糖酸钠能有效抑制 C_3A 的水化并有较高减水效果，但用于 C_3A 的含量较低的水泥不但成本增加，缓凝效果也不如糖类缓凝剂。

此外，高碱水泥应少采用酸性缓凝剂（如柠檬酸）而改用碱性缓凝剂（如三聚磷酸钠等），更不能以酸性缓凝剂与 pH 较低的木钙等减水剂合用。

5. 防冻剂
防冻剂中的早强组分和防冻组分多为无机盐类，使用不当会引起混凝土后期强度倒缩、钢筋锈蚀及碱-骨料反应的发生。

6. 膨胀剂

掺量大，含碱量高，往往会导致混凝土坍落度损失大，后期强度降低，耐久性下降。温度与湿度对膨胀效果影响甚大，低温、非湿养护不仅起不到补偿收缩作用，甚至会增加裂缝出现的几率。

25.2　各种外加剂掺量不当

1. 高效减水剂

掺量正常时，新拌混凝土的坍落度会随着用量的增加而加大，但它也有一定的饱和点，超量掺入不但减水率不再增长，混凝土泌水率也随之增大，凝结时间延长。

2. 缓凝剂

用量不足无法达到预期缓凝效果，过量掺入，混凝土长期不凝或增加混凝土开裂倾向。

3. 早强剂

过量掺入早强剂，虽然混凝土早期强度高，但后期强度损失较大。盐析加剧影响混凝土饰面；增加混凝土导电性能及增大混凝土收缩开裂的危险性。

4. 引气剂

过量掺入引气剂，混凝土工作性反而降低，更会对混凝土抗压强度、抗冻、抗渗以及抗碳化性能产生不良影响。

总之，正确采用外加剂品种及掺量是保证混凝土质量的关键所在，对于缺少使用经验的技术人员，一定要结合工程实际情况（环境条件、施工条件、材料条件及混凝土技术性能要求），进行掺外加剂混凝土的试配与检测，杜绝外加剂对混凝土性能负面影响的发生。

第26章 混凝土碱-骨料反应

26.1 混凝土碱-骨料反应类型和机理

碱-骨料反应简称 AAR。混凝土的碱-骨料反应是由于混凝土中所含有的碱（K_2O、Na_2O）与骨料中的活性成分，经过长期物理化学作用而引起膨胀，使混凝土产生膨胀应力，导致混凝土开裂，结构劣化破坏。碱-骨料反应会严重影响混凝土耐久性，如图 26-1 所示。

图 26-1 碱-骨料对混凝土结构的劣化破坏实例

a）护坡开裂 b）混凝土结构开裂渗出凝胶 c）消能块开裂 d）桥梁托架端部开裂

碱-骨料反应基本上有 3 种类型：碱-硅酸反应、碱-碳酸盐反应和碱-硅酸盐反应。

26.1.1 碱-硅酸反应

自然界中存在许多能与碱反应生成碱硅酸盐凝胶的二氧化硅矿物，目前国内外各类工程发生的碱-骨料反应基本上属于此类。含二氧化硅的矿物主要有两大类：

1）非晶体二氧化硅：无定形二氧化硅——蛋白石；玻璃质二氧化硅——珍珠岩、松脂岩、黑曜岩。

2）结晶不完全二氧化硅，如玉髓、鳞石英、方石英、安山岩、凝灰岩等。

碱-硅酸盐反应是在混凝土孔隙中水的存在下，混凝土中的碱与骨料中的活性二氧化硅

的复杂、漫长的化学反应过程，最后生成碱硅酸盐凝胶，其化学反应式为

$$2ROH + nSiO_2 === R_2O \cdot nSiO_2 \cdot H_2O$$

式中　R——K 或 Na。

由于各种碱、活性硅酸质矿物化学组成结构不同，所以在混凝土中产生碱-骨料反应结果也不同。

26.1.2　碱-碳酸盐反应

多数碳酸盐没有碱活性，但有一种黏土质白云石灰岩具有碱-骨料反应的活性。碱-碳酸盐反应速度较快，混凝土半年后就会膨胀开裂。

26.1.3　碱-硅酸盐反应

某些硅酸盐岩石，如石英岩、砂岩、花岗岩等，也会发生碱-骨料反应，但反应速度缓慢，往往 30~50 年才出现膨胀开裂。

26.2　碱-骨料反应的条件与防止

26.2.1　产生碱-骨料反应的必要条件

1. 混凝土中含碱

由混凝土骨料及外加剂带入的碱量超过一定量。

2. 有活性骨料

采用了能与碱反应的活性骨料。

3. 环境潮湿

为碱骨料提供了生成物可吸水膨胀的条件。

26.2.2　碱-骨料反应的防止

1）控制混凝土中的总碱量，主要是控制水泥中的碱量，其次是控制外加剂中的碱量。采用活性掺合料，如矿粉、粉煤灰等。

2）选择非活性骨料。

3）隔绝水和湿空气来源。

4）采用碱-骨料抑制剂，亦可掺入适量引气剂。

26.3　混凝土碱含量相关限值标准

26.3.1　相关术语解释

1）混凝土碱含量是指混凝土中等当量氧化钠的含量，以 kg/m^3 计。

2）混凝土原材料的碱含量是指原材料中等当量氧化钠的含量，以质量百分率计。等当量氧化钠含量是指氧化钠与 0.658 倍的氧化钾之和。

3）碱-硅酸反应是指水泥中或其他来源的碱与骨料中活性的 SiO_2 发生化学反应并导致砂浆或混凝土产生异常膨胀，代号为 ASR。

4）碱-硅酸盐反应是指水泥中或其他来源的碱与活性白云质骨料中的白云石晶体发生化学反应导致砂浆或混凝土产生异常膨胀，代号为 ACR。

26.3.2　相关环境分类标准

1. 干燥环境

干燥环境是指如干燥通风的环境或室内正常环境。

2. 潮湿环境

潮湿环境是指如高度潮湿、水下、水位变动区、潮湿土壤和干湿交替的环境。

3. 含碱环境

含碱环境是指如海水、盐碱地、含碱工业废水、使用化冰盐的环境。干燥和含碱交替时按含碱环境处理；潮湿和含碱交替时按含碱环境处理。

26.3.3　技术要求

在骨料具有碱-硅酸反应活性时，依据混凝土所处的环境条件对不同的工程结构分别采取表 26-1 中碱含量的限值或措施。在骨料具有碱-硅酸盐反应活性时，干燥环境中的一般工程结构和重要工程结构的混凝土可不限制碱含量；特殊工程结构和潮湿环境及含碱环境中的一般工程结构应换用不具碱-硅酸盐反应活性的骨料。

表 26-1　防止碱-硅酸反应破坏的混凝土碱含量限值或措施

环境条件	混凝土最大碱含量/(kg/m^3)		
	一般工程结构	重要工程结构	特殊工程结构
干燥环境	不限制	不限制	3.0
潮湿环境	3.5	3.0	2.1
含碱环境	3.0	用非活性骨料	

注：桥梁、大中型水利水电工程、高等级公路、机场跑道、港口航道工程、重要建筑物等为重要工程结构；核工业、采油平台等不允许发生开裂破坏的工程结构为特殊工程结构。

26.3.4　判定规则

当混凝土含碱量大于表 26-1 的限值时，可采取以下措施：

1）换用非活性骨料。

2）使用碱含量低的水泥。

3）不用含 NaCl 和 KCl 的海砂、海石和海水。

4）不用或少用含碱外加剂。

5）降低水泥用量。

6）使用掺合料，如矿渣、粉煤灰和硅灰。

采用上述一种或几种措施后，此时混凝土含碱量仍需通过计算，并应满足表 26-1 碱含量限值的要求。

26.4　混凝土碱含量计算方法

26.4.1　混凝土碱含量

混凝土碱含量是指来自水泥、化学外加剂和矿粉掺合料中游离钾、钠离子量之和。以当量 Na_2O 计，单位为 kg/m^3（当量 $Na_2O\%$ ＝ $Na_2O\%$ ＋0.658$K_2O\%$）。

即：混凝土含碱量 ＝水泥带入碱量（等当量 Na_2O 百分含量×单方水泥用量）＋外加剂带入碱量＋掺合料中有效碱含量。

26.4.2　混凝土碱含量计算方法

1. 水泥碱含量计算

水泥中碱含量占水泥质量的 0.4% ~ 1.5%，当强度等级较高，混合材料掺量较少时，尤其是早强水泥，碱含量相对较高。水泥的碱含量以该批水泥实测碱含量计，1m^3 混凝土水泥用量以实际用量计，每立方米混凝土中水泥提供的碱含量 A_c 可按下式计算

$$A_c = W_c K_c$$

式中　W_c——水泥用量（kg/m^3）；

　　　K_c——该批水泥的实测碱含量（%）。

2. 外加剂碱含量计算

1）当外加剂的掺量以水泥质量的百分数表示时，外加剂引入 1m^3 混凝土的碱含量 A_{ca} 按下式计算

$$A_{ca} = a W_c W_a K_{ca}$$

式中　a——将钠或钾盐的质量折算成等当量的 Na_2O 质量的系数，见表 26-2；

　　　W_c——水泥用量（kg/m^3）。

　　　K_{ca}——外加剂中钠（钾）盐的含量（%）；

　　　W_a——外加剂掺量（%）；

表 26-2　钠或钾盐的质量折算成等当量的 Na_2O 的系数 a

钠钾盐	$NaNO_2$	NaCl	Na_2SO_4	Na_2CO_3	$NaNO_3$	K_2SO_4	K_2CO_3	KCl
a	0.45	0.53	0.44	0.58	0.36	0.36	0.45	0.42

2）混凝土中使用的防冻剂、早强剂、减水剂含有一些碱。无机盐中碱含量见表 26-3，各种外加剂碱含量可根据外加剂厂提供的检测报告的相关数据确定，也可参见表 26-4。

表 26-3　无机盐中碱含量

名称	化学式	每 kg 物质含碱量/kg	备注
硫酸钠	Na_2SO_4	0.436	—
亚硝酸钠	$NaNO_2$	0.449	—
硝酸钠	$NaNO_3$	0.365	—
碳酸钾	K_2CO_3	0.448	—
氯化钠 + 硫酸钠	$NaCl + Na_2SO_4$	0.464	1∶1
硫酸钠 + 亚硝酸钠	$NaCl + NaNO_2$	0.486	1∶1

注：含碱量按 Na_2O 含量计算，K_2O 折算为 Na_2O 时乘以 0.658。

表 26-4　各种外加剂碱含量

外加剂名称	含量(%)	碱含量				
萘系高效	Na_2SO_4	20	15	10	5	0
	Na_2O	19.5	17.5	15.9	14.4	12.8
蜜胺类高效	液体(含固 25%~30%)	2%~3%				
	固体	8%~10%				
氨基类高效	液体(含固 35%~40%)	2%~4%				
	固体	6%~8%				
防冻剂	一般配方	20%~40%				
早强剂	一般配方	20%~40%				
膨胀剂	一般配方	2%~4%				
泵送剂(萘系高浓)	高泵	$1m^3$ 混凝土含碱 0.45~0.6kg/m^3				
	普泵	$1m^3$ 混凝土含碱 0.2~0.35kg/m^3				
泵送剂(萘系低浓)	高泵	$1m^3$ 混凝土含碱 0.6~0.8kg/m^3				
	普泵	$1m^3$ 混凝土含碱 0.30~0.45kg/m^3				
泵送剂(蜜胺)	—	$1m^3$ 混凝土含碱 0.2~0.3kg/m^3				
泵送剂(氨基)	—	$1m^3$ 混凝土含碱 0.1~0.2kg/m^3				
泵送剂(聚羧酸)	—	$1m^3$ 混凝土含碱 0.01~0.015kg/m^3				

3. 掺合料碱含量计算

掺合料提供的有效碱含量可按下式计算

$$A_{ma} = \sum \beta W_{ma} K_{ma}$$

式中　β——某种掺合料有效碱含量占掺合料含量的百分率（%），对于低钙粉煤灰、磨细
　　　　矿渣、硅灰、沸石粉，β 值分别为 15%、50%、50%、100%；

　　　W_{ma}——1m^3 混凝土中某种掺合料用量（kg/m^3）；

　　　K_{ma}——某种掺合料该批的碱含量（%）。

4. 骨料和拌合水碱含量计算

当骨料为海水作用的砂石，拌合水为海水时，由骨料和海水引入混凝土的碱含量 A_{aw} 可

按下式计算

$$A_{aw} = 0.76(W_a P_{ac} + W_w P_{wc})$$

式中　0.76——氯离子质量折算成等量氧化钠质量的系数；

W_a——1m³ 混凝土的骨料用量（kg/m³）；

P_{ac}——骨料的氯离子含量（%）；

W_w——1m³ 混凝土拌合水用量（kg/m³）；

P_{wc}——拌合水的氯离子含量（%）。

5. 混凝土总碱含量计算

1m³ 混凝土的碱含量 A 可按下式计算

$$A = A_c + A_{ca} + A_{ma} + A_{aw}$$

26.4.3　混凝土总碱含量及氯离子总含量计算实例

混凝土中总碱含量及氯离子总含量计算方法可参见表 26-5 和表 26-6。

表 26-5　混凝土总碱含量计算表

材料＼项目	水泥	粉煤灰	矿粉	硅灰	减水剂	速凝剂	水	粗骨料 1	粗骨料 2	粗骨料 3	细骨料
配合比 /（kg/m³）	247	57	76	—	3.8	—	160	1104	—	—	706
单项材料碱含量（%）	0.53	0.32	0.3	0.4	1.2	6.8	0.0048	0.0099			0.0106
单项材料在单方混凝土中的碱含量/kg	1.3091	0.0274	0.114	—	0.0456	—	0.0077	0.1093			0.0748
混凝土中的总碱含量/kg	1.6879										

表 26-6　氯离子总含量计算表

材料＼项目	水泥	粉煤灰	矿粉	硅灰	减水剂	速凝剂	水	粗骨料 1	粗骨料 2	粗骨料 3	细骨料
配合比（kg/m³）	247	57	76	—	3.8	—	160	1104	—	—	706
单项材料 Cl 含量（%）	0.029	0.009	0.016	—	0.3	—	0.0117	0.012			0.001
单项材料在单方混凝土中的 Cl 含量/kg	0.0716	0.0051	0.0122	—	0.0114	—	0.0187	0.1325			0.007
混凝土中的 Cl 含量/kg	0.2585										
混凝土中的氯离子占胶凝材料的质量百分数（%）	0.0698										

第 五 篇

混凝土配
合比设计

第 27 章　普通混凝土配合比设计原则及基本规定

27.1　普通混凝土配合比设计原则与规定

27.1.1　普通混凝土配合比设计的基本规定

1）应根据工程性质和所处的环境确定混凝土性能指标，根据要求的性能指标进行混凝土配合比设计。配合比设计应符合《混凝土结构设计规范》（GB 50010—2010）、《普通混凝土配合比设计规程》（JGJ 55—2011）等标准的有关规定。

配制成的混凝土应满足设计规定的强度、耐久性指标和施工工艺的要求。试验方法应分别符合《普通混凝土拌合物性能试验方法标准》（GB/T 50080—2002）、《普通混凝土力学性能试验方法标准》（GB/T 50081—2002）、《普通混凝土长期性能试验方法标准》（GB/T 50082—2009）等规定。

2）要求的混凝土性能指标以定量指标判定。当混凝土有多项性能要求时，应采取措施确保主要技术要求，并兼其他性能要求。

3）根据要求的混凝土性能及混凝土工程所处的环境特点，正确地选用符合要求的各种原材料，按混凝土配合比设计程序选定其合理且经济的定量比例。

4）混凝土设计试配时应采用工程实际使用的原材料，并应满足国家现行标准的有关要求。配合比设计所采用的细骨料含水率应小于0.5%，粗骨料含水率应小于0.2%。

5）混凝土的最大水胶比应符合《混凝土结构设计规范》（GB 50010—2010）的规定。

6）混凝土的最小胶凝材料用量应符合表27-1的规定，配制C15及其以下强度等级的混凝土，可不受此表限制。

表 27-1　混凝土的最小胶凝材料用量

环境等级	混凝土结构所处环境	最大水胶比	最小胶凝材料用量/(kg/m³)		
			素混凝土	钢筋混凝土	预应力混凝土
一	1. 室内干燥环境	0.60	250	280	300
	2. 无侵蚀性静水浸没环境				
二 a	1. 室内潮湿环境	0.55	280	300	300
	2. 非严寒和非寒冷地区露天环境				
	3. 非严寒和非寒冷地区与无侵蚀性的水或土壤直接接触的环境				
	4. 严寒和寒冷地区的冰冻线以下与无侵蚀性的水或土壤直接接触的环境				

（续）

环境等级	混凝土结构所处环境	最大水胶比	最小胶凝材料用量/(kg/m³)		
			素混凝土	钢筋混凝土	预应力混凝土
二 b	1. 干湿交替环境	0.50	320		
	2. 水位频繁变动环境				
	3. 严寒和寒冷地区的露天环境				
	4. 严寒和寒冷地区的冰冻线以上与无侵蚀性的水或土壤直接接触的环境				
三	1. 严寒和寒冷地区冬季水位变动区环境	0.45	330		
	2. 受盐冻影响的环境				
	3. 海风环境				

7) 矿物掺合料最大掺量。矿物掺合料在混凝土中的最大掺量应通过试验确定。

① 采用硅酸盐水泥或普通硅酸盐水泥时，钢筋混凝土中矿物掺合料最大掺量宜符合表 27-2 的规定。

表 27-2　钢筋混凝土中矿物掺合料最大掺量

矿物掺合料种类	水胶比	最大掺量（%）	
		硅酸盐水泥	普通硅酸盐水泥
粉煤灰	≤0.40	45	35
	>0.40	40	30
粒化高炉矿渣粉	≤0.40	65	55
	>0.40	55	45
钢渣粉	—	30	20
磷渣粉	—	30	20
硅灰	—	10	10
复合掺合料	≤0.40	65	55
	>0.40	55	45

注：1. 采用其他通用硅酸盐水泥时，宜将水泥混合材料掺量 20% 以上的混合材量计入矿物掺合料。
　　2. 复合掺合料各组分的掺量不宜超过单掺时的最大掺量。
　　3. 在混合使用两种或两种以上矿物掺合料时，矿物掺合料总量应符合表中复合掺合料的规定。

② 采用硅酸盐水泥或普通硅酸盐水泥时，预应力钢筋混凝土中矿物掺合料最大掺量宜符合表 27-3 的规定。

表 27-3　预应力钢筋混凝土中矿物掺合料最大掺量

矿物掺合料	水胶比	最大掺量（%）	
		采用硅酸盐水泥时	采用普通硅酸盐水泥时
粉煤灰	≤0.40	35	30
	>0.40	25	20
粒化高炉矿渣粉	≤0.40	55	45
	>0.40	45	35

（续）

矿物掺合料	水胶比	最大掺量（%）	
		采用硅酸盐水泥时	采用普通硅酸盐水泥时
钢渣粉	—	20	10
磷渣粉	—	20	10
硅灰	—	10	10
复合掺合料	≤0.40	55	45
	>0.40	45	35

注：1. 采用其他通用硅酸盐水泥时，宜将水泥混合材料掺量 20% 以上的混合材料计入矿物掺合料。
　　2. 复合掺合料各组分的掺量不宜超过单掺时的最大掺量。
　　3. 在混合使用两种或两种以上矿物掺合料时，矿物掺合料总量应符合表中复合掺合料的规定。

8）混凝土拌合物中水溶性氯离子最大含量应符合表 27-4 的要求。混凝土拌合物中水溶性氯离子含量应按照《水运工程混凝土试验规程》（JTJ 270—1998）中混凝土拌合物中氯离子含量的快速测定方法进行测定。

表 27-4　混凝土拌合物中水溶性氯离子最大含量

环境条件	水溶性氯离子最大含量（水泥用量的质量最大百分比）（%）		
	钢筋混凝土	预应力混凝土	素混凝土
干燥环境	0.30		
潮湿但不含氯离子的环境	0.20	0.06	1.00
潮湿且含氯离子的环境、盐渍土环境	0.10		
盐冻等侵蚀性物质的腐蚀环境	0.06		

9）长期处于潮湿或水位变动的寒冷和严寒环境以及盐冻环境的混凝土应掺用引气剂。引气剂掺量应根据混凝土含气量要求经试验确定。掺用引气剂的混凝土最小含气量应符合表 27-5 的规定，最大含气量不宜超过 7.0%。

表 27-5　掺用引气剂的混凝土最小含气量

粗骨料最大公称粒径/mm	混凝土最小含气量（%）	
	潮湿或水位变动的寒冷和严寒环境	盐冻环境
40	4.5	5.0
25	5.0	5.5
20	5.5	6.0

注：含气量为气体占混凝土体积的百分比。

10）对于有预防混凝土碱-骨料反应设计要求的工程，宜掺用适量粉煤灰或其他矿物掺合料，混凝土中最大碱含量不应大于 3.0kg/m³。对于矿物掺合料碱含量，粉煤灰碱含量可取实测值的 1/6，粒化高炉矿渣粉碱含量可取实测值的 1/2。

11）在满足混凝土各项性能要求，并符合国家相关标准规定的同时，宜采用低水胶比、低水泥用量和低用水量，以节约能源、资源，保护生态环境。

12）冬期施工应按照不同的负温进行配合比设计。

27.1.2　配合比设计程序

混凝土配合比设计程序如下：

1）根据设计要求的混凝土强度等级及质量控制水平确定配制强度，并考虑耐久性要求确定水胶比，按工程实际所用材料的技术资料进行计算，得出"计算配合比"。

2）经试验室试拌、调整，得出满足工艺要求的"试拌配合比"。

3）在"试拌配合比"的基础上采用水胶比不少于3个的配合比制备混凝土，经过试配，并检测表观密度、拌合物性能、强度及相关性能后，经调整，确定能满足工程设计和施工工艺要求的"设计配合比"。

27.2　普通混凝土配合比设计基本参数的选取和计算

27.2.1　混凝土配制强度的确定

混凝土在实际施工过程中，受材料质量和施工条件等的影响，混凝土强度有一定的波动。为使混凝土强度标准值的保证率和合格评定符合国家标准要求，其混凝土的配制强度应有足够的强度富余量。C60以下混凝土的配制强度（$f_{cu,0}$）应按下式确定

计算配制强度　　　　　　　　　$f_{cu,0} \geqslant f_{cu,k} + 1.645\sigma$

式中　$f_{cu,k}$——混凝土立方体抗压强度标准值（MPa）；

　　　σ——混凝土强度标准差（MPa）。

27.2.2　混凝土强度标准差

混凝土强度标准差应按下列规定确定：

1）当具有近 1~3 个月的同一品种、同一强度等级混凝土的强度资料，且试件组数不小于30时，其混凝土强度标准差 σ 应按下式计算

$$\sigma = \sqrt{\frac{\sum_{i=1}^{n} f_{cu,i}^2 - n m_{f_{cu}}^2}{n-1}}$$

式中　$f_{cu,i}$——第 i 组试件的强度（MPa）；

　　　$m_{f_{cu}}$——n 组试件的强度平均值（MPa）；

　　　n——试件组数，$n \geqslant 30$。

对于强度等级不大于 C30 的混凝土：当 σ 计算值不小于 3.0MPa 时应按照计算结果取值；当 σ 计算值小于 3.0MPa 时 σ 取 3.0MPa。

对于强度等级大于 C30 且不大于 C60 的混凝土，当 σ 计算值不小于 4.0MPa 时，按照计算结果取值；当 σ 计算值小于 4.0MPa 时，σ 取 4.0MPa。

2）当企业没有近期的同一品种、同一强度等级混凝土强度资料时，其强度标准差 σ 可按表 27-6 取值或按表 27-7 取值。

表 27-6　标准差 σ 值　　　　　（单位：MPa）

混凝土强度标准值	≤C20	C25 ~ C45	C50 ~ C55
σ	4.0	5.0	6.0

也可参照表 27-7 直接选取配制强度。

表 27-7　预拌混凝计算配制强度 $f_{cu,0}$ 值选用参考表　　　　（单位：MPa）

强度等级	C15	C20	C25	C30	C35	C40	C45	C50	C60
$f_{cu,0}$	22	27	33	38	45	50	55	60	70

27.2.3　水胶比计算

混凝土强度等级小于 C60 时，混凝土水胶比按下式计算

$$W/B = \frac{\alpha_a f_b}{f_{cu,0} + \alpha_a \alpha_b f_b}$$

式中　α_a、α_b——回归系数，不具备统计资料时，可查回归系数表。回归系数 α_a、α_b 选用表见表 27-8。

表 27-8　回归系数 α_a、α_b 选用表

系数	碎石	卵石
α_a	0.53	0.49
α_b	0.20	0.13

胶凝材料 28d 胶砂抗压强度可实测，且试验方法应按现行国家标准《水泥胶砂强度检验方法（ISO 法）》（GB/T 17671—1999）执行，也可按下式计算确定

$$f_b = \gamma_f \gamma_s f_{ce}$$

式中　γ_f、γ_s——粉煤灰影响系数和粒化高炉矿渣粉影响系数，可按表 27-9 选用；

　　　　f_b——胶凝材料 28d 胶砂抗压强度（MPa）；

　　　　f_{ce}——水泥 28d 胶砂抗压强度（MPa），可实测，也可按公式计算确定。

表 27-9　粉煤灰影响系数（γ_f）和粒化高炉矿渣粉影响系数（γ_s）

种类 掺量（%）	粉煤灰影响系数（γ_f）	粒化高炉矿渣粉影响系数（γ_s）
0	1.00	1.00
10	0.85 ~ 0.95	1.00
20	0.75 ~ 0.85	0.95 ~ 1.00
30	0.65 ~ 0.75	0.90 ~ 1.00
40	0.55 ~ 0.65	0.80 ~ 0.90
50	—	0.70 ~ 0.85

注：1. 采用 I 级、II 级粉煤灰取上限值。
　　2. 采用 S75 级矿渣粉取下限值，采用 S95 级矿渣粉宜取上限值，采用 S105 级矿渣粉取上限值加 0.5。
　　3. 当超出表中的掺量时，粉煤灰及矿渣粉的影响系数应经试验确定。

当水泥 28d 胶砂抗压强度 f_{ce} 无实测值时，可按下式计算

$$f_{ce} = \gamma_c f_{ce,g}$$

式中　　γ_c——水泥强度等级值的富余系数，可按实际统计资料确定；当缺乏实际统计资料时，也可按表 27-10 选用；

　　　　$f_{ce,g}$——水泥强度等级值（MPa）。

表 27-10　　水泥强度等级值的富余系数（γ_c）

水泥强度等级值	32.5	42.5	52.5
富余系数	1.12	1.16	1.10

27.2.4　计算用水量

1）计算未掺减水剂前混凝土用水量，参照《普通混凝土配合比设计规程》（JGJ 55—2011）未掺减水剂前塑性混凝土用水量，见表 27-11。

表 27-11　未掺减水剂前塑性混凝土用水量

未掺减水剂前塑性混凝土	卵石最大粒径/mm				碎石最大粒径/mm			
	10	20	31.5	40.0	16	20	31.5	40.0
坍落度/mm	对应的 1m³ 混凝土用水量/(kg/m³)							
10～30	190	170	160	150	200	150	175	165
35～50	200	180	170	160	210	195	185	175
55～70	210	190	180	170	220	205	195	185
75～90	215	195	185	175	230	215	205	195

注：1. 本表用水量系采用中砂时的取值。采用细砂时，1m³ 混凝土用水量可增加 5～10kg；采用粗砂时，则可减少 5～10kg。

　　2. 采用矿物掺合料和外加剂时，用水量应相应调整。

2）掺外加剂时，1m³ 流动性或大流动性混凝土的用水量（m_{w0}），可按下式计算

$$m_{w0} = m'_{w0}(1 - \beta)$$

式中　　m_{w0}——计算配合比 1m³ 混凝土的用水量（kg/m³）；

　　　　m'_{w0}——未掺外加剂推定的满足实际坍落度要求的 1m³ 混凝土用水量（kg/m³），以表 27-11 中 90mm 坍落度的用水量为基础，按每增大 20mm 坍落度相应增加 5kg/m³ 用水量来计算，当坍落度增大到 180mm 以上时，随坍落度相应增加的用水量可减少。

　　　　β——外加剂的减水率（%），通过试验确定。

27.2.5　胶凝材料、矿物掺合料和水泥用量的确定

1. 1m³ 混凝土胶凝材料用量的计算

按下式计算胶凝材料用量，并应进行试拌调整，在拌合物性能满足的情况下，取经济合理的胶凝材料用量。

$$m_{b0} = \frac{m_{w0}}{W/B}$$

式中　　W/B——混凝土水胶比；

　　　　m_{b0}——计算配合比 $1m^3$ 混凝土中胶凝材料用量（kg/m^3）。

2. $1m^3$ 混凝土矿物掺合料用量的计算

按下式计算

$$m_{f0} = m_{b0}\beta_f$$

式中　　m_{f0}——计算配合比 $1m^3$ 混凝土中矿物掺合料用量（kg/m^3）；

　　　　β_f——矿物掺合料（%）。

3. $1m^3$ 混凝土水泥用量的计算

按下式计算

$$m_{c0} = m_{b0} - m_{f0}$$

式中　　m_{c0}——计算配合比 $1m^3$ 混凝土中水泥用量（kg/m^3）。

27.2.6　外加剂用量的确定

$1m^3$ 混凝土中外加剂用量按下式计算

$$m_{a0} = m_{b0}\beta_a$$

式中　　m_{a0}——计算配合比 $1m^3$ 混凝土中外加剂用量（kg/m^3）；

　　　　m_{b0}——计算配合比 $1m^3$ 混凝土中胶凝材料用量（kg/m^3）；

　　　　β_a——外加剂掺量（%），应经试验确定。

27.2.7　砂率的确定

骨料总量中砂所占比例称为砂率，该项值对混凝土拌合物的流动性和黏聚性有较大的影响。适宜的砂率能使混凝土拌合物获得所需流动性的同时还能保持拌合物的黏聚性和保水性。砂率应根据骨料的技术指标、混凝土拌合物性能和施工要求参考已有历史资料确定。

砂率 β_s 可取 35% ~ 45%，一般坍落度每增加 20mm，砂率相应增大 1%，具体可根据工程需要，通过试验确定。

27.2.8　计算粗、细骨料用量

1）当采用质量法计算混凝土配合比时，粗、细骨料用量应按下列公式计算

$$m_{f0} + m_{c0} + m_{g0} + m_{s0} + m_{w0} = m_{cp}$$

$$\beta_s = \frac{m_{s0}}{m_{g0} + m_{s0}} \times 100\%$$

式中　　m_{g0}，m_{s0}——$1m^3$ 混凝土的粗骨料、细骨料用量（kg/m^3）；

　　　　m_{cp}——$1m^3$ 混凝土拌合物的假定质量（kg），其值可取 2350 ~ 2450kg/m^3。

2）当采用体积法，应按下列公式计算

$$\frac{m_{c0}}{\rho_c} + \frac{m_{f0}}{\rho_f} + \frac{m_{g0}}{\rho_g} + \frac{m_{s0}}{\rho_s} + \frac{m_{w0}}{\rho_w} + 0.01\alpha = 1$$

式中　　ρ_c、ρ_f、ρ_w——水泥、矿物掺合料、水的密度（kg/m^3）；

　　　　ρ_g、ρ_s——粗骨料、细骨料的表观密度（kg/m^3）；

　　　　　α——混凝土的含气量百分数，在不使用引气剂或引气型外加剂时，α 可取
　　　　为 1。

27.3　混凝土的试配、调整和确定

27.3.1　试配

　　1）试配时采用工程实际使用的原材料。混凝土的搅拌方法宜与生产中使用的方法相同。

　　2）试验室成型条件应符合《普通混凝土拌合物性能试验方法标准》（GB/T 50080—2002）的规定。每盘混凝土的最小搅拌量应符合下列规定：当粗骨料最大公称粒径小于等于 31.5mm 时，最小搅拌量为 20L；当粗骨料最大公称粒径小于等于 40mm 时，最小搅拌量为 25L，且不应小于搅拌机公称容量的 1/4。

　　3）应在计算配合比的基础上进行试拌。宜在水胶比不变、胶凝材料用量和外加剂用量合理的原则下调整胶凝材料用量、外加剂用量和砂率等，直到混凝土拌合物性能符合设计和施工要求，得出试拌配合比。

　　4）应在试拌配合比的基础上进行混凝土强度试验，并应符合下列规定：

　　① 试验室至少应采用三个不同的配合比。当采用三个配合比时，其中一个为已确定的试拌配合比，另外两个配合比的水胶比，应比较该试拌配合比分别增加和减少值参见表 27-12，其用水量与试拌配合比基本相同，砂率可分别增加和减少 1%。

表 27-12　试拌配合比水胶比调整值

C10 ~ C30	C35 ~ C45	C50 ~ C60
± 0.05	± 0.03	± 0.02

　　② 进行混凝土性能试验时，应保持拌合物性能符合设计与施工要求，并应检验拌合物的坍落度、黏聚性、保水性及表观密度等，并以此结果作为相应配合比的混凝土拌合物性能指标。

　　③ 进行混凝土强度试验时，每个配合比至少应制作一组试件，经标准养护 28d 或按国家现行有关标准规定的龄期或设计规定的龄期进行试验。需要时也可同时多制作几组试件，供快速检验或其他需要的龄期试验。

　　混凝土快速检验可按《早期推定混凝土强度试验方法标准》（JGJ/T 15—2008）进行，早期推定的混凝土强度用于配合比调整，但最终应满足示范区养护 28d 或设计规定的龄期强度要求。

27.3.2　配合比的调整

1. 配合比的调整应符合的规定

　　1）根据混凝土强度试验结果，绘制强度与胶水比的线性关系图，用图解法或插入法求

出略大于配制强度所对应的胶水比。

2）在试拌配合比的基础上，用水量和外加剂用量应根据确定的水胶比作调整。

3）胶凝材料用量应以用水量乘以图解法或插入法求出的胶水比计算得出。

4）粗、细骨料用量应根据用水量和胶凝材料用量进行调整。

2. 配合比调整方法

当混凝土坍落度小时，可保持水胶比不变，适当增加胶凝材料和用水量，在砂率不变的前提下减少砂石用量。

当混凝土坍落度过大时，可保持砂率不变，增加砂石用量，减少水和胶凝材料用量。

当黏聚性和保水性不好时，可在砂石总量不变的前提下，提高砂率。

在进行上述调整的同时，适当增减外加剂用量，可使调整过程较为简捷。若混凝土出现离析和泌水现象，宜采用减少外加剂用量、更换外加剂品种或提高砂率等措施。

3. 配合比的确定

根据调整后的配合比所确定的材料用量，按下式计算混凝土的表观密度计算值，并测定调整后的混凝土表观密度

$$\rho_{c,c} = m_c + m_f + m_g + m_s + m_w$$

式中　$\rho_{c,c}$——混凝土拌合物的表观密度计算值（kg/m^3）。

按下式计算混凝土配合比校正系数 δ

$$\delta = \frac{\rho_{c,t}}{\rho_{c,c}}$$

式中　$\rho_{c,t}$——混凝土拌合物表观密度实测值（kg/m^3）；

　　　$\rho_{c,c}$——混凝土拌合物表观密度计算值（kg/m^3）。

当混凝土拌合物表观密度实测值与计算值之差的绝对值不超过计算值的2%时，调整后的配合比可确定为设计配合比。当两者之差超过2%时需将配合比中每项材料用量均乘以校正系数 δ 进行配合比校正，校正后的配合比即确定为设计配合比。

当设计混凝土有耐久性、预防碱-骨料反应、氯离子含量等要求时应进行相应的试验检测，以符合要求的配合比确定为设计配合比。

生产单位可根据常用材料设计出常用的混凝土配合比备用，并在应用过程中予以调整和验证。遇有下列情况之一时，应重新进行配合比设计：

1）对混凝土性能有特殊要求时。

2）水泥、外加剂或矿物掺合料等原材料品种、质量有显著变化时。

第28章 泵送混凝土配合比设计

28.1 泵送混凝土配合比设计要求

28.1.1 泵送混凝土的性能要求

泵送混凝土配合比设计除应符合普通混凝土设计要求外，对其性能有如下要求：

1）混凝土具有良好的可泵性，保证泵送后能满足所规定的和易性、匀质性、强度和耐久性等方面的质量要求。

2）混凝土的初凝时间不得少于拌合物运输、泵送、浇筑等全过程所需要的时间。

28.1.2 原材料要求

1）应采用具有保水性好、泌水性小的水泥。优先采用硅酸盐水泥、普通硅酸水泥、矿渣硅酸盐水泥或粉煤灰硅酸盐水泥。

2）细骨料宜采用中砂，其通过 0.315mm 筛孔的颗粒含量不宜低于 15%。

3）粗骨料宜采用连续级配，其针片状颗粒含量不宜大于 10%，粗骨料最大公称粒径与输送管径之比宜符合表 28-1 的规定。

表 28-1 粗骨料最大公称粒径与输送管径之比

石子品种	泵送高度/m	粗骨料最大公称粒径与输送管径之比
碎石	<50	≤1:3.0
	50~100	≤1:4.0
	>100	≤1:5.0
卵石	<50	≤1:2.5
	50~100	≤1:3.0
	>100	≤1:4.0

4）应采用 I、II 级粉煤灰和磨细矿渣等矿物掺合料以提高混凝土可泵性和保塑性。质量差、需水量大、含碳量高的粉煤灰对泵送混凝土强度和可泵性都不利，不宜采用。

5）应采用泵送剂或减水剂，以满足运输泵送浇筑流动性坍落度的要求。

28.1.3 配合比设计

泵送混凝土配合比设计与普通混凝土有如下不同：

1）泵送混凝土砂率需适当提高，一般取 35%~45%。

2）泵送混凝土胶结料用量需适当增加，胶凝材料用量不宜小于 $300kg/m^3$。

3）泵送混凝土坍落度不宜小于 100mm，试配混凝土坍落度应按下式计算

$$T_t = T_p + \Delta T$$

式中　T_t——试配时要求的混凝土坍落度（mm）;

　　　T_p——入泵时要求的坍落度值（mm）;

　　　ΔT——在预计时间内控制测得的混凝土坍落度经时损失（mm），其值与环境温度、掺合料品种及掺量、外加剂品种有关。

28.2　泵送混凝土配合比设计实例

某工程 C25 泵送混凝土，坍落度 140～160mm，使用原材料为 P·O42.5 级水泥、Ⅱ级粉煤灰、5～25mm 碎石、中砂、10% 聚羧酸外加剂、自来水，试设计配合比。

1）设计要求：混凝土强度等级 C25；坍落度：140～160mm；出厂坍落度 T_t 确定为150～170mm。出厂坍落度按下式计算

$$T_t = T_p + \Delta T$$

式中　ΔT——坍落度经时损失，定 30mm/h（《混凝土质量控制标准》（GB 50164—2011）第 3.1.5 条）。

2）依据"混凝土配合比试验设计计算书"（假定密度法）计算。

3）计算。

① 确定混凝土密度。按《普通混凝土配合比设计规程》（JGJ 55—2011）第 5.5.1 条，1m³ 混凝土拌合物假定质量（密度）可取 2350～2450kg/m³，定 $m_{cp} = 2350$kg/m³。

② 确定混凝土配制强度。混凝土标准差按表 27-7 取 $\sigma = 5.0$。配制强度按下式计算

$$f_{cu,0} = f_{cu,k} + 1.645\sigma = (25.0 + 1.645 \times 5.0)\text{MPa} = 33.2\text{MPa}$$

③ 计算水胶比 W/B。同普通混凝土中水胶比计算，见 27.2 普通混凝土配合比设计基本参数的选择及计算。

本例：粉煤灰掺量为 30%，矿渣粉掺量为 15%，水泥实测强度为 49.0MPa。

因此，本例选取的各项参数见表 28-2。

表 28-2　本例选取的各项参数

α_a	α_b	粉煤灰掺量 $\beta_f = 30\%$	矿粉掺量 $\beta_{sg} = 15\%$	水泥 28d 强度 f_{ce}/MPa	胶凝材料强度 $f_b = \gamma_f \gamma_s f_{ce}$
0.53	0.20	$\gamma_f = 0.75$	$\gamma_s = 1.0$	49.0	$f_b = (0.75 \times 1.0 \times 49.0)\text{MPa} = 36.75\text{MPa}$

本例水胶比计算为

$$W/B = 0.53 \times 36.75/(33.2 + 0.53 \times 0.2 \times 36.75) = 0.525$$

水胶比取 0.53。

④ 确定用水量。计算未掺减水剂前混凝土用水量，见表 27-11。

碎石最大粒径 25mm，坍落度 90mm 时按表 27-11 插入法计算，1m³ 用水量为 210kg，混凝土每增加 2cm，用水量增加 5kg/m³，坍落度 180mm 时，用水量应为 $(210 + 9/2 \times 5)$kg/m³ = 233kg/m³。外加剂减水率为 25%，则混凝土实际用水量为 233kg × (1 - 25%) = 175kg，定用

水量 $W = 175\text{kg}$。

⑤ 确定外加剂掺量。按 27.2.6 外加剂用量的确定，根据经验得知，当外加剂掺量定 $\beta_a = 2.1\% \sim 2.4\%$ 时，其减水率可达 25%，定外加剂掺量 $\beta_a = 2.2\%$。

⑥ 确定总胶凝材料用量。按 27.2.5 胶凝材料、矿物掺合料和水泥用量的确定，当水胶比为 0.53 时，总胶凝材料用量为

$$m_{b0} = m_{w0}/(W/B) = 175\text{kg}/0.53 = 330\text{kg}$$

⑦ 确定粉煤灰掺量及用量。按表 27-9 与 27.2.3 水胶比，对于 $W/B > 0.40$ 的钢筋混凝土，其粉煤灰最大掺量 $\beta_s = 30\%$，定 30%。水胶比为 0.53 时，粉煤灰用量为

$$F = 330\text{kg} \times 30\% = 99\text{kg}$$

⑧ 确定矿渣粉掺量 β_{sg} 及用量 S_g。按表 27-9 与计算相关公式，根据实际经验，矿渣粉掺量 β_{sg} 宜在 15% 左右，定 15%。水胶比为 0.53 时，矿渣粉用量为

$$S_g = 330\beta_{sg} = 330\text{kg} \times 15\% = 50\text{kg}$$

⑨ 确定水泥用量 C。水胶比为 0.53 时，水泥用量为

$$C = (330 - 99 - 50)\text{kg} = 181\text{kg}$$

⑩ 确定外加剂用量 A。水胶比为 0.53 时，外加剂用量为

$$A = 330\text{kg} \times 2.2\% = 7.3\text{kg}$$

⑪ 修正用水量 W。为确保混凝土水胶比（W/B）不变，应将外加剂内的水分扣除，外加剂固含量为 10%，水胶比为 0.53 时，水用量为

$$W = 175\text{kg} - 7.3\text{kg} \times 90\% = 168.5\text{kg}$$

⑫ 确定砂率 β_s。按 27.2.7 砂率的确定，并根据历史经验，定砂率 $\beta_s = 44\%$。

⑬ 确定砂石用量 S、G。按 27.2.8 计算粗、细骨料用量，水胶比为 0.53 时，砂石用量为

$$S + G = (2350 - 168.5 - 330 - 7.3)\text{kg} = 1844\text{kg}$$

砂用量为

$$S = 1844\text{kg} \times 44\% = 811\text{kg}$$

石用量为

$$G = (1844 - 811)\text{kg} = 1033\text{kg}$$

⑭ 由上述得出某工程泵送混凝土基准配合比，见表 28-3。

表 28-3　某工程泵送混凝土基准配合比

水 /(kg/m³)	水泥 /(kg/m³)	矿粉 /(kg/m³)	粉煤灰 /(kg/m³)	外加剂 /(kg/m³)	砂 /(kg/m³)	碎石 /(kg/m³)	表观密度计算值 /(kg/m³)	实际 水胶比
168.5	181	50	99	7.26	811	1033	2350	0.53

⑮ 试验配合比。试验温度为 29℃，相对湿度为 80%，砂含水率为 5.0%，试验量为 25L，见表 28-4。

表 28-4　某工程泵送混凝土试验配合比

编号	水胶比	砂率(%)	水/kg	水泥/kg	矿粉/kg	粉煤灰/kg	外加剂/kg	砂/kg	碎石/kg
1	0.53	44	3.199	4.525	1.250	2.475	0.182	21.290	25.825

按上述计算配合比进行试拌，混凝土拌合物工作性能应基本符合设计和施工要求。

⑯ 混凝土强度试验。采用三个不同的配合比，其中一个为确定的基准配合比，另外两个配合比的水胶比，比试拌配合比分别增加和减少 0.05 砂率分别增加和减少 1%。

上述计算汇总列出调整水胶比后的两组配合比 $1m^3$ 材料用量汇总表，见表 28-5。

表 28-5　两个水胶比 $1m^3$ 材料用量汇总表

水胶比	项目名称	计算用量
0.58	胶凝材料用量	$m_{b0} = m_{w0}/(W/B) = 175kg/0.58 = 302kg$
	粉煤灰用量	$F = 302kg \times 30\% = 91kg$
	矿粉用量	$S_g = 302\beta_{sg} = 302kg \times 15\% = 45kg$
	水泥用量	$C = (302 - 91 - 45)kg = 166kg$
	外加剂用量	$A = 302kg \times 2.2\% = 6.64kg$
	水用量	$W = (175 - 6.64 \times 90\%)kg = 169kg$
	砂石用量	$S + G = (2350 - 169 - 302 - 6.64)kg = 1872kg$；砂用量 $S = 1872kg \times 45\% = 843kg$；石用量 $G = (1872 - 842)kg = 1030kg$
0.48	胶凝材料用量	$m_{b0} = m_{w0}/(W/B) = 175kg/0.48 = 365kg$
	粉煤灰用量	$F = 365kg \times 30\% = 110kg$
	矿粉用量	$S_g = 365\beta_{sg} = 365kg \times 15\% = 55kg$
	水泥用量	$C = (365 - 110 - 55)kg = 200kg$
	外加剂用量	$A = 365kg \times 2.2\% = 8.03kg$
	水用量	$W = (175 - 8.03 \times 90\%)kg = 168kg$
	砂石用量	$S + G = (2350 - 168 - 365 - 8.03)kg = 1809kg$；砂用量 $S = 1809kg \times 43\% = 778kg$；石用量 $G = (1809 - 778)kg = 1031kg$

编号为 1、2、3 的配合比 $1m^3$ 用量、25L 用量及试验结果见表 28-6、表 28-7 和表 28-8。

表 28-6　某工程泵送混凝土 1、2、3 号配合比 $1m^3$ 材料用量

编号	水胶比	砂率(%)	材料用量/(kg/m³)						
			水	水泥	矿粉	粉煤灰	外加剂	干砂	碎石
1	0.53	44	168.5	181	50	99	7.26	811	1033
2	0.58	45	169	166	45	91	6.64	843	1030
3	0.48	43	168	200	55	110	8.03	778	1031

表 28-7　某工程泵送混凝土 25L 混凝土用量

编号	水胶比	砂率(%)	水/kg	水泥/kg	矿粉/kg	粉煤灰/kg	外加剂/kg	湿砂/kg	碎石/kg
1	0.53	44	3.199	4.525	1.250	2.475	0.182	21.290	25.825
2	0.58	45	3.171	4.150	1.125	2.275	0.160	22.129	25.750
3	0.48	43	3.228	5.000	1.375	2.750	0.201	20.423	25.775

表 28-8　某工程泵送混凝土 1、2、3 号配合比实测混凝土拌合物性能及强度

编号	表观密度计算值/(kg/m³)	表观密度实测值/(kg/m³)	坍落度/mm	扩散度/mm	工作度	凝结时间/min		抗压强度/MPa	
						初凝	终凝	R_{7d}	R_{28d}
1	2350	2361	180	340	良好	390	465	23.1	33.1
2	2350	2360	170	350	较差	420	490	19.0	29.9
3	2350	2340	180	420	良好	390	450	25.0	36.9

⑰ 建立混凝土胶水比与强度的回归公式。根据三组试验结果，绘制强度和胶水比的线性关系图，如图 28-1 所示。回归模式见表 28-9。

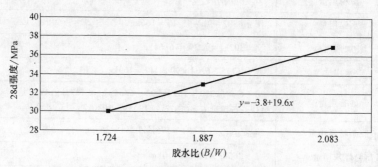

图 28-1　强度和胶水比的线性关系图

表 28-9　强度和胶水比的回归模式

编号	水胶比（W/B）	胶水比（x）	R_{28d}（y）
1	0.53	1.887	33.1
2	0.58	1.724	29.9
3	0.48	2.083	36.9

回归公式计算得

$$y = a + bx = -3.9 + 19.6x$$

⑱ 确定配合比。配制 C25 混凝土配合比，根据上述公式并结合试配效果分别计算出各材料用量，见表 28-10。

表 28-10　确定配合比

表观密度计算值/(kg/m³)	σ/MPa	$f_{cu,0}$（y）	胶水比（x）	水胶比 W/B	砂率（%）	材料用量/(kg/m³)						
						水	水泥	矿粉	粉煤灰	外加剂	干砂	碎石
2350	5.0	33.1	1.887	0.53	44	168	181	50	102	7.3	810	1032

注：已扣除外加剂含水约 6.6kg/m³。

⑲ 复核校正配合比。计算混凝土配合比校正系数 $\delta = \rho_{c,t}/\rho_{c,c} = 100\% > 98\%$，符合要求。计算步骤如下：

a）按确定的配合比计算出 25L 用量，见表 28-11，测定混凝土表观密度、坍扩度，见表 28-12。

b）计算校正系数 δ = 实测表观密度/表观密度计算值。

表 28-11　25L 复核校正配合比

编号	水胶比	砂率(%)	材料用量/kg						
			水	水泥	矿粉	粉煤灰	外加剂	砂	碎石
4	0.53	44	4.2	4.525	1.25	2.550	0.183	20.250	25.800

表 28-12　复核校正配合比

表观密度计算值 /(kg/m³)	表观密度实测值 /(kg/m³)	坍落度 /mm	扩散度 /mm	工作度
2350	2361	175	350	良好

注：1. 已扣除外加剂用水。
　　2. 用干饱和面砂。

当实测表观密度与计算表观密度之差的绝对值不超过计算值 2% 时，已确定的配合比可维持不变；当二者之差的绝对值超过 2% 时，应将配合比中各项材料用量均乘以校正系数 δ。

本例中，校正系数 $\delta = 2361/2350 = 1.005$，表观密度实测值与计算值之差的绝对值 $= |2361 - 2350| \text{kg/m}^3 = 11 \text{kg/m}^3$，小于计算值 2350kg/m^3 的 2%。因此，可不用校正系数来调整配合比。

⑳ 输出配合比，见表 28-13。

表 28-13　输出配合比

$f_{cu,k}$	坍落度 /mm	水胶比	砂率(%)	表观密度计算值 /(kg/m³)	材料用量/(kg/m³)					
					水	水泥	矿粉	粉煤灰	外加剂	砂	碎石
C25	140~160	0.53	44	2350	168	181	50	102	7.3	810	1032

㉑ 验算配合比。检验混凝土表观密度、混凝土体积、1m^3 胶凝材料用量是否满足规程和泵送要求。

a）表观密度。将各材料相加得 2350kg，表观密度为 2350kg/m^3，已满足《普通混凝土配合比设计规程》（JGJ 55—2011）第 5.5.1 条的要求。

b）混凝土体积。浆体（水 168/1000 + 水泥 181/3100 + 矿粉 50/2800 + 粉煤灰 102/2100 + 外加剂 73/1100）+ 骨体（砂 810/2600 + 碎石 1032/2650）+ 气体 0.01 进行体积验算，得 1.011m^3，满足要求。

c）1m^3 胶凝材料用量。水泥 + 矿渣粉 + 粉煤灰 $= 333 \text{kg/m}^3$（$\geqslant 300 \text{kg/m}^3$），满足泵送要求。

配合比调整后，测定拌合物水溶性氯离子含量，应符合《普通混凝土配合比设计规程》（JGJ 55—2011）中混凝土拌合物中水溶性氯离子最大限量的规定，见表 27-4。

28.3　应用 Excel 2003 制作胶水比与强度回归方程及关系图实例

28.3.1　原材料

水泥（C）为冀东 P·O42.5；粉煤灰（FA）为Ⅱ级；矿渣粉（KF）为 S95；碎石（G）

为 5 ~ 25mm；中砂（S）；泵送剂为萘系泵送剂（NF）（含固量40%）；水（W）为地下水。

28.3.2　C10 ~ C60 混凝土配合比系统试验结果

C10 ~ C60 混凝土配合比系统试验结果见表28-14。

表 28-14　C10 ~ C60 混凝土配合比系统试验结果

型号	W/B	B/W	砂率（%）	ρ/kg	1m³ 材料用量/kg							强度/MPa	
					C	S	G	W	FA	KF	NF	7d	28d
C10	0.56	1.7857	47.5	2380	171	908	1044	168	129	—	4.5	7.4	20.1
C15	0.53	1.8868	47.0	2390	206	895	1010	168	111	—	5.1	10.0	23.4
C20	0.49	2.0408	46.0	2390	247	864	1015	168	75	21	5.8	14.0	27.4
C25	0.45	2.2222	45.0	2400	288	834	1019	168	64	27	6.8	18.6	34.3
C30	0.42	2.3810	44.0	2400	320	806	1026	168	48	32	7.6	23.7	38.0
C35	0.39	2.5641	43.0	2400	354	774	1027	168	43	34	8.6	26.1	45.4
C40	0.37	2.7027	42.0	2410	386	751	1037	168	32	36	10.0	31.0	49.9
C45	0.35	2.8571	41.5	2420	418	735	1037	168	24	38	10.6	34.9	53.1
C50	0.33	3.0303	40.5	2430	448	710	1043	168	20	41	13.2	37.5	60.5
C55	0.31	3.2258	39.5	2440	477	683	1047	168	22	43	16.2	44.4	66.8
C60	0.29	3.4483	38.5	2450	510	656	1047	168	23	46	17.4	50.1	74.0

28.3.3　操作步骤

1. 输入配合比中各强度等级的相关数据

打开 Excel 2003，在表格中分别输入配合比中各强度等级的水胶比、胶水比、7d 和 28d 强度，并选定胶水比、7d 和 28d 强度为选择区，如图 28-2 所示。

2. 建立 xy 数据源图表

单击"插入"，在下拉列表中单击"图表"，在图表类型中单击"XY 散点图"，单击"下一步"（图 28-3）；在弹出的图表中单击"下一步"；在弹出的"图表选项"窗口中的"图表标题"栏内输入图表名称（图 28-4）；单击"下一步"，在弹出的图表位置列表中直接单击鼠标左键，弹出源数据图表，如图 28-5 所示。

图 28-2　选定选择区

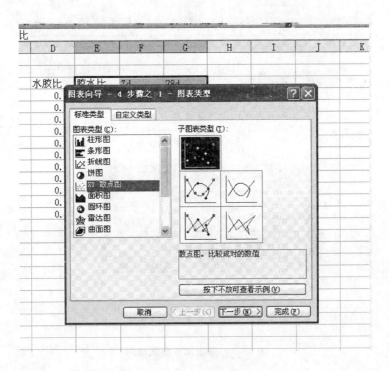

图 28-3 单击"XY 离散点"

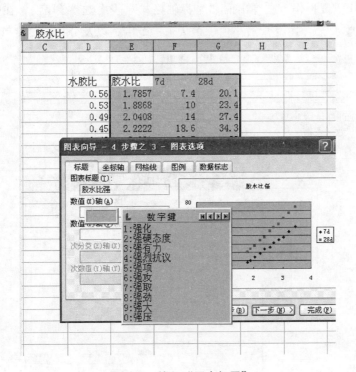

图 28-4 输入"图表标题"

3. 调整坐标轴的最小值、最大值及分格刻度

用鼠标右键单击 x 轴（y 轴）上的其中一个数字，从弹出的列表中单击"坐标轴格式"，

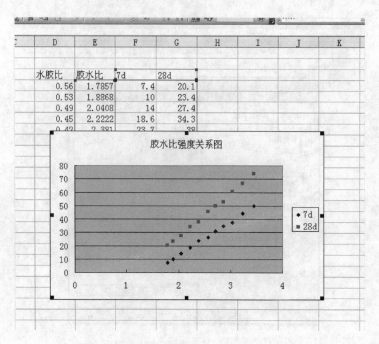

图 28-5　弹出图表源数据图

单击"数字",再在分类栏目中选择"自定义",在弹出的类型表中选择"小数位数",单击"确定"。再次重复操作,在弹出的"坐标轴格式"表中选"刻度",在弹出的列表中输入 x 轴(y 轴)胶水比(强度)最小值、最大值的范围,以及分格的刻度(图 28-6)。

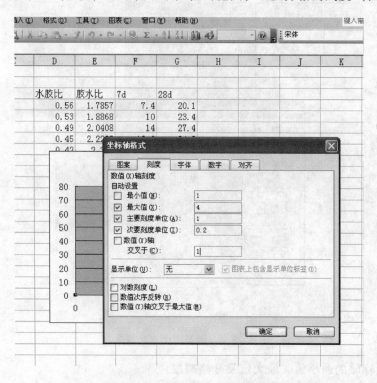

图 28-6　调整 $x(y)$ 轴最小值、最大值及分格刻度

如本例中胶水比最小值为 1.7857，最大值为 3.4483，在 x 轴上最小值输入 1，最大值输入 4 即可，分格刻度视各型号之间胶水比差取最小的差值确定，分格刻度取 1，其意义主要是确定线性图的精确程度。y 轴上也是如此进行选定，最小值为 5MPa，最大值为 75MPa，刻度为 5，如图 28-7 所示。

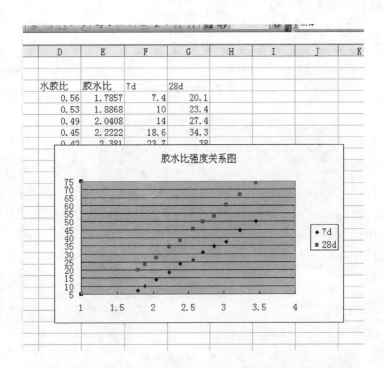

图 28-7　调整本例坐标轴的最小值、最大值及分格刻度

4. 在图表源数据上添加趋势线

用鼠标右键单击"源数据图表"上 7d（28d）源数据点上的任意一点，在弹出列表中选择"添加趋势线"（图 28-8），在弹出的添加趋势线列表类型栏目中选择"线性"图标，单击"确定"，于是在弹出的图上显示源数据点间添加了直线（图 28-9）。

5. 建立回归线性方程式

用鼠标右键单击图像上 7d 强度点线上的任意一点，在弹出表中选择"添加趋势线"，单击"选项"，在弹出表的左下部单击"显示公式"，然后单击"确定"（图 28-10）。则图中显示 7d 强度线性方程式（图 28-11）；28d 与前面步骤相同。

6. 完成胶水比与强度关系图

用鼠标右键分别单击图上两条线上的任意数据点，在弹出的列表中单击"数据系列格式"（图 28-12），在弹出的数据系列格式表上单击"自动"（图 28-13），单击"确定"，画面显示胶水比强度关系图，如图 28-14 所示。

混凝土生产企业经过系统的混凝土配合比试验，可应用求得的回归方程，在原材料基本不变的情况下，推算出任意一个胶水比时的混凝土强度值，或根据预定的混凝土强度值，求得需要控制的水胶比，实现科学管理。

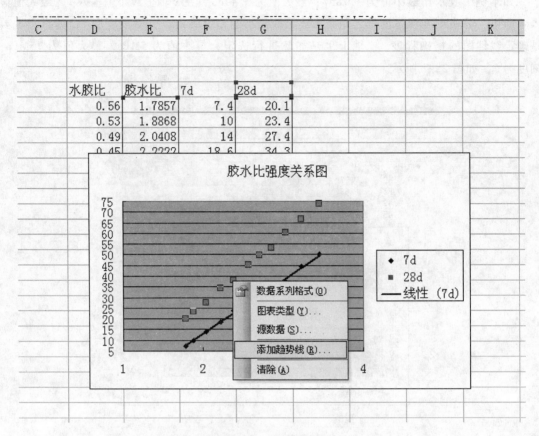

图 28-8　添加趋势线

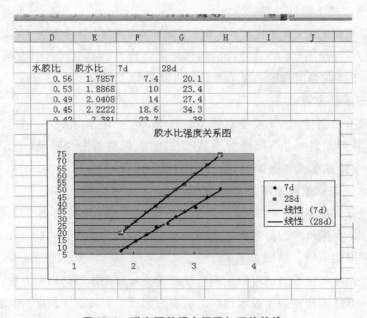

图 28-9　弹出源数据点间添加了趋势线

图 28-10　单击"显示公式"

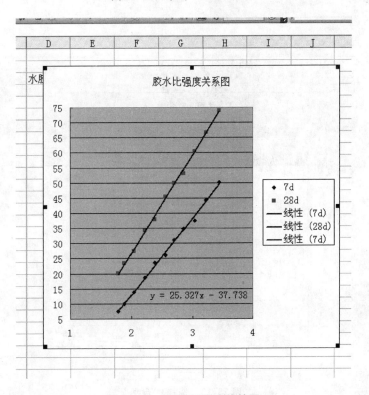

图 28-11　显示 7d 强度线性图

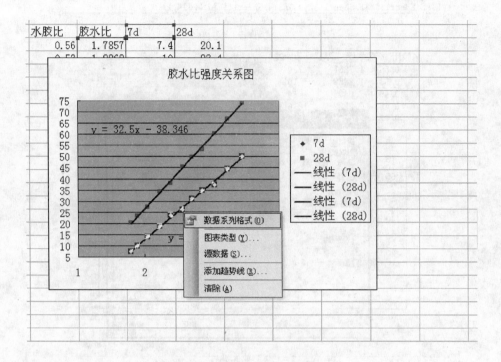

图 28-12　选择"数据系列格式"

图 28-13　选择"自动"

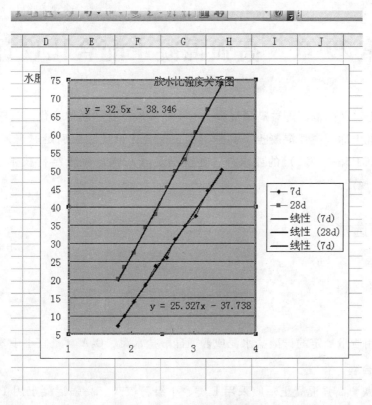

图 28-14　胶水比强度关系图

1. 本节资料由沈阳凯利混凝土公司高级工程师冉宗良和工程师刘翠清提供。运算过程可见本书所附光盘。

2. 要注意必须用胶水比制作与混凝土强度的线性关系图，如用水胶比制作与强度关系图，则其图形是曲线。

第29章　高强混凝土配合比设计

高强混凝土定义的范围随着高强混凝土的不断发展，在不断地变化。当前通常是将 C60 及其以上的混凝土称为高强混凝土。高强混凝土配合比设计除应满足《普通混凝土配合比设计规程》（JGJ 55—2011）的要求外，还应满足《高强混凝土结构技术规程》（CECS 104—1999）的规定。

29.1　材料选择

29.1.1　胶凝材料

1. 水泥

水泥应选用质量稳定的硅酸盐水泥或普通硅酸盐水泥，C_3A 含量宜小于 8%。

2. 矿物掺合料

（1）粉煤灰　高强混凝土一般采用 F 类、I 级粉煤灰。高强混凝土用 I 级粉煤灰性能见表 29-1。

表 29-1　高强混凝土用 I 级粉煤灰性能表

混凝土强度等级	含水率（%）	需水量比（%）	烧失量（%）	三氧化硫（%）	细度（45μm 筛余）（%）
C60	≤1	≤100	≤3		≤15
C70	≤1	≤95	≤2	≤3	≤12
C80	≤1	≤90	≤1		≤10

（2）矿渣粉　高强混凝土用矿渣粉应符合下列质量要求。

1）比表面积：宜大于 $4000 cm^2/g$。

2）需水量比：不宜大于 105%。

3）烧失量：不大于 5%。

（3）沸石粉　高强混凝土应选用斜发沸石或丝光沸石，不宜选用方沸石、十字沸石、菱沸石。磨细沸石粉应符合下列要求：

1）铵离子净交换量不小于 110meq/100g（斜发沸石）或 120meq/100g（丝光沸石）。

2）细度：0.08mm 筛余不大于 10%。

3）抗压强度比大于 90%。

（4）硅灰　强度等级不低于 C80 的高强混凝土，宜掺用硅灰。高强混凝土用硅灰应符合下列质量要求：

1）二氧化硅含量不小于 85%。

2）比表面积（BET-N_2 吸收法）不小于 180000cm^2/g。

3）表观密度约 2200kg/m^3。

4）平均粒径 0.1 ~ 0.2μm。

29.1.2　外加剂

应选用减水率不小于 25% 的高性能减水剂，如聚羧酸盐类、氨基磺酸盐等高效减水剂。

29.1.3　骨料

1. 细骨料

高强混凝土宜选用级配良好的中砂，细度模数宜为 2.6 ~ 3.0，含泥量不应大于 2%，泥块含量不应大于 0.5%。配制 C70 以上的混凝土时，含泥量不应大于 1.0%，不得含泥块。

2. 粗骨料

应选用级配良好的粗骨料，其最大粒径不宜大于 25mm，针片状含量不大于 5%，含泥量不应大于 0.5%，泥块含量不应大于 0.2%。

配制 C80 以上混凝土时，最大粒径不宜大于 20mm，石材立方体强度与混凝土抗压强度之比不应小于 1.2，且应优先选用与水泥浆有着良好结合性的石灰岩。据资料介绍，强度大于 62MPa 的混凝土采用最大粒径为 10 ~ 13mm 的碎石最佳。

29.2　配合比设计

29.2.1　试配强度

高强混凝土配合比设计的基本原则和方法同普通混凝土。其试配强度可参照下式

$$f_{cu,0} \geq 1.15 f_{cu,k}$$

式中　$f_{cu,k}$——混凝土设计强度等级（MPa）；

　　　$f_{cu,0}$——混凝土试配强度等级（MPa）。

29.2.2　主要配合比参数

1）水胶比、胶凝材料和砂率可按表 29-2 选取，并经试验确定。

表 29-2　水胶比、砂率和胶凝材料用量

强 度 等 级	水　胶　比	胶凝材料用量/(kg/m^3)	砂率（%）
≥C60，<C80	0.28 ~ 0.34	480 ~ 560	
≥C80，<C100	0.26 ~ 0.28	520 ~ 580	35 ~ 42
C100	0.24 ~ 0.26	550 ~ 600	

2）矿物掺合料掺量宜为胶结料总量的 25% ~40% ，硅灰掺量一般以 3% ~8% 为宜，不宜大于 10% ，否则混凝土流动性不好，宜采用复合掺合料。

3）水泥用量不宜大于 500kg/m³ ，用水量不宜大于 160kg/m³ 。

4）减水剂用量通过试验确定。

高强混凝土配合比确定后，应用该配合比进行三个不同配合比的试验，其水胶比间距为 0.02 。

29.2.3 配合比实例

设计强度为 C60，坍落度为（180 ±20）mm。

解：试配强度 $f_{cu,0}$ =（1.15 × 60）MPa = 67.5MPa ，水胶比取 0.32 ，胶结料为盾石牌 P·O42.5 ，水泥用量为 450kg/m³ ，Ⅰ级粉煤灰用量取 50kg。

1m³ 用水量：（450 + 50）× 0.32kg/m³ = 160kg/m³ 。

砂石总用量：设定混凝土表观密度为 2450kg/m³ ，则砂石总量为［2450 –（500 + 160）］kg/m³ = 1790kg/m³

砂用量：设定砂率为 38% ，则砂用量为 1790 × 38% = 680kg/m³

石子用量：（1790 – 680）kg/m³ = 1110kg/m³ 。

高效减水剂用量：通过试验确定。

国内一些单位的高强混凝土配合比及有关数据见表 29-3 ~ 表 29-7。

表 29-3 高强混凝土配合比参考表

混凝土型号	混凝土配合比/(kg/m³)						混凝土强度/MPa		编号
	水泥	砂	石	水	掺合料	泵送剂	R_{7d}	R_{28d}	
C100	450	614	1092	156	150(复合料)	5%(聚羧酸类)	100.4	122.2	1
C60	448	610	1180	142	48(FA)	2%(氨基类)	60.6	73.8	2
C70	448	610	1180	135	48(FA) +24 (硅灰)	2%(氨基类)	70.1	85.1	
C80	490	610	1144	159	80(KF) +40 (硅灰)	2.5%(氨基类)	78.2	93.1	
C60	400	698	1050	162	170(SY—6)	1.3%(UNF—5)	—	76.0	3
C80 *	420	700	1060	141	150(SY—8)	5.5%(118—T)	—	98.0	
C100 *	480	672	1100	148	110(CZ—Ⅱ)	5.1%(118—T)	—	120.0	
C80	420	700	1050	148	60(FA)80(KF)	0.3%(聚羧酸类)	81.7	100.5	4

注：1. 以上水泥除特殊标注外一律为 P·O 42.5，带 * 号的为 P·Ⅱ 42.5R 水泥。

2. 表中 FA 为Ⅰ级粉煤灰，KF 为矿渣粉。

3. 表中编号 1 摘自《绿高性能混凝土研究》（朱效莱，李迁，张英男等著. 辽宁：辽宁大学出版社，2005.）。

4. 表中编号 2 摘自《混凝土外加剂工程应用手册 第二版》（冯浩，朱清江著. 北京：中国建筑工业出版社，2005.）。

5. 表中编号 3 沈阳北方建材试验有限公司提供。

6. 表中编号 4 摘自冉千平等于 2004 年发表于《混凝土外加剂及其应用技术》的《聚羧酸系混凝土超塑化剂与萘系减水剂性能的比较》。

表 29-4　广州西塔 C60~C90 混凝土配合比

型号	水胶比	水	胶凝材料	矿渣粉(S95)	粉煤灰	减水剂	硅粉（埃肯）	砂细度模数	混凝土坍扩度/mm	流空时间/s
					kg/m³					
C60	0.32	160	500	110	80	—	0	2.6	250/600	15
C70	0.27	155	560	130	—	10.64	15	2.87	250/675	11.6
C80	0.26	150	580	140	—	12.26	20	2.87	245/630	12
C90	0.24	150	615	145	—	15.99	40	3.2	245/670	17
C100	0.20	150	750	100		18.0	60	3.2	260/700	4.2

注：1. 水泥为 P·Ⅱ52.5R（28d强度为60MPa）。
　　2. 外加剂为柯杰聚羧酸高减水剂，浓度22%。
　　3. 花岗岩碎石（5~10）:（10~20）=3:7。

表 29-5　西塔 C70~C100 混凝土现场泵送有关数据

强度等级	泵送高度/m	泵送效率/(m³/h)	泵机出口压力/MPa	液压系统压力/MPa
C70	184.5	31.8	16.1	13.1
C80	207.00	35.7	18.1	14.7
	410.85	18.0	18.9	15.3
C90	189.00	30.7	16.2	13.1
C100	440.75	16.0	21.0	16.9

注：本工程采用泵型号为：HBT90.40.572RS超高压混凝土输送泵。

表 29-6　国家大剧院 C100 混凝土配合比

水胶比	砂率(%)	1m³ 原材料用量/(kg/m³)				
		水泥 P·O 42.5	砂 中砂	石 5~20mm	外加剂 聚羧酸	复合掺合料
0.26	36	450	614	1092	6.0	150

表 29-7　C100 混凝土工作性能及物理力学性能

混凝土坍/扩度			流空时间/s	抗压强度/MPa		
1h	2h	3h		7d	28d	60d
260/575	260/560	255/500	10~15	100.4	117.9	124.0

注：1. 28d标养碳化深度为0。
　　2. 300次冻融失重率（%）为0。
　　3. 氯离子扩散系数为 1.01×10^{-8}。

第30章　大体积混凝土配合比设计

大体积混凝土是指混凝土结构实体最小尺寸等于或大于1m的部位，以及某些边长不到1m的混凝土实体，预计会出现因水泥水化热而产生裂缝的混凝土。大体积混凝土配合比设计计算方法同普通混凝土，主要是通过控制水泥用量和采用低热水泥，以降低水化热，一般每降低水泥用量10kg/m³，水化热约降低1℃。特别是厚大体积的混凝土工程，还要采取降低拌合物的温度来控制混凝土内部温度，以防止混凝土内外温差超过25℃而出现裂纹。

30.1　材料选择与配合比设计

30.1.1　材料选择

1）应选用水化热较低和凝结时间较慢的水泥，如大坝水泥、矿渣硅酸盐水泥、粉煤灰硅酸盐水泥等。当采用硅酸盐水泥或普通硅酸盐水泥时，胶凝材料的3d和7d水化热分别不宜大于240kJ/kg和270kJ/kg。

2）宜掺用粉煤灰、磨细矿渣粉以降低混凝土水化热。

3）应采用缓凝型减水剂。

4）粗骨料宜为连续级配，含泥量不应大于1.0%；细骨料宜采用中砂，含泥量不应大于3.0%。

5）为降低混凝土入模温度，可采用符合搅拌用水标准的地下水，必要时可掺入部分冰块。

30.1.2　配合比设计

大体积混凝土配合比设计除应遵守配合比设计原则及基本规定外，还应符合下列规定：

1）水胶比不宜大于0.55，用水量不宜大于175kg/m³。

2）在保证混凝土性能要求的前提下，宜提高1m³混凝土中的粗骨料用量。砂率宜为38%~42%。

3）在保证混凝土性能要求的前提下，应减少胶凝材料中的水泥用量，提高矿物掺合料的掺量。

4）充分利用混凝土的后期强度，可采用60d或90d龄期强度作为混凝土配合比设计和验收依据。

5）在配合比试配和调整时，控制混凝土绝热温升不宜大于50℃。

6）配合比应满足施工对混凝土凝结时间的要求。

30.2　大体积混凝土热工计算

30.2.1　混凝土绝热温升计算

1. 水泥的水化热计算

水泥的水化热可按下式计算

$$Q_t = \frac{1}{n+t} Q_o t$$

$$\frac{t}{Q_t} = \frac{n}{Q_o} + \frac{t}{Q_o}$$

$$Q_o = \frac{4}{7/Q_7 - 3/Q_3}$$

式中　Q_t——龄期 t 时的累积水化热（kJ/kg）；

　　　Q_o——水泥水化热总量（kJ/kg），不同品种、强度等级水泥水化热按表 30-1 选取；

　　　t——龄期（d）；

　　　n——常数，随水泥品种、比表面积等因素不同而异。

表 30-1　不同品种、强度等级水泥水化热

水 泥 品 种	水泥强度等级	水化热 $Q/(\text{kJ/kg})$		
		3d	7d	28d
硅酸盐水泥	42.5	314	354	375
	32.5	250	271	334
矿渣水泥	32.5	180	256	334

2. 胶凝材料水化热总量计算

胶凝材料水化热总量应在水泥、掺合料和外加剂用量确定后根据实际配合比通过试验得出。当无试验数据时，可按下式计算

$$Q = kQ_o$$

式中　Q——胶凝材料水化热总量（kJ/kg）；

　　　k——不同掺量掺合料水化热调整系数。

3. 不同掺量掺合料水化热调整系数计算

当现场采用粉煤灰与矿粉双掺时，不同掺量掺合料水化热调整系数可按下式计算

$$k = k_1 + k_2 - 1$$

式中　k_1——粉煤灰掺量对应的水化热调整系数，可按表 30-2 取值；

　　　k_2——矿粉掺量对应的水化热调整系数，可按表 30-2 取值。

表 30-2　不同掺量掺合料水化热调整系数

掺量	0	10%	20%	30%	40%
粉煤灰 k_1	1	0.96	0.95	0.93	0.82
矿渣粉 k_2	1	1	0.93	0.92	0.84

注：表中掺量为掺合料占总胶凝材料用量的百分比。

4. 混凝土的绝热温升计算

混凝土的绝热温升按下式计算

$$T_t = \frac{WQ}{C\rho}(1 - e^{-mt})$$

式中　T_t——龄期为 t 时，混凝土的绝热温升值（℃）；

　　　W——1m³ 混凝土胶凝材料用量（kg/m³）；

　　　ρ——混凝土表观密度（kg/m³），可取 2400 ~ 2500kg/m³；

　　　C——混凝土比热容 kJ/(kg·K)，可取 0.92 ~ 1.0kJ/(kg·K)；

　　　m——与水泥品种、浇筑温度等有关的系数（d），可取 0.3 ~ 0.5d⁻¹；

　　　t——龄期（d）；

　　　Q——胶凝材料水化热总量（kJ/kg）。

30.2.2　混凝土温度计算

1. 最大绝热温升

按以下公式计算，二式取其一。

$$T_h = \frac{(m_c + KF)Q}{C\rho}$$

$$T_h = \frac{m_c Q}{C\rho(1 - e^{-mt})}$$

式中　T_h——混凝土最大绝热温升（℃）；

　　　m_c——混凝土中胶凝材料（包括膨胀剂）用量（kg/m³）；

　　　F——混凝土中活性掺合料用量（kg/m³）；

　　　K——掺合料折减系数，粉煤灰取 0.25 ~ 0.3；

　　　Q——胶凝材料水化热总量（kJ/kg），当无试验数据时，水泥水化热可查表 30-1；

　　　C——混凝土比热容（kJ/(kg·K)），可取 0.92 ~ 1.00kJ/(kg·K)，一般取 0.97kJ/(kg·K)；

　　　ρ——混凝土表观密度（kg/m³），取 2400kg/m³；

　　　t——混凝土的龄期（d）；

　　　m——系数，随浇筑温度改变，可查表 30-3。

　　　e——常数，取 2.718。

表 30-3　系数 m 的取值

浇筑温度/℃	5	10	15	20	25	30
$m/(1/d)$	0.295	0.318	0.340	0.362	0.384	0.406

2. 混凝土中心计算温度

混凝土中心计算温度按下式计算

$$T_{1(t)} = T_j + T_h \xi_{(t)}$$

式中　$T_{1(t)}$——t 龄期混凝土中心计算温度（℃）；

T_j——混凝土浇筑温度（℃）；

$\xi_{(t)}$——t 龄期降温系数，可查表 30-4。

表 30-4　降温系数 ξ 的取值

浇筑层厚度 /m	龄期 t/d									
	3	6	9	12	15	18	21	24	27	30
1.0	0.36	0.29	0.17	0.09	0.05	0.03	0.01	—	—	—
1.25	0.42	0.31	0.19	0.11	0.07	0.04	0.03	—	—	—
1.50	0.49	0.46	0.38	0.29	0.21	0.15	0.12	0.08	0.05	0.04
2.50	0.65	0.62	0.57	0.48	0.29	0.29	0.23	0.19	0.16	0.15
3.00	0.68	0.67	0.63	0.57	0.45	0.36	0.30	0.25	0.21	0.19
4.00	0.74	0.73	0.72	0.65	0.55	0.46	0.37	0.30	0.25	0.24

3. 混凝土表层温度计算

混凝土表层温度指混凝土表面下 50～100mm 处的温度。

1）保温材料厚度按下式计算

$$\delta = 0.5 h \lambda_x (T_2 - T_q) K_b / [\lambda (T_{max} - T_2)]$$

式中　δ——保温材料厚度（m）；

λ_x——所选保温材料导热系数（W/(m·K)），可查表 30-5；

T_2——混凝土表面温度（℃）；

T_q——施工期大气平均温度（℃）；

λ——混凝土导热系数（W/(m·K)），取 2.33W/(m·K)；

T_{max}——计算的混凝土最高温度（℃），计算时可取 $T_2 - T_q = 15 \sim 20℃$，$T_{max} - T_2 = 20 \sim 25℃$；

K_b——传导系数修正值，取 1.3～2.0，可查表 30-6。

表 30-5　几种保温材料的导热系数

材料名称	密度 /(kg/m³)	导热系数 λ /[W/(m·K)]	材料名称	密度 /(kg/m³)	导热系数 λ /[W/(m·K)]
建筑钢材	7800	58	矿棉、岩棉	110～200	0.031～0.065
钢筋混凝土	2400	2.33	沥青矿棉毡	100～160	0.033～0.052
水	—	0.58	泡沫塑料	20～50	0.035～0.047
木模板	500～700	0.23	膨胀珍珠岩	40～300	0.019～0.065
木屑	—	0.17	油毡	—	0.05
草袋	150	0.14	膨胀聚苯板	15～25	0.042
沥青蛭石板	350～400	0.081～0.105	空气	—	0.03
膨胀蛭石	80～200	0.047～0.07	泡沫混凝土	—	0.10

表 30-6　传热系数修正值

保温层种类	K_1	K_2
纯粹由容易透风的材料组成（如草袋、稻草板、砂子）	2.6	3.0
由易透风材料组成，但在混凝土面层上再铺一层不透风材料	2.0	2.3
在易透风保温材料上铺一层不易透风材料	1.6	1.9
在易透风保温材料上下各铺一层不易透风材料	1.3	1.5
纯粹由不易透风材料组成（如:油布、帆布、棉麻毡、胶合板）	1.3	1.5

注：1. K_1 值为一般刮风情况（风速 <4m/s，结构位置 >25m）。

　　2. K_2 值为刮大风情况。

2）若采用蓄水养护，蓄水养护深度，按下式计算

$$h_w = xM(T_{max} - T_2)K_b\lambda_w / (700T_j + 0.28m_c Q)$$

式中　h_w——养护水深度（m）；

　　　x——混凝土维持到指定温度的延续时间，即蓄水养护时间（h）；

　　　M——混凝土结构表面系数（m^{-1}），$M = F/V$；

　　　F——与大气接触的表面积（m^2）；

　　　V——混凝土体积（m^3）；

$T_{max} - T_2$——一般取 $20 \sim 25$℃；

　　　K_b——传热系数修正值；

　　　700——折算系数（kJ/($m^3 \cdot$ K)）；

　　　λ_w——水的导热系数（W/(m · K)），取 0.58W/(m · K)。

3）混凝土表面模板及保温层的传热系数，按下式计算

$$\beta = \cfrac{1}{\sum \cfrac{\delta_i}{\lambda_i} + \cfrac{1}{\beta_q}}$$

式中　β——混凝土表面模板及保温层等的传热系数（W/($m^2 \cdot$ K)）；

　　　δ_i——各保温层厚度（m）；

　　　λ_i——各保温材料导热系数（W/(m · K)）；

　　　β_q——空气层的传热系数（W/($m^2 \cdot$ K)），取 23W/($m^2 \cdot$ K)。

4）混凝土虚厚度，按下式计算

$$h' = \frac{K\lambda}{\beta}$$

式中　h'——混凝土虚厚度（m）；

　　　K——折减系数，取 2/3；

　　　λ——混凝土导热系数（W/(m · K)），取 2.33W/(m · K)。

5）混凝土计算厚度，按下式计算

$$H = h + 2h'$$

式中　H——混凝土计算厚度（m）；

　　　h——混凝土实际厚度（m）。

6）混凝土表层温度，按下式计算

$$T_{2(t)} = T_q + \frac{4h'(H-h')(T_{1(t)}-T_q)}{H^2}$$

式中　$T_{2(t)}$——混凝土表层温度（℃）；

　　　T_q——施工期大气平均温度（℃）；

　　　h'——混凝土虚厚度（m）；

　　　$T_{1(t)}$——混凝土中心温度（℃）。

4. 混凝土内平均温度计算

混凝土内平均温度按下式计算

$$T_{m(t)} = \frac{T_{1(t)} + T_{2(t)}}{2}$$

30.3　大体积混凝土热工计算实例

某工程夏季 8 月份浇筑 C40P8 混凝土底板，混凝土配合比见表 30-7。

表 30-7　C40P8 大体积混凝土配合比及温度表

材料名称	水泥 P·O42.5	膨胀剂	粉煤灰 II 级	中砂	碎石	泵送剂	水	粉煤灰掺量(%)	水胶比	砂率(%)
用量	328kg/m³	36kg/m³	122kg/m³	659kg/m³	1076kg/m³	24.3kg/m³	165kg/m³	25	0.34	38
温度	40℃	30℃	30℃	25℃	25℃	20℃	9℃			

各原材料温度统计计算见表 30-8。

表 30-8　各原材料温度统计计算

材料名称	质量 W/kg	比热容 c/[kJ/(kg·K)]	热当量[1] $(W·c)$/(kJ/℃)	材料温度 T_i/℃	热量[2] (T_iWc)/kJ
水泥	328.0	0.84	275.52	40	11020.8
粉煤灰	122.0	0.84	102.48	30	3074.4
膨胀剂	36.0	0.84	30.24	30	907.2
砂	659.0	0.92	606.25	25	15156.25
碎石	1076.0	0.92	989.92	25	24748
水	165.0	4.20	693.00	9	6237
外加剂	24.3	4.20	102.06	20	2041.2
合计	2410.3	—	2799.47	—	63184.85

① 热当量又称理论热值，为质量与比热容之乘积。

② 热量为温度与热当量之乘积。

30.3.1　大体积混凝土热工计算方法（一）

1. 混凝土底板虚厚度计算

混凝土导热系数 λ 取 2.33W/(m·K)。

1）按以下公式求大体积混凝土底板表面积总传热系数 β。

$$\beta = \frac{1}{\sum \dfrac{\delta_i}{\lambda_i} + \dfrac{1}{\beta_q}}$$

式中　β_q——空气层的传热系数（W/（m² · K）） 夏季基本无风，查《大体积混凝土施工规范》（GB 50496—2009） 取 23W/（m² · K）；

　　　δ_i——大体积混凝土底板上表面各保温材料厚度（m）；

　　　λ_i——大体积混凝土底板上表面各保温材料导热系数（W/（m · K）），现场实际采用两层毛毡，厚 $\delta_i = 0.015$m，$\lambda_i = 0.05$W/（m² · K），二层塑料薄膜 $\delta_i' = 0.0024$m，$\lambda_i' = 0.04$W/（m² · K）。

求得

$$\beta = \frac{1}{\dfrac{2 \times 0.01}{0.05} + \dfrac{2 \times 0.0024}{0.04} + \dfrac{1}{23}} = 1.31 \text{W/（m}^2 \cdot \text{K）}$$

2）计算混凝土底板虚厚度。求混凝土底板上表面保温层折算后相当于混凝土厚度（即虚厚度），按下式计算

$$h' = \frac{K\lambda}{\beta}$$

K 取 2/3，λ 取 2.33W/（m · K），计算得出虚厚度，为

$$h' = \frac{0.666 \times 2.33}{1.776} \text{m} = 1.186 \text{m}$$

3）求混凝土底板计算厚度，按下式计算

$$H = h + 2h'$$

其中，h 为混凝土实际厚度（m），本工程为 5m。

计算得混凝土折算厚度为

$$H = (4 + 2 \times 1.186) \text{m} = 6.37 \text{m}$$

2. 混凝土拌合物入模温度 T_0 计算

按下式计算

$$T_0 = \frac{\sum T_i Wc}{\sum Wc}$$

计算得

$$T_0 = \frac{63184.85}{2799.47} \text{℃} = 22.6 \text{℃}$$

夏季可忽略混凝土自运输至浇筑成型过程中温度交换，因此，取入模温度为

$$T_i = T_0 = 22.6 \text{℃}$$

3. 混凝土底板中心绝热温升值计算

已知：

1）P · O 42.5 级普通硅酸盐水泥 28d 发热量 375kJ/kg（可参见表 30-1 选取）。

2）混凝土中粉煤灰掺量为 27%，矿渣掺量为 0，故掺合料水化热调整系数为 0.93（可参见表 30-2 选取）。

$$Q = kQ_o = 0.94 \times 375\mathrm{kJ/kg} = 353\mathrm{kJ/kg}$$

4. 混凝土的绝热温升值计算

混凝土的绝热温升（℃）可按下式计算

$$T(t) = \frac{WQ}{c\rho}(1 - \mathrm{e}^{-mt})$$

其中，胶凝材料用量 $W = 486\mathrm{kg/m^3}$；水泥水化热 $Q = 353\mathrm{kJ/kg}$；与水泥品种、浇筑温度有关的系数 m 按表 30-3 选取；考虑到混凝土温升最高一般在浇筑后 3~5d，本工程取龄期 $t = 4\mathrm{d}$；混凝土比热容 $c = 0.97\mathrm{kJ/(kg \cdot ℃)}$；混凝土表观密度 $\rho = 2410\mathrm{kg/m^3}$；e 取 2.718。

上述值代入公式，计算混凝土 4d 绝热温升，得

$$T(t) = \frac{486 \times 353}{0.97 \times 2410}(1 - \mathrm{e}^{-0.37 \times 4})℃ = 73.4℃ \times (1 - 0.22764) = 56.7℃$$

5. 求混凝土中心计算温度

当底板浇筑厚度为 4m 时，大体积混凝土表面单向不完全散热，折减（降温）用插入法求得降温系数 $\xi = 0.737$（可参见表 30-4 选取）。

$$\begin{aligned} T_{1(t)} &= T_j + T_h\xi_{(t)} \\ &= (56.7 \times 0.737 + 22.6)℃ \\ &= 64.4℃ \end{aligned}$$

6. 混凝土表面温度验算

按下式计算

$$T_{2(t)} = T_q + \frac{4h'(H - h')(T_{1(t)} - T_q)}{H^2}$$

其中，施工期大气平均温度 T_q 取 30℃；混凝土虚厚度 h' 为 1.186m；混凝土中心温度 $T_{1(t)}$ 为 64.4℃；底板折算厚度 H 为 6.37m。
求得

$$T_{2(t)} = 30℃ + \frac{4 \times 1.186 \times (6.37 - 1.186) \times (64.4 - 30)}{6.37^2}℃ = (30 + 20.8)℃ = 50.8℃$$

7. 复核混凝土内外温差

$$T_{1(t)} - T_{2(t)} = (64.4 - 50.8)℃ = 13.6℃ < 25℃ \quad 符合要求$$

30.3.2　大体积混凝土热工计算方法（二）

根据《大体积混凝土施工规范》（GB 50496—2009），可选混凝土表面温度 T_2 与大气平均温度 T_q 之差（$T_2 - T_q = 20℃$）以及混凝土计算温度 T_{max} 与 T_2 之差（$T_{man} - T_2 = 25℃$），计算保温材料厚度。

根据公式

$$\delta = \frac{0.5h\lambda_{x}(T_2 - T_q)K_b}{\lambda(T_{max} - T_2)}$$

将相关数据带入公式（材料导热系数 λ 参见表 30-5 选取，传热系数修正值 K_b 参见表 30-6 选取），保温材料厚度为

$$\delta = \frac{0.5 \times 4 \times 0.05 \times 20 \times 1.3}{2.33 \times 25} m = 0.045 m$$

由于上述计算中未考虑二层塑料布的保温效应，而方法（一）中采用两层毛毡，厚 0.015m，故毛毡计算厚度稍大于方法（一）计算结果 0.03m。此计算方法较简单，但可能计算得出的保温材料厚度会偏大一些，其余步骤同方法（一）。

第31章 抗渗（防水）混凝土

对于抗渗等级不低于 P6 的混凝土，主要是通过采取各种措施，如减小水胶比，掺加微骨料掺合料、采用化学外加剂等使混凝土内部结构更加致密，从而达到抗渗目的。因此，抗渗混凝土对原材料及水胶比有严格要求。

31.1 抗渗混凝土原材料要求

31.1.1 胶凝材料

1. 水泥

水泥宜采用普通硅酸盐水泥。由于普通硅酸盐水泥的干缩率和抗冲耐磨性均高于火山灰水泥和矿渣水泥，因此，首选普通硅酸盐水泥。尤其是水中、水下结构和受冻融及干湿交替的防水工程，优先采用普通硅酸盐水泥。但在有硫酸盐侵蚀介质的地下防水工程，则不宜采用普通硅酸盐水泥。

2. 掺合料

粉煤灰和矿渣粉均具有微骨料效应，可填充混凝土孔隙，使混凝土更加密实。这些材料已普遍用于防水抗渗混凝土工程中，但劣质粉煤灰（Ⅲ级）因其需水量大或含碳量大，不宜用于抗渗混凝土。

31.1.2 骨料

1. 粗骨料

粗骨料宜采用连续级配，其最大公称粒径不大于 40mm，含泥量不大于 1%，泥块含量不大于 0.5%。粗骨料为连续级配才会有较小的孔隙率，使混凝土不仅流动性好，而且有利于混凝土的致密性。骨料中含有泥和泥块，不仅加大了混凝土水胶比和坍落度损失，导致混凝土密实度的降低，而且骨料含泥量的增大会加大混凝土收缩，引起裂纹的产生。因此，必须要对骨料含泥量有严格的要求。

2. 细骨料

细骨料宜采用中砂，含泥量不得大于 3%，泥块含量不得大于 1.0%，其道理和粗骨料是一样的。

31.1.3 外加剂

1. 减水剂

采用减水剂可降低混凝土水胶比，提高混凝土密实度。

2. 增加混凝土密实度的外加剂

如有机硅、三氯化铁等，也常用于抗渗混凝土工程中。

3. 引气剂

混凝土中适当掺入引气剂，引入的气泡可切断混凝土中的毛细管通道，有利于提高混凝土抗渗性能。

31.2 抗渗混凝土配合比设计

抗渗混凝土配合比设计方法同普通混凝土，但为了提高混凝土的密实性，使其有较好的抗渗性，因此要控制其最大水胶比、胶凝材料最小用量和细骨料适宜用量。

31.2.1 抗渗混凝土配合比的有关规定

1）抗渗混凝土配合比参数按表 31-1 选取。

表 31-1　抗渗混凝土配合比参数

设计抗渗等级	最大水胶比		$1m^3$ 中胶凝材料最小用量 /（kg/m³）	砂率 （%）
	C20 ~ C30	C30 以上		
P6	0.60	0.55		
P8 ~ P12	0.55	0.50	≥320	35% ~ 45%
> P12	0.50	0.45		

2）配制抗渗混凝土的抗渗水压值应比设计值提高 0.2MPa，这有利于确保实际工程混凝土抗渗性能满足设计要求。

31.2.2 抗渗（防水）混凝土的种类

1. 减水剂防水混凝土

混凝土中掺入减水剂，在满足一定施工和易性的条件下，大大降低了拌合用水，使硬化后孔结构的分布情况得以改善，孔径及孔隙率显著减小，毛细孔更加细小、分散和均匀，混凝土的密实性、抗渗性从而提高。目前正在预拌混凝土中广泛采用的各种减水剂，一般均能达到 P6 以上的抗渗要求。

2. 氯化铁防水混凝土

（1）氯化铁防水混凝土的性能　　氯化铁防水混凝土是依靠化学反应产物氢氧化铁胶体的密实填充作用；新生的氯化钙对水泥熟料矿物的激化作用；易溶物转化为难溶物，以及降低析水性等作用而增强混凝土的密实性，提高抗渗性。

氯化铁防水混凝土及砂浆具有抗渗性能好，抗压强度高，施工方便，成本低等优点，宜用于水中结构、无筋或少筋厚大混凝土工程及砂浆修补抹面工程，其掺量一般为水泥用量的 3%。

（2）氯化铁防水剂使用注意事项

1）保存温度为 5~30℃，注意封闭，防止 $FeCl_2$ 和 $FeCl_3$ 比例失调、结块。使用前须严格化学分析检验，合格后方可使用。

2）要严格控制掺量，一般在混凝土中掺 3%，掺量多了钢筋会锈蚀，混凝土干缩，并对凝结时间有影响。在水泥砂浆中，其用量可增至 3%~5%。

3）养护温度不得超过 50℃，常温下浇灌混凝土后 3h，表面覆盖，24h 后浇水养护 14d，特别是头 7d 保温养护十分重要。

4）在氯化铁防水混凝土中虽然混凝土密实性提高了，但新生态氯化钙除了与水泥结合外，还剩余少量氯离子，这是引起腐蚀的条件。因此，对于接触直流电源的工程及预应力钢筋混凝土工程禁止使用。

5）氯化铁防水剂各组分对水泥的干缩影响差别很大，为此，在制备氯化铁防水剂时，一方面要控制氯化铁和氯化亚铁的比例在 1:1 左右，另一方面宜加入适量硫酸铁或明矾，以减少混凝土收缩。

3. 有机硅防水混凝土

有机硅主要成分是甲基硅醇钠，它具有良好的渗透结晶性。其分子结构中的硅醇基与硅酸盐材料中的硅醇基反应，脱水交联，在结构材料表面和内部生成一层几个分子厚的不溶性高分子防水化合物，即甲基硅氧烷，进一步缩合成高分子化合物——网状、具有优异憎水性的有机硅树脂膜，同时膨胀，增加内部结构密实性。因此这种树脂膜具有防水、防渗、阻锈等优点。

有机硅为无色或淡黄色液体，无味、不燃，$1m^3$ 混凝土用量为 $8kg/m^3$。现在在市场上还有一种有机硅化合物类防水剂，它的主要成分是脂肪酸与有机硅在水和二氧化碳作用下，通过多种化学反应，有补偿收缩、减水的作用，并进一步缩聚成网状树脂防水膜，用来堵塞混凝土内部毛细孔，增强密实性，提高抗渗性。掺 $2.5kg/m^3$ 可达到 P8，掺 $3kg/m^3$ 可配制 P12 防水混凝土，掺 $4kg/m^3$ 时混凝土抗渗等级可大于 P20。

4. 三乙醇胺防水混凝土

三乙醇胺是一种催化剂，依靠其催化作用，早期生成较多水化产物，部分游离水给合为结晶水，相应地减少了毛细管通路和孔隙，从而提高了混凝土抗渗性。当三乙醇胺和氯化钠、亚硝酸钠等无机盐复合时，三乙醇胺不仅能促进水泥本身的水化，还能促进氯化钠、亚硝酸钠等无机盐与水泥的反应，所生成的氯铝酸盐等络合物体积膨胀，能堵塞混凝土内部的孔隙和切断毛细管通路，增大混凝土的密实性。

三乙醇胺和氯化钠掺量分别为水泥质量的 0.05% 和 0.5%，为混凝土早强、增强、抗渗；为防止钢筋锈蚀，可掺入 1% 亚硝酸钠，但靠近高压电源和大型直流电源的防水工程，以及有碱骨料的地区，不得使用此配方。

5. 引气防水混凝土

（1）引气剂防水的机理　在混凝土中引入微量引气剂可配制防水混凝土。因为引气剂是一种具有增水作用的表面活性剂，它能显著降低混凝土中拌合水的表面张力，经搅拌后在混凝土拌合物中产生大量密闭、稳定和均匀的微小气泡。在含气量为 5% 的混凝土中，直径为 $50~200\mu m$ 的气泡约有数百亿以至数千亿个，由于这些微小气泡的阻隔，使毛细管变得细小、曲折、分散，减少了渗水通道。引气剂还改善了混凝土的和易性，减少了混凝土分层、泌水，从而提高了混凝土密实性，提高抗渗性。

不同引气剂掺量不同，表 31-2 列出了几种常用引气剂的掺量。

表 31-2　常用引气剂掺量 （单位：%）

引气剂名称	松香酸钠	松香热聚物	三萜皂甙（粉）	烷基苯磺酸盐类	脂肪醇磺酸盐类
掺量	0.01 ~ 0.03	0.01	0.02 ~ 0.03	0.008	0.012

（2）引气剂使用注意事项

1）引气剂防水泥凝土的质量与含气量密切相关，而含气量主要取决于引气剂的掺量，因此要严格控制掺量。

2）生产中要严格控制水胶比。

3）砂子的细度对气泡的生成有影响，宜采用 $\mu_f = 2.6$ 左右的中砂。采用粗砂气泡直径大且不均匀，抗渗性差。

4）宜采用高频振捣器振捣，便以排除大气泡。

5）养护条件对混凝土含气量和抗渗性影响较大。在 5℃ 条件下，混凝土几乎完全失去抗渗能力。养护湿度越高，对提高混凝土抗渗性越有利，在适宜水中养护可获得最佳抗渗性，详见表 31-3 和表 31-4。

表 31-3　养护温度对混凝土抗渗性的影响

养护温度 /℃	混凝土配合比 水泥：砂：石	引气剂掺量 （‰）	水胶比	含气量 （%）	坍落度 /mm	抗压强度 /MPa	抗渗压力 /MPa
5				8.4	60	16.2	0.2
18	1：2.05：3.8	0.15	0.53	8.6	80	23.0	0.8
40				7.5	120	22.9	71.4

表 31-4　养护湿度对混凝土抗渗能力的影响

养护条件	混凝土配合比 水泥：砂：石	含气量 （%）	水胶比	抗压强度 /MPa	抗渗压力 /MPa
自然养护				27.9	0
标准养护	1：1.94：3.60	4.1	0.49	30.9	1.4
水中养护				35.0	1.6

第32章 补偿收缩混凝土

32.1 补偿收缩混凝土概述

32.1.1 补偿收缩混凝土的定义

在混凝土中掺入一些有膨胀性能的材料——膨胀剂,在结构有一定配筋率的限制条件下,将膨胀剂遇到水产生的化学能转化为钢筋的机械能(拉应力),最后转变成水泥石的势能(受拉状态)。这样,在混凝土中,不仅水化产物填充、堵塞了毛细孔,提高了水泥石结构的密实度,同时,混凝土硬化过程产生的冷缩和干缩会产生拉应力,而掺膨胀剂的混凝土在养护期间会产生 0.2 ~ 0.7MPa 的自应力,可抵抗上述干缩和冷缩引起的拉应力,从而使混凝土的抗裂性能得到提高。因此,补偿收缩混凝土与一般掺氯化铁、三乙醇胺、减水剂等防水剂的防水混凝土有本质区别。

32.1.2 补偿收缩混凝土的作用

1)适用于做结构自防水。即在混凝土中掺入膨胀剂,使混凝土抗渗等级达到设计要求。

2)减免后浇带,延长伸缩缝间距。这是补偿收缩混凝土对结构设计、施工的另一贡献。规范要求 30m 设置一道伸缩缝或后浇带,采用补偿收缩混凝土后,可延长至 60m。与此同时,近几年来由于膨胀剂的应用,施工中利用加强带代替后浇带,大大简化了施工工艺,为超长结构连续施工创造了更为方便的条件,甚至可使 120m 长(厚度≤1.5m)底板连续浇筑。补偿收缩混凝土连续浇筑的结构长度见表 32-1。

3)补偿大体积混凝土的降温冷缩。由于混凝土硬化升温阶段产生的有效膨胀,能够补

表 32-1 补偿收缩混凝土连续浇筑的结构长度

结构类别	结构长度(加强带间距)L /m	结构厚度 /m	浇筑方法选择	构造形式
墙体	L≤60	—	连续浇筑	连续式膨胀加强带
	L>60	—	分段浇筑	后浇式膨胀加强带或后浇带
板式结构	L≤60	—	连续浇筑	
	60<L≤120	≤1.5	连续浇筑	连续式膨胀加强带
	60<L≤120	>1.5	分段浇筑	后浇式、间歇式膨胀加强带或后浇带
	L>120	—	分段浇筑	后浇式、间歇式膨胀加强带或后浇带

注:强约束板式结构(如桩基础的底板等)宜采用分段浇筑方式。

偿降温阶段产生的收缩应力，特别是在降温阶段产生的膨胀，对冷缩的补偿更有效，约每0.01%的限制膨胀变形约能补偿10℃的温差变形。因此，补偿收缩混凝土对大体积混凝土防裂十分有效。

此外，补偿收缩混凝土还可用于：厕、浴室防水，渗漏修补，构件补强，超长结构楼板防裂，预应力混凝土，钢管混凝土，生产自应力钢筋混凝土压力管，配制灌浆料，结构补强加固，梁柱接头，设备地脚螺钉灌浆等。

32.2　补偿收缩混凝土设计要求

32.2.1　补偿收缩混凝土限制膨胀率的选取

补偿收缩混凝土限制膨胀率应按表32-2选取。

表 32-2　限制膨胀率的设计取值

结构部位	限制膨胀率（%）	结构部位	限制膨胀率（%）
梁板结构	≥0.015	后浇带、膨胀加强带等部位	≥0.025
墙体结构	≥0.020		

注：对于强度等级≥C50的混凝土，结构总长>120m的结构，约束程度大的桩基底板、屋面板、室内结构越冬外露施工，以及气候干燥地区、养护条件差的构件，膨胀率宜适量增大。

32.2.2　膨胀加强带的设置要求

1. 膨胀加强带的种类

膨胀加强带是一种旨在提高混凝土抗裂性能的技术措施，该方法的原理是在结构收缩应力最大的地方给予较大的膨胀应力。施工中采用膨胀加强带的目的是代替后浇带，进一步简化施工工艺，所以一般设在后浇带的位置。为了有效发挥膨胀效果，增加长度方向的膨胀绝对量，所以其宽度应该比后浇带更宽一些。膨胀加强带是一种"抗"的措施，所以在连续施工的混凝土结构中，为提高其抵御收缩应力的能力，要增设适量的附加钢筋。膨胀加强带的构造与后浇带基本相同。膨胀加强带可部分或全部取代后浇带，根据构件厚度带宽为2~3m，在带的两侧用密孔钢丝网将带内混凝土与带外混凝土分开。膨胀加强带分为连续式、间歇式与后浇式三种形式，如图32-1~图32-3所示。加强带的混凝土强度等级和抗渗等级分别较带外混凝土提高一级。

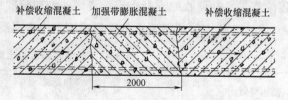

图 32-1　连续式膨胀加强带示意图

2. 膨胀加强带的设置要求

对于钢筋混凝土结构的裂缝控制有"抗"与"放"两种措施。设膨胀加强带方式属于"抗"，后浇式膨胀加强带方式属于"放"，同时使用补偿收缩混凝土、后浇带、膨胀加强带体现了"抗"与"放"的结合。对于地下结构及较薄的构件，以"抗"为主较为有利；对于地上结构及厚大构件，结合采用"放"的措施较为妥当。

图 32-2　间歇式膨胀加强带示意图

（一般可在浇筑完两侧膨胀混凝土
后任何时候回填浇筑加强带）

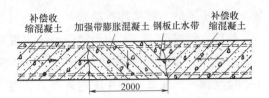

图 32-3　墙体后浇式膨胀加强带示意图

（两侧混凝土浇筑后 7~14d 浇筑加强带）

　　设置的膨胀加强带条数及形状应依工程结构与尺寸确定，当长宽比较大或构造复杂时，相邻加强带（后浇带）的间距应适当减小。

　　对于因超长、大面积采用断续浇筑的工程，可分区段连续浇筑，在相邻区段之间设后浇式膨胀加强带比单设后浇带更有利缩短工期。后浇式膨胀加强带实质上是一种加宽、加强的后浇带。

　　板与外墙的膨胀加强带（后浇带）宜同轴线设置。

　　在确定伸缩缝间距及连续浇筑的结构最大长度时，对板式结构可适当放宽，对墙体结构应从严控制。

3. 配筋要求

　　抵抗温度收缩的钢筋可利用结构原有的钢筋贯通布置，也可按照"细、密"的原则另外设置构造钢筋网，并与原有钢筋按受拉钢筋的要求搭接。

　　（1）全截面最小配筋率　全截面最小配筋率按表 32-3 选用。

表 32-3　不同结构的最小配筋率

结 构 类 别	最小配筋率(%)	布筋方式	钢筋间距/mm
底板	0.30	双层、双向	150~200
楼板、顶板	0.30	双层、双向	100~200
墙体水平筋	0.40	双排	100~150

注：墙、板单侧最小配筋率不小于 0.1%。

　　（2）附加钢筋

　　1）在墙体高度的水平中线部上下 500mm 范围内，水平筋的间距不宜大于 100mm。

　　2）梁两侧腰筋的间距不宜大于 200mm。

　　3）对于大型结构，宜在垂直于膨胀加强带方向增设附加钢筋，其附加筋直径不宜大于 10mm，长度为"宽带 +1000mm"。

　　4）在墙柱、墙墙相交部位，应考虑到与之相交柱、墙对墙体本身水平配筋的影响。相邻部位宜增设直径为 8~10mm 的水平钢筋，长度宜为 1500mm，插入柱及相临墙内部分不宜小于 150mm，其余部分插入墙内，增加量宜为同向钢筋配筋率的 10%~15%。

　　5）当房屋平面形体有较大凹凸时，在房屋、凹角处的楼板，房屋两端阳角处及山墙处的楼板，与周围梁、柱、墙等构件整体浇筑且受约束较强的楼板，应增设温度钢筋。

6）在结构开口的出入口位置、结构截面变化处、构造复杂的突出部位、楼板预留孔洞、标高不同的相邻构件连接处等宜提高钢筋配置水平。

补偿收缩混凝土主要用于避免或减少混凝土的干燥收缩和温度收缩裂缝，并不负担提高承载的任务，表32-3规定的最小配筋率相当于设计规范中考虑温度及收缩应力时的取值，是结合我国工程实践并参考国内外有关标准、规范提出的。对于抗裂而言，重要的是通过适当的配筋率和配筋方式，充分发挥混凝土的膨胀能，所以在一些薄弱部位增设一些附加钢筋，能够发挥混凝土的补偿收缩效果，提高抵御有害裂缝的能力。对膨胀混凝土而言，均衡配筋可以保证在需要补偿收缩的部位产生均匀有效的膨胀，因此，强调在全截面双层配筋。

4. 膨胀加强带间距

膨胀加强带间距详见表32-1。

32.3　补偿收缩混凝土原材料要求

32.3.1　胶凝材料

1）水泥应符合《通用硅酸盐水泥》（GB 175—2007）或《中热硅酸盐水泥 低热硅酸盐水泥 低热矿渣硅酸盐水泥》（GB 200—2003）的规定，不宜采用 C_3A 含量高、粉磨过细、早期强度高的水泥。

2）粉煤灰和矿渣粉可改善混凝土的工作性能，降低水化热。但掺量增大时对膨胀力会产生较大影响，需要从试配中通过获得的限制膨胀率和抗压强度来调整掺量。高钙粉煤灰中游离氧化钙对体积稳定性有较大影响，无法控制其膨胀性，故严禁使用。

32.3.2　膨胀剂

膨胀剂种类繁多，膨胀源各异在水化过程中发生的物理化学变化也不同，补偿收缩效果也不同。主要有 CaO 类膨胀剂，CaO 水化变成 $Ca(OH)_2$ 时，体积增加97%，这种膨胀剂因 CaO 煅烧温度不同，膨胀性能有差异，而且其储存在空气中，易吸收水分而降低膨胀能，造成性能不稳定且其碱度较高，应慎重使用。

目前主要采用的是水化产物为钙矾石（$C_3A \cdot 3CaSO_4 \cdot 32H_2O$）的硫铝酸钙类膨胀剂，其水化产物为钙矾石和氢氧化钙的硫铝酸钙-氧化钙类膨胀剂。

膨胀剂按现行行业标准《混凝土膨胀剂》（GB 23439—2009）规定的方法测定。

32.3.3　外加剂

应选用收缩率比偏大的化学外加剂。

32.3.4　骨料及水

补偿收缩混凝土所用的骨料和水同普通混凝土。

32.4　补偿收缩混凝土配合比设计

32.4.1　补偿收缩混凝土配合比设计要求

1. 限制膨胀率

补偿收缩混凝土配合比不同于抗掺防水混凝土只检测强度和抗掺标号，还须通过配合比保证达到设计要求的膨胀率要求。这需采用工程实用材料，通过配合比试验来求取适宜的参数。试配限制膨胀率应比设计值高 0.005%。

2. 混凝土凝结时间

为控制混凝土温升，防止裂缝形成，应控制混凝土凝结时间，通过调凝达到：常温下，初凝时间 >12h；环境温度高于 28℃、混凝土强度等级 ≥C50 时，初凝时间 >16h；大体积混凝土，初凝时间 >18h；冬期施工时，初凝时间 >10h。

3. 胶凝材料和膨胀剂掺量、水胶比

C25 ~ C40 补偿收缩膨胀混凝土 1m³ 胶凝材料用量为 300 ~ 450kg/m³；用于膨胀加强带、工程接缝填充等部位的补偿收缩混凝土 1m³ 胶凝材料用量不宜小于 350kg/m³。

膨胀剂用量可参见表 32-4 选取。

表 32-4　1m³ 混凝土膨胀剂用量

用途	膨胀剂用量/(kg/m³)
用于补偿收缩混凝土	30 ~ 50
用于后浇带、膨胀加强带、工程接缝填充	40 ~ 60

注：为确保补偿收缩混凝土的膨胀性能和耐久性，补偿收缩混凝土水胶比不宜大于 0.50。

32.5　补偿收缩混凝土应用中应注意的问题

1）膨胀剂宜适用于潮湿环境下有一定配筋率的混凝土工程（或砂浆），不适用于干燥环境下的素混凝土和砂浆。掺加膨胀剂的混凝土必须高度重视浇筑后混凝土的湿养护，确保混凝土达到预期的膨胀值，否则不但混凝土不膨胀，反而可能会有更大的收缩。

2）采用补偿收缩混凝土，为使强度和膨胀协调发展，混凝土强度不宜低于 C30，也不宜高于 C40。当设计强度大于 C40 时，太高的早期强度会抑制混凝土的膨胀。同时高等级混凝土中水胶比较小，水泥水化和膨胀剂争夺混凝土中的自由水，膨胀组分不能充分发挥其膨胀功能，在已形成具有较高早期强度的刚性结构中，没有足够的空间供膨胀剂水化物钙矾石结晶生长，只能以膨胀能力较小的分散微晶体状态存在，使结构更致密，而不能完全发挥补偿收缩之效能。因此，当设计强度高时，要采取提高膨胀剂掺量或采取降低早期强度的措施。

3）对于厚大体积以及预计未来混凝土水化温度可能超过 70℃ 的工程，要慎用膨胀剂或采取相应降温措施。国际上一致认为，钙矾石在温度高于 70℃ 时会发生分解。因此，从安全性考虑，国家规范《补偿收缩混凝土应用技术规程》（JGJ/T 178—2009）规定膨胀源是钙矾石的补偿收缩混凝土使用环境温度不高于80℃。

4）限制状态下补偿收缩混凝土检验方法不同于普通混凝土有如下几点：

① 应采用钢制模板。大膨胀混凝土在无约束的情况下，抗压强度显著降低，在充分限制情况下，其强度比无约束状态高，也高于同配合比的普通混凝土。钢制模具的弹性模量与混凝土中的钢筋相同，因此，要求采用钢制模具。

② 为保证混凝土膨胀需要的水分和受到充分的、接近工程实际的约束，要求混凝土带模湿润养护7d。

③ 补偿收缩混凝土限制膨胀率的检验，应在浇筑地点制作限制膨胀率试验的试件。连续浇筑同一配合比混凝土，应至少分两批次取样进行限制膨胀率试验，标养条件下水中养护14d后进行试验。

第 33 章　清水混凝土

直接利用混凝土成型后的自然质感作为饰面效果的混凝土称为清水混凝土。清水混凝土分为普通清水混凝土、饰面清水混凝土和装饰清水混凝土。

33.1　清水混凝土原材料选择

33.1.1　胶凝材料

1. 水泥

应采用强度等级不低于 42.5 的硅酸盐水泥、普通硅酸盐水泥，为保证混凝土色泽一致以及外加剂适应性的稳定，应采用同一厂家、同一品种和同一强度等级的水泥。如有条件采用同一批号的水泥封存备用，则更好。水泥应 C_3A 含量小，碱含量低，标准稠度用水泥量小。此外应事先了解水泥厂采用的助磨剂是否具有引气性。如采用木钙、三乙醇胺等助磨剂，会使硬化的混凝土表面形成多气孔的麻面。如水泥中含有引气组分，则在拌制混凝土时加入适量消泡剂，例如加入磷酸三丁酯、有机硅消泡剂等。

2. 掺合料

宜采用同一厂家、同一批次矿物掺合料，粉煤灰宜用 I 级灰，矿粉宜优先选用 S95 以上级别。

33.1.2　骨料

1. 细骨料

应采用同一产地和同一色泽的中粗砂（细度模数 2.5 以上），含泥量及泥块含量见表33-1 中括号内的数值。

2. 粗骨料

应采用同一产地、同一规格和色泽、连续级配的石子，其质量要求应符合表 33-1 的要求。运入搅拌站后，不得与其他规格的骨料混放，石子应洁净，不含杂物。

表 33-1　粗（细）骨料质量要求

混凝土强度等级	≥C50	<C50
含泥量,按质量计(%)	≤0.5(≤2.0)	≤1.5(≤3.0)
泥块含量,按质量计(%)	≤0.2(≤0.5)	≤0.5(≤1.0)
针片状含量,按质量计(%)	≤8	≤15

33.1.3　外加剂

须采用同一厂家和同一品种的外加剂，且与水泥应有良好的适应性。如外加剂中含引气组分，则应选择含优质引气组分的外加剂，防止带入大气泡而造成混凝土表面多孔麻面。工程实践证明，采用聚羧酸型高效减水剂效果很好，成型后混凝土表面光亮，很少有气泡和微裂纹。

33.2　清水混凝土施工工艺

33.2.1　模板的选择

模板应牢固稳定，拼缝严密，不漏浆。所选模板体系应技术先进、结构简单、支拆方便、经济合理。模板内侧光滑，有利于混凝土振捣时气泡沿模板壁上逸排出。实践证明，在刚性模板内壁衬一层光滑的材料，如 PVC 板、亚克力板、塑料等，排气效果好，而且模板周转次数也多，经济上也是合算的。

33.2.2　脱模剂的选择

宜选用聚合物类脱模剂，如石蜡乳液脱模剂，在脱模剂中加入一些消泡剂和光亮剂效果较好。不宜采用油类脱模剂，因其黏度大，使贴近模板的气泡排出较困难，致使混凝土表面出现麻面。不宜采用乳化油类和水质类引气性脱模剂。脱模剂必须保证不改变混凝土本色，不污染混凝土。

33.2.3　施工工艺控制

1. 混凝土应分层浇筑

每层厚度控制在 30cm 左右，严禁超过 50cm，混凝土过厚气泡不易排出。

2. 振捣

1）用高频振动器有利于气泡排出。据资料介绍，高频振捣（空载频率 230Hz，空载振幅 0.8mm）应振捣 20s，这是因为新拌混凝土经高频振捣后，其中大气泡和夹杂气泡大量逸出，保留下来的大部分是微小气泡。虽然新拌混凝土含气量下降，但硬化混凝土孔结构改善，只要含气量在 2%～3% 内，气泡间距在 230μm 以内，即可达到抗冻混凝土气泡间距的要求。所以，高频振捣时间控制在合理范围内，有利于混凝土中的气泡结构改善，气泡孔径和间距下降。振动时振点从中间向边缘移动，振捣棒的插入要大于浇筑高度，并插入下层混凝土 5～10cm。

2）振捣棒要快插慢拔，这样带入的气少，引出的气多。要特别注意沿模板壁插捣，将模边滞留的气泡排出。

3）每处振捣时间在 30s 左右，见表面出现浮浆，不再有气泡显著逸出时停止振捣。20～30min 再复振，这样不仅可以减少气泡，还可以提高混凝土密实度，提高混凝土强度 10%～15%。有条件的工地宜采用附着式振动器或用手锤辅助振捣、排气。

3. 养护

清水混凝土在模内养护时间一般不少于 48h，以保证其有足够的拆模强度，保证外观棱角整齐。拆模后应立即用塑料薄膜覆盖（禁止用草袋铺盖，防止混凝土被污染），保水养护，防止微裂缝产生。

33.2.4　清水混凝土表面气泡产生的原因及消除措施

混凝土表面有气泡是个世界性课题，气泡与原材料质量、混凝土配合比、模板体系选择、施工工艺等多种因素有关，因此要从以下几方面采取措施来消除和减少气泡。

1. 混凝土原材料选择

（1）水泥　应采用流动性好、不含引气组分的水泥。

（2）掺合料　粉煤灰应严格控制，不采用含碳量高的粉煤灰，因为劣质粉煤灰中的活性炭对减水剂有强烈的吸附作用，降低减水剂减水效果，使混凝土状态板结的同时，增加气泡的稳定性，增大气泡的直径。因此应选择需水量小、烧失量小的Ⅰ级粉煤灰，并密切关注其质量波动。

（3）石灰石粉　即粒径≤0.075的石灰石颗粒。这种细粉的掺入，能使水泥、粉煤灰、矿渣粉和石粉组成紧密的四元堆垛体系置换出浆体絮状颗粒间的自由水和微气泡，从而极大地改善混凝土拌合物的黏滞性，加速气泡的排出。与此同时，微细的石灰石粉颗粒在气泡表面不均匀铺展，导致气泡表面张力分布不均匀，进而造成膜上液体向高表面张力移动，使此区域气泡破裂。总之，石灰石粉的掺入可改善混凝土拌合物的保水性和可泵性，易于振捣密实，且可加速气泡的排出，从而有效地降低构件表面气泡出现的概率。混凝土中掺入10%石灰石粉取代部分水泥及矿渣粉，混凝土含气量降低0.9%，拌合物黏滞性下降，浆体丰满，流动性好，可施工性强，易于振捣，加速气泡排除。

（4）外加剂　目前聚羧酸高效减水剂已广泛被采用。聚羧酸高效减水剂在发挥减水效果的同时，由于憎水基团的定向排列使气-液相界面能增加，气泡直径大且不易破裂，故聚羧酸减水剂具有一定的引气效果，且大直径的气泡居多。为此建议采用消泡剂先消泡，再与优质引气剂复配，以保持良好的混凝土流动性，减少不良气泡。

清水混凝土不宜采用 Na_2SO_4 及碱含量高、易析盐的外加剂，防止混凝土表面泛白和花脸。

（5）细骨料　砂细且含泥量大，会增加混凝土黏度，不利于气泡的排除，因此应选用含泥小、细度模数为2.7~2.9的中粗砂。

2. 混凝土配合比调整

要通过混凝土配合比的调整，降低混凝土的黏滞性。水胶比、矿渣粉掺量和砂率都会影响混凝土的黏滞性。

1）在满足施工要求的前提下，尽量降低混凝土用水量，一般 $1m^3$ 混凝土用水量不超过 $160kg/m^3$。但水胶比过低，混凝土黏滞性过高，不利于气泡排出。

2）为保证混凝土具有流动性和黏聚性，混凝土中胶结料总量不宜低于 $350kg/m^3$，但也不宜过大，防止混凝土收缩过大。一般清水混凝土中均有掺合料，其用量占胶凝材料总量的20%左右。矿渣粉掺量过多混凝土会黏滞，不利于气泡排出，因此可掺入10%石粉优化配合比，改善拌合物工作性能，加速气泡排除。

3）砂率一般为40%~50%，砂率过小，流动性不好，砂率过大，拌合物黏度增大，不利于气泡排出。

第34章　自密实混凝土

自密实混凝土是指具有高流动性、均匀性和稳定性，浇筑时无需外力振捣，能够在自重作用下密实地充满模板的各个部位的混凝土，又称免振混凝土。

自密实混凝土拌合物具有的自密实性能包括填充性（坍落扩散度和扩展时间）、抗离析性（离析率和粗骨料震动离析率）和间隙通过性（坍落扩展度与环扩展度差值）。解决这些特殊工作性能的关键是调整混凝土拌合物高流动性和稳定性之间的关联因素。

自密实混凝土主要应用于密配筋、内部结构复杂、难以振动成型的结构，以及对环境噪声有严格要求，地处繁华闹市区的工程。

34.1　自密实混凝土原材料选择

为使混凝土具有流动性、高填充性、高间隙通过能力和高稳定性，对其原材料有如下要求：

34.1.1　胶凝材料

1. 水泥

应选择流动性经时损失小、与外加剂相容性好的水泥。自密实混凝土不宜采用掺混合材料品种和数量较多、与外加剂相容性复杂的复合水泥。当掺用矿物掺合料时宜采用硅酸盐水泥、普通硅酸盐水泥。

2. 掺合料

用于自密实混凝土中的粉煤灰、粒化高炉矿渣粉、沸石粉、硅灰等矿物掺合料应符合现行国家标准《高强高性能混凝土用矿物外加剂》（GB/T 18736—2002）、《用于水泥和混凝土中的粉煤灰》（GB/T 1596—2005）和《用于水泥和混凝土中的粒化高炉矿渣粉》（GB/T 18046—2008）中的技术性能指标，也可采用石灰石粉等惰性矿物掺合料。

34.1.2　骨料

1. 细骨料

由于细骨料的含泥量、泥块含量对混凝土的自密实性能影响较大，因此，细骨料宜采用Ⅱ级中砂，含泥量宜小于1%，且不大于3%；泥块含量不大于1%。

人工砂中含有适量石粉能改善混凝土的工作性，但过量的石粉会因吸附更多的水分，导致混凝土工作性变差。因此，人工砂的石粉含量限量应符合表34-1的规定。

表34-1　自密实混凝土用人工砂的石粉含量限量

混凝土强度等级	≥C60	C55～C30	≤C25
MB < 1.4	≤5.0	≤7.0	≤10.0
MB > 1.4	≤2.0	≤3.0	≤5.0

2. 粗骨料

粗骨料中针片状含量、石子最大粒径、石子空隙率、含泥量、泥块含量都对混凝土的工作性能影响很大。因此，《自密实混凝土应用技术规程》（JGJ/T 283—2012）规定粗骨料最大粒径一般宜小于 20mm，且连续级配，对于配筋密集的竖向结构、形状复杂的结构，最大粒径不宜大于 16mm。

针片状含量过大，易造成混凝土拌合物粗骨料堆积，混凝土拌合物的间隙通过性下降，尤其对胶凝材料用量较低的低强度等级混凝土更为明显，因此针片状含量不宜大于 8%。另外，空隙率宜小于 40%，含泥量应小于 1.0%，且泥块含量应小于 0.5%。

轻粗骨料宜采用连续级配，其性能应符合表 34-2 的规定。其他性能及试验方法应符合轻骨料相关技术规程和试验方法国家规范的规定。

表 34-2　自密实混凝土用轻粗骨料的性能指标

密度	最大粒径	粒型系数	24h 吸水率
≥700 级	≤16mm	≤2.0	≤10%

轻粗骨料的吸水率对混凝土的自密实性能影响很大。吸水率过大，导致拌合物坍落扩展度损失过大，因此，规定粗轻骨料 24h 吸水率不宜大于 10%。当 24h 吸水率大于 10% 时，应通过试验验证，确保满足可泵送施工要求。

粗轻骨料密度等级过小，混凝土拌合物易产生离析。因此《自密实混凝土应用技术规程》（JGJ/T 283—2012）规定，轻骨料密度等级不宜低于 700 级。轻骨料最大粒径、粒径系数按行业标准《轻骨料混凝土技术规程》（JGJ 51—2002）相关要求严格控制，规定最大粒径不大于 16mm，粒型系数不大于 2.0。

34.1.3　外加剂

应采用减水率高、分散性好、混凝土和易性好且能大幅度降低屈服切应力和黏度的产品。聚羧酸系高效减水剂具有掺量低、减水率高、混凝土强度增长快、混凝土拌合物坍落度损失小、拌合物黏滞阻力小等优点。而且相比于其他类型的高效减水剂还具有引气功能，可以明显改善混凝土的收缩性能，在一定程度上弥补自密实混凝土收缩较大的缺陷，所以，聚羧酸高效减水剂适用于配制自密实混凝土，尤其是在配制高强度自密实混凝土方面表现出更加明显的性能优势。

34.2　自密实混凝土配合比设计

34.2.1　自密实混凝土配合比设计要求

1）自密实混凝土配合比设计的基本要求是综合考虑工程结构类型、环境因素，进行配合比设计，并应在综合考虑混凝土自密实性能、强度、耐久性及其他性能要求的基础上，计算初始配合比，经试配、调整，得出满足自密实性能要求的基准配合比，经强度、耐久性复合，得出设计配合比。

2）自密实混凝土配合比设计宜采用绝对体积法。采用绝对体积法可避免因胶凝组分密度不同引起的计算误差，其中水胶比宜小于 0.45，胶凝材料用量宜控制在 400 ~ 550kg/m³。

3）自密实混凝土采用通过增加粉体材料和选用高性能减水剂的方法，有利于浆体充分包裹粗细骨料颗粒，使骨料悬浮于浆体中，达到自密实性能。对于低强度等级的混凝土，由于其水胶比较大，浆体黏度较小，仅靠增加单位体积浆体量不能满足工作性要求，特别是难以满足抗离析性能要求，因此可通过掺加增黏剂予以改善，但增黏剂的使用应通过试验确定。适当增加浆体体积，也可通过添加外加剂法来改善浆体的黏结性和流动性。

4）对于钢管自密实混凝土结构，要求浇筑硬化后的自密实混凝土与钢管壁之间结合紧密，以便共同工作。因此，必须采取降低自密实混凝土收缩变形的措施，如掺入优质矿物掺合料取代部分水泥，减少水泥化学收缩；掺入膨胀剂来补偿混凝土收缩，但膨胀剂掺量需通过试验确定；混凝土浇筑完后，采用蓄水养护，减少混凝土早期塑性收缩。

5）自密实混凝土配合比应符合下列规定：

① 配合比设计应确定拌合物中粗骨料体积、砂浆中砂的体积分数、水胶比、胶凝材料用量、矿物掺合料的比例参数。

② 粗骨料体积及质量的计算宜符合下列规定：

a）1m³ 混凝土中粗骨料的体积（V_g）可按表 34-3 选用，粗骨料用量过小，混凝土弹性模量等力学性能显著下降，过大，则拌合物的工作性能显著降低，不能满足自密实性能的要求。

表 34-3　1m³ 混凝土中粗骨料的体积

填充性指标	SF1	SF2	SF3
1m³ 混凝土中粗骨料的体积/m³	0.32 ~ 0.35	0.30 ~ 0.33	0.28 ~ 0.30

b）1m³ 混凝土中粗骨料的质量（m_g）可按下式计算

$$m_g = V_g \rho_g$$

式中　ρ_g——粗骨料表观密度（kg/m³）。

c）砂浆体积（V_m）按下式计算

$$V_m = 1 - V_g$$

d）砂浆中砂的体积分数（ϕ_s）。1m³ 混凝土中砂的体积分数显著影响砂浆的稠度，从而影响自密实混凝土拌合物的和易性。大量试验研究表明，体积分数过大，则混凝土的工作性能和强度降低；过小，则混凝土收缩较大，体积稳定性不良。自密实混凝土砂浆中砂的体积分数 ϕ_s 在 0.42 ~ 0.45 较为适宜。

e）砂的体积（V_s）和质量（m_s）按下式计算

$$V_s = V_m \phi_s$$

$$m_s = V_s \rho_s$$

f）浆体体积（V_p）按下式计算

$$V_\rho = V_m - V_s$$

g）胶凝材料表观密度（ρ_b）可根据矿物掺合料和水泥的相对含量及各自的表观密度确定，并可按下式计算

$$\rho_b = \cfrac{1}{\cfrac{\beta}{\rho_m} + \cfrac{(1-\beta)}{\rho_c}}$$

式中　ρ_m——矿物掺合料的表观密度（kg/m^3）；

　　　ρ_{ce}——水泥表观密度（kg/m^3）；

　　　β——$1m^3$ 混凝土中矿物掺合料占胶凝材料的质量分数（%）。

当采用两种或两种以上掺合料时，以 β_1、β_2、β_3 表示，进行相应计算；根据自密实混凝土工作性能、耐久性、水化温升控制要求、强度及收缩性能，须掺入适当比例的矿物掺合料。矿物掺合料占胶凝材料用量的质量分数不宜小于 0.2。

h）水胶比（m_w/m_b）。按下式计算

$$\frac{m_w}{m_b} = \frac{0.42 f_{ce}(1 - \beta + \beta\gamma)}{f_{cu,0} + 1.2}$$

式中　m_b——$1m^3$ 混凝土胶凝材料的质量（kg）；

　　　m_w——$1m^3$ 混凝土水的质量（kg）；

　　　f_{ce}——水泥 28d 实测值（MPa），当无实测值时可取水泥强度等级对应值乘以 1.1；

　　　γ——矿物掺合料的胶凝系数，粉煤灰（$\beta \leqslant 0.3$）时可取 0.4，矿物掺合料（$\beta \leqslant$ 0.3）时可取 0.9。

i）$1m^3$ 自密实混凝土中胶凝材料的质量（m_b）计算。按下式计算

$$m_b = \frac{(V_\rho - V_a)}{\left(\cfrac{1}{\rho_b} + \cfrac{m_w/m_b}{\rho_w}\right)}$$

式中　V_a——$1m^3$ 混凝土中引入空气体积（L），对非引气型混凝土 $V_a = 10 \sim 20L$；

　　　ρ_w——$1m^3$ 混凝土中拌合水表观密度（kg/m^3），取 $1000kg/m^3$。

j）计算 $1m^3$ 混凝土用水量（m_w）。按下式计算

$$m_w = m_b \cdot (m_w/m_b)$$

k）计算 $1m^3$ 混凝土水泥用量（m_c）和矿物掺合料用量（m_m）。按下式计算

$$m_m = m_b \beta$$

$$m_c = m_b - m_m$$

l）外加剂品种、用量应根据试验确定，也可按下式计算

$$m_{ca} = m_b \alpha$$

式中　m_{ca}——$1m^3$ 混凝土中外加剂质量（kg）；

　　　α——$1m^3$ 混凝土中外加剂占胶凝材料总量的质量分数（%）。

34.2.2　自密实混凝土配合比试配、调整和确定

1）应用工程实际使用的原材料，配制混凝土的搅拌量不小于 25L。

2）试拌先检查拌合物自密实性能控制指标，再检查拌合物可选指标。当自密实混凝土性能不满足要求时，应在水胶比不变、胶凝材料用量和外加剂用量合理的原则下，调整胶凝材料、外加剂用量或体积分数，直到符合要求为止，以此作为基准配合比。

3）混凝土强度试验时，应采用三个不同配合比，其中一个以上值为基准配合比，维持用水量不变，另外两个较基准配合比分别增、减水胶比 0.02，砂的体积分数分别增、减1%，在试验强度时，及时验证其拌合物自密实性能。

4）高耐久性是高性能混凝土的一个重要特性。如实际工程对混凝土耐久性有具体要求，则需要对自密实混凝土相应的耐久性指标进行检测，并据此调整配合比直至满足耐久性要求。

5）原材料的波动对自密实混凝土的工作性能影响极为敏感，工程施工时，其原材料应与试配时一致，当原材料发生显著变化时，应及时对配合比进行试配调整。

6）对于施工条件特殊的工程，采用试验室的测试方法不能准确评价混凝土拌合物的施工性能是否满足实际需要，可根据需要进行足尺试验，以便直观准确地判断拌合物的工作性能是否适宜。

7）其余步骤与普通混凝土相同。

34.3　自密实混凝土工作性能测定方法与应用范围

自密实混凝土拌合物工作性能的检测包括填充性检测、间隙通过性检测、抗离析性检测。

目前我国关于自密实混凝土的标准主要有《自密实混凝土设计与施工指南》（CCEC 02—2004）、《自密实混凝土应用技术规程》（CECS 203—2006）和《自密实混凝土应用技术规程》（JGJ/T 283—2012）。在这三个标准中，对原材料的技术要求、自密实性能指标、测试方法和配合比设计的规定也不尽一致，但从实质上而言差别不大。本节以《自密实混凝土应用技术规程》（JGJ/T 283—2012）为主加以介绍。

34.3.1　自密实混凝土拌合物的自密实性能及要求

坍落扩展度值是描述非限制状态下新拌混凝土的流动性和检验新拌混凝土自密实性能的主要指标之一。T_{500} 时间是自密实混凝土的抗离析性和填充性综合指标，同时，可以用来评估流动速率。VS1 的流动时间较长，表现出良好的触变性能，有利于减轻模板压力或提高抗离析性，但容易使混凝土表面形成孔洞，堵塞，阻碍连续泵送，建议 T_{500} 控制在 2~8s 范围内使用；VS2 具有良好的填充性能和自流平的性能，使混凝土能获得良好的表观性能，一般适合于配筋密集的结构或要求流动性良好、表观要求高的混凝土，但是该等级自密实混凝土拌合物易泌水和离析。

间隙通过性用来描述新拌混凝土流过具有狭口的有限空间（比如密集的加筋区），而不会出现分离、失去黏性或者堵塞的情况。因此，在定义间隙通过性的时候，应考虑钢筋的几何形状、密度、混凝土填充性和骨料最大粒径。自密实混凝土可以连续填满模板的最小间隔至限定尺寸,这个间隔常和钢筋间隔有关。除非配筋非常紧密,否则,通常不会把配筋和模板之间的空间考虑在内。

抗离析性是保证自密实混凝土均匀性和质量的基本性能。对于高层或薄板结构来说,浇筑后产生的离析有很大的危害性,它可导致表面开裂等质量问题。自密实混凝土拌合物的自密实性能及要求见表34-4。自密实混凝土性能等级指标见表34-5。

表 34-4　自密实混凝土拌合物的自密实性能及要求（JGJ/T 283—2012）

自密实性能	性能指标	性能等级	技术要求
填充性	坍扩度/mm	SF1	550 ~ 655
		SF2	660 ~ 755
		SF3	760 ~ 850
	扩展时间 T_{500}/s	VS1	>2
		VS2	<2
间隙通过性	坍扩度与 J 环扩散度差值/mm	PA1	25 < PA1 ≤ 50
		PA2	0 < PA2 ≤ 25
抗离析性	离析率(%)	SR1	≤20
		SR2	≤15
	粗骨料震动离析率(%)	f_m	≤10

注:当抗离析性试验结果有争议时,以离析筛析法试验结果为准。

表 34-5　混凝土自密实性能等级指标（CECS 203—2006）

性能等级	一级	二级	三级
U 形箱式试验填充高度/mm	>320 (隔栅型障碍 1 型)	>320 (隔栅型障碍 2 型)	>320 (无障碍)
坍落扩展度(mm)	700 ± 50	650 ± 50	600 ± 50
T_{500}/s	5 ~ 20	3 ~ 20	3 ~ 20
V 形漏斗通过时间/s	10 ~ 25	7 ~ 25	4 ~ 25
应用范围	适用于钢筋最小净距为 35 ~ 60mm、结构形状复杂、断面尺寸小的结构	适用于钢筋最小净距为 60 ~ 200mm 的钢筋混凝土结构	适用于钢筋最小净距在 200mm 以上、断面尺寸大、配筋少的结构

注: T_{500}—坍扩度达到500mm 时的时间。

34.3.2　各因素措施对自密实混凝土拌合物性能的影响

各因素措施对自密实混凝土拌合物性能的影响见表34-6。

表 34-6　各因素措施对自密实混凝土拌合物性能的影响

影响因素	采取措施	影响性能					
		填充性	间隙通过性	抗离析性	强度	收缩	徐变
黏性太高	增大用水量	+	+	-	-	-	-
	增大浆体体积	+	+	+	+	-	-
	增加外加剂用量	+	+	-	+	0	0

（续）

影响因素	采取措施	影响性能					
		填充性	间隙通过性	抗离析性	强度	收缩	徐变
黏性太低	减少用水量	-	-	+	+	+	+
	减少浆体体积	-	-	-	-	+	+
	减少外用剂用量	-	-	+	-	0	0
	添加增稠剂	-	-	+	0	0	0
	采用细粉	+	+	+	0	-	-
	采用细砂	+	+	+	0	-	0
屈服太高	增大外加剂用量	+	+	+	+	0	0
	增大浆体体积	+	+	+	+	-	-
	增大灰体积	+	+	+	+	-	-
离析	增大浆体体积	+	+	+	+	-	-
	增大灰体积	+	+	+	+	-	-
	减少用水量	-	-	+	+	+	+
	采用细粉	+	+	+	0	-	-
工作性损失过快	采用慢反应型水泥	0	0	-	-	0	0
	增大惰性物掺量	0	0	-	-	0	0
	用不同类型外加剂	*	*	*	*	*	*
	采用矿物掺合料	*	*	*	*	*	*
堵塞	降低最大粒径	+	+	+	-	-	-
	增大浆体体积	+	+	+	+	-	-
	增大灰体积	+	+	+	+	-	-
标志说明		+		具有好的效果			
		-		具有较差的效果			
		0		没有显著效果			
		*		结果发展趋势不确定			

34.3.3　自密实混凝土的应用范围

由于自密实混凝土具有很好的流动性，减少施工环境噪声，因此近年来应用范围越来越广，为了便于设计、施工单位选择自密实的性能等级，《自密实混凝土应用技术规程》（JGJ/T 283—2012）对不同等级自密实混凝土的应用范围作了具体的规定，见表 34-7。

表 34-7　不同等级自密实混凝土的应用范围

自密实性能	性能等级	应用范围	重要性
填充性	SF1	1. 从顶部浇筑的无筋或少筋混凝土结构	控制指标
		2. 泵送浇筑的混凝土工程	
		3. 截面较小，无需水平长距离流动的竖向结构	
	SF2	适合一般的普通钢筋混凝土结构	

（续）

自密实性能	性能等级	应 用 范 围	重要性
填充性	SF3	适用于结构紧密的竖向构件,形状复杂的结构(粗骨料最大公称粒径小于16mm)	控制指标
	VS1	适用于一般普通钢筋混凝土结构	
	VS2	适用于配筋较多的结构或有较高混凝土外观性能要求的结构,应严格控制	
间隙通过性	PA1	适用于钢筋净距为 80~100mm	可选指标
	PA2	适用于钢筋净距为 60~80mm	
抗离析性	SR1	适用于流动距离小于 5m,钢筋净距大于 80mm 的竖向结构和薄壁结构	可选指标
	SR2	适用于流动距离大于 5m,钢筋净距大于 80mm 的竖向结构,也适用于流动距离小于 5m,钢筋净距小于 80mm 的竖向结构,当流动距离超过 5m,SR 的值宜小于 10%	

注：1. 钢筋净距小于 60mm 的工程宜进行浇筑模拟试验,对于钢筋净距大于 80mm 的薄板结构或钢筋净距大于 100mm 的其他结构,可不作间隙通过指标要求。
2. 高填充性（坍扩度指标为 SF2 或 SF3）的自密实混凝土,应有抗离析性要求。

34.4　自密实混凝土的生产与施工

34.4.1　自密实混凝土生产、运输

1）原材料计量允许误差。水泥、矿物掺合料为 ±2%,水、外加剂均为 ±1%,粗、细骨料为 ±3%。

2）高温和冬期施工时,原材料最高入机温度限制见表 34-8。

表 34-8　原材料最高入机温度限制　　　　　　　　（单位：℃）

材料名称	水泥	骨料	水	掺合料	备注
高温施工	60	30	25	60	
冬期施工	60	40	—	—	其他材料不得直接加热

3）自密实混凝土入模温度：高温季节 ≤35℃,冬期 ≤5℃,大体积混凝土 ≤30℃,绝热温升 ≤50℃,降温速度 ≤2℃/d。

4）正式生产前必须对自密实混凝土拌合物进行开盘鉴定,测定其工作性能。

5）应根据待浇混凝土结构物的实际情况对自密实混凝土的生产速度、运输时间及浇筑速度进行协调,制定合理的运输计划,确保自密实混凝土拌合物供应的连续性,从接料到卸料的时间不宜大于 120min。

34.4.2　自密实混凝土施工

1）自密实混凝土施工前应进行模板侧压力验算,模板应拼装紧密,不得漏浆。对于浇筑形状复杂或封闭模板空间的混凝土,应在模板的适当部位设排气口或浇筑观察口。在浇筑过程中,为防止产生浇筑不均匀及表面气泡,可在模板外侧辅助敲击。

2）自密实混凝土浇筑最大水平距离 ≤7m,对于墙柱结构,混凝土的倾落高度 ≤5m,否则须加串管、溜槽。钢管混凝土的倾落高度 ≤9m,否则也须加串管、溜槽。

3）自密实混凝土浇筑后应及时覆盖，保湿养护时间不得少于 14d。对于裂缝有严格要求的混凝土结构，要延长养护期。

34.4.3　质量检验与验收

1）自密实混凝土质量检验包括混凝土拌合物工作性检验和硬化混凝土质量检验。

2）混凝土拌合物工作性检验应符合《自密实混凝土应用技术规程》（JGJ/T 283—2012）的规定。

3）试块制作方法：

① 强度、抗渗、收缩、抗冻等试块制作所用的试模与普通混凝土相同。

② 试块制作过程中，不应采取任何振捣措施，分两次均匀地将拌合物装入试模中，中间间隔 30s，然后刮去多余的混凝土拌合物，最后用抹刀将表面抹平。

34.5　自密实混凝土配合比设计实例

34.5.1　自密实混凝土配合比计算实例

1. 工程概况

某医院地下加速器室，为减小施工噪声对病房的影响，建设单位要求采用自密实混凝土，墙厚 1.2m，钢筋净距 >100mm，混凝土强度等级为 C40P8。

2. 考核指标

根据上述条件，按《自密实混凝土应用技术规程》（JGJ/T 283—2012）不同性能等级自密实混凝土的应用范围规定，选择该工程填充性指标为 SF1，扩展时间可选 VS1（坍扩度为 550～655mm，$T_{500} > 2s$），间隙通过性和抗离析性可不考核。混凝土不得出现裂缝。

3. 材料性能

水泥为 P·O 42.5，$f_b = 50MPa$，表观密度为 3.1t/m³；I级粉煤灰，表观密度为2.2t/m³；河砂，2区中砂，表观密度为 2.67 t/m³，小于 0.075mm 的细粉含量为2%；碎石为 5～20mm 连续级配，表观密度为2.7t/m³；外加剂为聚羧酸系高性能减水剂，固含量为10%。

4. 初步配合比设计

本工程系地下混凝土结构，又是大体积混凝土，为降低水化热，防止产生温度裂纹，决定采用 60d 强度验收。

1）确定配制强度 $f_{cu,0} = f_{cu,k} + 1.645\sigma = (40.0 + 1.645 \times 5.0)MPa = 48.2MPa$

2）确定单位体积粗集料体积（V_g）和质量（m_s）。根据《自密实混凝土应用技术规程》（JGJ/T 283—2012）的规定，SF1 自密实混凝土可取 $V_g = 0.32～0.35$，本例取$V_g = 0.32$。

1m³ 粗骨料质量　　　　$m_g = V_g\rho_g = (0.32 \times 2700)kg = 864kg$

3）计算砂浆体积（V_m）和质量（m_s）。按下式计算

$$V_m = 1 - V_g = (1 - 0.32)m^3 = 0.68m^3$$

按《自密实混凝土应用技术规程》（JGJ/T 283—2012）的规定，砂浆中砂的体积分数 ϕ_s 可取 0.42～0.45，本例取 $\phi_s = 0.43$。

计算 1m³ 混凝土中砂的体积（V_s）和（m_s）。按下式计算

$$V_s = 0.68 \times 0.43 = 0.2924m^3$$

$$m_s = V_s \rho_s = (2.67 \times 0.29)\,\mathrm{kg} = 781\,\mathrm{kg}$$

4）计算浆体体积（V_ρ）。按下式计算

$$V_\rho = V_m - V_s = (0.68 - 0.2924)\,\mathrm{m}^3 = 0.3876\,\mathrm{m}^3$$

5）计算胶凝材料表观密度（ρ_b）。按下式计算

按公式 $\rho_b = \dfrac{1}{\dfrac{\beta}{\rho_m} + \dfrac{1-\beta}{\rho_c}}$ 计算，胶凝材料中粉煤灰和膨胀剂质量分数为 0.3，其混合物表观

密度近似取 $2.2\mathrm{t/m}^3$，水泥表观密度为 $3.1\mathrm{t/m}^3$，代入求得

$$\rho_b = \frac{1}{\dfrac{0.3}{2.2} + \dfrac{(1-0.3)}{3.1}}\mathrm{t/m}^3 = \frac{1}{0.14 + 0.23}\mathrm{t/m}^3 = \frac{1}{0.37}\mathrm{t/m}^3 = 2.7\mathrm{t/m}^3$$

6）计算水胶比。根据《自密实混凝土应用技术规程》（JGJ/T 283—2012）的规定，粉煤灰质量分数≤0.3 时，可取 $\gamma = 0.4$。

7）计算 $1\mathrm{m}^3$ 自密实混凝土中胶凝材料的质量（m_b）。按下式计算

$$m_b = \frac{(V_p - V_a)}{\left(\dfrac{1}{\rho_b} + \dfrac{m_w/m_b}{\rho_w}\right)} = \frac{(0.3876 - 0.01)}{\left(\dfrac{1}{2.7} + \dfrac{0.35}{1.0}\right)}\mathrm{t/m}^3 = \frac{0.3776}{0.7204}\mathrm{t/m}^3 = 0.524\mathrm{t/m}^3$$

其中，$V_a = 0.01\mathrm{m}^3$；ρ_w 取 $1.0\mathrm{t/m}^3$。

胶凝材料用量计算值偏大，按照自密实混凝土配合比设计要求，胶凝材料用量宜控制在 $400 \sim 550\mathrm{kg/m}^3$，参考 C40 混凝土胶凝材料用量，取 $490\mathrm{kg/m}^3$。

8）计算 $1\mathrm{m}^3$ 混凝土用水量（m_w）。

$$m_w = m_b \cdot (m_w/m_b) = 490 \times 0.35\mathrm{kg/m}^3 = 171\mathrm{kg/m}^3$$

9）计算混凝土水泥用量（m_c）、矿物掺合料（粉煤灰及膨胀剂）用量（m_m）。

$$m_m = m_b \beta = 490\mathrm{kg/m}^3 \times 0.3 = 147\mathrm{kg/m}^3$$

膨胀剂用量占胶凝材料用量的 8%，膨胀剂用量为 $490\mathrm{kg/m}^3 \times 0.08 = 39\mathrm{kg/m}^3$；粉煤灰用量为 $(147 - 39)\mathrm{kg/m}^3 = 108\mathrm{kg/m}^3$；$m_c = m_b - m_m = (490 - 147)\mathrm{kg/m}^3 = 343\mathrm{kg/m}^3$。

10）外加剂品种、用量应根据试验确定。外加剂用量按下式计算

$$m_{ca} = m_b \alpha = 490\mathrm{kg/m}^3 \times 0.02 = 9.8\mathrm{kg/m}^3$$

$$m_w/m_b = \frac{0.42 f_{ce}(1 - \beta + \beta\gamma)}{f_{cu.0} + 1.2} = \frac{0.42 \times 50(1 - 0.3 + 0.3 \times 0.4)}{48.2 + 1.2} = \frac{17.22}{49.4} = 0.35$$

计算得基准混凝土配合比见表 34-9。

表 34-9　基准混凝土配合比

W/B	C	FA	膨胀剂	W	S	G	P.C	坍扩度 /mm	T_{500} /s	强度/MPa	
										28d	60d
0.35	343	108	39	171	781	864	9.8	640	5	48.2	52.1

测试混凝土自密实性能坍扩度及 T_{500} 满足设计指标要求。

按照《自密实混凝土应用技术规程》（JGJ/T 283—2012）的规定，采用三个不同配合比，其中一个以上值为基准配合比，另外两个较基准配合比分别增、减水胶比 0.02，砂的体积分数分别增、减 1%，在试验时，验证其强度和拌合物自密实性能。混凝土配合比及试验结果见表 34-10 和表 34-11。

表 34-10　三组自密实混凝土配合比　　　　　　　（单位：kg/m³）

编号	胶凝材料总量	水胶比	水泥	粉煤灰	膨胀剂	水	砂	碎石	外加剂
1	490	0.35	343	108	39	171	781	864	9.8
2	518	0.33	363	114	41	171	765	880	10.4
3	462	0.37	325	100	37	171	798	847	9.3

表 34-11　自密实 C40P8 混凝土工作性能及强度

编号	坍扩度/mm	T_{500}/s	60d 强度/MPa
1	640	5	52.1
2	620	8	55.4
3	630	5	47.2

综合考虑生产成本、混凝土工作性能和强度指标，决定选择配合比 1 作为本工程施工配合比。

按上述数值确定基准自密实混凝土配合比见表 34-12。

表 34-12　基准自密实混凝土配合比

自密实等级		SF1、VS1	
设计强度等级		C40P8	
使用环境条件/耐久性要求		无特殊要求	
拌合物性能目标值	坍落扩展度/mm	600~650	
	T_{500}/s	5~10	
	…	—	
	…	—	
1m³ 自密实混凝土原材料		体积/L	质量/kg
粗骨料		0.32	864
砂		0.29	781
水		0.171	171
水泥		0.11	343
粉煤灰		0.049	108
膨胀剂		0.058	39
聚羧酸泵送剂		—	9.8

其水胶比：0.35 < 0.45；胶凝材料量：550kg/m³ > 490kg/m³ > 400kg/m³；坍扩度 640mm，T_{500} = 5s 数据均满足 SF1 和 VS1 的要求。其余步骤同普通混凝土配合比设计。

工程浇筑后 7d 以后脱模，加强养护，及时回填土，保湿养护。

34.5.2　工程应用实例

1）工程用自密实混凝土配合比实例分别见表 34-13 和表 34-14。

表 34-13　自密实混凝土配合比实例（一）

型号	混凝土配合比/(kg/m³)					外加剂（%）	坍/扩度/mm	R_{28d}	单位成本/(元/m³)
	C	FA	W	S	G				
C30	210	360	180	710	810	0.8	275/680	39.8	244.68
C60	350	200	158	730	810	1.1	280/660	78.6	309.28

注：表中 C30、C60 自密实混凝土采用 P·O 42.5 水泥，340 元/t；元宝山I级 FA，110 元/t；5~20mm 碎石，50 元/m³；粗砂，30 元/m³；聚羧酸系高效减水剂，14 元/kg。(摘自混凝土杂志 2005 年第 1 期（P20~P23），试验单位：清华大学)

表34-14　自密实混凝土配合比实例（二）

混凝土配合比/（kg/m³）							泵送剂品种	初始坍/扩度/mm	3h坍/扩度/mm	混凝土强度/MPa		
C	FA	KF	W	S	G	泵送剂				R_{3d}	R_{7d}	R_{28d}
350	110	100	154	798	937	12.3	西卡3420	240/640	240/580	40.8	56.1	74.6
350	110	100	154	798	937	11.2		240/620	235/550	34.6	59.4	75.2
370	90	100	102	756	1001	12.3		230/550	225/510	53.7	60.6	71.8
300	100	195	154	820	900	10.7	西卡3301	235/630	225/650	37.1	57.6	72.0
350	110	100	146	798	937	11.2		240/690	235/660	35.5	52.8	74.4
350	110	100	134	694	1042	9.5		240/550	235/510	41.8	64.2	80.1
300	160		172	774	986	1.4	格瑞斯	240/585	—	38.2	48.9	66.8
300	160		172	774	986	1.3	西卡	240/555	—	32.1	48.1	67.5
280	180		183	774	986			240/610	—	26.1	37.6	58.1
300	180		179	774	986	1.4	—	240/620	—	31.4	42.6	61.4

注：表中采用本溪水泥 P·O 42.5（f_{ce}=59.2MPa）；中砂；5mm～20mm碎石；I级粉煤灰 FA；鞍钢矿渣粉 KF（比表面积为 420m²/kg）；（试验单位：沈阳泰宸混凝土公司、沈阳四方混凝土有限公司）。

C50、C60自密实混凝土参考配合比见表34-15和表34-16。

表34-15　C50自密实混凝土参考配合比

材料名称	水泥	矿粉	粉煤灰	砂	碎石	泵送剂	水	坍落度/mm	扩展度/mm	R_{28d}/MPa
规格	P·O42.5	S95	I级	μ_f=2.7	5～15mm	P.C	自来水			
用量	400kg/m³	30kg/m³	90kg/m³	785kg/m³	865kg/m³	5.7kg/m³	187kg/m³	268	700	61.8

表34-16　C60自密实混凝土参考配合比

材料名称	水泥	粉煤灰	砂	碎石	泵送剂	水	坍落度	扩展度	T_{500}	R_{28d} 抗压	R_{28d} 抗折
规格	P·O 42.5	I级	μ_f=2.6	5～20mm	含固量40%	自来水	mm	mm	s	MPa	MPa
用量	361kg/m³	195kg/m³	835kg/m³	832kg/m³	4.45kg/m³	167kg/m³	270	625	11.4	74.1	11.96

2）人工砂自密实混凝土参考配合比见表34-17。

表34-17　人工砂自密实混凝土参考配合比

编号	水/（kg/m³）	水泥/（kg/m³）	矿渣粉/（kg/m³）	粉煤灰/（kg/m³）	人工砂（MB≤1）/（kg/m³）	碎石/（kg/m³）	外加剂（%）
1	166	305	107	123	798（石粉含量≤7%）	853	1.25
2	168	280	50	170	818（石粉含量≤10%）	854	1.23
3	179	192	48	240	830（石粉含量≤15%）	880	0.92

人工砂自密实混凝土拌合物及强度值见表34-18。

表34-18　人工砂自密实混凝土拌合物性能及强度值

编号	坍扩度/mm	J环扩展度/mm	坍落扩展度与J环扩展度差值/mm	扩展时间 T_{500}/s	混凝土抗压强度/MPa		
					7d	28d	60d
1	675	665	10	2.9	19.3	30.9	41.9
2	605	605	0	2.0	35.4	50.9	65.5
3	705	705	0	2.4	40.2	57.1	75.2

注：1. 本表数值摘自《自密实混凝土应用技术规程》（JGJ/T 283—2012）。
　　2. 所用材料：水泥为 P·O 42.5，I级粉煤灰，S95 矿渣粉，5～20mm 连续级配碎石，人工砂经水洗，聚羧酸高效减水剂。

34.5.3　SY 系列复合掺合料在高性能自密实混凝土上的研究成果实例

SY 系列复合掺合料是沈阳北方材料试验有限责任公司研制的一种高性能混凝土掺合料。这种复合掺合料以优质粉煤灰、磨细矿渣粉、硅灰等为原料，按不同配比磨细制成，并已于 2008 年通过技术鉴定。目前 SY 系列复合掺合料已在诸多工程中得到应用，取得了很好的效益。

用 SY 系列复合掺合料可配制 C40 ~ C100 级高性能自密实混凝土，可控制混凝土拌合物坍落度大于 240mm，坍落扩展度大于 550mm，中边差小于 25mm，排空时间为 15 ~ 25s，保塑时间可达 6h，满足自密实混凝土的技术要求。

该成果采用 P·O 42.5 水泥，通过"双掺"和复合掺合料技术，系统研究了十余种水泥、多种工业固体废弃物制备高性能自密实混凝土，合理利用了粉煤灰、磨细矿渣粉、硅灰等工业废弃物，对节能减排、保护环境具有显著的效益。

至今，辽宁地区已在几十项工程中应用该技术，成功配制 C50 ~ C100 级高性能自密实混凝土，特别是针对钢筋密集结构部位及钢管混凝土工程，及要求长时间低坍落度损失的混凝土施工技术难点，总结出了切实可行的生产施工方案。该课题在结合北方地区材料及工程特征，经济、有效地制备高性能自密实混凝土方面达到了国内领先水平，其中 C100 高性能自密实混凝土研究和工程应用方面达到了国际先进水平。

1. C40 ~ C100 级自密实混凝土配合比

1）试验用原材料见表 34-19。

表 34-19　C40 ~ C100 级自密实混凝土配合比试验用原材料

材料名称	产地	材料规格		使用型号
水泥	小野田	P·Ⅱ52.5	28d 实测强度 60.5MPa	用于 C100
	冀东	P·O42.5	28d 实测强度 49.0MPa	用于 C60 ~ C80
	铁新	P·O42.5	28d 实测强度 47.6MPa	用于 C40 ~ C50
砂	铁岭	粗砂	细度模数 3.1 含泥 1%	用于 C100
	浑河	中砂	细度模数 2.5 含泥 1.5%	用于 C60 ~ C80
	浑河	细砂	细度模数 2.2 含泥 1%	用于 C40 ~ C50
碎石	抚顺	石灰岩	5 ~ 20mm,含泥 1.5 %,针片状含量 4%	用于 C40 ~ C100

2）C40 ~ C100 级自密实混凝土配合比及力学性能。

① C40 ~ C100 级自密实混凝土配合比见表 34-20。

表 34-20　C40 ~ C100 级自密实混凝土配合比

强度等级	水胶比	砂率(%)	混凝土材料用量/(kg/m³)						水泥厂名等级
			水	水泥	掺合料	砂	碎石	外加剂	
C40	0.33	42.0	150	270	Sy—4　180	760	1054	萘系　5.85	铁新 P·O42.5
C50	0.33	41.0	165	300	Sy—5　200	720	1052	萘系　6.50	冀东 P·O42.5
C60	0.31	40.0	163	330	Sy—6　200	680	1040	萘系　7.30	冀东 P·O42.5

（续）

强度等级	水胶比	砂率(%)	混凝土材料用量/(kg/m³)						水泥厂名等级
			水	水泥	掺合料	砂	碎石	外加剂	
C80	0.28	39.0	163	435	Sy—8 150	685	1070	氨基系 26	小野田 P·Ⅱ42.5
C100	0.26	37.0	145	490	Sy—10 110	650	1110	氨基系 30	小野田 P·Ⅱ42.5

② C40 ~ C100 级自密实混凝土拌合物性能及试配强度见表 34-21。

表 34-21　C40 ~ C100 级自密实混凝土拌合物性能及试配强度

强度等级	坍落度/mm	坍落扩展度/mm	排空时间/s	保塑时间/h	抗压强度/MPa	
					7d	28d
C40	250	550	10 ~ 20	3 ~ 4	35	54
C50	250	550	10 ~ 20	3 ~ 4	45	65
C60	260	600	10 ~ 20	5 ~ 6	58	74
C80	260	600	10 ~ 20	5 ~ 6	78	98
C100	260	600	10 ~ 20	5 ~ 6	90	116

③ C80 级自密实混凝土 28d 强度检验及评定见表 34-22。

表 34-22　C80 级自密实混凝土 28d 强度检验及评定

试件序号	1	2	3	4	5	6	7	8
代表值/MPa	102.5	99.4	101.3	102.2	98.5	95.5	96.4	102
试件序号	9	10	11	12	13	14	15	16
代表值/MPa	91.1	97.8	98.3	98.8	101.3	99.6	99.4	99.4
评定/MPa			$m_{f_{cu}} = 98.8$		$S_{f_{cu}} = 2.98$		$f_{cu,min} = 91.1$	

注：1. 试件尺寸为 100mm × 100mm × 100mm，尺寸换算系数为 0.93。
　　2. 当标准差（$S_{f_{cu}}$）小于 $0.06 f_{cu,k}$ 时，取 $0.06 f_{cu,k}$。

④ C80 级自密实混凝土 120d 强度见表 34-23。

表 34-23　C80 级自密实混凝土 120d 强度结果

试件序号	代表值/MPa	占设计强度(%)	$m_{f_{cu}}$/MPa	$S_{f_{cu}}$(MPa)	$f_{cu,min}$/MPa
1	124.8	156			
2	121.3	152			
3	124.4	156			
4	118.1	148			
5	117.8	147	121.5	3.17	117.8
6	120.4	150			
7	120.0	150			
8	123.5	154			
9	126.7	158			
10	118.1	148			

表 34-22 和表 34-23 分别为 C80 级自密实混凝土在工程中随机抽取试件的实测 28d 及 120d 龄期强度。掺 SY 系列复合掺合料的混凝土工作性能，不仅 28d 强度保证率很高，且后期强度有较大幅度的增长。

2. 高强度混凝土弹性模量的研究

经沈阳北方材料试验有限责任公司、北京东方建宇混凝土科研院与哈工大结构试验室及国家建筑工程质检中心试验，发现混凝土弹性模量比国家现行规范、规程均高，混凝土强度等级 C80 以下弹性模量比原规范提高 1.1 ~ 1.16 倍，C85 以上的混凝土弹性模量比原规范外推值提高 1.2 ~ 1.33 倍，详见表 34-24 和表 34-25。这对我国高强度混凝土结构设计应用特别是（C100 级以上混凝土）是非常有意义的。

表 34-24　C50 ~ C80 混凝土弹性模量 E_C 对比

强度等级	C50	C55	C60	C65	C70	C75	C80
规范 $E_C/10^4$ MPa	3.45	3.55	3.6	3.65	3.70	3.75	3.80
试验 $E_C/10^4$ MPa	3.8	3.9	4.0	4.1	4.2	4.3	4.4
试验 E_C/规范 E_C	1.10	1.10	1.11	1.12	1.14	1.15	1.16

表 34-25　C85 ~ C130 混凝土弹性模量 E_C 对比

强度等级	C85	C90	C95	C100	C110	C120	C130
规范 $E_C/10^4$ MPa	3.83	3.87	3.90	3.93	3.98	4.02	4.05
试验 $E_C/10^4$ MPa	4.5	4.6	4.7	4.8	4.9	5.2	5.4
试验 E_C/规范 E_C	1.17	1.19	1.20	1.22	1.26	1.29	1.33

34.5.4　低强度等级自密实混凝土配合比

低胶凝材料自密实混凝土配合比可参见表 34-26、表 34-27 和表 34-28。

表 34-26　低胶凝材料自密实混凝土配合比

C /(kg/ m³)	FA /(kg/ m³)	KF /(kg/ m³)	W /(kg/ m³)	S /(kg/ m³)	G (5 ~ 10) mm/ (10 ~ 20) mm	CMC (%)	硅灰 (%)	坍/扩度 /mm	T_{500} /s	龄期强度/MPa	
										R_{3d}	R_{28d}
220	105	55	148	830	374/562	0.05	—	240/556	10	16.8	34.0
220	105	55	148	830	374/562	—	2	257/605	6	24.0	36.6

注：1. C 为 P·O 42.5（$f_{ce}=55.7$MPa）；FA 为 Ⅱ 级，需水量比为 99%，活性指数为 79%。

　　2. KF 为 S95 级；S 为河砂，$\mu_f=2.8$；减水剂为 FDN，减水率为 18% ~ 25%，掺量为 2.1%。

　　3. CMC 为羧甲基纤维素增黏剂，26000 元/t，1m³ 增加成本 4.94 元/m³（未加增黏剂前混凝土泌水）。

　　4. 硅灰单价为 1600 元/t，1m³ 增加成本 12.16 元/m³。

表 34-27　C25 自密实混凝土参考配合比

材料名称	水泥	矿渣粉	粉煤灰	砂	碎石	泵送剂	水	坍落度	扩展度	R_{28d}
规格	P·O32.5	S95	Ⅱ级	$\mu_f=3.0$ 机制砂	5 ~ 10 mm	P.C	自来水	/mm	/mm	/MPa
用量	288kg/m³	120kg/m³	72kg/m³	839kg/m³	873kg/m³	2.9kg/m³	208kg/m³	270	735	34.7

表 34-28　C35 自密实混凝土参考配合比

材料名称	水泥 /(kg/m³)	矿粉 /(kg/m³)	粉煤灰 /(kg/m³)	砂 /(kg/m³)	碎石 /(kg/m³)	泵送剂 /(kg/m³)	水 /(kg/m³)	坍落度 /mm	扩展度 /mm	R_{28d} /MPa
规格	P·O 42.5	S95	I 级	$\mu_f = 2.7$	5~15mm	P.C	自来水	/mm	/mm	/MPa
用量	312	48	121	782	865	4.8	194	270	700	46.5

第35章 抗冻混凝土与抗盐冻混凝土

在使用中要经受反复冻融循环而不被破坏的混凝土称为抗冻混凝土。地处三北地区的水工、道路、水池、发电站冷却水塔等工程，昼夜交替经受冻融，必须采用抗冻混凝土。即使气候温和的华北、华中地区，冬季仍然会出现冰冻，也有混凝土冻融劣化破坏的现象。北方地区冬季采用除雪剂的道路，以及海港等需反复承受昼夜冻融的工程，则必须采用抗盐冻（除冰盐）混凝土。

35.1 混凝土冻融破坏机理

35.1.1 混凝土受冻破坏机理

1. 宏观机理

（1）混凝土组成材料的热膨胀系数不同　构成混凝土的水泥石和骨料的热膨胀系数不同，而水泥石和冰的热膨胀也不同，当温度变化时，产生的应力会使混凝土组织结构发生劣化。

（2）层状的冻结　混凝土结构处于低温时，毛细管中的水分由热端向冷端迁移，即由内部向外部迁移。受冻时，最低温度首先在混凝土表面发生，表面受冻，形成结冰层。经多次冻融循环后，混凝土表层发生剥蚀，又露出新的表面层，进一步受冻剥蚀，形成层状的冻结剥蚀。

（3）温度急剧降低的结果　抗盐冻（融雪剂）把冰雪融解时必须要有一定的热量，势必要从混凝土表面夺取热量，其结果是使混凝土表层温度急剧下降，使混凝土内部产生温度应力，出现微小裂纹。

混凝土受冻融后的剥落破坏情况如图35-1所示。

2. 微观劣化理论

（1）水压　混凝土内部的水变成冰时，体积约膨胀9%，如果其周围是饱水状态，没有适当的缓和空间，则发生了以水压力表征的内部压力。当水压力超过混凝土的抗拉强度时就发生冻害。

（2）扩散与渗透　混凝土受冻时，首先是粗毛细管中的水受冻，小孔隙中未结冰的水向大孔隙中渗透扩散，产生渗透压力。当渗透压力大于混凝土抗拉强度时，混凝土就发生劣化破坏。混凝土是否发生破坏，关键在于混凝土毛细管中水分的充水程度——充水系数（混凝土中充水体积与孔的体积之比）。当充水系数大于0.92时，混凝土就有可能发生冻害破坏。

（3）盐的结晶　在盐水中冻融，除了水结冰体积膨胀，造成对混凝土的膨胀劣化外，

图 35-1　混凝土结构受冻融后的剥落破坏情况

还有盐的结晶对混凝土产生的膨胀劣化作用。故盐水中冻融对混凝土的劣化损伤快，特别是海洋中混凝土结构的干湿交替区。

由于盐冻的存在，强化了混凝土的劣化。抗盐冻可使孔隙溶液冻结的量比单纯冻融作用要高，因为抗盐冻溶液在毛细管中的上升高度大，混凝土的盐饱和度增高，向周围放出的水分由于冰盐的吸湿作用而受到迟缓。

35.1.2　影响混凝土抗冻性能的因素

混凝土受冻融破坏，外因是环境温度、湿度、除雪剂的品种、用量等因素。内因则是与混凝土所用的材料、配合比（水胶比、骨料吸水率及掺合料品种、掺量、混凝土密实度、内部孔结构等）有关系。除混凝土自身结构越致密，孔隙越少，水化需要的水之外，多余的水分越少，混凝土的抗冻性能越好。同时混凝土中有封闭微小气泡，可为水冻结后水的转移提高空间，减小膨胀力，降低冻害。

1. 原材料对混凝土抗冻性能的影响

（1）骨料　骨料的品质和种类对混凝土抗冻性的影响较大。粗骨料的粒径越大，混凝土越容易破坏。有资料证明，12～25mm 的碎石混凝土可冻融 180 次，而 5～12mm 的碎石混凝土，则可冻融 440 次。

其次是骨料的吸水率。饱和骨料在混凝土受冻时，骨料体积膨胀，由于骨料强度高于水泥石的强度，使其表面的混凝土剥落，从而造成混凝土破坏。因此，抗冻混凝土应采用吸水率低、孔隙率低、密度高、强度高的优质骨料。拌制高抗冻的混凝土时，骨料应预先干燥，不用含水量高的骨料。

砂的质量对混凝土抗冻性能也较敏感，吸水率高、强度低的砂对混凝土抗冻性不利，因此规范中对抗冻混凝土骨料都作了明确的规定。

（2）水泥品种　水泥熟料的矿物成分对混凝土抗冻性能影响不大，但经试验证明，混凝土组织结构的水密性对冻融抵抗起着支配的作用，因此编者还是希望抗冻融混凝土采用早强型硅酸盐水泥。水泥中掺合料的品种、数量对混凝土抗冻性能有较大影响。矿渣质量分数高达 60% ~70% 的水泥即使掺加了引气剂，其抗盐冻性能也不会得到改善。粉煤灰水泥就更差了。

（3）掺合料　混合材料对混凝土冰盐剥蚀有较大的影响，表 35-1 对各种混合材料的抗冻性能做了对比。

表 35-1　混合材料对混凝土冰盐剥蚀的影响

混合材品种		28d 强度/MPa	15 次冻融剥蚀量/（kg/m³）
纯熟料水泥		36.8	0.85
掺 10% 混合材	矿渣	34.1	1.22
	粉煤灰	34.6	1.40
	石灰石粉	34.1	1.65
	硅灰	50.0	0.58

由表 35-1 可见掺硅灰对提高混凝土抗冻性能十分有利，而掺矿渣粉、粉煤灰、和石灰石粉混凝土的抗冻性能依次降低，其中掺石灰石粉的混凝土较纯混凝土下降了 50%。下面对各种混合材的抗冻性能分别介绍。

1）矿渣粉。据冯乃谦和邢锋所编著的《混凝土与混凝土结构的耐久性》（机械工业出版社，2009.1）一书介绍，随着矿渣掺量的提高，混凝土受冻后动弹性模量明显下降，当矿渣掺量为 20% 时，混凝土受冻后动弹性模量明显下降至 83%，相同掺量下，矿渣粉效果优于粉煤灰。对抗冰盐混凝土当矿渣掺量达到 50% 时，掺入引气剂，混凝土抗冰盐冻融循环后引气效果随着矿渣含量的增大而降低。

2）粉煤灰。掺粉煤灰的混凝土抗冻性要明显低于同等强度的纯混凝土，特别是不掺引气剂的混凝土。随着粉煤灰掺量的提高，混凝土受冻后动弹性模量明显下降，当粉煤灰掺量为 20% 时，混凝土受冻后动弹性模量明显下降至 80%。

3）石灰岩粉。掺磨细石灰岩粉的混凝土，其抗冻性很差，不得采用。

4）硅灰。硅灰的掺入对改变混凝土的孔结构十分有利，可显著提高混凝土的抗冻和抗冻盐性能。

2. 配合比对混凝土抗冻性能的影响

（1）水胶比　水胶比对混凝土的抗冻性能有着极其重要的关系。水胶比越小，水泥石内部结构越密实，孔隙越少。当混凝土水胶比为 0.2 时，总孔隙率只有 5%，孔隙率小，自然其抗冻融和抗盐冻的能力就强。经验证明，当混凝土水胶比 ≤0.38 时，只要掺合料选择适当，掺量≤15%，混凝土抗冻后力学性能可满足降低不超过 20% 的要求。冯乃谦教授所做的混凝土在盐水中的冻融破坏试验证明，当 $W/B ≤ 0.30$ 时，在水中和 3% NaCl 溶液中，经 300 次快速冻融循环，混凝土相对动弹性模量≥60%。对于水胶比小的高性能高强度混凝土，无需引气，混凝土也会有良好的抗冻融性。

（2）混凝土孔结构　混凝土中有毛细管、封闭气孔，其分布、间距、直径和贯通与否与混凝土的抗冻性能有着密切的关系。引气剂主要有以下作用：

1）切断毛细管。贯通的毛细管会提高混凝土吸水性，降低混凝土抗渗性，对混凝土耐久性和抗冻融不利。混凝土中引入的无数微小封闭气孔，可切断毛细管，降低混凝土透水性。

2）降低冰点。混凝土中的微小气泡，其间距和直径越小，混凝土中水的冰点越低，进而提高了混凝土的抗冻性能。

3）缓冲水压。同时无数微小的气泡又可使水结冰体积膨胀 9% 后，容纳多余的水分，以缓冲水结冰产生的压力，大大提高混凝土耐久性和抗冻融能力。图 35-2 为混凝土中毛细管孔隙中水分随着温度的降低，逐渐结冰，体积膨胀将未结冰的水排入气泡（空隙）中，从而降低了静水压，减少了混凝土冻害。

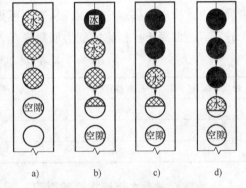

图 35-2　混凝土中毛细管孔隙中的水分气泡（空隙）与结冰状态

4）降低水胶比。引入混凝土的微小气泡能起到滚珠轴承的作用，提高混凝土流动性的同时，降低了水胶比，从而提高了混凝土的密实度和抗冻性能。

在混凝土孔结构中，孔隙直径和气泡平均间距对混凝土抗冻性能的影响意义重大。

1）孔隙直径。混凝土中水的冻结温度与其中毛细管的孔径有关，详见表 35-2。

表 35-2　混凝土中孔隙大小与孔中水的冰点

孔隙类型	孔隙直径	冰　　点
宏观毛细孔	30μm ~ 1mm	−20℃
中等毛细管孔隙	1μm ~ 30μm	−20℃
微观毛细管孔隙	30nm ~ 1μm	−29℃
中等胶凝孔隙	1nm ~ 30nm	−39℃
微观胶凝孔隙	1nm 以下	−90℃

吴中伟院士将混凝土孔隙的划分为：无害孔孔径 < 0.02mm，少害孔孔径为 0.02 ~ 0.05mm，有害孔孔径 > 0.05mm。气泡孔径越小，混凝土的抗冻性能越好。

2）气泡平均间距。气泡平均间距是影响混凝土抗冻性能的又一个重要因素。气泡间距越大，混凝土抗冻性越差。因此，有高抗冻性要求的混凝土，混凝土强度等级≤C50 时，混凝土气泡平均间距必须小于 0.25mm；混凝土强度等级≥C60 时，平均气泡间距可以增大到 0.70mm。据资料介绍，平均气泡间距是平均气泡半径、水泥浆含量和含气量的函数。平均气泡半径越大，含气量越小；水泥浆含量越大，平均气泡间距越大。对抗冻等级达到 D300 的混凝土，平均气泡间距必须小于 0.24mm，平均气泡半径小于 0.15mm。气泡的直径和间距由引气剂决定，优质引气剂可以在混凝土中引入直径小（$10 \sim 300\mu m$）、气泡间距小（小于 0.2mm）和富有弹性的球状气泡。

（3）硅灰　据资料介绍，在混凝土中掺入硅灰，可使混凝土内气泡结构优化，减小气泡半径和平均间距，使混凝土密实度大幅度提高。如不掺硅灰时，气泡平均间距为 0.36mm，抗冻标号为 100 次，加入 10% 的硅灰后，气泡平均间距减至 0.25mm，抗冻标号提高到 300 次以上。

辽宁省建设科学研究院抗盐冻对比试验见表 35-3。表 35-3 表明，硅灰的掺入可显著提高混凝土抗冻融和抗盐冻性能。从表中可见，在相同的粉煤灰掺量、水胶比和含气量下，掺入硅灰后，混凝土抗盐冻的能力明显提高，盐剥蚀量仅为不掺硅灰的 1/5。

表 35-3　混凝土抗盐冻对比试验

粉煤灰掺量(%)	硅灰掺量(%)	引气量(%)	W/B	盐冻后混凝土剥落量/（kg/m³）
—	—	—	0.48	3.5
12	—	5.1	0.42	2.5
12	10	5.1	0.42	0.5

3. 环境对混凝土抗冻性能的影响

（1）混凝土施工质量对抗冻性能的影响　混凝土养护不充分，早期失水，降低混凝土水化程度，其结果是强度低，孔隙率高，尤其是混凝土毛细管孔隙增多，降低混凝土抗冻融和抗盐冻融能力。

混凝土振捣质量直接关系到混凝土的密实度。振捣不充分，大气泡不能排除，局部有缺陷、水泥浆离析、骨料下面有水隙等，都会降低混凝土抗冻融和抗盐冻融能力。

（2）混凝土所处环境的影响　混凝土结构所处的环境温度越低、冻融次数越多、环境湿度越大、接触的抗盐冻浓度越大，混凝土破坏程度越大。

混凝土结构所处的环境最低温度从 −20℃ 升至 −15℃ 时，冻融剥离量约减少 50%；最低温度从 −20℃ 到 −30℃ 时，冻融剥离量变化不大；最低温度降低到 −40℃ 时，混凝土胶凝孔隙中的水大部分结冰，劣化程度会激烈上升。

混凝土周围湿度越大，环境会源源不断地供给水分，混凝土毛细管中水分如果达到饱和，则劣化程度会明显加大。

各地区气温不同，每年的冻融次数也不相同，年冻融次数越多，混凝土的寿命越短。

此外融雪剂的品种不同，对混凝土的冻融破坏也不同。

35.2　抗冻混凝土配合比设计

35.2.1　混凝土原材料的技术要求

1）水泥应采用硅酸盐水泥或普通硅酸盐水泥。

2）粗骨料应选用连续级配，其含泥量应小于1.0%，泥块含量小于0.5%，吸水率小于2%，粒径宜小。细骨料含泥量应小于3.0%，泥块含量小于1.0%，吸水率小于3%。

3）粗细骨料均应进行坚固性试验，并应符合现行行业标准《普通混凝土用砂、石质量及检验方法标准》（JGJ 52—2006）的规定。

4）抗冻等级不小于F100的抗冻混凝土宜掺用引气剂；在钢筋混凝土和预应力混凝土中不得掺用含有氯盐的防冻剂；在预应力混凝土中不得掺用含有亚硝酸盐或碳酸盐的防冻剂。

5）混凝土中适量掺入聚丙烯纤维可提高混凝土的抗拉强度和抗冲击强度，提高混凝土的抗渗性，有利于提高混凝土的抗冻性能。掺0.1%纤维的混凝土受冻后质量损失率和动弹性模量损失减少，并可有效延缓氯离子的迁移，提高混凝土耐久性。

35.2.2　混凝土配合比主要参数

1. 混凝土强度、水胶比和胶凝材料用量

混凝土强度值大小与其抗冻性并不成正比，比如20MPa引气混凝土抗冻性可能高于40MPa非引气混凝土。只有在相同含气量或相同平均气泡间距的情况下，混凝土强度越高，其抗冻性才越高。混凝土中气泡结构对其抗冻性的影响远远大于对强度的影响。

水胶比影响混凝土中冻结水的含量，又决定着混凝土强度。因此，在含气量一定的情况下，水胶比是影响混凝土抗冻性的极主要因素。国家有关规范对有冻融破坏可能的混凝土工程，都作出了允许最大水胶比的规定。据资料介绍，水胶比小于0.35，水化完全的混凝土，即使不引气，也有较高的抗冻性，因为，其除去水化结合水和凝胶孔不冻水外，可冻结水量已经很少了。

世界各国对有抗冻要求的混凝土，按其所处环境进行分类，并按类对混凝土含气量、最低强度等级、最大水胶比、最小胶凝材料用量和耐久性指标进行了规定。美国混凝土含气量、最低强度、最大水胶比见表35-4，欧洲抗冻混凝土控制要求见表35-5。

表 35-4　美国混凝土含气量、最低强度等级、最大水胶比

环境条件	最大水胶比	最小强度值/MPa	混凝土含气量 （骨料 25mm 以下）(%)
有少量水掺透	0.50	28	4.5～6
冻融循环或抗盐冻	0.45	31	6～7.5
有氯离子存在的腐蚀环境	0.40	34	6～7.5

表 35-5　欧洲抗冻混凝土控制要求

环境条件	最大 水胶比	混凝土最小 强度等级	最小水泥用量	最小含气量
中等饱和水,无抗盐冻	0.55	C25/30	≥300	—
中等饱和水,有抗盐冻	0.55	C30/37	≥300	≥4.0
高等饱和水,无抗盐冻	0.50	C30/37	≥320	≥4.0
中等饱和水,有抗盐冻	0.45	C30/37	≥340	≥4.0

从表 35-4 和表 35-5 可见，有抗冻要求，特别是在有盐冻存在时，混凝土配合比都有严格的要求。

我国《普通混凝土配合比设计规程》（JGJ 55—2011）规定抗冻混凝土的最大水胶比、最小胶凝材料用量见表 35-6，复合掺合料的最大掺量见表 35-7。

表 35-6　抗冻混凝土最大水胶比、最小胶凝材料用量

设计抗冻等级	最大水胶比		最小胶凝材料用量 /（kg/m³）
	无引气剂时	有引气剂时	
F50	0.55	0.60	300
F100	0.50	0.55	320
不低于 150	—	0.50	350

表 35-7　复合掺合料的最大掺量

水胶比	最大掺量（%）	
	采用硅酸盐水泥	采用普通硅酸盐水泥
<0.4	60	50
>0.4	50	40

注：1. 采用其他通用硅酸盐水泥时，应将水泥混合材掺量 20% 以上的混合材记入掺合料。
　　2. 复合矿掺合料中各矿物掺合料组分的掺量不宜超过钢筋混凝土中矿物掺合料的最大掺量。

2. 混凝土含气量

混凝土拌合物中的含气量包括搅拌施工中带入的大气泡和引气剂引入的小气泡。前者约占 1%，由于孔径大，对抗冻性无贡献，应通过延长搅拌时间和振捣排出，此外，应采用优质引气剂来提高混凝土含气量。

（1）最小含气量　有抗冻要求的混凝土，其含气量一般在 4%～6%。混凝土最小含气量见表 35-8。

表 35-8　混凝土最小含气量

骨料最大公称粒径 /mm	混凝土最小含气量（%）	
	潮湿或水位变动的严寒或寒冷环境	盐冻环境
40.0	4.5	5.0
25.0	5.0	5.5
20.0	5.5	6.0

（2）影响含气量的因素　混凝土含气量的影响因素较多，为了便于技术人员根据需要在生产和施工中调整含气量，下面对其有关影响因素进行介绍。

1）引气剂的品种和掺量。根据试验资料证明，随引气剂掺量增大，混凝土引气量增大。但当含气量越过 6% 时，影响就不明显了。目前市场上销售的商品引气剂中，皂素类引气剂为较好的一种引气剂，其引气的气泡平均直径小，均匀而稳定。其次，松香皂和松香热聚物类起泡性能和气泡结构也较好，因此使用普遍。而烷基苯磺酸盐类和木质素磺酸盐类引气剂，由于其引入的气泡大，且稳定性差，不宜采用。

2）水胶比。试验证明，随着水胶比的减小，胶凝材料用量增大，单位胶凝材料所附着的引气剂数量减小，混凝土黏度增大，造成包裹空气的能力相应减小。因此，在一定范围内，引气剂掺量不变时，水胶比越大，混凝土含气量也越大。

3）砂率。混凝土砂率过小，混凝土和易性差，导致气泡稳定性极差，含气量很低。随着砂率提高，混凝土和易性改善，含气量随之增加。但砂率过高，含气量也不会有明显提高。一般适宜砂率为41%～43%。

4）粉煤灰质量和掺量。粉煤灰含碳量增加及掺量的增加，都会造成混凝土含气量急剧变小。因为，粉煤灰属微细骨料，尤其含碳量高的粉煤灰，能强烈吸附引气剂，导致实际用于引气的剂量急剧减少。因此，抗冻混凝土配制时，必须控制粉煤灰的质量和掺量。

5）粗骨料级配和最大粒径。前面已提到有含气量的混凝土不宜采用大粒径的粗骨料，而且单粒级骨料混凝土含气量比连续级配混凝土含气量低。

6）砂子细度模数。采用中砂配制的混凝土含气量高而稳定，细砂和粗砂都会导致混凝土含气量减小。因为细砂和粗砂都会使混凝土和易性变差而导致含气量减小。

7）混凝土搅拌温度和静停时间。随着混凝土搅拌温度的升高，混凝土中气泡直径加大，气泡膜壁变薄，稳定性下降，造成气泡直径加大，气泡含量下降。混凝土随静停时间延长，含气量将有较大损失。混凝土搅拌温度和静停时间对含气量的影响见表35-9。

表 35-9　混凝土搅拌温度和静停时间对含气量的影响

混凝土搅拌温度/℃	初始含气量（%）	静停 1h 含气量（%）	静停 2h 含气量（%）
5	5.6	4.2	3.0
15	5.0	4.3	3.2
20	4.5	4.0	3.1
25	4.2	3.7	3.1
30	3.8	3.2	2.6
40	3.2	2.6	2.0

（3）含气量对混凝土强度的影响　根据试验资料，在含气量较低（3%以下）的情况下，含气量对混凝土后期强度影响不明显。当含气量超过3%时，每增加1%含气量，混凝土28d强度递减6%左右。当含气量增加到6.5%以上时，混凝土强度将会大幅度下降。

综上所述，应选择优质引气剂及砂、石、水泥，合理选择水胶比、砂率、粉煤灰掺量，考虑搅拌、运输、施工中含气量的损失，配制抗冻混凝土。

35.3　抗冻混凝土配合比设计实例

35.3.1　抗冻混凝土

泵送抗冻混凝土配合比设计实例见表35-10，抗冻混凝土性能见表35-11。

表 35-10　泵送抗冻混凝土配合比设计实例

编号	强度等级	混凝土配合比/(kg/m³)					松香皂引气剂 (‰)	水胶比
		水泥 P·O 42.5	中砂	石子 5~15mm	粉煤灰 (Ⅰ级)	泵送剂		
1	C25 F250	314	767	1103	61	11.25	0.34	0.42
2	C45 F200	432	649	1106	53	16.98	0.40	0.33
3	C45 F250						0.42	

表 35-11　抗冻混凝土性能

编号	坍落度		含气量(%)		28d 强度 /MPa	冻融试验结果	
	出机	现场	出机	现场		失重率(%)	相对弹性模量(%)
1	205	185	6.1	5.1	34.8	1.8	89.5
2	215	190	6.0	5.2	59.6	1.1	91.8
3	215	195	6.2	5.4	58.0	1.0	90.2

注：本表摘自《混凝土》2003 年第 3 期，陈国林等 "抗冻混凝土的试验研究与工程应用"，P52~P55。

35.3.2　抗盐冻混凝土

1. 抗盐冻混凝土配制要求

盐冻混凝土的冻融破坏要比只受冻融的混凝土大得多，因此抗盐冻混凝土必须达到：

1）盐冻环境下具有抗冻性能的临界含气量在 5% 以上。

2）混凝土强度等级低于 C50 时，平均气泡间距必须小于 250μm；混凝土强度等提高到 C60 时，平均气泡间距可以增大到 700μm。

3）气泡平均半径小于 150μm。

4）按照《混凝土结构耐久性设计与施工指南》（CCES 01—2004）的规定，氯盐环境下混凝土水胶比不宜大于 0.4。

5）据冯乃谦教授的试验资料证明，矿渣水泥混凝土试件在 3% NaCl 溶液中进行抗盐冻试验，早期的剥离量非常大，即使掺加了引气剂，与相类似的普通硅酸盐水化混凝土相比，仍然显示出较差的抗盐冻性能。

要达到上述指标，应采取的措施是：

1）采用优质引气剂。

2）掺入 5%~10% 硅灰，提高混凝土密实度，改善混凝土孔结构。

3）采用优质高效减水剂，降低混凝土水胶比，控制混凝土水胶比低于 0.40。

4）采用硅酸盐水泥或普通硅酸盐水泥。

2. 抗盐冻混凝土配合比实例

某机场抗盐冻混凝土配合比见表 35-12。

表 35-12 某机场抗盐冻混凝土配合比

混凝土配合比/(kg/m³)						混凝土抗折强度/MPa		
P·I 52.5 水泥	中砂	碎石	引气减水剂	水	含气量	冻前	(3% NaCl 溶液) 冻融后	设计
320	590	1363	6.3	135	4.5	7.16	6.54/270 次	
350	750	1150	6.3	140	5.1	7.90	7.6/56 次	5.0
315	750	1150	6.3	135	5.1	8.1	8.0/300 次	

第六篇

>>> 新型混凝土与
特种混凝土

第36章 纤维混凝土

随着混凝土商品化和高强化的发展，混凝土结构的裂纹问题也越来越引起人们的重视。我国混凝土专家吴中伟院士认为复合化是水泥基材料高性能化的主要途径，纤维增强是其核心。混凝土中掺入纤维抗裂是一个有效的手段，目前已在国内得到较广泛的应用，并取得了较好的效果。目前最广泛采用的是钢纤维、聚丙烯纤维。近几年还出现许多新型纤维，如碳纤维、各种再生纤维。

36.1 钢纤维混凝土

钢纤维混凝土是在普通混凝土中掺入乱向分布的钢纤维所形成的一种新型、多组分、多相水泥基复合材料，它不仅保持了混凝土自身的优点，更重要的是因钢纤维的加入，对混凝土基体产生了增强、增韧和阻裂效应，从而提高了混凝土的抗拉、抗弯强度，阻裂、限缩能力，抗冲击、耐疲劳性能，大幅度提高了混凝土的韧性，改变了混凝土脆性易裂的破坏形态，在荷载、冻融、高温等多因素作用下，因其阻裂能力的提高，明显延长了使用寿命。表36-1列出了钢纤维混凝土和普通混凝土各种性能的比较，从表中可见，钢纤维混凝土除抗压强度和弹性模量外，其他各项性能均有明显提高，它已是当今应用日益广泛的复合材料。

表 36-1 钢纤维混凝土与普通混凝土的性能对比

性　能	与普通混凝土之比值	性　能	与普通混凝土之比值
抗弯韧裂强度	1.4～1.8	破坏冲击次数	13～14
抗弯极限强度	1.5～2.0	疲劳强度	3～3.5
抗拉强度	1.3～1.7	收缩率	0.1～0.5
抗剪强度	2.4～2.8	拉伸徐变	0.5～0.6
抗压强度	1～1.15	冻融循环次数	2～3
抗弯韧性	15～20	弹性模量	1～1.1
极限延伸率	25～40	耐磨耗	0.3～0.35
耐热性	良好	—	—

由于钢纤维混凝土的优异特性，目前其已被广泛地用于公路路面、机场道面、桥面、防水屋面、工业地面工程，水工、港口、海洋工程，隧道、涵洞工程，建筑结构抗震及节点工程，国防抗爆与导弹工程等。

36.1.1 钢纤维混凝土的增强机理

1. 乱向短纤维增强混凝土的增强效率

乱向短纤维增强混凝土复合材料是当今钢纤维混凝土最主要的配纤方式，它与定向连续长纤维复合材料相比，最主要的不同点是钢纤维的乱向分布和短的尺度。当乱向短纤维增强混凝土中，因纤维的乱向，多数不与轴向拉力方向一致，当纤维方向与荷载方向一致时，其增强效率最高；当纤维方向与荷载方向垂直时，此时不仅纤维失去了增强作用，还因纤维与基体间界面黏结薄弱，使混凝土基体自身抗拉强度下降，通常纤维方向与受力方向成一个角度。

纤维在混凝土基体中的取向受诸多因素的影响，如材料组成、工作性能、搅拌与成型工艺、纤维的长径比、体积率与几何形状、结构尺寸等。纤维在混凝土中的分布是多向（即顺向、垂直与乱向）共存的，只是所占比例的不同，采用振动成型工艺，则更趋向于乱向分布。

界面黏结系数是纤维最大拉应力与纤维极限抗拉强度之比。它关系到钢纤维混凝土的破坏形态、纤维强度的发挥及增韧效果。界面黏结系数越高，纤维强度作用发挥越大越充分，虽然纤维对混凝土的强度作用得到了充分发挥，但增韧效果将变差，因此，应控制纤维长径比，保证纤维拔出破坏，通过界面黏结使纤维在拔出过程中最大限度做功。

在乱向短纤维增强复合材料中，纤维的分布是随机的，因纤维长度的不同而产生不同的增强效果。取任一根纤维进行分析，当复合材料开裂后，该纤维所能承担的拉应力，取决于纤维在基体中埋深长度距裂缝较短的一段。当这段长度小于临界长度的 $1/2$，则纤维将被拔出，反之，当大于临界长度的 $1/2$，则纤维则被拉断。

2. 钢纤维混凝土临界纤维体积率

钢纤维混凝土临界体积率的定义为复合材料在基体开裂后的承载能力不致下降所需的最小纤维体积率（$V_{f_{cr}}$）。钢纤维混凝土临界体积率是判断钢纤维混凝土破坏形式和对混凝土基体能否产生增强、增韧和阻裂等复合效应的重要标志。当（钢纤维体积率）$V_f < V_{f_{cr}}$ 时，基体一旦开裂，纤维立即拔出或拔断，复合材料的破坏为脆性破坏，其强度由基体控制。当 $V_f > V_{f_{cr}}$ 时，因基体开裂而转移给纤维的荷载不但不会引起纤维立即拉断或拔出，反而能承担更大的荷载，复合材料的强度和破坏形式由纤维控制。在选择 V_f 时，一定要使 $V_f > V_{f_{cr}}$，对钢纤维混凝土来说，选取 V_f 时，应大于 0.5%，这样才能保证混凝土的增强、增韧与阻力的多重效果。

钢纤维体积率 V_f 增大，纤维根数增多，纤维间距减小，钢纤维混凝土抗拉强度提高，如果其他条件不变，强度受纤维间距控制。

36.1.2　钢纤维特性

钢纤维对混凝土的增强效率与钢纤维长度、直径、长径比、体积率、纤维抗拉强度及纤维外形等密切相关。纤维外形和表面特征直接影响到界面黏结的高低和锚固力的大小。

（1）钢纤维外形　目前常用的钢纤维外形主要有圆直形、方直形、扭曲形、镦头形、压痕形、波浪形等，如图 36-1 所示。研究与实践表明，对混凝土增强、增韧与阻力效果最好的是端钩纤维。端钩具有增进锚固的作用，同时也能提高界面黏结，国外的钢纤维产品以不同尺度的端钩纤维居多，相比之下用这种纤维效果好，增强效率高。

（2）钢纤维的特性参数

镦头形　刻痕形　端钩形(弓形)　(圆直形)　方直形　波浪形　小端钩形　方直形

图 36-1　钢纤维外形

1) 纤维长度。纤维长度不能太小，太小将影响其增强效率；也不能过大，因纤维太长不仅难以在混凝土中均匀分散，而且会在搅拌过程中产生结团，影响到纤维作用的发挥。当纤维长度大于临界长度时，纤维将产生拔断破坏，虽然其强度作用得到了发挥，但增韧效果变差。因此，在确定纤维长度时，应使纤维长度小于临界长度，才能取得增强和增韧的双重效果。

2) 纤维长径比。纤维长径比是影响混凝土增强效率性能的另一重要因素，通常长径比越大，增强混凝土的效果越好，但不能过大，若大于临界长度与纤维直径之比，钢纤维混凝土的破坏不是拔出，而是拉断，影响增韧效果；但也不能太小，否则会使纤维承载力下降，对混凝土的增强作用也相应降低。因此，通常在 40 ~ 100 选取，用得最多的是 50 ~ 70。

3) 钢纤维体积率 (V_f)。钢纤维体积率的大小，决定了对混凝土增强增韧的程度，同时也关系到其破坏形态。绝不是在混凝土基体中只要掺入钢纤维就一定会产生增强效果。能否有增强效果以及增强效果的大小与纤维体积率的取值密切相关。常用的钢纤维混凝土中有低纤维体积率（$0.5\% \leqslant V_f < 1\%$）、中纤维体积率（$1\% \leqslant V_f < 3\%$）和高纤维体积率（$3\% \leqslant V_f \leqslant 25\%$）。纤维体积率太高，钢纤维不仅不能发挥其增强增韧作用，还会因界面薄弱而产生负面效应，而且纤维体积率过高，难以在混凝土基体中均匀分散。为有效发挥纤维作用，对钢纤维增强普通和高强混凝土基体纤维体积率不宜低于 0.5%，也不宜大于 3%，以 0.6% ~ 2% 为合适。

4) 纤维强度与弹性模量。不同强度等级的钢纤维混凝土对钢纤维强度的要求也不相同。用来增强普通混凝土基体的钢纤维，其抗拉强度为 350 ~ 700MPa，对高强和高性能钢纤维混凝土，纤维抗拉强度取 800 ~ 2000MPa 为宜。钢纤维弹性模量为 200GPa，极限延伸率为 0.5% ~ 3.5%。

36.1.3　钢纤维混凝土的基本特性

钢纤维混凝土与普通混凝土相比，钢纤维混凝土基体在组成结构上有诸多不同之处，其主要表现在：

1. 粗骨料最大粒径 (D_{max}) 的选取

不同 D_{max} 的选择主要依据是纤维长度 (L_f)。纤维长度对钢纤维在混凝土中均匀分布的影响极大，也关系到钢纤维作用的发挥，而纤维分布的均匀性随 D_{max}/L_f 的增大而下降。当 $D_{max}/L_f = 1/2$ 时，纤维对混凝土的增强效果最好；当 $D_{max}/L_f > 1$ 时，则纤维过于集中并填充于粗骨料间的砂浆之中，纤维仅局部增强了砂浆而不能增强混凝土整体，且因纤维过度集中又不均匀分散，影响到纤维-基体间的界面黏结；当 $D_{max}/L_f = 1$ 或 $D_{max}/L_f < 1/2$ 时，因纤维过短或纤维过长，同样影响到纤维分布的均匀性和骨料与纤维的协同作用而降低增强效率。因此，在钢纤维混凝土中，粗骨料最大粒径不宜大于 20mm，以 10~20mm 为宜，即 D_{max} 为 $(1/2 ~ 2/3)L_f$。

2. 胶凝材料

可采用硅酸盐水泥、高铝水泥，可在其中掺加有机、无机及复合外掺合料。常用的无机外掺合料如硅灰、粉煤灰、磨细矿渣等，这不仅能取代部分水泥节省资源，同时更重要的是由于矿物外掺合料的火山灰效应、微骨料效应、紧密堆积与填充效应等，有益于提高混凝土基体的稳定性和致密性，改善钢纤维与混凝土基体间的界面结构与界面黏结，对提高其耐久性也有好处。

3. 细骨料

含砂率对钢纤维混凝土硬化前的工作性和硬化后的强度均有影响，一般都比普通混凝土的高。因钢纤维的掺入，在混凝土基体中增加了巨大的比表面积，$1m^3$ 钢纤维混凝土中钢纤维的总比表面积增多，需要水泥砂浆包裹才能保证纤维与基体的界面黏结和纤维增强效率的发挥，因此，它比普通混凝土需要更高的含砂率，同时其取值还与粗骨料最大粒径、纤维体积率以及纤维长度有关。由于材料组成的复杂性，在实际应用中可依据经验数据再经试配后合理确定。普通钢纤维混凝土含砂率达 45%~50%，钢纤维高强混凝土因水泥用量高，在保证一定砂浆量的同时，含砂率可适当下降，一般在 35%~40% 选取。

4. 钢纤维与水泥基的界面

钢纤维特性与基体特性是影响钢纤维混凝土性能的重要因素，但两者的作用必须通过界面黏结才能实现。在钢纤维混凝土受力过程中，钢纤维与水泥基的界面特性和界面黏结又直接影响到纤维脱黏与拔出的全过程。因此，强化界面组成与结构以及增进界面黏结是钢纤维对混凝土产生强化的关键。当在水泥基体中掺入 0%~12% 丙烯酸酯共聚乳液（PAE）或 0%~20% 硅灰取代水泥，或 10% 丙烯酸酯共聚乳液再分别与 0%~20% 硅灰复合后，只要钢纤维体积率、钢纤维长径比选择恰当，纤维对混凝土的增强、增韧和阻裂能力定会显著增长。界面黏结强度和纤维脱黏与拔出功均随水胶比下降而提高，当在水泥基体中掺入聚合物、硅灰取代水泥，因其界面性状的进一步改善，黏结强度和拔出功均进一步提高。试验表明，尤其当硅灰与聚合物双掺时，与水胶比为 0.4 不加外掺合物的情况相比，界面黏结强度与拔出功分别提高 4.4 倍和 7.12 倍。这是因为界面性状得到改善，界面力学性能得到提高，钢纤维对混凝土的增强、增韧和阻裂能力显著增长。钢纤维与水泥基的界面黏结参考数据见表 36-2。

表 36-2　钢纤维与水泥基的界面黏结参考数据

纤维外形	W/B	B/S	外掺合料（取代水泥）	界面黏结强度 /MPa	纤维脱黏与拔出时做的功/(N·m)
方直纤维	0.23	1:1.5	0	7.44	1.98
方直纤维	0.26	1:1.5	0	5.93	1.52
方直纤维	0.29	1:1.5	0	4.97	1.29

（续）

纤维外形	W/B	B/S	外掺合料 （取代水泥）	界面黏结强度 /MPa	纤维脱黏与拔 出时做的功/（N·m）
方直纤维	0.32	1:1.5	0	4.17	0.91
方直纤维	0.36	1:1.5	0	2.82	0.62
方直纤维	0.40	1:1.5	0	1.96	0.41
方直纤维	0.21	1:1.5	012%（PAE）	8.10	2.11
方直纤维	0.25	1:1.5	20%（硅灰）	8.50	2.55
方直纤维	0.25	1:1.5	10% PAE + 15% 硅灰	10.50	2.92

36.1.4　钢纤维混凝土的力学性能

1. 钢纤维混凝土的抗拉、抗弯性能

钢纤维对混凝土的增强、增韧和阻裂效应，其要害在于钢纤维对混凝土的阻裂能力，而这又集中表现在钢纤维混凝土的抗拉强度上。抗拉强度提高了，无疑对钢纤维混凝土的抗弯强度、抗剪强度和韧性均有不同程度的提高。

钢纤维混凝土的抗弯性能是工程上常用的性能，如采用钢纤维混凝土的公路路面、机场道面、桥面及铁路轨枕等工程和主要受弯曲荷载制品。而钢纤维混凝土的抗弯性能主要包括抗弯初裂强度、极限强度和抗弯韧性等，其中抗弯初裂强度是反映钢纤维混凝土裂前阻裂能力的重要指标。影响钢纤维混凝土抗弯强度的因素有混凝土强度等级、混凝土基体材料组成、钢纤维体积率、长径比和钢纤维外形等。

钢纤维混凝土的抗弯韧性是一个十分重要的指标。普通混凝土的破坏形式呈脆性，从力学性能上主要视其强度值而定，但钢纤维混凝土的破坏形式与普通混凝土有很大的不同，除强度以外，还需有一个很重要的韧性指标。韧性是钢纤维混凝土的优异特性之一，影响钢纤维混凝土韧性的因素与影响抗拉、抗弯强度的因素相似。试验表明，当混凝土基体强度等级为 C40，钢纤维体积率由 0% 增加到 2%（方直形纤维，长径比为 58），钢纤维混凝土韧性可提高 15 倍。而采用端钩形纤维，长径比为 70，可提高到 22.5 倍，比方直形纤维其韧性提高 15%。钢纤维混凝土韧性的提高，其原因是异形纤维增进了纤维与基体的界面黏结，提高了握裹能力，从而对韧性的提高起到了积极作用。

2. 钢纤维混凝土的抗压强度

钢纤维对混凝土的抗压强度影响远不如抗拉、抗弯、抗剪强度那么显著，钢纤维对混凝土基体抗压强度的影响主要取决于混凝土基体强度等级或水胶比。进行普通钢纤维混凝土结构设计时，主要利用其抗拉、抗弯韧性与阻裂的作用，抗压强度不是钢纤维对混凝土增强的主要指标。由于高强与高性能混凝土水泥用量高，收缩值增大，在受力过程中展现出更为突出的脆性和易裂的特征，因此，在提高高强与高性能混凝土的抗压强度的同时，必须提高其增韧和阻裂的能力，采用钢纤维复合增强是有效的技术途径。在发展钢纤维高强混凝土时，为充分发挥钢纤维的作用，一方面需要优选纤维品种、体积率、长径比，另外要改善基体以及基体和纤维之间的界面结构和界面黏结效能。与混凝土基体相比，掺有丙烯酸酯共聚乳液

（PAE）或掺硅灰与聚合物的复合物，其各项力学性能指标均有不同程度地大幅度的提高。其原因是硅灰是一种活性矿物混合材料，它具有火山灰效应、微骨料效应、紧密堆积效应等，而聚合物 PAE 具有黏附效应、减水效应和成膜效应，它们从不同角度改善了混凝土基体和界面结构，增进了界面黏结，从而提高了钢纤维对混凝土的强化与韧化作用。当硅灰与聚合物复合掺入混凝土基体时，由于两种材料在性能上相互激发、相互补充，充分发挥了硅灰与聚合物的复合与协同效应，从而使钢纤维混凝土的各项性能得到更明显的改善。掺硅灰或聚合物或两种复合掺入对钢纤维高强混凝土力学性能的影响分别见表 36-3、表 36-4、表 36-5。

表 36-3　硅灰掺量对钢纤维高强混凝土力学性能的影响

硅灰取代水泥的量（%）	W/B	V_f（%）	L_f/d_f	初裂抗弯强度/MPa	极限抗弯强度/MPa	弯曲韧性/(N·m)	劈拉强度/MPa	抗剪强度/MPa
0	0.25	2.0	60	11.98	13.26	48.60	9.53	18.16
5	0.25	2.0	60	13.55	15.89	57.24	11.19	21.78
10	0.25	2.0	60	14.87	16.99	64.88	11.89	23.42
15	0.25	2.0	60	16.53	20.44	69.89	14.30	28.01
20	0.25	2.0	60	18.80	23.51	76.44	16.44	32.26

表 36-4　聚合物 PAE 掺量对钢纤维高强混凝土力学性能的影响

聚合物取代水泥的量（%）	W/B	V_f（%）	L_f/d_f	初裂抗弯强度/MPa	极限抗弯强度/MPa	弯曲韧性/(N·m)	劈拉强度/MPa	抗剪强度/MPa
0	0.40	2.0	60	8.10	12.10	20.68	8.52	13.93
6	0.29	2.0	60	11.85	15.38	48.69	11.10	21.66
8	0.26	2.0	60	13.84	17.96	55.77	12.56	24.78
10	0.23	2.0	60	15.88	20.29	62.36	14.09	28.04
12	0.21	2.0	60	18.92	24.75	76.43	17.81	33.40

表 36-5　硅灰与聚合物复掺对钢纤维高强混凝土力学性能的影响

硅灰取代水泥的量（%）	聚合物（PAE）掺量（%）	V_f（%）	L_f/d_f	初裂抗弯强度/MPa	极限抗弯强度/MPa	弯曲韧性/(N·m)	劈拉强度/MPa	抗剪强度/MPa
0	10	2.0	60	12.33	14.51	55.41	10.55	19.87
5	10	2.0	60	14.02	16.24	61.33	11.53	22.52
10	10	2.0	60	16.14	18.85	76.66	13.89	26.14
15	10	2.0	60	18.32	22.48	94.15	17.74	30.18
20	10	2.0	60	20.55	26.11	112.76	19.45	35.16

36.1.5　钢纤维混凝土的长期性能与耐久性

1. 钢纤维混凝土的收缩与徐变

钢纤维对混凝土基体的作用贯穿于受力前后的全过程，要求裂后同样要有明显的限制收缩和减少徐变的作用。在混凝土结构形成过程中因失水等原因，产生收缩应力，若该应力大于混凝土抗拉强度，就会引起混凝土开裂产生收缩裂缝，其原因主要是混凝土抗拉强度低及极限延伸率小。钢纤维不仅弹性模量高，而且尺度小，长径比大，纤维间距密，故有优异的限缩与阻裂能力。钢纤维混凝土的收缩值随钢纤维体积率（V_f）增大而下降，收缩率随钢纤维体积率（V_f）增大和龄期增长而逐渐减小。试验证明，当 V_f 在 0% ~ 2% 时，普通钢纤维混凝土的收缩率下降 54%，收缩稳定期相应提前；当 $V_f = 0\%$ 时，120d 之后，收缩曲线仍有上升趋势；当 $V_f = 2\%$ 时，28d 之后，收缩率不再增长，收缩曲线趋于水平。而钢纤维对高强混凝土的限缩效果更明显。不同的外形钢纤维限缩程度有差异，相比之下限缩能力是波浪形纤维 > 端钩形纤维 > 方直形纤维。钢纤维混凝土同样具有减小混凝土的抗弯徐变作用。由于钢纤维优异的阻裂效应，从而对水工混凝土的耐冲磨性能、耐空蚀性能及耐火性能均有不同程度的提高。

2. 钢纤维混凝土的耐久性

钢纤维混凝土的耐久性主要表现在抗冻融与耐腐蚀性，由于其阻裂能力高，对抵制腐蚀、冻融和其他影响因素的能力强，因此对提高混凝土耐久性具有积极作用。经英、美、澳、日等国对钢纤维混凝土的实际海洋环境中长时间的大量试验研究说明，无论碳钢纤维还是不锈钢纤维，均具有同样的抗氯离子侵蚀的能力，因而钢纤维混凝土具有优异的耐腐蚀性能。对高强钢纤维混凝土，由于其结构致密，耐氯离子腐蚀的能力又有进一步增强。因此，不论是普通钢纤维混凝土还是高强钢纤维混凝土，它们都有良好的抵抗氯离子腐蚀的能力。而研究表明，影响钢纤维混凝土耐氯离子侵蚀性能的关键因素是裂缝宽度。随着裂宽的增大，裂缝处氯离子浓度提高，当裂宽大于 0.5mm 时，氯离子扩散影响极大，裂宽小于 0.2mm 时则氯离子扩散影响就十分微小了。

因混凝土中钢纤维的掺入，在结构形成过程中抑制了裂缝的引发，进一步细化了裂缝的尺度，减少了原始裂缝数量，因而又提高了抗渗透能力，从而提高抵抗氯离子腐蚀的能力。

抗冻性能是混凝土重要的耐久性指标。混凝土产生冻害主要是混凝土结冰产生膨胀压力，引起混凝土内部开裂、表面剥落等造成结构损伤破坏。要抑制冻害发生，主要是降低水胶比，提高混凝土的致密性和抗渗能力，改善孔结构，降低混凝土中水的冰点，在混凝土结构过程中，提高阻裂和抑制膨胀的能力。钢纤维混凝土就具有改善混凝土抗冻性能的作用。试验表明，在混凝土基体中复合掺入钢纤维与引气剂，可得到更好的抗冻融效果。它们从不同角度来延缓混凝土的冰冻破坏过程。引气剂是引入封闭气孔，改善毛细孔的孔形貌，堵塞渗水通道，缓和冰冻压力；钢纤维主要通过阻裂效应，改善混凝土的孔结构，有效地抑制因冰冻产生的膨胀压力。两个作用复合后，又相互促进，相互补充，产生了"阻裂""缓冲"双重效应，从而降低了混凝土中冻融损伤程度，推迟了损伤过程。对钢纤维高强混凝土来说，抗冻性能的提高主要归于因孔结构的改善引起的混凝土中充水程度的降低和冰点下降。

3. 钢纤维混凝土的高温性能

钢纤维加入混凝土中，其桥接作用限制了混凝土在高温下产生的体积变化，减轻了混凝土内部微缺陷的引发和扩展，在一定程度上对混凝土高温性能的劣化起到了缓和作用。此外，钢纤维和水泥凝胶体很好的黏结作用及钢纤维较好的热传导性能可使混凝土在高温下更快地达到内部温度均匀一致，从而减少温度梯度产生的内部应力，减少内部损伤，抑制由于快速的温度变化产生的混凝土体积变化，减少材料内部微缺陷的产生及发展，提高了高温后的混凝土强度。

36.1.6　钢纤维混凝土原材料要求

1. 钢纤维品种的选择

钢纤维混凝土可采用碳钢纤维、低合金钢纤维或不锈钢纤维。钢纤维的形状可为平直形或异形，异形钢纤维又可分为压痕形、波形、端钩形、大头形和不规则麻面形等。钢纤维的几何参数见表36-6。

表 36-6　钢纤维的几何参数

用　　途	长度/mm	直径(当量直径)/mm	长径比
一般浇筑钢纤维混凝土	20 ~ 60	0.3 ~ 0.9	30 ~ 80
钢纤维喷射混凝土	20 ~ 35	0.3 ~ 0.8	30 ~ 80
钢纤维混凝土抗震框架节点	35 ~ 60	0.3 ~ 0.9	50 ~ 80
钢纤维混凝土铁路轨枕	30 ~ 35	0.3 ~ 0.6	50 ~ 70
层级布式钢纤维混凝土复合路面	30 ~ 120	0.3 ~ 1.2	60 ~ 100

钢纤维抗拉强度等级及其抗拉强度应符合表36-7的规定。当采用钢纤维母材做试验时，试件抗拉强度等级及其抗拉强度也应符合表36-7规定。

表 36-7　钢纤维抗拉强度等级

钢纤维抗拉强度等级	抗拉强度/MPa	
	平均值	最小值
380 级	$600 > R \geqslant 380$	342
600 级	$1000 > R \geqslant 600$	540
1000 级	$R \geqslant 1000$	900

2. 水泥

水泥钢纤维混凝土宜采用普通硅酸盐水泥和硅酸盐水泥。

3. 骨料

粗、细骨料除应符合现行行业标准《普通混凝土用砂、石质量及检验方法标准》（JGJ 52—2006）的规定外，宜采用5 ~ 20mm连续级配粗骨料，这有利于防止钢纤维锈蚀，其最大粒径不宜大于钢纤维长度的2/3，石子过大，影响纤维的分散，并削弱纤维的作用效果。喷射钢纤维混凝土的骨料最大粒径不宜大于10mm。砂应采用级配Ⅱ区中砂，并不得使用海砂。

4. 外加剂

外加剂除应符合现行国家标准《混凝土外加剂》（GB 8076—2008）和《混凝土外加剂应用技术规范》（GB 50119—2013）的规定外，还不得使用含氯盐的外加剂。

5. 掺合料

矿物掺合料和水用标准同普通混凝土。

36.1.7　钢纤维混凝土的配合比设计

1. 钢纤维混凝土配合比设计基本要求

1）要同时满足抗压强度与抗拉（或抗弯）强度两项力学性能指标的要求。依据抗压强度计算水胶比（W/B），采用依据抗拉或抗弯强度计算钢纤维体积率（V_f）的双控方法。

2）钢纤维混凝土采用 CF 表示，其混凝土基体强度等级不应小于 C25，宜 ≥C30，因低强度等级混凝土胶凝材料含量少，很难泵送。

3）粗骨料最大粒径不大于 20mm，砂率要高，宜选 45%～50%，高强混凝土可适当降低。

4）钢纤维体积率（V_f）不应小于 0.5%，且为低碳钢。

5）对抗冻性要求高的可适量掺加引气剂。

6）为改善钢纤维混凝土性能，可掺入适量矿物外加剂，如硅灰、粉煤灰、磨细矿渣、有机聚合物及二者混合物。

2. 钢纤维混凝土配合比设计要点

钢纤维混凝土配合比除要符合《普通混凝土配合比设计规程》（JGJ 55—2011）外，还应符合以下规定：

（1）最小胶凝材料用量　设计除应满足混凝土强度、混凝土拌合物性能和力学性能以及耐久性的设计要求外，为确保混凝土拌合物的流动性，最小胶凝材料用量还应符合表36-8的规定。

表 36-8　钢纤维混凝土最小胶凝材料用量

最大水胶比	最小胶凝材料用量/（kg/m³）
0.60	—
0.55	340
0.50	350
≤0.45	360

（2）纤维体积率　确定钢纤维混凝土的钢纤维体积率主要依据抗拉和抗折强度，也可依据经验或通过以下公式计算

$$f_{f_{tm}} = \gamma_c R_c \left(0.0802 \frac{B}{W} + 0.08 V_f \frac{l_f}{d_f} - 0.081 \right)$$

式中　$f_{f_{tm}}$——钢纤维混凝土抗折强度（MPa）；

　　　γ_c——水泥活性富余系数；

　　　R_c——水泥活性。

普通钢纤维混凝土中的纤维体积率不宜小于 0.35%，当采用抗拉强度不低于 1000MPa 的高强度异形钢纤维时，钢纤维体积含钢率不宜小于 0.25%。钢纤维混凝土的纤维体积率

宜符合表 36-9 的规定。

表 36-9　钢纤维混凝土的纤维体积率范围

工程类型	使用目的	体积率(%)
工业建筑地面	防裂、耐磨、提高整体性	0.35 ~ 1.00
薄型屋面板	防裂、提高整体性	0.75 ~ 1.50
局部增强预制桩	增强、抗冲击	≥0.50
桩基承台	增强、抗冲击	0.50 ~ 2.00
桥梁结构构件	增强	≥1.00
公路路面	防裂、耐磨、防重载	0.35 ~ 1.00
机场道面	防裂、耐磨、抗冲击	1.00 ~ 1.50
港区道路和堆场铺面	防裂、耐磨、防重载	0.50 ~ 1.20
水工混凝土结构	高应力区局部增强	≥1.00
	抗冲磨、防空蚀区增强	≥0.50
喷射混凝土	支护、砌衬、修复和补强	0.35 ~ 1.00

（3）砂率及用水量　钢纤维加入混凝土后，会降低混凝土流动性，因此在水胶比保持不变的条件下，可适当提高砂率、用水量和外加剂掺量。对于钢纤维长径比为 35 ~ 55 的钢纤维混凝土，钢纤维体积率每增加 0.5%，砂率可上调 3% ~ 5%，用水量可增加 4 ~ 7kg，但混凝土水胶比不应大于 0.5。胶凝材料用量随用水量相应增加，外加剂随着胶凝材料用量的增加而适当提高。C50 及其以上强度等级的混凝土，当钢纤维体积率较高时，其砂率可调到 50% 甚至更高一些。钢纤维混凝土砂率的选用见表 36-10。

表 36-10　钢纤维混凝土砂率的选用

混合料条件	粗骨料最大粒径 20mm（碎石）	粗骨料最大粒径 20mm（卵石）
$L_f/d_f = 50$ $V_f = 1.0$ $W/B = 0.5$ 砂细度模数 $\mu_f = 3.0$	50%	45%
$(L_f/L_d) \pm 10$	±5%	±3%
$V_f \pm 0.5$	±3%	±3%
$(W/B) \pm 0.1$	±2%	±2%
砂细度模数 ±0.1	±1%	±1%

注：此表适用于钢纤维体积率 $V_f = 0.6%$ ~ 2%。

（4）矿物掺合料掺量　为减少混凝土碳化对钢纤维锈蚀的影响，钢纤维矿物掺合料掺量不宜大于胶凝材料用量的 20%。为改善混凝土流动性和黏结性，可适当加入引气剂、硅灰和有机聚合物。

（5）纤维长度　钢纤维的增强、增韧效果以及混凝土的和易性与钢纤维的长度、直径、长径比、纤维形状和表面特性等因素有关。钢纤维的增强作用随长径比增大而提高，钢纤维太短，增强效果不明显，太长则影响拌合物性能；纤维太细，在搅拌过程中易弯折甚至结团，太粗则在体积含量不变情况下，增强效果差。大量试验研究和工程实践表明，长度在 20～60mm，直径在 0.3～0.9mm，长径比在 30～80 范围内的钢纤维，增强效果和拌合物性能较佳。

对于层布式钢纤维混凝土（钢纤维无需与混凝土一起拌和，而是钢纤维体与混凝土分层设置），钢纤维长度可放宽。

36.1.8　钢纤维混凝土的参考配合比

C60、C30、C100 强度等级钢纤维混凝土参考配合比分别见表 36-11、表 36-12 和表 36-13。

表 36-11　C60 钢纤维混凝土参考配合比

C /(kg/m³)	FA /(kg/m³)	KF /(kg/m³)	W /(kg/m³)	钢纤维 /(kg/m³)	S /(kg/m³)	G (5～10mm) /(kg/m³)	G (10～20mm) /(kg/m³)	坍/扩度/mm	R_{7d} /MPa	R_{28d} /MPa
395	60	90	152	40	696	451	552	210/550	69.7	78

表 36-12　C30 钢纤维泵送混凝土参考配合比

水泥 P·O42.5 /(kg/m³)	FA I 级 /(kg/m³)	河砂 μ_f=2.72 /(kg/m³)	碎石 (5～20mm) /(kg/m³)	W /(kg/m³)	聚羧酸 /(kg/m³)	W/B	坍扩度/mm		抗压强度 R_{28d}/MPa	
							钢纤维掺量		钢纤维掺量	
							0.8%	1.0%	0.8%	1.0%
247	133	781	1079	160	0.8	0.42	190/410	185/350	47.90	52.47

注：钢纤维采用哑铃形钢纤维。

表 36-13　C100 钢纤维混凝土参考配合比

胶凝材料总量/(kg/m³)	硅灰(%)	矿粉(%)	钢纤维(%)	水胶比	砂率(%)	外加剂(%)	抗压强度 R_{28d}/MPa
600	10	20	1.5	0.21	40	1.5	126.4

注：硅灰、粉煤灰和外加剂掺量均为相对胶材质量的百分比。

36.1.9　钢纤维混凝土制备与浇筑

1. 钢纤维混凝土制备注意事项

1）钢纤维混凝土原材料计量。原材料计量精度同普通混凝土，钢纤维计量精度为 ±1%。

2）钢纤维混凝土生产中的关键问题是要保证钢纤维在混凝土中均匀分布，防止形成纤维结团，纤维越细、越长，掺量越高，分散性越差。因此，为保证钢纤维在混凝土中均匀分布，宜采取先干后湿的搅拌工艺，即先将钢纤维和粗、细骨料干搅拌，将纤维先打散，然后再加入其他材料湿拌，且每次搅拌量不大于搅拌机公称容量的 1/3，并适当延长搅拌时间。

3）钢纤维材料密度较大，混凝土易分层、离析，且坍落度损失较大。可通过上调胶凝材用量和提高砂率的办法，适当加大出厂坍落度，若到达施工现场坍落度仍不满足要求，可后加减水剂上调坍落度。

2. 钢纤维混凝土浇筑注意事项

（1）提高泵机功率　由于钢纤维混凝土密度较大，泵送时与输送管道的摩擦较大，所以泵的功率应比普通混凝土大 20%。

（2）防止混凝土离析、分层　由于钢纤维材质密度大，因此，当混凝土拌合物浇筑倾落的自由高度超过 1.5m 时，应采用串筒、斜槽、溜管等措施，防止混凝土分层、离析。

（3）振捣方法　为使钢纤维在混凝土中由三维乱向分布趋于二维水平分布，提高纤维方向有效系数，采用插入式振动器时，不能将振动器与结构受力方向垂直插入混凝土拌合物中，以免纤维沿振动器取向分布，降低纤维增强效果。一般要求斜向插入，并与水平面的夹角不大于 30°，最好采用平板振动器。由于钢纤维材质密度大，混凝土振捣时间不宜过长，否则混凝土易分层。道路工程宜采用三辊机组铺筑施工。

（4）养护　钢纤维混凝土表面失水较快，混凝土成型后应及时覆盖塑料薄膜养护，防止产生细微裂缝，影响钢纤维混凝土的使用效果。

36.1.10　钢纤维混凝土质量检验和验收

1）钢纤维混凝土原材料进场，供方应按批次向需方提供质量证明文件（型号、检验报告、出厂检验报告、合格证等）以及纤维的使用说明书。

2）钢纤维进场，每 20t 为一检验批，应进行进场检验和生产过程中抽查，纤维应符合表 36-14 的要求。

表 36-14　钢纤维的质量要求

钢纤维弯折性能	尺寸偏差	异型钢纤维	样本根数与标称	杂质含量	纤维表面
合格率（%）	合格率（%）	形状合格率（%）	根数偏差（%）	（%）	
≥90%	≥90%	≥85%	±10	≤1%	不得含油

3）在搅拌地点和浇筑地点，每班至少检查 2 次钢纤维混凝土拌合物的出厂坍落度、坍落度经时损失、稠度、保水性，发现离析、泌水或坍落度损失过大，要及时检查原因，调整配合比。

4）钢纤维混凝土除了要按普通混凝土要求制作抗压试件外，还要在浇筑地点取样，检查钢筋纤维体积率，检查方法如下：

① 钢纤维混凝土拌合物分两层装入 5L 容量筒，每层沿容量筒四周用木槌均匀敲振 30 次，敲毕，容量筒底部再垫 $\phi16mm$ 的钢棒，在混凝土地面或石材地面上左右交错颠击 15 次，振实后将容量筒上口抹平。

② 将容量筒中振实的钢纤维混凝土倒出，边倒边用水冲洗，同时用磁铁收集钢纤维。

③ 将搜集的钢纤维在 (105 ± 5)℃ 温度下烘干至恒重，冷却称重，精确至 2g。钢纤维体积率按下式计算

$$V_{st} = \frac{M_{st}}{P_{st}V} \times 100\%$$

式中　V_{st}——钢纤维体积率（%），精确至 1%；

M_{st}——容量筒内钢纤维质量（g）；

P_{st}——钢纤维质量密度（g/cm³），可查产品出厂报告；

V——容量筒体积（L），根据试验室标定值取。

注意：应进行两次试验，取其平均值，当两次测值之差大于平均值 5% 时，应重新测试。

5）当有拉弯强度要求时，应按《公路水泥混凝土路面施工技术规范》（JTG F 30—2003）规定，制作 100mm × 100mm × 400mm 试件（纤维长度 ≤40mm 时）或 150mm × 150mm ×550mm 试件（纤维长度 >40mm 时）各 4 个，标养 28d 后由法定检测中心进行弯曲韧性和初裂强度检测。同时，制作 100mm × 100mm × 400mm 试件 4 个，进行抗剪强度检测。

36.2　合成纤维混凝土

36.2.1　合成纤维及其性能

1. 合成纤维的品种

合成纤维包括聚丙烯腈纤维、聚丙烯纤维、聚酰胺纤维、聚乙烯醇纤维等，合成纤维可为单丝纤维、粗纤维、膜裂纤维（展开后能形成网状的合成纤维）和粗纤维，合成纤维应无毒。

2. 合成纤维的规格和性能

合成纤维的规格、性能见表 36-15 和表 36-16。抗拉强度是合成纤维主要技术指标之一，它直接影响合成纤维的增强和增韧效果。

表 36-15　合成纤维规格

外形	公称长度/mm		当量直径/mm
	用于水泥砂浆	用于水泥混凝土	
单丝纤维	3 ~ 20	6 ~ 40	5 ~ 100
膜裂纤维	5 ~ 20	15 ~ 40	—
粗纤维	—	15 ~ 60	>100

表 36-16　合成纤维性能

项目	防裂抗裂纤维	增韧纤维
抗拉强度/MPa	≥270	≥450
初始模量/MPa	≥3.0 × 10³	≥5.0 × 10³
断裂伸长率(%)	≤40	≤30
耐碱性能①	≥95%	

① 合成纤维要在混凝土中工作，由于混凝土为碱性介质，所以必须要有耐碱要求。具体检测方法是用 20% NaOH 溶液浸泡合成纤维后，合成纤维强度保留值占原值的百分数，由专业检测机构去完成这一检测。

合成纤维在混凝土中属碱性介质，因此，合成纤维的耐碱性能非常重要。合成纤维的分散性相对误差，混凝土抗压强度比和韧性指数见表 36-17。

表 36-17　合成纤维混凝土抗压强度比和韧性指数

项　　目	防裂抗裂纤维	增韧纤维
分散性相对误差	±10%	
混凝土抗压强度比	≥90%	
韧性指数	—	≥3

单丝合成纤维的重要性能参数宜通过试验确定，当无试验资料时，可按表 36-18 选用。

表 36-18　单丝合成纤维的主要性能参数

项　　目	聚丙烯腈纤维	聚丙烯纤维	聚丙烯粗纤维	聚酰胺纤维	聚乙烯醇纤维
截面形状	肾形或圆形	圆形或异形	圆形或异形	圆形	圆形
密度/(g/cm³)	1.16 ~ 1.18	0.90 ~ 0.92	0.90 ~ 0.93	1.14 ~ 1.16	1.28 ~ 1.30
熔点/℃	190 ~ 240	160 ~ 176	160 ~ 176	215 ~ 225	215 ~ 220
吸水率(%)	<2	<0.1	<0.1	<4	<5
耐酸碱性	弱碱介质	耐碱性好	—	耐碱	耐酸、碱,耐碱性优于耐酸性

36.2.2　合成纤维混凝土配合比设计

合成纤维混凝土适用于要求改善早期抗裂、抗冲击、抗疲劳性能的混凝土工程、结构和构件。合成纤维加入到混凝土中，混凝土拌合物的稳定性一般较好，仅坍落度比普通混凝土稍微低一点。由于合成纤维弹性模量与混凝土弹性模量相差较大，承受荷载时，合成纤维分担的应力较小，对混凝土力学性能影响不大，因此，其配合比设计基本同普通混凝土。

1. 配合比设计需要注意事项

1）混凝土最小强度等级为 C20，最高强度等级为 C80。

2）合成纤维混凝土的纤维体积率不宜大于 0.15%，合成纤维用量过大，有可能出现搅拌不匀的情况，一般情况下纤维体积率为 0.06% ~ 0.12%，最终取值应经试验验证确定。

3）在纤维混凝土中需用一定水泥浆包裹纤维形成滑动层，因此，当纤维体积率大于 0.10% 时其胶凝材用量和砂率可适当提高，以保证泵送顺利进行。一般胶凝材较同型号普通混凝土提高 10kg/m³，砂率提高 1% 为好，但水胶比不得提高。

4）纤维长度对新拌混凝土性能影响明显。据工程实践证明，当粗骨料粒径为 5 ~ 25mm 时，选择 15mm 长抗裂纤维，可确保合成纤维与混凝土中砂、石骨料形成三维交错的网格，起到较好的抗裂效果的同时，不影响纤维混凝土的泵送施工性能。

2. 合成纤维混凝土参考配合比

C30、C60 合成纤维混凝土参考配合比分别见表 36-19 和表 36-20。C60 合成纤维混凝土性能见表 36-21。

表 36-19　C30 合成纤维混凝土参考配合比

水泥/(kg/m³)	粉煤灰/(kg/m³)	矿渣粉/(kg/m³)	砂/(kg/m³)	碎石/(kg/m³)	水/(kg/m³)	减水剂/(kg/m³)	纤维	坍/扩度/mm	抗压强度/MPa	
									R_{7d}	R_{28d}
171	76	133	748	1122	160	2.96	0.9	195/450	33.0	41.2

注：水泥为 P·Ⅱ42.5，粉煤灰为Ⅱ级，矿粉为 S95 级，砂为 μ_f = 2.88 的中砂，碎石为 5 ~ 25mm。减水剂为 P.C 聚羧酸型，抗裂纤维为聚丙烯纤维 PP，长度 15mm。

表 36-20　C60 合成纤维混凝土参考配合比

材料	水泥 /（kg/m³）	粉煤灰 /（kg/m³）	矿渣粉 /（kg/m³）	砂 /（kg/m³）	碎石 /（kg/m³）	纤维	水 /（kg/m³）	减水剂 （%）
用量	390	40	70	739	1020	4	145	1.3
参数	P·Ⅱ42.5 $f_{ce}=55.4MPa$	Ⅱ级	S95	$\mu_f=2.6$ 含泥＜2%	5～20mm	有机聚合物	—	PC 含固 量 30%

表 36-21　C60 合成纤维混凝土性能

拌合物坍扩度 /mm	抗压强度 /MPa		抗折强度 /MPa		56dCl⁻渗透系数 /$10^{-12}m^{-2}s^{-1}$	28d 弹性模量 /10^7MPa	28d 碳化 /mm
	7d	28d	7d	28d			
230/560	55.8	76.9	6.9	7.9	1.2	4.66	0.4

36.2.3　合成纤维混凝土质量检验和验收

合成纤维混凝土质量检验和验收同钢纤维混凝土。

36.2.4　纤维混凝土的耐高温性能

聚丙烯纤维掺入混凝土中，可以改善混凝土的耐高温性能。聚丙烯纤维与水泥及骨料有较强的结合力，由于其细微，能在混凝土内部构成均匀的乱向支撑体系，随着温度的提高，温度高于纤维的熔点，熔解的纤维被周围的固相产物吸收，熔解的纤维将混凝土内部孔隙通道封闭，材料本身损伤程度相应减小。

表 36-22 列出了普通混凝土、钢纤维混凝土、聚丙烯纤维混凝土高温后强度对比。

表 36-22　三种混凝土高温后强度对比

混凝土种类	温度		
	400℃	600℃	≤200℃
普通混凝土	抗折、抗压下降明显	抗折强度下降为 59%	缓慢下降
钢纤维混凝土	抗折、抗压强度下降，明显小于普通混凝土	相对残余抗折强度值 81%	抗压增 0.6%
聚丙烯纤维混凝土	抗折、抗压强度下降小于普通混凝土	抗压强度下降小于普通混凝土	抗压增 0.7%

36.2.5　聚丙烯纤维混凝土

1. 聚丙烯纤维性能

聚丙烯纤维是目前应用最多的一种束状合成纤维，遇水搅拌后呈网状或乱向均匀分布，其纤维直径一般为 20μm，极限拉伸率为 15%，抗拉强度可达 270MPa，耐酸、碱性极好，其掺量一般为 0.8～1.0kg/m³。

2. 聚丙烯纤维混凝土性能

（1）聚丙烯酸纤维混凝土工作性能　聚丙烯酸纤维混凝土拌合物工作性能见表 36-23。

表 36-23　聚丙烯酸纤维混凝土拌合物性能

纤维掺量/(kg/m³)	初始坍落度/mm	1h 坍落度/mm
0	230 × 520	180 × 470
0.6	200 × 510	190 × 450
1.0	220 × 500	190 × 430
1.4	200 × 500	195 × 420

（2）聚丙烯酸纤维混凝土力学性能　混凝土中随纤维参量增加其抗压强度下降，抗折强度、抗拉强度、弹性模量提高，收缩减少。聚丙烯酸纤维混凝土有以下几个特点：

1）纤维掺入混凝土后能与水泥、骨料有较强的结合力，易于混凝土材料混合，分布均匀，抗拉强度可提高 10% 左右，对抑制混凝土自收缩较有效。

2）纤维掺入混凝土抗折强度可提高 10% 左右，混凝抗弯性能好，极限变形大，可有效抑制外力破坏产生的裂纹。

3）纤维掺入混凝土中后对其和易性、可泵性无影响。

4）纤维掺入后混凝土抗压强度下降 10%，在混凝土试配时应予以考虑。

聚丙烯纤维由于其价格适中，掺入混凝土后对其和易性、可泵性无影响，对混凝土抗折强度、抗拉强度有较好效果，目前应用较为广泛。

3. 聚丙烯酸纤维混凝土参考配合比

聚丙烯酸纤维混凝土配合比实例见表 36-24。

表 36-24　聚丙烯酸纤维混凝土配合比实例

混凝土型号	混凝土配合比/(kg/m³)						抗压强度/MPa		抗拉强度/MPa		极限拉伸率（%）
	水泥	中砂	石子 (5~25mm)	粉煤灰	矿渣粉	外加剂	28d	90d	28d	90d	
C30	240	750	1036	100	100	9.2	43.0	50.0	3.67	3.90	107
C50	380	703	971	100	100	15.1	65.1	74.2	4.49	5.36	129

注：1. 水泥为 P·O 42.5，矿渣粉为 75 级。
　　2. 纤维掺量均为 1kg/m³。

聚丙烯酸纤维混凝土抗冻性能与普通混凝土相比无明显变化，干缩明显减小，尤其是早期干缩明显下降，这对抑制混凝土早期裂纹十分有利。聚丙烯酸纤维混凝土在预拌混凝土行业中推广有着广阔的前景。

36.2.6　抗碱玻璃纤维混凝土

1. 抗碱玻璃纤维的规格

抗碱玻璃纤维单丝直径为 12~14μm，长度为 30~40mm，密度为 2.7~2.8g/cm³。

2. 抗碱玻璃纤维混凝土性能

抗碱玻璃纤维混凝土抗渗防裂混凝土拌合物性能见表 36-25，抗碱玻璃纤维混凝土抗渗防裂混凝土物理力学性能见表 36-26。

表 36-25　抗碱玻璃纤维混凝土抗渗防裂混凝土拌合物性能

纤维掺量（%）	初始坍落度/mm	初始扩展度/mm	1h 坍落度/mm	1h 扩展度/mm
0	230	520	180	470
0.5	210	450	170	380
1.0	195	400	140	300
1.5	170	350	100	240
2.0	165	340	100	240

表 36-26　抗碱玻璃纤维混凝土抗渗防裂混凝土物理力学性能

纤维掺量（%）	抗压强度/MPa	抗拉强度/MPa	抗折强度/MPa	收缩率（%）
0	46.0	3.67	6.7	0.045
0.5	43.5	4.49	7.1	0.044
1.0	41.2	4.60	7.0	0.044
1.5	40.7	4.82	6.8	0.043
2.0	38.1	4.97	7.0	0.042

由表 36-26 可见，玻璃纤维掺量 2% 时防裂抗渗效果最好，但拌合物流动性较差不利于泵送，目前已很少采用。

36.2.7　混杂纤维混凝土

常见的掺入混凝土中的纤维有钢纤维、碳纤维、玻璃纤维、合成纤维。不同纤维在混凝土中所起的作用不同，用高弹性模量的纤维如铂纤维、碳纤维与低弹性模量的纤维如聚丙烯合成纤维同时掺入混凝土中时，称为混杂纤维混凝土。

混杂纤维可互相取长补短，协同工作，达到叠加增强的效果。采用纤维混杂技术可从多个层次提高混凝土性能。低弹性模量纤维可通过缓解微裂纹处的应力集中来延缓裂纹间的贯通；高弹模纤维能通过桥接作用抑制宏观裂纹的发展，在不同结构层次上抑制裂纹的产生和发展，从多层次改善混凝土性能。据资料介绍，当钢纤维体积掺量为 0.5%，聚丙烯纤维体积掺量为 0.1% 时混杂效果最好。在混凝土中采用钢纤维和聚丙烯纤维混杂掺入，可显著提高混凝土抗震、抗裂、抗冲击性能，改善混凝土抗拉、抗压、抗剪和耐磨性，逐渐被广泛用于抗震、抗爆结构，道路、桥梁和军事工程。同时混杂纤维混凝土还可显著提高混凝土常温和高温力学性能，见表 36-27 和表 36-28。

表 36-27　普通混凝土与混杂纤维混凝土配比及性能对比

名称	P·O 42.5 /(kg/m³)	FA /(kg/m³)	S /(kg/m³)	G /(kg/m³)	W /(kg/m³)	聚丙烯纤维 /(kg/m³)	钢纤维 /(kg/m³)	R_{28d}/MPa
普通混凝土	420	110	668	1044	165	0	0	50
混杂纤维混凝土	420	110	622	973	165	15	117	52.4

表 36-28　普通混凝土与混杂纤维混凝土高温性能对比　　　　（单位：MPa）

力学性能	抗压强度/MPa			抗折强度/MPa		劈拉强度/MPa		
温度状态	常温	400℃	800℃	常温	800℃	常温	400℃	800℃
普通混凝土	100	135.3	27.32	100	17.6	—	100	6.8
混杂纤维混凝土	100	153	51.66	100	43.9	—	160	30.71

第 37 章 轻骨料混凝土

目前，我国关于轻骨料混凝土的规范主要有两个：《轻骨料混凝土技术规程》（JGJ 51—2002）、《轻骨料混凝土结构技术规程》（JGJ 12—2006）。两规范的区别在于"结构"二字。由于目前我国在"结构"上用的轻骨料混凝土并不普遍，编者在工程中看到的大都是作为保温、围护或少量承重的轻骨料混凝土，因此，本章凡是不涉及"结构"的轻骨料混凝土用前一规范（本章大部分知识），仅在 37.2 中对"结构"上的轻骨料混凝土进行简要介绍，读者要注意多加区分。

37.1 轻骨料混凝土的分类

用轻粗骨料（如页岩陶粒、粉煤灰陶粒、黏土陶粒、自然煤矸石、火山渣等）、轻砂、水泥和水配制而成的干表观密度不大于 $1950kg/m^3$ 的混凝土，称为轻骨料混凝土。

37.1.1 轻骨料混凝土的等级分类

1. 轻骨料混凝土的强度等级

轻骨料混凝土的强度等级应按立方体抗压强度标准值确定。强度等级应划分为：LC5.0、LC7.5、LC10、LC15、LC20、LC25、LC30、LC35、LC40、LC45、LC50、LC55、LC60 13 个等级。

2. 轻骨料混凝土的表观密度等级

轻骨料混凝土按其干表观密度划分为 14 个等级，见表 37-1。某一密度等级轻骨料混凝土的密度标准值，可取该密度等级于表观密度变化范围的上限值。

表 37-1 轻骨料混凝土的密度等级

密度等级	干表观密度的变化范围/(kg/m^3)	密度等级	干表观密度的变化范围/(kg/m^3)
600	560~650	1300	1260~1350
700	660~750	1400	1360~1450
800	760~850	1500	1460~1550
900	860~950	1600	1560~1650
1000	960~1050	1700	1660~1750
1100	1060~1150	1800	1760~1850
1200	1160~1250	1900	1860~1950

37.1.2 轻骨料混凝土按用途分类

轻骨料混凝土按其用途可分为三大类，见表 37-2。

表 37-2　轻骨料混凝土按用途分类

类别名称	混凝土强度等级的合理范围	混凝土密度等级的合理范围/(kg/m³)	用途
保温轻骨料混凝土	LC5.0	≤800	主要用于保温围护结构或热工构筑物
结构保温轻骨料混凝土	LC5、LC7.5、LC10、LC15	800～1400	主要用于既承重又保温的围护结构
结构轻骨料混凝土	LC15、LC20、LC25、LC30、LC35、LC40、LC45、LC50、LC55、LC60	900～1400	主要用于承重构件或构筑物

37.1.3　轻骨料混凝土按料种分类

1）轻骨料混凝土按用料种类划分，如按粗骨料划分可分为三种：

① 工业废料轻骨料混凝土。

② 天然轻骨料混凝土。

③ 人造轻骨料混凝土。

2）如按细骨料划分可分为两种：

① 用部分或全部天然砂配制的砂轻混凝土。

② 用轻砂配制的全轻混凝土。

37.2　轻骨料混凝土的性能指标

37.2.1　结构轻骨料混凝土的强度标准值

结构轻骨料混凝土的强度标准值应按表 37-3 采用。

表 37-3　结构轻骨料混凝土的强度标准值

强度种类		轴心抗压	轴心抗拉
符号		f_{ck}/MPa	f_{tk}/MPa
混凝土强度等级	LC15	10.0	1.27
	LC20	13.4	1.54
	LC25	16.7	1.78
	LC30	20.1	2.01
	LC35	23.4	2.20
	LC40	26.8	2.39
混凝土强度等级	LC45	29.6	2.51
	LC50	32.4	2.64
	LC55	35.5	2.74
	LC60	38.5	2.85

注：自燃煤矸石混凝土轴心抗拉强度标准值应按表中值乘以系数 0.85；浮石或火山渣混凝土轴心抗拉强度标准值应按表中值乘以系数 0.80。

37.2.2　结构轻骨料混凝土弹性模量

结构轻骨料混凝土弹性模量应通过试验确定。在缺乏试验资料时，可按表 37-4 取值。

表 37-4　轻骨料混凝土的弹性模量

强度等级	密度等级							
	1200	1300	1400	1500	1600	1700	1800	1900
	弹性模量 $E_{LC}/10^{20}$ MPa							
LC15	94	102	110	117	125	133	141	149
LC20	—	117	126	135	145	154	163	172
LC25	—	—	141	152	162	172	182	192
LC30	—	—	—	166	177	188	199	210
LC35	—	—	—	—	191	203	215	227
LC40	—	—	—	—	—	217	230	243
LC45	—	—	—	—	—	230	244	257
LC50	—	—	—	—	—	243	257	271
LC55	—	—	—	—	—	—	267	285
LC60	—	—	—	—	—	—	280	297

注：用膨胀矿渣、自燃煤矸石作粗骨料的混凝土，其弹性模量值可比表列数值提高 20%。

37.2.3　轻骨料混凝土的热物理系数

轻骨料混凝土在干燥条件下和在平衡含水率条件下的各种热物理系数应符合表 37-5 的要求。

表 37-5　轻骨料混凝土的各种热物理系数

密度等级	导热系数		比热容		导温系数		蓄热系数	
	λ_d	λ_c	c_d	c_c	α_d	α_c	S_{d24}	S_{c24}
	W/(m·K)		kJ/(kg·K)		m³/h		W/(m²·K)	
600	0.18	0.25	0.84	0.92	1.28	1.63	2.56	3.01
700	0.20	0.27	0.84	0.92	1.25	1.50	2.91	3.38
800	0.23	0.30	0.84	0.92	1.25	1.38	3.37	4.17
900	0.26	0.33	0.84	0.92	1.22	1.33	3.73	4.55
1000	0.28	0.36	0.84	0.92	1.20	1.37	4.10	5.13
1100	0.31	0.41	0.84	0.92	1.23	1.36	4.57	5.62
1200	0.36	0.47	0.84	0.92	1.29	1.43	5.12	6.28
1300	0.42	0.52	0.84	0.92	1.38	1.48	5.73	6.93
1400	0.49	0.59	0.84	0.92	1.50	1.56	6.43	7.65
1500	0.57	0.67	0.84	0.92	1.63	1.66	7.19	8.44
1600	0.66	0.77	0.84	0.92	1.78	1.77	8.01	9.30
1700	0.76	0.87	0.84	0.92	1.91	1.89	8.81	10.20
1800	0.87	1.01	0.84	0.92	2.08	2.07	9.74	11.30
1900	1.01	1.15	0.84	0.92	2.26	2.23	10.70	12.40

注：1. 轻骨料混凝土的体积平衡含水率取 6%。
　　2. 用膨胀有效渣珠作粗骨料的混凝土导热系数可按表列数值降低 25% 取用或经试验确定。

37.2.4　轻骨料混凝土的抗冻性能要求

轻骨料混凝土在不同使用条件下的抗冻性能应符合表 37-6 的要求。

表 37-6　轻骨料混凝土在不同使用条件下的抗冻性能

使用条件		抗冻标号
非采暖地区		F15
采暖地区	相对湿度≤60%	F25
	相对湿度>60%	F35
	干湿交替部位和水位变化的部位	≥F50

注：非采暖地区是指最冷月份的平均气温高于 5℃ 的地区；采暖地区是指最冷月份的平均气温低于或等于 5℃ 的地区。

37.2.5　结构用砂轻混凝土耐久性能要求

1）结构用砂轻混凝土的抗碳化耐久性应按快速碳化标准试验方法检验，其 28d 的碳化深度值应符合表 37-7 的要求。

表 37-7　砂轻混凝土的碳化深度值

等级	使用条件	碳化深度值，≤/mm
1	正常湿度,室内	40
2	正常温度,室外	35
3	潮湿,室外	30
4	干湿交替	25

注：1. 正常湿度是指相对湿度为 55% ~65%。
　　2. 潮湿是指相对湿度为 65% ~80%。
　　3. 碳化深度值相当于在正常大气条件下，即 CO_2 的体积浓度为 0.03%，温度为 (20±3)℃ 环境条件下，自然碳化 50 年时轻骨料混凝土的碳化深度。

2）结构用砂轻混凝土的抗渗性能应满足工程设计抗渗等级和有关标准的要求。

3）次轻混凝土的强度标准值、弹性模量、收缩、徐变等有关性能，应通过试验确定。

37.3　轻骨料混凝土原材料选择

37.3.1　胶凝材料

1. 水泥

轻骨料混凝土所用的水泥应符合现行国家标准《通用硅酸盐水泥》（GB 175—2007）的要求。

2. 矿物掺合料

轻骨料混凝土用矿物掺合料应符合现行国家标准《用于水泥和混凝土中的粉煤灰》（GB 1596—2005）、《粉煤灰混凝土应用技术规程》（DG/TJ 08-230—2006）和《用于水泥和混凝土中的粒化高炉矿渣粉》（GB/T 18046—2008）的要求。

37.3.2　骨料

1. 粗骨料

轻骨料混凝土所用的轻骨料应符合现行国家标准，如膨胀珍珠岩的堆积密度应大于

$80kg/m^3$。粗骨料密度等级不宜低于 600 级，骨料应连续级配，最大粒径不宜大于 160mm，使用前宜浸水或淋水预湿，吸湿后含水率不应少于 24h 吸水率。

2. 细骨料

轻骨料混凝土所用的普通砂应符合现行国家标准《普通混凝土用砂、石质量标准及检验方法标准》（JGJ 52—2006）的要求。宜采用中砂，细度模数为 2.2 ~ 2.7，通过 0.315mm 颗粒含量不少于 15%。

37.3.3 拌合水

混凝土拌合用水应符合国家现行标准《混凝土用水标准》（JGJ 63—2006）的要求。

37.3.4 外加剂

轻骨料混凝土所用的外加剂应符合现行国家标准《混凝土外加剂》（GB 8076—2008）的要求。宜采用引气剂，并按低限掺入聚丙烯酰胺、聚乙烯醇等水溶性高分子化合物，以提高轻混凝土可泵性、黏聚性和保水性。

37.4 轻骨料混凝土配合比设计

37.4.1 配合比设计基本原则

轻骨料混凝土的配合比设计主要应满足抗压强度、密度和稠度的要求，并以合理使用材料和节约水泥为原则。必要时还应符合对混凝土性能（如弹性模量、碳化和抗冻性等）的特殊要求。

37.4.2 配合比设计计算

1. 试配强度确定

轻骨料混凝土的配合比应通过计算和试配确定。混凝土试配强度应按下式确定

$$f_{cu,0} \geqslant f_{cu,k} + 1.645\sigma$$

式中 $f_{cu,0}$——轻骨料混凝土的试配强度（MPa）；

$f_{cu,k}$——轻骨料混凝土立方体抗压强度标准值（即强度等级值）（MPa）；

σ——轻骨料混凝土强度标准差（MPa）。

2. 轻骨料混凝土强度标准差计算

轻骨料混凝土强度标准差应根据同品种、同强度等级轻骨料混凝土统计资料计算确定。计算时，强度试件组数不应少于 25 组。当无统计资料时，强度标准差可按表 37-8 取值。

表 37-8 强度标准差 σ

混凝土强度等级	低于 LC20	LC20 ~ LC35	高于 LC35
σ/MPa	4.0	5.0	6.0

3. 配合比设计中对原材料要求

1）轻骨料混凝土配合比中的轻粗骨料宜采用同一品种的轻骨料。但随着轻骨料混凝土技术的发展，为改善某些性能指标，可在轻骨料混凝土中同时采用两种不同品种的粗骨料。为保证质量，结构保温轻骨料混凝土及其制品掺入煤（炉）渣轻粗骨料时，其掺量不应大于轻粗骨料总量的 30%，煤（炉）渣含碳量不应大于 10%。为改善某些性能而掺入另一品种粗骨料时，其合理掺量应通过试验确定。

2）在轻骨料混凝土配合比中加入化学外加剂或矿物掺合料时，其品种、掺量和对水泥的适应性，必须通过试验确定。

4. 设计参数选择

（1）水泥用量　轻骨料混凝土可选用强度等级为 32.5 和 42.5 的水泥配制，其 $1m^3$ 水泥用量与配制强度和轻骨料的干表观密度有关。不同试配强度的轻骨料混凝土的常用水泥用量可按表 37-9 选用。

表 37-9　轻骨料混凝土的常用水泥用量

混凝土试配强度/MPa	轻骨料密度等级							水泥强度等级
	400	500	600	700	800	900	1000	
	水泥用量/(kg/m³)							
<5.0	260~320	250~300	230~280	—	—	—	—	32.5 级
5.0~7.5	280~360	260~340	240~320	220~300	—	—	—	
7.5~10	—	280~370	260~350	240~320	—	—	—	
10~15	—	—	280~350	260~340	240~330	—	—	
15~20	—	—	300~400	280~380	270~370	260~360	250~350	
20~25	—	—	—	330~400	320~390	310~380	300~370	
25~30	—	—	—	380~450	360~430	360~430	350~420	
30~40	—	—	—	420~500	390~490	380~480	370~470	42.5 级
40~50	—	—	—	—	430~530	420~520	410~510	
50~60	—	—	—	—	450~550	440~540	430~530	

注：1. 表中下限值适用于圆球及普通粗骨料，上限值适用于碎石型轻粗骨料和全轻混凝土。

　　2. 最高水泥用量不宜超过 $550kg/m^3$。

（2）水胶比　轻骨料混凝土配合比中的水胶比应以净水胶比表示。配制全轻混凝土时，可采用总水胶比表示，但应加以说明。轻骨料混凝土最大水胶比和最小水泥用量的限值应符合表 37-10 的规定。

表 37-10　轻骨料混凝土的最大水胶比和最小水泥用量

混凝土所处的环境条件	最大水胶比	最小水泥用量/(kg/m³)	
不受风雪影响的混凝土	不规定	270	250
受风雪影响的露天混凝土；位于水中及水位升降范围内的混凝土和潮湿环境中的混凝土	0.5	325	300
寒冷地区位于水位升降范围内的混凝土和受水压或盐冻作用的混凝土	0.45	375	350
严寒和寒冷地区位于水位升降范围内和受硫酸盐、盐冻等腐蚀的混凝土	0.40	400	375

注：1. 严寒地区指最寒冷月份的月平均温度低于 -15℃者；寒冷地区指最寒冷月份的月平均温度处于 -5~-15℃者。

　　2. 水泥用量不包括掺合料。

　　3. 寒冷和严寒地区用的轻骨料混凝土应掺入引气剂，其含气量宜为 5%~8%。

（3）用水量 轻骨料混凝土的净用水量根据稠度（坍落度或维勃稠度）和施工要求，可按表 37-11 选用。

表 37-11 轻骨料混凝土的净用水量

轻骨料混凝土用途	稠度		净用水量 /(kg/m³)
	维勃稠度/s	坍落度/mm	
预制构件及制品：			
1. 振动加压成型	10 ~ 20	—	45 ~ 140
2. 振动台成型	5 ~ 10	0 ~ 10	140 ~ 180
3. 振捣棒或平板振动器振实	—	30 ~ 80	165 ~ 215
现浇混凝土：			
1. 机械振捣	—	50 ~ 100	180 ~ 225
2. 人工振捣或钢筋密集	—	≥80	200 ~ 230

注：1. 表中值适用于圆球和普通类型轻粗骨料，对碎石类型轻粗骨料，宜增加 10kg 左右的用水量。

2. 掺加外加剂时，宜按其减水率适当减少用水量，并按施工稠度要求进行调整。

3. 表中值适用于砂轻混凝土；若采用轻砂时，宜取轻砂 1h 吸水率为附加水量。

轻混凝土用骨料应在使用前预饱和吸水（称为附加水量），搅拌时加水称为净用水量。据天津预拌混凝土生产厂经验，C30 陶粒混凝土单方净用水量为 180kg 时，坍落度可达 200mm。

（4）砂率 轻骨料混凝土的砂率与普通混凝土的不同点：一是以体积砂率（即细骨料体积与粗细骨料总体积之比）表示；二是一般砂率较大。

轻骨料混凝土的砂率可按表 37-12 选用。当采用松散体积法设计配合比时，表中数值为松散体积砂率；当采用绝对体积法设计配合比时，表中数值为绝对体积砂率。

表 37-12 轻骨料混凝土的砂率

轻骨料混凝土用途	细骨料品种	砂率(%)
预制构件	轻砂	35 ~ 50
	普通砂	30 ~ 40
现浇混凝土	轻砂	—
	普通砂	35 ~ 45

注：1. 当混合使用普通砂和轻砂作细骨料时，砂率宜取中间值，宜按普通砂和轻砂的混合比例进行插入计算。

2. 当采用圆球类型轻粗骨料时，砂率宜取表中值下限；采用碎石类型时，则宜取上限。

采用普通砂拌制轻混凝土时，其体积含砂率 35% ~ 45%，一般取 40% 为宜。

当采用松散体积法设计配合比时，粗细骨料松散状态的总体积可按表 37-13 选用。

表 37-13 粗细骨料总体积

轻粗骨料粒型	细骨料品种	粗细骨料总体积/m³
圆球类型	轻砂	1.25 ~ 1.50
	普通砂	1.10 ~ 1.40
普通类型	轻砂	1.30 ~ 1.60
	普通砂	1.10 ~ 1.50
碎石类型	轻砂	1.35 ~ 1.65
	普通砂	1.10 ~ 1.60

5. 计算粗细骨料用量

砂轻混凝土和全轻混凝土宜采用松散体积法进行配合比计算，砂轻混凝土也可采用绝对体积法。配合比计算中粗、细骨料用量均应以干燥状态为基准。

1）采用松散体积法计算应按下列步骤进行：

① 根据设计要求的轻骨料混凝土的强度等级和混凝土的用途，确定粗细骨料的种类和粗骨料的最大粒径。

② 测定粗骨料的堆积密度、筒压强度和1h吸水率，并测定细骨料的堆积密度。

③ 按本节试配强度公式计算混凝土试配强度。

④ 按表37-9选择水泥用量。

⑤ 根据施工稠度要求按表37-11选择净用水量。

⑥ 根据混凝土用途按表37-12选取松散体积砂率。

⑦ 根据粗细骨料类型按表37-13选择用粗、细骨料总体积。

⑧ 按下列公式计算1m³混凝土的粗细骨料用量

$$V_s = V_t S_p$$

$$m_s = V_s \rho_{is}$$

$$V_a = V_t - V_s$$

$$m_a = V_a \rho_{ia}$$

式中　V_s、V_a、V_t——1m³细骨料、粗骨料、粗细骨料（总）的松散体积（m³）；

　　　　m_s、m_a——1m³细骨料和粗骨料的用量（kg）；

　　　　S_p——砂率（%）；

　　　　ρ_{is}、ρ_{ia}——细骨料和粗骨料的堆积密度（kg/m³）。

2）采用绝对体积法计算应按下列步骤进行：

① 根据设计要求的轻骨料混凝土的强度等级、密度等级和混凝土的用途，确定粗细骨料的种类和粗骨料的最大粒径。

② 测定粗骨料的堆积密度、颗粒表观密度、筒压强度和1h吸水率，并测定细骨料的堆积密度和相对密度。

③ 按本节试配强度公式计算混凝土试配强度。

④ 按表37-9选择水泥用量。

⑤ 根据制品生产工艺和施工条件要求的混凝土稠度指标，按表37-11确定净用水量。

⑥ 根据轻骨料混凝土的用途，按表37-12选用砂率。

⑦ 按下列公式计算粗细骨料的用量：

a）计算砂的体积及用量。按下式计算砂的体积及用量

$$V_s = \left[1 - \left(\frac{m_c}{\rho_c} + \frac{m_{wn}}{\rho_w} \right) \div 1000 \right] \times S_p$$

$$m_s = V_s \rho_s$$

b）计算粗轻骨料的体积及用量。粗轻骨料的体积及用量按下式计算

$$V_a = \left[1 - \left(\frac{m_c}{\rho_c} + \frac{m_{wn}}{\rho_w} + \frac{m_s}{\rho_s} \right) \div 1000 \right]$$

$$m_a = V_a \rho_{ap}$$

式中　V_a——1m³ 混凝土的粗骨料绝对体积（m³）；

　　　m_c——1m³ 混凝土的水泥用量（g）；

　　　m_{wn}——1m³ 混凝土的净用水量（g）；

　　　ρ_c——水泥的相对密度，可取 $\rho_c = 2.9 \sim 3.1 g/m^3$；

　　　ρ_w——水的密度，可取 $\rho_w = 1.0 g/m^3$；

　　　ρ_s——细骨料的密度（g/cm³），采用普通砂时，可取 $\rho_s = 2.6 g/cm^3$；采用轻砂时，为轻砂的颗粒表观密度；

　　　ρ_{ap}——轻粗骨料的颗粒表观密度（g/cm³）。

6. 计算总水量

根据净用水量和附加水量的关系按下式计算总用水量

$$m_{wt} = m_{wn} + m_{wa}$$

式中　m_{wt}——1m³ 混凝土的总用水量（kg）；

　　　m_{wa}——1m³ 混凝土的附加水量（kg）。

7. 计算附加水量

根据粗骨料的预湿处理方法和细骨料的品种计算附加水量。附加水量的计算宜按表 37-14所列公式计算。

表 37-14　附加水量的计算

项目	附加水量计算
粗骨料预湿，细骨料为普砂	$m_{wa} = 0$
粗骨料不预湿，细骨料为普砂	$m_{wa} = m_a \omega_a$
粗骨料预湿，细骨料为轻砂	$m_{wa} = m_s \omega_s$
粗骨料不预湿，细骨料为轻砂	$m_{wa} = m_a \omega_a + m_s \omega_s$

注：1. ω_a、ω_s 分别为粗、细骨料的吸水率。
　　2. 当轻骨料含水时，必须在附加水量中扣除自然含水量。

8. 计算混凝土干表观密度

按下式计算混凝土干表观密度，并与设计要求的干表观密度进行对比，如其误差大于 2%，则应按下式重新调整和计算配合比

$$\rho_{cd} = 1.15 m_c + m_a + m_s$$

式中　ρ_{cd}——轻骨料混凝土的干表观密度（kg/m³）。

37.5　轻骨料混凝土配合比设计实例

某工程采用 C30 页岩陶粒混凝土，粗（轻）骨料为页岩陶粒，测得干表观密度为 850kg/m³，细骨料为天然河砂，测得干表观密度为 2600kg/m³，水泥用 P·O42.5，表观密

度为 3100kg/m³。

37.5.1　配合设计计算

1. 确定胶凝材料用量

查表 37-9，以经验定水泥用量为 400kg/m³，外掺粉煤灰 100kg/m³（表观密度为 2200kg/m³）。

2. 确定用水量

净用水量初步定为 180kg/m³。

3. 确定砂率

砂率定为 40%，采用绝对体积法计算砂子体积 V_s。

$$V_s = \{[1 - (400/3100 + 100/2200 + 180/1000)] \times 40\%\}\,m^3$$

$$= [1 - (0.129 + 0.045 + 0.18)]\,m^3 \times 40\% = 0.258m^3$$

4. 计算砂子用量

$$m_s = 2600 \times 0.258kg = 672kg$$

5. 计算粗轻骨料体积 V_a

$$V_a = [1 - (0.129 + 0.18 + 0.258 + 0.045)]\,m^3 = 0.388m^3$$

6. 确定陶粒用量

$$m_a = 0.388 \times 850kg = 330kg$$

7. 计算陶粒混凝土表观密度

$$\rho_{ap} = (400 + 100 + 180 + 672 + 330)\,kg/m^3 = 1682kg/m^3$$

37.5.2　掺合料参数选择

当采用粉煤灰作掺合料时，粉煤灰取代水泥百分率和超量系数等参数的选择，应按国家现行标准《用于水泥和混凝土中的粉煤灰》（GB/T 1596—2005）的有关规定执行。

37.6　轻骨料混凝土施工工艺和技术要求

37.6.1　拌合物拌制技术要求和注意事项

1）轻骨料应提前半天或一天进行淋水预湿，然后滤干水分进行投料。在气温低于 5℃时，不宜进行预湿处理。

2）应对轻粗骨料的含水率及其堆积密度进行测定。测定原则宜为：

① 在批量拌制轻骨料混凝土前进行测定。

② 在批量生产过程中抽查测定。

③ 雨天施工或发现拌合物稠度反常时进行测定。

3）对预湿处理的轻粗骨料，可不测其含水率，但应测定其湿堆积密度。

4）轻骨料混凝土生产时，砂轻混凝土拌合物中的各组分材料应以质量计量；全轻混凝土拌合物中轻骨料组分可采用体积计量，但宜按质量进行校核。轻粗、细骨料和掺合料的质量计量允许偏差为 ±3%；水、水泥和外加剂的质量计量允许偏差为 ±2%。

5）在轻骨料混凝土搅拌时，使用预湿处理的轻粗骨料，宜采用图 37-1 的投料顺序；使用未预湿处理的轻粗骨料，宜采用图 37-2 的投料顺序。

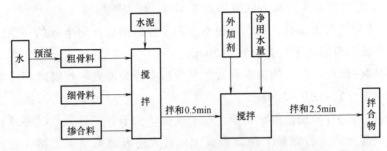

图 37-1　使用预湿处理的轻粗骨料时的投料顺序

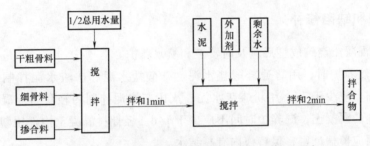

图 37-2　使用未预湿处理的轻粗骨料时的投料顺序

6）轻骨料混凝土全部加料完毕后的搅拌时间，在不采用搅拌运输车运送混凝土拌合物时，砂轻混凝土不宜少于 3min，全轻或干硬性砂轻混凝土宜为 3～4min。对强度低而易碎的轻骨料，应严格控制混凝土的搅拌时间。

7）外加剂应在轻骨料吸水后加入。当用预湿处理的轻骨料时，液体外加剂可按图 37-1 所示加入；当用未预湿处理的轻骨料时，液体外加剂可按图 37-2 所示加入。采用粉状外加剂，可与水泥同时加入。

37.6.2　拌合物运输技术要求和注意事项

1）拌合物从搅拌机卸料起到浇入模内止的延续时间不宜超过 45min。

2）当用搅拌运输车运送轻骨料混凝土拌合物，因运距过远或交通问题造成坍落度损失较大时，可采取在卸料前掺入适量减水剂进行搅拌的措施，满足施工所需和易性要求。

37.6.3　拌合物浇筑成型技术要求和注意事项

1）轻骨料混凝土拌合物浇筑倾落的自由高度不应超过 1.5m，当倾落高度大于 1.5m 时，应加串筒、斜槽或溜管等辅助工具。

2）轻骨料混凝土拌合物应采用机械振捣成型。对流动性大、能满足强度要求的塑性拌合物以及结构保温类和保温类轻骨料混凝土拌合物，可采用插捣成型。

3）干硬性轻骨料混凝土拌合物浇筑构件，应采用振动台或表面加压成型。

4）现场浇筑的大模板或滑模施工的墙体等竖向结构物，应分层浇筑，每层浇筑厚度宜控制在 300 ~ 350mm。

5）浇筑上表面积较大的构件，当厚度小于或等于 200mm 时，宜采用表面振动成型；当厚度大于 200mm 时，宜先采用插入式振捣器密实后，再表面振捣。

6）用插入式振捣器振捣时，插入间距不应大于棒的振动作用半径的一倍，连续多层浇筑时，插入式振捣器应插入下层拌合物约 50mm。

7）振捣延续时间应以拌合物捣实和避免轻骨料上浮为原则。振捣时间应根据拌合物稠度和振捣部位确定，宜为 10 ~ 30s。

8）浇筑成型后，宜采用拍板、刮板、辊子或振动抹子等工具，及时将浮在表面的轻粗骨料颗粒压入混凝土内。若颗粒上浮面积较大，可采用表面振动器复振，使砂浆返上，再抹面。

37.6.4　养护和缺陷修补

1）轻骨料混凝土浇筑成型后应及时覆盖和喷水养护。

2）采用自然养护时，用普通硅酸盐水泥、硅酸盐水泥和矿渣水泥拌制的轻骨料混凝土，湿养护时间不应少于 7d；用粉煤灰水泥、火山灰水泥拌制的轻骨料混凝土及在施工中掺缓凝型外加剂的混凝土，湿养护时间不应少于 14d。轻骨料混凝土构件用塑料薄膜覆盖养护时，全部表面应覆盖严密，保持模内有凝结水。

37.6.5　质量检验

1）检验拌合物的坍落度或维勃稠度以及表观密度，每台班每一配合比不得少于一次。

2）轻骨料混凝土强度的检验评定方法应按现行国家标准《混凝土强度检验评定标准》（GB/T 50107—2010）执行。混凝土干表观密度的检验应按下列规定进行，其检验结果的平均值不应超过配合比设计值的 ±3%。

① 连续生产的预制厂及预拌混凝土搅拌站，对同配合比的混凝土，每月检查不得少于四次。

② 对于单项工程，每 100m³ 混凝土的抽查不得少于一次，不足者按 100m³ 计。

3）干表观密度的检测。

① 干表观密度可采用整体试件烘干法或破碎试件烘干法测定。

② 当采用整体试件烘干法测定干表观密度时，可把试件置于 105 ~ 110℃ 的烘箱中烘至恒重，称重。测定试件的体积，计算干表观密度。

③ 当采用破碎试件烘干法测定干表观密度时，应按下列试验步骤进行：

a）在做抗压试验前，将立方体试件表面水分擦干。用称重为 5kg（感量为 2g）的托盘天平称重。求出该组试件自然含水时混凝土的表观密度。按下式计算

$$\rho_n = (m/V) \times 10^3$$

式中　ρ_n——自然含水时的混凝土表观密度（kg/m³）；

　　　　m——自然含水时的混凝土质量（g）；

　　　　V——自然含水时混凝土试件的体积（cm^3）。

　　b）将做完抗压强度的试件破碎成粒径为 20 ~ 30mm 的小块。把 3 块试件的破碎试料混匀，取样 1kg，然后将试件放在 105 ~ 110℃烘箱中烘干至恒重。

　　c）按下式计算出轻骨料混凝土的含水率

$$W_c = [(m_1 - m_0)/m_0] \times 100\%$$

式中　W_c——混凝土的含水率（%），计算精确至 0.1%；

　　　　m_1——所取试样质量（g）；

　　　　m_0——烘干后试样质量（g）。

　　d）按下式计算出轻骨料混凝土的干表观密度

$$\rho_A = \rho_n/(1 + W_c)$$

式中　ρ_A——轻骨料混凝土的干表观密度（kg/m^3），精确至 $10kg/m^3$。

37.7　泵送轻骨料混凝土配制、生产及施工注意事项

37.7.1　原材料选择

　　1）全轻混凝土一般因空隙大，含水率高，泵送时易产生严重离析，根据国外经验，轻粗骨料密度等级一般不低于 600。除个别采用高密度等级做轻砂外，泵送施工宜采用砂轻混凝土。

　　2）泵送轻骨料混凝土粗骨料粒径越大，其上浮速度越快，在其他性能允许的条件下，应尽量选择小粒径的骨料，粗轻骨料公称最大粒径不宜大于 16mm。此外圆形骨料易上浮，尽量选择碎石形轻骨料。控制粒形系数 2.0 为宜。

　　3）砂的质量对泵送有很大影响，宜使用中砂，其中小于 0.315mm 的细颗粒不应小于 15%。

37.7.2　配合比设计

　　1）轻骨料混凝土的骨料易上浮，因此要提高混凝土的浆体黏度，可超量掺粉煤灰等掺合料，以提高混凝土浆体体积。

　　2）配制轻骨料混凝土可适当掺入引气剂，但混凝土含气量不宜大于 5%，否则会降低泵送效率，严重时会引起堵泵。也可适量掺入纤维，以抑制轻骨料上浮。

　　3）泵送轻骨料混凝土孔隙率和吸水率大，轻骨料要提前预湿，运输过程坍落度损失较大，出厂坍落度宜适当加大，宜控制在 220 ~ 250mm，入泵坍落度控制在 180 ~ 200mm。

　　4）泵送轻骨料混凝土的砂率要比普通混凝土大，体积砂率宜为 40% ~ 50%。

37.7.3　施工工艺

　　1）泵送轻骨料混凝土前，要用水和砂浆充分润湿管道，防止轻骨料混凝土失水过快而

堵泵。泵送速度适当放慢，泵送过程中不得停泵，防止骨料上浮。

2）由于轻骨料混凝土泵送阻力大，应尽量减少胶管和弯管的用量，管径不宜小于125mm。轻混凝土泵送较为困难，在泵送过程中需边泵送边调整泵压。

3）混凝土振捣应快插快拔，每点控制在6s以内，防止骨料上浮。

37.7.4　泵送轻骨料混凝土参考配合比

泵送轻骨料混凝土参考配合比参见表37-15～表37-18。

表37-15　泵送轻骨料耐热混凝土配合比

P·O42.5 /(kg/m³)	W /(kg/m³)	S /(kg/m³)	G /(kg/m³)	P.C /(kg/m³)	R_{28d}/MPa	$R_{110℃}$/MPa	$R_{650℃}$/MPa	$R_{750℃}$/MPa
425	200	450	700	10.38	42.7	51.4	38.9	32.6

注：表中 G 为过烧黏土破碎砖，粗骨料粒径为 5～25mm；S 为中砂；P.C 为聚羧酸高效减水剂。

表37-16　LC20泵送轻骨料混凝土配合比

C /(kg/m³)	FA /(kg/m³)	KF /(kg/m³)	陶粒 /(kg/m³)	S /(kg/m³)	P.C /(kg/m³)	W /(kg/m³)	坍扩度 /mm	R_{28d} /MPa	质量分层度 (%)
380	—	—	532	670	3.1	152	220/550	23.1	16.2
304	38	38	532	670	3.1	152	220/570	25.3	5.8

注：表中 C 为 P·S3 2.5 水泥；FA 为 Ⅱ 级粉煤灰；P.C 为聚羧酸高效减水剂；S 为中砂；陶粒为大庆产粉煤灰陶粒，堆积密度为 500kg/m³，表观密度为 1450kg/m³，1h 吸水率为 13%，筒压强度为 6.0MPa。

表37-17　LC30泵送轻骨料混凝土配合比

陶粒 /(kg/m³)	S /(kg/m³)	C /(kg/m³)	FA /(kg/m³)	W /(kg/m³)	P.C /(kg/m³)	R_{28d} /MPa	T_{500} /s	扩散度 /mm	表观密度 /(kg/m³)
416	748	399	170	185	8.5	38	3.84	715	1928

注：表中陶粒堆积密度为 800kg/m³，C 为 P·O42.5 水泥，FA 为 Ⅱ 级粉煤灰。

表37-18　高强度等级轻骨料混凝土参考配合比

W /(kg/m³)	C /(kg/m³)	FA /(kg/m³)	KF /(kg/m³)	S /(kg/m³)	陶粒 /(kg/m³)	P.C /(kg/m³)	抗压强度/MPa			坍落度 /mm	密度 /(kg/m³)
							R_{7d}	R_{28d}	R_{60d}		
229	336	96	48	740	622	4.32	37.9	56.0	59.2	220	1873
234	350	100	50	704	643	4.50	38.0	53.3	61.2	230	1872
229	364	104	52	774	600	4.68	36.0	58.5	65.7	200	1893
229	378	108	54	774	600	4.86	44.8	62.7	67.4	200	1905

注：1. 本配合比摘自《混凝土》杂志 2014 年 3 月中的"高强轻骨料混凝土的性能研究"，P144～P147。

2. 表中 C 为 P·O 42.5 水泥；FA 为 Ⅱ 级粉煤灰；KF 为 S95 级矿渣粉；W 为总用水量。

3. 陶粒为粉煤灰陶粒，堆积密度为 915kg/m³，表观密度为 1745kg/m³，筒压强度为 10.5MPa，粒形系数为 1.76，吸水率 1h 为 11.5%，24h 为 12.4%。

第 38 章 耐热混凝土

38.1 耐热混凝土的种类

38.1.1 概述

耐热混凝土是指混凝土能在 200~1300℃ 高温状态下使用，但仍能保持其所需的物理、力学性能和体积稳定性的混凝土。耐热混凝土分水硬性和气硬性两种，水硬性耐热混凝土是指采用普通水泥、掺合料、水、骨料和外加剂搅拌而成的耐热混凝土，其中温度大于 900℃ 时采用铝酸盐水泥；气硬性耐热混凝土分水玻璃耐热混凝土和磷酸盐耐热混凝土，用于 900℃ 以上的工作环境。本章仅介绍 200~900℃ 水硬性耐热混凝土。

普通混凝土受热时容易遭受破坏，主要原因有水泥浆体失水、骨料膨胀以及水泥浆体与骨料、钢筋的热膨胀不协调而产生热梯度。受热破坏主要分为以下几个阶段：

1）100℃ 下，混凝土内的自由水逐渐蒸发，内部形成毛细裂缝和孔隙，混凝土强度下降。

2）200~300℃，混凝土内的自由水全部蒸发，水泥凝胶水中的结合水开始脱出，粗、细骨料和水泥浆体的温度膨胀系数不同，骨料界面裂缝加大。

3）400℃ 后水泥水化生成的氢氧化钙脱水，体积膨胀，裂缝扩展，混凝土强度明显下降。

4）600℃ 下未水化的水泥颗粒和骨料中的石英成分形成晶体，伴随着巨大的膨胀，骨料内部产生裂缝，混凝土抗压强度急剧下降。

38.1.2 水硬性耐热混凝土用原材料要求

耐热混凝土强度一般有 C15、C20、C25、C30 四个等级。其所用原材料要求如下：

1. 胶凝材料

可用普通硅酸盐水泥、矿渣硅酸盐水泥和粉煤灰、矿渣等掺合料。普通水泥不得掺有石灰岩、菱镁石、白云石类的混合材料；矿渣水泥配制使用极限温度为 900℃ 的耐热混凝土时，水泥中矿渣含量不得大于 50%。

2. 粗骨料

骨料占混凝土总质量的 75%~80%，是影响混凝土耐热性能的主要因素，因而对骨料的材质有如下要求：

1）骨料品种必须有耐高温稳定性，石英在 573℃ 以上时会发生晶型转化，由 β 型转为 α 型，体积膨胀 1.3~1.5 倍，而石灰石在 600~700℃ 时开始分解为氧化钙和二氧化碳，因此粗骨料既不能选用石英也不能选用石灰石。500℃ 以下耐热混凝土可采用玄武岩、安山岩、辉绿岩、花岗岩等火成岩；500℃ 以上耐热混凝土宜采用黏土熟料、铝矾土熟料、耐火砖碎料等，粒径 5～25mm 连续级配。如采用高炉重矿渣，其 C_2O 含量不得大于 4.5%，应有良好的安定性，不允许有大于 25mm 的玻璃质颗粒。

2）改善骨料级配，好的级配可以提高混凝土的密度与体积稳定性，进而提高混凝土的耐热性。它对耐热混凝土的高温物理力学性能起着重要作用。据资料介绍，粗骨料从 10～20m 降至 5～10m，虽然烘干强度降低，但其 1200℃ 烧后强度反而提高，因此，配制耐热度 900℃ 以上的混凝土，粗骨料粒径宜为 5～20mm 连续级配，应严格控制最大粗骨料粒径。

细骨料亦应有良好连续级配，以最大限降低骨料孔隙率，增加混凝土密实度。

3）对于使用温度高于 500℃ 的耐热混凝土，宜使用黏土熟料，铝矾土熟料、等经高温煅烧的骨料。其骨料技术要求见表 38-1。

表 38-1　500℃ 以上耐热混凝土骨料技术要求

材 料 种 类		化学成分质量分数（%）		
		Al_2O_3	MgO	Fe_2O_3
黏土质	黏土熟料、黏土质耐火砖	≥30	≤5	≤5.5
高铝质	高铝砖、矾土熟料	≥45		≤3.0

3. 掺合料

粉煤灰、矿渣粉等都是高温下的产物，具有耐火性，因此都可以作为耐热混凝土的掺合料。500℃ 以上耐热混凝土宜掺以 Al_2O_3、SiO_2 为主要成分的掺合料，其技术要求见表 38-2。

表 38-2　500℃ 以上耐热混凝土的掺合料技术要求

掺合料名称	细度（80μm 方孔筛筛余%）	化学成分质量分数（%）		
		Al_2O_3	MgO	Fe_2O_3
黏土砖粉	≤70	≥30	≤5	≤5.5
黏土熟料粉				
高铝砖粉		≥55		≤3.0
矾土熟料粉		≥48		

4. 细骨料

900℃ 以下耐热混凝土细骨料可采用细度模数 ≥2.3 的中砂，含泥量 ≤1%。

5. 外加剂

应采用非引气型减水剂。

6. 纤维

近几年许多单位研究发现耐热混凝土中掺入纤维可明显提高其耐热性。尤其是钢纤维加入混凝土中后，钢纤维的桥接作用限制了混凝土在高温下产生的体积变形，减轻了混凝土内部微缺陷的引发和扩展，在一定程度上对混凝土高温性能的劣化起到了缓和作用。此外钢纤维与水泥凝胶体很好的黏结作用及钢纤维较好的热传导性能在混凝土中呈三维乱向分布，可使混凝土在高温下更快地达到内部温度的均衡一致，从而减少温度梯度产生的内部应力，减少内部损伤，抑制由于快速的温度变化产生的混凝土体积变化，从而减少材料内部缺陷的产生及发展，提高了混凝土高温后的强度。

据扬州大学高超等人研究成果证明，温度低于 200℃ 时，钢纤维混凝土抗压、抗折强度提高，400℃时，钢纤维混凝土拥有较好的抗火性能，钢纤维混凝土抗压、抗折强度下降幅度明显小于普通混凝土；温度低于 600℃时，钢纤维混凝土抗折强度下降十分缓慢；600℃时，钢纤维混凝土相对残余抗折强度值为 81%，而普通混凝土已经下降为 59%。因此配制耐热混凝土时可以适当些加入纤维。

38.2　耐热混凝土配合比设计

38.2.1　配合比设计的原则

1. 水泥用量

水泥用量应尽可能低。在满足强度前提下水泥用量取较小值。当水泥用量超过一定范围，混凝土的荷重软化点降低，残余变形增大，耐热性能下降。一般情况下骨料耐火度都比胶凝材料耐火高，胶凝材料用量超过一定范围时，随胶凝材料用量的增加，混凝土耐火性能下降。$1m^3$ 混凝土水泥用量由 200kg 提高到 300kg，其 900℃、1100℃、1200℃的烧后相对强度分别降低 5%、6%、13%。《耐热混凝土应用技术规程》（YB/T 4252—2011）规定水泥用量 $\leqslant 400kg/m^3$。

因此在满足施工和易性和常温强度要求的前提下，应尽可能减少胶凝材料用量。水泥用量可控制在混凝土总重的 10%～20%，耐火要求高而常温强度要求不高的耐热混凝土，水泥用量可控制在 10%～15%。

2. 用水量

耐热混凝土的水胶比增减对其常温强度、高温下强度和残余变形影响较显著。随着水胶比的增加，耐热混凝土强度下降显著。因为水胶比增大，处于高温环境下工作的混凝土水分容易散失，导致混凝土内部空隙增加，结构疏松强度下降。同时过量的水会导致混凝土内部残留水增多，在高温下产生很大的蒸汽压力，导致混凝土爆裂破坏。因此耐热混凝土在施工和易性允许的前提下应尽可能降低水胶比。

3. 掺合料用量

掺合料可改善混凝土耐高温性能，矿物掺合料的加入，可以降低和减小混凝土中氢氧化钙的含量，降低高温下氢氧化钙脱水生成游离氧化钙的几率，从而减少体积不安定的因素。同时矿物掺合料取代水泥后，分散了 C-S-H 凝胶体，减小了凝胶体包裹层厚度，进而降低了水泥石的开裂程度。掺合料可提高混凝土和易性，因此耐热混凝土在满足常温强度要求的前提下，尽可能多用掺合料，一般掺合料是水泥质量的 30%～100%，最高可达 300%。不同配合比耐热混凝土的性能见表 38-3。

表 38-3　不同配合比耐热混凝土的性能

性能　　　　　种类	耐火度/℃	烘干强度/MPa	1200℃加热后强度降低(%)
空白混凝土	1440	80.4	46.6
水泥:掺合料 = 1:1	1640	52.8	3.8

4. 骨料级配及砂率

骨料占耐热混凝土原料总重的 80% 左右，改善骨料级配对提高耐热混凝土密实度和耐高温性能有重要作用。骨料的类别和耐火度应与胶凝材料相适应，粗骨料粒径不宜过大，用量不可过多，否则混凝土和易性不良，密实度下降，高温下易分层脱落，一般砂率宜为 40% ~ 60%。

38.2.2　耐热混凝土生产与施工注意事项

1）耐热混凝土用水量超过规定的 10%，高温下强度将下降 20% 左右，热工性能也将下降，应严格控制用水量，严禁生产和施工过程中随意加水，以减少混凝土中的游离水。

2）耐热混凝土所用原材料应严格控制质量，如骨料中混入石灰石，可能会导致耐热混凝土结构报废。

3）养护。以普通硅酸盐水泥为胶凝材料的耐热混凝土，养护温度为 20 ~ 30℃，时间≥7d；以矿渣硅酸盐水泥为胶凝材料的耐热混凝土，湿养温度为 20 ~ 30℃，养护时间≥14d；铝酸盐水泥配制的耐热混凝土，养护温度为 15 ~ 20℃，时间≥3d。

38.3　耐热混凝土配合比实例

耐热混凝土一般均根据经验确定初始配合比，再通过试验调整。以下列举了若干耐热混凝土经验配比及使用温度。

1. 黏土熟料类骨料

黏土熟料类骨料耐热混凝土经验配合比见表 38-4。

表 38-4　黏土熟料类骨料耐热混凝土经验配合比

混凝土种类	极限温度/℃	胶凝材料/(kg/m³)	掺合料/(kg/m³)	细骨料/(kg/m³)	粗骨料/(kg/m³)	强度等级
硅酸盐水泥和黏土熟料	1200	250 (P·O 32.5)	黏土熟料粉 250	黏土熟料 650	黏土熟料 950	—
硅酸盐水泥和黏土熟料	1000	250 ~ 300 (P·O 32.5)	黏土熟料粉 250 ~ 300	黏土熟料 480 ~ 560	黏土熟料 690 ~ 730	—

2. 重矿渣及耐火砖骨料类

重矿渣及耐火砖骨料类耐热混凝土经验配合比见表 38-5。

表 38-5　重矿渣及耐火砖骨料类耐热混凝土经验配合比

混凝土种类	极限温度/℃	胶凝材料/(kg/m³)	掺合料/(kg/m³)	细骨料/(kg/m³)	粗骨料/(kg/m³)	强度等级
矿渣硅酸盐水泥和高炉重矿渣	500	530 (P·S 32.5)	粉煤灰 60	重矿渣 680	重矿渣 960	C30（实测：烘干强度 ≥34MPa；高温 500℃强度 ≥24MPa）
矿渣硅酸盐水泥和高炉重矿渣	500	420 (P·S 42.5)	粉煤灰 90	重矿渣 930	重矿渣 990	C30（实测：烘干强度 ≥33.8MPa；高温 500℃强度 ≥26.4MPa）
硅酸盐水泥和耐火砖	700	330 (P·O 42.5)	耐火粉 190	耐火砖 780	耐火砖 950	C40（实测：烘干强度 ≥45.6MPa；高温 700℃强度 ≥26.4MPa）

注：此表由原冶金部第三建筑安装公司制品分公司实验室主任田启兴高级工程师提供。

3. 天然石材骨料类

天然石材骨料类 600℃ 耐热混凝土配合比见表 38-6，其性能见表 38-7。

表 38-6　天然石材骨料类 600℃ 耐热混凝土配合比

水泥 （P·O 42.5） /（kg/m³）	粉煤灰 （Ⅰ级） /（kg/m³）	S95 级 矿渣粉 /（kg/m³）	水 /（kg/m³）	聚羧酸 减水剂 /（kg/m³）	玄武岩石粉 （0~3mm） /（kg/m³）	玄武岩石粉 （3~5mm） /（kg/m³）	玄武岩碎石 （5~10mm/10~20mm） /（kg/m³）
246	62	102	165	4.9	580	254	298/894

注：本配合比为北京高强混凝土公司施工配合比。

表 38-7　天然石材骨料类 600℃ 耐热混凝土的性能

常温 28d 强度/MPa	110℃ 强度/MPa	600℃ 强度/MPa	900℃ 强度/MPa	受热后外观	施工坍落度/mm
42.5	54.5	35.5	26.4	未裂	200

注：本配合比为北京高强混凝土公司施工配合比。

4. 掺入混杂纤维配制耐热混凝土

混杂纤维配制耐热混凝土配合比见表 38-8，其各温度下外观及强度见表 38-9。

表 38-8　混杂纤维配制耐热混凝土配合比

水泥（P·O 42.5） /（kg/m³）	粉煤灰 /（kg/m³）	中砂 /（kg/m³）	花岗岩石子 （5~20mm） /（kg/m³）	聚羧酸 减水剂 /（kg/m³）	水 /（kg/m³）	聚丙烯酸纤维 /（kg/m³）	钢纤维 /（kg/m³）
420	110	622	973	17.6	165	1.5	117

表 38-9　混杂纤维耐热混凝土各温度下外观及强度

项目名称	常温 28d	200℃	400℃	600℃	800℃
抗压强度 MPa	53.8	74.5	81.2	65.4	27.8
劈裂强度 MPa	3.8	4.1	4.57	3.2	1.2
抗折强度 MPa	9.0	8.5	8.8	5.5	4.0
质量损失（%）	—	2.4%	6.8%	7.2%	9.2%
高温后外观	—	外观良好	表面有少量裂纹	裂纹稍有增加	混凝土无酥松、爆裂，外观基本完好

注：本表摘自《混凝土》杂志 2012.1，内蒙古工业大学燕兰等"混杂纤维增强高性能混凝土高温力学性能及微观分析"，P24~P28。

38.4　耐热混凝土强度试验及评定方法

38.4.1　试验方法与步骤

1）试验设备采用箱式高温炉。

2）耐热混凝土试件尺寸为 100mm×100mm×100mm。

3）试件在标准条件下养护 28d 强度为其标准强度；试件放在烘箱中以每小时不超过 20℃ 的升温速度，达（100±5）℃ 时恒温，24h 后随炉冷却到室温。取 3 个试件的平均抗压强度，定为耐热混凝土的烘干强度。

4）耐热混凝土残余强度试验：用烘至恒温的试件，放在高温炉中以 2~3℃/min 的升温速度，升温到指定温度，恒温 3h，随炉冷却到室温。取 3 个试件的平均抗压强度值，定为混凝土残余强度。

38.4.2　评定标准

耐热混凝土技术评定标准见表 38-10。

表 38-10　耐热混凝土技术评定标准

极限使用温度	检验项目	技术要求
250~500℃	混凝土强度	≥设计设计强度
	烘干强度	≥设计抗压强度
	残余强度	≥50%设计抗压强度,无裂缝
	烧后线变化率	±1.5%
500~900℃	混凝土强度	≥设计抗压强度
	烘干强度	≥设计抗压强度
	残余抗压强度	≥35%设计抗压强度,无裂缝
	烧后线变化率	≤1.5%

第39章　耐酸混凝土

耐酸混凝土是指能抵抗酸类介质的物理或化学侵蚀的混凝土，通常用于浇筑整体地坪、设备基础、化工和冶金等工业中的大型设备（储酸槽、反应塔等）和构筑物的外壳及内衬、防腐蚀池槽等工程。

耐酸混凝土是防腐蚀领域中的传统材料，在我国已有30多年的使用历史，积累了丰富的经验。耐酸混凝土性能优良、材料广泛、施工简便、造价低廉，再加之毒性较小和施工机具易于清洗，因此它在化工、冶金、石油、轻工、食品等工业部门得到了广泛的应用。

耐酸混凝土可分为水玻璃耐酸混凝土、硫黄耐酸混凝土、沥青耐酸混凝土。这类混凝土因原材料和生产方法比较特殊，一般都在施工现场拌制。

39.1　水玻璃耐酸混凝土

水玻璃耐酸混凝土对硫酸、硝酸等强酸耐酸稳定性好，在1000℃以下仍具有良好的耐酸性能及有较高的机械强度。但其施工较复杂，养护期较长，不耐碱，抗渗性和耐水性差。

39.1.1　材料及性能要求

1. 水玻璃

（1）色泽　水玻璃为水玻璃耐酸混凝土的主要材料，是耐酸混凝土的胶结剂，呈青灰色或黄灰色黏稠液体，不得混入油类或杂物。

（2）模数和密度　模数（二氧化硅与氧化钠的摩尔比）指标为2.6~2.8，密度指标为1.38~1.40t/m³。模数和密度是水玻璃的两项重要的技术性能指标，其数值的大小对混凝土的和易性、凝结时间、强度、抗渗性、收缩、化学稳定性等影响很大。模数越高，耐酸混凝土的凝结速度越快，高温时尤为显著，以致造成施工困难，而若模数过低，凝结时间延长，耐酸和强度也随之降低。

密度增大，耐酸混凝土的密实度和抗渗性相应提高，但收缩性增大，而且收缩变形延续的时间也随之降低。因此配制耐酸混凝土，应选择适宜的水玻璃的模数和密度。若模数和密度不符合要求时，应进行调整。

2. 氟硅酸钠

氟硅酸钠是耐酸混凝中水玻璃的固化剂，为白色、浅灰或黄色结晶粉末。纯度不小于95%；细度要求全部通过1600孔/cm²筛，如用2500孔/cm²筛分，筛余量可不大于10%；含水率不大于1.0%。含水率大或潮湿结块时，应在不高于60℃的温度烘干，脱水后研磨，按细度要求过筛；游离酸（折合HCl）不大于0.3%。纯度和细度是其主要的质量指标：纯度高者，含杂质较少，相应地可减少氟硅酸钠的用量；细度的大小与水玻璃的化学反应的快慢及是否完全有密切关系。

3. 耐酸粉料

粉料由耐酸矿物如辉绿岩、陶瓷、铸石或含石英质高的石料粉磨而成，用以填充骨料空隙使混凝土达到最大的密度。耐酸粉料的耐酸率不应小于 94%；含水率不应大于 0.5%；细度要求 1600 孔/cm² 筛余不大于 5%，4900 孔/cm² 筛余 10%～30%。石英粉一般杂质较多，吸水性高，收缩大，不宜单独使用，可与辉绿岩粉混合，用量各半。耐酸粉料用量少，混凝土塑性差，密实度降低，但用量过多会使混凝土拌合物的黏性增大，不易浇筑密实，硬化后内部含有较多气泡，从而抗渗性差，吸水率大。

4. 骨料

1）耐酸骨料是耐酸混凝土的主要骨架，一般由天然耐酸岩石或人造耐酸石材破碎而成，但不得采用石灰石，因为石灰石会与酸发生化学反应。耐酸骨料的主要要求是耐酸率高、级配好和洁净。耐酸性能是耐酸骨料最重要的性能。一般说来，当骨料中二氧化硅含量较高，氧化钙含量较低时，其耐酸性能较好。

2）耐酸细骨料为石英砂或天然砂，耐酸率不应小于 94%，含水率不应大于 1%，并不得含有泥土，天然砂含泥量不得大于 1%，并经严格筛洗后，进行耐酸检验。

3）耐酸粗骨料为石英石、花岗石、碎瓷片、耐酸块等。耐酸率不应小于 94%；浸酸安定性合格；含水率不应大于 0.5%；不得含有泥土；吸水率不应大于 1.5%。最大粒径不应大于结构最小尺寸的 1/4；用于楼地面不得大于 25mm。粗细骨料颗粒级配应符合要求，见表 39-1 和表 39-2。

表 39-1 耐酸细骨料颗粒级配

筛孔/mm	5	1.2	0.3	0.15
累计筛余(%)	0～10	20～55	70～95	95～100

表 39-2 耐酸粗骨料颗粒级配

粒径或筛孔	最大粒径	1/2 最大粒径	5mm
累计筛余(%)	0～5	30～60	90～100

5. 水玻璃耐酸水泥

水玻璃耐酸水泥由耐酸粉料与氟硅酸钠按适当配比共同粉磨而成，可直接用来配制耐酸混凝土。其品质指标见表 39-3。

表 39-3 水玻璃耐酸水泥品质指标

序号	项目	指 标
1	细度	900 孔/cm² 筛余量不超过 1%，4900 孔/cm² 筛余量不得超过 15%
2	凝结时间	初凝不得早于 30min，终凝不得迟于 8h
3	抗拉强度	在空气中养护 28d，不得低于 2MPa；在硫酸内沸煮后，降低值不大于 25%
4	耐酸度	大于 91%
5	耐酸安定性	在 40% 硫酸中沸煮 1h，无突出物、裂纹、脱层、损坏等一切可见缺陷
6	煤油吸收率	养护 10d 后，不小于 15%

39.1.2　水玻璃模数、模数调整与密度计算

1. 模数计算

水玻璃的模数可按下式计算

$$模数 = \frac{SiO_2 克分子量}{Na_2O 克分子量} = 1.032 \frac{SiO_2\%}{Na_2O\%}$$

式中　1.032——Na_2O 分子量（62）与 SiO_2 分子量（60）的比值。

2. 模数调整计算

当水玻璃模数过低（或过高）时，可加入高模数（或低模数）的水玻璃进行模数调整。其水玻璃质量计算方法如下

$$G_w = \frac{(M_2 - M_1)G}{M - M_2}$$

式中　G_w——加入高模数水玻璃的质量（g）；

　　　G——低模数水玻璃的质量（g）；

　　　M——高模数水玻璃的模数；

　　　M_1——低模数水玻璃的模数；

　　　M_2——要求的水玻璃的模数。

当水玻璃模数过高（大于 2.8）时，可加入氢氧化钠（化成水溶液）进行模数调整。氢氧化钠的质量按下式计算

$$G_h = \frac{(M_1 - M_2)NG_2}{M_2 P} \times 1.29$$

式中　G_h——加入氢氧化钠的质量（g）；

　　　G_2——高模数水玻璃的质量（g）；

　　　N——高模数水玻璃的氢氧化钠含量（%）；

　　　P——氢氧化钠的纯度。

3. 密度换算

水玻璃一般采用钠玻璃，市场产品一般标志为波美度（°Be'）。密度与波美度的换算按下式计算

$$\rho = \frac{145}{145 - B_波}$$

式中　ρ——水玻璃的密度（g/cm³）；

　　　$B_波$——水玻璃的波美度（°Be'），可查表 39-4。

表 39-4　水玻璃密度与波美度的换算

序号	密度 ρ /(g/cm³)	波美度 B /°Be'	序号	密度 ρ /(g/cm³)	波美度 B /°Be'	序号	密度 ρ /(g/cm³)	波美度 B /°Be'
1	1.35	37.6	8	1.42	42.7	15	1.49	47.2
2	1.36	38.4	9	1.43	43.4	16	1.50	48.1
3	1.37	39.2	10	1.44	44.1	17	1.51	48.9
4	1.38	39.9	11	1.45	44.8	18	1.52	49.6
5	1.39	40.7	12	1.46	45.4	19	1.53	50.3
6	1.40	41.2	13	1.47	46.1	20	1.54	50.3
7	1.41	42.0	14	1.48	46.8	21	1.55	51.4

39.1.3 水玻璃耐酸混凝土配合比

水玻璃耐酸混凝土抗压强度应大于 20MPa，浸酸安定性外观检查应合格（无裂纹、起鼓、发酥和掉角等现象）。

1. 常用水玻璃耐酸混凝土配合比

常用水玻璃耐酸混凝土配合比见表 39-5。

表 39-5　常用水玻璃耐酸混凝土配合比

序号	配合比（质量比）						
	水玻璃	氟硅酸钠	辉绿岩粉（或石英粉）	69 号耐酸灰	辉绿岩粉石英粉 = 1:1	砂子	碎石
1			2.0 ~ 2.2	—	—	2.3	3.2
2	1.0	0.15 ~ 0.16		—	1.8 ~ 2.2	2.4 ~ 2.5	3.2 ~ 3.3
3			—	2.1 ~ 2.0	—	2.5 ~ 2.7	

注：1. 表中氟硅酸钠纯度按 100% 计，不足时，应按掺量比例增加。

2. 氟硅酸钠用量计算式为

$$G = 1.5 \times \frac{N_1}{N_2} \times 100$$

式中　G——氟硅酸钠用量占水玻璃用量的百分率（%）；

N_1——水玻璃中含氧化钠的百分率（%）；

N_2——氟硅酸钠的纯度（%）。

2. 掺加密实剂的改性水玻璃耐酸混凝土参考配合比

此混凝土配合比见表 39-6。

表 39-6　改性水玻璃混凝土配合比（质量比）

序号	改性水玻璃溶液					氟硅酸钠	辉绿岩粉	石英砂	石英碎石
	水玻璃	糠醇	六羟树脂	NNO	木钙				
1		3 ~ 5	—	—		15	180	250	320
2	100	—	7 ~ 8	—		15	190	270	345
3		—	—	10					
4		—	—	—	2	15	210	230	320

注：1. 糠醇为淡黄色或微棕色液体，要求纯度在 95% 以上，密度 1.287 ~ 1.296；六羟树脂为微黄色透明液体，要求固体含量 40%，游离醛不大于 2%；NNO 呈粉状，要求硫酸钠含量小于 3%，pH 值为 7 ~ 9；木钙为黄棕色粉末，密度为 $1.055 g/cm^3$，木质素含量大于 55%，pH 值为 4 ~ 6。

2. 糠醇改性水玻璃溶液另加糠醇用量为 3% ~ 5% 的催化剂盐酸苯胺，其纯度在 98% 以上，细度通过 0.25mm 筛孔；NNO 配成 1:1 水溶液使用；木钙加 9 份水配成溶液使用，表中为溶液掺量；氟硅酸钠纯度按 100% 计。

这种混凝土气孔率可减少 70% ~ 80%，抗渗强度等级可提高 10 倍以上。在胶泥中加入水玻璃用量为 8% ~ 15% 的一氧化铝或 15% ~ 18% 的呋喃脂或铜渣粉进行改性，可提高其耐酸性能。

39.1.4 水玻璃耐酸混凝土的施工工艺

水玻璃耐酸混凝土施工主要内容为：配制水玻璃混凝土、浇筑养护及酸化处理。

1. 水玻璃耐酸混凝土配制的工作要点

水玻璃耐酸混凝土配制的工作要点见表 39-7。

表 39-7　水玻璃耐酸混凝土配制的工作要点

序号	项目	工作要点
1	材料保管	1. 材料进场后,应放在能防雨且干燥的仓库内 2. 氟硅酸钠有毒,应进行标记,并有专人保管,安全存放
2	施工机具	1. 宜选用强制搅拌机配制 2. 除一般混凝土用的机具外,应另备比重计、大陶瓷缸、木桶、勺子、抽油器等,以及氟硅酸钠、水玻璃等脱水用的炉具 3. 如用人工搅拌,还应准备密封的粉料筛分搅拌箱
3	材料性能	1. 水玻璃用量过多则混凝土和易性差,但用量过少则耐酸、抗水性差,通常用量为 250 ~ 300kg/m^3 2. 耐酸粉料虽是填充料,但用量过少则塑性差,用量过大则黏性大,均造成操作困难,影响密实度,通常用量为 400 ~ 550kg/m^3 3. 混凝土强度随氟硅酸钠掺量的增加而提高,但太多则强度增长不明显,混凝土硬化也加快,以致操作困难,通常为水玻璃用量的 15%
4	计量工作	各种材料均有其特性,计量误差过大将影响混凝土质量,要求计量准确
5	机械搅拌	1. 材料按下列次序加入搅拌机内:细骨料、粉料、氟硅酸钠、粗骨料;干拌均匀(约 3min)后,加入水玻璃再搅拌 1min;如用水玻璃耐酸水泥,则连同粗细骨料一起干拌均匀,再加水玻璃搅拌 1min 2. 搅拌时间越长,则硬化时间越短,当搅拌时间为 5min 时,初凝时间仅 12min,因此,搅拌时间应适度 3. 初凝时间一般为 30min;为便于操作,每次搅拌时间和搅拌量均不宜过多
6	人工搅拌	人工搅拌配制时,先将粉料和氟硅酸钠放在密封的粉料搅拌箱内混合拌匀;然后将拌匀的粉料(已含有氟硅酸钠)、粗细骨料倒在钢板上搅拌均匀;再加入水玻璃,湿拌不小于 3 次,至颜色均匀为度
7	其他	配制好的水玻璃混凝土使用时不得再加入水玻璃,稀时不应加料粉,并必须在初凝前(30min)内用完(自加入水玻璃算起)

2. 水玻璃耐酸混凝土浇筑及养护

水玻璃耐酸混凝土浇筑及养护操作要点见表 39-8。

表 39-8　水玻璃混凝土浇筑及养护操作要点

序号	项目	操作要点
1	隔离层	1. 对基层进行检查 2. 水玻璃材料不耐碱,在基层面上应设置冷底子油或油毡隔离层(金属基层可不做隔离层)
2	湿度	1. 施工温度以 15 ~ 30℃ 为宜,低于 10℃ 时应采取加热保温措施(但不能以蒸汽直接加热) 2. 施工时原材料的温度,亦不低于 10℃
3	模板	1. 水玻璃混凝土终凝时间较长,侧压力大,模板必须支撑牢固,拼缝严密,表面平整 2. 模板表面应涂以非碱性隔离剂,如冷底子油或机油
4	钢筋	钢筋与埋件应先行除锈,并涂刷环氧树脂防锈漆,可撒上耐酸粉和细砂,以加强握裹力
5	坍落度	混凝土坍落度采用机械振捣时不大于 50mm,人工捣鼓时为 30 ~ 50mm
6	浇筑	1. 施工前,应先在隔离层上涂刷两道稀胶泥,每道间隔为 6 ~ 12h 2. 稀胶泥的配合比为水玻璃:氟硅酸钠:耐酸粉 = 1:0.13 ~ 0.2:0.9 ~ 1.1(质量比) 3. 为保证初凝时间前能振捣密实,浇筑厚度每层控制如下:插入式振动器,不宜大于 20mm;平板式振动器或人工捣插,不宜大于 100mm 4. 振捣密实的象征是:排出大量气泡,表面泛浆
7	地坪	1. 大面积地坪,可分块浇筑;每块约 10m^2,嵌缝可用耐酸聚氯乙烯胶泥或沥青胶泥 2. 严禁整块浇筑后再行割缝

（续）

序号	项目	操作要点
8	施工缝	1. 接槎部位如超过初凝时间,应进行施工缝处理 2. 地坪施工缝可留斜槎 3. 施工缝缝表面不要太光,但要洁净;继续浇筑前应先涂一层水玻璃稀胶泥,稍后才可浇筑混凝土 4. 耐酸储槽、池应一次浇筑完成,不留施工缝
9	表面抹平	混凝土表面应在混凝土初凝前压实抹平
10	拆模时间	水玻璃的特点是初凝快、终凝慢,故拆模时间应按养护温度确定:10~15℃,不少于5d;16~20℃,不少于3d;21~30℃,不少于2d;31~35℃,不少于1d
11	养护	1. 养护期间应防雨防潮及防晒和防冻,不得冲击和振动 2. 宜在15~30℃的干燥环境下自养,不得浇水或蒸汽养护 3. 养护最少时间:10~20℃,不小于12d;21~30℃,不小于6d;31~35℃,不小于3d
12	酸化处理	1. 经养护硬化后(约10d),须进行酸化处理,使表面形成硅胶层,防止内部形成 Na_2SO_4,$10H_4O$ 而导致开裂 2. 酸化处理的材料,可用下列几种之一:浓度为30%~35%的硫酸;浓度为15%~25%的盐酸;浓度为40%的硝酸 3. 处理方法:每隔8~12h,均匀涂擦处理液于混凝土表面一次;下次涂擦前,应将混凝土表面析出的白色结晶物清刷干净 4. 处理次数,不少于4次

39.1.5　水玻璃耐酸混凝土的施工质量、安全要求

1. 水玻璃耐酸混凝土的施工质量要求

水玻璃耐酸混凝土的施工质量要求见表39-9。

表 39-9　水玻璃耐酸混凝土的施工质量要求

项目	要　　求
抗压强度	不小于20MPa
浸酸安定性	合格
抗渗性	2MPa
吸水率	不大于15%
混凝土表面	1. 面层密实 2. 无气孔、脱皮、起壳、起砂或未固化现象 3. 平整度,用2m直尺检查,空隙不大于4mm 4. 坡度,允许偏差为坡长的±0.2%;最大偏差值不大于30mm;泼水试验能顺利排除
表面缺陷	1. 不得有蜂窝、麻面、裂缝 2. 如有上述缺陷,应将该部位凿去,清理干净,薄涂一层水玻璃稀胶泥,稍待干后,用水玻璃胶泥或水玻璃砂浆妥善修补

2. 水玻璃耐酸混凝土施工安全要求

水玻璃耐酸混凝土施工的安全要求见表39-10。

表 39-10　水玻璃耐酸混凝土施工的安全要求

项目	要　　求
防毒	1. 氟硅酸钠与粉料混合时,应有密封搅拌箱 2. 操作人员应穿戴工作服、口罩、护目镜等
酸化处理	1. 应穿戴防酸防护用具,如防酸手套、防酸靴、防酸裙等 2. 准备一些稀碱溶液,以便中和时使用 3. 稀释浓硫酸时,只准将浓硫酸徐徐少量地倒入水中,严禁将水倒入浓硫酸内
其他	按照一般混凝土工程的规定

39.1.6　缺陷的防治

水玻璃耐酸混凝土工程常见的缺陷原因和防治方法见表 39-11。

表 39-11　水玻璃耐酸混凝土工程常见的缺陷原因和防治方法

序　号	缺陷	原因	防治方法
1	空鼓(用木槌敲打有空鼓声)	与基层接触面未做隔离层,被基层的碱性材料破坏了黏结力	1. 应按要求做好隔离层 2. 如是局部小面积空鼓,可轻轻凿除(避免影响空鼓区扩大)后重新浇筑
2	经 8h 或更长时间仍不硬化	1. 氟硅酸钠受潮变质或不纯 2. 氟硅酸钠加入量不足 3. 粉料和粗骨料中水分或杂质过多 4. 施工温度或养护温度低于10℃ 5. 养护时受湿气或蒸汽影响	1. 严格按要求选用原材料并进行检查 2. 正确选定和认真掌握施工配合比;现场不再掺入任何成分 3. 原材料在使用时如温度低于10℃,应进行预热措施(但不得用明火、直接通蒸汽和直接接触加热器) 4. 养护时相对湿度应不大于80%;不得与水及蒸汽接触 5. 保证有充足的养护时间;不提前施加荷载
3	在 30min 以内硬化,来不及操作	氟硅酸钠用量过多	
4	强 度 低,性能差	1. 水玻璃模数低于 2.5 2. 水玻璃比重小于 1.3 3. 养护时间不足就进行表面酸处理	
5	表面出现不规则裂缝	1. 水玻璃比重过大,稠度也大,拌合物的和易性差,以致水玻璃的用量多,收缩性加大 2. 投料顺序不对,搅拌时间少,出料不均匀,以致施工后硬化不一致	1. 应使用比重适当的水玻璃,或水玻璃比重调整至规定的指标 2. 按要求的投料次序投料,并搅拌均匀 3. 将裂缝部位凿成 V 形,清理干净后涂一道水玻璃稀胶泥,按部位大小,用水玻璃砂浆或混凝土修补

39.2　硫黄耐酸混凝土

39.2.1　对原材料技术要求

硫黄耐酸混凝土原材料的技术要求见表 39-12。

表 39-12　硫黄耐酸混凝土原材料技术要求

序号	项目	内容
1	硫黄	工业用粉状或块状硫黄,细度不小于 94%,含水率不大于 1%
2	增韧剂	用于改善胶泥的脆性、和易性、提高抗拉强度。常用的有三种: 1. 聚硫橡胶:为黄绿色或黑色固体,要求质软、富弹性,细致无杂质,使用前应烘干 2. 聚氯乙烯树脂粉:为白色轻粉,要求纯净不含杂质 3. 萘:为普通樟脑
3	粉料	1. 可用石英粉:辉绿岩粉或瓷粉,耐酸率不小于 94%,细度要求 1600 孔/cm² 筛余不大于 5%,4900 孔/cm² 筛余 10% ~30%,含水率不大于 0.5%,使用前烘干 2. 为减少收缩,改善脆性,可掺入少量 6 ~7 级石棉,要求质地干燥,不含杂质 3. 如要求耐氢氟酸,可采用石墨粉
4	细骨料	常用石英砂,耐酸率不小于 94%,粒径为 0.5 ~1.0mm,含泥量小于 1%,不含杂质,含水率小于 0.5%
5	粗骨料	用石英石、花岗石碎石、耐酸砖块,耐酸率不小于 94%,不含泥土杂质,粒径要求为 20 ~40mm,含量不小于 85%,10 ~20mm 含量不大于 15%,使用前烘干

39.2.2　硫黄耐酸混凝土配合比的配制方法及施工配合比

硫黄耐酸混凝土配合比的配制方法及其施工配合比见表 39-13 和表 39-14。

表 39-13　硫黄耐酸混凝土配合比的配制方法

序号	项目	内　　容
1	配合比	硫黄胶泥、砂浆和混凝土的配合比见表 39-14
2	配制方法	1. 硫黄混凝土的配制方法与普通混凝土的制作方法不同。它是先将耐酸粗骨料铺在模型上,将配制好的硫黄胶泥灌注到已铺好的耐酸粗骨料上,冷却后即凝固 2. 硫黄胶泥、砂浆的配制:将碎块或粉状硫黄按计算装入砂浴锅内,在 130～150℃加热熔化、脱水,边熔边搅拌,防止局部过热,然后将预热至 130℃的粉料、细骨料(配制砂浆时掺加)加入熔化硫黄中,加热温度保持 140～150℃,待搅拌脱水至无气泡时,分批加入粒度小于 20mm 的聚硫橡胶,并加强搅拌,温度控制不大于 160℃,待加完泡沫减少,可继续升温至 160～170℃,约 3～4h,泡沫完全消失,颜色均匀一致即可使用 3. 熬好的胶泥、砂浆的配制:在 140℃浇注"8"字形抗拉试块,要求冷固后无起鼓、凹陷、致密、无分层等现象。如有起鼓,将试件打断,颈部截面内小孔多于 5 个,应延长熬制时间,在 160～170℃下继续加热熬制和搅拌,或加入适量硫黄和聚硫橡胶继续熬制,直至气体散发为止。熬好的硫黄胶泥(砂浆)可浇注成小块备用,使用时再加热熔化

表 39-14　硫黄胶泥、硫黄砂浆、硫黄混凝土施工配合比

序号	材料名称	配合比(质量比)									
		硫黄	石英粉	辉绿岩粉	石墨粉	石棉绒	石英砂	酸硫橡胶	聚氯乙烯粉	萘	碎石
1	硫黄胶泥	58～60	38～40	—	0～1	—	—	1～2	—	—	—
		60	19.5	19.5	—	—	—	1.5	—	—	—
		70～72	—	26～28	0～1	—	—	1～2	—	—	—
		54～60	35～42	—	—	—	—	—	3～5	—	—
		60～35	35	—	—	—	—	—	—	3	—
2	硫黄砂浆	50	17～18	—	0～1	—	30	2～3	—	—	—
3	硫黄混凝土	40～50(硫黄胶泥或硫黄砂浆)									60～50

注:1. 硫黄胶泥的技术性能:抗拉强度为 5.2～7.2MPa,抗压强度为 37～64NPa,抗折强度为 9.4～10.4MPa,黏结强度:与瓷板为 1.5MPa,与铸石板为 1.8～2.0MPa,与水泥砂浆为 2.4MPa;弹性模量为 499.9MPa,密度为 2200～2300kg/m³,体积收缩率约为 4%,热膨胀系数为 1.6×10^{-6}～1.5×10^{-5},吸水率为 0.14%～0.48%。
　　2. 硫黄混凝土弹性模量为 262.6MPa,密度为 2400～2500kg/m³。

39.2.3　硫黄耐酸混凝土施工要点

硫黄耐酸混凝土施工要点见表 39-15。

表 39-15　硫黄耐酸混凝土施工要点

项目	施工要点
准备工作	1. 原材料应放入能防雨、防火的仓库 2. 材料进场时应进行技术验收 3. 拟定配合比,进行试配 4. 如工程较大或施工频率快,可将硫黄胶泥或硫黄砂浆先行配成锭块,供以后二次加热使用
工具	锅灶、铁锅、橡胶吸管、容器、温度计、铲勺、灌注壶、灭火设备等

（续）

项 目	施工要点
施工基层	1. 可用水泥砂浆或耐酸砂浆做基层或隔离层,不得用油毡、沥青质材料做隔离层 2. 基层或隔离层表面应平整、清洁、干燥
施工温度	1. 环境温度不宜低于 5℃ 2. 粗骨料应先预热,至施工时能保持 40～60℃
模板	1. 应支撑牢固,拼缝必须严密,表面平整、干燥 2. 模板的隔离剂可使用矿物油,但是施工缝模板不需涂油
浇筑	1. 先将已预热的粗骨料虚铺在模型内(约占体积的 50%～60%),每层厚度不大于 400mm,并预埋 ϕ5mm 钢管作为浇筑口;粗骨料铺好后轻轻抽出,防止堵塞,也可预埋短的废瓷管,浇筑后不再抽出;浇筑孔的间距为 30～40cm 2. 硫黄砂浆(胶泥)熬制的数量应为浇筑体积的 50%,加热至 135～145℃,即行热塑浇筑,因此,熬制点与浇筑点不宜相距过大 3. 浇筑平面时应分区进行,每一浇筑区的面积以 2～4m² 为宜;浇筑硫黄砂浆(胶泥)时应多头进行,各预留的浇筑孔可同时浇筑,中间不要中断,直至浇满为止 4. 硫黄混凝土表面应露出粗骨料,最后用硫黄砂浆(胶泥)找平 5. 浇筑竖向结构时,每层水平施工缝应露出粗骨料,垂直施工缝应错开 6. 如施工环境温度低于 5℃时,应加盖覆盖物,避免过快冷却,出现裂缝 7. 每个浇筑区浇完,应待其冷却收缩后(常温下约为 2h)方可浇筑下一个浇筑区 8. 在平面找平,或浇灌第二层硫黄混凝土前,应将下层硫黄混凝土表面收缩孔中的针状物凿除
预制块	1. 将活动模板置于平整的钢板上,钢板的隔离层采用矿物油 2. 模板上先浇一层厚约 3mm 的硫黄砂浆(胶泥),作为预制块的面层 3. 按"浇筑"中的方法浇筑,冷却后脱模 4. 铺砌时,以平整的表面向上;用热塑硫黄砂浆(胶泥)灌缝
安全	1. 硫黄属易燃品,熬制时应控制火舌不能露出炉灶外 2. 熬制点应设在下风方向,以免熬制时有毒气体熏人,如无自然风或在室内熬制,应设排风装置 3. 熬制时如发现黄烟,应立即撤火降温,如局部燃烧,可撒石英粉灭火 4. 操作人员要穿戴好防护用品

注：如设计无特殊要求,大面积的地坪可采用铺预制块的方法,施工较易。

39.2.4　硫黄耐酸混凝土质量要求

硫黄耐酸混凝土质量指标见表 39-16。

表 39-16　硫黄耐酸混凝土质量指标

序号	项目	指标
1	抗压强度/MPa,≥	40
2	抗折强度/MPa,≥	4
3	表观密度/(kg/m³)	2400～2500
4	制品表面	密实,不得有裂缝、气孔、脱皮、起壳、起砂、麻面等现象
5	平整度	用 2m 直尺检查,空隙不大于 6mm

39.2.5　硫黄耐酸混凝土缺陷的防治

硫黄耐酸混凝土的常见缺陷及防治方法见表 39-17。

表 39-17　硫黄耐酸混凝土的常见缺陷及防治方法

缺陷	原因	预防方法
空鼓,不饱满	粗骨料不洁净或温度较低,影响砂浆流淌	1. 粗骨料用前必须冲洗干净 2. 浇筑硫黄砂浆(胶泥)时,粗骨料温度必须保持在 40 ~ 60℃
	预留浇筑孔被堵塞	1. 浇筑钢管要随浇随拔 2. 用预埋瓷管作预留浇注孔时,瓷管每段不宜过长,并且相互隔离,以便砂浆能分层流淌 3. 每层厚度控制在 400mm 以下
	1. 一次浇筑砂浆(胶泥)过多,影响流淌 2. 漏浇筑	1. 施工面积较大时,必须分区浇筑 2. 浇筑孔间距不大于 400mm 3. 各浇筑孔应同时进行,不要中断,直至浇满
裂缝	1. 浇筑分区不准确 2. 浇筑秩序紊乱 3. 施工后没有采取保温措施 以上三点均使温度不均,产生裂缝	1. 粗骨料逐区铺填,一是保证预热温度不损失,二是明确浇筑区 2. 浇筑应有明确分工,顺序进行 3. 浇筑完毕后,注意覆盖保温

注:可将缺陷部位剔开(除),重新补浇、抹平。

39.3　沥青耐酸混凝土

39.3.1　沥青耐酸混凝土的原材料技术要求

沥青耐酸混凝土除能耐中等的无机酸类腐蚀外,还能耐一定程度的碱(浓度小于 70% 的氢氧化钠)和盐(任意浓度的氯化钠)。

沥青耐酸混凝土的原材料要求见表 39-18。

表 39-18　沥青耐酸混凝土的原材料要求

序号	项目	内　容
1	沥青	一般采用 10 号、30 号建筑石油沥青,在不与空气接触的部位,亦可用焦油沥青
2	粉料	用于耐酸工程可采用辉绿岩粉、玄武岩粉、石英粉、瓷粉等,耐酸率不小于 94%;用于耐碱工程可采用滑石粉、石灰石粉;用于氢氟酸工程用硫酸钡粉。粉料含水率不小于 1%,细度要求通过 1600 孔/cm² 筛余不大于 5%,4900 孔/cm² 筛余 10% ~30%
3	粗细骨料	用于耐酸工程可采用石英岩、花岗岩、玄武岩、辉绿岩、安山岩等制成的碎石和砂子,耐酸率不小于 94%,吸水率不大于 2%,含泥量不大于 1%;耐碱工程采用石灰石、白云石或致密的花岗石、辉绿岩,粗骨料粒径一般不大于 25mm,空隙率不大于 45%;碎石灌沥青的骨料粒径一般为 30 ~60mm;细骨料应用级配砂,最大粒径不超过 1.2mm,空隙率不大于 40%;使用时均须干燥
4	石棉	耐酸工程用 6 ~7 级角闪石棉,耐碱工程用温石棉,含水率应小于 1%

39.3.2　沥青耐酸混凝土的配合比和配制方法

沥青耐酸混凝土的配合比和配制方法见表 39-19。

表 39-19　沥青耐酸混凝土的配合比和配制方法

序号	项　目	内　容
1	配合比	根据工程部位使用温度和施工方法等由试验确定;常用沥青耐酸砂浆和沥青耐酸混凝土施工配合比见表 39-20
2	配制方法	沥青耐酸砂浆和沥青耐酸混凝土的配制:先将沥青熔化脱水,使温度在 200℃ 左右。按比例将预热至 140℃ 左右的干燥骨料和粉料倒在拌板上拌匀,随后将热至 200 ~230℃ 的定量沥青加入,边加入边翻拌,至粉骨料被沥青包匀即可使用;拌制温度在 160 ~180℃,防止过热碳化

表39-20 常用沥青耐酸砂浆和沥青耐酸混凝土施工配合比

种类	配合比(质量比)										适用部位
	石油沥青			焦油沥青	煤焦油	粉料	石棉	砂子	碎石		
	30号	10号	55号						5~20mm	20~40mm	
沥青耐酸砂浆	100	—	—	—	—	166	—	466	—	—	砌筑用
	100	—	—	—	—	100	5~8	100~200	—	—	涂抹用
	—	100	—	—	—	150	—	583	—	—	砌筑用
	—	50	50	—	—	142	—	567	—	—	面层用
	—	—	—	58	42	100	—	400	—	—	砌筑用
沥青耐酸混凝土	100	—	—	—	—	90	—	360	140	310	面层用
	100	—	—	—	—	67	—	244	266	—	
	—	100	—	—	—	100	—	500	300	—	
	—	50	50	—	—	84	—	333	417	—	
	—	—	—	65	35	33	—	400	300	—	

注:涂抹立面的沥青砂浆,抗压强度可不受限制。

39.3.3 沥青耐酸混凝土的施工要点

沥青耐酸混凝土的施工要点见表39-21。

表39-21 沥青耐酸混凝土的施工要点

序号	项目	施工要点
1	基层	1. 水泥砂浆或混凝土基层,应有足够的强度,表面平整、清洁、无起砂和松散现象 2. 先涂沥青冷底子油两遍 3. 待冷底子油干燥后,再涂两层沥青稀胶泥隔离层,其浇铺温度不应低于190℃,两层的总厚度为2~3mm
2	操作温度	1. 在常温下,摊铺温度维持在150~160℃,压实后成活温度为110℃ 2. 在环境温度低于0℃时,摊铺温度为170~180℃,压实成型温度不低于100℃
3	每层厚度	1. 虚铺厚度视压实设备而定;用平板振动器时为压实厚度的1.3倍 2. 压实后每层厚度按粗骨料而定,细粒式沥青混凝土不宜超过30mm,中粒式沥青混凝土不宜超过60mm
4	铺压工艺	1. 沥青混凝土铺平后,应随即抹搓揉拍打、刮平、压实 2. 沥青混凝土应采用平板振动器或碾压机和热滚筒压实 3. 墙、柱角、墙角等难于振动滚压的部位,应采用热熔铁拍实烫平
5	施工缝的处理	1. 原则上不留施工缝 2. 如需留施工缝时,垂直施工缝应留成斜槎,并用热熔铁拍实 3. 继续施工时,应将槎面处理干净,用电吹风或喷灯烘热,覆盖热沥青砂浆或热混凝土预热 4. 预热后撤除覆盖的预热料,涂一层热沥青或热沥青稀胶泥,方可继续摊铺沥青混凝土 5. 接槎处应用热熔铁仔细拍实,并熔平至不露痕迹 6. 分层铺筑时,水平施工缝应涂一层热沥青,上、下层的垂直施工缝应错开
6	碎石灌沥青垫层	1. 不得在有明水或冻结的基土上进行 2. 沥青的软化点应低于90℃;骨料应干燥,材质要符合设计要求 3. 先在基土上铺一层粒径为30~60mm的碎石,夯实;再铺一层粒径为10~30mm的碎石,找平,拍实;然后浇灌热沥青 4. 设计要求表面平整时,在浇灌热沥青后,随即撒布一层粒径5~10mm的细石后找平,再浇一层热沥青

39.3.4　沥青耐酸混凝土的质量要求

沥青耐酸混凝土的质量要求见表 39-22。

表 39-22　沥青耐酸混凝土的质量要求

序 号	项目		指 标 及 要 求
1	抗压强度 /MPa	20℃时，≥	3
		50℃时，≥	1
2	饱和吸水率(%)以体积计，≤		1.5
3	面层		密实、无裂缝、无空鼓、无缺损
4	表面平整度		1. 用 2m 直尺检查，空缝不大于 6mm 2. 坡度允许偏差为坡长的 0.2%，最大偏差不大于 30mm；泼水试验时，水能顺利排出

39.3.5　沥青耐酸混凝土缺陷的防治

沥青耐酸混凝土缺陷的原因及防治方法见表 39-23。

表 39-23　沥青耐酸混凝土缺陷的原因及防治

序号	缺陷	原因	预防方法
1	空鼓（外观有鼓起现象，撬开后大块脱落，与基层黏结不牢）	1. 基层施工质量不好，有起砂脱皮现象 2. 基层表面不平整，不洁净，影响黏结 3. 未涂刷冷底子油或隔离层，或涂刷不均	1. 检查基层质量是否合格 2. 按规定做好冷底子油和隔离层 3. 粉料、骨料级配及配合比应准确
2	1. 表面发软，有弹性感 2. 表面粗糙 3. 有裂缝	1. 骨料级配不好： ① 沥青用量过少，面层粗糙 ② 沥青用量过多，面层发软 2. 操作温度不好： ① 温度过低，不易压实烫平 ② 温度过高，面层易老化、脱落 3. 摊铺层过厚，不易压实 4. 基层变形 5. 施工缝处理不当	1. 注意操作温度 2. 注意配合比准确 3. 摊铺后注意搓平、压实 4. 热熔铁温度要控制在 160℃ 左右，保证烫平 5. 摊铺厚度按表 39-21 序号 3 实施，不宜过厚 6. 冷接槎施工缝，必须做好预热工作

注：将缺陷部位挖除，清理干净，按表 39-21 序号 5 进行预热，然后按表 39-23 的施工要点重新铺筑。

第 40 章 耐碱混凝土

碱性介质混凝土的腐蚀有三种情况：以物理腐蚀为主、以化学腐蚀为主、物理和化学两种腐蚀同时存在。在一般条件下，物理腐蚀的可能性比较大，当混凝土局部处于碱溶液中，碱液从毛细孔渗入，或者受碱液干湿交替作用的时候都会发生这种腐蚀。化学腐蚀只是在温度较高、浓度较大和介质碱性较强的情况下才易发生。

40.1 碱性介质腐蚀混凝土的特点

40.1.1 物理腐蚀

物理腐蚀是指碱性介质从混凝土外部通过混凝土的空隙渗入混凝土表层与空气中二氧化碳和水化合物生成新的结晶，由于体积膨胀而造成混凝土的破坏。

40.1.2 化学腐蚀

化学腐蚀是溶液中的强碱和混凝土中的水泥水化物发生化学反应，生成易溶的新化合物，从而破坏了水泥石的结构，使混凝土解体。如果氢氧化钠（苛性钠）浓度大，温度又较高，它就会和水泥石发生反应，生成极易为碱性介质所溶解的硅酸钠和偏铝酸钠，最后导致混凝土破坏。

从上述两种腐蚀的特点可知，如果能提高混凝土的密实度，物理腐蚀是可以防止的，这可以用严格控制骨料级配、减少空隙率、减低水胶比或掺外加剂等方法达到；而化学腐蚀，则要选择耐碱性的骨料和磨细掺料，特别是提高水泥的耐碱性来达到。

40.2 耐碱混凝土的原材料要求

40.2.1 水泥

1. 硅酸盐水泥

硅酸盐水泥的耐碱性能主要取决于其化学成分和矿物组成。在熟料的矿物组成中，C_3S、C_3S 是耐碱性高的矿物，铝酸钙易为碱溶液所分解，故不耐碱。在水泥化学成分中，氧化钙是耐碱的，氧化硅是不耐碱的。至于氧化铝，只有和氧化铁等构成络合物的那一部分才是耐碱的，而其余大部分是以铝酸盐的形式存在，其耐碱性最差。因此，在配制耐碱混凝土时，最好采用硅酸盐类水泥。

2. 矿渣硅酸盐水泥

矿渣水泥的矿物成分与普通水泥相似，耐碱性亦较好。但由于泌水性较大，配制的混凝土泌水性难以保证，使用时可掺氢氧化铝密实剂，补偿其缺点，以提高其抗碱能力。

40.2.2　骨料

骨料耐碱性能决定于化学成分中的碱性氧化物含量的高低和骨料本身的致密性。常用的耐碱骨料有石灰石、白云石和大理石。对于碱性不强的腐蚀介质，亦可采用密实的花岗石、灰绿岩和石英石，这类火成岩虽然二氧化硅含量高，但由于分子的聚合度高，密实度大，所以其碎石和中等粒径的砂都具有一定耐碱性。只有细粉状的火成岩在较高温的温度下，才易被碱性溶液溶解。由于耐碱混凝土的密实性要求较高，故对其骨料的颗粒级配的要求也较严格。

40.2.3　磨细粉料

磨细粉料主要是用来填充混凝土的空隙，提高耐碱混凝土的密实性。磨细粉料也必须是耐碱的，一般采用磨细的石灰石粉，其细度要求是：用 4900 孔/cm^2 筛子过筛，筛余率不大于 25%，且粒径应小于 0.15mm。

40.3　耐碱混凝土的生产

40.3.1　配合比参数选择

1. 水胶比

耐碱混凝土的水胶比越小，耐腐蚀能力越强。根据试验资料和施工经验表明，在常温下与各种浓度的 NaOH 溶液相应的耐碱混凝土，水胶比大致可控制在表 40-1 的范围内。

表 40-1　碱浓度与水胶比相关表

氢氧化钠溶液浓度(%)	混凝土的水胶比	备　注
<10	0.60~0.65	1. 1m^3 混凝土中水泥用量不少于 300kg
10~25	0.50~0.60	
>25	0.50 以下	2. 水泥强度等级不低于 32.5

2. 硅酸盐水泥用量

1m^3 耐碱混凝土中硅酸盐水泥用量一般不少于 300kg，水泥和粒径小于 0.15mm 的磨细掺合料的总细粉料用量不少于 400kg。当耐碱度和强度要求不高时，可以在保持细粉总量不变的前提下，减少水泥用量，而相应增加一部分磨细掺合料，以达到节约水泥的目的。

在同品种水泥中，强度等级高的水泥，因其 C_3S 的含量较高，所以抗碱腐蚀性强。故耐碱混凝土一般采用较高强度等级的硅酸盐水泥。

耐碱混凝土可耐 50℃ 以下温度、浓度 25% 以内的氢氧化钠和 50~100℃ 温度、浓度在

12%以内的氢氧化钠（或铝酸钠）溶液的腐蚀，以及任何浓度的氨水、碳酸钠、碱性气体和粉尘等的腐蚀。

40.3.2　耐碱混凝土的配制及参考配合比

1. 用硅酸盐水泥配制

用 42.5 级硅酸盐水泥熟料和破碎石灰石粉，按 1:1（质量比）相混合，按表 40-2 耐碱混凝土的参考配合比，所制得的耐碱混凝土，在 70～90℃ 条件下能耐 30% 氢氧化钠（苛性钠）溶液的作用。

表 40-2　耐碱混凝土的参考配合比

项目	配　合　比							坍落度 /mm	自然养护 /d	浸碱养护 /d	抗压强度 /MPa
	水泥		石灰石粉 /(kg/m³)	中砂 /(kg/m³)	碎石		水 /(kg/m³)				
	品种	用量 /(kg/m³)			粒径 /mm	用量 /(kg/m³)					
1	32.5 普通硅酸盐	360	—	780	5～40	1170	178	5	28	14	21.0
2	32.5 普通硅酸盐	340	110	600	5～40	1120	182	5	24	28	23.8
3	42.5 普通硅酸盐	330	—	637	5～15 5～40	366 855	188	—	—	—	30.0

注：1. 浸碱养护的碱溶液为 25% 的氢氧化钠溶液。
　　2. 在混凝土中掺入三氯化铁或氢氧化铁（水泥质量 3%），对提高耐碱性能有良好的效果。

2. 用耐碱骨料配制

耐碱骨料除应满足普通混凝土所有骨料的要求外，还应具有良好的耐碱性能，至少不低于水泥的耐碱性能。细骨料应占有一定的比例，一般含砂率在 45%～50% 左右。骨料中 0.15mm 以下的耐碱性能良好的磨细掺合料的数量以占骨料总量的 6%～8% 为最优。

采用耐碱骨料制作的混凝土中，所用胶凝材料为 42.5 级硅酸盐水泥，最好采用高强度等级水泥。水泥应有一定的细度，以保证具有良好的密实性，而增强防止溶液渗透的能力。

40.3.3　耐碱混凝土施工

耐碱混凝土宜用机械搅拌，搅拌时间不少于 2min。浇筑时必须用振捣器振实，以获得最大的密实度，使混凝土有良好的抗渗性，抗渗等级要求达到 P15～P20。养护方法与普通混凝土相同，要求浇水养护不少于 14d。

40.3.4　耐碱混凝土的应用

耐碱混凝土可用于制造氧化铝过程中所用的金属槽，如分解槽、沉降槽、混合槽等槽壁，以代替钢材，并保证这些槽壁在 100℃ 左右的温度下，在 10%～15% 的 Na_2O 溶液中，能经受机械搅拌、液体扩张等作用。

第41章 聚合物混凝土

用部分或全部聚合物（树脂）作为胶凝材料配制而成的混凝土称为聚合物混凝土。

由于聚合物混凝土与普通混凝土相比，具有强度高，耐化学腐蚀性、耐磨性、耐水性和耐冻性好，易于黏结，电绝缘性好等优点，因此引起广泛重视，20 世纪 70 年代以后，美国、英国、日本、俄罗斯等国家陆续在一定范围内用于生产实践。目前，聚合物混凝土在国内也正向实用化方向发展。

聚合物混凝土分为树脂混凝土、聚合物水泥混凝土和聚合物浸渍混凝土三种。

41.1 树脂混凝土

树脂混凝土亦称聚合物混凝土，简称 PC。它是全部用合成树脂为胶凝材料，与砂石骨料拌和而成的混凝土。使用不同的合成树脂和骨料，可以配制成不同性能的树脂混凝土。

41.1.1 树脂混凝土的组成

1. 树脂

（1）热固性树脂 有不饱和聚酯（收缩型、低收缩型）树脂、环氧树脂、呋喃树脂（糠醛、丙酮树脂）、聚亚胺酯树脂、茶酚树脂。

（2）热塑性树脂 有聚氯乙烯树脂、聚乙烯树脂。

（3）沥青及树脂改性沥青 有环氧树脂沥青、橡胶沥青等。

（4）煤焦油改性树脂 有焦油环氧树脂、焦油氨基甲酸乙酯、焦油聚硫化物等。

（5）乙烯类单体 有甲基丙烯酸甲酯、苯乙烯。

作为胶凝材料的液态树脂，应具有黏度低，容易与骨料混合，与骨料的黏结力强等性能；在硬化过程中不产生有害物质；在常温和加热条件下能固化，并具有良好的耐水性、耐碱性及化学稳定性；耐大气稳定性、耐老化性能良好；在建筑工地使用时，应有较高的耐热性，不易燃烧；能适应预制品的成型条件或现场施工条件，且达到完全硬化的时间要短。

2. 填充料

填充料在胶凝材料中主要是产生增量的效果，可减少树脂用量，改善树脂混凝土的工作性能。填充料宜用粒径为 $1 \sim 30 \mu m$ 的惰性材料，如碳酸氢钙、二氧化硅粉灰、硅石粉、粉煤灰、火山灰等。

3. 骨料

树脂混凝土使用的骨料与普通水泥混凝土相同，可以使用卵石、河砂、硅砂、安山岩石等粗细骨料。粗骨料的粒径为 $10 \sim 20 mm$，细骨料的粒径为 $2.5 \sim 5 mm$。

4. 外加剂

在配制树脂混凝土的过程中，需要添加适当的引发剂、促进剂或固化剂。选择不同的外加剂和用量，可控制树脂混凝土的硬化时间及性能。树脂混凝土常用的外加剂见表 41-1。

表 41-1　树脂混凝土常用的外加剂

外加剂名称	外观	作用	用量(%)
苯二甲胺	浅黄色液体	环氧固化剂	10 ~ 20
乙二胺	无色液体,有刺激臭味	环氧固化剂	6 ~ 8
多乙烯多胺	浅黄色液体	环氧固化剂	10 ~ 15
聚酰胺	深棕色黏稠液体	环氧增韧剂	20 ~ 30
		环氧固化剂	50 ~ 100
邻苯二甲酸二丁酯	无色液体	增韧剂	10 ~ 20
液体聚硫橡胶	浅蓝色黏稠体	环氧增韧剂	50 ~ 300
聚酯树脂	浅黄色黏稠体	环氧增韧剂	10 ~ 20
苯乙烯	无色液体	聚酯稀释剂	20 ~ 30
过氧化环乙酮、苯甲酰	白色固体	引发剂	0.5 ~ 2.5
偶氮二异丁腈	白色固体粉末	引发剂	0.5 ~ 2.0
环烷酸钴	紫褐色	促进剂	0.1 ~ 0.5
二甲基苯胺	浅黄色液体	促进剂	0.1 ~ 0.5

注：用百分数表示的用量等于外加剂质量与树脂质量之比。

41.1.2　树脂混凝土的配合比

通过对树脂混凝土的配合比设计，达到提高混凝土耐久性、安定性、降低成本的目的。配合比设计的关键是寻求液态树脂和骨料的有效配合。

1）根据骨料颗粒级配理论，将粒径不同的骨料、填料混合，测定其孔隙率，以得到最密实填充状态的骨料。

2）以最密实的填充状态的骨料和胶凝材料进行搅拌，制成树脂混凝土拌合物。在确保拌合物和易性、材料分离状况及硬化后的强度等性能的情况下，确定液态树脂和硬化剂用量（液态树脂与硬化剂应有适当比例），从而获得最佳配合比。国内树脂混凝土的参考配合比见表 41-2。

表 41-2　国内树脂混凝土的参考配合比（质量比）

组成材料	环氧树脂混凝土	聚酯树脂混凝土	组成材料	环氧树脂混凝土	聚酯树脂混凝土
环氧树脂	180 ~ 220	—	促进剂	—	0.5 ~ 2
溶剂	36 ~ 44	—	粉	350 ~ 400	350 ~ 400
不饱和聚酯树脂	—	180 ~ 220	砂	700 ~ 760	700
乙二胺	8 ~ 10	—	石	1000 ~ 1100	1000 ~ 1100
引发剂	—	2 ~ 4	—	—	—

41.1.3　树脂混凝土的搅拌

1）树脂混凝土与水泥混凝土不同，树脂混凝土黏性较大，如不快速搅拌就会发生硬化反应，以至无法混合均匀。为此，树脂混凝土最好使用强制式搅拌机。树脂混凝土的搅拌可采用以下两种方法：

① 先将骨料和填充料投入搅拌机中，搅拌约 2min。随后投入预先（约提前 2min）已混合好的液态树脂基剂和硬化剂，再搅拌 3min。

② 先在搅拌机中加入液态树脂基剂和硬化剂，搅拌约 2min，随后投入骨料和填充材料的混合物，再搅拌 3min。

无论何种方法都应使拌合物达到均匀状态。

2）树脂混凝土中硬化剂与胶凝材料液态树脂的比例要求是相当严格的，很小的称量误差也会给硬化速度和树脂混凝土的力学性能带来大幅度的变动。

3）骨料应保持绝对干燥状态，如骨料中含有少量水分，将很敏感地引起混凝土强度下降。

4）搅拌应在常温下进行，在高温或低温下均容易造成混合不均匀。

41.1.4　树脂混凝土的浇筑和成型

1. 浇筑时的注意事项

1）树脂混凝土不能像普通水泥混凝土那样在搅拌后放置一段时间，而应在搅拌后的尽可能短的时间（允许时间）内全部用完，更不能置留在搅拌机内，而应立即送到施工现场铺开，使其反应热很快散发。

2）树脂混凝土对各种材料有良好的黏结性。用模型浇筑时，应根据树脂的种类选择适当的脱模剂（硅酮等），预先将其涂在模型上面，否则就不易脱模，致使表面损伤，影响外观质量。树脂混凝土的浇筑、抹平及装修所用工具与水泥混凝土相同。工具用完后应立即清除粘在上面的拌合物。

2. 成型时的注意事项

（1）成型方法　主要根据产品的形状、尺寸和产量等确定。例如，大型构件采用灌注和离心成型法较多。

（2）生产工艺　树脂混凝土每次浇筑的厚度应严格控制，通常每层为 50 ~ 100mm。若浇筑过厚，由于蓄热的影响会出现不良后果。树脂混凝土的生产工艺如图 41-1 所示。

41.1.5　树脂混凝土的养护

树脂混凝土的硬化条件，随液态树脂、引发剂和促进剂的种类不同而变化。其养护方法有常温自然硬化法和加热硬化法两种。

（1）常温自然硬化法　树脂混凝土

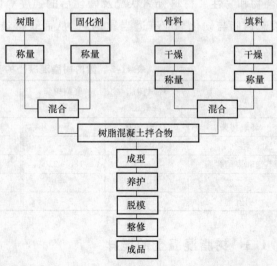

图 41-1　树脂混凝土的生产工艺

只要准确控制液态树脂、固化剂、引发剂、促进剂的种类和掺量，不需加热装置，在自然环境中即可达到硬化的目的。这种养护方法成本低，硬化收缩值小，最适合用于现场浇筑的构件、大型构件和形状复杂制品的养护。但这种养护方法受气温等环境条件的影响，质量难以准确控制。

（2）加热硬化法　加热硬化法不受环境条件的影响，质量控制也比较容易，而且养护周期短、适合批量生产。这种养护方法的缺点是产品硬化收缩量大，易发生变形或裂缝，需配备加热装置，成本相应提高，现场浇筑应用困难。对使用冲压或挤压方法成型的制品，宜采用这种加热硬化法。

41.1.6　树脂混凝土的技术性能

1. 树脂混凝土的一般技术性能

树脂混凝土与普通水泥混凝土相比，具有各种优异的性能，如强度高，尤其具有较大的抗弯和抗拉强度，优良的防水和抗渗性，良好的黏结性和耐磨、抗冲击、耐化学侵蚀性。具体的如下：

1）树脂混凝土以树脂作为胶凝材料，改变硬化剂的掺量，就能调节和控制硬化速度。因此，能在较广泛的范围内选择允许的静置时间。

2）能获得较高的早期强度，有利于寒冷地区与冬期施工。

3）可获得高强度，特别是抗弯、抗拉强度，因而可缩小构件断面尺寸。

4）硬化后为完全不透水的结构，具有良好的抗渗防水性能及抗冻性能。

5）与水泥混凝土或砂浆、石材、金属等有良好的黏结力。

6）有很高的耐化学侵蚀能力和良好的绝缘性能、抗冲击、抗磨损性能。

2. 各种树脂混凝土的物理力学性能

各种树脂混凝土的物理力学性能见表 41-3。

表 41-3　各种树脂混凝土的物理力学性能

性能	树脂种类						普通混凝土
	聚氨酯	呋喃	酚醛	聚酯	环氧	聚氨基甲酸酯	
表观密度 /(kg/m³)	2000 ~ 2100	2000 ~ 2100	2000 ~ 2100	2200 ~ 2400	2100 ~ 2300	2000 ~ 2100	2300 ~ 2400
抗压强度 /MPa	65.0 ~ 72.0	50.0 ~ 140.0	24.0 ~ 25.0	80.0 ~ 160.0	80.0 ~ 120.0	65.0 ~ 72.0	10.0 ~ 60.0
抗拉强度 /MPa	8.0 ~ 9.0	6.0 ~ 10.0	2.0 ~ 8.0	9.0 ~ 14.0	10.0 ~ 11.0	8.0 ~ 9.0	1.0 ~ 5.0
抗弯强度 /MPa	20.0 ~ 23.0	16.0 ~ 32.0	7.0 ~ 8.0	14.0 ~ 35.0	17.0 ~ 31.0	20.0 ~ 23.0	2.0 ~ 7.0
弹性模量 /10^4 MPa	10 ~ 20	2.0 ~ 3.0	1.0 ~ 2.0	1.5 ~ 3.5	1.5 ~ 3.5	1.0 ~ 2.0	2.0 ~ 4.0
吸水率 （质量）（%）	0.3 ~ 1.0	0.1 ~ 1.0	0.1 ~ 1.0	0.1 ~ 1.0	0.2 ~ 1.0	1.0 ~ 3.0	4.0 ~ 6.0

41.1.7　树脂混凝土的应用

树脂混凝土与普通混凝土相比成本较高，因而未能广泛地应用。由于它具有高强度、高抗渗性、高耐磨性和良好的电绝缘性能等优点，一般用于耐腐蚀的化工设备，如废液槽、电解槽等要求高强度的构件，或用作绝缘材料。

41.2　环氧树脂混凝土

呋喃树脂混凝土、环氧树脂混凝土、聚氨酯混凝土等都属于聚合类有机混凝土。与水泥混凝土相比，环氧树脂混凝土的成本非常高，但是因为其具有强度高、韧性好、耐酸碱腐蚀以及黏接性能好等优点，在一些特殊环境下是水泥混凝土的理想代用品，目前环氧树脂混凝土主要应用部位有建筑物加固、钢结构桥梁面板、桥梁伸缩缝、耐磨地坪、设备机床抢修、高精度机床等。

41.2.1　自密实环氧树脂混凝土

1. 原材料

1）低黏度双酚 A 型环氧树脂，环氧当量为 $180 \sim 195 \mathrm{g/eq}$，$25 \mathrm{℃}$ 时黏度为 $23 \mathrm{MPa \cdot s}$。

2）有机硅类消泡剂，$25 \mathrm{℃}$ 时密度为 $0.88 \mathrm{g/cm^3}$，闪点为 $27 \mathrm{℃}$。

3）镀铜钢纤维，直径为 $0.2 \mathrm{mm}$，长度为 $6 \mathrm{mm}$，抗拉强度 $\geqslant 2850 \mathrm{MPa}$。

4）粉煤灰，Ⅰ级。

5）硅砂，$20 \sim 40$ 目。

6）碎石，$5 \sim 15 \mathrm{mm}$。

2. 试验配合比

1）固化剂的理论计算用量为环氧树脂质量的 32.5%。

2）消泡剂提前与环氧树脂混合均匀，用量为环氧树脂质量的 0.3%。

3）钢纤维按照近似体积掺量约 1%、2%、4% 掺入。

自密实环氧树脂混凝土试验配合比见表 41-4，性能试验结果见表 41-5。

表 41-4　自密实环氧树脂混凝土试验配合比　　　　　　（单位：$\mathrm{kg/m^3}$）

编号	环氧树脂	固化剂	粉煤灰	硅砂	碎石	钢纤维
1	210	70	300	700	0	0
2	210	70	300	700	500	0
3	210	70	300	700	1000	0
4	210	70	300	700	1000	80
5	210	70	300	700	1000	160
6	210	70	300	700	1000	240

表 41-5　自密实环氧树脂混凝土性能试验结果

编号	扩展度/mm		抗压强度/MPa		28d 抗折强度/MPa	28d 轴心抗压强度/MPa	28d 静压弹模量/GPa
	初始	30min	3d	28d			
1	830	810	109.9	124.9	22.2	116.9	25.4
2	720	705	109.3	123.2	19.5	115.4	28.1

（续）

编号	扩展度/mm		抗压强度/MPa		28d 抗折强度/MPa	28d 轴心抗压强度/MPa	28d 静压弹模量/GPa
	初始	30min	3d	28d			
3	630	600	106.2	119.2	18.7	111.4	31.4
4	620	595	111.6	124.9	20.9	122.2	31.7
5	550	540	111.0	124.2	20.1	120.4	31.8
6	470	465	108.6	120.0	19.7	117.2	31.6

3. 试验结果分析

1）环氧树脂混凝土的抗压强度主要来源于环氧树脂固化时形成的网络结构。碎石的掺入，对环氧树脂混凝土的抗压强度有一定负面影响，但不明显。抗折强度明显降低，碎石量越大，抗折强度越低。

2）不同掺量的钢纤维掺入，对环氧树脂混凝土的抗压、抗折、轴心抗压 3d 和 28d 强度都有不同程度的提高作用，可明显提高环氧树脂混凝土的轴压比。

3）环氧树脂混凝土的轴压比要明显高于水泥基混凝土，掺入钢纤维的环氧树脂混凝土 28d 轴压比可达到 0.975。

4）与相同强度等级的水泥基超高强混凝土相比，环氧树脂混凝土的压折比为 48.8%、静压弹性模量为其 55.3%，显示出良好的韧性。

41.2.2 水性环氧树脂混凝土

水性环氧树脂是把环氧树脂以微粒或液滴的形式分散在水介质中而配得的稳定树脂材料（目前上海致中化工厂可生产这种水性环氧树脂和固化剂）。其含固量为 50%，与环氧树脂比较，它最大的优点是可在常温和潮湿或过湿的环境中固化，能与水泥砂浆、混凝土等常用水泥基材料混合使用，并能提高上述材料的早期强度、韧性、抗冲击性能，增强防水性能。

1. 掺入水性环氧树脂乳液对混凝土性能的影响

（1）提高混凝土工作性能 一些单位试验证明，掺入乳液后，新拌混凝土坍落度明显提高，掺量 1% 时，坍落度增加值达 29.6%，混凝土强度不下降。这是因为聚合物颗粒产生了"滚珠"效应，对水泥的分散性强，而且还可以使新拌混凝土保水率和抗离析能力提高，从而提高了工作性能，有利于施工。

（2）增加混凝土的抗冲击韧性 掺入水性环氧树脂乳液后，混凝土抗冲击韧性有了提高，如掺 5% 时，抗冲击韧性比空白增加 1.37 倍。这是因为水性环氧树脂胶乳颗粒能阻止材料受冲击时产生的裂纹扩展作用。

应用时需注意的是，这种混凝土要采取干湿交替养护的方法。湿养护有利于水泥水化，干养护则有利于水性环氧树脂乳液的固化，即在标养 6d 后干养护 22d。

2. 低掺量水性环氧树脂混凝土参考配合比

低掺量水性环氧树脂混凝土参考配合比见表 41-6。

表 41-6　低掺量水性环氧树脂混凝土参考配合比

混凝土配合比/(kg/m³)						混凝土性能		
水泥 P·O 42.5	碎石 (5~20mm)	中砂	水	乳液	P.C	坍落度 /mm	28d 抗压 /MPa	抗冲击 /MPa
480	1153	677	164	0	—	152	60.6	1.00
480	1153	677	164	4.8	—	197	62.0	0.74
480	1153	677	164	14.4	1.48	208	54.0	1.11
480	1153	677	—	24.0	—	220	50.3	1.37

41.3　聚合物水泥混凝土

聚合物水泥混凝土是以聚合物和水泥共同作为胶凝材料，与骨料结合形成的混凝土。聚合物在混凝土中形成膜状体，填充了水泥水化物和骨料间的空隙，并与水泥水化物结成一体，起到增强与骨料黏结的作用。

41.3.1　聚合物水泥混凝土用原材料技术要求

聚合物水泥混凝土用原材料主要有水泥、骨料、水、聚合物及其助剂。以下简要介绍聚合物及其助剂。

1. 聚合物的品种与要求

（1）聚合物品种

1）聚合物的水分散体-树脂乳胶类，如聚醋酸乙烯酯分散体、共聚物或三聚物（如丙烯酸乙酯/氯乙烯、苯乙烯/丙烯酸酯、苯乙烯/丁二酯）、丙烯酸酯类聚合物等。这类聚合物水分散体使用较多。

2）水溶性聚合物，如纤维素衍生物（甲基纤维素 MC、聚乙烯醇 PVA）、聚丙烯酸钙、糠醇等。

3）能聚合的单体，如不饱和聚酯、环氧树脂等。

（2）聚合物的要求

1）对水泥硬化和胶结性能无不良影响。

2）在水泥的碱性介质中不被水解和破坏。

3）对钢筋无锈蚀作用。

由于聚合物是掺入普通混凝土拌合物中，所以掺入方法与混凝土外加剂一样，一般情况下掺量为水泥质量的 5%~25%。在聚合物中应加入适量的消泡剂。

2. 聚合物助剂

（1）稳定剂　聚合物水分散体（乳胶类树脂）在生产过程中多数用阴离子型乳化剂进行乳液聚合。当这些聚合物乳胶与水泥浆混合后，由于和水泥浆中溶出的钙离子发生作用，会引起乳液变质，过早凝聚，而不能在混凝土中均匀分散，因此必须加入阻止这种变质的稳定剂。常用的稳定剂有 OP 型乳化剂、102 均染剂、600 农乳等。

（2）抗水剂　有些聚合物，如乳胶树脂及其乳化剂、稳定剂，耐水性较差，使用时还需加抗水剂。

（3）促凝剂　当乳胶树脂掺量较多时，会延缓聚合物水泥混凝土的凝结，因此必须加入促凝剂，以促进水泥的水化。

（4）消泡剂　乳胶与水泥拌和时，由于乳胶中的乳化剂和稳定剂等表面活性物质的影响，会产生许多小泡，进而增加混凝土的孔隙率，降低混凝土强度，所以必须加入适量消泡剂。常用的消泡剂有：

1）醇类：异丁烯醇、三辛醇等。

2）脂肪酸脂类：甘油硬脂酸异戊酯等。

3）磷酸酯类：磷酸三丁酯等。

4）有机硅类：二烷基聚硅氧烷等。

一种消泡剂只能在一种体系中消泡，其针对性很强，不能通用，也可将几种消泡剂复合使用，使用前须通过试验来选择。

41.3.2　聚合物水泥混凝土配合比

1. 确定配合比的原则与要求

聚合物水泥混凝土的配合比是影响混凝土性能的主要因素。影响聚合物水泥混凝土技术性能的因素有很多，如聚合物的种类、聚合物与水泥的质量比、水胶比、消泡剂及稳定剂的种类和掺量等。

在确定聚合物水泥混凝土配合比时，除了需要考虑混凝土的和易性和抗压强度以外，还要考虑混凝土的抗拉强度、抗弯强度、黏结性、不透水性和耐腐蚀性等。决定上述这些性能的关键是聚合物和水泥在整个固体中的质量比。在进行配合比设计时可按普通混凝土计算。

2. 聚合物水泥混凝土参考配合比

聚合物水泥混凝土参考配合比见表 41-7。

表 41-7　聚合物水泥混凝土参考配合比

聚合物水分散体与水泥的质量比（%）	水胶比	砂率（%）	聚合物水分散体 /（kg/m³）	水 /（kg/m³）	水泥 /（kg/m³）	砂 /（kg/m³）	碎石 /（kg/m³）	坍落度 /mm	含气量（%）
5	0.5	45	16	140	320	485	768	170	7
10	0.5	45	32	121	320	472	749	210	7

注：1. 聚合物为聚丙烯酸乙酯。

　　2. 表中水胶比含聚合物分散体中的水。

41.3.3　聚合物水泥混凝土的成型及养护

1. 成型方法

聚合物水泥混凝土的成型与普通混凝土相似，通常是在搅拌混凝土时加入一定量前述有机物剂辅助外加剂，经成型、固化而成。其区别在于是将水泥和聚合物共同作为胶凝材料。

也有将聚合物粉直接加入水泥拌制聚合物混凝土的。待初凝后，加热混凝土，使聚合物融化，聚合物渗入混凝土空隙中，待混凝土冷却后，聚合物和混凝土形成一个整体，具有良好的抗渗性能。

2. 养护方法

养护方法对硬化后聚合物水泥混凝土的性能影响很大。当混凝土硬化后，早期进行水中养护或湿养护，然后再进行干养护，混凝土可获得高强度。这是因为在水中养护，水泥能进行水化反应，后期的干燥养护能生成聚合物薄膜。但不同聚合物水泥混凝土的养护方法不尽相同，如耐水性差的聚醋酸乙烯酯乳液水泥混凝土，若采用水养护，由于乳液溶于水，将会导致混凝土强度极大降低。

41.3.4　聚合物水泥混凝土的技术性能

聚合物水泥混凝土根据聚合物种类和所需强度的不同，其最常用的聚胶比在15% ~ 20%。随着聚合物水分散体掺量的增加，抗压强度有增大趋势，但达到一定程度后有降低的倾向。而抗拉强度、抗弯强度则随聚合物掺量的加大而增大。聚合物水泥混凝土由于聚合物水分散体中界面活性剂的作用，使得用水量比普通混凝土减少，因此，干缩性也减少。但试验表明，在使用某些聚合物和某种特殊养护条件下，干缩性有时也可增大。

聚合物水泥混凝土在组织内形成具有耐化学侵蚀性的聚合物连续薄膜，一般耐化学侵蚀较好。

聚合物水泥混凝土的强度特性见表41-8。

表 41-8　聚合物水泥混凝土的强度特性

种类	聚胶比 (%)	水胶比 (%)	相对强度		
			抗压	抗剪	抗拉
普通水泥混凝土	0	60	100	100	100
丁苯橡胶水泥混凝土（SBR）	5	53.3	123	118	126
	10	48.3	134	129	154
	15	44.3	150	153	212
	20	40.3	146	178	236
聚丙烯酸酯水泥混凝土（PAE—1）	5	40.3	159	127	150
	10	33.6	179	146	158
	15	31.3	157	143	192
	20	30.0	140	192	184
聚丙烯酸酯水泥混凝土（PAE—2）	5	59.0	111	106	128
	10	52.4	112	116	139
	15	43.0	137	167	219
	20	37.4	138	214	238
聚醋酸乙烯酯水泥混凝土（PVAC）	5	51.8	98	95	112
	10	44.9	82	105	120
	15	42.0	55	80	90
	20	36.8	37	62	91

41.3.5　聚合物水泥混凝土在工程中的应用实例

1. 工程概况

杭州某工程中，其屋面须停放公交车辆，要求防水层与基层混凝土黏结牢固，不易老化、抗裂、耐磨、抗疲劳，能满足车辆长期碾压、冲击的需要，使用寿命长。

该工程采用南京派尼尔科技公司提供的 PBA 聚合物混凝土防水材料，在屋面表层浇筑了 10cmPBA 聚合物混凝土，该混凝土既是屋面的防水层，又是防水保护层，兼行车耐磨层。由于 PBA 聚合物混凝土具有显著的抗裂、抗渗及防水功能，与混凝土基层有着极强的黏结力，使防水混凝土与屋面楼板形成一个整体，因此可满足屋面停车场对防水及行车的双重使用功能的需要。该方案也可用于高速公路桥面修补。

2. PBA 聚合物混凝土的技术特点

PBA 聚合物防水剂是一种高分子聚合物乳液，其技术特点如下：

1）使用范围广。PBA 聚合物混凝土特别适用于外形复杂多变结构、超长结构和大体积混凝土结构，可确保防水质量。

2）有优异的抗裂防水性能。可使防水年限与结构寿命同步，解决了常规防水材料老化的问题。

3）施工方便。传统的防水材料对基层和环境要求高，而 PBA 聚合物混凝土可在潮湿的基层上施工，施工速度快。

4）PBA 聚合物混凝土与基层混凝土的弹性模量和热线性膨胀系数几乎相同，有利于新老混凝土的黏结，杜绝了卷材防水的空鼓问题。

5）便于维修。若因某种原因发生渗漏，位置直观，易于发现和修补。

6）优异的抗冲击、抗磨性。

7）安全无毒，对环境无污染。

3. PBA 聚合物混凝土配合比

C30 PBA 聚合物混凝土配合比见表 41-9。

表 41-9　C30 PBA 聚合物混凝土配合比

水泥 /(kg/m³)	中砂 /(kg/m³)	碎石 /(kg/m³)	PBA /(kg/m³)	缓凝剂 /(kg/m³)	消泡剂 /(kg/m³)	坍落度/cm
402	717	1076	20	0.2	0.4	8 ~ 11

注：现场搅拌，环境温度为 35℃ 左右。

4. PBA 聚合物混凝土施工工艺

（1）基层处理　预先用 PBA:水泥 = 1:2 左右的净浆刷面进行基层处理。对基层处理的要求是：

1）基层应平整、坚固、洁净，无浮尘杂物，不得有疏松凹陷处；如果有油污、孔洞等，要进行清洗、修补处理。

2）施工前，基层面要用水充分润湿，无积水，稍阴干时即可进行界面处理施工。

（2）基层面刷净浆　用滚刷蘸取配置好的净浆，均匀涂刷在阴干面，干燥后即可进行

PBA 聚合物混凝土施工。

（3）PBA 聚合物混凝土配制　缓凝剂的加入根据现场温度确定。砂、石、水泥、消泡剂按每次需搅拌的方量称量好后，一起加入搅拌机，干拌 40～60s 后，再同时加水及 PBA 聚合物混凝土进行湿拌 40～45s 出料，施工。

（4）养护　养护期不少于 14d，聚合物混凝土表面收干后，宜用农用喷雾器养护或用薄膜覆盖以防止遇大风和温差而出现裂缝。

第42章 耐油混凝土

混凝土受油侵蚀后，会出现松软现象，造成这种情况的原因有以下三种：

1）油中含有高分子量的有机酸，如油酸、硬脂酸以及脂族酸。有机酸或其他氧化物使油的酸度增加，与水泥中的氢氧化钙起作用，生成相应的复盐而分解，引起混凝土松软。

2）由于油逐渐渗入水泥石结构中，破坏了水泥浆和粗、细骨料之间的黏结力，导致混凝土松软，强度降低。

3）在混凝土尚未获得一定强度时，油过早侵入，经过毛细孔隙的吸附和渗透作用，逐渐填充混凝土的毛细空隙，油包裹了水泥颗粒，阻碍了水泥颗粒的充分水化，使混凝土后期强度增长受到影响。

耐油混凝土是通过氢氧化铁（或氢氧化铁混合剂）配制而成的。氢氧化铁是不溶于水的黏性胶状物质，能堵塞混凝土的毛细孔隙，从而有效地提高混凝土的不渗油性和强度。在石油、冶金工业中，常用耐油混凝土代替钢板建造抗渗性很高的轻油缸、重油缸及耐油底板、地坪工程等，从而节约了大量的钢材和陶瓷材料，并能把油缸建造在地下。

42.1 耐油混凝土原材料

42.1.1 耐油混凝土各原材料技术要求

1. 水泥

可采用不低于 32.5 级的各种强度等级的硅酸盐水泥。

2. 粗、细骨料

1）粗骨料宜采用粒径为 5~25mm 且符合筛分曲线的碎石，孔隙率应小于 45%；石料应坚实，组织密实，吸水率小。

2）砂子应通过 5mm 筛孔，细度模数应小于 2.5，不含泥块、杂质，砂石混合后的级配孔隙率应小于 35%。

3. 氢氧化铁

氢氧化铁用三氯化铁加氢氧化钠或氢氧化钙配制而成。1kg 纯三氯化铁加 0.74kg 纯氢氧化钠（或 0.68kg 生石灰）可以制成 0.66kg 纯氢氧化铁。制得的氢氧化铁含有较多的食盐，需用 6 倍于总配制量的清水分 3 次清洗、沉淀、滤净。

4. 三氯化铁混合剂

三氯化铁（固体或液体）掺入固体含量为 33% 的木质素糖浆而成。

42.1.2　耐油混凝土施工参考配合比

根据工程实践经验，在配制混凝土时，如骨料的级配良好、捣固密实，不掺加化学材料，亦可制得抗渗油能力很高的混凝土。

耐油混凝土施工配合比见表 42-1。

表 42-1　耐油混凝土施工配合比

配合比/（kg/m³）							抗压强度/MPa		抗渗性	
32.5硅酸盐水泥	砂	碎石	水	氢氧化铁	三氧化铁	木糖浆	R_{28d}	浸油180d	等级	渗入深度/mm
$\frac{370}{1}$	$\frac{644}{1.74}$	$\frac{1191}{3.22}$	$\frac{204}{0.55}$	—	—	—	28.1	38.1	P4	15
$\frac{370}{1}$	$\frac{644}{1.74}$	$\frac{1191}{3.22}$	$\frac{204}{0.55}$	$\frac{7.4}{0.02}$	—	—	31.0	37.9	P12	6 ~ 8
$\frac{370}{1}$	$\frac{644}{1.74}$	$\frac{1191}{3.22}$	$\frac{204}{0.55}$	—	$\frac{5.55}{0.015}$	$\frac{0.555}{0.0015}$	37.2	43.1	P12	2 ~ 4.5
$\frac{550}{1}$	$\frac{1100}{2}$	—	$\frac{275}{0.50}$	—	—	—	34.4		P1	3.5
$\frac{550}{1}$	$\frac{1100}{2}$	—	$\frac{275}{0.50}$	$\frac{11}{0.02}$	—	—	33.3		P6	3.5
$\frac{550}{1}$	$\frac{1100}{2}$	—	$\frac{275}{0.50}$	—	$\frac{8.25}{0.015}$	$\frac{0.825}{0.0015}$	35.2		P12	1 ~ 1.5

注：1. 配合比中分母为材料的质量比，分子为 1m³ 混凝土（或砂浆）材料的用量（kg）。

2. 砂石以绝对干燥的计；氢氧化铁、三氧化铁以有效物质计。

3. 采用煤油介质。

4. 为改善三氯化铁的收缩性，可在三氯化铁溶液中掺加水泥质量 0.01% 的硫酸铝。

5. 耐油砂浆用于作油罐的抹面层。

42.2　耐油混凝土的配制

制作耐油混凝土的方法主要有两种：

42.2.1　掺氢氧化铁防渗剂制造不透油混凝土

一般氢氧化铁掺量为水泥质量的 1.5% ~ 3%。氢氧化铁的制作有以下几种办法：

1）通常由三氯化铁加石灰膏配制。即将定量的三氯化铁放在木桶或缸中，再将石灰膏用 0.6mm 筛孔筛子过滤，倒入三氯化铁溶液中，不断搅拌至混合均匀，起化学反应呈黄褐色胶体，最后用指示纸鉴定其达碱性（pH = 8）时即可。

2）由三氯化铁加氢氧化钠（工业烧碱）配制。将工业烧碱用 5 倍质量的清水溶解，然后逐渐倒入三氯化铁溶液中，边倒边搅拌，直至指示纸呈现 pH = 8 时为止。

3）利用阳极电解铁方法制取。这种方法能提炼出更纯的、价廉的产品。

42.2.2　用骨料级配法制作耐油混凝土

骨料级配法即通过粗细骨料的颗粒筛析，以及进行粗、细骨料的级配设计，以求获得最大密实度的混凝土，从而提高混凝土防渗性能的方法。制作方法与防水混凝土相同。

42.3　耐油混凝土的施工要点

1）原材料应符合技术性能指标。配料应按规定配合比称量，并严格控制水胶比。加水时应扣除砂、石和化学剂中所含的水分。

2）掺化学剂时，应测定胶状氢氧化铁的固体含量，然后以水泥质量 1.5% ~ 2.0% 的固体含量掺入混凝土的拌合水中。三氯化铁混合剂配料时，切忌把木糖浆直接加到三氯化铁溶液中，但硫酸铝和三氯化铁可混合配制。

3）耐油混凝土宜用机械搅拌，搅拌时间为 2.5 ~ 3.0min，确保搅拌均匀一致。浇筑时要做到均匀卸料，粗骨料不得过分集中，用振捣器振捣密实，并将表面刮平磨光。

4）加强混凝土养护，适当延长浇水养护时间。混凝土凝固后立即在其表面覆盖草袋，浇水养护不少于 14d，以确保水泥能充分水化，防止混凝土表面产生毛细裂纹。

5）如果混凝土结构处于地下，应在混凝土施工前根据具体水位，事先采取降低地下水水位的有效措施，并持续至混凝土养护期结束。

第43章 防辐射混凝土

随着工业文明的进步，地球上可被人类利用的煤炭、石油自然资源日渐枯竭。核能作为新型、清洁和高效能源，近年来，不仅用于国防建设，而且大量渗透到工农业、医疗、科研等各领域。加上各地区医疗、电力事业不断地发展，相关的加速器室都需要建设，因此对防辐射混凝土的需求量日益增加。这种特殊功能的混凝土已开始从现场搅拌进入预拌混凝土生产行业。

防辐射混凝土又称防射线混凝土、原子能防护混凝土、屏蔽混凝土。防辐射混凝土通常采用普通水泥和密度大的重骨料配制而成，是一种表观密度大，含有大量结晶水并能屏蔽原子核辐射的混凝土，是原子核反应堆、粒子加速器及其他含放射源装置常用的防护材料。由于其密度大，所以对 X 射线和 γ 射线防护性能好。同时，其含较多结晶水和轻元素，故对中子射线防护性也很好。

43.1 防辐射混凝土的原材料选择

43.1.1 防辐射混凝土的原材料技术要求

防辐射混凝土的原材料与普通混凝土大致相同，但又有区别，其基本原料如下：

1. 水泥

原则上应选用低热、相对密度大、结晶水含量较多的水泥，但因目前 32.5MPa 以上的硅酸盐水泥、普通硅酸盐水泥来源广，易获得，因此较多采用。

2. 骨料

应选用质量密度大、含铁量高、级配良好的赤铁矿、磁铁矿、褐铁矿、重晶石等制成的矿石和矿砂作为其粗、细骨料，常用上述混合骨料拌制混凝土，以发挥各骨料取长补短之功效。

3. 拌合水

应用 pH 值大于 4 的洁净水，其质量应符合《混凝土用水标准》（JGJ 63—2006）的要求。

4. 掺合料

为进一步提高混凝土射线防护能力，可以掺一些对防射线有特殊作用的掺合料。

1）硼和锂化合物的粉料。如碘化锂（LiI·$3H_2O$）、硝酸锂（$LiNO_3$·$3H_2O$）、硫酸锂（Li_2SO_4·$3H_2O$）等加入混凝土中可改善混凝土的防护性能。

2）活性掺合料如粉煤灰、矿粉、硅粉、铁粉以及重晶石粉的掺入也会增加混凝土黏聚性，提高掺合料拌合物的保水性、流动性，从而改善拌合物工作性能。

3）各种钢纤维、铅纤维、聚丙烯纤维的掺入，可提高防辐射混凝土的力学性能和抗裂性能，尤其是铅纤维的加入还可明显提高混凝土的防辐射性能。

5. 外加剂

1）掺入适量高效缓凝减水剂，可减小混凝土用水量，增加混凝土致密性，同时延长混凝土初终凝时间，使水化热放热速率减慢，推迟混凝土温峰的出现，对大体积防辐射混凝土温控、防裂十分有利。

2）还可在防辐射大体积混凝土中掺入膨胀剂，抵消混凝土因体积收缩产生的拉应力，防止裂纹出现。掺入纤维素增稠剂，改善混凝土和易性，防止重骨料混凝土的离析（纤维素增稠剂掺量以 0.05% 为宜，超量会降低混凝土的强度和防辐射能力）。

43.1.2　各种骨料的技术性能和使用范围

防辐射混凝土所用骨料的技术性能及使用范围见表 43-1。

表 43-1　防辐射混凝土所用骨料的技术性能及使用范围

骨料种类	堆积密度/(kg/m³)		表观密度/(g/cm³)	技术指标	特点及适用范围
	细骨料	粗骨料			
褐铁矿 ($2Fe_4O_3 \cdot 3H_2O$)			3.2~4	结合水≥10%	配制的混凝土黏度大，不易分层，是制作防射线混凝土的良好骨料
赤铁矿 (Fe_2O_3)	1600~1700	1400~1500	5.2~5.3	细骨料中 Fe_2O_3 含量≥60% 粗骨料中 Fe_2O_3 含量≥75%	含结合水较少，防护中子的性能不如褐铁矿石
磁铁矿 (Fe_3O_4)	2300~2400	2600~2700	4.2~5.2		
重晶石 ($BaSO_4$)	3000（通过400孔/cm²筛重晶石粉）；2400（粒径小于5mm）	2600~2700 （5~10mm）	4.3~4.7	粗骨料质量及技术指标见表 43-2 和表 43-3	抗冻性差，热膨胀系数和收缩值都较大，不适用于温度高于100℃和受冻的地方 按质量计含 0.25% 蛋白石和5% 玉髓以上的重晶石，只能与低碱水泥配合使用，以防碱-骨料反应。内有严重多孔结构的重晶石，不能用以制备防射线混凝土
铁质骨料（钢段、钢块、钢砂、铁砂、铁屑、钢球）				不含油和杂质	防护 γ 射线十分有效，但没有足够的结合水，防护中子能力差，铁质骨料在中子作用下，引起第二次 γ 射线，且制备的混凝土易分层

重晶石细、粗骨料质量及技术指标分别见表 43-2 和表 43-3。

表 43-2　重晶石细骨料质量及技术指标

项　　目	指　　标		
	Ⅰ 级	Ⅱ 级	Ⅲ 级
硫酸钡含量 （按质量计）(%)	≥95	≥90	≥85
放射性	合格	合格	合格

（续）

项　目	指　标		
	I 级	II 级	III 级
有机物	合格	合格	合格
泥块含量（按质量计）（%）	≤0.2	≤0.5	≤0.8
重晶石粉（按质量计）（%）	≤8.0	≤6.0	≤4.0
硫化物及其他硫酸盐含量（折算成 SO_3 按质量计）（%）	≤0.5	≤0.5	≤0.5

表 43-3　重晶石粗骨料质量及技术指标

项　目	指　标		
	I 级	II 级	III 级
表观密度/（kg/m³）	≥4400	≥4200	≥3900
针片状含量/（kg/m³）	≤20.0	≤15.0	≤10.0
泥块含量/（kg/m³）	≤0.1	≤0.2	≤0.4
重晶石粉/（kg/m³）	≤5.0	≤3.0	≤2.0
压碎指标	≤30.0	≤25.0	≤25.0

43.2　防辐射混凝土配合比设计

43.2.1　防辐射混凝土配合比设计要点

防辐射混凝土配合比设计需满足下列要求：

1）各种防辐射混凝土表观密度见表 43-4。

2）为防护中子流所必须的结合水。

3）达到设计规定的混凝土强度和耐久性，混凝土使用时体积变化小，吸收射线后温升小，导热系数大。

4）具有较好的拌合物和易性，质地均匀，以便加工和成型。

5）具有良好的经济指标。

表 43-4　各种防射线混凝土表观密度

混凝土种类	表观密度/（t/m³）		混凝土种类	表观密度/（t/m³）	
	最小	最大		最小	最大
普通混凝土	2.3	2.45	褐铁矿砂 + 普通碎石	2.4	2.6
褐铁矿混凝土	2.3	3.0	褐铁矿砂 + 重晶石碎石	3.0	3.2
磁铁矿混凝土	2.8	4.0	褐铁矿砂 + 磁铁矿碎石	2.9	3.8
重晶石混凝土	3.3	3.5	褐铁矿砂 + 钢铁块段	3.6	5.0
铸铁块混凝土	3.7	5.0	—		

43.2.2　配合比设计计算

由于目前尚不存在以表观密度为目的的混凝土配合比设计公式，因此，大多仍然采用普通混凝土配合比设计方法中的绝对体积法来设计。仅有《重晶石防辐射混凝土应用技术规范》（GB/T 50557—2010）对配合比设计强度及其相关参数做出以下规定：

1）对于防中子要求的工程，宜在混凝土中掺入含化合水的矿石骨料或含锂、硼等元素的材料。

配合比设计按下列公式计算

$$f_{cu,0} \geqslant f_{cu,k} + 1.645\sigma$$

式中 σ 按表 43-5 选取。

表 43-5　σ 值的选取

混凝土强度等级	C20	C25 ~ C35	C40
σ 取值	4.5	5.5	6.5

$$\frac{W}{B} = \frac{\alpha_a f_{ce}}{f_{cu,0} + \alpha_a \alpha_b f_{ce}}$$

式中　　　　　　　　$\alpha_a = 0.55$　　　　$\alpha_b = 0.45$

2）重晶石矿中硫酸钡含量越高，重晶石的表观密度越大，压碎指标值越大，强度越低，配制的混凝土强度越低。全部用重晶石粗、细骨料可配制表观密度为 2800 ~ 4000kg/m³，混凝土强度等级为 C20 ~ C40 的重晶石防辐射混凝土。因此，需要配制强度较高的防辐射重晶石混凝土时，可部分掺入压碎指标较小的普通砂石，或选用干净的钢铁块、铁砂、铁矿石。

3）原子量小的轻元素对中子射线的防护有利。水是含最轻元素氢最多又易得的材料，尽管混凝土含有一定量的化合水，能防护一般辐射强度的中子射线，但混凝土所含水的数量有限，为防护较强的中子射线，宜掺入含结晶水的矿物骨料，如褐铁矿、蛇纹石或含锂、硼等元素的材料，替代部分重晶石骨料，配制重晶石防辐射混凝土。配制时应根据防中子射线的要求，来确定含结晶水骨料或含锂、硼等材料的数量。

4）重晶石防辐射混凝土比普通混凝土容易离析、分层，细骨料级配对混凝土工作性、强度、匀质性有重要影响。良好的细骨料级配可制得流动性好、不离析、泌水少和均匀密实的混凝土，这对防辐射混凝土非常重要。因此，防辐射重晶石混凝土级配要求严，宜为 Ⅱ 区中砂。

5）粗骨料间断级配较连续级配易导致混凝土分层离析，因此，重晶石粗骨料宜采用连续级配。此外，过大的粗骨料对混凝土拌合物的工作性和匀质性不利，故宜选择偏小的粒径。

6）重晶石材质脆易碎，硫酸钡含量越高，越易在运输过程中产生粉料。因此，重晶石粗骨料的压碎指标值较普通碎石大，按级配不同分别为 30% 和 25%，允许含有 5% ~ 2% 石粉。

43.2.3　防辐射混凝土参考配合比

各类防辐射混凝土常用参考配合比见表 43-6 ~ 表 43-9。

表 43-6　C35 泵送防辐射混凝土参考配合比

材料名称	W /(kg/m³)	C /(kg/m³)	重晶砂 /(kg/m³)	重晶石 /(kg/m³)	FA /(kg/m³)	泵送剂 /(kg/m³)	表观密度 /(kg/m³)	坍落度 /mm	抗压强度 R_{28d}/MPa
材料用量	175	332	1136	1432	120	1.6%	3208	220	41.5
材料规格	—	P·O 42.5 f_a = 56.2MPa	μ_f = 2.8	(5 ~ 25mm) 表观密度 = 4150kg/m³	I 级	P.C	—	—	—

表 43-7　溜槽法防辐射混凝土参考配合比

材料名称	W /(kg/m³)	C /(kg/m³)	铁精粉 /(kg/m³)	特制铁粉 /(kg/m³)	重晶石 /(kg/m³)	表观密度 /(kg/m³)	坍落度 /mm
材料用量	90	102	549	1176	2103	4020	230
材料规格		P·O 42.5 f_a = 56.2MPa	0.08 筛 筛余 41%	μ_f = 2.8 表观密度 = 6500kg/m³	(5 ~ 25mm) 表观密度 = 4150kg/m³		

注：该混凝土为回填用配重混凝土，无强度要求。

表 43-8　C25 重晶石泵送防辐射混凝土参考配合比

材料名称	C /(kg/m³)	重晶石粉 /(kg/m³)	重晶砂 /(kg/m³)	重晶石 /(kg/m³)	W /(kg/m³)	外加剂 /(kg/m³)	坍扩度/mm 0h	1h	2h
材料用量	200	303	1112	1921	121	12	245/ 620	230/ 580	225/ 540
材料规格	P·O 42.5 f_a = 50.8	表观密度 = 4340kg/m³ 比表面积 2330cm²/g	μ_f = 2.9	4.75 ~ 26.5mm 连续级配	—	P.C 固含量 为 21.6%	出机轻 微离析 泌水	不泌水 流动性好	

注：重晶石混凝土抗压强度为 R_{7d} = 28.7MPa，R_{28d} = 35.5MPa。

表 43-9　现场搅拌常用防辐射混凝土配合比

序号	名称	表观密度 /(kg/m³)	质量配合比	用途
1	普通混凝土	2100 ~ 2400	硅酸盐水泥:砂:石 = 1:3:6	
2	褐铁矿混凝土	2600 ~ 2800	水泥:褐铁矿砂:褐铁矿碎石:水 = 1:2.8:3.7:0.8 水泥:褐铁矿粗骨料:水 = 1:3.3:0.5	抗 γ 射线及中子射线
3	褐铁矿石 + 废钢铁混凝土	2900 ~ 3000	水泥:褐铁矿石细骨料:废钢粗骨料:水 = 1:2.0:4.3:0.4	
4	赤铁矿混凝土	3200 ~ 3500	水泥:普通砂:赤铁矿砂:赤铁矿碎石:水 = 1:1.43:2.14:6.67:0.67 水泥:普通砂:赤铁矿碎石:水 = 1:2.0:8.0:0.66	抗 γ 射线及中子射线
5	磁铁矿混凝土	3300 ~ 3800	水泥:磁铁矿砂:磁铁矿石:水 = 1:1.36:2.64:0.56 水泥:磁铁矿石细骨料:水 = 1:7.6:0.5 1:5.0:0.73	抗 γ 射线及中子射线
6	重晶石混凝土	3200 ~ 3800	水泥:重晶石砂:重晶碎石:水 = 1:3.40:4.54:0.50	抗 γ 射线及中子射线

（续）

序号	名称	表观密度 /（kg/m³）	质量配合比	用途
7	重晶石砂浆	2500	石灰:水泥:重晶石粉 = 1:9:35 水泥:重晶石粉:重晶石砂:普通砂 = 1:0.25:2.50:1	抗 γ 射线及中子射线
8	加硼混凝土	2600~4000	水泥:砂:碎石:碳化硼:水 = 1:2.54:4.00:0.15:0.73 水泥:硬硼酸钙石细骨料:重晶石:水 = 1:0.50:4.90:0.38	抗中子射线
9	加硼水泥砂浆	1800~2000	石灰:水泥:重晶石粉:硬硼酸钙粉 = 1:9:31:4	

43.3　防辐射混凝土的拌制及施工

43.3.1　防辐射混凝土的拌制

1）由于防辐射混凝土的密度大，拌制时应充分考虑设备的承受能力，混凝土搅拌和运输均应按普通混凝土 70% 左右的体积实施。

2）宜采用砂浆裹石法搅拌工艺，即先投入水、砂、掺合料、水泥、粉料搅拌成砂浆，然后再投入重骨料，以减少离析、泌水。如采用重晶石作为粗骨料，搅拌时间宜控制在 30s 左右，防止质脆的重晶石粉碎。

43.3.2　防辐射混凝土的施工

1）防辐射混凝土密度大，泵送阻力大，应选用大功率的泵机。为防止堵管影响浇筑的连续性，施工现场宜设两套管路。

2）防辐射混凝土密度比普通混凝土大，振捣时会产生很大侧压力。因此，模板设计时要有足够的刚度和厚度，防止模板变形和倒塌。

3）大部分防辐射混凝土为大体积混凝土，而防辐射混凝土又对结构的内部缺陷要求很高，因此，应做好浇筑后的温控工作，防止产生温度裂缝。可采用分层浇筑法，必要时可采用内部加设冷水循环管道降温或冰屑搅拌混凝土，降低入模温度等。

4）严格控制振捣时间，以表面泛浆为宜，防止混凝土过振，重骨料下沉，混凝土分层。施工地下结构也可采用溜槽法。

5）混凝土浇筑后应覆盖塑料布，防晒以及防止水分蒸发。

第44章　再生骨料混凝土

44.1　再生骨料混凝土发展概况

44.1.1　概述

随着经济快速发展，我国城市面貌发生了日新月异的变化，同时城市不断改造、扩建，排出大量建筑垃圾，给城市环境带来了污染。我国年均拆除 4 亿 m^2 左右的建筑物，年均产生建筑拆除垃圾 4~5 亿吨，加上施工、装修过程产生的垃圾合计每年 5 亿吨~6 亿吨，今后在我国基本建设速度不断加快的形势下，年建筑垃圾可能将突破 6 亿吨。因此，如何有效地处理建筑垃圾，如何有效地使建筑垃圾资源化，已成为我们建筑工作者研究和实践的课题。

通过大量研究试验表明，由废旧混凝土和砖制备的再生骨料不同于天然骨料，在普通混凝土中掺入再生骨料，会对其物理力学性能产生不利影响，因此期望通过辅助性材料对再生骨料混凝土进行改性，改善其界面过渡区性能，提高其力学性能及耐久性，以满足其工艺、环境要求并降低成本造价，使之向高强高性能方向发展。

混凝土作为土木工程建设中最重要和用量广泛的材料，其原材料中骨料用量占总量的3/4 左右。而作为骨料的天然砂石需消耗自然资源，大量无休止地开采，不仅造成了环境污染，而且破坏了生态环境，直接影响人类的可持续发展。因此，减少混凝土制造过程中对天然砂石的开采，具有良好的环保效益和社会效益。建筑垃圾的绿色化、可持续化以及再生资源的有效利用将成为建筑行业未来的主要发展趋势。试验研究表明，利用废弃混凝土做再生骨料生产再生混凝土，可达到有效节省石灰石资源61%，同时可减少15%~20%的 CO_2 排放量。

因此再生骨料的概念，就是通过将废弃混凝土破碎、分级并按照一定比例进行混合而形成的骨料，称为再生骨料或再生混凝土骨料。而采取某种工艺对部分或全部再生骨料加以利用而制备的混凝土，称为再生骨料混凝土或简称为再生混凝土。

44.1.2　国内外研究现状

国外关于废弃混凝土合理有效利用的研究工作远早于我国。荷兰是世界上最早开展再生骨料混凝土研究和应用的国家之一，早在 20 世纪 80 年代他们就把城市建筑垃圾资源化利用作为环境保护和社会发展的重要目标，制定了利用再生混凝土骨料进行制备素混凝土、钢筋混凝土和预应力混凝土的使用规范。至今德国的建筑垃圾再生工厂仅柏林就有 20 多个，已加工了约1150 万 m^3 再生骨料，并用这些再生骨料建造了约 17.5 万套住房，目前世界上生产规模最大的建筑垃圾处理厂就在德国，每小时可生产 1200t 建筑垃圾再生材料。比利时、荷兰对再生骨料混凝土抗压抗拉强度、吸水率、收缩和耐久性等指标进行了系统研究。在政策方面，奥地利对建筑垃圾收取高额处理费；北欧国家则通过统一的北欧环境标准来控制建筑垃圾的产生量。日本由于国土面积小、资源匮乏，因此十分重视资源有效利用的研究。日本在利用废弃物方面的技术处于世界领先地位，并立法将建筑废弃物视为 "建筑副产品"，明确规定 "谁生产，谁负责" 的原则，实现 97% 以上的高效利用，早在 1977 年就制定了 "再生骨料和再生混凝土使用规范"。1988 年，东京的建筑垃圾再利用率达到 56%，2007 年的调查显示日本再生资源化的比例达 92.2%。

在 1997 年，我国原建设部提出将 "建筑废渣综合利用" 列入科技成果重点推广项目。目前国内对再生混凝土的研究尚处于初始阶段，还未被人们足够重视。但国内一些关注这一领域的科研单位和院校的研究人员和学者，已经开始了试验研究工作，并通过他们总结国外研究成果和自身的大量试验，初步有了以下成果或观点。

1）提出用 30% 以下再生骨料等量取代普通混凝土骨料时，再生混凝土的性能与普通混凝土基本上相同的观点。

2）从改善再生骨料表面 "孔隙多" "吸水率大" 的角度出发，通过高活性超细矿物掺合料的浆液对再生骨料进行骨料表面强化试验，通过表面裹含高效抗渗防水剂的 KIM 粉改善了再生混凝土的空隙多、吸水率大等问题。

3）掺入适当外加剂可改善其耐久性及其他力学性能和解决再生骨料混凝土 "用水量较大" "干缩率较高" 的缺点，使其达到一般结构的使用要求。

4）提出利用浓度较小的盐酸来改善再生混凝土性能。其试验结果效果明显，通过添加膨胀剂可配制达到 C50 的补偿收缩再生混凝土。

5）对施工性能和力学性能的试验研究。提出了在相同配合比下，再生骨料混凝土流动性略有降低，保水性、黏聚性较好，立方体抗压强度略高于天然骨料混凝土等的观点。

到目前为止，我国对于再生骨料混凝土只局限于室内分析和试验阶段，基本上尚未能结合生产形成整套技术的开发应用。从长远发展来看，这是一项有效解决城市固体废物之一的建筑垃圾的有效途径，也是绿色建筑、环境保护以及可持续发展的必然要求，能给国家带来巨大的社会、环境和经济效益，未来具有良好的发展前景。

44.2　再生骨料混凝土的骨料生产

44.2.1　再生混凝土骨料的特性

再生粗骨料表面较为粗糙、空隙多、略扁平，带有较多棱角，介于碎石与卵石之间。这种外形将会降低新拌混凝土拌合物的和易性。

再生骨料表面还包裹着相当数量的水泥砂浆，导致再生骨料的吸水率增大，也使其压碎指标比天然骨料的压碎指标要高，而高吸水率是再生粗骨料有别于天然粗骨料的最重要特征。

再生粗骨料的含泥量高于天然粗骨料，但基本是非黏土质的石粉。其含泥量过高对混凝土性能有不利影响，如强度降低、收缩增大等。

再生骨料中还往往混杂少量尺寸较小的钢筋、玻璃、树枝杂木、塑料等杂质，增加了回收利用处理工序的复杂化。

44.2.2 再生混凝土骨料主要生产工序

1. 废弃混凝土块体破碎预处理

1）将大体积混凝土块破碎。

2）切割钢筋。

3）人工分拣大件杂质，达到杂质较少，粒径符合破碎机要求的初始混凝土块。

2. 废弃混凝土破碎

1）将大于 40mm 的废弃混凝土块进行破碎，使粒径达到 0～40mm。

2）对再生料进行热处理。

3）通过碾磨破碎，利用材料间彼此摩擦、碾压，去除黏附在骨料上的砂浆、泥土，并使已压破而未分开的石料彼此分离，减少微裂纹石料，从而获得高质量的再生骨料。

3. 杂质分选处理

1）前后设置两套电磁设备，以彻底去除混杂在混凝土碎块中的钢材，第一套安装在一级破碎机和筛分机间，主要除去体积较大的钢材，第二套安装在二级碾磨机和筛分机间，除去体积较小的钢材碎屑等。

2）采用水力分选或气流分选的方法，在一级破碎后除去混杂在混凝土碎块中的木料、有机灌缝料、碎塑料等细微杂质，以提高再生骨料的纯度。

4. 烘干热处理

烘干热处理工序的设置目的，在于弱化骨料与砂浆以及骨料原有微观裂缝区域的键连接强度，为后道工序有效去除黏附在再生骨料上的砂浆、泥土以及除去微裂纹做准备，这是提高再生骨料的质量必不可少的工序。

5. 冲水处理

在二级筛分后进行冲水处理，以有效消除废弃混凝土中的泥屑、有机物质、碎砖等杂质。

6. 筛分与分级处理

根据连续级配或单粒粒级的技术要求，将不同粒径范围的骨料颗粒均匀混合，同时可以通过对破碎碾磨后的颗粒进行筛分，达到除去水泥砂浆等细小颗粒的效果。

44.2.3 再生混凝土骨料生产工艺（建议）

再生混凝土骨料生产工艺（建议）如图 44-1 所示。

44.3 再生骨料的质量要求

再生粗细骨料按性能要求可分为Ⅰ类、Ⅱ类和Ⅲ类。Ⅰ类再生粗骨料可用于配制各种强

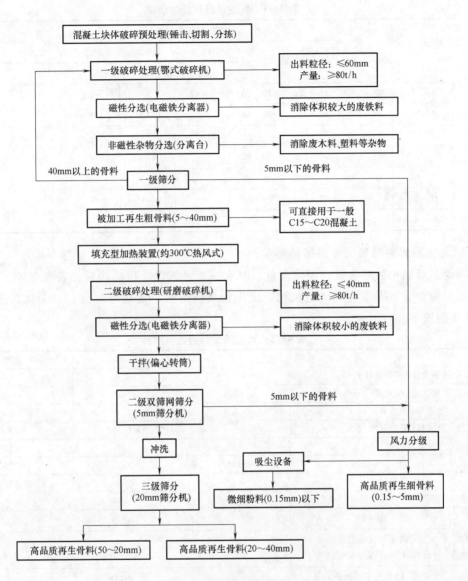

图 44-1　再生混凝土骨料生产工艺（建议）

度等级的混凝土；Ⅱ类再生骨料宜用于配制 C40 及以下强度等级的混凝土；Ⅲ类再生骨料可用于配制 C25 及以下强度等级的混凝土，不宜用于配制有抗冻要求的混凝土。

Ⅰ类再生细骨料可用于配制 C40 及以下强度等级的混凝土；Ⅱ类再生细骨料宜用于配制 C25 及以下强度等级的混凝土；Ⅲ类再生细骨料不宜用于配制结构混凝土。

依据国家现行标准《混凝土用再生粗骨料》（GB/T 25177—2010）及《混凝土和砂浆用再生细骨料》（GB/T 25176—2010），对再生骨料的质量要求如下：

44.3.1　再生粗骨料的质量要求

1. 颗粒级配

混凝土用再生粗骨料颗粒级配应符合表 44-1 的要求。

表 44-1   再生粗骨料颗粒级配

公称粒径 /mm		方孔筛筛孔边长尺寸/mm							
		2.36	4.75	9.50	16.0	19.0	26.5	31.5	37.5
		累计筛余（%）							
连续粒级	5~16	95~100	85~100	30~60	0~10	0	—	—	—
	5~20	95~100	90~100	40~80	—	0~10	0	—	—
	5~25	95~100	90~100	—	30~70	—	0~5	0	—
	5~31.5	95~100	90~100	70~90	—	15~45	—	0~5	0
单粒级	5~10	95~100	80~100	0~15	—	0	—	—	—
	10~20	—	95~100	85~100	—	0~15	0	—	—
	16~31.5	—	95~100	—	85~100	—	—	0~10	0

2. 再生粗骨料的各项性能指标要求

再生粗骨料中微粉含量、泥块含量、吸水率、坚固性、压碎指标、表观密度、孔隙率、针片状颗粒含量、有害物质（有机物、硫化物及硫酸盐、氯盐等）含量、杂物含量应符合表 44-2 的规定。

表 44-2   再生粗骨料的性能指标

项目		Ⅰ 类	Ⅱ 类	Ⅲ 类
微粉含量(按质量计)(%)		<1.0	<2.0	<3.0
泥块含量(按质量计)(%)		<0.5	<0.7	<1.0
吸水率(按质量计)(%)		<3.0	<5.0	<8.0
坚固性(质量损失)(%)		<5.0	<10.0	<15.0
压碎指标(%)		<12	<20	<30
表观密度/(kg/m³)		>2450	>2350	>2250
空隙率(%)		<47	<50	<53
针片状颗粒含量(按质量计)(%)		<10		
有害物质含量	有机物	合格		
	硫化物及硫酸盐 (折算成 SO_3，按质量计)(%)	<2.0		
	氯化物(以氯离子质量计)(%)	<0.06		
杂物含量(按质量计)(%)		<1.0		

注：坚固性为采用硫酸钠溶液法进行试验，经 5 次循环后的质量损失。

3. 碱-骨料反应

经碱-骨料反应试验后，由再生粗骨料制备的试件无裂缝、酥裂或胶体外溢等现象，膨胀率应小于 0.1%。

4. 放射性

应满足《建筑材料放射性核素限量》（GB 6566—2010）的规定。

44.3.2   再生细骨料的质量要求

1. 颗粒级配

混凝土用再生细骨料的颗粒级配，应符合表 44-3 的要求。

表 44-3 混凝土用再生细骨料的颗粒级配

方孔筛筛孔边长	累计筛余（%）		
	1 级配区	2 级配区	3 级配区
9.50mm	0	0	0
4.75mm	10 ~ 0	10 ~ 0	10 ~ 0
2.36mm	35 ~ 5	25 ~ 0	15 ~ 0
1.18mm	65 ~ 35	50 ~ 10	25 ~ 0
600μm	85 ~ 71	70 ~ 41	40 ~ 16
300μm	95 ~ 80	92 ~ 70	85 ~ 55
150μm	100 ~ 85	100 ~ 80	100 ~ 75

注：再生细骨料的实际颗粒级配与表中所列数字相比，除 4.75mm 和 600μm 筛档外，其他筛档可以略有超出，但超出总量应小于 5%。

2. 再生细骨料各项性能指标要求

再生细骨料中微粉含量、泥块含量、坚固性、压碎指标、表观密度、堆积密度、空隙率、有害物质含量应符合表 44-4 的规定。

表 44-4 再生细骨料各项性能指标要求

项目		Ⅰ 类	Ⅱ 类	Ⅲ 类
微粉含量（按质量计）（%）	MB 值 < 1.40 或合格	< 5.0	< 7.0	< 10.0
	MB 值 ≥ 1.40 或不合格	< 1.0	< 3.0	< 5.0
泥块含量（按质量计）（%）		< 1.0	< 2.0	< 3.0
坚固性（质量损失）（%）		< 8.0	< 10.0	< 12.0
单级最大压碎指标值（%）		< 20	< 25	< 30
表观密度/（kg/m³）		> 2450	> 2350	> 2250
堆积密度/（kg/m³）		> 1350	> 1300	> 1200
空隙率（%）		< 46	< 48	< 52
有害物质含量	云母含量（按质量计）（%）	< 2.0		
	轻物质含（按质量计）（%）	< 1.0		
	有机物含量（比色法）	合格		
	硫化物及硫酸盐（折算成 SO_3，按质量计）（%）	< 2.0		
	氯化物（以氯离子质量计）（%）	< 0.06		

注：坚固性为采用硫酸钠溶液法进行试验，经 5 次循环后的质量损失。

3. 再生胶砂需水量比和强度比

再生胶砂需水量比和强度比应符合表 44-5 的规定。

表 44-5 再生胶砂需水量比和强度比

项目	Ⅰ 类			Ⅱ 类			Ⅲ 类		
	细	中	粗	细	中	粗	细	中	粗
需水量比	< 1.35	< 1.30	< 1.20	< 1.55	< 1.45	< 1.35	< 1.80	< 1.70	< 1.50
强度比	> 0.80	> 0.90	> 1.00	> 0.70	> 0.85	> 0.95	> 0.60	> 0.75	> 0.90

4. 碱-骨料反应

经碱-骨料反应试验后，由再生骨料制备的试件无裂缝、酥裂或胶体外溢等现象，膨胀率应小于 0.1%。

5. 放射性

应满足《建筑材料放射性核素限量》（GB 6566—2010）的规定。

44.3.3　再生骨料的检验方法

1）再生粗骨料的各项指标检验方法见表 44-6。

表 44-6　再生粗骨料的各项指标检验方法

检验指标	依据的标准	依据的检验方法
颗粒级配	《建设用卵石、碎石》（GB/T 14685—2011）	颗粒级配
微粉含量		含泥量
泥块含量		泥块含量
吸水率	《轻集料及其试验方法　第2部分》（GB/T 17431.2—2010）	吸水率
针片状含量	《建设用卵石、碎石》（GB/T 14685—2011）	针、片状含量
有机物含量		有机物含量
硫化物及硫酸盐含量		硫化物及硫酸盐含量
氯化物含量	《建设用砂》（GB/T 14684—2011）	氯化物含量
杂物含量	《混凝土用再生粗骨料》（GB/T 25177—2010）	杂物含量
坚固性		坚固性含量，但试验结果精确至0.1%
压碎指标	《建设用卵石、碎石》（GB/T 14685—2011）	压碎指标
表观密度		表观密度
空隙率		空隙率
碱-骨料反应		碱-骨料反应
放射性	《建筑材料放射性核素限量》（GB 6566—2010）	规定的试验方法

2）再生细骨料的各项指标检验方法见表 44-7。

表 44-7　再生细骨料的各项指标检验方法

检验指标	依据的标准	依据的检验方法
颗粒级配和细度模数	《建设用砂》（GB/T 14684—2011）	颗粒级配
微粉含量		石粉含量
泥块含量		泥块含量
云母含量		云母含量
轻物质含量		轻物质含量
有机物含量		有机物含量
硫化物及硫酸盐含量		硫化物及硫酸盐含量

（续）

检验指标	依据的标准	依据的检验方法
氯化物含量		氯化物含量
坚固性		坚固性含量，但试验结果精确至 0.1%
压碎指标	《建设用砂》（GB/T 14684—2011）	压碎指标
表观密度		表观密度
堆积密度和空隙率		堆积密度和空隙率
再生胶砂需水量比	《混凝土和砂浆再生细骨料》	再生胶砂需水量比
再生胶砂强度比	（GB/T 25176—2010）	再生胶砂强度比
碱-骨料反应	《建设用砂》（GB/T 14684—2011）	碱-骨料反应
放射性	《建筑材料放射性核素限量》（GB 6566—2010）	规定的试验方法

44.4　再生骨料混凝土性能试验

44.4.1　废弃再生骨料的性能分析

1. 再生粗骨料粒径

采用建筑拆除废弃的混凝土块，经过人工破碎，骨料粒径最大约 30mm，再生骨料颗粒大部分表面附着废旧砂浆的次生颗粒，少部分为与废旧砂浆完全脱离的原状颗粒，还有很少部分为废旧砂浆颗粒。经破碎筛分得到的再生粗骨料与天然骨料颗粒级配见表 44-8。

表 44-8　再生粗骨料与天然骨料颗粒级配

筛孔孔径/mm	规范（5~20mm）颗粒累计筛余量（%）	再生粗骨料颗粒累计筛余量（%）	天然粗骨料颗粒累计筛余量（%）
2.36	95~100	99.1	98.2
4.75	90~100	91.2	91.2
9.50	40~80	72.3	64.0
16.0	—	34.5	17.8
19.0	0~10	9	4.4
26.5	0	0	0

由表 44-8 可见，再生粗骨料颗粒级配与天然骨料颗粒级配相类似，其自然级配差异性较大，因此，应进行筛分才能得到级配符合要求的再生骨料，得以利用拌制再生骨料混凝土。

2. 堆积密度与表观密度

再生混凝土骨料由于来源于废弃混凝土，在表面存有一定数量的水泥砂浆，表面比较粗糙且有棱角，因此，其水泥砂浆的孔隙率大、吸水率较高，并且混凝土在破碎时造成再生骨料内部有大量裂缝出现，导致再生骨料的堆积密度和表观密度比普通混凝土低、吸水率高。

因此再生骨料的堆积密度、表观密度及吸水率主要与母体混凝土的强度等级、配合比、使用时间等因素有着重要关系。再生骨料的堆积密度和表观密度测试结果见表 44-9。

表 44-9　再生骨料的堆积密度和表观密度测试结果

项目名称	堆积密度/(kg/m³)	表观密度/(kg/m³)
天然骨料	1450	2786
再生骨料	1286	2443

3. 压碎指标

再生骨料的压碎指标是表示再生骨料强度的一个重要参数。由于其本身特性的影响，导致再生骨料的压碎指标高于天然骨料。其特性与跟母体混凝土有关，其强度和加工破碎方法与压碎指标具有密切的关系。母体混凝土强度越高，混凝土再生骨料的压碎指标也就越小，水泥浆体和砂浆在加工过程中脱落的越多，导致其压碎指标也就越小。各骨料的压碎指标测试结果见表 44-10。

表 44-10　各骨料的压碎指标测试结果

项目名称	压碎指标		
天然粗骨料	4.11	4.52	5.05
再生粗骨料	11.8	12.1	12.7
裹浆后骨料	14.5	15.2	14.9

注：经裹浆处理后的再生粗骨料压碎指标有所提高，但吸水率明显降低。

4. 吸水率

再生骨料中水泥砂浆含量及机械破碎造成的损伤程度，对再生骨料的吸水率有很大影响。当砂浆含量越高，内部的微裂缝越多，则再生骨料的孔隙率高、吸水性大。同时，母体材料组成及气候条件在一定程度上对吸水率也有影响。经多次试验证明，粗、细骨料在吸水率上存在很大差异，再生细骨料比再生粗骨料吸水率高，见表 44-11 和表 44-12。

表 44-11　天然粗骨料与再生粗骨料的吸水率　　（%）

骨料种类	10min	30min	24h
天然骨料	0.33	0.38	0.40
再生骨料1	5.68	5.96	6.25
再生骨料2	8.34	8.82	9.52

表 44-12　不同粒径再生骨料的吸水率

粒径大小/mm	10min(%)	30min(%)	24h(%)
5~10	11.4	13.5	13.8
10~20	3.8	4.5	4.6
20~31.5	2.7	3.2	3.3

由表 44-11 和表 44-12 可知，再生骨料的吸水率较大且其表面具有独特性能，可造成再生骨料混凝土的水分随着时间变化不断减少，影响混凝土正常凝结硬化，从而影响到质量。因此，解决再生骨料的吸水率的问题是必要的。目前我国主要采取以下两种方法：

1）通过增加附加水法对再生混凝土进行拌制。一般天然骨料混凝土的配合比中设计的理论用水量比再生骨料的用水量约少 5%。

2）通过减小再生骨料吸水率及再生骨料中水泥浆体的含量，能有效地改善再生骨料自身的质量特性，减少其吸水率。使用高效减水剂或塑化剂来达到减小再生骨料的吸水率。

44.4.2　再生粗骨料混凝土的工作性能及物理力学特性

再生混凝土的力学性能，主要表现在对不同再生骨料掺量的再生混凝土的抗压强度和弹性模量两个方面。

1. 再生粗骨料混凝土的试验配合比

再生粗骨料混凝土的试验配合比见表 44-13。

表 44-13　再生粗骨料混凝土的试验配合比

试件编号	项目	水胶比	水/kg	水泥/kg	再生骨料/kg	天然骨料/kg	砂/kg	硅灰/kg	减水剂/kg
1	C30	0.5	208	416	0	1105	621	0	3.12
2	C30A	0.5	208	416	1105	0	621	0	3.12
3	C30B	0.5	208	416	884	221	621	0	3.12
4	C30C	0.5	208	416	663	442	621	0	3.12
5	C30D	0.5	208	416	1105	0	621	0	3.12
6	C50	0.34	215	632	0	930	673	1.75	4.74
7	C50A	0.34	215	632	930	0	673	1.75	4.74
8	C50B	0.34	215	632	744	186	673	1.75	4.74
9	C50C	0.34	215	632	558	372	673	1.75	4.74
10	C50D	0.34	215	632	930	0	673	1.75	4.74

注：水泥等级为 P·O 42.5；编号为 5 和 10 配合比中的再生骨料经过裹浆处理。

2. 再生粗骨料混凝土的工作性能及抗压强度

试验结果见表 44-14。

表 44-14　再生粗骨料混凝土的工作性能及抗压强度

试件编号	再生骨料取代率（%）	坍落度/mm	抗压强度/MPa		
			3d	7d	28d
1	0	230	28.0	39.9	45.8
2	100	180	22.6	31.4	39.9
3	80	200	28.8	39.4	47.8
4	60	210	27.4	37.7	43.4
5	100	220	27.5	38.8	47.5
6	0	220	42.3	47.7	59.9
7	100	185	31.1	46.0	54.4
8	80	180	36.7	45.2	53.0
9	60	190	37.4	45.2	53.4
10	100	210	41.6	45.6	58.7

由表 44-14 可知，再生粗骨料混凝土的抗压强度随再生粗骨料掺量的增大而减小。在相同的水胶比下，再生粗骨料混凝土坍落度随再生粗骨料掺量的增大而减小，但经裹浆处理的再生粗骨料坍落度几乎等同天然骨料混凝土，工作性能较好。

3. 再生粗骨料混凝土的强度及弹性模量

再生粗骨料混凝土的强度及弹性模量见表 44-15。

表 44-15　再生粗骨料混凝土的强度及弹性模量

试件编号	28d 轴心抗压强度 f_{cp}/MPa	28d 立方体抗压强度 f_{cu}/MPa	弹性模量 /GPa
2	32.8	39.9	28.4
3	38.7	47.8	34.2
4	39.0	43.4	31.8
5	47.0	47.5	36.4
7	52.1	54.4	38.2
8	45.3	53.0	35.6
9	46.7	53.4	37.6
10	57.2	58.7	43.4

由表 44-15 可知，再生混凝土仍然遵循着抗压强度高则弹性模量高的这一规律。由于再生骨料表面附着废旧老砂浆，导致再生粗骨料弹性模量降低，因此所配制的再生粗骨料混凝土的强度随之降低。经裹浆处理的再生粗骨料由于表面微裂纹等缺陷得到修复，骨料强度得到提高，同时包裹的水泥浆使混凝土界面结构得到加强，因此，再生混凝土的弹性模量有不同程度的提高。

4. 再生粗骨料混凝土的耐久性

（1）抗冻性　试件在 -20 ~ -15℃ 环境下循环冻融 150 次（4h 为一周期）后进行质量和强度损失检测。结果见表 44-16。

表 44-16　再生粗骨料混凝土质量损失率和强度损失率

试件编号	质量损失率（%）	强度损失率（%）	试件编号	质量损失率（%）	强度损失率（%）
2	2.4	29	7	1.0	27
3	1.4	20	8	0.6	24
4	1.1	15	9	0.5	22
5	0.9	12	10	0.1	21

由表 44-16 可见，再生骨料混凝土的抗冻性能与再生骨料取代率、骨料的表面处理等有极大关系。再生骨料取代率越大，冻融后强度损失越大。而再生骨料经表面处理后所配制的混凝土具有较好的抗冻性能，这是因为经表面处理的再生骨料克服了原有特性（即微裂纹多、吸水率大等）的缺点，提高了骨料自身的致密性，从而提高了抗冻性能。凡掺有硅灰的再生混凝土其强度损失较小。

（2）抗渗性　试验结果见表 44-17。

表 44-17　渗透高度

试件编号	迁移高度/mm	试件编号	迁移高度/mm
2	7	4	4
3	6	5	3

由表 44-17 可知，再生骨料混凝土的抗渗透性随着再生骨料取代率增加而降低，因而再生骨料的掺入会降低混凝土耐久性指数。而再生骨料经裹浆处理后，能够明显提高再生混凝土的抗渗透性。

（3）再生粗骨料混凝土的抗硫酸盐和酸侵蚀性　由于再生骨料混凝土的孔隙率及渗透性较高，决定了其抗硫酸盐和酸侵蚀性比普通混凝土稍差，通过试验得知，与高孔隙和渗透率的天然骨料混凝土的耐久性相差不大。当加入 10% 的粉煤灰后再生骨料混凝土的耐久性就有了提高。

（4）耐磨性　由于再生骨料中含有大量的老水泥砂浆，而这水泥砂浆的耐磨性很差，因而导致再生骨料混凝土的耐磨性较差。

（5）体积稳定性　再生骨料混凝土与同配合比的天然骨料配制的混凝土相比，体积稳定性有较大幅度的降低，其主要原因是再生骨料吸水率大、刚度小且抵抗变形的能力差所引起的，所以说体积稳定性不良的直接后果就是引发裂缝。

44.4.3　改进再生骨料混凝土的物理力学性能和耐久性的途径

再生骨料混凝土的耐久性较普通混凝土差，严重制约其在工程中的广泛应用。但如何提高再生混凝土的耐久性，国内外学者以此课题进行试验研究，取得了一些成果。沈阳建筑大学材料科学与工程学院对再生骨料混凝土的制备工艺进行研究试验，主要有以下几个方面：

1. 再生骨料的强化处理工艺

采用质量百分比为 3% 的水玻璃溶液对再生粗骨料浸泡 24h，再进行干燥等措施强化处理。水玻璃能填充再生骨料的孔隙，并将再生骨料的裂缝黏合，从而改善骨料的孔隙结构，使其致密坚硬，以期提高再生骨料混凝土的强度和耐久性。

2. 再生骨料混凝土的二次搅拌工艺

二次搅拌工艺是使混凝土各组分均匀混合，在此基础上利用物料投料量和改进搅拌顺序对混凝土内部结构形成影响的搅拌工艺，目的是提高混凝土性能。水泥裹石法搅拌投料流程如图 44-2 所示，即先将水泥、水在搅拌机内搅拌 60s，然后投入石子继续搅拌 60s，最后再投入砂子搅拌 60s 制得新拌混凝土拌合物。

3. 不同制备工艺下再生骨料混凝土的 28d 抗压强度

采用三种不同再生骨料掺量（0%、20%、40%）和三种不同方法制备工艺（单独采用再生骨料强化工艺、单独采用水泥裹石法二次搅拌工艺以及同时采用上述两工艺）

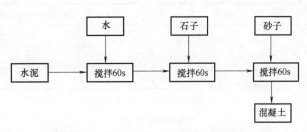

图 44-2　水泥裹石法搅拌投料流程

进行试验，其各自的 28d 抗压强度详见表 44-18 所示。

表 44-18　不同制备工艺下再生骨料混凝土的 28d 抗压强度

制 备 工 艺		再生骨料掺量(%)	28d 抗压强度/MPa
一次搅拌	未强化	0	37.5
		20	35.6
		40	34.9
	水玻璃强化	0	37.5
		20	36.5
		40	35.7
二次搅拌 （水泥裹石法）	未强化	0	40.1
		20	38.1
		40	36.9
	水玻璃强化	0	40.3
		20	38.3
		40	37.1

由表 44-18 可知，同时采用再生骨料强化处理和再生骨料混凝土二次搅拌工艺，当再生骨料掺量为 20% 时，再生混凝土的抗压强度可提高约 7.6%；当再生骨料掺量为 40% 时，再生骨料混凝土的抗压强度提高约 6.3%，均不同程度高于单独采用再生骨料强化处理或单独采用再生混凝土二次搅拌工艺的抗压强度。

采用浓度为 3% 的水玻璃强化后的再生骨料比未经强化的再生骨料制备出的再生混凝土强度高，是因为水玻璃（$Na_2O \cdot nSiO_2$）硬化时析出的硅酸凝胶的填充在一定程度上降低了再生骨料的孔隙率，增强了再生骨料与水泥浆的界面黏结力。而二次搅拌工艺制备的再生混凝土强度提高，是因为二次搅拌工艺改变了投料顺序，避免了水泥颗粒相互黏聚形成微小的水泥团，使水泥水化更加充分。

综合采用再生骨料强化处理和二次搅拌工艺，可以逐步促进水泥颗粒的均匀分散，使水泥水化过程更加充分，不断增强水泥浆和经强化后较为致密的再生骨料之间的黏结强度，从而进一步提高再生骨料混凝土的总体抗压强度。

4. 不同制备工艺下再生骨料混凝土的抗冻性

不同制备工艺下再生骨料混凝土的抗冻性见表 44-19。

表 44-19　不同制备工艺下再生骨料混凝土的抗冻性

制 备 工 艺		再生骨料掺量(%)	质量损失率(%)
一次搅拌	未强化	0	−23
		20	12
		40	21
	水玻璃强化	0	−22
		20	11
		40	19

（续）

制 备 工 艺		再生骨料掺量（%）	质量损失率（%）
二次搅拌 （水泥裹石法）	未强化	0	−29
		20	11
		40	18
	水玻璃强化	0	−28
		20	9
		40	17

　　由表 44-19 可知，同时采用再生骨料强化处理和再生混凝土二次搅拌工艺，当再生骨料掺量为 20% 时，再生混凝土的抗冻性可提高 25%，当再生骨料掺量为 40% 时，再生混凝土的抗冻性可提高 19.1%，均高于单独采用再生骨料强化处理或单独采用再生混凝土二次搅拌工艺的抗冻性能。这是因为引入水玻璃后，硅酸凝胶产物的形成以及二次搅拌的均匀分散作用，增加了再生骨料混凝土的密实度，改善了其孔结构，从而有效地提高了抗冻性。

5. 不同制备工艺下再生骨料混凝土的抗硫酸盐侵蚀性

　　不同制备工艺下再生骨料混凝土的抗硫酸盐侵蚀性见表 44-20。

表 44-20　不同制备工艺下再生骨料混凝土的抗硫酸盐侵蚀性

制 备 工 艺		再生骨料掺量（%）	质量耐蚀系数（%）
一次搅拌	未强化	0	86.2
		20	85.9
		40	85.2
	水玻璃强化	0	86.2
		20	93.2
		40	87.4
二次搅拌 （水泥裹石法）	未强化	0	97.1
		20	89.2
		40	87.9
	水玻璃强化	0	97.1
		20	95.5
		40	89.9

　　由表 44-20 可知，同时采用再生骨料强化处理和再生混凝土二次搅拌工艺，当再生骨料掺量为 20% 时，再生混凝土的抗硫酸盐侵蚀性可提高 11.2%，当再生骨料掺量为 40% 时，再生混凝土的抗硫酸盐侵蚀性可提高 5.5%，均高于单独采用再生骨料强化处理或单独采用再生混凝土二次搅拌混凝土。

　　对于不同再生骨料掺量的再生混凝土，强化处理工艺和二次搅拌工艺均可不同程度地提高其经一定次数湿循环后的质量耐蚀系数，即提高抗硫酸盐侵蚀性；强化处理和二次搅拌两种工艺的综合采用具有非常明显的叠加效应。由于水玻璃溶液在渗入再生骨料的孔隙、裂缝的同时，也包裹了再生骨料的表面，因此降低了引起硫酸盐侵蚀破坏的几率。水泥裹石法二次搅拌工艺使水泥颗粒分散更加均匀，水泥水化更完全，降低了再生混凝土的孔隙率，进一步减少其受硫酸盐侵蚀破坏的可能性。再生骨料经强化处理后孔结构已得到有效改善，二次搅拌工艺在促进水泥水化的同时，增进了水泥浆与再生骨料间的界面连接，即改善了再生混凝土整体的内部结构，从而使再生混凝土的抗硫酸盐侵蚀得以改进。

综上所述：

1）单独采用再生粗骨料强化工艺和单独采用再生混凝土二次搅拌工艺均可不同程度地提高再生混凝土的28d抗压强度。

2）单独采用再生粗骨料强化工艺和单独采用再生混凝土二次搅拌工艺均可不同程度地提高再生混凝土的抗冻性和抗硫酸盐侵蚀性能。

3）同时采用再生骨料强化处理和再生混凝土二次搅拌工艺制备的不同再生骨料掺量的再生混凝土，相比于单独采用再生粗骨料强化工艺和单独采用再生混凝土二次搅拌工艺，其28d抗压强度、抗冻性和抗硫酸盐侵蚀性都有更进一步的提升，是制备再生混凝土并综合提高其耐久性的最佳工艺选择。

44.4.4 再生骨料采用湿处理工艺对再生混凝土物理力学性能的影响

在制备再生骨料混凝土之前，需用水对再生粗骨料进行冲洗，有效地去除废弃混凝土中的泥屑、有机物质及碎砖等杂质，以提高再生骨料的品质。

1. 湿处理工艺对再生骨料混凝土表观密度的影响

湿处理与未湿处理工艺的再生骨料混凝土表观密度见表44-21。

表44-21 湿处理与未湿处理工艺的再生骨料混凝土表观密度

编号	再生骨料掺量（%）	未湿处理表观密度/（kg/m³）	湿处理表观密度/（kg/m³）	变化幅度（%）
1	0	2480	2480	—
2	15	2431	2442	0.45
3	30	2426	2400	−1.07
4	45	2390	2374	−0.67
5	60	2336	2296	−1.71

从表44-21中看出，湿处理对再生骨料混凝土的表观密度影响不大。当再生骨料掺量为30%时，再生骨料与天然骨料相互搭配填充效果适中，可形成密实度较高的再生骨料混凝土。

2. 湿处理工艺对再生骨料混凝土吸水率的影响

湿处理与未湿处理工艺的再生骨料混凝土吸水率见表44-22。

表44-22 湿处理与未湿处理工艺的再生骨料混凝土吸水率

编号	再生骨料掺量（%）	未湿处理吸水率（%）	湿处理吸水率（%）	变化幅度（%）
1	0	2.82	2.82	—
2	15	2.96	3.11	5.1
3	30	3.07	3.29	7.2
4	45	3.31	3.75	13.3
5	60	3.68	4.09	11.1

由表 44-22 中看出，湿处理使再生混凝土吸水率比未经湿处理的有明显增长。这是因为湿处理工艺去除了再生骨料表面砂浆附着的泥、粉尘等杂质，而再生骨料潜在的一些裂纹、孔隙等缺陷也明显地暴露出来，从而导致再生混凝土吸水率的增加。

3. 湿处理工艺对再生骨料混凝土软化系数的影响

研究湿处理工艺对再生骨料混凝土软化系数的影响，在于改善再生混凝土的耐水性。再生骨料混凝土软化系数见表 44-23。

表 44-23　湿处理与未湿处理再生骨料混凝土的软化系数

编号	再生骨料掺量（%）	未湿处理软化系数	湿处理软化系数	变化幅度（%）
1	0	0.622	0.622	—
2	15	0.798	0.820	2.8
3	30	0.652	0.586	-10.1
4	45	0.686	0.676	-1.5
5	60	0.721	0.740	2.6

由表 44-23 可知，当再生骨料掺量相对较低（15%）和较高（60%）时，湿处理工艺可在一定程度上提高再生混凝土软化系数，改善再生混凝土的耐水性。当再生骨料掺量为 15% 时，再生混凝土的软化系数最高，达到 0.82，说明此时再生骨料混凝土的耐水性最好。

4. 湿处理工艺对再生混凝土抗压强度的影响

湿处理与未湿处理再生骨料混凝土的 28d 抗压强度见表 44-24。

表 44-24　湿处理与未湿处理再生骨料混凝土的 28d 抗压强度

编号	再生骨料掺量（%）	未湿处理 f_{28d}/MPa	湿处理 f_{28d}/MPa	变化幅度（%）
1	0	37.1	37.1	—
2	15	29.8	33.8	13.4
3	30	37.7	37.7	0
4	45	35.0	35.8	2.3
5	60	26.9	31.2	16.0

由表 44-24 可知，当再生骨料掺量相对较低（15%）和较高（60%）时，湿处理工艺可较大幅度地提高再生混凝土的 28d 抗压强度。这是由于湿处理工艺能有效地提高再生骨料的品质，从而增进了界面黏结力的结果。当再生骨料掺量相对居中（30% 和 40%）时，再生骨料多数属于混合型，再生骨料混凝土的 28d 抗压强度变化幅度不大，掺量在 30% 时再生骨料混凝土的 28d 抗压强度达到峰值。

综上所述：

1）再生骨料混凝土的表观密度随着再生骨料掺量的增加而降低。湿处理工艺对再生骨料混凝土的表观密度影响不大。

2）随着再生骨料掺量的增加，再生混凝土的吸水率增加。湿处理工艺使再生骨料混凝土的吸水率增大。

3）当再生骨料掺量为 15% 时，再生混凝土的软化系数最高达到 0.82，耐水性最好。湿处理工艺在一定程度上提高再生混凝土的软化系数，即改善再生骨料混凝土的耐水性。

4）湿处理工艺可提高再生骨料混凝土的28d抗压强度，特别当再生骨料掺量为15%和60%时，提高幅度更为明显。

44.4.5　采用微波加热对再生粗骨料的改性

由于废混凝土的特殊性，使再生粗骨料中含有大量老砂浆，导致再生粗骨料表观密度低于天然粗骨料，而吸水率高于天然粗骨料。为了减小再生粗骨料的吸水率，提高再生粗骨料的物理指标，国内外一些学者对再生粗骨料的改性进行研究，提出了例如：通过"再生粗骨料自击法"对再生粗骨料进行强化改性；采用高活性超细矿物质掺合料的浆液对再生粗骨料进行强化；采用聚乙烯醇（PVA）浸泡对再生粗骨料进行改性；采用 HCl、H_2SO_4、H_3PO_4 溶液对再生粗骨料进行预浸泡改性；对再生粗骨料进行高功率（10kW）的微波强化等。这些方法基本能达到改善再生粗骨料性能的目的，但也还存在一些有待研究的问题。同济大学建筑工程系土木工程材料教育部重点试验室，针对高功率（10kW）的微波强化会导致骨料高温损伤的隐患问题，提出采用低功率微波对再生粗骨料进行强化试验研究。

1. 采用微波加热改性再生粗骨料的机理

水泥砂浆在高温作用下，$Ca(OH)_2$ 会分解成 CaO，且 C-S-H 凝胶大量脱水，使得水泥砂浆强度明显下降。利用微波对骨料进行瞬间加热，使骨料表面温度达到300℃而内部温度很低，形成内外温差。外部旧砂浆由于高温作用强度下降，同时和内部天然骨料又形成很高的温度应力，从而导致外部砂浆的脱落，再加上加热后的迅速冷却，使再生粗骨料内部和外部产生二次温度应力，加速外部旧砂浆的破坏，从而达到对骨料改性的目的。

2. 试验结果与分析

通过低功率（800W）微波加热法试验可去除约50%的再生粗骨料附着的老砂浆。而用水洗再生粗骨料表面附着砂浆最大只能达到2%的质量损失，基本上不能作附着砂浆。这说明采用微波加热提高再生粗骨料表面温度产生的温度应力更能使附着砂浆脱落。

经采用微波加热法、外裹水泥浆法和机械研磨法对再生粗骨料改性试验，测得再生骨料各项基本物理力学性能，见表44-25。

表44-25　强化前后再生粗骨料物理力学性能

改性方法	砂浆含量(%)	吸水率(%)	表观密度/(kg/m³)	压碎指标(%)
天然骨料	0	0.8	2695	6.7
未改性	22.0	6.7	2478	14.1
微波加热15次	13.1	4.8	2588	9.8
微波加热20次	11.2	4.5	2596	10.2
外裹纯水泥浆	24.8	7.1	2533	14.5
机械研磨法	19.5	6.3	2492	12.7

由表44-25可知，三种方法改性后的再生骨料砂浆含量降低、表观密度增大，吸水率除外裹纯水泥浆之外也有所降低。这表明，微波改性和传统改性都能使再生粗骨料性能有所改善，但相比之下微波改性效果更为明显，尤其在砂浆含量方面作用十分显著。

3. 制备再生混凝土试验

1) 混凝土设计强度等级为 C30，水胶比为 0.44，砂率为 34%，再生骨料取代率为 100%。实际配合比见表 44-26。

表 44-26　C30 再生骨料混凝土配合比

再生粗骨料	配合比($W:B:S:G$)	坍落度/mm
天然	0.44:1:1.16:2.31	120
未改性	0.44:1:1.16:2.31	90
微波加热 15 次	0.44:1:1.16:2.31	140
微波加热 20 次	0.44:1:1.16:2.31	100
外裹纯水泥浆	0.44:1:1.16:2.31	120
机械研磨法	0.44:1:1.16:2.31	100

2) 抗压强度试验结果。再生骨料混凝土立方体抗压强度试验结果见表 44-27。

表 44-27　再生骨料混凝土立方体抗压强度

编号	再生粗骨料	7d 强度/MPa	28d 强度/MPa
1	天然	24.7	35.0
2	未改性	22.3	30.9
3	微波加热 15 次	24.5	33.8
4	微波加热 20 次	24.3	34.1
5	外裹纯水泥浆	22.5	30.5
6	机械研磨法	23.6	31.2

由表 44-27 可知，除外裹纯水泥浆外，不同的改性方法对再生粗骨料改性，配制的再生骨料混凝土抗压强度都有不同程度的提高，其中微波加热法的效果最明显。外裹纯水泥浆法对再生粗骨料改性效果不明显，甚至出现改性后再生粗骨料混凝土强度降低的现象。机械研磨法强化的再生粗骨料混凝土，强度和未改性时的再生粗骨料混凝土强度相比并没有明显的提高。

综上所述：

1) 相比之下微波加热法在再生粗骨料强化方面具有更好的效果，微波加热循环 15 次后再生粗骨料的老砂浆含量、吸水率、压碎指标分别从 22%、6.7%、14.1% 降到 13.8%、4.8%、9.8%，表观密度从 2478kg/m³ 提高到 2588kg/m³。

2) 微波加热法、机械研磨法强化均对再生粗骨料混凝土的力学性能有一定的提高，其中微波加热法的效果最明显。微波加热后再生粗骨料混凝土强度接近于天然骨料普通混凝土。

3) 外裹纯水泥浆法对再生粗骨料及再生粗骨料混凝土性能都没有明显提高。

44.4.6　再生骨料混凝土长龄期收缩及基本力学性能

再生骨料混凝土研究在国内还处于起步阶段，且大部分为短龄期再生骨料混凝土性能的研究。广西建筑新能源重点试验室和桂林理工大学土木建筑工程学院对在长龄期下天然骨料混凝土及不同替代率再生骨料混凝土基本性能进行了试验研究。

1. 混凝土的设计配合比

设计强度为 C30 的混凝土配合比见表 44-28。

表 44-28 设计强度为 C30 的混凝土配合比

试件编号	取代率（%）	水胶比 W/B	砂率（%）	混凝土材料用量/（kg/m³）				
				水	水泥 P·O42.5	砂 中砂	天然骨料 （5~20mm）	再生骨料 （5~20mm）
NC—1	0	0.47	30	180	383	561	1312	0
RC—2	30	0.47	30	180	383	561	918	394
RC—3	50	0.47	30	180	383	561	656	656
RC—4	70	0.47	30	180	383	561	394	918
RC—5	100	0.47	30	180	383	561	0	1312

注：试验未对再生骨料预湿。

2. 试验结果分析

（1）普通骨料与再生骨料混凝土的收缩试验 混凝土收缩由硬化收缩、碳化收缩及干燥收缩三部分形成，而干燥收缩占总收缩量的 80% ~ 90%。试验以忽略前两项收缩下进行。图 44-3 是由天然骨料与再生骨料混凝土干燥收缩试验数据绘制的收缩曲线。

由图中可知，在 0 ~ 90d 的龄期里，天然骨料混凝土与再生骨料混凝土的收缩在快速增加，随着龄期的继续增加，其两者的收缩增长趋于平缓；龄期在 80d 后，再生骨料的收缩明显高于天然骨料混凝土；当试验龄期为 210d 时，替代率 100% 的再生骨料混凝土的收缩约为天然骨料混凝土的 3 倍。产生上述结果的主要原因是水泥砂浆及水泥石失水。由于再生骨料表面残留大量的旧水泥浆和水泥石，在相同的条件下，再生混凝土水泥砂浆的含量高于天然骨料混凝土，因而

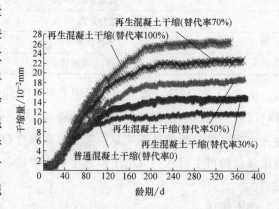

图 44-3 普通骨料-再生骨料混凝土干缩曲线图

其水泥砂浆的含水量高于天然骨料混凝土，从而使得再生骨料混凝土的水泥砂浆失水收缩高于天然骨料混凝土。

也可从表 44-29 中看出，再生骨料混凝土随着龄期的增长其收缩增加量大于天然骨料混凝土，就是由于再生骨料混凝土表面残留的水泥浆吸收的水分，随试验龄期增加而散失所引起的收缩快速增加。

表 44-29 不同试验龄期混凝土的收缩   （单位：10⁻²mm）

替代率（%）	28d	60d	90d	120d	180d
0	1.60	6.40	8.90	9.69	10.00
30	1.72	6.32	9.18	11.48	12.81

（续）

替代率(%)	28d	60d	90d	120d	180d
50	1.63	7.38	10.95	13.58	·16.61
70	1.56	7.76	12.34	16.54	19.87
100	2.22	9.82	14.73	17.74	23.61

（2）普通骨料与再生骨料混凝土的收缩应力　通常情况下，收缩率较大的混凝土会产生内应力，容易导致混凝土开裂，因此，需要对干燥收缩应力进行控制。配筋的天然骨料混凝土与再生骨料混凝土的收缩曲线如图 44-4 所示。

由图 44-4 可知，钢筋对混凝土变形的约束作用。对照图 44-3 可看出，内置钢筋的不同龄期的混凝土试件其收缩量明显变小，收缩率越大，限制作用越明显。但配筋的再生混凝土的收缩量仍大大超过天然骨料混凝土。随着龄期的增长，混凝土收缩不断增加，早期增长较快，此后减缓，普通混凝土在 80d 后趋于稳定，而再生混凝土随着替代率的增加，干缩稳定时间有所延长。当混凝土的内应力达到

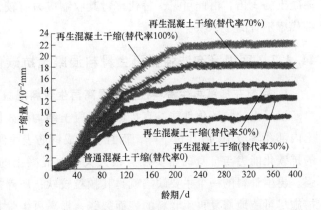

图 44-4　配筋普通骨料-再生混凝土干缩曲线图

其抗拉极限时，混凝土会发生开裂。为此，在实际工程应用中，应对再生混凝土构件的尺寸和使用部位做出一定的限制，避免裂缝的出现。

（3）混凝土立方体抗压强度　普通混凝土及不同替代率再生混凝土立方体抗压强度试验，见表 44-30。

表 44-30　普通混凝土及不同替代率再生混凝土抗压强度　　　　（单位：MPa）

编号	28d	180d	270d	330d
NC—0	45.3	48.7	50.6	51.70
RC—30	37.4	41.4	42.5	41.31
RC—50	33.2	37.1	39.8	39.67
RC—70	35.6	37.6	—	42.50
RC—100	34.9	36.4	37.5	40.81

从表 44-30 可知，再生骨料的替代率对抗压强度有较大的影响，即随着再生骨料替代率的增加，其抗压强度降低。在 28d 龄期里，30%、50%、70%、100% 的替代率再生骨料混凝土，其抗压强度较天然骨料混凝土分别降低 4.49%、21.51%、15.83%、22.22%，其主要原因是由于废弃混凝土再生骨料表面残留大量水泥砂浆及裂缝，新旧水泥砂浆形成界面上，其界面黏结力较弱，新旧水泥砂浆失水形成较高的孔隙，受压时产生应力集中。上述原因直接影响再生骨料混凝土的抗压强度，替代率越高其抗压强度越低。但从试验数据中可看

出，再生骨料混凝土的后期强度有较大的增长量。

综上所述：

1）再生骨料混凝土与普通混凝土一样，随着龄期增长其收缩量在增加，普通混凝土在80d后减缓，而再生骨料混凝土减缓时间与替代率有一定关系。

2）在相同的水胶比和砂率下，再生混凝土立方体抗压强度低于普通混凝土。随着再生骨料替代率增高，立方体抗压强度降低。建议在实际工程中再生骨料替代率不高于50%。

3）再生骨料混凝土收缩应力高于普通混凝土收缩应力。再生骨料替代率越高，其产生的收缩应力越大，在收缩趋于平稳状态，替代率为100%的再生混凝土的收缩应力约为普通混凝土的3倍，由此可见，替代率对其收缩应力有较大影响，为此，在实际工程中再生骨料替代率不宜高于50%。

44.4.7 采用浸泡法强化再生骨料混凝土抗碳化研究

1. 目前在提高再生骨料性能及提高再生骨料混凝土抗碳化性能的发展现状

混凝土的抗碳化性能是直接影响混凝土结构耐久性的重要因素之一。碳化不仅导致混凝土内部孔溶液中的 pH 值下降，而且会造成钢筋表面保护层溶解而引起钢筋腐蚀。而混凝土的抗碳化能力与自身的密实性有很大关系，混凝土的密实性好，则强度高，抗碳化能力就强。再生骨料的一个主要缺陷就是其颗粒较软，压碎指标较高，强度较低。因此，必须采取措施尽可能地修复再生骨料的表面裂缝，提高再生骨料的性能，从而提高再生骨料混凝土的抗碳化性能。

国内外学者通过试验研究提出许多方法，如：选择水泥外掺 KIM 粉或用粉煤灰配制的化学浆液浸泡再生骨料，对强化再生骨料能获得较好效果；用无机或有机化工原料配制浸渍液处理强化再生骨料；采用水泥浆外掺硅粉或硅藻土强化再生骨料；采用混凝土中内掺或外涂 XYPEX 自修复型阻水材料的方法提高混凝土抗碳化性能；采用硅酸钠溶液对再生骨料表面进行强化处理等。以上方法都取得很大成效，只是成本较高，大量推广使用受到一定限制。江海职业技术学院、泰州职业技术学院和扬州大学学者，在研究上述方法基础上，提出采用超细掺合物作为浸泡材料强化再生骨料的方法，其价格低廉，加上利用工业废渣，具有一定的经济效益和环保效益。

2. 采用超细掺合物溶液浸泡法强化再生骨料的试验

（1）试验浸泡溶液配合比 采用高活性超细矿物质掺合料的浆液和聚乙烯醇 PVC 聚合物浆液对再生骨料进行浸泡处理，其试验浸泡溶液配合比见表 44-31。

表 44-31 试验浸泡溶液配合比

试件编号	水/kg	水泥/kg	粉煤灰/kg	矿粉/kg	生石灰/kg	硫酸钠/kg	PVC（%）
CG—1	—	—	—	—	—	—	—
CG—2	100	40	35.0	16.0	7.1	1.764	—
CG—3	100	—	58.8	26.5	11.7	2.940	—
CG—4	100	—	—	—	—	—	1

注：化学浆体的水胶比为1:1；CG—1 为未采取化学浆体处理试件；CG—2 为 40%水泥 + 60%粉煤灰激发体系浆液；CG—3 为 100%粉煤灰激发体系浆液；CG—4 为 1% PVC 浸泡体系浆液。

（2）浸泡强化再生骨料试验　再生骨料的物理性能指标见表 44-32 所示。

表 44-32　再生骨料的物理性能指标

骨料种类	表观密度 /（kg/m³）	含水率 （%）	吸水率（%）		压碎指标 （%）
			0.3h	24h	
CG—1	2804	5.36	4.64	5.54	12.9
CG—2	2824	0.4	4.45	5.34	12.4
CG—3	2830	1.95	3.85	4.45	11.3
CG—4	2835	4.85	4.29	5.24	12.3

由表 44-32 可知，浸泡后的再生骨料的吸水率与吸水速率有所降低，表观密度、压碎指标有了一定的改善。其原因是高活性的超细掺合料或聚合物 PVC 渗入粗骨料裂缝或孔隙中，修复了再生骨料的表面裂缝，填充了内部孔隙，从而提高了骨料的密实度，改善了粗骨料的性能。

（3）再生骨料混凝土碳化试验及结果分析　再生骨料混凝土碳化试验的混凝土水胶比为 0.35，砂率为 35%，试件分别用经浸泡的骨料的编号前加注 RA，如采用 CG—2 强化骨料配制的试件其编号为 RAC—G2。采用加速碳化试验方法进行。测试结果见表 44-33。

表 44-33　混凝土各碳化龄期的碳化深度

项目名称	碳化深度/mm				抗压强度/MPa	
	3d	7d	14d	28d	7d	28d
RAC—G1	4.7	6.4	8.5	10.4	36.3	44.6
RAC—G2	无明显碳化	4.1	4.6	6.5	37.3	48.1
RAC—G3	无明显碳化	4.5	4.7	6.7	40.8	51.8
RAC—G4	无明显碳化	2.7	3.1	6.4	41.0	49.0

由表 44-33 可知，再生骨料采用不同的浸泡液强化，其碳化深度亦有所不同，但未经浸泡的原生骨料混凝土（RAC—G1）其碳化深度远远大于其他三种混凝土，而 RAC—G2、G3 与 RAC—G4 相比，7d 的抗压强度、抗碳化性能确实有所提高，主要是在水化初期超细的掺合料填充在粗骨料的孔隙与裂缝中，起到物理填充作用，改善了孔隙结构，提高了混凝土的密实度，从而延缓了混凝土的碳化速度。RAC—G2、G3 早期（7d、14d）抗碳化性能比 RAC—G4 差，相比碳化深度要大 15% 左右，但 28d 的碳化深度已接近，相差不大。RAC—G4 相对抗碳化效果最好，主要是聚合物渗入有效地修复表面裂缝和填充了孔隙，改善了再生骨料的表面结构和孔隙结构，增强了再生骨料的性能，进而阻止 CO_2 碳化速度，增强了再生混凝土的抗碳化能力。

综上所述：

1）采用化学溶液浸泡后的再生粗骨料配制的再生混凝土的抗碳化能力有一定提高。活性的超细活性掺合料或聚合物，可以有效地改善再生粗骨料的内部孔隙，降低 CO_2 在再生混凝土内部的扩散速度，使碳化减少 40% 左右，提高再生混凝土的抗碳化能力。

2）超细矿粉活性较高，与 I 级粉煤灰一起使用产生微骨料效应，不仅可以改善孔隙结构，提高密实度，而且改善了与粗、细骨料之间的黏结性能和混凝土的微观结构，从而改善了混凝土的宏观综合性能，一定程度上弥补了粉煤灰对碳化不利影响的缺陷。

3）采用水泥 + 粉煤灰体系配制的化学浆液处理粗骨料比较理想。掺合料的微细颗粒可以密实内部孔隙，提高骨料的密实性，同水泥水化时释放一定 $Ca(OH)_2$，超细矿粉二次水化亦可产生 $Ca(OH)_2$，碱度下降不会过多，对提高碳化有利，护筋性能较好。

4）要配制高性能的再生骨料混凝土，选用的再生骨料必须进行强化处理，以改善再生骨料的性能。试验说明采用粉煤灰 + 矿粉 + 生石灰 + 硫酸钠处理剂配制浸泡溶液的方法，来强化再生骨料，提高再生混凝土抗碳化性能，相对而言是经济合理的最佳方案。

44.4.8　碎砖类骨料再生混凝土的力学性能

利用建筑拆除物中废弃的砖块代替部分碎石作为再生混凝土的粗骨料，试验研究在不同取代率下，探讨再生骨料混凝土的力学性能。

1. 碎砖类骨料再生混凝土试验配合比设计方案

设计强度为 C40，坍落度为 30 ~ 180mm，水胶比为 0.4，砂率为 35%，减水剂为 SP，掺量为 1.5%，用水时为基准用水量与附加用水量之和，见表 44-34。

表 44-34　碎砖类骨料再生混凝土配合比试验方案

组数	1	2	3	4	5	6	7	8	9	10	11	12	13	14	15	16
再生骨料 G_Z(%)	0	30	40	50	0	30	40	50	0	30	40	50	0	30	40	50
粉煤灰 F_A(%)	0	0	0	0	10	10	10	10	15	15	15	15	20	20	20	20
附加水 W_F(%)	0	10	12	15	0	10	12	15	0	10	12	15	0	10	12	15

2. 碎砖类骨料再生混凝土的抗压强度和抗折强度

抗压试块尺寸为 150mm × 150mm × 150mm，抗折试块尺寸为 100mm × 100mm × 400mm，为非标准试件，应乘以换算系数 0.85，标养 7d、28d。试验结果见表 44-35。

表 44-35　碎砖类骨料再生混凝土 7d、28d 强度

编号	立方体平均抗压强度/MPa			平均抗折度/MPa		
	7d	28d	强度比值	7d	28d	强度比值
1	35.96	45.68	0.79	3.65	4.64	0.79
2	33.20	43.12	0.77	3.71	4.78	0.77
3	32.32	40.05	0.81	3.96	4.33	0.91
4	25.67	34.09	0.75	3.46	4.17	0.83
5	39.53	51.71	0.76	4.68	5.07	0.92
6	32.42	45.28	0.72	3.92	5.12	0.77
7	29.85	37.84	0.79	3.82	5.16	0.74
8	25.60	33.64	0.76	3.79	4.72	0.80
9	35.35	48.57	0.73	3.80	5.68	0.67

（续）

编号	立方体平均抗压强度/MPa			平均抗折度/MPa		
	7d	28d	强度比值	7d	28d	强度比值
10	29.00	41.01	0.76	3.31	4.80	0.69
11	26.17	35.43	0.74	3.37	4.42	0.76
12	22.51	27.36	0.82	2.93	3.80	0.77
13	34.30	48.63	0.71	3.71	4.05	0.92
14	27.03	36.16	0.75	3.03	4.56	0.66
15	21.58	31.74	0.68	3.02	4.22	0.72
16	18.92	26.30	0.70	2.72	2.96	0.92

由表 44-35 可知：

1）碎砖掺量为 30%，粉煤灰掺量为 10% 时，28d 再生骨粒混凝土的抗压强度达到 45.28MPa，满足 C40 的强度要求。碎砖类骨料再生混凝土的抗压强度 7d、28d 的比值约为 0.7~0.8，与普通混凝土增长程度是一致的。

2）随着再生砖骨料取代率的增加，混凝土 28d 抗压强度呈下降趋势，混凝土 28d 抗折强度随着砖骨料取代率的变化呈先增后减小的趋势。

3）随着再生骨料掺量的增加，再生混凝土相比天然碎石混凝土的强度下降比例加大。

4）随着粉煤灰掺量的增加，再生混凝土 28d 的抗压强度呈先增加后减小的趋势，并在粉煤灰掺量为 10% 时到达最大值。28d 的再生骨料混凝土抗折强度呈先增加后减小的趋势，并在粉煤灰掺量为 10% 时到达最大值。这说明用粉煤灰等量取代 10% 水泥不仅可以改善混凝土的工作性能，对混凝土的抗压和抗折强度也是有提高的，对改善混凝土的孔结构是有好处的。

3. 碎砖类骨料再生混凝土的抗折强度和抗压强度的换算关系

通过对试验所得数据进行回归分析：

令 $F_t = x\sqrt{F_{CU}}$，得回归系数 $x = 0.7285$，介于 0.54 和 0.81 之间（普通混凝土抗折和抗压强度的换算关系，美国混凝土协会建议取：$x = 0.54$；欧洲混凝土委员会建议取：$x = 0.81$）。再生骨料混凝土的抗折强度和抗压强度的平方根呈良好的线性关系，$F_t = 0.7285\sqrt{F_{CU}}$。

综上所述：

1）与同配比的天然骨料混凝土相比，天然骨料混凝土的强度高于碎砖类骨料再生混凝土。当砖骨料取代率 ≤40% 时，不掺粉煤灰，再生混凝土的强度均大于 40MPa；掺入粉煤灰 10% 后，再生混凝土的强度达到 45.28MPa，满足设计要求，这说明再生骨料部分取代天然骨料来配制混凝土是可行的。当碎砖类骨料取代率为 30%、粉煤灰取代水泥掺量为 10% 时，混凝土的各项指标达到最优。

2）碎砖类骨料再生混凝土立方体试块破坏形态与天然骨料混凝土相似，但由于碎砖类骨料强度低，弹性模量小，有时骨料劈裂破坏要早于水泥浆与粗骨料的界面破坏。

3）再生混凝土的抗折强度和抗压强度的平方根呈良好的线性关系，$F_t = 0.7285\sqrt{F_{CU}}$。而式中参数 0.7285 与我国肖建庄得到的表达式 $F_t = 0.75\sqrt{F_{CU}}$ 中的参数 0.75 非常相近。

44.4.9　再生骨料混凝土高性能化的影响因素

1. 混凝土高性能化的概念和再生骨料混凝土

高性能混凝土是一种新型高技术混凝土，是在大幅度提高普通混凝土性能的基础上采用现代混凝土技术制作的混凝土。它以耐久性作为设计的主要指标，针对不同的用途要求，对混凝土拌合物工作性、耐久性、强度和体积稳定性等有更高的要求。

在混凝土中以再生骨料配制的混凝土为再生混凝土，我国规范规定：在配制过程中掺用了再生骨料，且再生骨料占骨料总量的质量百分比不低于 30% 的混凝土称为再生骨料混凝土。由于再生骨料性能相比天然骨料有较大差异，因此，根据再生混凝土的特征，按高性能混凝土技术要求，对再生骨料混凝土高性能化的影响因素进行分析。

2. 再生骨料混凝土高性能化的影响因素

（1）再生骨料混凝土耐久性影响因素

1）最大水胶比、最低强度等级和最大碱含量。由于再生骨料吸水率、有害物质含量等指标往往比天然骨料差，这些指标可能影响到混凝土的耐久性或长期性能，因此，为偏于安全考虑，对最大水胶比、最低强度等级和最大碱含量相对于规范规定应作相应的提高要求。

2）氯离子含量、三氧化硫含量。由于再生骨料来源的复杂性，其氯离子含量、三氧化硫含量可能高于天然骨料，而氯离子含量等对混凝土，尤其是钢筋混凝土和预应力混凝土的耐久性影响较大，因此，对掺用了再生骨料的混凝土中的氯离子含量、三氧化硫含量仍应按现行相关国家规范规定要求。

3）再生骨料取代率和再生骨料质量。再生骨料取代率和再生骨料质量对混凝土的耐久性有较大影响。我国规范规定，设计年限不低于 100 年的混凝土结构，再生骨料取代率不超过 10%。再生骨料混凝土由于其再生骨料含量超过了 30%，因此，再生混凝土不宜用于设计使用年限不低于 100 年的混凝土结构。另外，对已经被污染或腐蚀的建筑废物不宜作再生骨料用于生产再生混凝土。

（2）再生骨料混凝土工作性能影响因素

1）再生骨料吸水率。由于再生骨料吸水率大，因而对再生混凝土的流动性造成不利影响。配制时可适当增加用水量以满足再生骨料吸水率的需要，此时增加的用水量被再生骨料吸附而不是用于水泥水化，所以一般不会影响混凝土的其他性能。再生骨料的取代率越高，可增加的用水量多一些，但不论何种情况，用水量增加不应超过 5%。再生骨料的吸水率往往高于天然骨料，掺用再生骨料的混凝土的坍落度损失也会偏快，因此必须采取措施来加以控制，可采用增加缓凝剂或减水剂延时掺加等措施。

2）减水剂或掺合料。由于再生骨料吸水率往往大于天然骨料，在相同用水量的情况下，再生骨料混凝土的拌合物工作性能可能比基准混凝土差，需要通过掺入减水剂或增加减水剂掺量等方式来保证工作性能。通过掺入粉煤灰等矿物掺合料及高效减水剂双掺技术，可以提高混凝土的工作性能，此外，混凝土的黏聚性与保水性也会有较大程度的提高。另外，采用了粉煤灰、矿渣和硅灰三掺技术，其综合工作性能会有进一步提高，从而使再生骨料混凝土的流动性有了进一步增长。

3）砂率。在满足和易性要求的前提下，掺用再生骨料的混凝土宜采用较低的砂率。再生骨料的微粉含量往往高于天然骨料，会影响混凝土的强度和耐久性。砂率较高也会影响到混凝土强度和耐久性，所以适当降低砂率可以在一定程度上弥补再生骨料带来的不利影响。因此，在设计再生骨料混凝土时，宜采用较低的砂率。

（3）再生骨料混凝土强度影响因素

1）通过试验数据分析得出，对再生骨料混凝土 28d 抗压强度大小的影响顺序是水胶比、再生骨料掺量、外加剂掺量，其中水胶比为主要影响因素。

2）各因素最佳组合。最佳配制方案是水胶比为 0.35，再生粗骨料掺量为 30%，外加剂掺量为 1.0%。

（4）再生骨料取代率对再生混凝土体积稳定性的影响

1）再生骨料取代率对再生混凝土收缩值的影响。再生骨料吸水率往往大于天然骨料，所以相同的强度等级的再生混凝土配制用水量往往略高于常规混凝土，尤其是再生骨料掺用量较大的时候，再生混凝土的收缩值也相应会大于普通混凝土。按照国家规范规定，再生混凝土的收缩值应通过试验确定。如果缺乏试验条件或试验资料，可在同强度等级的普通混凝土的基础上加以修正，修正系数取 1.00～1.50。再生骨料取代率为 30% 时可取 1.00，再生骨料取代率为 100% 时可取 1.50，再生骨料取代率为 30%～100% 时可采用线性内插取值。

2）再生骨料取代率对再生骨料混凝土导热系数和比热容的影响。由于再生骨料孔隙率略大于普通骨料，所以再生骨料的热工性能要高于普能混凝土，其导热系数随着再生骨料取代率的增加而增大。再生混凝土导热系数和比热容可参照表 44-36 取值。再生骨料混凝土的温度线膨胀系数和导温系数参考常规混凝土取值。

表 44-36　再生骨料混凝土导热系数和质量热容

再生粗骨料取代率(%)	导热系数/[W/(m·K)]	质量热容/[J/(kg·K)]
30	1.493	905.5
50	1.458	914.2
70	1.425	922.5
100	1.380	935.0

44.4.10　高性能再生骨料混凝土的制备

1. 高性能再生骨料混凝土的制备要点

1）掺用再生骨料的混凝土的搅拌应保证各种原材料投料顺序和具体搅拌时间。如不加掺合料和外加剂，从全部材料加完起计算，搅拌时间不宜少于 120s；如掺有掺合料和外加剂，从全部材料加完起计算，搅拌时间不宜少于 180s。

2）应保证运输混凝土拌合物的罐车在装料前将筒内的积水排尽，并严禁向运输罐车筒内的混凝土拌合物随意加水；拌合物在运输过程中应采取措施减少坍落度损失和防止离析。

3）掺用再生骨料的混凝土浇筑时应采用机械振捣成型。

4）对浇筑完的混凝土结构要及时进行养护，并达到规定的养护时间。

2. 用再生骨料配制透水混凝土

（1）再生骨料的改性试验　采用不同方法对再生骨料进行改性，比较各种改性方法对透水（生态）混凝土性能的影响。

1）再生骨料采用 C30 废弃混凝土构件，其物理性能见表 44-37。

表 44-37　再生骨料的物理性能

名称	表观密度/(g/cm^3)	堆积密度/(g/cm^3)	吸水率（%）	压碎值（%）	空隙率（%）
测量值	2.250	1.341	5.24	14	44.26

2）采用多种方法对再生骨料进行改性试验，改性试验结果见表 44-38。

表 44-38　改性后再生骨料的物理性能

改性方法	表观密度 /(g/cm^3)	堆积密度 /(g/cm^3)	吸水率 （%）	压碎值 （%）	空隙率 （%）
未改性	2.250	1.341	5.24	18.1	44.26
水泥外掺硅粉浆液	2.310	1.415	5.61	15.2	40.32
水泥外掺粉煤灰浆液	2.374	1.501	6.18	16.3	41.25
盐酸	2.356	1.584	4.53	14.2	38.44

由表 44-38 可知，经两种浆液改性后的再生骨料除吸水率外，各项性能均优于未改性骨料，说明浆液能在一定程度上充填再生骨料的孔隙，减小再生骨料孔隙率和黏合骨料内部破碎时产生的一些微小裂缝，从而孔隙率得以改善，提高了骨料的表观密度，强化了骨料的强度。至于吸水率大于未改性骨料，主要原因是：在骨料原生态吸水率大的基础上，经浆液改性表面又裹了一层硬化浆液，增大了其吸水率。从表中看出，盐酸改性是所有改性处理中效果最好的，这是因为盐酸与包裹在再生骨料表面的水泥砂浆中水化产物 $Ca(OH)_2$ 反应破坏和改善了再生骨料颗粒表面，从而使再生骨料性得以能改善。

3. 透水再生骨料混凝土配合比及试验

透水再生骨料混凝土配合比及试验结果见表 44-39。其中采用：水泥为 P·O 42.5 级；外加剂为 ZS—1；盐酸浓度为 35%。

表 44-39　透水再生骨料混凝土配合比及试验结果

编号	水胶比 $(m_{ZS-1}+W)/B$	再生粗骨料/kg	砂/kg	水泥/kg	ZS—1/L	水/L	抗压强度/MPa 7d	抗压强度/MPa 28d	透水率数/(mm/s)
A1		1450					14.2	18.1	11.2
A2		1450					10.0	14.1	9.5
A3	0.41	1450	200	300	5	118	12.1	16.0	10.2
A4		1450					12.3	16.1	10.0
A5		1450					13.8	17.5	11.3
B1		1450					15.1	19.2	10.1
B2	0.43	1450	200	300	5	124	10.5	14.3	9.3
B3		1450					12.1	16.3	10.4

（续）

编号	水胶比 ($(m_{ZS-1}+W)/B$)	再生粗骨料/kg	砂/kg	水泥/kg	ZS—1/L	水/L	抗压强度/MPa		透水率数/(mm/s)
							7d	28d	
B4	0.43	1450	200	300	5	124	12.4	16.4	10.6
B5		1450					14.0	16.7	11.2
C1	0.45	1450	200	300	5	130	16.4	19.5	11.6
C2		1450					11.2	15.4	9.4
C3		1450					12.8	16.7	10.6
C4		1450					12.7	16.6	10.2
C5		1450					15.1	18.8	10.5
D1	0.47	1450	200	300	5	136.0	15.2	19.4	11.3
D2		1450					10.1	14.4	9.2
D3		1450					12.4	16.5	10.2
D4		1450					12.5	16.2	10.1
D5		1450					14.6	18.2	10.2

注：1. 编号栏目中字母表示不同的水胶比；字母后数字表示：1 为天然砾石，2 为未改性再生骨料，3 为采用水泥掺硅粉浆液改性的再生骨料，4 为采用水泥掺粉煤灰浆液改性的再生骨料，5 为采用盐酸改性的再生骨料；骨料粒径均为 5～16.5mm。

2. 水胶比为（自由水质量＋吸附水质量）/胶凝材料质量。

4. 透水再生骨料混凝土试验结果分析

1）水胶比对混凝土强度的影响。从表 44-39 中数据看出，在外加剂相同的情况下，水胶比为 0.45 时透水再生骨料混凝土强度最佳。在同一水胶比下，天然骨料的强度最高，其次是盐酸改性的骨料，未改性的骨料混凝土强度最低，这充分说明盐酸改性是所有改性处理中效果最好的，其改性骨料最接近天然骨料。

2）影响透水型再生骨料混凝土透水系数的因素。从表 44-39 中数据来看，水胶比对透水型再生骨料混凝土的透水系数影响不大；在同一水胶比下，天然骨料混凝土透水系数均好于再生骨料，说明再生骨料对透水混凝土透水系数有一定影响，透水性有所降低。其主要原因是再生骨料的吸水率增大，搅拌时产生的水泥浆膜较厚，导致阻塞一些通孔，从而降低透水性。

综上所述：

1）采用盐酸溶液改性的再生骨料配制透水（生态）混凝土 28d 抗压强度高达18.8MPa，透水系数为 10.5mm/s，能应用到对强度和透水性有较高要求的工程。

2）在外加剂 ZS—1 掺量一定的情况下，再生骨料配制的透水（生态）混凝土合适的水胶比为 0.45。

3）经改性处理后的再生粗骨料，由于其他性能的改善，使其配制的透水（生态）混凝土的强度也有一定提高，盐酸改性方法尤为显著。

44.5　预拌再生骨料混凝土泵送技术

44.5.1　预拌再生骨料混凝土可泵性的影响因素

由于再生骨料的产源较复杂，性质比较特别，尤其是随粒度的变化，其骨料的组分与性质差异较大，所以预拌再生混凝土的性能不十分稳定，使预拌再生混凝土可泵性受到一定影响。

1. 预拌再生骨料混凝土的可泵性的条件及基本要求

要使预拌再生骨料混凝土在泵送过程中具有阻力小、不离析、不易泌水、不堵塞管道等性能，即有较好的流动性（这是能够泵送的主要性能条件）和内聚性（这是抵抗混凝土分层离析的能力），其基本要求是：

1）预拌再生骨料混凝土与管壁的摩擦阻力要小，泵送压力合适。若阻力大，混凝土输送则会受到限制，使再生骨料混凝土承受的压力加大，再生骨料混凝土的质量会发生改变。

2）泵送过程中不得有离析现象。若出现离析，骨料产生聚集，则会引起管道堵塞。

3）在泵送过程中（压力条件下）预拌再生骨料混凝土的质量不得发生明显变化。主要是防止在压力条件下导致混凝土泌水和骨料吸水使水分迁移及含气量的改变而发生拌合物性质的变化，从而引起摩擦阻力加大而发生堵管现象。

总之，泵送失败的两个主要原因是摩擦阻力大和混凝土产生离析。

2. 预拌再生骨料混凝土配合比、原材料与可泵性的关系

（1）坍落度的影响　坍落度大的预拌再生骨料混凝土，流动性好，在不离析、少泌水的条件下，混凝土的黏度合适，不黏管壁，压送较容易。

（2）胶凝材料用量的影响　胶凝材料过少（即水胶比大）时，容易发生离析、泌水，造成拌合物不均匀而引起堵管。

（3）砂率的影响　砂率过高，需要足够的浆体才能提供合适的润滑层，但过低则容易发生离析。由于再生骨料吸水率较大，泵送混凝土通常胶凝材料少，浆体含量不足，砂率偏高，因此，应提供适量的细粉料，增加粉煤灰、引气剂用量，以增加浆体体积的含量，使预拌再生混凝土有足够的和易性。

（4）再生骨料的影响　由于再生骨料的吸水率大，因此对预拌再生骨料混凝土的流动性造成不利影响，同时坍落度损失也偏快。配制时可适当增加用水量以满足再生骨料吸水率的需要，还可以对再生骨料采取优化措施，如优化骨料颗粒形状、对表面进行裹浆处理、延时掺加减水剂等来改善混凝土的泵送性能。

（5）水泥浆体的充盈度影响　再生骨料随浆体移动受到的阻力与浆体在拌合物中的充盈度有关，浆体层的厚度越大（前提是浆体与骨料不易分离），再生骨料移动的阻力就会越小。水泥浆体的含量对预拌再生骨料混凝土的泵送特别重要，必须保证拌合物中的最低浆体含量，即保证填充骨料的孔隙及包裹骨料的浆体体积含量。水泥品种、细度、矿物组成与掺合料等对达到同样流动性的预拌再生骨料混凝土需水性、保持流动性的能力、泌水特性、稠度影响差异较大，是影响可泵性的主要因素。

（6）外加剂的影响　混凝土采用泵送浇筑，往往需要掺加外加剂，其在混凝土中的作用主要是降低用水量，增大流动性，改善和易性、泌水性能以及因水胶比降低而增加混凝土黏度以降低拌合物的摩擦阻力；延长凝结时间以适应施工操作；改善水化；改善浆体流动性，降低坍落度损失。一般需要通过掺入减水剂或增加减水剂掺量等方式来保证泵送性。

（7）水和细粉的影响　水是混凝土拌合物各组成材料间的联系媒介，是泵送压力的关键介质，主宰着泵送的全过程。但水加得过多，浆体过分稀释，不但不利于泵送，而且影响混凝土的强度和耐久性。一般采用双掺技术（即掺入粉煤灰等细粉掺合料及高效减水剂）来提高预拌再生骨料混凝土的泵送性，或采用三掺技术（即掺入粉煤灰、矿渣粉和硅粉），其综合工作性能可进一步提高，从而使预拌再生骨料混凝土的流动性有进一步的增长。

44.5.2　预拌再生骨料混凝土提高泵送效率的措施

1）选用合理的再生骨料，优先采用经表面强化处理的再生骨料。

2）控制合适的初始坍落度。施工实践证明，当选用适当的配合比，初始坍落度达到一定值时，拌合物的坍落度损失会减缓，泵送前后的坍落度变化也比较小。

3）采用保坍性能好、与水泥相容性好的外加剂。

4）采取适当的外加剂掺加方式，宜采用滞水法。

5）选择合适的水泥。要选择对外加剂相容性好的水泥。对外加剂相容性差的水泥，其坍落度损失都较大，如选用比表面积大的水泥、C_3A 含量和碱含量高的水泥、混合材料质量低下的水泥、非二水石膏调凝的水泥等，都对外加剂相容性较差，使预拌再生骨料混凝土拌合物流动度损失大。

6）选用品质好的粉煤灰、矿渣粉等矿物掺合料。

7）采取措施降低拌合物的温度，减少温度对预拌再生骨料混凝土工作性的影响。一般可使用缓凝型外加剂。

8）改善再生骨料的级配，减少超粒径、含泥量大、含粉量高的骨料。

44.5.3　泵送再生骨料混凝土的配合比设计要点

泵送再生骨料混凝土的配合比设计原则，应满足强度和耐久性等要求，同时还应满足再生骨料混凝土可泵性的要求。泵送再生骨料混凝土配合比设计应遵循以下思路：

1）按照强度和耐久性要求，确定合适的胶凝材料方案和水胶比。

2）根据坍落度要求和外加剂减水性能，选取合适的单位用水量和外加剂用量，按照拟定的水胶比确定胶凝材料用量。

3）根据再生骨料的组成、级配、吸水率和掺加量等情况，结合浆体体积的计算，确定骨料组成。一般情况下，可按照假定密度法进行砂率和再生骨料用量的假定估算，对于预拌混凝土砂率通常应适当增大，再生骨料应减少。为便于掌握和分析，宜采用绝对体积法计算。

4）试拌。通过试拌，找出拌合物性能存在的不足和缺陷的原因，确定调整方案。

在进行配合比设计时，可能出现以下问题：

1）坍落度偏低。原因可能是浆体数量不够、浆体流动性不足、级配不合理或假定密度过大。针对原因分析，对配合比重新验算，或调整砂率、用水量或外加剂掺量等方法，最后确定合适的配合比。

2）浆体流逸、泌水、离析、骨料不裹浆、下沉，测定坍落度时骨料堆积、跑浆等。原因可能是外加剂掺量过大、用水量过大、细颗粒不足或级配不合理。可根据试拌表现，针对调整。

总之配合比的设计应根据实际材料试拌结果进行分析，采取适当措施对材料各组分用量进行合理调整，使之满足强度、耐久性的基本性能和泵送、施工作业的要求。

表 44-40 为 C30 泵送预拌再生骨料混凝土参考配合比。

表 44-40　C30 泵送预拌再生混凝土参考配合比

再生骨料取代率(%)	材料用量/(kg/m³)				
	自由水	水泥	砂	粗骨料	吸附水
50	178	460	683	953	36
30	182	440	644	974	23

第45章　大孔混凝土

采用粗骨料、胶凝材料和水制成的一种多孔性混凝土称为无砂大孔混凝土。有时为改善混凝土流动性，也可掺入少量细骨料作为辅助材料，而非用以填充石子的孔隙。这种混凝土质轻，透水性、透气性好，相对强度较低，可用作路用透水混凝土、植生混凝土和填充墙体。

45.1　普通大孔混凝土

普通大孔混凝土采用水泥、卵石、碎石和水、掺合料、外加剂等配制而成。

45.1.1　普通大孔混凝土配合比设计

1. 计算试配强度

按下式计算

$$\overline{R_{试}} = \frac{R_{标}}{1-E}$$

式中　$\overline{R_{试}}$——试配强度（MPa）；

　　　$R_{标}$——设计强度（MPa）；

　　　E——强度离散率（%），见表 45-1。

表 45-1　管理水平与强度离散率 E 的关系

管理水平	甲	乙	丙
$E(\%)$	< 16	16 ~ 20	21 ~ 25

2. 材料用量计算

（1）水泥用量　碎石大孔混凝土水泥用量按以下经验公式计算

$$C = 69.36 + 784.93\frac{\overline{R_{试}}}{R_{c}}$$

式中　C——1m³ 混凝土水泥（P·O 42.5 水泥）用量（kg/m³）；

　　　R_{c}——水泥活性（MPa），可按 1.13 倍水泥强度等级选取。

（2）水胶比　水胶比按以下公式计算

$$\frac{W}{B} = 0.58 - 0.000715C（人工插捣法）$$

$$\frac{W}{B} = 0.5372 - 0.0007914C（锤击板法）$$

（3）确定 1m³ 大孔混凝土粗骨料用量　1m³ 大孔混凝土粗骨料用量按以下公式计算

$$1\text{m}^3 \text{大孔混凝土粗骨料用量} = \text{碎石紧密密度} \times (0.90 \sim 0.94)$$

45.1.2　配合比设计实例

某工程采用 $10 \sim 20\text{mm}$ 碎石，P·O 42.5 普通硅酸盐水泥，$R_c = 45.0\text{MPa}$，配制 5MPa 大孔混凝土，管理水平一般（乙），取 $E = 15\%$。

1. 计算试配强度

$$\overline{R_\text{试}} = \frac{5\text{MPa}}{(1 - 0.15)} = 5.882\text{MPa}$$

2. 计算 1m^3 混凝土水泥用量 C

$$C = 69.36 + 784.93\frac{\overline{R_\text{试}}}{R_c} = \left(69.36 + 784.93 \times \frac{5.882}{45}\right)\text{kg/m}^3 = 172\text{kg/m}^3$$

3. 计算水胶比

$$\frac{W}{B} = 0.58 - 0.000715C = 0.457$$

$$W = 0.457 \times 171.96\text{kg/m}^3 = 79\text{kg/m}^3$$

4. 计算碎石用量

取紧密堆积密度为 1512kg/m^3（实测），则碎石用量 $= 1512\text{kg/m}^3 \times 0.92 = 1391\text{kg/m}^3$。经试配 28d 抗压强度满足设计要求，可在工程中应用。

45.2　轻骨料大孔混凝土

采用轻骨料作粗骨料的无砂大孔混凝土，称为轻骨料大孔混凝土。常用的轻骨料有陶粒、浮石、碎砖、硬矿渣、炉渣等。混凝土干表观密度一般为 $500 \sim 1500\text{kg/m}^3$，混凝土抗压强度标准值可划分为 LC2.5、LC3.5、LC5.0、LC7.5 和 LC10.0 五个强度等级。

45.2.1　骨料技术要求

1）轻粗骨料级配宜采用 $5 \sim 10\text{mm}$ 或 $10 \sim 16\text{mm}$ 单一粒级。

2）轻粗骨料的密度等级和强度应根据工程需要选用。

45.2.2　配合比计算与试配

1）混凝土的试配强度确定，同轻骨料混凝土。

2）根据轻粗骨料的堆积密度，宜按下式计算 1m^3 混凝土的轻粗骨料用量

$$m_a = V_a \rho_\text{la}$$

式中　V_a——按体积计量时，1m^3 混凝土的轻粗骨料用量取 1m^3 松散体积（m^3）；

ρ_la——轻粗骨料的堆积密度（kg/m^3）。

3）根据混凝土要求的强度等级和轻粗骨料品种，水泥用量可在 $150 \sim 250\text{kg/m}^3$ 的范围内选用，并可掺入适量外加剂和掺合料。

4）混凝土拌合物的用水量宜以泥浆能均匀附在骨料表面并呈油状光泽而不流淌为度。可在净水胶比 0.30~0.42 的范围内选用一个试配水胶比，并可按下式计算拌合物的净用水量

$$m_{wn} = m_c \frac{W}{B}$$

式中　$\frac{W}{B}$——试配水胶比；

m_{wn}——1 m³ 混凝土的净用水量（kg）；

m_c——1 m³ 混凝土的胶凝材料用量（kg）。

当采用干燥骨料时，应根据净用水量加上轻粗骨料 1h 吸水量，按下式计算总用水量

$$m_{wt} = m_{wn} + m_{wa}$$

式中　m_{wt}——1 m³ 混凝土的总用水量（kg）；

m_{wa}——1 m³ 混凝土的附加水量（kg）。

5）配合比应通过试验确定。其试验与调整方法步骤同轻骨料混凝土要求。

6）混凝土试件的成型方法，应与实际施工采用的成型工艺相同。

45.2.3　配合比实例

现浇大孔轻骨料混凝土配合比应用实例见表 45-2。

表 45-2　现浇大孔轻骨料混凝土配合比应用实例

混凝土强度等级		LC5	LC5	LC10	LC7.5	LC5	LC5	LC7.5
混凝土密度等级		1000	1100	1200	1200	1100	1100	1200
轻粗骨料	产地	天津	陕西	陕西	上海	上海	上海	上海
	品种	粉煤灰陶粒	粉煤灰陶粒	粉煤灰陶粒	粉煤灰陶粒	粉煤灰陶粒	黏土陶粒	黏土陶粒
	密度/(kg/m³)	700	900	900	800	800	800	800
	粒级/mm	5~10	5~10	5~16	5~10	5~10	5~16	5~16
混凝土原材料用量/kg	水泥	150 (32.5)	150 (32.5)	200 (32.5)	186 (42.5)	186 (32.5)	200 (32.5)	231 (42.5)
	粉煤灰	—	37.5	100	—	—	—	—
	粗骨料	730	948	948	837	837	800	838
净水胶比		0.34	0.30	0.36	0.45	0.45	0.37	0.33
混凝土性能	干表观密度/(kg/m³)	1000	1066	1200	1180	1080	1150	1200
	抗压强度/MPa	6.0	6.1	10.7	7.8	5.7	5.8	8.3
	弹性模量/10³MPa	6.4	8.7	8.9	8.9	8.7	9.0	11.4

注：本表摘自《轻骨料混凝土技术规程》（JGJ 51—2002）。

45.2.4　施工工艺及质量检验

1. 施工工艺要求

1）拌合物各组分材料应按质量计算。轻粗骨料也可采用体积计算。

2）拌合物应采用强制式搅拌机拌制。

3）当采用预湿饱和面干骨料时，粗骨料、水泥、掺合料和净用水量可一次投入搅拌机内，拌和至泥浆均匀包裹在骨料表面且呈油状光泽时为准，拌和时间宜为1.5～2.0min。采用干骨料时，先将骨料和40%～60%总用水量投入搅拌机内，拌和1min后再加入剩余水量和胶凝材料拌和1.5～2.0min。拌制少砂大孔轻骨料混凝土时，砂或轻砂和粉煤灰等宜与水泥一起加入搅拌机内。

4）现场浇筑时，混凝土拌合物直接浇筑入模，依靠自重落料压实。可用捣棒轻轻插捣靠近模壁处的拌合物，不得振捣。

5）浇筑高度较高时，应水平分层和多点浇筑。每层高度不宜大于300mm，浇筑捣实后，表面用铁铲拍平。

2. 质量检验与验收

大孔轻骨料混凝土的质量检验与验收方法与要求，同轻骨料混凝土。

45.3　多孔植生（生态）混凝土

多孔植生混凝土又称生态混凝土，这类混凝土是植物与混凝土通过混凝土孔隙内的植物生长基有机结合而成的新型混凝土，是多孔混凝土的一种。其由粗骨料、胶凝材料、水和外加剂组成。混凝土内部有18%～35%的孔隙，质轻、透气性和透水性好，具有一定强度，可作河道两岸护坡、广场、公园、城市立体绿化等。当通过混凝土配合比的调整，将混凝土pH值从12～13降至9左右时，孔隙内的碱环境得到改善，满足植物生长的要求。

45.3.1　多孔植生混凝土的技术要求

1. 孔隙率

日本一般要求上部可行车的多孔植生混凝土孔隙率达到20%，抗压强度为20MPa；不可行车的生态混凝土，孔隙率为30%，抗压强度为10MPa。我国从本土植物生长考虑，确定孔隙度在18%～35%。

混凝土孔隙率按下式计算

$$\rho = \left(1 - \frac{m_1 - m_2}{V}\right) \times 100\%$$

式中　m_1——混凝土经水浸泡24h后的质量（g）；

　　　m_2——混凝土烘干24h后的质量（g）；

　　　V——混凝土试件的体积（cm^3）。

2. 混凝土 pH 值

为保证植物生长，pH值应不超过10。多孔植生混凝土可采用外加剂（如$FeSO_4$），掺粉煤灰、硅灰等矿物掺合料或采取快速碳化处理（快速碳化后混凝土表层可接近中性，碳化后混凝土强度不降低）等办法降碱。

45.3.2　多孔植生混凝土中各配合比参数与混凝土性能的关系

1）多孔植生混凝土抗压强度、抗折强度随混凝土骨胶比增大而降低。这是因为胶凝材料减少，降低了骨料间的黏结强度，从而降低了混凝土的强度。据一些单位试验经验介绍，骨胶比宜控制在 5.3~6.3。

2）混凝土孔隙率。混凝土孔隙率是决定混凝土强度和植物生长性能的主要因素，混凝土抗压强度、抗折强度和孔隙率应有较好的线性关系。而混凝土的孔隙率不仅与粗骨料用量有关，而且还与粗骨料的粒径相关。粒径增大，混凝土孔隙率有减小趋势（骨胶比不变），因粗粒径骨料比表面积小，相对表面裹胶量少，孔隙填充料相应增加之故。10~16mm 粒径的粗骨料较为适宜。

3）抗折强度 f_r 和抗压强度 f_c 的关系。多孔混凝土 $f_c = 7.08 f_r$。

4）混凝土中掺入粉煤灰、矿渣粉、硅灰都能降低混凝土碱性，其中矿粉最差，硅灰最好，但硅灰掺多混凝土流动性下降。

混凝土中各种材料用量大致为：碎石 1500~1600kg/m³；水泥 190~260kg/m³；水：90~130kg/m³；硅粉：17~24kg/m³；矿粉：130~190 kg/m³。再适当掺加减水剂。

45.3.3　多孔植生混凝土的施工

1. 混凝土搅拌宜采用"裹浆造壳法"

即先投入粗骨料和部分水，搅拌 30s，再投入胶凝材料，搅拌 40s，最后投入外加剂和剩余的水。采用这种方法生产的混凝土表面具有玻璃光泽，胶结浆体均匀、稳定地包裹在骨料表面，工作性能优良。其工艺流程如图 45-1 所示。

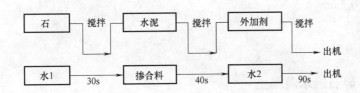

图 45-1　混凝土生产工艺流程

2. 振捣

不宜采用插捣，因为随插捣次数增加，混凝土孔隙率会越来越低，强度上升，透水系数下降。因此，宜采用平板振动器成型。

3. 养护

植生混凝土多孔，表面失水较快，成型后应覆盖塑料薄膜养护 7d。

45.3.4　多孔植生混凝土参考配合比

C15、C20 多孔植生混凝土参考配合比及性能见表 45-3。

表 45-3 C15、C20 多孔植生混凝土参考配合比及性能

名称	C /(kg/m³)	KF /(kg/m³)	FA /(kg/m³)	硅灰 /(kg/m³)	碎石 /(kg/m³)	减水剂 (%)	混凝土28d强度/MPa 抗折	混凝土28d强度/MPa 抗压	水胶比	骨胶比	孔隙率 (%)	pH
品种	P·O 42.5	S95		SF90	10~16mm	萘系	—	—	—	—	—	—
用量	211	90.6	—	—	1550	2%	2.85	20.7	0.24	5.3	25.1	10.4
	302	—	—	9.1	1550	2%	3.06	26.2	0.26	5.3	24.6	9.66
	233	—	100		1550	2%	2.36	16.35	0.22	5.3	26.21	10.1

45.4 透水混凝土

透水混凝土也是大孔混凝土的一种，用于城市人行道、自行车道、公园、庭院及公共广场的路面。这种透水混凝土路面由于多孔，可有效地改变地表的热量平衡，自然打通地面上下水分和热量的流通，在地面水分蒸发中，使地表温度降低 4℃；由于其透水，可改善城市地表土壤生态环境，净化水体，缓解地面水径流，保护地下水资源，在我国南方逐渐得到推广应用。

45.4.1 透水混凝土的主要控制指标

1. 孔隙率

孔隙率宜选 15%。当孔隙率为 10% 时，透水混凝土 28d 抗压强度较高，但透水系数太低，地面投入使用时，杂质堵塞孔隙后，透水效果达不到要求；孔隙率达 20% 时，透水系数较大，但 28d 强度低于 30MPa，又不能满足轻行车道要求，因此，取孔隙率 15% 较适宜。

2. 透水系数

透水系数 ≥0.5mm/s。

3. 抗压强度

混凝土抗压强度 ≥30MPa。

45.4.2 陶粒-碎石透水混凝土

一些地方采用轻骨料陶粒和部分碎石组成骨架材料，添加一些水泥、掺合料、聚合物乳液，可配制成透水混凝土（也可用作屋面保温轻混凝土）。参考配合比及性能见表 45-4。

表 45-4 陶粒-碎石透水混凝土参考配合比及性能

混凝土配合比/(kg/m³)						混凝土性能		
陶粒	碎石	FA	C(P·O 42.5)	水	乳胶	透水率	R_{7d}/MPa	R_{28d}/MPa
364	400	90	360	135	5%	15%	1.2	15.0

第46章　喷射混凝土

喷射混凝土是利用压缩空气把按一定配合比的混凝土由喷射机的喷口以高速、高压喷出，从而在被喷面形成混凝土层。喷射工艺有干、湿两种，湿法喷射工艺是预先在搅拌机里将所用材料搅拌好再喷射，一般多用于喷射砂浆；干法喷射工艺是水泥和骨料搅拌混合后从一个喷嘴喷射出，同时从另一个喷嘴喷射出水，在喷嘴处二者混合形成混凝土。喷射混凝土常用于矿山、隧道、护坡等工程。

46.1　混凝土喷射工艺

46.1.1　喷射混凝土干法喷射工艺（干拌法）

干拌法是将水泥、砂、石在干燥状态下拌和均匀，用压缩空气将其和速凝剂送至喷嘴并与压力水混合喷灌的方法。此法须由熟练人员操作，水胶比宜小，石子须用连续级配，粒径不得过大，$1m^3$ 水泥用量不宜小于400kg，一般可获得 28～34MPa 的混凝土强度和良好的黏着力。但因喷射速度大，粉尘污染及回弹情况较严重，使用上受到一定限制。

46.1.2　喷射混凝土湿法喷射工艺（湿拌法）

湿拌法是将预先配好的水泥、砂、石、水和一定数量的外加剂拌和，装入喷射机，利用高压空气将其送到喷头与速凝剂混合后，以很高的速度喷向岩石或混凝土的表面。以这种方式进行喷灌的方法，施工时宜用随拌随喷的办法，以减少稠度变化。此法的喷射速度较低，由于水胶比增大，混凝土的初期强度也较低，但回弹情况有所改善，材料配合比易于控制，工作效率较干拌法高，是首选的喷射工艺。

喷射混凝土宜采用普通水泥，骨料应质量优良，10mm 以上的粗骨料控制在 30% 以下，最大粒径不宜大于20mm；不宜使用细砂，宜采用中粗砂。喷射混凝土主要用于岩石峒库、隧道、地下工程和矿井巷道的衬砌和支护。

46.2　喷射混凝土原材料要求及配合比设计

46.2.1　喷射混凝土原材料要求

喷射混凝土原材料应符合下列规定：
1）喷射混凝土应采用硅酸盐水泥或普通硅酸盐水泥，必要时可采用特种水泥。
2）喷射混凝土所用细骨料细度模数应大于 2.5。砂过细，干缩大；过粗，会增加喷射时的回弹量。砂中小于 0.075mm 的颗粒，应不大于 20%。

3）喷射混凝土所用粗骨料最大粒径不宜大于 20mm，骨料粒径大会引起喷射管路堵塞。当使用短纤维时，最大粒径不宜大于 10mm，并应采用连续粒级的石子。喷射混凝土石子级配要求见表 46-1。

表 46-1　喷射混凝土石子级配要求

筛孔尺寸/mm	通过每个筛的质量百分比（%）	
	级配 1	级配 2
20.0	—	100
15.0	100	90～100
10.0	85～100	40～70
5.0	10～30	0～15
2.5	0～10	0～5
1.2	0～5	—

4）速凝剂应采用质量稳定的产品，其与水泥应有良好的相容性，性能指标应符合相关标准的规定，速凝剂的掺量不宜大于水泥用量的 5%。也可根据需要掺入增黏剂等其他外加剂，其掺量通过试验确定。

46.2.2　喷射混凝土的配合比设计

喷射混凝土的配合比设计应根据原材料性能、喷射工艺和设计要求通过试验确定。

1. 配合比主要参数

（1）胶骨比　宜为 1:4～1:5。

（2）水胶比　宜为 0.40～0.50。

（3）砂率　宜为 45%～60%。砂石常用量：600～800kg/m³。

（4）水泥用量　不宜小于 400kg/m³。

（5）速凝剂　根据说明书和试验确定，但一般常用量 2%～4%。

（6）减水剂　减水率为 5%～15%。

2. 其他材料

为减少施工粉尘和回弹损失，可加入增黏剂，湿拌时还可加入引气剂，改善混凝土和易性，目前松香皂类应用较广泛。

46.2.3　参考配合比

喷射混凝土参考配合比见表 46-2。

表 46-2　喷射混凝土参考配合比

方式	水胶比	细骨料含量（%）	水泥用量/(kg/m³)	速凝剂与水泥质量比（%）	回弹量（%）	28d 抗压强度/MPa
干式（空气压送）	50	60	350	2	25	17
湿式（机械压送）	47	60	340	3	28	26
湿式（机械、空气混合压送）	48	50～60	380	3	28	24

46.3　喷射混凝土施工

46.3.1　施工注意事项

1）喷射混凝土宜采用强制式搅拌机搅拌，其搅拌时间不少于 1.5mim。当掺用纤维时，其搅拌时间应通过试验适当延长，确保混凝土匀质性。

2）喷射混凝土拌合物宜随拌随用，停放时间不得大于 30mim。

3）在运输、存放过程防止雨水浸入并禁止混入杂物。

4）喷射混凝土前，应对受喷岩面进行处理，检查机具设备和风、水、电等管线路，并试运转。

46.3.2　喷射混凝土作业应符合的规定

1）应分段、分层喷射，由下而上，先墙后拱顶。每段长度不宜大于 6m。

2）喷射前应先用高压风、水冲洗受喷面。

3）当岩面有较大坑洼时，应事先将凹洼处补平。在有水的岩面上喷射混凝土时，必须事先做好治水工作，防止喷射混凝土产生滑移下坠现象。

4）喷嘴宜与喷射面垂直，其间距宜为 0.8～1.2m。喷嘴应连续、缓慢作横向环形移动，使喷层厚度均匀。

5）分层喷射时，应参照下列规定进行作业：

① 混凝土中掺有速凝剂时，一次喷射厚度为：墙 7～10cm，拱 5～7cm；不掺速凝剂时，一次喷射厚度为：墙 5～7cm，拱 3～5cm。

② 喷层之间的间歇时间：混凝土中掺有速凝剂时，一般为 10～15min；不掺速凝剂时，可在混凝土达到终凝前进行。

③ 若间歇时间超过 2h，再次喷射前先用水湿润混凝土表面，以确保混凝土层间的良好黏结。

6）喷射过程中应检查混凝土的回弹率。喷射混凝土的回弹率，侧壁应不大于 15%，拱部应不大于 25%。

7）喷射作业的环境温度不得低于 5℃；喷射混凝土作业区内应有良好的通风和照明条件。

8）喷射作业完成后应及时进行厚度检测，不符合要求要及时补喷。

46.3.3　喷射混凝土的养护

喷射混凝土水泥用量较大，凝结硬化速度较快。为使混凝土强度均匀增长，减少或防止不正常的收缩，必须认真做好养护工作。

1）混凝土喷射完后 2～4h，应开始喷水养护。

2）喷水次数以保持混凝土表面湿润状态为宜。

3）养护时间。采用普通硅酸盐水泥时，不得少于 10d；采用矿渣硅酸盐水泥或火山灰硅酸盐水泥时，不得少于 14d。

46.4　钢纤维喷射混凝土

46.4.1　钢纤维喷射混凝土施工

钢纤维喷射混凝土施工应符合下列规定：

1）采用钢纤维喷射混凝土做初期支护时，应根据围岩地质条件确定喷层厚度；应满足围岩的地质条件、变形量级和工程类型要求的韧度指标。喷层厚度不宜大于 150mm。

2）钢纤维不得有明显的锈蚀和油渍及其他妨碍钢纤维与水泥黏结的杂质；钢纤维内含有的因加工不良造成的粘连片、表面严重锈蚀的纤维、铁锈粉等杂质的总质量不应超过钢纤维质量的 1%。

3）钢纤维断面直径（或等效直径）应为 0.3~0.8mm，长度应为 20~35mm，并不得大于输料软管以及喷嘴内径的 0.7 倍，长径比为 30~80，长度偏差不应超过长度公称值的 ±5%。

4）钢纤维喷射混凝土的搅拌工艺应确保钢纤维在拌合物中分散均匀，不产生结团，宜优先采用将钢纤维、水泥、粗细骨料先干拌后加水湿拌的方法，且干拌时间不得少于 1.5min；也可采用先投放水泥、粗细骨料和水，在拌和过程中分散加入钢纤维的方法，必要时采用钢纤维播料机均匀地分散到混合料中，不得成团。

5）钢纤维喷射混凝土的搅拌时间应通过现场匀质性试验确定，并应较普通混凝土规定的搅拌时间延长 1~2min，采用先干拌后加水的搅拌方式时，干拌时间不宜少于 1.5min，搅拌时间不宜小于 3min。

6）钢纤维喷射混凝土的表面宜再喷射一层厚度为 10mm 的水泥砂浆，其强度等级不应低于钢纤维喷射混凝土强度。

46.4.2　钢纤维喷射混凝土配合比设计参数

1. 钢纤维含量

钢纤维掺量的设计应考虑到喷射时钢纤维混凝土各组分回弹率不同的影响，以喷射到岩面上的钢纤维混凝土中钢纤维的实际含量作为依据。钢纤维喷射混凝土的钢纤维实际含量不宜大于 78.5kg/m³（体积率 1.0%，最小实际含量可依据钢纤维的长径比参照表46-3 选用）。

表 46-3　钢纤维混凝土中钢纤维的最小实际含量要求

钢纤维的长径比	40	45	50	55	60	65	70	75
最小实际含量/（kg/m³）	65	50	40	35	30	25	20	20
最小实际体积率	0.83	0.64	0.51	0.45	0.38	0.32	0.25	0.25

2. 钢纤维喷射混凝土的强度等级

钢纤维喷射混凝土的强度等级应满足设计要求。

3. 骨料

钢纤维喷射混凝土用骨料应采用连续级配，粗骨料最大粒径不宜大于 10mm，砂率不小于 50%。

4. 掺合料

钢纤维喷射混凝土的原材料中宜加入矿渣粉或粉煤灰等活性掺合料。设计无要求时，矿渣粉的掺量可为水泥质量的 5%～15%，粉煤灰的掺量可为水泥质量的 15%～30%，掺合料掺量的选择应通过试验确定。

5. 速凝剂

钢纤维喷射混凝土宜采用无碱速凝剂，其掺量应根据试验确定，通常为水泥用量的 2%～5%；如掺入高效减水剂或增黏剂，其品种和剂量应通过试验确定，并应经现场试喷检验。

46.5　合成纤维喷射混凝土

合成纤维喷射混凝土施工应符合下列规定：

1）喷射混凝土中的合成纤维宜采用聚丙烯纤维。

2）合成纤维应具有良好的耐酸、碱性和化学稳定性，并经改性处理，具有良好的分散性，不结团。

3）合成纤维抗拉强度应符合设计要求，当设计无要求时，长度宜为 12～19mm。

4）合成纤维掺量应通过试验确定，在无特殊要求情况下，常用掺量为 0.8～1.2kg/m^3。

5）搅拌时间宜为 4～5min。搅拌完后随机取样，如纤维已均匀分散成单丝，则混凝土可投入使用，若仍有成束纤维，则至少延长搅拌时间 30s 才可使用。

6）合成纤维喷射混凝土的水胶比宜为 0.35～0.45。

46.6　喷射混凝土施工常见问题及处理

46.6.1　喷射混凝土养护应符合的规定

1）各种喷射混凝土，在终凝 2h 后，应喷水养护，时间不得少于 14d，气温低于 5℃时不得喷水养护。

2）喷射混凝土的作业场所应有防冻保温措施；喷射混凝土作业环境温度和拌合物进入喷射机的温度不应低于 5℃。

46.6.2　喷射混凝土施工常见问题产生原因及其防治

1. 喷射混凝土开裂

（1）原因　喷射混凝土层出现不同程度开裂，其原因都是由于喷射混凝土表面收缩及其产生的拉应力，远远大于混凝土的极限受拉变形值和抗拉强度，而使混凝土表面层先行开裂所致。

（2）防止措施

1）保证喷射混凝土施工后 14d 以内应具有潮湿的养护条件。

2）在满足喷射混凝土强度和工艺要求的情况下，尽可能地减少单位水泥用量。一般 $1m^3$ 混凝土水泥用量不大于 450kg。

3）选择用普通硅酸盐水泥。

4）对于起支撑作用、封闭作用和黏结作用的喷射混凝土层，厚度不宜小于 5cm。

2. 喷射回弹

回弹既浪费材料，又在一定程度上改变了混凝土的配合比，影响喷层强度。因此，要控制回弹物，通过按配合比施工，掺加速凝剂，调整工作风压、水压、水量、喷层厚度以及喷射距离等方式减少回弹量。

3. 粉尘防止措施

1）适当增加砂的含水率，以 6% 为宜，对减少粉尘有明显效果。

2）加强通风，以迅速排除作业时产生的粉尘。

3）采用双水环供水喷嘴，使干料得到充分润湿，以减少粉尘。

4）加长拢料管，以 40～100cm 为宜，以增加水和干料混合的机会，降低粉尘。

4. 管路堵塞

（1）堵塞原因

1）干混合料中有大块石子、水泥结块或其他杂物。

2）喷射机操作失误。喷射机开始操作时，先启动电机，后打开进气阀，或停止工作时，先关闭进气阀，后停止电机，致使干混合料不能及时送走，而堆积在喷射出料弯管内。

3）供给喷射压缩空气风量不够或压力过低，使干混合料在输送中没有足够的力量克服管路阻力，而停留在途中。

4）输送管弯曲过甚，弯曲部位太多。或喷射机出料弯管内壁黏结水泥太厚，内径缩小，从而使输送阻力增加。

（2）预防措施

1）干混合料加入喷射机前应严格过筛。筛网的孔径，以使用的石子最大粒径而定。

2）严格按操作规程操作喷射机。工作开始时，应先给风，后开动喷射机电机，停止同时，应使喷射机和管路接头保持良好的密封，以防止跑风漏气。

3）按喷射机性能要求，使用能供给足够风量和压力的压缩空气，并保持风量和风压的稳定。

4）定期清除喷射机出料弯管内壁的黏结料，喷射中应尽可能将输料胶管拉直，必须弯曲时，胶管弯曲半径不宜太小，严防出现死弯。

第 47 章 泡沫混凝土

用物理方法将泡沫剂制备成泡沫，再将泡沫加入到由水泥、骨料、外加剂和水制成的料浆中，经混合搅拌、浇筑成型，养护而成的轻质混凝土，称为泡沫混凝土。其强度一般为 0.3 ~ 1MPa，密度为 300 ~ 500kg/m³，由于其多孔、轻质，具有保温（传热系数为 0.08 ~ 0.3W/m·K，热阻是普通混凝土的 20 ~ 30 倍）、隔热、隔声（吸声能力为 0.09% ~ 0.19%，是普通混凝土的 8 倍）、不燃，广泛用于建筑保温隔热材料。特别是当今节能建筑正在广泛推广，泡沫混凝土以其安全不燃，耐火等级大于 2h，将逐渐取代目前的聚苯乙烯等有机保温材料，可与耐久性大于 50 年的建筑同寿命。我国已有《泡沫混凝土》（JG/T 266—2011）国家推荐标准。

47.1 泡沫混凝土的分类与标记

47.1.1 泡沫混凝土的分类

1. 泡沫混凝土按施工工艺分类

泡沫混凝土按施工工艺分为现浇泡沫混凝土和泡沫混凝土制品两大类，即为施工工地现浇的泡沫混凝土和在工厂预制的泡沫混凝土砌块或建筑构件，分别用符号 S、P 表示。

2. 泡沫混凝土按干密度分类

泡沫混凝土按干密度可分为 11 个等级，分别用符号 A03、A04、A05、A06、A07、A08、A09、A10、A12、A14、A16 表示。

3. 泡沫混凝土按强度等级分类

泡沫混凝土强度等级可分为 11 个等级，分别用符号 C0.3、C0.5、C1、C2、C3、C4、C5、C7.5、C10、C15、C20 表示。

4. 泡沫混凝土按吸水率分类

泡沫混凝土按吸水率可分为 8 个等级，分别用符号 W5、W10、W15、W20、W25、W30、W40、W50 表示。

47.1.2 泡沫混凝土标记方式

泡沫混凝土用以下方式标记，参数无要求的可列为默认。

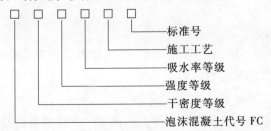

例如干密度等级 A03，强度等级 C0.3，吸水率等级 W10，现浇泡沫混凝土，其标记为
FC A03—C0.3—W10—S—JG/T 266—2011

47.2　泡沫混凝土原材料

47.2.1　泡沫混凝土原材料要求

1. 水泥

水泥应符合《通用硅酸盐水泥》（GB 175—2007）的规定。

2. 骨料

1）轻骨料应符合《轻集料及其试验方法 第一部分：轻集料》（GB/T 17431.1—2010）的规定。

2）砂应符合《建设用砂》（GB/T 14684—2011）的规定。

3. 掺合料

1）粉煤灰应符合《用于水泥和混凝土中的粉煤灰》（GB/T 1596—2005）的规定。

2）矿渣粉应符合《用于水泥和混凝土中的粒化高炉矿渣粉》（GB/T 18046—2008）的规定。

3）采用其他矿物掺合料时，应符合国家相关标准的规定。

4）掺合料的放射性应符合《建筑材料放射性核素限量》（GB 6566—2010）的规定。

4. 外加剂

外加剂应符合《混凝土外加剂》（GB 8076—2008）的规定。

5. 发泡剂

发泡剂应符合发泡要求，发泡后的泡沫混凝土性能应符合《泡沫混凝土》（JG/T 266—2011）的规定。

6. 水

水应符合《混凝土用水标准》（JGJ 63—2006）的规定。

47.2.2　发泡剂的种类和性能

发泡剂是泡沫混凝土的主要材料。它具有较高的表面活性，能有效降低液体的表面张力，并在液膜表面双电子层排列而包围空气，形成气泡，再由无数单个气泡组成泡沫。发泡剂发泡能力强，单位体积产泡量大，泡沫稳定，可长时间不消泡，泡沫细腻，和使用介质相容性好。

1. 水泥发泡剂

这种发泡剂已有 50 多年历史，20 世纪 50 年代我国就开发出松香和松香热聚物，目前这两种用于混凝土和砂浆的发泡剂已很少采用。

2. 蛋白类发泡剂

随着市场的开放，日本、美国、韩国等发达国家的高性能蛋白发泡剂已被引进我国，它

已经取代了相当一部分松香和松香热聚物。由于其高稳定性之优势，已在我国大量推广，并且发泡剂逐渐由单一组分向多组分复合发展，是目前性能好，有应用前景的发泡剂。虽然其价格高（大多在 1.5 万/t 以上），但仍被市场所接受。其特点是泡沫特别稳定，可长时间不消泡，完全消泡时间大多长于 24h。蛋白发泡剂按原料成分划分，有动物和植物蛋白两种，动物蛋白又分水解动物蹄角型、水解毛发型、水解血胶型三种；植物蛋白也因植物原料品种不同，分为茶皂型和皂角苷类等。现将动、植物蛋白发泡剂性能对比列入表 47-1 中，供使用者根据需要进行选择。

表 47-1　动、植物蛋白发泡剂性能对比

指标名称	动物蛋白型发泡剂	植物蛋白型发泡剂
起泡性	不如植物型	优异,泡沫丰富
泡沫稳定性	很好	适中
应用范围	可生产 200～300kg/m³ 超轻及高强泡沫混凝土	不可用于有抗渗要求的工程,抗压强度稍低
气味	有异味	无
价格	1.6～1.8 万/t	稍低
外观	暗褐色黏状液体	浅黄色透明液状
pH	中性	中性
用量	—	206kg/500m³ 混凝土
一次混凝土发泡高度	>1500mm	≤200mm
泡沫混凝土强度	高	稍低
成本	高	较低

47.3　泡沫混凝土的物理力学性能要求

47.3.1　泡沫混凝土的物理性能要求

1. 干密度

泡沫混凝土干密度不应大于表 47-2 中的规定，其允许误差为 +5%。

2. 导热系数

泡沫混凝土导热系数不应大于表 47-2 中的规定。

表 47-2　泡沫混凝土干密度和导热系数

干密度等级	A03	A04	A05	A06	A07	A08	A09	A10	A12	A14	A16
干密度/(kg/m³)	300	400	500	600	700	800	900	1000	1200	1400	1600
导热系数/[W/(m·K)]	0.08	0.10	0.12	0.14	0.18	0.21	0.24	0.27	—	—	—

注：干密度为试件在 (60±5)℃温度下烘干后单位体积的质量。

3. 吸水率

泡沫混凝土吸水率应符合表 47-3 的要求。

表 47-3　泡沫混凝土吸水率

吸水率等级	W5	W10	W15	W20	W25	W30	W40	W50
吸水率(%)	5	10	15	20	25	30	40	50

泡沫混凝土吸水率按下式计算

$$吸水率 = \frac{m_g - m_s}{m_s} \times 100\%$$

式中　m_g——试件在 (20 ± 5)℃下浸泡 24h 后的质量 (kg)；

　　　m_s——试件在 (60 ± 5)℃下烘干后的质量 (kg)。

4. 耐火极限

泡沫混凝土为不燃材料，其建筑构件耐火极限应符合《建筑设计防火规范》 (GB 50016—2006) 的规定。

47.3.2　泡沫混凝土强度等级

泡沫混凝土每组立方体强度平均值和单块最小强度值不应小于表 47-4 的规定。

表 47-4　泡沫混凝土强度等级

强度等级		C0.3	C0.5	C1	C2	C3	C4	C5	C7.5	C10	C15	C20
强度/MPa	平均值	0.30	0.50	1.00	2.00	3.00	4.00	5.00	7.50	10.0	15.0	20.0
	最小值	0.225	0.245	0.85	1.70	2.55	3.40	4.35	6.375	8.50	12.76	17.0

注：试件为 100mm × 100mm × 100mm，标养 28d 强度值。

47.4　泡沫混凝土配合比设计

47.4.1　泡沫混凝土配合比设计技术参数

1. 体积密度

体积密度是配合比设计的基础，各材料的选用及用量都是围绕密度的技术要求展开的，包括各基本材料的干物料总质量和制品中非蒸发水总量。

2. 强度

强度是重要的物理指标，包括抗压、抗折、抗冲击强度。强度设计时，应以满足这一密度等级产品的使用性能为准。泡沫混凝土配制强度应大于强度标准值的 3% ~ 10%。

3. 导热率

导热率与密度有对应关系，还与含水率有关。绝干度产品的导热率相当于含水 18% 的导热率的 1/2。导热率与密度的对应关系可参见表 47-2。

4. 水泥用量

纯水泥泡沫混凝土其主要原材料是水泥，以常温养护居多，同时掺入大量泡沫。

1) 一般情况下水泥占干物料总量的 50% ~ 100%，现浇的泡沫混凝土水泥用量在 80% 以上。

2）密度为 600kg/m³ 以下的泡沫混凝土，水泥用量不低于干物料总量的 70%；密度为 400kg/m³ 以下的泡沫混凝土，水泥用量不低于干物料总量的 90%，最好为 100%。

3）若初养温度 < 25℃时，应提高水泥用量比例，初养温度在 25～45℃时，可适当降低水泥用量比例。

5. 活性矿物料掺量

1）常温或低温时应不掺或少掺活性矿物掺合料，一般情况下掺 10% 活性矿物掺合料，对凝结无大影响。夏季最高掺 30%，而采用蒸养方法养护则最大可掺 60% 的活性矿物掺合料。

2）采用粉煤灰作掺合料时，其掺量取低值；采用矿渣粉作掺合料时可取高值。采用减水剂时，可适当多掺。

3）现场浇筑泡沫混凝土，矿物掺合料可取低值，掺有高效减水剂时，可适当多掺达到 20%。

6. 轻骨料选择

1）应选择吸水率低的轻骨料（如废聚苯颗粒），当轻骨料吸水较高时，应降低其掺量，必要时可采取增封闭预处理。

2）优选导热率低的轻骨料，建议采用废聚苯泡沫塑料颗粒。

3）轻骨料掺量应满足产品的密度、强度、导热率三方面要求。轻骨料掺量掺量越大，强度越低，密度和导热率也越低。

7. 重骨料选择

1）密度小于 700kg/m³ 的泡沫混凝土，一般不掺重骨料。

2）密度在 800～1000kg/m³ 的泡沫混凝土，重骨料宜掺用砂。

3）密度在 1200～1800kg/m³ 的泡沫混凝土，重骨料可掺用砂、石作骨料。

以上无论哪种产品也均需满足密度、强度、导热率三方面设计要求。

47.4.2　泡沫混凝土配合比设计步骤

1）根据干密度要求确定水泥用量（m_c）和掺合料用量（m_{FA}）。

2）根据 $m_c + m_{FA}$ 用量确定用水量（m_w）。

3）根据 $m_c + m_{FA} + m_w$ 用量确定水泥浆体积。

4）根据水泥浆体积确定泡沫剂体积。

5）根据泡沫剂体积，实测泡沫密度来确定泡沫质量。

6）根据泡沫质量、泡沫剂稀释系数确定泡沫剂用量。

47.4.3　泡沫混凝土配合比计算

1. 干密度计算

泡沫混凝土干密度按下式计算

$$\rho_{干} = S(m_c + m_{FA})$$

式中　$\rho_{干}$——设计干密度（kg/m³）；

S——质量系数（普通硅酸盐水泥 $S=1.2$；硫铝酸盐水泥 $S=1.4$）；

m_c——$1m^3$ 泡沫混凝土中水泥用量（kg/m^3）；

m_{FA}——$1m^3$ 泡沫混凝土中掺合料用量（kg/m^3），一般 m_{FA} 占干粉的 $0\% \sim 30\%$。

2. 用水量计算

$1m^3$ 泡沫混凝土中水用量按下式计算

$$m_w = \varphi(m_c + m_{FA})$$

式中　m_w——$1m^3$ 泡沫混凝土中水用量（kg/m^3）；

φ——系数，一般取 0.5。

3. 浆体总体积计算

$1m^3$ 泡沫混凝土中浆体总体积按下式计算

$$V_1 = \frac{m_{FA}}{\rho_{FA}} + \frac{m_c}{\rho_c} + \frac{m_w}{\rho_w}$$

式中　V_1——$1m^3$ 泡沫混凝土中浆体总体积（m^3）；

ρ_c——水泥表观密度（kg/m^3）；

ρ_{FA}—— 粉煤灰表观密度（kg/m^3）；

ρ_w——水的密度（kg/m^3）。

4. 泡沫液添加量计算

泡沫液添加量按下式计算

$$V_2 = K(1 - V_1)$$

式中　V_2——泡沫液添加量（m^3）；

K——富余系数，视泡沫质量和起泡时间而定，$K=1.1 \sim 1.3$。

5. 泡沫剂用量计算

泡沫剂用量按下式计算

$$m_\rho = V_2\rho_Y$$

$$m_\rho = \frac{m_Y}{(\beta + 1)}$$

式中　β——泡沫剂稀释倍数；

m_Y——泡沫液质量（kg）；

m_ρ——泡沫剂用量（kg）；

ρ_Y——泡沫剂测定密度（kg/m^3）。

47.4.4　泡沫混凝土配合比计算实例及参考配合比

1. 普通泡沫混凝土配合比

（1）配合比计算　在无粉煤灰情况下生产 $1m^3$ $\rho_{\mp}=300kg/m^3$ 的泡沫混凝土，计算配合比。

1）采用普通水泥：$m_c = 300kg/1.2 = 250kg$。

2）用水量：$m_w = 0.5 \times 250kg = 125kg$。

3）净浆体积：$V_1 = (250/3100 + 125/1000)m^3 = 0.206m^3$。

4）泡沫液体积（取 $K = 1.1$）：$V_2 = 1.1 \times (1 - 0.206)\ m^3 = 0.873m^3$。

5）如泡沫密度实测为 $34kg/m^3$，使用时稀释 20 倍，则，泡沫液质量为：

$$m_Y = (0.873 \times 34)kg = 29.68kg$$

6）泡沫剂质量为：$[29.68/(20+1)]\ kg = 1.41kg$。

（2）普通泡沫混凝土参考配合比　普通泡沫混凝土参考配合比见表 47-5。

表 47-5　普通泡沫混凝土参考配合比

泡沫混凝土干密度级别/(kg/m³)	普通水泥/(kg/m³)	水/(kg/m³)	泡沫剂(按1:20加水稀释)
200	167	83.5	1.54
250	208	104.0	1.48
300	250	125.0	1.41
400	333	166.5	1.29
500	417	208.5	1.17

2. 掺粉煤灰泡沫混凝土配合比

（1）配合比计算　在掺 25% 粉煤灰情况下生产 $1m^3\ \rho_干 = 250kg/m^3$ 泡沫混凝土，计算配合比。

$$m_c + m_{FA} = 250kg/1.2 = 208kg$$
$$m_{FA} = 25\% \times 208kg = 52kg$$
$$m_c = (208 - 52)kg = 156kg$$
$$m_w = 0.5 \times 208kg = 104kg$$
$$V_1 = (52/2600 + 156/3100 + 104/1000)m^3 = 0.174m^3$$
$$V_2 = [1.1 \times (1.0 - 0.174)]m^3 = 0.909m^3$$
$$m_Y = (0.909 \times 34)kg = 30.91kg$$
$$m_\rho = [30.91/(20+1)]kg = 1.47kg$$

（2）掺粉煤灰泡沫混凝土参考配合比　掺 25% 粉煤灰泡沫混凝土参考配合比见表 47-6。

表 47-6　掺 25% 粉煤灰泡沫混凝土参考配合比

200	42	125	83.5	1.53
250	52	156	104.0	1.47
300	62	188	125.0	1.41
400	83	250	166.5	1.28
500	105	312	208.5	1.16

3. 采用铝酸盐水泥生产的泡沫混凝土配合比

（1）配合比计算　采用铝酸盐水泥生产 $1m^3\rho_干 = 200kg/m^3$ 的泡沫混凝土，计算配合比。

$$m_c = 200kg/1.4 = 143kg$$

$$m_w = 0.5 \times 143kg = 71.5kg$$

$$V_1 = (143/3100 + 71.5/1000)m^3 = 0.118m^3$$

$$V_2 = [1.1 \times (1 - 0.118)]m^3 = 0.97m^3$$

$$m_Y = 0.97 \times 34kg = 32.98kg$$

$$m_\rho = 32.98kg/(20 + 1) = 1.57kg$$

（2）采用铝酸盐水泥生产的泡沫混凝土参考配合比　采用铝酸盐水泥生产的泡沫混凝土参考配合比见表47-7。

表47-7　采用铝酸盐水泥生产的泡沫混凝土参考配合比

泡沫混凝土干密度/(kg/m³)	铝酸盐水泥/(kg/m³)	水/(kg/m³)	泡沫剂
200	143	71.5	1.57
250	179	89.5	1.52
300	214	107.0	1.47
400	286	143.0	1.36
500	357	178.5	1.26

4. 轻质高强泡沫混凝土参考配合比及性能

轻质高强泡沫混凝土参考配合比及性能见表47-8和表47-9。

表47-8　轻质高强泡沫混凝土参考配合比

P·O 42.5 水泥/(kg/m³)	硅灰/(kg/m³)	粉煤灰/(kg/m³)	水/(kg/m³)	聚丙烯纤维/(kg/m³)	聚丙烯酰胺/(g/L)	聚羧酸 P.C	促凝剂
40	10	20	30	0.5	1	2.5%	2%

注：1. 表中聚丙烯纤维、聚羧酸减水剂 P.C、促凝剂为水泥质量的百分比。
　　2. 粉煤灰为磨细粉煤灰，平均粒径为 3.5μm。
　　3. P.C 是含固量为 50%，减水率为 35% 的聚羧酸减水剂。

表47-9　轻质高强泡沫混凝土性能

抗压强度/MPa		密度/(kg/m³)	导热系数/[W/(m·K)]
7d	28d		
6.12	10.13	650	0.0788

5. 聚苯乙烯轻质混凝土参考配合比

聚苯乙烯轻质混凝土参考配合比见表47-10。

表47-10　聚苯乙烯轻质混凝土配合比

水泥 P·O 42.5	水	砂	减水剂	FA Ⅲ级	矿粉 KF	激发剂	EPS	三乙醇胺	PVA
45 + 90	10 + 170	1350	2.25	157.5	157.5	13.5	2.519	0.152	0.1

注：1. EPS 为废弃聚苯乙烯泡沫颗粒，粒径为 3～5mm，堆积密度为 12.2kg/m³。
　　2. PVA 为聚乙烯醇溶液。
　　3. 制作工艺：在 EPS 颗粒表面均匀喷洒三乙醇胺和 PVA 复合液，加 40kg 水，表面湿润均匀后，加 45kg 水泥搅匀，密封陈化 24h，加入其他胶凝材料、砂及 170kg 水搅拌，成型，标养。
　　4. 本配合比强度测试结果：7d 为 1.33MPa；28d 为 4.9MPa。

47.5　泡沫混凝土施工工艺

47.5.1　生产施工工艺及注意事项

1）按配合比将定量的水加入搅拌机，再将称量好的水泥、粉煤灰等添加料投入，搅拌 2min。

2）将预先发泡好的泡沫倒入搅拌机，搅拌 6min。

3）将搅拌均匀的泡沫混凝土浆体运到施工现场，泵送。预拌好的泡沫混凝土料在 4h 内用完。

4）浆体浇筑到设定标高后，用尺杆刮平。12～14h 后进行保湿养护，养护时间不小于 72h，36h 前不得上人。

47.5.2　泡沫混凝土生产工艺流程图

泡沫混凝土生产工艺流程图如图 47-1 所示。

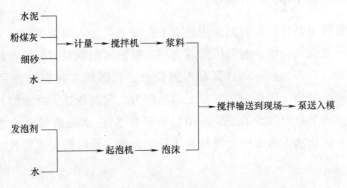

图 47-1　泡沫混凝土生产工艺流程图

第 48 章　水下不分散混凝土

水中浇筑混凝土时，水泥、粗骨料、细骨料将产生分离现象，尤其是水泥组分，相当一部分量流失在水中，既污染了水质又影响了混凝土的质量。因此，保证水下施工中混凝土的均质性以及防止混凝土在水中分散离析是十分必要的，同时也是难度比较大的技术问题。早在 1977 年德国首次在实际施工中采用在混凝土中掺入特殊外加剂，防止水中浇筑分散的混凝土技术。这种水下施工的不分散混凝土称为水下抗分散混凝土技术，而掺入的特殊外加剂称为水下抗分散剂。

48.1　水下抗分散剂的种类及作用机理

48.1.1　水下抗分散剂的作用机理

水下不分散混凝土是将以絮凝剂为主的水下抗分散剂加入到新拌混凝土中，使其与水泥颗粒表面生成离子键或共价键，起到压缩双电层、吸附水泥颗粒和保护水泥的作用。同时水泥颗粒之间、水泥与骨料之间，通过絮凝剂的高分子长链的"桥架"作用，使拌合物形成稳定的空间柔性网络结构，提高新拌混凝土的黏聚力，限制新拌混凝土的分散、离析及避免水泥流失。总之，水下抗分散剂的主要作用是溶解在水泥-水的液相中，增强混凝土机体的黏聚性和保水性，防止水下施工中骨料与基体发生离析，同时防止水泥被洗出，起到特殊增黏剂的作用。

48.1.2　水下抗分散剂的种类及性能

水下抗分散剂按其主要成分划分为纤维素系和丙烯酸系两类。纤维素系列的外加剂是非离子系列的水溶性纤维素醚，具有 OH 基，亲水性好，它在混凝土这样的 pH 值较高的液相中溶解速度快，在混凝土中不会发生与水泥组分的反应、胶体化、分解等化学变化。丙烯酸系列的外加剂主要成分是聚丙烯酰胺共聚物。

从分子结构来看，两个系列的外加剂都是大分子结构。因此，分子间的相互缠绕带来了外加剂的增黏效果和胶体保护效果，使混凝土具有良好的保水性。掺入混凝土后可防止骨料的离析，在砂浆和粗骨料的界面处，不形成由于泌水引起的水膜，可提高砂浆与粗骨料的黏附性能。另外，外加剂在混凝土中 1min 之内溶解，不引起分解、反应、胶体化和沉淀等化学反应。水下抗分散剂的主要成分增加了混凝土的黏性，在高黏性的混凝土中，通常引入 10% 以上的空气。空气内气泡有汇集成大气泡的趋势，为克服这一弱点，常常把消泡剂作为辅助外加剂复合掺用，以保证混凝土的含气量在 3% ~ 4%。经常使用的消泡剂有磷酸三丁酯、有机硅消泡剂、聚乙二醇、高级醇类等。

　　我国常用水下抗分散剂的主要成分为聚丙烯系或纤维素系絮凝剂，并辅于粉煤灰、磨细矿渣、缓凝剂和高效减水剂等。其中掺加纤维素系水下抗分散剂的混凝土凝结时间较长，强度偏低，而掺加聚丙烯系水下抗分散剂的混凝土存在需水量大、拌合物坍落度损失大的缺点。

48.1.3　配制水下抗分散剂的主要材料和辅助材料

　　掺用纤维素醚类的混凝土均延缓了凝结硬化，因此，常将早强剂作为水下抗分散剂的辅助外加剂复合使用，以提高水下抗分散混凝土的早期强度。表 48-1 为配制水下抗分散剂的主要材料和辅助材料。

表 48-1　配制水下抗分散剂的主要材料和辅助材料

构成		材料
黏稠剂	纤维素系	甲基纤维素（MC）
		乙基纤维素（EC）
		羟乙基纤维素（HEC）
		羟丙基纤维素（HPC）
		羟乙基甲基纤维素（HEMC）
		羟丙基甲基纤维素（HPMC）
		羟丁基甲基纤维素（HBMC）
		羟乙基乙基纤维素（HEEC）
		羟甲纤维素（CMC）
	丙烯酸系	聚丙烯酰胺
		丙烯酸钠
		聚丙烯酰胺与丙烯酸钠共聚物
		聚丙烯酰胺部分加水分解物
	其他	聚乙烯醇
		聚氧化乙烯
		海藻酸钠
		酪蛋白
		库尔橡胶
		朝鲜银杏草
消泡剂	—	酞酸二丁酯
		非水溶性醇类
		磷酸三丁酯
		硅系消泡剂
		二甘醇
		烷基苯
		聚乙二醇
		聚氧乙烯嵌段共聚物
		非离子系特殊配合物
		高级醇
早强剂（黏稠强化剂）	—	氧化钙、高铝水泥、蚁酸钙
		硅酸钠、铝酸钠、硅氟化镁

（续）

构成		材料
早强剂 （黏稠强化剂）	—	硫酸锂、硫酸钠、硫酸钾
		氯化锂、氯化钠、氯化钾
		烧明矾石、钾明矾石
		对于丙烯酸系列
		戊二醛、碱金属或碱土金属的次氯酸盐
流化剂	—	木质素磺酸盐
		萘磺酸盐
		多羧酸盐
		烷丙烯基磺酸盐
		三聚氰胺磺酸盐
		或这些盐类的甲醛缩合物等

48.1.4　水下抗分散剂的性能

1）日本的水下抗分散剂有标准型和缓凝型两种，其性能见表48-2。

表48-2　日本水下抗分散剂的性能

种类 项目		标准型	缓凝型
泌水率(%)		0.01 以下	0.01 以下
含气量(%)		<4.5	<4.5
坍落流动值经时变化 /cm	30min 后	<3.0	—
	2h 后	—	<3.0
水中分离度	悬浮物质/(mg/L)	<50	<50
	pH	<12.0	<12.0
凝结时间 /h	初凝	>5.0	>18
	终凝	>15	<48
水中制作试件抗压强度 /MPa	7d	>15	>15
	28d	>25	>25
水中、空气中强度 比值(%)	7d	>80	>80
	28d	>80	>80

2）日本于1986年出台了特殊水下抗分散混凝土设计施工相关标准，见表48-3。

表48-3　日本掺水下抗分散剂的混凝土质量标准

项目			基准值
泌水率（%）			0.1 以下
凝结时间/h		初凝	5 以上
		终凝	30 以下
抗压强度	水中制作试件抗压强度/MPa	7d	13.0 以上
		28d	23.0 以上
	水中制作试件的抗压强度与空气中制作 试件的抗压强度比（%）	7d	60 以上
		28d	70 以上

（续）

项目			基准值
抗折强度	水中制作试件与空气中制作试件的抗折强度比（%）	7d	50 以上
		28d	60 以上
水中下落试验	悬浊物质/（mg/L）		150 以下
	pH		12.0 以下

3）我国《水下不分散混凝土试验规程》（DL/T 5117—2000）中掺水下抗分散剂的混凝土质量标准见表48-4。

表 48-4　我国掺水下抗分散剂的混凝土质量标准

试验项目		性能要求
泌水率（%）		<0.5
含气量（%）		<4.5
坍落度/mm	30s	230±20
	2min	230±20
坍扩度/mm	30s	450±20
	2min	450±20
抗分散性	水流流失量（%）	<1.5
	悬浊物含量/（mg/L）	<150
	pH	<12
凝结时间/h	初凝	≥5
	终凝	≤30
水下成型试件与空气中成型试件抗压强度比（%）	7d	>60
	28d	>70
水下成型试件与空气中成型试件抗折强度比（%）	7d	>50
	28d	>60

4）我国常用 UWB 型絮凝剂使用范围和掺量见表48-5。

表 48-5　我国常用 UWB 型絮凝剂使用范围和掺量

名　　称	UWB—Ⅰ	UWB—Ⅱ	UWB—S	UWB—R
施工方法及性能	吊罐、导管法	适用各种施工工艺，保塑 3h 以上	适用预埋管工艺，保塑 3h	现场搅拌用硫铝酸盐水泥配制，凝结时间为 20~240min
掺量（%）	2~3	2~3	1~1.5	2~3

48.2　水下不分散混凝土的性能

48.2.1　新拌混凝土的性能

水下不分散混凝土的性能与普能混凝土相比，总体来说，具有如下特点：抗水的冲洗作用好、流动性大、填充性好、缓凝、无离析。

1. 流动性

由于水下不分散混凝土黏性高，用坍落度评价混凝土的流动性不太敏感。因此，常采用坍落度流动值和扩散度试验值来评价其流动性。水下不分散混凝土的流动性随水泥用量、水胶比、砂率、水下抗分散剂的掺量、混凝土的温度不同而不同。抗分散剂掺量增大，混凝土黏性增加，坍落度流动值或扩散度降低。当抗分散剂（对水泥用量）的掺量一定时，坍落度流动值随着单位用水量的增加而增大。

2. 含气量

掺用纤维素醚为主要成分的水溶性高分子外加剂，砂浆和混凝土的含气量大幅度增加。因此，在水下抗分散剂中复合消泡剂，可以减少混凝土中的含气量。加入消泡剂后，水下不分散混凝土的气泡间隔系数与基准混凝土一致，但抗冻性有些降低。掺用纤维素醚类抗分散剂的混凝土含气量一般调整到 3% ~ 4%。

3. 泌水

水下不分散混凝土的特征之一，就是浇筑后的混凝土中拌合水的分离极小，几乎不产生泌水现象，泌水率低，2h 内析出的水分小于混凝土体积的 1.5%。随着水下抗分散剂掺量的增加，其保水性显著提高。水下不分散混凝土几乎没有泌水，因而可以抑制混凝土中局部质量的降低，并提高混凝土与钢筋的黏结强度。

4. 水中材料分离少

水中浇筑混凝土时，新拌混凝土的分离表现在水泥粒子和骨料微粒子向水中扩散，增加了水的 pH 值，使水的透视度降低和浇筑的混凝土中水泥成分减少。水下抗分散剂随着掺量的增大，水下不分散混凝土中水泥流出率明显减少。混凝土在水中下落时的分离，随着水中下落的距离、混凝土下落的容积、水下抗分散剂的掺量等变化很大。可通过掺入标准掺量的水下抗分散剂，来判断外加剂抑制混凝土水中分离的效果。

5. 凝结特性

纤维素醚系列与丙烯酸系列抗分散剂对混凝土凝结时间的影响大不一样。单独使用纤维素醚类的外加剂，混凝土将大幅度延缓凝结时间，因此要经常复合早强剂，一般掺量控制在使凝结时间调整到 5 ~ 12h 的范围。丙烯酸系列的抗分散剂几乎不影响混凝土的凝结时间。

6. 混凝土泵送时阻力增大

掺用水下抗分散剂的混凝土比一般混凝土泵送阻力增大 2 ~ 3 倍。不过由于抵抗分离的能力增大，材料离析所造成的堵塞现象很难发生。坍扩度为 500 ~ 550mm 时，可以泵送200m 左右。

48.2.2　硬化混凝土的性能

1. 抗压强度

水中浇筑混凝土的抗压强度受到混凝土配合比（如水胶比、单位水泥用量、水下抗分散剂的掺量等）、施工方法（如水中下落距离、水中水平流动距离等）等因素的影响。水下不分散混凝土在空气中成型，其试件抗压强度与基准混凝土大致相同或略有降低（约降低10% 左右）。

水下不分散混凝土在水中自由下落 20 ~ 30cm 制成的混凝土试件，随着外加剂的掺量增加，水中水泥的流出率降低，因而混凝土的强度增加，但超过一定量后，大致成为一条直线。抗压强度与水胶比的关系同普通混凝土一样。水中施工与空气中施工一样，强度随龄期而增长。由于这种混凝土几乎无泌水和离析现象，因此，上层与下层混凝土质量的差异很小。

水中下落引起抗压强度的降低主要受下落高度和水下抗分散剂掺量两个因素的影响。试验表明，纤维素醚系外加剂掺量一定，采用泵送施工，以 R_c（水中浇注混凝土体的钻孔取样强度）与 R_m（空气中制作试件的强度）之比评价。下落高度为 0.3m 时，$R_c/R_m \approx 1.0$；下落高度为 1~2m 时 $R_c/R_m \approx 0.5$。水平流动引起混凝土质量发生变化，即强度降低的幅度大大减少。水深 8.5m 浇筑混凝土时，在混凝土导管 1m 以内强度略有增加，2m 以后强度降低，4m 左右强度降低 10%~20%。

2. 其他强度及性能

水中浇筑的混凝土的抗拉强度、抗折强度、静弹性模量与抗压强度的比率，与空气中浇筑的混凝土大致相同；水中浇筑的混凝土与异型钢筋的黏结强度（表 48-6），与普通混凝土相比，竖直筋水中制作的试件黏结力降低，但水平筋水中制作的试件黏结力与普通混凝土相同或略高一些，空气中成型的试件可得到高黏结力。其原因是特殊水下浇筑混凝土在水平筋下部无泌水产生的黏着力下降的现象。特殊水下施工混凝土比普通混凝土单位用水量多，保水性高，因此干燥收缩大 20%~35%。空气中徐变也比普通混凝土要大一些。

表 48-6 水中浇筑的混凝土与异型钢筋的黏结强度试验结果

指 标	自由端滑移量 /mm	竖直筋			水平筋		
		空气中制作	水中制作		空气中制作	水中制作	
		普通混凝土	水下混凝土		普通混凝土	水下混凝土	
黏结应力值/抗压强度	0.05	0.37	0.32	0.23	0.14	0.29	0.20
	0.10	0.39	0.36	0.29	0.21	0.33	0.23
	0.25	0.39	0.42	0.36	0.32	0.36	0.28
平均值		0.38	0.37	0.29	0.22	0.33	0.24

注：水下浇筑混凝土配合比：$W = 198kg/m^3$，$C = 380kg/m^3$，水下抗分离剂为 2.5kg/m^3，流化剂为 10L/m^3，扩散度为 400~500mm。

48.2.3 水下不分散混凝土与普通混凝土的沉降筛析对比试验

两种混凝土配合比见表 48-7。

表 48-7 两种混凝土配合比

名称	粗骨料最大粒径 /mm	水胶比 （%）	砂率 （%）	1m³ 混凝土用料/（kg/m³）				
				水	水泥	砂	粗骨料	水下不分离剂
普通混凝土	20	55	45	198	360	811	996	—
水下不分散混凝土	20	55	34	200	489	520	996	2.7

在 60cm 水中自由落下时，普通混凝土与水下不分散混凝土的筛析试验结果如图 48-1 所示。

从图中可见，普通混凝土各种组成材料明显分离，特别是水泥浆被水冲散，粗骨料与水增多。而水下浇筑混凝土掺入抗分散剂，组成材料不产生分离现象。

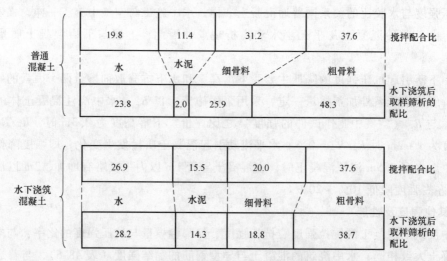

图 48-1　60cm 深水中自由落下的普通混凝土与水下不分散混凝土的筛洗试验结果

（图中数据以各种材料质量百分比表示）

48.2.4　各种因素对混凝土强度的影响

1. 减水剂掺量

混凝土的水下强度随着减水剂掺量的增加先减小而后稍有增加。但总体来看强度是不断降低的，但幅度不大。

2. 水下抗分散剂掺量

在保持坍落度基本相同的条件下，随着水下抗分散剂掺量的增加，混凝土 1d 的水下抗压强度均下降但幅度不大。当水下抗分散剂和高效减水剂复合掺加时，有助于降低混凝土用水量，提高混凝土抗压强度。

3. 水胶比的影响

混凝土的水下抗压强度随着水胶比的降低而显著提高，水胶比越小水下抗分散性越好，其混凝土强度提高越明显。经试验，水胶比为 0.42 时混凝土 1d 强度能达到水胶比为 0.5 的近 2 倍。可见水胶比对混凝土强度的影响是非常显著的。

4. 消泡剂掺量

混凝土的水下、水上抗压强度都随着消泡剂掺量的增加而显著提高。消泡剂掺量为 0.06% 时，混凝土 1d 水下强度是不掺消泡剂的 2 倍。这主要是消泡剂的掺入，在一定程度上消除了由水下抗分散剂引入混凝土拌合物中的气泡，降低了其含气量，有利于改善水下抗分散混凝土的工作性能，提高其抗压强度。

48.3　水下不分散混凝土的施工

48.3.1　对拌合物的基本要求

1）具有较好的和易性（即流动性、黏聚性、保水性），能满足混凝土拌合物在自重作用下的自行流动，且有抗离析性，保持水分不易析出。

2）具有良好的流动性保持能力。

3）泌水率小，2h 内析出的水分小于混凝土体积的 1.5%。

48.3.2　原材料技术要求

1. 水泥

宜选用细度大、泌水小和收缩率小的水泥。硅酸盐水泥和普通硅酸盐水泥可用于有一般要求的水下混凝土工程，不宜用于海水工程。

火山灰水泥和粉煤灰水泥可用于有一般要求及有海水、矿物水、工业废水的水下混凝土工程，不宜低温施工。

水位变化及有抗冻要求、耐腐要求的部位，应采用硅酸盐大坝水泥。

矿渣水泥由于其泌水较严重，不宜用于水下混凝土工程。水泥强度等级一般采用 42.5 级。而以矿物超细粉取代部分水泥可增加混凝土拌合物的流动度和黏度。

2. 骨料

（1）细骨料　宜采用石英含量高，细度模数为 2.1 ~ 2.8，其中 10mm 以上占 20% ~ 25%，含泥量小于 3%（质量分数）的中砂。为满足流动性要求，对于水下压浆混凝土，以采用颗粒浑圆的细砂为宜。砂的最大粒径应满足下式要求

$$d_{max} \leq D_h/(15 \sim 20) \leq 2.5mm$$

$$d_{max} \leq D_{hmin}/(8 \sim 10)$$

式中　d_{max}——砂的最大粒径（mm）；

　　　D_h——预填粗骨料的最大粒径（mm）；

　　　D_{hmin}——预填粗骨料的最小粒径（mm）。

如果采用颗粒较粗的砂，易破坏砂浆的黏性，引起离析，还阻碍水泥砂浆在预填骨料空隙间的流动。

（2）粗骨料　宜采用卵石，以保证混凝土具有良好的流动性。为了增加骨料与水泥的黏结力，也可掺入 20% ~ 25% 的碎石。卵石质量差时，可采用碎石，粒径不宜大于 31.5mm，否则混凝土易离析，含泥量不大于 1%，砂率必须再增加 3% ~ 5%，以使砂浆量多一些。

粗骨料允许最大粒径与填注方法和浇筑设备的尺寸有关，见表 48-8。如果水下结构中布置有钢筋笼、网等钢骨架，粗骨料粒径不得大于钢筋净间距的 1/4，以保证新浇筑的混凝土能顺利穿过钢筋笼和网形成整体。

表 48-8　粗骨料允许最大粒径

水下浇筑方法	导管法		泵送法		倾注法	开底容器法	装袋法
	卵石	碎石	卵石	碎石			
允许最大粒径	导管直径的 1/4	导管直径的 1/5	灌注管直径的 1/3	灌注管直径的 1/3.5	60mm	60mm	视袋大小而定

3. 外加剂

外加剂有非离子型的纤维素及丙烯酸系两大类，主要作用是增加混凝土的黏性，使混凝

土受水冲洗时不产生分离。水下抗分散剂与三聚氰胺系高效减水剂配合使用，既可提高混凝土的黏性，又提高混凝土的流动性。外加剂掺量要根据其种类、施工方法、水中自由落差、施工场所周围水流等情况，通过试验确定。

48.3.3　水下不分散混凝土配合比设计

1. 水下不分散混凝土配制强度

按下式确定

$$f = f_{cu,0}/t + 1.645\sigma$$

式中　f——水下不分散混凝土配制强度（MPa）；

　　　$f_{cu,0}$——普通混凝土配制强度（MPa）；

　　　σ——混凝土强度标准差（MPa）；

　　　t——系数，一般取 0.7。

采用导管法浇筑的水下不分散混凝土配制强度应比设计强度提高 40% ~ 50%。具体技术要求见《水下不分散混凝土试验规程》（DL/T 5117—2000）。

2. 原材料用量及参数要求

（1）单位用水量　水下不分散混凝土由于水下抗分散剂的加入，其黏性提高，一般扩散度为 450mm，故其用水量比普通混凝土大。当粗骨料最大粒径为 20mm 时，单位用水量为 220 ~ 250kg/m³；粗骨料最大粒径为 40mm 时，单位用水量为 215 ~ 225kg/m³。最后通过试验调整砂率及减水剂用量，取得最低用水量。

（2）水泥品种及用量　不宜使用矿渣水泥。水泥用量小于 350kg/m³，混凝土耐久性可能降低，一般要求在 400 ~ 450kg/m³。

（3）砂率　由于混凝土中抗分散剂的掺入，混凝土较黏稠，砂率大小对混凝土流动性影响不大，一般在 40% 左右。

（4）水胶比　水胶比越小，其水泥流失量越少，水下抗分散性能越好。因为水胶比越小，且加入了一定量的水下抗分散剂后，使骨料的黏度增大，这既可防止骨料离析，又可在养护初期防止水分过分流失，有利于水泥水化，从而能够提高混凝土的密实度。水下不分散混凝土的抗压强度随着水胶比的降低而显著提高，水胶比越低其强度提高越明显。

3. 水下不分散混凝土试件的成型方法

水下试件的成型方法参考《水下不分散混凝土试验规程》（DL/T 5117—2000），采用 150mm × 150mm × 150mm 立方试模，将试模置于水箱中，将水加至试模上部高差 500mm 处，用手铲将搅拌好的水下不分散混凝土拌合物从水面处向水中落下浇入试模中；投料应连续操作，料量应超出试模表面，将试模从水中取出，静止 5 ~ 10min，使混凝土自流平、自密实而达到平稳状态；用木槌轻敲击试模两侧面促进排水，初凝之前用抹刀抹平，然后将其放回水中养护，放置 2d 拆模，在水中进行养护达到龄期进行测试。

4. 混凝土水下抗分散剂配合比的确定

通过砂浆抗压强度（7d、28d 水下和水上强度比）和正校试验，确定水下抗分散剂配合比，见表 48-9。

表 48-9　水下抗分散剂配合比

组成	PS	BS	YM	FA	减水剂
比例（%）	2	3.5	18	21.5	55

注：1. PS 为生物多聚糖型絮凝剂；BS 为有机保塑材料；YM 为无机增强材料。
　　2. 粉煤灰（FA）用量补足配合比中的不足部分，根据减水剂用量变化而变化。

5. 水下不分散混凝土参考配合比

水下不分散混凝土参考配合比见表 48-10。

表 48-10　水下不分散混凝土参考配合比

材料名称	絮凝剂（%）	水泥/（kg/m³）	FA/（kg/m³）	砂/（kg/m³）	石/（kg/m³）	水/（kg/m³）	矿渣/（kg/m³）	抗压强度/MPa 7d	抗压强度/MPa 28d	扩散度/mm
用量	3	350	50	642	1048	188	100	39.5	49.3	450~500
品种	—	P·O 42.5	Ⅱ级	$\mu_f = 22.6$	5~25mm	—	—	—	—	—

48.3.4　C30 水下不分散混凝土配合比设计实例

1. 计算试配强度

已知：$f_{cu,0} = 30\text{MPa}$，$\sigma = 4.5\text{MPa}$，$t = 0.7$。混凝土试配强度为

$$f = 30\text{MPa}/0.7 + 1.645 \times 4.5\text{MPa} = 50.3\text{MPa}$$

2. 主要原材料品种及性能

水泥为 P·O 42.5R，$f_{ce} = 53.2\text{MPa}$；砂为中砂，细度模数为 2.4~2.8；石子为 5~25mm 碎石；聚羧酸高效减水剂 P.C 及水下抗分散剂——絮凝剂 UWB—Ⅱ 性能见表 48-11 和表 48-12。

表 48-11　聚羧酸高效减水剂 P.C 性能

净浆流动度/mm	减水率（%）	坍落度保留值/mm 30min	坍落度保留值/mm 60min	含气量（%）	氯离子含量（%）	抗压强度比（%） 3d	抗压强度比（%） 7d	抗压强度比（%） 28d
270	30	210	180	2	0.01	164	133	127

表 48-12　絮凝剂 UWB—Ⅱ 性能

含气量（%）	泌水率（%）	坍扩度/mm	凝结时间初凝/终凝	7d 抗压强度水陆比（%）
3.0	0	220/455	18h21min/21h	75

3. 水下不分散混凝土参考配合比

C30 水下不分散混凝土配合比及性能见表 48-13 和表 48-14。某水下不分散混凝土参考配合比见表 48-15。

表 48-13　C30 水下不分散混凝土配合比　　　　　　　（单位：kg/m³）

水泥	砂	碎石	水	UWB—Ⅱ	减水剂	UEA 膨胀剂	调凝剂
466	704	969	233	11.65	4.66	37	6.99

表 48-14　C30 水下不分散混凝土性能

坍扩度/mm	抗分散性	3d 抗压强度/MPa	7d 抗压强度/MPa	28d 抗压强度/MPa
210/470	0.9	20.8	29.3	50.6

表 48-15　某水下不分散混凝土参考配比

絮凝剂品种与掺量		水泥品种	水泥/（kg/m³）	水/（kg/m³）	$R_{28d水下}$/MPa
聚丙烯酰胺 PN	3.2%	42.5 硅酸盐	550	258	36.5
聚丙烯酰胺 PN	2.7%	42.5 硅酸盐	560	280	33.8
聚丙烯酰胺 PN	3.2%	42.5 硅酸盐	500	300	—
NNDC—2 纤维类	5.8%	42.5 硅酸盐	479	249	33.9

水下不分散混凝土由于抗分散剂的加入，其黏性提高，混凝土泵送阻力比普通混凝土增大 2～4 倍，但由于其抗分散能力增大，混凝土不易堵泵。

48.3.5　施工中应注意的几个方面

1）水下不分散混凝土是高黏性的，与普通混凝土相比，搅拌机的负荷增大 25% ～ 35%，甚至可增大 50%，因此，必须注意搅拌机的能力和搅拌量。

2）流化剂的超掺将引起材料抗分离能力的降低和明显的缓凝现象。流化剂与水下抗分散剂之间若配合不当，将得不到所要求的流动性。因此，必须充分注意流化剂的品种和适宜的掺量。

3）水下不分散混凝土的分散抵抗能力强，不易发生泵送时管内的堵塞现象，而且泵送前后的混凝土质量几乎无变化。但由于黏性大，泵送管内压力大幅度提高，泵送能力大幅度降低，其泵送阻力是普通混凝土的 2～4 倍，在条件良好的情况下，水平泵送距离最大限度约 300m。特别要提出的是挤压泵输送比活塞泵输送能力差，选用设备时必须引起注意。

48.3.6　混凝土抗分散性评价方法

1. 正规做法

水下不分散混凝土的抗分散性试验方法较多，本书介绍采用称重法测水泥流失量来评价其抗分散性。具体做法是：取一铁皮桶，在桶底部放一容积为 1500mL 的量筒，桶内装水至高度 500mm；拌制 2kg 水下不分散混凝土，从水面自由落下倒入水中的容器内，使之全部进入水下容器，不得洒漏，静置 5min；将容器从水中提起，排掉混凝土上面积留下的水，称其质量，重复进行上述操作三次，取各次平均值，精确到 0.1%，从而测出水泥流失量。

$$流失量 = (a-b)/(a-c)$$

式中　a——浸水前混凝土及容量筒总重（kg）；

　　　b——浸水后混凝土及容量筒总重（kg）；

　　　c——容量筒重（kg）。

2. 经验做法

1000L 量筒中注入清水，将 200g 拌合物倒入量筒，如筒内水基本保持清澈，则此抗分散剂较好。

48.4　水下不分散混凝土灌注桩

水下灌注桩是将拌制后的混凝土在水环境中（淡水、海水、泥浆水）浇筑和硬化的混凝土桩称为水下灌注桩。

按其浇筑方法分为两种：

1）采用预拌混凝土或现场拌制混凝土拌合物，进行水下浇筑，如采用导管法施工混凝土灌注桩。

2）先进行水下桩孔中预填骨料，然后将预拌制好的胶凝材料采用压力灌浆法将胶凝材料充实骨料孔隙形成实体混凝土桩。这种施工方法切不可在泥浆中进行浇筑，以防止影响水泥浆和预填骨料的胶结强度。

48.4.1　水下浇筑混凝土技术要求

1）混凝土要有良好的流动性、黏聚性和保水性。流动性即混凝土拌合物在自重作用下有自行流动的性能；黏聚性指混凝土拌合物具有抗离析的性能；保水性是指混凝土有保持水分不易析出的能力。

水下灌注桩一般不采取振动密实，而是靠自重（或压力）和流动性摊平与密实。若流动性差，就会在混凝土中形成蜂窝和孔洞，严重时也容易造成堵管，给施工带来困难。一般混凝土坍落度应控制在 220mm 左右。

2）具有良好的流动性保持能力，一般 1h 坍落度基本不损失。

3）混凝土 2h 内析出水分不大于混凝土体积的 1.5%。

48.4.2　水下浇筑混凝土的制备

1. 原材料要求

1）水泥。应根据水下不分散混凝土的使用条件和环境的侵蚀性来选择水泥品种，见表 48-16。

表 48-16　不同水泥品种制备的水下不分散混凝土性能

水泥品种		硅酸盐水泥普通硅酸盐水泥	矿渣水泥	火山灰水泥粉煤灰水泥	硅酸盐大坝水泥	矿渣硅酸盐大坝水泥
强度增长率	早期	较大	较小	最小	次大	较小
	后期	较小	最大	较大	次大	最大
抗磨损		较好	较差	较差	好	—
抗冻		较好	较差	最差	好	—
抗渗		较好	较差	较差	—	—
抗蚀	抗溶出性	较差	较好	好	—	较好
	抗硫酸盐	较差	较好	最好	好	好
	抗碳酸性	较好	较差	较差	—	—
	抗一般酸性	较差	较好	一般	—	—
	抗镁化性	较好	较差	较差	—	—
防止碱骨料膨胀		次好	较有利	最有利	有利	有利
混凝土和易性		—	较差	好	—	较差
混凝土泌水性		—	大	较小	—	大
说明		可用于具有一般要求的水下混凝土工程，不宜在海水中使用	不适用于水下压浆混凝土	可用于具有一般要求及有侵蚀性的海水、矿物水、工业废水中的水下混凝土工程，不宜用于低温施工	适用于溢流面、水位变动区及要求抗冻耐磨的部位	适用于大体积结构物，内部要求低热的部位

为保证水下压浆顺利和混凝土质量，宜采用泌水率小、收缩小的水泥，如硅酸盐水泥、普通硅酸盐水泥，不宜采用泌水的矿渣水泥。

2）骨料。

① 细骨料。为满足水下浇筑流动性要求，砂的质量对混凝土的影响要大于粗骨料，宜采用河砂。为使混凝土有较好的黏聚性，不宜用粗砂，而宜采用 $\mu_f = 1.3 \sim 2.1$ 的细砂。

② 粗骨料。为保证混凝土的流动性，宜采用卵石。为增加水泥浆与骨料的胶结力和满足强度要求，若卵石压碎指标较低，有风化石等，可掺入 20% ~ 25% 碎石。在缺乏卵石情况下采用碎石，骨料含泥量应小于 1%，针片状 < 10%，连续级配。粗骨料允许最大粒径见表 48-8。

3）水及减水剂要求同普通混凝土。

2. 配合比设计要点

1）砂率宜较普通混凝土提高，预拌混凝土骨料粒径一般为 5 ~ 25mm，此时碎石混凝土砂率 49%，卵石混凝土砂率 45% 为宜。

2）胶凝材料用量不宜小于 370kg/m^3，以满足混凝土的流动性要求。

3）在浇筑时间可能超过混凝土初凝时间时，可在混凝土泵送剂中增加适量缓凝剂。

3. 参考配合比

C40 水下浇筑灌注桩参考配合比见表 48-17。

表 48-17　C40 水下浇筑灌注桩参考配合比

材料名称	P·O42.5 /(kg/m³)	FA /(kg/m³)	S /(kg/m³)	G /(kg/m³)	W /(kg/m³)	P.C /(kg/m³)	R_{28d} /MPa	R_{56d} /MPa
材料用量	317	106	725	1087	165	4.23	44.3	45.2
	334	112	716	1073		4.46	45.4	49.3
	353	118	708	1058		4.71	47.3	53.8

第 49 章 抗硫酸盐混凝土

混凝土受到内部或外部硫酸盐的化学作用，使构成水泥石的水化物变质或分解，进而使混凝土失去胶结性能而产生剥落、溃散等现象，通常把混凝土的这种劣化现象称为化学腐蚀（侵蚀）。

49.1 硫酸盐侵蚀混凝土的劣化机理

硫酸盐对混凝土侵蚀造成混凝土结构的劣化破坏，通过与水泥中的水化物作用，生成膨胀性的水化产物，使硬化的混凝土开裂、崩坏。

硫酸盐对混凝土作用的过程，是侵蚀介质和混凝土组成物质发生化学反应时产生侵蚀的过程。硫酸盐侵蚀只是在有水分存在的地方发生。劣化机理是溶解或者膨胀。

当发生膨胀性侵蚀时，生成的反应性产物占有比原材料大的体积，因而产生膨胀压力，使混凝土开裂，造成强度损失，最终使混凝土崩裂破坏。

混凝土发生硫酸盐侵蚀破坏的主要原因是：硬化混凝土在硫酸盐侵蚀作用下，生成膨胀性的钙矾石。外部硫酸盐对混凝土的侵蚀作用，主要发生于：

1）含硫酸盐的水和土壤中的 SO_4^{2-} 向混凝土的扩散渗透。

2）大气中的 SO_2 生成的 SO_4^{2-} 向混凝土孔隙中扩散。

3）SO_4^{2-} 和 $Ca(OH)_2$ 发生反应。

4）SO_4^{2-} 进一步向混凝土内部侵入，和混凝土中水化物进一步发生反应，生成钙矾石。

49.2 硫酸盐的腐蚀源

硫酸盐的腐蚀来源常为大气、土壤和水。

49.2.1 大气中的酸性物质腐蚀

由于工业生产如发电厂、钢铁厂、水泥厂等，向大气中排放 SO_3，造成环境污染，形成酸雨，对混凝土产生腐蚀。1998 年，我国工业排放的 SO_3 约为 2090t，酸雨覆盖面积达国土面积的 30%，造成了严重的腐蚀。近些年来我国对环保保护高度重视，严格控制和检查三氧化硫的排放，这方面的污染已明显降低。

49.2.2 水中的硫酸盐腐蚀

水中硫酸盐对混凝土的腐蚀，包括温泉水、地下水及海水等，由于水中含有硫酸、碳酸、硫酸盐及硫化氢，对混凝土产生腐蚀，加上泉水高温，钢筋混凝土结构很容易受到腐蚀破坏。我国西部地区，如铁路、公路、矿山，都发现了地下含有硫酸盐水，对混凝土结构产生了破坏，地下水管也受到腐蚀，表现为析出许多白色针状、絮状结晶物。

海水中的硫酸盐和氯盐对混凝土结构的腐蚀更大，而且会促进氯离子的扩散和渗透。

沼泽水中往往含有游离 CO_2，使混凝土发生侵蚀。冰雪融化后的水及经冷凝而成的纯净水，也会溶解 $Ca(OH)_2$，引起混凝土表面腐蚀。

49.2.3　土壤对混凝土的腐蚀

我国土壤分成四大类，即中碱性土壤、酸性土壤、内陆盐土壤和滨海盐土壤。青海、新疆、甘肃等西部地区及河北、山东一带的土壤属于内陆盐土壤，也称盐碱地，土壤中含有大量硫酸盐、氯盐和镁盐等强腐蚀介质。沿海地区的土壤属滨海盐土壤，土壤中含硫酸盐和氯盐。滨海盐地区腐蚀最严重的是从地面起高 0.35m 处的吸附区，混凝土表面腐蚀严重，石子外露。

硫酸盐对钢筋混凝土结构的腐蚀如图 49-1 所示。

a)

b)

c)

图 49-1　硫酸盐对钢筋混凝土结构的腐蚀

49.3 硫酸盐侵蚀的影响因素

硫酸盐对混凝土侵蚀破坏是一个复杂的过程，影响因素众多。混凝土结构物是否出现混凝土硫酸盐侵蚀破坏，破坏程度如何，不仅与 SO_4^{2-} 的浓度有关，与侵蚀溶液中的其他离子，如 Cl^-、Na^+、Ca^{2+}、Mg^{2+} 的浓度，与水泥 C_3A、C_4AF、C_3S 的含量有关，而且还与混凝土施工质量、混凝土的密实度、建筑结构物的工作条件和环境条件，如水分蒸发、冻融循环、干湿交替、水力冲刷等多种因素有关，它是多种劣化因素的结果。

49.3.1 抗硫酸盐水泥品种和矿物组成

水泥抗硫酸盐侵蚀的性能取决于水泥熟料的矿物组成及其相对含量，尤其是 C_3A 和 C_3S 的含量具有重要意义。C_3A 是形成钙矾石的先决条件，限制 C_3A 的含量就相当于减小了形成钙矾石的可能性。日本水泥公司在 20 世纪 50 年代初，对耐硫酸盐水泥必须具备的条件提出如下规定：① $C_3A < 5\%$；② $2C_3A + C_4AF < 20\%$；③ $C_3S < 50\%$。

各国对抗硫酸盐水泥的化学成分和矿物组成，均有严格要求，见表 49-1。

表 49-1 各国抗硫酸盐水泥的品质要求

国家	MgO (%)	SO_3 (%)	SiO_2 (%)	Al_2O_3 (%)	Fe_2O_3 (%)	C_3A (%)	其他	备注
苏联	<5	<3.5	—	—	—	—	$C_3A + C_4AF < 22\%$ $C_3S < 50\%$	—
美国	<6	<3	—	<6	<6	<8	—	—
美国	<6	<2.3	—	—	—	<5	$2C_3A + C_4AF < 25\%$ $C_4AF + C_2F < 25\%$	高级抗硫酸盐水泥
中国	<5	<2.5	—	—	—	<5	$C_3A + C_4AF < 22\%$ $C_3S < 50\%$	—
英国	<5	<3.5	—	—	—	<3	—	—
日本	<5	<3	—	—	—	<4	—	—
德国	<5	<3.5	—	—	—	<3	—	高级抗硫酸盐水泥
德国	<5	<4	—	—	—	<12.6	$Na_2O < 1.8\%$	抗硫酸盐矿渣水泥

我国几种水泥的抗蚀系数及其 C_3A 含量对比见表 49-2。

表 49-2 我国几种水泥的抗蚀系数及其 C_3A 含量对比

水泥	永登大坝水泥	抗硫酸盐水泥	磷渣水泥	邯郸普通水泥
抗蚀系数 K	1.046	1.061	0.837	0.819
C_3A 含量(%)	3.62	1.05	9.00	10.61

从表 49-2 中的抗蚀系数同 C_3A 含量进行对比可以发现，水泥的抗侵蚀能力与其 C_3A 含量密切相关，水泥中的 C_3A 含量高，它的抗侵蚀能力就差。

无论哪一种水泥，其抗蚀系数都随侵蚀液中 SO_4^{2-} 含量的增大而降低。侵蚀液中 SO_4^{2-} 浓度越大，侵蚀能力越强。

49.3.2　粉煤灰对混凝土抗硫酸盐侵蚀的影响因素

粉煤灰中 CaO 和 Fe_2O_3 的含量，在水泥、混凝土抗硫酸盐性能的影响上是主要因素。根据粉煤灰成分计算出粉煤灰系数 R 与抗硫酸盐侵蚀的关系见表49-3。R 越高，试件的膨胀值越大，抗硫酸盐侵蚀的能力越低，也就是说粉煤灰的 R 越低，掺入混凝土中的粉煤灰就越能有效地提高混凝土的抗硫酸盐腐蚀性能。

$$R = (C - 5)/F$$

式中　C——CaO 质量分数（%）；

　　　F——Fe_2O_3 质量分数（%）。

表 49-3　粉煤灰系数 R 与抗硫酸盐侵蚀的关系

R 的界限	抗硫酸盐侵蚀	R 的界限	抗硫酸盐侵蚀
<0.75	相当大的改善	1.5 ~ 3.0	没有显著变化
0.75 ~ 1.5	中等改善	>3.0	降低

49.3.3　矿渣粉对混凝土抗硫酸盐腐蚀的影响

混凝土中掺入矿渣能改善抗硫酸盐腐蚀的性能。我国中南大学邓德华及其研究生对矿渣抗硫酸盐腐蚀进行了有益的探索。

1. 试验原材料

1）水泥：韶峰牌普通硅酸盐水泥，强度等级为42.5。

2）矿渣：萍乡钢铁厂，比表面积为 $4200cm^2/g$。

3）细骨料：湘江河砂，细度模数为 2.61，堆积密度为 $1490kg/m^3$，表观密度为 $2640kg/m^3$。

4）工业纯硫酸钠。

水泥与矿渣的化学成分见表49-4。

表 49-4　水泥与矿渣的化学成分

化学成分	SiO_2	Al_2O_3	Fe_2O_3	CaO	MgO	SO_3
水泥	24.30	4.80	3.80	55.30	4.20	2.40
矿渣	34.18	13.80	15.32	26.60	8.14	1.96

2. 试验方案

1）水胶比：0.45、0.5、0.6、0.7。

2）矿渣掺量：20%、40%、60%、80%。

3）胶砂比：2.5。

试验砂浆的配合比见表49-5。

试件成型，标养28d后全部取出开始浸泡。侵蚀溶液为 5% Na_2SO_4 溶液，试件分别放置于水中和 Na_2SO_4 溶液中，温度为 0 ~ 39℃。

表 49-5　试验砂浆的配合比

序号	代号	水胶比（%）	胶砂比	胶凝材料质量分数（%）	
				矿渣	水泥
1	45	45	2.5	0	100
2	45—SL2			20	80
3	45—SL4			40	60
4	45—SL6			60	40
5	45—SL8			80	20
6	5	50	2.5	0	100
7	5—SL6			60	40
8	6	60	2.5	0	100
9	6—SL2			20	80
10	6—SL4			40	6
11	6—SL6			60	40
12	6—SL8			80	20
13	7	70	2.5	0	100
14	7—SL4			40	60
15	7—SL6			60	40

3. 试验结果

（1）抗压强度及抗蚀系数　抗蚀系数是试件在溶液中浸泡的强度与清水中同浸泡龄期强度比值，用于评价砂浆试件的抗硫酸盐侵蚀能力。抗蚀系数越高，试件的抗硫酸盐侵蚀能力越强。

砂浆抗压强度试验数据与抗蚀系数见表 49-6。

表 49-6　砂浆抗压强度试验数据与抗蚀系数

序号	编号	2 个月			6 个月			9 个月		
		溶液	清水	抗蚀系数	溶液	清水	抗蚀系数	溶液	清水	抗蚀系数
1	45	30.81	27.92	1.10	33.17	36.56	0.91	34.09	38.69	0.88
2	45—SL2	27.41	31.27	0.88	36.71	35.32	1.04	37.50	36.63	1.02
3	45—SL4	33.71	31.71	1.06	39.51	35.40	1.12	44.00	35.81	1.23
4	45—SL6	34.02	34.90	0.97	38.40	40.70	0.94	36.71	37.00	0.99
5	45—SL8	27.70	33.60	0.82	31.70	34.60	0.92	30.50	36.00	0.84
6	5	32.10	34.50	0.93	38.98	39.02	0.90	33.48	39.51	0.84
7	5—SL6	41.80	38.51	1.08	43.11	39.31	1.10	48.61	42.71	1.14
8	6	35.10	27.60	1.27	34.69	30.70	1.13	25.95	21.79	1.19
9	6—SL2	27.20	26.81	1.01	35.72	30.21	1.18	31.98	23.46	1.36
10	6—SL4	34.40	23.17	1.48	42.40	34.60	1.23	38.70	28.50	1.36
11	6—SL6	27.50	26.31	1.04	32.70	33.10	0.99	33.80	32.30	1.05
12	6—SL8	23.94	26.14	0.91	32.10	28.00	1.15	34.30	28.60	1.20
13	7	30.50	33.31	0.91	37.91	39.23	0.97	30.32	38.95	0.78
14	7—SL4	24.91	25.72	0.97	32.31	29.41	1.10	31.61	30.61	1.03
15	7—SL6	18.21	22.41	0.81	31.41	31.43	1.00	30.92	35.51	0.87

由表 49-6 可见，$W/B = 0.45$、0.50、0.70 的基准砂浆试件的抗蚀系数，随着试验龄期的增长而降低。这是由于硫酸盐侵蚀，使砂浆试件抗压强度下降之故。含矿渣超细粉的试件，随着浸泡龄期的增长，抗压、抗蚀系数有所提高或变化不大，说明试件中由于掺入矿渣，提高了抗硫酸盐的性能，抗压强度能适当提高，使抗蚀系数提高或大体不变。

（2）抗折强度与抗蚀系数　砂浆在清水中及在 Na_2SO_4 溶液中浸泡的抗折强度和抗蚀系数见表 49-7。

表 49-7　试验砂浆的抗折强度和抗蚀系数

序号	编号	2 个月			6 个月			9 个月		
		溶液	清水	抗蚀系数	溶液	清水	抗蚀系数	溶液	清水	抗蚀系数
1	45	13.81	11.00	1.26	14.35	13.54	1.06	15.78	13.52	1.17
2	45—SL2	12.69	9.71	1.30	12.61	10.51	1.19	12.31	14.31	0.86
3	45—SL4	13.91	10.15	1.37	13.41	11.71	1.14	12.61	14.12	0.89
4	45—SL6	12.51	9.32	1.34	13.11	12.62	1.04	13.42	12.91	1.04
5	45—SL8	11.00	9.31	1.18	13.62	10.31	1.32	14.13	11.52	1.27
6	5	12.71	10.23	1.24	14.13	11.76	1.20	13.42	11.74	1.14
7	5—SL6	12.51	9.76	1.28	15.21	12.81	1.19	15.61	13.11	1.19
8	6	10.72	9.42	1.14	10.28	8.56	1.20	8.91	8.32	1.07
9	6—SL2	10.45	9.05	1.15	8.16	9.64	0.85	7.21	10.32	0.70
10	6—SL4	8.97	9.12	0.98	10.32	11.11	0.93	8.98	10.51	0.85
11	6—SL6	11.00	9.27	1.19	10.81	10.32	1.05	11.75	11.94	0.98
12	6—SL8	11.03	9.93	1.11	12.40	9.97	1.24	12.30	9.76	1.26
13	7	10.80	9.20	1.17	10.12	9.57	1.05	9.62	8.57	1.12
14	7—SL4	7.95	7.94	1.00	8.74	9.88	0.88	7.64	11.10	0.69
15	7—SL6	9.24	8.29	1.11	9.20	9.90	0.93	10.00	10.20	0.98

由表 49-7 可知：

1）$W/B = 45\%$、50%、60%、70% 的基准试件，2 个月、6 个月、9 个月的抗折、抗蚀系数均高于 1.0；随着浸泡龄期的变化，抗蚀系数变化不大。说明试验使用的水泥（$C_3A < 5\%$）具有较好的抗硫酸盐侵蚀能力。

2）当矿渣掺量为 70% 以上时，$W/B = 0.45$、0.5 和 0.6 时，试件的抗折、抗蚀系数均大于 1.0，试件没有任何膨胀。

（3）矿渣对砂浆试件膨胀的影响　砂浆试件在溶液中浸泡的膨胀率，对于水胶比为 0.45 和 0.6，掺与不掺矿渣的试件来说，在 5% Na_2SO_4 溶液中浸泡的膨胀率相差很大。在浸泡的前 5 个月中，不掺矿渣试件膨胀率与掺矿渣试件膨胀率相差不大，但浸泡到 9 个月龄期时，水胶比为 0.45 的试件，基准试件的膨胀率达 1.0%，掺矿渣试件的膨胀率小于 0.2%，仅为前者的 1/5。而对水胶比为 0.6 的试件，浸泡 9 个月龄期后，掺与不掺矿渣试件之间的膨胀率差达 10 倍以上，说明矿渣能抑制硫酸盐腐蚀的膨胀。

49.3.4　硅粉对混凝土抗硫酸盐腐蚀的影响

不同硅粉掺量对水泥抗硫酸盐侵蚀性能的影响见表 49-8。

表 49-8　不同硅粉掺量对水泥抗硫酸盐侵蚀性能的影响

硅粉掺量(%)	0	5	10	15
抗蚀系数 K	0.819	0.959	1.086	1.000
试件在自来水中养护的抗折强度/MPa	9.8	11	12.5	13.7
试件在侵蚀溶液中浸泡的抗折强度/MPa	8.1	10.6	13.6	13.7

由表 49-8 可知，在水泥中以部分硅粉取代水泥后，能有效提高抗硫酸盐（钠）溶液的侵蚀性能。特别是硅粉等量取代 10% 水泥的混凝土，抗硫酸盐腐蚀效果最优。水泥抗硫酸盐侵蚀能力提高的主要原因是：

1）硅粉的颗粒很小，粒径为 $0.2 \sim 2\mu m$，平均粒径为 $0.6\mu m$，比水泥颗粒还小许多倍，因此，混凝土密实性增加，抗渗性增强，使侵蚀溶液渗入更加困难。

2）硅粉的主要化学成分是 SiO_2，占 92.16%。由于它活性高，颗粒小，使其掺入水泥后能够很快地发生二次水化作用，吸收水泥石中的 $Ca(OH)_2$，降低液相石灰浓度，二次水化产物填充毛细孔使水泥石密实性增大。其比掺粉煤灰的水化反应来得更早、更充分、更彻底些。

3）由于硅粉的二次水化，使得在早期就吸收了大量 $Ca(OH)_2$，从而限制了钙矾石和二水石膏的生成条件，提高了水泥砂浆的抗硫酸盐侵蚀能力。

49.3.5　水胶比的影响

水胶比直接影响混凝土的致密程度及渗透性。硫酸盐的腐蚀破坏与混凝土的渗透性有关，水胶比是混凝土抗硫酸盐侵蚀的重要参数。在硫酸盐腐蚀环境下，混凝土的水胶比由 0.5 降到 0.35，浸泡时间为 1 年，强度损失分别为 39% 和 26%。我国《高性能混凝土应用技术规程》（CECS 207—2006）中关于抗硫酸盐腐蚀混凝土的最大水胶比规定为 ≤0.45。水胶比 ≤0.45，C_3A 含量低于 8% 的混凝土在抗硫酸盐环境下是相对安全的。

49.3.6　温度的影响

温度升高，会加速硫酸盐侵蚀。温度升高会加速钙矾石和石膏的形成，也增加了 C-S-H 凝胶对 SO_4^{2-} 的吸附。

49.4　混凝土抗硫酸盐腐蚀性能的检测与评价

根据《普通混凝土长期性能和耐久性能试验方法标准》（GB/T 50082—2009）和《混凝土耐久性检验评定标准》（JGJ/T 193—2009）的规定，抗硫酸盐侵蚀检验按如下方法（本检验方法适用于测定混凝土试件在干湿交替环境中，以能够经受的最大干湿循环次数来表示混凝土抗硫酸盐侵蚀的性能）进行。

49.4.1　混凝土试件要求

1）混凝土试件尺寸为 100mm × 100mm × 100mm 的立方体试件，每组应为 3 块。

2）混凝土的取样应符合《普通混凝土拌合物性能试验方法标准》（GB/T 50080—2002）中的规定，每组试件所用的拌合物应从同一盘混凝土或同一车混凝土中取样。

3）试件的制作和养护应符合《普通混凝土力学性能试验方法标准》（GB/T 50081—2002）中的规定，试件制作时不应采用憎水性脱模剂。

4）除制作抗硫酸盐侵蚀试验用的试件外，还应按照同样方法，同时制作抗压强度对比用试件，见表 49-9。

表 49-9　抗硫酸盐侵蚀试验所需的试件组数

设计抗硫酸盐等级	KS15	KS30	KS60	KS90	KS120	KS150	KS150 以上
检查强度所需干湿循环次数/次	15	15 及 30	30 及 60	60 及 90	90 及 120	120 及 150	150 及 设计次数
鉴定 28d 强度所需试件组数/组	1	1	1	1	1	1	1
干湿循环试件组数/组	1	2	2	2	2	2	2
对比试件组数/组	1	2	2	2	2	2	2
总计试件组数/组	3	5	5	5	5	5	5

49.4.2　试验过程

1. 试验设备

1）干湿循环试验装置。应采用能使试件静置不动、浸泡、烘干及冷却等过程自动进行，并具有数据实时显示、断电记忆及试验数据自动存储功能的试验装置，或采用符合下列规定的设备进行干湿循环试验：

① 烘箱应能使温度稳定在（80 ± 5）℃。

② 容器应至少能装 27L 溶液，并带盖，且应由耐腐蚀材料制成。

2）试剂应采用化学纯无水硫酸钠。

2. 试验步骤

（1）烘干　试件在养护至 28d 龄期前 2d 从标养室取出。擦干试件表面水分，然后放入烘箱中，在（80 ± 5）℃温度下烘 48h。烘干结束后在干烘环境中冷却到室温。对于掺入掺合料比较多的混凝土，也可采用 56d 龄期或设计规定的龄期进行试验，这种情况应在试验报告中说明。

（2）放入试件盒　将冷却后的试件立即放入试件盒（架）中，相邻试件之间应保持 20mm 间距，试件与试件盒侧壁的间距不应小于 20mm。

（3）浸泡　将配制好的 5% Na_2SO_4 溶液注入试件盒内，溶液面至少要超出最上层试件表面 20mm，开始浸泡，浸泡时间为（15 ± 0.5）h。注入溶液时间不应超过 30min，浸泡时间（龄期）应从试件进入溶液中起计时。试验过程中应定期检查和调整溶液的 pH 值，可每隔 15 个循环测试一次 pH 值，应始终维持溶液 pH 值在 6 ~ 8。溶液温度应控制在 25 ~ 30℃。也可不测试 pH 值，但应每月更换一次试验用溶液。

（4）风干　浸泡过程结束后，应立即排液，在 30min 内将溶液排空，并将试件风干 30min，从溶液开始排出到试件风干的时间应为 1h。

（5）再次烘干　风干结束后立即升温将试件盒内温度升至 80℃。升温过程应在 30min 内完成，温度应维持在（80 ± 5）℃。从升温开始至开始冷却的时间为 6h。

（6）再次冷却　烘干结束后立即对试件进行冷却，从开始冷却到盒内试件表面温度降至 25 ~ 30℃ 的时间应为 2h。

至此一个干湿循环完成。每个干湿循环的总时间应为（24 ± 2）h。然后按上述（3）~

（6）的步骤进入下个循环。

（7）试件外观检查及抗压强度试验　在达到规定的干湿循环次数后，应及时进行抗压强度试验，同时应观察混凝土试件表面的破损情况，并进行外观描述。当试件有严重剥落、掉角等缺陷时，应先用高强石膏补平后再进行抗压强度试验。

（8）停止试验条件　当干湿循环试验出现下列情况之一，可停止试验。

1）当抗压强度耐蚀系数达到 75%。

2）干湿循环次数达到 150 次。

3）达到设计抗硫酸盐等级相应的干湿循环次数。

（9）对比试件试验　对比试件应继续保持原有的养护条件，直到完成干湿循环后，与干湿循环试件同时进行抗压强度试验。

49.4.3　试验结果计算与处理

1. 试验结果计算

混凝土抗压强度耐蚀系数按下式计算

$$K_f = \frac{f_{cn}}{f_{co}} \times 100\%$$

式中　K_f——抗压强度耐蚀系数（%）；

f_{cn0}——n 次干湿循环后受硫酸盐侵蚀的一组混凝土试件的抗压强度测定值（MPa），精确至 0.1MPa；

f_{co}——与受硫酸盐腐蚀试件同龄期的标准养护的一组对比混凝土试件的抗压强度测定值（MPa），精确至 0.1MPa。

2. 结果的处理

1）以三个试件试验结果的算术平均值作为测定值。当最大值或最小值与中间值之差超过中间值的 15% 时，剔除此值，取其余两值的算术平均值作为测定值；当最大和最小值均超过中间值的 15% 时，则取中间值为测定值。

2）抗硫酸盐等级以混凝土抗压强度耐蚀系数下降到不低于 75% 时的最大干湿循环次数来确定，以符号 KS 表示。

49.5　抗硫酸盐混凝土的配制

49.5.1　原材料选择

1. 水泥

应选择 C_3A 含量 <8% 的硅酸盐水泥、普通硅酸盐水泥和矿渣硅酸盐水泥，必要时可采用抗硫酸盐水泥。

2. 掺合料

掺入 Ⅱ 级以上的粉煤灰、S95 矿渣粉和硅粉可以提高混凝土密实性和抗硫酸盐腐蚀性。

冯乃谦教授在《混凝土与混凝土结构的耐久性》一书中介绍，掺入 50% 以上的矿渣粉，水胶比 ≤0.45，混凝土抗硫酸盐腐蚀系数大于 1。

3. 外加剂

采用高效减水剂，降低混凝土水胶比。可以提高混凝土抗硫酸盐性能。必要时可掺入 8% 抗硫酸盐腐蚀剂或钢筋阻锈剂。

4. 骨料

骨料除符合抗渗混凝土技术要求外，还要控制吸水率 ≤2%。

49.5.2　配合比实例

天津某大桥地下桩基承台 C20P8 防腐混凝土配合比见表 49-10，实际强度值见表 49-11。

表 49-10　C20P8 防腐混凝土配合比

水胶比	砂率（%）	水泥/(kg/m³)	粉煤灰/(kg/m³)	矿粉/(kg/m³)	水/(kg/m³)	砂/(kg/m³)	碎石/(kg/m³)	泵送剂/(kg/m³)	坍落度/mm
0.33	44	183	97	60	174	914	990	7.11	140~160

注：水泥为 P·O 42.5，$C_3A = 7.3\%$。

表 49-11　C20P8 防腐混凝土实际强度值

养护方法	标准养护 R_{28d}	R_{28d}标 +60d 浸泡	R_{28d}标 +15 次循环
抗压强度/MPa	48	42.9	47.2
占标养强度百分比	100%	95%	105%

第50章　道路混凝土

50.1　混凝土路面的构造与要求

道路混凝土主要指的是路面混凝土，也称为混凝土路面。混凝土路面包括：素混凝土路面、钢筋混凝土路面、预制混凝土路面、连续配筋混凝土路面、预应力混凝土路面、钢纤维混凝土路面等。本章就最常用的素混凝土路面加以介绍。

50.1.1　混凝土路面的特点

混凝土路面在行车荷载及自然气候的影响下有以下几个要求：

1. 刚性大，整体性强，在荷载作用下变形很小

因受车轮荷载作用，路面板体受弯拉，很容易产生破坏。因此，要求混凝土板体必须有足够的厚度和抗拉弯强度。

2. 受温度影响大

混凝土路面受温度影响较大，为减小由于气温变化使混凝土板产生的温度应力，要将混凝土路面划分成较小的块体，并设置各自不同类型的伸缩缝。同时在寒冷和严冬地区，路面混凝土还会受到反复冻融、冰盐的破坏。因此，对此种路面混凝土还要有抗冻或抗盐冻指标的要求。

3. 要有牢固的路基

路面混凝土的土基和基层必须要有足够的强度，并有良好的均匀性和稳定性，以确保在荷载作用下，不因基层脱空变形而使路面混凝土板体产生过大的拉应力而造成破坏。

50.1.2　混凝土路面的构造及技术要求

1. 混凝土路面面板

混凝土路面面层板是直接承受自然气候影响和行车作用的重要部位，应有高强、平整、耐磨、良好的耐候性和粗糙度等特点。路面纵横双向都应有 1% ~ 1.5% 的坡度，道路应平整不积水。

混凝土道路面层厚度主要取决于行车荷载、交通流量和混凝土的抗折强度。结合路面与基层的强度与稳定性，可参照表 50-1 和表 50-2 的参数选择。

表 50-1　路面混凝土板的经验厚度

交通量分级	标准辆载/t	基层回弹弯沉值/cm	混凝土面层厚度范围/cm
繁重	10	0.1	>25
中等	10	0.12	23 ~ 26
轻量	10	0.15	20 ~ 23

表 50-2　不同交通量混凝土路面技术参考指标

交通量分级	标准辆载/t	使用年限/年	动载系数	超载系数	基层顶面最低回弹模量/MPa	抗折强度/MPa	抗折弹性模量/×10⁴MPa
繁重	10	30	1.15	1.20	100	5	4.1
中等	10	30	1.20	1.10	80	4.5	3.9
轻量	10	30	1.20	1.00	60	4.5	3.9

2. 路面板下的基层和土层

在行车荷载作用下，为防止混凝土路面面层板体下沉、断裂、拱胀等病害，确保路面经久耐用，对其基层和土层的技术要求见表 50-3。

表 50-3　混凝土路面板下的基层和土层的技术要求

部位名称	技术要求	材料要求	厚度/cm
基层	基层应坚实、稳定、均匀、平整、透水性小，整体性好。铺设宽度宜较路面两边各宽出20cm，以备支模和防止边缘渗水至土基	1. 石灰稳定碎石或砂卵石 2. 级配砂砾石 3. 石灰土、碎石灰土、粉煤灰石灰混合料	15~20 20~30 10~15
垫层	应有较好的水稳性和一定强度，寒冷地区应有较好的抗冻性，铺设宽度同上	1. 水泥稳定土 2. 冰冻潮湿地段应在垫层下设砂或炉渣隔离层	15
土层	应有合乎要求的平整度，上部1m厚应用良好土质，回填路基应分层压实，每层20~30cm	土层的压实应在土壤最佳含水率条件下进行	—

3. 混凝土路面板缝

混凝土路面板受环境温度变化的影响，会产生热胀冷缩、冻胀和混凝土自收缩等现象而产生裂缝。土层也会发生不均匀沉陷或隆起，在车荷载作用下开裂。为此，混凝土路面必须纵横布置接缝（也叫伸缩或沉降缝，为防止胀缩或沉降时路面产生不规则裂缝），把整个路面分割成许多板块。

（1）横向缝　横向缝有胀缝和缩缝两种。

1）胀缝是保证环境温度引起的热胀冷缩时能自由伸长，从而避免拱胀，板边挤碎或折断。胀缝宽18~25mm，视施工时天气温度而定，温度高时缝窄，反之缝宽，如夏季，对于板厚≥20cm的道路，也可不设，其他季节施工，可每隔100~200m设一道胀缝。缝上部在板厚1/3~1/4处于缝中填灌有弹性的、有防水功能的材料，如沥青等。交通繁重的道路，胀缝处还要设置滑动传力杆，可详见公路部门有关施工规定。

2）缩缝是保证板面在自收缩以及干湿度变化时能自由收缩，从而避免路面产生不规则裂缝。缩缝在路的长向一般每隔6m设一道，缝深4~6mm，宽0.6~1.2mm。同样重型交通道路也应用φ14~16，长30~40cm，间距30~70cm的传力杆。缩缝目前也常用切割法，即当路面混凝土达到一定强度，用切割机切缝。

（2）纵向缝　板的纵向一般每隔一个车道宽（3~4m）设一道深4mm、宽1mm的缝，以防止板面不规则裂缝。

50.2　混凝土路面材料要求

50.2.1　水泥胶凝材料的要求

1. 水泥抗折强度和体积稳定性

水泥抗折强度和体积稳定性对混凝土抗折强度有很大影响。水泥抗折强度一般比同水胶比混凝土抗折强度高 2MPa。如农村公路要求混凝土抗折强度 4MPa，配制强度一般为 5MPa，则应采用≥42.5 级水泥（抗压强度≥42.5MPa，抗折强度≥6.5MPa）。

水泥安定性不佳，收缩变形大，路面易产生细裂缝，对混凝土抗折强度有重大影响，因此，路面用水泥严格限制游离氧化钙≤1.0%。同时禁用煤矸石、石灰石、黏土、火山灰、窑灰五种混合材料。

2. 水泥品种

水泥品种对混凝土流动性有影响，矿渣拌合物虽流动性好，但易泌水离析；火山灰水泥流动性小。因此，宜采用硅酸盐或普通硅酸盐水泥，可参考公路路面混凝土有关技术规范。各交通等级路面水泥各龄期抗折、抗压强度见表 50-4，各交通等级路面水泥质量要求见表 50-5。

表 50-4　各交通等级路面水泥各龄期抗折、抗压强度

交通等级	特重交通		重交通		中轻交通	
龄期/d	3	28	3	28	3	28
抗压强度/MPa	25.5	57.5	22.0	52.5	16.0	42.5
抗折强度/MPa	4.5	7.5	4.0	7.0	3.5	6.5

表 50-5　各交通等级路面水泥质量要求

水泥性能	特重、重交通路面	中轻交通路面
C_3A	不宜 >7.0%	不宜 >9.0%
C_4AF	不宜 <15.0%	不宜 <12.0%
游离 CaO	不得 >1.0%	不得 >1.5%
氧化镁	不得 >5.0%	不得 >6.0%
三氧化硫	不得 >3.5%	不得 >4.0%
碱含量	$Na_2O + 0.658K_2O \leq 0.6\%$	≤1.0%（疑有碱活性骨料≤0.6%）
混合材种类	不得掺窑灰、煤矸石、火山灰、黏土，有抗盐冻要求不得掺石灰石粉	同左
标准稠度用水量	不宜 >28%	不宜 >30%
烧失量	不得 >3.0%	不得 >5.0%
比表面积	宜在 300~450m²/kg	同左
细度（80μm）	筛余不得 >1.0%	
初凝时间	不早于 1.5h	
终凝时间	不迟于 10h	
28h 干缩率	不得 >0.09%	不得 >1.0%
耐磨性	不得 >3.6kg/m²	

50.2.2　掺合料要求

粉煤灰质量要求见表 50-6 。

表 50-6　粉煤灰质量要求

粉煤灰等级	45μm 筛余（%）	烧失量（%）	需水量比（%）	含水量（%）	Cl⁻（%）	SO₃（%）	活性指数	
Ⅰ	≤12	≤5	≤95	≤1.0	≤0.02		≥75	≥85（75）
Ⅱ	≤20	≤8	≤105	≤1.0	≤0.02	≤3	≥70	≥80（60）
Ⅲ	≤45	≤15	≤115	≤1.5	—		—	—

注：1. 45μm 筛余量换算为 80μm 筛余量时，换算系数为 2.4。
　　2. 配制 C40 及以上混凝土时，活性指数用括号外的数值，C40 以下的混凝土用括号内的数值。

50.2.3　骨料要求

1. 粗骨料要求

（1）粗骨料强度和压碎指标　粗骨料强度和压碎指标对混凝土抗折强度影响很大。粗骨料强度和压碎指标低，很难配制出施工抗折强度高的混凝土。粗骨料岩石立方体强度和压碎指标是考核骨料的重要指标，详见表 50-7 公路粗骨料技术要求。

表 50-7　公路粗骨料技术要求

项目	技术要求		
	Ⅰ级	Ⅱ级	Ⅲ级
碎石压碎指标（%）	≤10	<15	<20（做路面时应小于2%）
卵石压碎指标（%）	≤12	<14	<16
坚固性（质量损失率）（%）	<5	<8	<12
针片状含量（%）	<5	<15	<20（做路面时应小于2%）
含 泥 量（%）	0.5	<1.0	<1.5
泥块含量（%）	0	<0.2	<0.5
有机物含量（比色法）	合格		
硫化物及硫酸盐（按 SO₃ 质量计）（%）	<0.5	<1.0	<1.0
应用范围	高速公路，一、二级公路及有抗（盐）冻要求的三、四级公路		无抗（盐）冻要求的三、四级公路、碾压混凝土、贫混凝土基层

注：有抗（盐）冻要求时，Ⅰ级骨料吸水率≤1%，Ⅱ级骨料吸水率≤2%。

（2）粗骨料粒径　粗骨料粒径偏小，有利于得到较高的混凝土抗折强度，也有利于防止混凝土离析和塌边，有利于路面机械作业施工。粗骨料针片状含量小，球形率高，级配优良，孔隙率小，混凝土抗折强度高。粗骨料最大公称直径要求见表 50-8。

表 50-8　粗骨料最大公称直径要求

石子种类	卵石	碎卵石	碎石	贫混凝土基层	钢纤维混凝土	碾压混凝土
最大粒径/mm	19.0	26.5	31.5	31.5	19.0	19.0

注：粗骨料应按最大公称粒径的不同，采用 2～4 个粒级的骨料进行掺配。

（3）骨料含泥量　骨料含泥量和软弱颗粒影响混凝土抗折强度和收缩，含泥量越大，混凝土抗折强度越低，二者呈线性关系。

2. 细骨料要求

随砂细度模数的增加，路面混凝土抗折强度略有增长。但砂过粗混凝土泌水，路表不平整。因此，宜选细度模数为 2.3 ~ 3.2 的中砂。

公路细骨料技术要求见表 50-9。

表 50-9　公路细骨料技术要求

项目	技术要求		
	I 级	II 级	III 级
机制砂单粒级最大压碎指标(%)	< 20	< 25	< 30
氯化物(氯离子质量计)(%)	0.01	0.02	0.06
坚固性(按质量损失计)(%)	< 6	< 8	< 10
云母(按质量计)(%)	< 1	< 2	< 2
含泥量(按质量计)(%)	< 1	< 2	< 3
泥块含量(按质量计)(%)	0	< 1	< 2
机制砂亚甲蓝 MB 值 < 1.4 或不合格粉含量(%)	< 1	< 3	< 5
硫化物及硫酸盐(按 SO_3 质量计)(%)	0.05	< 0.05	< 0.05
有机物含量(比色法)	合格	合格	合格
轻物质(按质量计)(%)	< 1	< 1	< 1
机制砂母岩抗压强度	火成岩不应小于100MPa 变质岩不应小于80MPa 水成岩不应小于60MPa		
表观密度	> 2500kg/m³		
堆积密度(松散)	> 1350kg/m³		
孔隙率	< 47%		
碱-骨料反应	经碱-骨料反应试验后，由砂配制的试件无裂缝、酥裂、胶体外溢等现象，规定试验龄期的膨胀率应小于0.1%		

注：配制机制砂混凝土时，应检验砂浆磨光值，其值宜 > 35。同时混凝土应掺引气高效减水剂。

50.2.4　拌合水要求

拌合水 pH 值要求不得小于 4，宜用饮用水搅拌和养护混凝土。

50.2.5　外加剂要求

除符合普通混凝土用外加剂标准外，还应注意以下事项：

1）有抗冰（盐）冻要求的地区必须使用引气剂。

2）无抗冰（盐）冻要求的地区二级及二级以上公路也应使用引气剂。

3）处于海水、海风、氯离子、硫酸根离子环境或冬季抗盐冻的路面，或桥面钢筋混凝土、钢纤维混凝土宜掺阻锈剂。

50.2.6　填缝材料要求

路面混凝土板体的接缝是路面结构的重要组成部分，也是薄弱、易坏，影响路面使用寿命的重要环节。填缝料用于板缝中，防止路面水的侵入，防止砂石等硬块物体落入缝中。

填缝料应具有耐候性，气温高时不流淌，不外溢，冬季不缩裂，有黏结性，与混凝土表面有良好的黏结力，不脱落；有防水性，不使路面水沿缝渗透到路基；有弹性，气温变化时不被拉、压力破坏，经久耐用。

填缝材料有现浇液体填缝料，大部分是在沥青中加入松胶、聚氯乙烯、增塑剂、稳定剂、表面活性剂等，也有双组分聚硫密封胶、聚氨酯密封胶。

另一种填缝材料是预制嵌缝条，如软木板、木纤维、泡沫橡胶等。

50.3　路面混凝土配合比设计

50.3.1　路面混凝土配合比设计的基本要则

路面混凝土配合比设计在兼顾经济性的同时，应满足工作性能、抗折强度（弯拉强度）、耐久性三项基本性能要求。

1. 工作性能要求

工作性能要求即流动性、可塑性、稳定性、易密性这四方面的含意。混凝土拌合物在运输、浇筑、振捣过程中应有较好的流动性、可塑性，且不分层、泌水。

2. 抗折强度要求

水泥混凝土路面设计施工和质量评定的首要技术指标是抗折强度，这一点与其他水泥混凝土结构中使用抗压强度作为第一强度指标不同。抗折强度主要依赖于材料的均匀性及其骨料界面的黏结强度，对原材料及配合比相关参数的要求较为严格。

3. 耐久性要求

水泥路面的设计年限一般为 20~30 年。因此，配合比设计除了要考虑强度外，还要满足抗（盐）冻性、抗滑性、抗磨性、抗冲击性、耐疲劳性等。

50.3.2　配合比设计参数要求

1. 配合比参数对抗折强度的影响

（1）单位水泥用量　试验表明，单位水泥用量从 $250kg/m^3$ 增加到 $400kg/m^3$，混凝土抗压、抗折强度均上升，但抗折强度提高小得多。单位水泥用量每提高 $100kg/m^3$，混凝土抗压强度提高 35%，抗折强度仅提高 12%。因此，单纯提高水泥用量来提高抗折强度并非很有效，也不经济。

（2）水胶比　混凝土抗压、抗折强度均随水胶比的增加而下降，但抗压强度较抗折强度下降快。如碎石混凝土水胶比从 0.5 降至 0.4 时，抗压强度增加 30%，而抗折强度仅增加 12% 左右，需同时增大水泥用量和降低水胶比，才能使抗折强度有较明显提高。

（3）单位用水量　在水泥用量一致的情况下，增加单位用水量相当于增大水胶比，会引起混凝土强度下降，同时混凝土会离析、泌水。一般而言，单位用水量对抗折强度及耐磨性的影响要大于水胶比和单位水泥用量。

（4）含气量　随着含气量增加，混凝土工作性能将提高。而混凝土抗折强度则是先增大，然后再减小。试验表明，当含气量控制在 3% ~ 6% 时，混凝土抗折强度可提高 10% ~ 15%。在不提高水泥用量的条件下，抗折强度提高到上述幅度是十分难得的。而混凝土抗压强度则是随含气量增大而线性下降的。

（5）骨浆比　骨浆比即混凝土拌合物中骨料的绝对体积和水泥浆绝对体积之比。在水胶比不变的情况下，混凝土中浆越多，拌合物流动性越好，但浆体过多，混凝土强度和耐久性会下降，成本也会增加。

综上所述，为使混凝土获得较好的抗折强度和耐久性，粗骨料最大粒径应控制在 20mm（砾碎石）和 30mm（碎石），含泥量 ≤1%；细骨料细度模数宜采用 2.6 左右，中偏粗砂，含泥量 ≤2%；水泥游离 CaO ≤1%（重交通）和 ≤1.5%（中、轻交通）；混凝土水胶比宜控制在 0.38 ~ 0.44，最大用水量 ≤160kg/m³（滑模摊铺机）或 ≤153kg/m³（三辊轴机）或 ≤150kg/m³（小型机）；最大水泥用量 ≤400kg/m³；含气量宜控制在 3% ~ 6%。

2. 混凝土耐久性对配合比的要求

影响混凝土耐久性的因素很多，如含气量、单位用水量、水胶比、骨料质量、混凝土厚度、自身强度等。因此，各指标应符合以下要求：

（1）含气量　混凝土中引入一定量优质气泡，可提高混凝土的抗冻性，因此路面混凝土对其含气量有一定的要求，控制在（4% ±0.5%）~（5% ±0.5%），有抗（盐）冻要求提高 1%。路面混凝土含气量及允许偏差见表 50-10。

表 50-10　路面混凝土含气量及允许偏差

骨料最大公称粒径/mm	无抗冻要求(%)	有抗冻要求(%)	有抗盐冻要求(%)
19.0	4.0 ±1.0	5.0 ±0.5	6.0 ±0.5
26.5	3.5 ±1.0	4.5 ±0.5	5.5 ±0.5
31.5	3.5 ±1.0	4.0 ±0.5	5.0 ±0.5

（2）最大水胶比　水胶比大对混凝土抗冻性、抗磨性、抗冲击性等都不利。在满足混凝土施工性能的条件下，尽可能降低混凝土水胶比。路面混凝土最大水胶比和最小水泥用量见表 50-11。

表 50-11　路面混凝土最大水胶比和最小水泥用量

公路技术等级			高速公路、一级公路	二级公路	三、四级公路
最大水胶比			0.44	0.46	0.48
抗冻混凝土最大水胶比			0.42	0.44	0.46
抗盐冻混凝土最大水胶比			0.40	0.42	0.44
最小水泥用量/(kg/m³)	普通路面混凝土	42.5 级	300	300	290
		32.5 级	310	310	305
	抗冰(盐)冻混凝土	42.5 级	320	320	315
		32.5 级	330	330	325
	掺粉煤灰混凝土	42.5 级	260	260	255
		32.5 级	280	270	265
	抗盐冻、掺粉煤灰混凝土	42.5 级	280	270	265

注：寒冷地区路面抗冻标号不宜小于 F200；严寒地区路面抗冻标号不宜小于 F250。

（3）最大单位用水量　单位用水量越高，混凝土耐久性、抗（盐）冻性、抗滑性、抗磨性、抗冲击性、耐疲劳性等都会下降，可用掺加减水剂、真空吸水等办法来降低用水量。

（4）最小水泥用量　为确保混凝土的耐久性，混凝土中最小水泥用量不可太低，见表50-11。

（5）粗骨料体积填充率。不宜小于70%。

50.3.3　配合比计算

1. 混凝土设计抗折强度的确定

各交通路面板的28d混凝土设计抗折强度 f_r 应符合《公路水泥混凝土路面设计规范》（JTG D40—2011）的规定。

$$f_c = \frac{f_r}{1 - 1.04 C_r} + tS$$

式中　f_c——抗折强度的配制强度（MPa）；

f_r——抗折强度的设计值（MPa）；

S——抗折强度的试验样本标准差（MPa）；

t——保证率系数，按表50-12确定；

C_r——抗折强度变异系数，按表50-13确定。

表50-12　保证率系数 t

公路技术等级	判别概率	样本数（n）				
		3	6	9	15	20
高速公路	0.05	1.36	0.79	0.61	0.45	0.39
一级公路	0.10	0.95	0.59	0.46	0.35	0.30
二级公路	0.15	0.72	0.46	0.37	0.28	0.24
三级公路	0.20	0.56	0.37	0.29	0.22	0.19

表50-13　抗折强度变异系数 C_r

公路技术等级	高速公路	一级公路		二级公路	三、四级公路	
混凝土抗折强度变异水平等级	低	低	中	中	中	高
变异系数 C_r 允许变化范围	0.05~0.10	0.05~0.10	0.10~0.15	0.10~0.15	0.10~0.15	0.15~0.20

2. 水胶比计算

1）碎石或卵碎石混凝土按下式计算

$$\frac{W}{B} = \frac{1.5684}{f_c + 1.0097 - 0.3595 f_s}$$

式中　$\dfrac{W}{B}$——混凝土水胶比；

f_s——水泥实测28d抗折强度（MPa）；

f_c——配制抗折强度（MPa）。

2）卵石混凝土按下式计算

$$\frac{W}{B} = \frac{1.2618}{f_c + 1.5492 - 0.4709f_s}$$

3）$1m^3$ 用水量 w_0 的计算。

碸石　　　　　　　　$w_0 = 104.97 + 0.309S_L + 11.27\frac{B}{W} + 0.61S_p$

卵石　　　　　　　　$w_0 = 86.89 + 0.370S_L + 11.24\frac{B}{W} + 1.00S_p$

式中　S_L——坍落度（mm）；

　　　S_p——砂率（%）。

3. 实例计算

某四级北方公路，设计抗折强度 4.0MPa（抗压强度 30MPa），采用碎石，最大粒径 30mm，级配良好，模度细数为 2.5 ~ 2.8 的中砂，水泥为 42.5 级，水使用饮用水。

（1）确定抗折配制强度（28d）　取变异系数 $C_r = 0.15$，标准差 $S = 4MPa \times 0.15 = 0.6MPa$，取保证系数 $t = 0.56$。则有

$$f_c = \frac{f_r}{1 - 1.04C_r} + tS = \left(\frac{4}{1 - 1.04 \times 0.15} + 0.56 \times 0.6\right)MPa = 5.08MPa$$

（2）计算水胶比　已知水泥实测强度 $f_s = 7.0MPa$，则有

$$\frac{W}{B} = \frac{1.5684}{f_c + 1.0097 - 0.3595f_s} = \frac{1.5684}{5.08 + 1.0097 - 0.3595 \times 7.0} = 0.44$$

满足四级公路抗冰冻最大水胶比 0.46 的要求，符合耐久性要求。

（3）确定砂率　砂细度模数 2.5 ~ 2.8，碎石混凝土砂率取 32%。

（4）确定单位用水量　坍落度 $S_L = 40mm$，则有

$$w_0 = 104.97 + 0.309S_L + 11.27\frac{B}{W} + 0.61S_p$$

$$= (104.97 + 0.309 \times 40 + 11.27 \times 2.27 + 0.61 \times 32)kg/m^3 = 162kg/m^3$$

此用水量大于 $150kg/m^3$ 上限，加入减水剂，其减水率 $\beta > 8\%$，取 $\beta = 10\%$。则实际用水量 $w_{0w} = 162kg/m^3 \times 90\% = 146kg/m^3$，满足耐久性要求指标。

（5）计算单位水泥用量 C_o　按下式计算

$$C_o = \frac{B}{W}W = 2.27 \times 153kg/m^3 = 347kg/m^3$$

或　　　　　　　　$C_o = 2.27 \times 146kg/m^3 = 331kg/m^3$

此值小于水泥最大用量 $400kg/m^3$，大于最小水泥用量 $315kg/m^3$ 要求，合格。

（6）计算砂、石用量　假定混凝土表观密度 $\gamma_c = 2400kg/m^3$，已知 $1m^3$ 用水量 146kg，水泥用量 $331kg/m^3$，砂率 32%。则有

$$(2400 - 146 - 331)kg/m^3 \times 32\% = 615kg/m^3（砂）$$

$$[2400 - (146 + 331 + 615)]kg/m^3 = 1308kg/m^3（石）$$

（7）验算单位粗骨料填充体积率　按下式验算

$$1308/1720 = 76.0\% > 70\%$$

符合要求（其中 $1720 \mathrm{kg/m^3}$ 为碎石振实密度）。

综上，混凝土计算配合比为

$$水泥：水：砂：石 = 331：146：615：1308$$

（8）混凝土试配调整方法　混凝土试配调整方法同普通混凝土，此处不再重述。

50.4　水泥混凝土路面的施工

50.4.1　水泥混凝土路面施工程序

水泥混凝土路面施工一般按下列工序进行：路基整理→振碾压实路基→复测道路高程→模板安装→垫层铺设振压密实→复测垫层高程→浇水养护→浇筑面层混凝土→振捣混凝土→表面二次压光→混凝土收光→路面刻痕→养护、切缝、灌缝。

50.4.2　路面施工中对各工序要求

1. 摊铺

混凝土路面厚度 >22cm，实行二次摊铺，下部厚度约为总厚的 3/5 。

2. 振捣

厚度 >22cm 的混凝土，边角先用插入式振捣器顺序振捣，再用 2.2kW 平板振动器纵横交错全面振捣。纵横重叠 10~20cm，再用振动梁振捣拖平。每处振捣以不再冒泡并泛浆为准，不宜过振。平板振动器每处振捣时间不宜少于 15s，水胶比小时，不宜少于 30s。插入式振捣器不宜少于 20s。

3. 拉毛

1）公路、城市道路、厂矿道路槽深 1~2mm。

2）机场跑道 ≥0.8mm，停机坪 ≥0.4mm。

拉毛时间参照表 50-14 进行。

表 50-14　路面拉毛时间

环境平均温度/℃	切割时间/d	环境平均温度/℃	切割时间/d
5	4	20	1.5
10	3	≥25	1
15	2		

4. 养护

1）养护时间：覆盖塑料薄膜湿养护 14d 以上。

2）允许上人时间：达到 40% 设计强度以上。

3）允许上车时间：一般路面达到 80% 以上设计强度，且车荷载 ≤地面设计荷载；机场路面要求达到 100% 设计强度。

5. 拆模

混凝土路面板允许最早拆模时间见表 50-15。

表 50-15　混凝土路面板允许最早拆模时间

昼夜平均气温(℃)	−5	0	5	10	15	20	25	≥30
硅酸盐水泥、R 型水泥拆模时间/h	240	120	60	36	34	28	24	18
普通硅酸盐水泥拆模时间/h	360	168	72	48	36	30	24	18
矿渣硅酸盐水泥拆模时间/h	—	—	120	60	50	45	36	24

50.4.3　混凝土抗折强度参考值

部分混凝土抗折强度参考值见表 50-16。

表 50-16　部分混凝土抗折强度参考值

混凝土强度等级	C30	C35	C40	C45
混凝土抗折强度/MPa	4.5	5.0	5.5	6.0

50.4.4　混凝土抗折强度试验方法

制备三个试件，试件尺寸为 150mm × 150mm × 550mm，养护至规定期龄后，在净跨 450mm 双支点荷载作用下弯拉破坏，如图 50-1 所示。则抗折强度为

$$f_{r试验} = PL/(bh^2)$$

式中　$f_{r试验}$——抗折强度（MPa）；

　　　P——破坏荷载（N）；

　　　L——支点间距（450mm）；

　　b、h——试件断面宽、高（mm）。

试验结果处理：取三个试件的算术平均值作为该组试件的抗折强度。三个试件内其中一个试件最大或最小值与中间值差超过 15% 时，取中间值；如两个试件值与中间值均超过 15%，则该组试件试验结果无效。

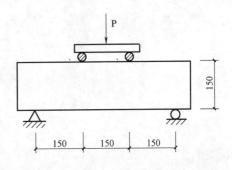

图 50-1　混凝土抗折强度检测示意图

第七篇

▶▶▶ 混凝土拌合物性能、质量通病及其防治

第 51 章　混凝土拌合物性能

为了使所生产的混凝土达到规定的强度和耐久性，需要在合理地选择原材料和配合比的同时，还要使混凝土拌合物具有良好的工作性能，这在当今预拌混凝土发展的时代，尤为重要。对预拌混凝土拌合物的质量要求，就是使拌合物在搅拌、运输、浇筑、振捣及表面处理等生产工序中易于施工操作，达到质量均匀，不泌水、不离析，获得良好的浇筑质量，从而为保证混凝土强度、耐久性和设计要求的其他性能创造必要的条件。

51.1　预拌混凝土工作性能的含义

混凝土拌合物的质量控制项目与指标主要有和易性、凝结时间、泌水和压力泌水、含气量、表观密度及拌合物的均匀性。

51.1.1　和易性

混凝土拌合物的和易是指混凝土从搅拌到施工全过程，易于施工，并可获得体积稳定、结构密实均匀的混凝土性能。和易性是对混凝土拌合物性能的综合评价。它包括流动性、黏聚性和保水性等三方面的含义。

1. 流动性

流动性是指混凝土拌合物在自重或外力作用下，能够产生流动，并均匀密实地充满模板的性质。流动性的大小主要取决于混凝土单位用水量和水泥浆的多少。混凝土拌合物的流动性以稠度表示。对于塑性和流动性混凝土流动性以坍落度表示；对于预制构件等用的干硬性混凝土，则以维勃稠度表示。

2. 黏聚性

混凝土拌合物的各种组分由于其自身比重和颗粒大小的不同，在重力和外力作用下有相互分离而造成不均匀的自动倾向，这就是离析性。而将其组分黏聚在一起抵抗这种分离的能力称为黏聚性，也称为稳定性。

混凝土拌合物中，由于粗骨料颗粒大而重，容易沉降在混凝土底部，而混凝土中水分由于比重小，也会从拌合物中分离出来，漂浮在混凝土表面，产生泌水现象。以上是混凝土黏聚性不良的表现。

混凝土的黏聚性可在测定坍落度时观察。混凝土坍落后，用捣棒轻轻敲打混凝土锥体侧面，如锥体逐渐下沉，表示混凝土黏聚性好；如锥体倒塌，部分崩裂或出现拌合物周围有较大的浆圈，则混凝土黏聚性不好。

3. 保水性

保水性是指混凝土拌合物在施工过程中，具有一定的保水能力，不产生严重的泌水。混凝土拌合物在运输和施工过程中，随着密度大的粗骨料下沉和水分的上升，混凝土表面会泌水，与此同时，混凝土内部泌水通道贯通毛细管，降低了混凝土密实性，从而影响了混凝土质量。

混凝土保水性是以拌合物中稀浆析出的程度来衡量。当坍落度筒提起后，有较多稀浆从底部析出（也称浆圈），混凝土椎体因失浆而骨料外露，则混凝土保水性不好。

混凝土流动性、黏聚性、保水性三者间既有联系，又有矛盾。如混凝土黏聚性好，其保水性也好，但流动性过大的混凝土，容易泌水。和易性良好的混凝土拌合物就是尽可能地使三者统一。

51.1.2　含气量

混凝土在拌制过程中会带入一些空气，大的气泡会影响混凝土密实性，一些为改善混凝土拌合物和易性或由于工程耐久性要求常掺入引气剂，使混凝土具有一定的含气量。因此，含气量也属于混凝土拌合物的一种质量要求。《混凝土质量控制标准》（GB 50164—2011）规定，混凝土拌合物的含气量宜符合表 51-1 的要求。

表 51-1　混凝土拌合物的含气量

粗骨料最大公称粒径/mm	混凝土含气量（%）
20	≤5.5
25	≤5.0
40	≤4.5

混凝土拌合物含气量的检测结果与要求值的允许偏差应控制在 1.5% 以内。

51.1.3　压力泌水率

随着混凝土工程技术的发展和预拌混凝土的推广，还要考虑混凝土拌合物在泵压作用下，各组分克服管道、弯头阻力和各自运动速度不一致的困难，确保顺利泵送。因此增加了压力泌水率这个指标。

混凝土压力泌水率是指在一定压力下，混凝土拌合物在规定的时间内所泌出的水的质量百分数。一般泵送混凝土在 10s 时的相对压力泌水率 S10 不宜大于 40%。

对于泵送混凝土来说，压力泌水率是个重要指标。它反映了在压力作用下，混凝土保持水泥浆体的能力，如果在泵送时较快产生压力泌水，遇到弯头和阻力时，原来的富浆混凝土就会变成浆体贫乏的混凝土，失去了可泵性。

51.1.4　凝结时间

水泥加水后，开始进行水化反应。水泥水化反应可分为五个阶段，即初期快速反应期、诱导期、水化作用加速期、中间期、受扩散控制期。在前两个阶段水化反应产物较少，不能形成网状凝聚结构，混凝土拌合物有流动性。随着水化产物的不断增加，混凝土逐渐失去流动性，此时混凝土拌合物达到初凝。水化反应继续进行，水泥水化产物不断加固网状凝聚结构，混凝土内部具有一定强度，混凝土拌合物达到终凝。

混凝土拌合物的凝结时间和水泥有相似之处，但因为混凝土拌合物中掺加了外加剂，又有骨料，其凝结时间与水泥又有不同。混凝土的初凝时间是指从混凝土加水起到失去塑性所经历的时间，也是施工操作所需时间的极限；终凝时间是指混凝土自加水起到产生强度的时间。混凝土凝结时间测定通常采用贯入阻力法，还有土法。土法可用手指轻按混凝土表面，当混凝土初凝时，表面会形成一层薄膜，混凝土是软的，但已不粘手了，混凝土终凝时，表面已硬化，至此可测得混凝土凝结时间。

混凝土初、终凝时间对施工极为重要。凝结时间过短，已浇筑的混凝土达到初凝后再进行后一部分混凝土的浇筑，两部分混凝土之间会产生冷缝，将会影响混凝土结构的整体性、均匀性和稳定性；同时，后一部分混凝土浇筑时的振捣也会破坏前一部分混凝土中已形成的网状凝聚结构，在混凝土中留下细小的裂纹，从而影响混凝土的结构性能。如果凝结时间过长，将会影响工程施工进度。一般情况下，我们希望初凝时间适当长些，宜利于施工操作，而初、终凝时间间隔则希望尽量缩短，以便下道工序的进行。

51.1.5　表观密度

表观密度是指混凝土拌合物振捣密实后的单位体积质量。表观密度是混凝土拌合物的一项重要指标，表观密度的大小会影响混凝土的物理力学性能和耐久性。通常骨料密度、骨浆比、含气量、水泥用量、外加剂的品种和掺量、掺合料的品种和掺量等都会影响混凝土的表观密度。

51.2　影响混凝土拌合物性能的因素

51.2.1　原材料对混凝土和易性的影响

影响拌合物流动性的主要因素，是拌合物中水泥浆的数量和水泥浆本身的流动性，而影响水泥浆流动性的因素是拌合物中水胶比、水泥性质和外加剂。因此，影响拌合物流动性的因素归结为拌合物用水量、胶凝材料用量、水泥和掺合料性质及外加剂。

混凝土拌合物流动性随用水量增大而增大。原材料对混凝土拌合物流动性的影响见表51-2。

表 51-2　原材料对混凝土拌合物流动性的影响

因　素	影响情况	影响程度
掺合料	火山灰质混合材增大混凝土需水量	大
	优质粉煤灰需水量小，混凝土拌合物用水量可大幅度降低。反之，低质粉煤灰会降低混凝土流动性，振捣后泌水	很大
水泥熟料	C_3A 需水量大，C_2S 需水量小	较大
减水剂	优质减水剂，混凝土减水率高，混凝土拌合物流动性好	很大
引气剂	优质引气剂引入空气微泡，每引入 1% 气，混凝土浆体就增大体积 2%～3.5%，同时可在混凝土拌合物中起滚珠效果，提高混凝土流动性	大
骨料	粗骨料粒形近圆形，级配好，混凝土流动性好	较大
	细骨料粒径细，含泥量大，需水量大，流动性差	大

51.2.2　温度和时间对流动性的影响——坍落度损失

混凝土从搅拌至浇筑受交通运输、施工现场条件等各种因素影响，往往需要经历一段时间，少则半小时，多则 2~3h。混凝土拌合物会随时间推移逐渐变稠，流动性降低，这就是坍落度损失。坍落度损失将会给泵送、浇筑和振捣带来很大困难。在当前施工人员普遍素质不高的情况下，往往会用加水来加大混凝土流动性，造成混凝土实体强度降低，而混凝土工程中强度和耐久性的严重受损会带来十分严重的后果。

混凝土流动性随时间降低的原因是：①水分蒸发；②部分水泥早期水化，特别是 C_3A 水化消耗一部分水；③新形成的水化产物表面吸附一部分水。以上原因减少了混凝土中的游离水。

混凝土坍落度经时损失影响因素见表 51-3。

表 51-3　混凝土坍落度经时损失影响因素

因素	影响情况	影响程度
气温	气温高,混凝土中水分蒸发快,水泥水化速度也快,游离水减小快,坍落度经时损失大	大
空气湿度	空气相对湿度大,混凝土拌合物中水分蒸发速度慢,坍落度损失相对小	较小
水泥熟料中碱含量和 C_3A 成分	高碱、高 C_3A 水泥,坍落度损失快	很大
掺合料	掺合料掺入,可减小坍落度损失	大
水泥中石膏品种	采用硬石膏做调凝剂,混凝土坍落度损失极快	很大
引气剂	引气剂可减小混凝土坍落度损失	较大
缓凝剂	不同缓凝剂,混凝土坍落度损失差别很大	大
减水剂和高效减水剂品种	各种减水剂坍落度经时损失差别很大,如萘系不加缓凝剂时,20min 坍落度损失 70%~80%,而聚羧酸系高效减水剂配制混凝土,坍落度经时损失极小	大

51.3　预拌混凝土的可泵性

随着预拌混凝土在我国的不断推广应用，特别是高层和超高层建筑不断增多，高强混凝土开始得到越来越多的使用，各工程都要求混凝土有优良的可泵性，以保证泵送过程的顺利进行。因此，混凝土可泵性的评价方法、影响混凝土可泵性的因素以及如何配制出高水平的泵送混凝土，已成为广大预拌混凝土生产企业十分关心的问题。国内已有许多专家进行了这方面的研究，下面重点介绍一下黄士元、张晏清教授的研究成果。

51.3.1　可泵性的含义

拌合物在泵送过程中，混凝土拌合物和泵管壁产生摩擦，经过管道弯头时遇到阻力，拌合物必须克服这些阻力才能顺利流动。管道和弯头阻力越小，则可泵性越好。

混凝土拌合物的组成材料中，只有水是可泵的，混凝土泵送过程中压力靠水传递到其他固体组成材料，这个压力必须克服管道的所有阻力，才能推动拌合物移动。在泵管壁内有一层具有一定厚度的水泥浆润滑层，管壁的摩擦阻力决定于润滑层水泥浆的流变性以及润滑层厚度。润滑层水泥浆流动性差，润滑层薄，则水泥浆不易流动。为保证混凝土可泵性，拌合物必须有足够量的泥浆，而且水泥浆必须有良好的流动性，不能太黏。

在工程实际泵送过程中有两种情况会造成堵泵，一种是拌合物本身流动性偏小，坍落度太小；另一种原因是拌合物虽坍落度不小，但泌水，当拌合物遇到弯头等障碍物，水及泥浆沿泵管流回泵斗，弯头处水脱离了拌合物而形成无水泥浆的骨料堆，造成堵泵。因此，拌合物流变性和黏聚性是综合反映混凝土可泵性的两个指标，这是预拌混凝土与普通混凝土重要的区别。泵送混凝土除了要求有良好的流动性，还要控制压力泌水值。只有实行双控才能保证有良好可泵性。

51.3.2　可泵性的评价方法

压力泌水值是在一定压力下，一定量拌合物在一定时间内泌水的总量，以总泌水量（mL）或单位混凝土泌水量（kg/m³ 混凝土）来表示。压力泌水值过大，混凝土拌合物泌水量大，可能堵泵，但压力泌水值过小，拌合料黏稠，泵送阻力大，也不易泵送。因此，压力泌水值必须有一个合理范围，图 51-1 较形象地给出新拌混凝土各区可泵性评价指标。

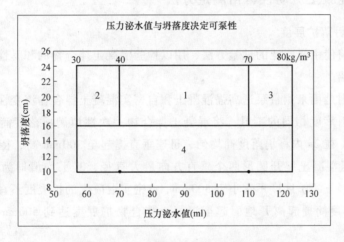

图 51-1　新拌混凝土可泵性评价示意图

图 51-1 中，压力泌水单位换算为

$$Y = 0.75Z - 12.5$$

式中　Y——压力泌水量（kg/m³）；

　　　Z——压力泌水值（mL）。

Z 与 Y 的关系见表 51-4。

表 51-4　Z 与 Y 的关系

Z/mL	40	57	70	103	110	117	123	140
Y/（kg/m³）	17.5	30	40	65	70	75	80	92.5

各区可泵性评价为：

1）1 区可泵性好，适用于高层泵送（压力泌水值为 70～110mL；压力泌水量为 40～70kg/m³）。

2）2 区泌水量偏小，拌合料偏粘，不易泵送。

3）3 区泌水量偏大，泵送不稳，可能堵泵。

4）4 区适用于较低层泵送。

5）1 区 ~ 4 区以外不适合泵送。

51.4　预拌混凝土拌合物流动性检验方法

51.4.1　取样方法

进行检验预拌或现浇混凝土质量时，混凝土应从搅拌机出料口或建筑地点采集；进行配合比设计或作材料性能试验时，试样应在环境温度为（25 ±5）℃的试验室内进行拌制。

测量拌合物坍落度用量大约为 15kg。

51.4.2　泵送混凝土流动性常用测定方法

1. 坍落度和坍落扩展度

坍落度是目前使用最广泛的试验方法，用以检验混凝土拌合物的和易性，大家都比较熟悉，不再详细介绍。

坍落扩展度则是用来测量泵送高强混凝土和自密实混凝土拌合物流变性的一种方法。具体方法是用测定坍落度相同的工具，将混凝土拌合物一次性填满坍落度筒，不得振动或实捣；表面刮平后，在 2s 内将坍落度筒均匀、迅速垂直提起至 300mm 高，待混凝土停止流动后，在 40s 内测量混凝土展开圆形两个垂直方向最大直径，其平均值即为混凝土坍落扩展度。泵送高强混凝土的扩展度不宜小于 500mm，自密实混凝土的扩展度不宜小于 600mm。

T_{500}：自坍落度筒提起离开地面起至混凝土拌合物扩展度达到 500mm 时的时间（s），称为 T_{500}。

2. 排空时间

排空时间的测定可用 V 形漏斗法和倒置坍落度筒法。V 形漏斗法用于测定自密实混凝土拌合物的黏稠性和抗离析性，可用于比较不同混凝土拌合物的流动性大小。倒置坍落度筒法是测定混凝土可泵性的最简单易行的方法。将坍落度筒倒置在支架上，小口朝下，离地面 500mm，小口处安装一个可抽出的插板。混凝土拌合物分三次均匀装入筒内，每次插捣 15 次，上口抹平。快速抽出插板，测定混凝土拌合物自筒内流出至完全排空的时间，精确至 0.1s。

排空时间在 5 ~ 25s 内，且扩展度大于 500mm，说明混凝土可泵性好；排空时间小于 5s 或大于 25s，则需要对混凝土配合比加以调整。

3. 坍落度经时损失

混凝土拌合物搅拌后随时间的延长，由于水泥的水化反应在混凝土内部形成初始强度结构，出现坍落度值逐渐减小的现象，称为坍落度经时损失。坍落度经时损失会对用水量小、水胶比小的高强泵送混凝土带来很大困难。因此，在测定混凝土坍落度的同时，也要测定坍落度经时损失。

　　测定混凝土拌合物初始坍落度值后，立即将混凝土拌合物装入不吸水的容器内密闭搁置，分别静置 30min、60min、90min、120min，然后将拌合物倒入搅拌机内，搅拌 20s 后，从搅拌机中卸出，再次分别测定其坍落度。再次测定坍落度值与首次坍落度值之差，即为该时间段的坍落度经时损失值，测量值应精确至 5mm。泵送混凝土拌合物坍落度经时损失不宜大于 30mm/h。

第52章　混凝土质量通病及其防治

52.1　裂纹

20世纪80年代以来,随着我国预拌混凝土的不断推广和高强、早强混凝土的发展,混凝土结构的裂纹控制,特别是梁板结构的裂纹控制,越来越成为广大施工单位和预拌混凝土生产企业关注的焦点。现就裂纹产生的规律、原因和防治办法作以介绍。

52.1.1　混凝土早强裂纹产生的规律

1) 预拌混凝土梁板结构裂纹一般发生在浇筑后1~3h,裂纹多出现在梁板交界处、厚度变化处和钢筋上部。

2) 施工环境相对湿度小、气温高、风速大时裂纹易产生;阴雨天、夜间施工的梁板结构极少出现裂纹。

3) 楼层越高,混凝土坍落度越大,梁板结构越易开裂。

4) 早强、超早强混凝土裂纹控制难度大。

5) C40及其以上地下室混凝土外墙,拆模后常出现有规律的竖向裂纹。

6) 随打压光的混凝土地面,裂纹控制难度大大超过表面搓毛混凝土地面。

52.1.2　混凝土收缩变形的分类

上述裂纹归根结底是由混凝土收缩变形引起的,其收缩变形分类如下。

1. 混凝土塑性收缩

混凝土塑性收缩发生在浇筑后的初期。预拌混凝土为满足运输、泵送的要求,其$1m^3$胶凝材料用量较高,砂率和坍落度均较常规现场搅拌非泵送混凝土大。混凝土拌制过程中因加入外加剂,引起其收缩率,特别是早期收缩率的增大。因此,混凝土浇筑后,在塑性状态会产生沉降和泌水,导致混凝土在塑性状态下产生变形。这种收缩变形是非泵送混凝土的30~60倍,而且混凝土坍落度越大,变形量也越大,最终导致混凝土产生裂纹。典型的塑性收缩是相互平行的,深度为2.5~5cm,较多见的是沿钢筋方向有规则的早期裂纹。

2. 混凝土干缩

混凝土成型后,表面在风吹日晒的环境下,因水分蒸发而产生收缩,由于混凝土表面和内部产生较大的湿度梯度,导致其内外部收缩不一致而产生裂纹。混凝土水胶比越大,其干缩也越大。

骨料对混凝土的干缩起着抑制作用。在混凝土配合比设计中,对干缩的影响首先反映在骨料的体积含量。当骨料体积含量由71%增加到74%时,在水胶比相同的情况下,混凝土的收缩可降低约 20%。

混凝土所处环境的相对湿度对干缩有显著的影响。环境相对湿度为 100% 时,混凝土不产生干缩;相对湿度为 80% 时,混凝土的干缩约为 200 微应变;相对湿度为 45% 时,其干缩可达 400 微应变。

3. 化学自收缩

混凝土在没有温度变化、没有与外界发生水分交换,且未受力的情况下,由于水泥与水发生化学反应,而产生的胶凝材料浆体化学减缩称为化学自收缩。温度高、水泥用量大、水泥越细,其化学自收缩增大。

4. 温度收缩

混凝土由于温度变化引起变形,当变形受到来自内部或外部约束时,产生温度裂纹。混凝土温度变形主要体现在大体积混凝土上,由于内部水化热引起其内外温差变形不一致,导致内约束裂纹和由于季节变化引起的外约束裂纹。

5. 碳化收缩

空气中的 CO_2 含量虽只有 0.03%,但在有水气的情况下,$Ca(OH)_2$ 和 CO_2 反应,生成 $CaCO_3$,CaO 还可与水化硅酸钙反应生成 $CaCO_3$ 和 $SiO_2 \cdot 2H_2O$,上述反应的同时,硬化浆体体积减小,出现不可逆的碳化收缩。碳化收缩变形是相对湿度的函数,相对湿度高时,混凝土空隙中大部分被水充满,CO_2 难以扩散到混凝土中去,碳化难以进行。而相对湿度过低(25%)时,空隙中没有足够的水使 CO_2 生成碳酸,碳化作用也难以进行。相对湿度 30% ~ 50% 时,碳化速率最高,混凝土碳化收缩最大。混凝土在高浓度的 CO_2 空气中经受干湿交替循环时,其碳化收缩变形会加剧。

上述五种混凝土收缩变形,只有在受到阻缩约束之下才能引发裂纹,这种约束分外约束和内约束两种。外约束是混凝土收缩变形受到来自体外的约束,如混凝土墙横向收缩受到其两端框架柱体的嵌固约束而产生的竖向等距离、贯穿性裂纹。内约束是指混凝土截面内表里不同层次之间的相互约束,如大体积混凝土降温期间,表层降温快,内层降温慢,出现表里收缩差异而产生不同层次间的约束应力,导致表层裂纹。

52.1.3 影响混凝土产生裂纹的因素

1. 混凝土原材料

1) 水泥矿物成分化学特性见表 52-1。

表 52-1　水泥矿物成分化学特性

矿物成分	强度发展		化学热	水化减缩(%)	干缩
	早期	后期			
C_3S	快	减慢	中	5.31	中
C_2S	慢	快	小	1.97	小
C_3A	水化快,但强度不高	几乎不增长	大	23.79	大
C_4AF	好	好	小	小	小

除了水泥矿物成分外，水泥细度越细，碱含量越高，其收缩越大。推荐采用 C_3A 含量低，含碱量为 0.4% ~ 0.6%，细度适中的水泥。

2）外加剂。不同品种的外加剂会引起混凝土不同的早期收缩。不同品种外加剂，混凝土的收缩率比见表 52-2。不同品种外加剂，混凝土的早期收缩见表 52-3。

表 52-2　不同品种外加剂，混凝土的收缩率比

收缩率比	脂肪族	萘系	氨基酸磺酸盐系
24h 收缩率比(%)	357	410	368
28d 收缩率比(%)	130	132	138

表 52-3　不同品种外加剂，混凝土的早期收缩

外加剂品种	收缩值/(10^{-6}m/m)				
	6h	12h	24h	36h	48h
脂肪族	64	180	222	226	226
萘系	102	219	254	258	259
氨基酸磺酸盐系	82	183	228	232	233
空白	52	57	62	63	64

由表 52-2 和表 52-3 可知，不论何种外加剂均会增大混凝土收缩，尤其是掺入萘系高效减水剂，会使混凝土早期收缩明显增大。相对而言，近几年来，开发的新型化学外加剂较萘系高效减水剂收缩有所减小。从收缩角度来说，应将掺减水剂的混凝土视为特种混凝土，不能以普通混凝土传统观念来组织施工。

3）骨料。粗、细骨料尤其是细骨料细度越细，混凝土需水量越大，从而导致混凝土收缩的加大。粗、细骨料中含泥量增大，也会增大混凝土的收缩。

2. 混凝土配合比

（1）水胶比　水胶比是直接影响混凝土收缩的重要因素，水胶比增大，混凝土收缩随之增大，裂缝必然产生。

（2）砂率　混凝土中粗骨料是抵抗收缩的主要材料。在水胶比和水泥用量相同的情况下，混凝土收缩率随砂率增大而增大。因此，预拌混凝土在满足泵送的前提下，宜尽可能降低砂率。

（3）水泥用量　由于水泥水化后要产生化学减缩和干缩，因此，应控制水泥用量，以减小混凝土收缩。

（4）外加剂掺量　外加剂超量使用，会造成混凝土假凝或药物离析，从而导致裂纹产生。

3. 施工环境

施工时的气象条件是影响混凝土梁板结构产生裂纹的重要因素。据资料介绍，风速为 16m/s 时，混凝土中水分蒸发速度为无风时的 4 倍；环境相对湿度为 10% 时，混凝土中水分蒸发速度是相对湿度 90% 时的 9 倍以上。如将风速和湿度影响叠加起来，混凝土的干燥速度就可相差 10 倍以上，从而导致混凝土开裂，许多时候裂纹多而深，甚至形成贯穿性裂纹。

美国波特兰水泥协会提出：当水分蒸发速率每小时超过 $1kg/m^2$ 时，必须采取防止混凝土塑性收缩而开裂的技术措施。总而言之，水分蒸发速率与大气温度、空气相对湿度、混凝土温度和环境风速有关。

4. 设计

地下室外墙混凝土强度等级较高，水平抗裂筋设置不合理，配筋率过低或钢筋直径大、造成钢筋间距过大，极易造成墙体竖向开裂；配筋梁板结构断面突变，洞口处无加强筋，或水电配管过密，钢筋保护层过小，都会造成混凝土结构开裂。

5. 施工

1）有些施工队伍素质差，图省力且浇筑速度快，往往在施工现场往混凝土中加水或无控制地掺加混凝土流化剂，造成混凝土坍落度过大，甚至离析，导致混凝土出现裂纹。

2）混凝土过振，造成板面砂浆层过厚而开裂。

3）混凝土浇筑后未及时进行二次以上木抹子搓毛，混凝土塑性收缩产生裂纹，未在其终凝前消除而留下后患。

4）大风或高温天气施工，无养护措施。

5）大体积混凝土施工无温控措施，导致混凝土内外温差大于 25℃ 而开裂。

6）模板支撑不牢，导致模板变形；模板过早拆除；梁板结构过早上荷载等都会导致混凝土开裂。

52.1.4　混凝土裂纹的防治措施

1. 原材料选择

（1）细骨料粒径与含泥量　宜采用细度模数为 2.8 ~ 3.0 的中砂，如果河砂的细度满足不了，可在河砂中掺入细度模数大一些的粗砂，并控制河砂中的含泥量。

（2）粗骨料粒径、级配与含泥量　除应选择级配良好、含泥量不大于 1% 的粗骨料外，混凝土的极限拉伸也是裂纹控制的重要指标，而粗骨料的最大粒径与其有关。粗骨料的最大粒径越大，抗拉伸能力越差，越容易开裂；粗骨料的最大粒径越大，混凝土裂纹宽度和长度都会加大。

（3）水泥含碱量与 C_3A 含量　应采用 C_3A 含量低，碱含量为 0.4% ~ 0.6% 的水泥。大体积混凝土宜采用低热水泥或掺入矿物掺合料降低发热量。

2. 配合比

（1）掺入粉煤灰　粉煤灰能适当减小混凝土早期收缩，虽降低幅度不大，48h 分别降低6.2% 和 11.6%，但对减小混凝土早期开裂还是有利的。地下室长墙不宜掺加矿渣粉，以减小收缩。

（2）提高混凝土中骨料体积含量　在满足泵送的前提下，尽可能提高骨料用量，这是减小混凝土收缩的有力措施。同时，要严格控制水胶比。

（3）采用减缩剂　据一些资料介绍，梁板结构裂纹要求较高的工程，可在混凝土中加入"混凝土减缩剂"。减缩剂可使混凝土早期收缩和总收缩减小，48h 减缩率可达 45% 以上，推迟混凝土开裂时间，减少裂纹的数量。

（4）掺加纤维　对抗裂要求高的地面，可掺入聚丙烯等化学纤维或钢纤维。

（5）采用相对收缩小的外加剂　如聚羧酸盐系高效减水剂。

（6）降低混凝土水泥用量　利用后期强度　大体积混凝土采用 60d、90d 强度，尽量降低水泥用量，掺入矿渣粉、粉煤灰。

3. 施工质量控制

预拌混凝土不同于 20 世纪 80 年代前的现场搅拌混凝土，施工单位不可按老办法来对待预拌混凝土。因此，预拌混凝土生产企业在每一个新开工程施工前，应对施工单位进行口头和书面技术交底，其交底要点如下。

（1）普通混凝土施工要点

1）布料。应分层布料，浇灌速度不宜过快，防止混凝土沉降而产起水平裂纹。

2）振捣。振捣棒移动间距应保证振捣半径有重叠面，每点振捣 5～15s，防止混凝土过振，表面砂浆层过厚而开裂。首次振捣 1～2h 后，宜复振一次，这样既可将混凝土强度提高 5%～15%，又可愈合早期裂纹，提高混凝土抗裂性。

3）抹压。预拌混凝土必须采用木抹子对梁板结构表面进行二次以上抹压，特别是在混凝土终凝前设专人找裂纹，用木抹子拍打裂纹处，使混凝土二次液化，以愈合裂纹。

4）养护。混凝土成型后，必须要有良好的温湿度环境，防止大风袭击和阳光暴晒。梁板结构养护要早而适时，即混凝土初凝（用手按有手印而不粘手）时，开始喷雾保湿养护，保持混凝土表面湿润（可用喷雾机或胶管前加扁嘴短管，使水落到混凝土表面呈雨雾状），此时因混凝土表面已形成薄膜层，洒在其表面的水不会渗入混凝土内部，也不会在混凝土表面形成落水麻点。养护水随着混凝土颜色变浅而加大。当混凝土终凝时，宜用 5～10mm 水膜覆盖梁板结构。24h 后，设专人一日数次浇水，保持湿润养护 7d 以上。

墙体混凝土浇筑后 2～3d 松动拆模，离缝 3～5mm，在墙体顶部架设淋水管，喷淋养护。拆模后两侧挂麻袋或草帘，避免阳光直射，保持湿润养护 7d 以上。地下室外墙宜尽早回填。

（2）大体积混凝土施工要点

1）施工前要进行热工计算，预计中心最高温度，准备好测温仪器和覆盖材料。

2）应在不同厚度、不同部位有代表性处设测温孔，没有条件时，可埋塑料管，内插玻璃棒温度计；有条件的单位可购买测温导线预埋在混凝土中，用电子测温仪定时测温。根据测得的中心温度和表面温度，决定如何覆盖保温。

4. 设计

在结构中容易发生应力集中的部位（如结构开口处、截面变化处、拐角处等）加设构造筋。配筋率对混凝土约束效应影响很大，试验证明，每增加 1% 的配筋率就可以将混凝土的干缩率降低 $(300～400)\times10^{-6}$；而配筋率为 3% 或更大时，就可使混凝土干缩率降至趋于零。地下室外墙应配制足够抵抗收缩的水平筋，水平筋宜设置在竖向筋的外侧。同时，要减小钢筋直径，如 $\phi6@160$ 改为 $\phi4@75$，配筋率不变，可提高抗裂性能 11.3%。

52.1.5　裂纹处理

1. 早期处理

终凝前设专人找裂纹，拍打愈合裂纹，如裂纹仍不愈合，可用膨胀剂：水泥 = 2:8（质量比）调成泥浆在裂纹处搓抹，千方百计将裂纹消灭在混凝土终凝前。

2. 硬化层裂纹处理

一般网状小裂纹尽量在梁板结构做面层时将其消除，水泥砂浆中加入防水剂、膨胀剂，防止渗漏和钢筋锈蚀。如果裂纹较深，可采用灌注法或防水涂料处理。

（1）灌注法

1）第一种方法：采用冶金部建筑科学研究院工程裂纹处理中心研制的自动低压灌浆器及配套 AB 灌浆树脂，处理 0.05～3mm 裂缝。该设备采用 6kg 弹簧作压力源，可在无电源、有障碍、高空环境下作业。

2）第二种方法：自配环氧树脂注浆法。

① 材料准备。环氧树脂、稀释液（一般为丙酮）、固化剂（乙二胺因有毒和刺激性气味，现在已不再采用）、兽用 20mL 针管和针头。

② 注浆液配制。环氧树脂加温至 30℃，环氧树脂中加入稀释剂，不断搅拌，其稀释稠度以能通过兽用针头为宜，配好待用。

③ 贯穿性裂纹板下部处理。用环氧胶液加适量水泥调匀后，掺少量固化剂，用刮刀将板下裂纹堵死，环氧胶泥随用随配。

④ 板上部清理。用压缩空气将裂纹内部吹净。

⑤ 注浆。注浆液使用前，视气温加入适量的固化剂配成灌缝胶，用针管抽出灌缝胶，迅速注入裂纹中，经多次注浆待浆液灌满后即可。注射器可用稀释液清理重复使用。

如注浆难以实施，也可在板上部沿裂纹凿成倒楔形槽，在槽内填充环氧胶泥。

（2）采用防水涂料处理（详见第十一篇）

1）采用水泥基结晶抗渗材料处理。

2）采用丙乳液处理。

52.1.6　地下室混凝土连续外墙裂缝分析

地下室混凝土连续外墙裂缝一直是难以克服的通病，且裂缝成型后容易引起渗漏，修补较为困难。王铁梦教授的调查结果表明，地下室底板出现裂缝的数量占总数的 10%，而侧墙的开裂数量则占被调查过程总数的 85%。因此本书就此问题重点加以分析。

裂缝以竖向裂缝居多，一般都产生在墙体中部位置和墙体与暗柱连接处，呈垂直状，从墙顶至墙底，缝宽一般在 0.1～0.5mm，且多数不大于 0.2mm。裂缝一般出现在混凝土浇筑 3d 后，特别是在刚拆模且养护不到位及温度突然变化很大时出现的几率更大。裂缝的数量随着时间的发展而增多，但缝宽不会因此而加大。

1. 地下室混凝土连续外墙裂缝成因

（1）客观原因

1）内、外部约束。混凝土墙体变形受到混凝土底板和墙中暗柱的外约束和墙体中配筋的内约束。

2）环境温度湿度。由于地下室外墙内、外两侧所处大气影响差异较大，墙体外部拆模后热量很快散失，风吹日晒，表面水分急剧散失；内部则因墙体和柱的混凝土水化热未散发出去而温度高、湿度大，致使连续墙内外有很大的温湿度差，其差异的大小随墙体的增厚和混凝土强度等级的提高而增大，从而形成裂缝。

（2）设计因素

1）地下室钢筋保护层较厚，一般为 50mm，由于保护层厚，混凝土收缩时得不到钢筋的约束，而容易形成裂缝，若水平抗裂筋间距偏大或是设置在竖向筋的内侧，则增大了产生裂缝的几率。

2）伸缩缝间距大。按照现行规范规定，地下室钢筋混凝土墙体伸缩缝隙的距离为 20～30m，但一般工程上大多将伸缩缝间距设计得超过规定要求，而混凝土在硬化干燥时自身有一定的收缩率，为 0.05%～0.06%，墙体长度方向收缩大于宽度和高度方向，因此墙体累计收缩的量将随着墙体长度的增大而增大，相应由此产生的收缩力也更加大，当收缩力超过墙体抗拉强度时，该部位混凝土开裂形成裂缝。

3）混凝土设计强度等级偏高，造成混凝土收缩过大。

（3）施工因素

1）混凝土强度等级越高，水泥用量越大，水化过程中凝缩和自收缩量较大，因而产生裂缝的可能性较大。其次是混凝土配合比设计不当、原材料质量不良或外加剂（如膨胀剂）使用不当等都可能是影响因素。

2）底板对墙体的约束。一种是一般墙体混凝土浇筑晚于底板浇筑，因而当墙体混凝土收缩时受到底板的压应力和墙体自身收缩应力的两种应力的叠加作用，墙体混凝土强度不足时，便出现裂缝。另一种是柱对墙体的约束，由于柱子配筋大于墙体配筋，因而柱子对墙体混凝土约束过大，使墙混凝土所受拉应力不断提高，进而出现裂缝。

3）施工温差。地下室是一种长而薄的结构物，对周围温度与湿度变化较为敏感，其产生裂缝原因，大多都是混凝土内外温差或昼夜温差较大、拆模过早、气温突变，长期暴露、外部大量失水等。其次养护不到位，未按要求有效保持墙体混凝土的表面湿度，因此不能保证混凝土水化所需正常水分，导致混凝土干缩大。

2. 预防措施

（1）设计方面

1）增加墙体水平抗裂筋。墙体配筋原则应是"小而密"，尽可能按 100mm 间距布置水平抗裂钢筋，特别是在墙体中部 1000mm 范围内，水平筋间距应加密为 50mm，形成一道暗梁，来抵抗墙体收缩应力。同时宜将水平筋设置于竖筋的外侧。若可能，最好在 50mm 厚保护层内加设一层细钢丝网。

2）防止墙体和柱的配筋率相差大，收缩应力发展不协调，采用 $\phi 8 \sim \phi 10$、长 1500mm 附加钢筋插入柱内约 150mm，其余部分伸入墙体。

3）地下室外墙及底板混凝土强度等级不宜高于 C35。

（2）合理配制混凝土

1）在混凝土中适当增加减水剂的缓凝成分和用量，适当延长混凝土的凝结时间，从而延缓水化反应速率。

2）减少水泥用量，适当掺加粉煤灰等掺合料，选用水化热低、细度中等及低铝酸三钙含量的品种；降低混凝土中水化热；混凝土可采用 60d 标养抗压强度作为强度评定。

3）砂石尽可能选用含泥量小、级配良好的中粗砂和连续级配、含泥量小于 1% 的碎石。

（3）施工方面

1）混凝土浇筑初期是大部分混凝土收缩集中的阶段，为使墙体两边可自由收缩，减少裂缝产生的可能性，应按规范要求设置后浇带（或加强带），待大部分混凝土浇筑完后再封闭后浇带，也可采取跳仓法施工。

2）加强特殊部位的处理。如存在墙厚度突变、空洞等部位，为避免这些部位由于应力集中而产生裂缝，对这些部位可采取加设钢筋或留设后浇带等方法处理。

3）为防止混凝土出现内外温差大的现象，应在墙体混凝土浇筑完毕后 24h 松动对拉螺钉，墙体上部设喷淋水管，浇水养护 5d 左右再拆除模板，使混凝土保温、保湿养护，减小混凝土墙体内外温湿度差。

4）减少混凝土连续墙外露时间，尽可能在地下室外墙拆模后，尽快进行防水和基坑回填土。

52.2　泌水及离析

52.2.1　泌水

混凝土拌合物经浇筑、振捣后，在凝结硬化过程中，伴随着粒状材料的下沉所出现的部分拌合水上浮至混凝土表面的现象，称为泌水。在混凝土表面出现少量泌水，属正常现象，对混凝土拌合物和硬化后的性能无影响。但泌水量过大将会带来许多不利后果。

52.2.2　离析

由于混凝土拌合物中各组分的颗粒粒径和密度不同，而导致出现组分分离、不均匀的现象，称为离析。这种组分分布的不均匀性将导致各部分混凝土性能的差异，易使混凝土内部或表面产生一些缺陷，影响混凝土的性能和正常使用。因此，必须注意采取有效的措施防止离析，保证混凝土拌合物具有良好的黏聚性、均匀性，从而保证混凝土各部分性能的一致性。

混凝土中存在两种离析，一种是混凝土中的粗骨料易于分离脱落，另一种是在搅拌时水泥浆易于与混合料分离。黏度较高的水泥浆有助于防止离析，因此混凝土水胶比较小时，离析倾向小；而胶凝材料用量小的贫混凝土，在流动性偏大时，容易产生粗骨料的离析；大流动性混凝土，则容易产生水泥浆的离析。

52.2.3　泌水、离析产生的原因

1. 外加剂方面的原因

1）减水剂掺量饱和点范围窄、组成不合理或掺量不合理。一些减水剂，如聚羧酸高效

减水剂、氨基磺酸盐减水剂，对水及减水剂用量十分敏感，在复配和计量中，由于其最佳使用范围（饱和点）较窄，掺量稍多，很容易导致混凝土泌水、离析。

2）泵送剂与缓凝剂使用不当

① 泵送剂用量偏大。预拌混凝土生产企业为保证现场泵送坍落度的要求，减少其经时损失，加大泵送剂掺量，造成混凝土中减水剂超量，导致混凝土泌水，甚至药物离析。

② 外加剂中缓凝剂超量。由于水泥正常水化需要其质量 22% ~ 28% 的水量。在混凝土缓凝情况下，释放出大量游离水，造成泌水。

2. 水泥方面的原因

1）水泥中 C_3A 含量突然下降，减缓了水泥水化速率，需水量及减水剂用量相应减少，搅拌用水如未减少，混凝土会泌水。

2）水泥中碱含量降低，特别是可溶性碱如降得很低，混凝土不但严重泌水，而且坍落度损失会很快。一般可溶性碱含量 0.4% ~ 0.6% 时为最佳，碱含量过低时如外加剂掺量稍过量，混凝土不仅坍落度损失较快，还会离析泌水。尤其是遇到以氨基磺酸盐减水剂为主要减水组分的泵送剂，混凝土会泌水、离析。

3. 骨料方面的原因

粗骨料级配不良、粒径偏大、级配不连续，混凝土在运输、泵送过程中稍一停歇，石子下沉，混凝土就会离析。

4. 混凝土配合比和生产管理方面的原因

1）新进场砂质量不稳定。当含水率变大、细度突变粗，或含泥量突然变小，技术人员未及时通知搅拌操作手，造成混凝土离析。

2）混凝土运输车司机交接班时，未检查车辆洗罐水是否倒净就接料，造成混凝土离析。

3）水泥混仓。不同品种、不同细度的水泥，需水量不同。新进仓的水泥细度突然变粗时，当上部较细的水泥使用完，相对粗的水泥进入搅拌机时，需水量突然下降，而搅拌操作员不了解情况，未及时下调搅拌用水量，导致混凝土离析。

52.2.4　离析、泌水混凝土造成的后果

1）离析混凝土泵送很容易造成堵管和爆管，尤其是泵送中断时，积存在泵管中的混凝土骨料与泥浆分离，粗骨料很容易集中在弯道处，造成堵管和爆管，轻者影响施工进度，严重时因爆管会造成人身安全事故。

严重离析的混凝土若泵送入模，会造成梁板结构开裂，墙、柱结构分层，严重时甚至会在结构上部 1m 左右无石子，不得不返工处理。

2）泌水混凝土硬化后会造成混凝土物理、力学、耐久性、均匀性下降。

① 收缩、沉缩量加大，密实度下降。

② 混凝土内部产生贯通性毛细管泌水通道，使混凝土抗渗性、抗冻性、耐久性下降。

③ 混凝土骨料和钢筋下部留有空隙，使钢筋和骨料与水泥浆的握裹力下降。

④ 泌水时由于轻物质上浮，还会降低混凝土表面耐磨性。

严重泌水的混凝土振捣时，水和泥浆从模板缝窜出去，造成混凝土表面蜂窝、麻面、孔洞等表面缺陷。

由于离析、泌水混凝土会造成上述不良后果，混凝土生产企业就要加强混凝土出厂坍落度检查和入泵前的复查，发现离析、泌水混凝土必须回厂返工处理。视离析、泌水程度不同，在搅拌运输车中适量加入干水泥砂浆调整，严重离析、泌水混凝土也不得不报废，倒入砂石分离机中回收骨料。

52.3　堵管

混凝土由于水胶比过大或过小、外加剂掺量过高（尤其是使用聚羧酸高效减水剂时）、粗骨料粒径过大、管路连接不良，有漏气点或弯头处有磨漏处、泵送过程间歇时间过长、泵送前管路中残渣未清理干净、泵送过程管路中夹入空气等原因，造成堵管现象，严重时引起爆管，造成安全事故。各种堵管原因及处理办法见表 52-4。

表 52-4　各种堵管原因及处理办法

堵管种类	原因分析	纠正、预防措施
砂石质量不合格	1. 砂石混仓造成某一阶段搅拌的混凝土砂、石量不符合配合比要求,石子量过多时堵泵 2. 石子粒径过大 3. 砂中 0.315mm 以下含量不足 15%（质量百分比） 4. 砂过细或含泥量大 5. 石子针片状含量超过 15%	1. 用木槌检查堵塞点,一般多发生在堵管处,卸压后将堵塞处拆开,排除混仓混凝土,接管后以低排量高转速操作,反吸正打反复数次,待压力表转入正常状态即可 2. 有针对性地整改砂石质量后再生产混凝土
管路漏浆型	1. 输送管接头卡子未卡紧,密封圈损坏或未加密封圈 2. 输送管磨漏 3. 接管时两端管径不同造成管道漏浆,管道中无水泥浆而堵泵	1. 泵前认真检查管道,尤其是检查接头处安装质量 2. 弯管处磨损量最大,要定期检查此处的完好情况,在即将磨漏前及时更换 3. 已堵管后,找出漏浆点,处理后再泵送
泵送间歇超时	混凝土泵送中间间歇超过初凝时间,管中混凝土流动性大大下降,弯头阻力急剧增加,超出泵的最高压力而堵管	1. 用 1:1 砂浆将间歇超时混凝土顶出来或立即用水冲刷泵 2. 混凝土泵送过程中间歇时间不得超过 30min,已超时要正反泵操作,防止混凝土在管道中硬化
管路残渣堵管	前次泵送完,管路未冲干净,残留混凝土硬块引起堵塞管路	每次泵送认真清管,泵前用木槌轻敲管路,发现声音不正常,应及时排除残留混凝土渣。已堵管时,要反泵后再拆管,防止压力伤人
混凝土离析堵管	混凝土由于水胶比过大或外加剂掺量过高,或运输车洗车后车中积水未倒净,造成离析,骨料和砂浆分层而堵泵	1. 混凝土装车前必须检查罐体内有无积水 2. 每班、每种型号首盘混凝土必须进行坍落度检查,调整合格后再批量生产 3. 泵送前操作人员要检查混凝土,发现离析必须退厂,重新加干水泥砂浆调整坍落度 4. 如已泵送,管压已达极限值的 2/3,当向上垂直泵送时立即反泵,借助管内混凝土自重将混凝土吸回料斗内;如下垂直或平行远距离泵送时,则在适当位置拆管处理。已堵管时,绝不可泵送,否则会造成泵缸体损坏

（续）

堵管种类	原因分析	纠正、预防措施
环境温极热型堵管	当环境温度达35℃,甚至更高时,混凝土在泵管内摩擦,温度达70℃以上,混凝土已水化消耗大量水,流动性大大下降,造成堵管	高温季节管道外部降温,混凝土泵送间歇时间不超过半小时,尽量保持泵送的连续性
环境温极冷型堵管	1. 环境温度为 - 15℃或更低时,管内部分混凝土停歇时间稍长而冻结,造成堵管 2. 水平管道常常因前次施工洗泵水排不净而结冰,会引起管道堵塞而堵泵	1. 冬季泵送要保证混凝土出厂温度大于10℃,连续供料,管道适当保温或泵前预热 2. 冬期施工水平管道要设一定坡度,以利于排水,气温特别低时,泵送前泵管要保温或适当加热或用热水润管
空气挤压型堵管	泵送混凝土时,由于泵机料斗内混凝土被打空,缸筒内吸入空气,导致泵管内引入空气段,造成堵泵	1. 及时减速操作,将空气排出管外,或泄压拆开堵管,此时应防止压缩空气将混凝土或砂浆喷射出来伤人 2. 垂直向下泵送时,管道应设有一定
管径变异堵管	管道变径处,混凝土流速突变,管内混凝土摩擦阻力增大,造成堵管	1. 铺设管路时要将旧管和新管分开,先接新管,旧管放在管路尾部;尽量不用变径管 2. 发现堵管,拆除后铺设新管 3. 管道应设有一定的倾斜角度
异物进入泵管堵管	砂石等原料中夹杂的异物或搅拌机中某部件掉入混凝土中造成堵管,一般都发生在第一个弯头处	1. 泵车料斗上设铁箅子,网眼 60mm × 60mm 2. 堵管后及时拆除、清除障碍物
骨料超大造成堵管	经验证明,当粗骨料粒径达 3.5cm,且超过总量12%以上时易堵管。尤其是当输送管道长度超过80m,堵管可能频繁发生,一般发生在弯头处	应控制石子粒径符合以下要求:泵送高度50m以下,最大粒径:泵管直径 ≤1∶3;泵送高度 50 ~ 100m,最大粒径:泵管直径 ≤1∶3 ~ 1∶4;泵送高度100m以上,最大粒径:泵管直径 ≤1∶4 ~ 1∶5
流量失控堵管	泵送过程突然加速或减速,使管路内混凝土正常流动规律打破而形成素流、分层而堵管,尤其是在管路较长时更易发生	1. 远距离泵送时必须掌握管内流速 2. 远距离泵送,每 50m 加一袋水泥作润管泥浆
坍落度过大或过小	坍落度过小(小于 8cm)或过大(大于 24cm 的非自密实混凝土)都会堵管	严格控制适宜的混凝土坍落度
水泥原因造成堵管	1. 水泥温度高,吸附外加剂量大,同时水泥迅速水化,坍落度急剧损失 2. 水泥中 C_3A 含量过高,混凝土坍落度损失过快 3. 水泥采用硬石膏,减水剂采用木钙,引起混凝土速凝 4. 水泥过细,需水量大,坍落度损失大 5. 水泥生产用煤质差、欠烧,需水量大	1. 首先要选择适应性好、信誉好的水泥厂作为长期合作单位 2. 水泥进场温度过高不得使用 3. 每批水泥进场要按规定检验,不用疏忽标准稠度用水量的检验。发现异常要及时通知有关负责人 4. 搅拌混凝土需水量、流动性、保水性、坍落度及其经时损失合格后方可使用
外加剂原因	1. 外加剂与水泥适应性不好,造成混凝土严重泌水 2. 外加剂掺量过高,引起混凝土药物离析,混凝土表面泌出黄水	1. 外加剂使用前必须进行与水泥适应性试验,试配、调整合格后方可使用 2. 使用过程要严格控制掺量,尤其是采用聚羧酸和氨基型高效减水剂时,不得因要追求高减水率而超过其掺量的饱和点

52.4　混凝土其他质量通病及其防治措施

混凝土其他质量通病及其防治措施见表 52-5。

表 52-5　混凝土其他质量通病及其防治措施

名称	原　　因	防 治 措 施
润管稀砂浆打入结构中	泵送前先润水,待泵斗内还剩部分水时砂浆入斗,部分砂浆表面的水泥浆被冲洗掉。如将此稀砂浆泵入结构,因泥浆体基本无强度,造成墙、柱断条或梁板下部结构酥松,常发生在拖式泵泵送 5 层以上的工程	1. 润管稀砂浆必须排出结构外部,尤其用地泵浇筑高层建筑时,必须书面和口头向施工单位交底 2. 如已造成结构质量问题,必须返工处理
混凝土缓凝	1. 泵送剂超量掺加,造成缓凝组分超量 2. 缓凝剂的品种选择不适宜	1. 严格控制泵送剂掺量,聚羧酸高效减水剂宜稀释至 10% 左右的浓度使用 2. 根据水泥的品种、矿物成分、环境温度合理选择缓凝剂品种和掺量
楼板受冻	初冬季节施工的高层建筑楼板每年开春检查时,受冻的几率相对较高。因思想麻痹,而高空气温较地面低,风速较地面大,施工人员浇筑混凝土未随打随覆盖保温材料,待楼板全浇筑完再覆盖,混凝土得不到蓄热养护,未达到临界强度已受冻	入冬前要向客户进行口头或书面技术交底,要求楼板混凝土工程必须随打随覆盖保温材料,混凝土未达到抗冻临界强度前不得拆除保温层
错浇混凝土型号	1. 混凝土运输车标志执行有误 2. 泵车司机未查清混凝土型号就泵送 3. 未按"先高后低"的原则浇筑混凝土,误将低强度等级混凝土浇入高强度等级结构中	1. 混凝土出厂前运输司机要认真按"发货单"更换标志牌 2. 混凝土到达工地,运输车司机要"唱票",明示混凝土型号。泵车司机要检查标志牌、"发票单"与客户需求型号一致,方可泵送 3. 应本着先浇高强度等级,后浇低强度等级的原则泵送混凝土,注意泵管中低等级混凝土勿入高强度结构中 4. 已错浇混凝土型号,拆除返工处理
混凝土速凝	1. 混凝土出厂后,坍落度急剧下降,甚至混凝土从罐车中放不出来。水泥调凝剂使用了硬石膏,泵送剂中含有木钙或熟料中 C_3A 含量特高 2. 水泥入仓温度高	1. 新品种水泥和外加剂使用前应做相容性试验,调整好后再使用 2. 签订货合同时,应对水泥入厂温度有所规定,入仓前测定温度,高于合同规定的高温水泥不得入仓
混凝土局部强度低、与钢筋握裹力差、渗漏	由于搅拌站某种原因,混凝土中断供应时间超过初凝时间,接近终凝时,接着浇筑,振捣新浇筑混凝土时,将下部强度很低的混凝土振疏松,钢筋与混凝土握裹受到破坏,接缝处同时形成水渗漏的薄弱点	1. 浇筑混凝土时,不得任意甩搓留缝。如由于某种特殊原因不得不留缝时,中断时间应控制在初凝时间以内。如时间超过初凝,则应待已浇筑混凝土硬化具有一定强度后再按施工缝处理(硬化混凝土表面铺一层同强度等级的砂浆,再接着施工) 2. 施工缝处渗漏,可用防水基结晶渗透材料处理或用防水胶加水泥修理 3. 混凝土强度达不到设计要求,请法定检测单位进行鉴定,加固补强
混凝土滞后泌水(放置 1~2h 后泌水)	1. 贫混凝土(水泥用量少的混凝土)坍落度大,未引气 2. 水泥泌水率大 3. 粉煤灰粗,含碳量高,需水量大,吸附外加剂多,混凝土振捣后水又释放出来,表面会出现很厚的泌水层 4. 砂粗、砂中含 5mm 豆石过多,造成混凝土实际砂率过小,小于 0.25mm 的粉料少 5. 外加剂缓凝时间过长 6. 聚羧酸用量可能偏多,尤其气温低时混凝土会滞后而增加坍落度、泌水	1. 适当提高浆体体积,掺入适量含碳量小的粉煤灰(胶凝材料大于 350kg/m³) 2. 选择泌水率小的硅酸盐或普通硅酸盐水泥或降低矿粉用量 3. 粗砂中适当掺入一些细砂,将细度模数调整到 2.6 左右;适当提高砂率 4. 调整缓凝剂品种、用量;泵送剂中应少用酸性(如柠檬酸)缓凝剂,而应用碱性缓凝剂 5. 适当掺入引气剂 6. 气温低于 10℃ 时,聚羧酸用量要适当下调,首盘混凝土加强出厂前和到达施工现场的检查

（续）

名称	原　　因	防治措施
地面起灰	混凝土中加入矿渣、粉煤灰等掺合料,地面浇筑后,用铁抹子几次抹压,在铁抹子拍打过程中,矿粉、粉煤灰很轻且上浮,造成硬化混凝土表面起灰	1. 随打压光地面宜采用普通硅酸盐水泥配制混凝土,不得掺加粉煤灰等掺合料 2. 已经起灰的地面可用"地面起灰处理剂"修复,表面打磨(起灰不严重可不打磨)后喷刷 2~3 遍处理剂,2d 后即可投入使用
不明原因混凝土强度低	1. 两种不同外加剂未经试验混在一起,相互发生化学反应,如乙醇氨＋硝钙,发生化学反应放出气体,而降低混凝土强度 2. 某些水泥虽检验其强度合格,未经混凝土配合比试验就采用,配制的混凝土流动性极差,搅拌用水增加,工地又加水 3. 掺合料错入水泥仓或 32.5 级水泥错入 42.5 级水泥仓	1. 不同外加剂配合使用前必须通过试验 2. 新的水泥品种采用前,不仅要做水泥检验,而且要做其与外加剂、掺合料相容性试验 3. 筒仓设标志牌,入口加锁,监督入仓
混凝土墙拆模后表面有小麻点	混凝土所用砂太细	混凝土墙一般常温下 8h 就拆模,细砂混凝土早强(8h)强度很低,拆模时砂颗粒与水泥黏结强度极低,被模板带下来了,在墙体表面留下细小的坑点(这种现象在同配合比的梁板结构中不发生,因为梁板拆模时混凝土强度已经达到设计的 70% 以上了)

第八篇

▶▶▶ 混凝土冬期生产与施工

第 53 章　混凝土工程冬期施工的定义和特点

53.1　混凝土工程冬期施工的定义

按国家标准《混凝土结构工程施工质量验收规范（2011 版）》（GB 50204—2002）的规定，当连续 5d 日平均气温稳定低于 5℃时，混凝土工程施工则进入冬期施工。在我国北方地区，冬期施工时间长达 3～5 个月，因此，混凝土结构冬期施工采用先进、经济合理的施工工艺，使混凝土工程安全性、适用性和耐久性得到保证就显得十分重要。

冬期施工的条件及环境都十分不利，因此冬季是工程质量事故的多发季节。每年开春工程质量检查，都会发现为数不少的冻害事故，尤其以楼板工程居多。质量事故具有隐蔽性、滞后性，给事故处理带来了很大的难度。因此，广大预拌混凝土生产企业和施工企业应对混凝土冬期施工引起高度重视，提前做好冬期施工计划安排和防冻混凝土配合比试配工作，并做好材料、技术、设备和能源等各方面的准备，编制好冬期施工技术措施，采取防冻、防风和防失水措施，尽量给混凝土创造正温养护环境，确保冬施工程质量。

53.2　混凝土工程冬期施工的特点

混凝土工程冬期施工由于受气温影响，有以下特点：

1）混凝土强度增长取决于水泥水化反应的结果。水泥的水化和温度有关，当温度降低时，水化反应减慢，当温度降到 0℃以下时，水结冰，水化反应停止，因此，如何保证水泥水化反应是混凝土冬期施工的关键。

2）当温度低于 5℃时，混凝土强度增长速度缓慢，在 5℃条件下养护 28d 混凝土强度仅能达到标养 28d 的 60%，混凝土的凝结时间要比 15℃条件下延长 3 倍。因此，必须采取有效措施使混凝土强度尽快地增长。

3）当温度低于 0℃以下时，特别是温度下降到混凝土中液相冰点（新浇普通混凝土内部液相冰点温度为 $-0.3 \sim -0.5$℃）以下时，混凝土中的水开始结冰，其体积膨胀 9%，此时混凝土内部结构可能遭到破坏，称为混凝土冻害。混凝土冻害的宏观表现为混凝土强度有损失，物理、力学性能遭到损害。因此，冬期施工的混凝土，使其受冻前尽快达到混凝土抵抗冻害的临界强度是至关重要的。

4）我国气候属大陆性气候，冬季除了经常有寒流袭击、气温变化较多外，还有大风，由于风速较大，要注意防风。风速大不仅对混凝土冷却有明显的影响，还会使混凝土裸露面水分蒸发加速，所以混凝土工程冬期施工要注意防风，以避免混凝土养护期间的失水。

5）冬期是混凝土工程事故的多发期，而且有明显的滞后性。即冬期施工的混凝土工程质量事故多在春融期才能发现，由于事故发现较晚，处理的难度就较大。

6）为了给冬期施工的混凝土创造一个正温养护条件，所以必须采取一系列措施，如材料加温、混凝土保温等，这些施工技术比较复杂、费用高，所以冬期施工必须周密计划，做好施工组织和技术措施。

第54章 冻害对混凝土性能的影响

54.1 混凝土中水的形态及冻害的分类

54.1.1 混凝土中水的形态

混凝土中的水在未结冰之前，基本是以三种方式存在的，即化学结合水、物理吸附水和自由水。化学结合水为水泥水化后生成的水化产物的组成部分，温度的升高和降低对其无影响；物理吸附水为吸附在水泥水化凝胶体表面，这部分水量很少，其冰点很低，-78℃才结冰；自由水广泛存在于混凝土中大小不同的毛细管中。当混凝土水胶比大时，毛细管直径粗，自由水多；反之，水胶比小，毛细管直径小，自由水则少。自由水在常温下会蒸发，当混凝土温度降低到0℃时，如果混凝土中未掺入任何外加剂，粗大毛细管中的水冻结成冰，体积膨胀，导致混凝土内部结构破坏。混凝土结构中毛细管的多少和毛细管的直径大小与混凝土水胶比密切相关，当混凝土水胶比小于0.35时，其冻害影响明显减小。

54.1.2 混凝土冻害的分类

水泥中掺入防冻物质后，自由水成为该物质的溶液。防冻组分降低了水的冰点，使混凝土拌合水中保持一部分液相。保持液相的多少与环境温度、防冻组分冰点、掺量、混凝土中孔隙半径等因素有关。而混凝土中毛细管孔径与混凝土受冻前预养程度有着直接关系。随着水泥水化程度的提高，水泥浆中自由水减少，毛细管孔径变小。

1. 新拌混凝土受冻

新拌混凝土受冻是指新浇筑的混凝土在终凝前遭受冻害。这种受冻不会使混凝土产生恶化，只要化冻后在终凝前立即振捣密实，加强养护，不要使混凝土重新再受冻，混凝土强度就不会受到影响。

2. 混凝土早期受冻

混凝土早期受冻是指混凝土浇筑后，在养护期间受冻。早期受冻会损害混凝土的一系列性能，即混凝土的抗压强度、抗拉强度、混凝土与钢筋的黏结强度、耐久性都有明显的下降。

3. 混凝土冻害

混凝土冻害是指硬化后的混凝土遭受反复冻融后，其各项性能逐渐下降，对混凝土产生的一种损害。

54.2 混凝土冻害机理及危害

54.2.1 混凝土受冻的条件

混凝土受冻有三个条件，即温度、水和混凝土结构内部的孔隙状况。

当温度降到0℃以下时，拌合物中的水转相为冰，体积膨胀9%，使混凝土遭受冻害；混凝土水胶比越大，其遭受冻害越严重；混凝土内部孔结构取决于混凝土配合比设计和施工水平。混凝土水胶比小、密实度大、孔结构好、孔隙率小、毛细管直径小，则混凝土冻害程度小。

混凝土内部受冻的过程如下：混凝土温度降到0℃以下时，毛细管中自由水开始结冰，体积膨胀。随着温度降低，结冰由表面逐渐向内部发展，未结冰的自由水沿毛细管通道向内部运动。内部未冻结静水压越来越高，当水压超过混凝土抗拉强度时，混凝土毛细管胀破，产生微裂纹。这种裂纹不断向内部扩展，导致结构出现不可逆的损坏。混凝土内部结构松动，骨料和水泥浆受损，内部产生许多裂纹，不仅后期强度受损，而且抗冻性、抗渗性与钢筋的黏结强度都有所下降。从显微镜下观察，其内部孔径粗大，这是混凝土内部水分迁移过程造成的。

当混凝土内部引入微细气泡时，未冻结水在压力作用下可通过毛细管流入气泡中，使静水压力降低，从而减小了混凝土内部裂纹，改善了混凝土抗冻害能力。

54.2.2　混凝土早强受冻对混凝土物理力学性能的影响

1. 混凝土早强受冻对混凝土内部结构的破坏

混凝土浇筑后，在养护期间遭受冻害，内部会产生许多微裂纹，这些裂纹分布在硬化了的水泥石中，大大降低了混凝土的耐久性和抗渗性。其冻害程度取决于冻结温度、水胶比、受冻前正温养护时间的长短、混凝土内部结构的孔隙状况。

2. 混凝土早强受冻对混凝土抗压强度的影响

混凝土早强受冻对抗压强度的影响见表54-1。

表54-1　混凝土早强受冻对抗压强度的影响

受冻前的预养时间/h	凝结时间/h	冻结后又转入标养时间/d	受冻温度/℃	混凝土强度损失（%）		
				C20	C30	C40
0	24	28	−5	38	48.9	48.1
			−10	32.5	41.8	43.3
			−20	27.8	16.8	20.1
0	24	90	−5	35.9	44.1	47.5
			−10	30.5	37.0	41.8
			−20	19.4	22.5	20.8

从表54-1可知：

1）混凝土浇筑后立即受冻，其强度损失率最大可达50%，温度不太低时强度反而损失大，在华北、西北地区以及东北地区的初冬、初春季节施工应予重视。

2）若混凝土浇筑后，受冻前有一定的预养护期，其后期强度损失可大大减小，预养期越长，混凝土受冻强度损失越小。

3. 混凝土早强受冻对混凝土抗拉强度的影响

混凝土早强受冻对混凝土抗拉强度的影响见表54-2。

表 54-2 混凝土早强受冻对混凝土抗拉强度的影响

水泥品种	冻结温度/℃	早期受冻融次数/次	标养28d抗拉强度/MPa	达28d标养强度的百分比/%					
				受冻前预养时间					
				24h	36h	48h	60h	72h	96h
普硅水泥	−10	15	1.43	72.3	73.0	91.6	93.3	93.6	—
矿渣水泥	−10	15	1.66	70.3	72.3	73.4	78.7	80.7	84.5

从表 54-2 可知，混凝土早强受冻对抗压强度也有很大的影响，受冻前有一定的预养护期，其后期强度损失可大大减小，预养期越长，混凝土抗拉强度损失越小。

4. 混凝土早强受冻对钢筋与混凝土的黏结强度的影响

混凝土早强受冻对钢筋与混凝土的黏结强度也有较大的影响，见表 54-3。

表 54-3 混凝土早强受冻对钢筋与混凝土的黏结强度的影响

混凝土强度	标养28d时黏结强度/MPa	受冻前预养时间/h	冻结24h温度/℃	受冻后又标养28d黏结强度/MPa	受冻后强度占标养28d强度的百分比/%
C30—1	6.0	0	−20	1.8	33
		24		4.5	75
		60		5.6	97
		72		6.0	100
C30—2	4.2	0	−20	1.2	2.8
		24		2.9	69
		60		3.7	88
		72		3.8	91
C20	3.4	0	−20	0.5	15
		24		1.9	56
		60		3.2	94
		72		3.2	94

从表 54-3 可知，混凝土早强受冻对钢筋与混凝土的黏结强度的影响是：混凝土强度等级越低，影响越大。

5. 混凝土早强受冻对混凝土抗冻性能的影响

混凝土早强受冻对混凝土抗冻性能的影响见表 54-4。

表 54-4 混凝土早强受冻对混凝土抗冻性能的影响

混凝土强度	标养28d时抗压强度/MPa	受冻前预养时间/h	冻结24h温度/℃	受冻后标养28d经100次冻融抗压强度/MPa	经100次冻融抗压强度损失(%)
C30—1	33.1	0	−20	21.6	35
		24		29.4	11
		60		29.2	12
		72		30.6	8

（续）

混凝土强度	标养 28d 时抗压强度/MPa	受冻前预养时间/h	冻结 24h 温度/℃	受冻后标养 28d 经 100 次冻融抗压强度/MPa	经 100 次冻融抗压强度损失（%）
C30—2	31.6	0	−20	19.6	37
		24		27.1	14
		60		29.1	8
		72		29.6	7
C20	23.6	0	−20	12.1	49
		24		17.2	27
		60		19.8	16
		72		20.1	15

试验结果表明，早强受冻对混凝土抗冻耐久性有一定影响，对低强度等级的混凝土影响更大。试验还发现混凝土浇筑后立即受冻，再标养 28d，混凝土经 50 次冻融，表面即刻出现破坏特征；而混凝土浇筑后标养 60h，混凝土经 80 次冻融，表面才开始出现破坏特征。由此看出对有抗冻耐久性要求的混凝土受冻前预养期一定要长一些，这就是抗冻混凝土受冻临界强度要达到设计强度 50% 的原因。

54.3　混凝土早期受冻允许受冻临界强度

在寒冷地区进行混凝土冬期施工，由于各种因素，欲使混凝土完全不受冻是不现实也不经济的，因为这样会增加许多防护措施，而且要拖长工期。因此，设想做出一些规定，在一定条件下允许混凝土早强受冻，而不损害混凝土各项性能，满足设计和使用要求，这就提出了混凝土早期受冻允许受冻临界强度的概念。

新浇混凝土在受冻前达到某一个初始强度值，然后遭受冻结，当恢复正温养护后，混凝土强度继续增长，经 28d 标养后，其后期强度仍可达到设计强度的 95% 以上，这一受冻前的初始强度值叫做混凝土早强受冻允许受冻临界强度。

我国《建筑工程冬期施工规程》（JGJ/T 104—2011）规定了混凝土"受冻临界强度"，见表 54-5。

表 54-5　混凝土受冻临界强度取值

施工条件		混凝土受冻临界强度取值
采用蓄热法、暖棚法、加热法等施工的普通混凝土	采用硅酸盐水泥、普通硅酸盐水泥配制	不应小于设计强度等级值的 30%
	采用矿渣硅酸盐水泥、火山灰硅酸盐水泥、粉煤灰硅酸盐水泥、复合硅酸盐水泥	不应小于设计强度等级值的 40%
采用综合蓄热法、负温养护法施工	室外最低气温不低于 −15℃	不应小于 4.0MPa
	室外最低气温不低于 −30℃ 时	不应小于 5.0MPa
强度等级等于或大于 C50 的混凝土		不宜小于设计强度等级值的 50%
有抗掺要求的混凝土		不宜小于设计强度等级值的 50%

（续）

施 工 条 件	混凝土受冻临界强度取值
有抗冻耐久性要求的混凝土	不宜小于设计强度等级值的 70%
当采用暖棚法施工的混凝土中掺入早强剂时	可按综合蓄热法受冻临界强度取值
当施工需要提高混凝土强度等级时	应按提高后的强度等级确定受冻临界强度

混凝土强度未达到受冻临界强度前，不得拆除其表面覆盖的保温材料。

第 55 章　混凝土冬期生产

55.1　冬期施工对原材料的要求

55.1.1　水泥

混凝土冬期施工无论采用蓄热法还是综合蓄热法都是希望能使混凝土获得较高的早强强度，尽快达到受冻临界强度，以抵抗冻害，因此应优先采用适应性高、发热量大的硅酸盐水泥和普通硅酸盐水泥。

55.1.2　骨料

除了按常温生产的骨料质量要求外，混凝土冬期生产对骨料还有下列要求：

1）骨料中无冰块、雪团。因为冰块、雪团搅拌时可能不会完全融化，未来会在混凝土中形成孔洞，同时冰雪和在搅拌中由固体变成液体，要吸收热量，降低混凝土拌合物的温度。

2）骨料中不得含有机物。因为有机物会延缓混凝土的水化速度，延长凝结时间，同时会降低混凝土后期强度。

3）混凝土冬期生产时掺入防冻剂、早强剂，使混凝土中碱含量增加，因此要严格控制，保证骨料中不含有活性骨料。

4）尽量降低骨料含水率。含水率高的砂石不仅下料困难，而且含冰越多，需要的热量越多，给混凝土加热和温度提高带来困难。

55.1.3　掺合料

低温下为使混凝土具有较高的早强强度，冬期生产要根据环境温度控制掺合料的品种和掺量。高寒地区选用粉煤灰时，应考虑如下要求：

1）粉煤灰细度 0.045mm 筛余 ≤16%。

2）粉煤灰烧失量 ≤5%。

3）环境温度在 5℃ 以上时，粉煤灰掺量为 5% ~ 10%，同时宜掺入早强剂；环境温度在 5℃ 以下时，粉煤灰掺入同时宜掺入早强防冻剂；环境温度在 −10℃ 以下时，不宜掺入粉煤灰，可适当掺入矿渣粉。

55.1.4　外加剂

混凝土冬期生产需加入防冻剂、早强剂、高效减水剂和引气剂等外加剂，预拌混凝土有采用泵送防冻剂的，也有用泵送剂和防冻剂分别计量的办法。后种计量办法比较灵活，可根据用户的要求计量防冻剂的需求量。

各种外加剂的性能和掺量见第四篇有关章节。

55.2　冬期混凝土的搅拌及热工计算

全天候生产量大的混凝土搅拌站可设大型锅炉，皮带廊、搅拌站设暖气，砂石储料斗内设蒸汽排管，锅炉供热水，这样的混凝土搅拌站出料温度一般可达到20℃以上。本节仅对对于间歇生产的混凝土搅拌站冬期生产原材料加热加以介绍。

55.2.1　原材料加热的原则

混凝土冬期生产一般需要对原材料加热，首先应采用加热水的方法。因为水的热容量是砂石的5倍，即1kg水提高1℃使混凝土获得热量相当于1kg砂或石提高5℃的热量。因此，水加热是最经济和方便的。在环境温度不低于−8℃时，采用热水拌和混凝土，就可满足拌合物温度的要求。

水加热的最高允许温度是以水和水泥接触后不致引起水泥假凝为依据的。在砂石不加热时，采取热水先与砂石搅拌，将热量传递给骨料，在混凝土温度不超过40℃时，可以将水加热至100℃。

55.2.2　水加热的方法

1. 电热棒加热法

可将热水储罐设置于地下，以减小热损失。罐体内设若干加热棒，其热功率计算如下。

$$P = \frac{cm\Delta T}{860\Delta t}$$

式中　c——水比热容（kJ/(kg·K)），$c = 1$kJ/(kg·K)；

　　P——电热棒功率（kW）；

　　m——水的质量（kg）；

　　ΔT——水温升高值（℃）；

　　Δt——加热水时间（h）。

因为冬季需要根据施工单位的安排进行生产，往往生产是不连续的，这种方法的优点是可根据生产需要来加热水，比较灵活；缺点是成本相对高一些。

2. 采购热水

目前比较多的搅拌站是直接去热电厂购热水，这种方法比较简单，但常常由于电厂不能及时提供热水而延误混凝土的按时供应，或者热水来了，用户又不要混凝土了，造成热水的浪费。

3. 采用蒸汽加热

即采用锅炉产生的蒸汽通入储水箱，利用蒸汽提高水的温度。因环保对锅炉排烟要求较严格，目前采用不多。

55.2.3　水泥及其他材料的温度

冬期生产采用的水泥进场温度为 40～50℃，使用时基本上可大于 10℃。

粗骨料为碎石，一般不含水，细骨料为河砂，含水率为 3% 左右，入冬前入厂储存，含水率较稳定。砂堆内温度一般大于 5℃。必要时，可用蒸汽花管插入砂堆中加热砂。

泵送防冻剂可采用电热毯保温。液剂温度大于 20℃，不结晶。

55.2.4　混凝土拌合物温度（T_0）

$$T_0 = \frac{0.92(m_{ce}T_{ce} + m_s T_s + m_g T_g + m_f T_f) + 4.2 T_w(m_w - W_s m_s - W_g m_g)}{4.2 m_w + 0.9(m_{ce} + m_s + m_g + m_f)}$$

$$+ \frac{c_w(W_s m_s T_s + W_g m_g T_g) - c_i(W_s m_s + W_g m_g)}{4.2 m_w + 0.9(m_{ce} + m_s + m_g + m_f)}$$

式中　m_w、m_{ce}、m_f、m_g、m_s——水、水泥、掺合料、石、砂用量（kg/m³）；

　　　　T_w、T_{ce}、T_f、T_g、T_s——水、水泥、掺合料、石、砂温度（℃）；

　　　　W_g、W_s——石、砂含水率（%）；

　　　　c_w——水的比热容（kJ/(kg·K)）；

　　　　c_i——冰的比容热（kJ/kg）。

当骨料温度大于 0℃时，$c_w = 4.2$kJ/(kg·K)，$c_i = 0$；当骨料温度不大于 0℃时，$c_w = 2.1$kJ/(kg·K)，$c_i = 335$kJ/kg。

55.2.5　混凝土出机温度 T_1

$$T_1 = T_0 - 0.16(T_0 - T_P)$$

式中　T_P——搅拌站内温度（℃）。

55.2.6　混凝土运输至浇筑地点泵管出口处的温度 T_2

1）现场拌制混凝土采用装卸式运输工具时

$$T_2 = T_1 - \Delta T_y$$

式中　ΔT_y——采用装卸式运输工具时的混凝土的温度降低（℃）。

2）现场拌制混凝土采用泵送施工时

$$T_2 = T_1 - \Delta T_b$$

式中　ΔT_b——采用泵管输送混凝土时的温度降低（℃）。

3）采用商品混凝土泵送施工时

$$T_2 = T_1 - \Delta T_y - \Delta T_b$$

4）ΔT_y、ΔT_b 计算如下

$$\Delta T_y = (\alpha t_1 + 0.032n) \times (T_1 - T_a)$$

$$\Delta T_b = 4\omega \times \frac{3.6}{0.04 + \dfrac{d_b}{\lambda_b}} \times \Delta T_1 \times t_2 \times \frac{D_W}{c_c \rho_c D_L^2}$$

式中　ω——透风系数，查《建筑工程冬期施工规程》（JGJ/T 104—2011）表 A.2.2-2；

　　　d_b——泵送管道外保温材料厚度（m）；

　　　T_a——室外环境温度（℃）；

　　　t_1——混凝土运输时间（h）；

　　　t_2——混凝土在泵管内运输时间（h）；

　　　n——混凝土转运次数，预拌混凝土一般情况下 $n = 0$；

　　　α——温度损失系数（h^{-1}），当采用搅拌运输车时，$\alpha = 0.25 h^{-1}$；

　　　c_c——混凝土比热容（W/(m·K)），取 $c_c = 0.993 W/(m·K)$；

　　　λ_b——泵送管道外保温材料导热系数（kJ/(kg·K)）；

　　　ρ_c——混凝土密度（kg/m^3）；

　　　D_L——混凝土泵管内径（m）；

　　　D_W——混凝土泵管外围直径（m），包括外围保温材料厚度。

55.2.7　查表法估算混凝土拌合物温度

由于混凝土拌合物温度计算比较复杂，需要一定的时间，实际生产时可根据表 55-1 和表 55-2 查表估算混凝土温度。

表 55-1　混凝土温度计算表（一）

水或水泥温度/℃	水泥	混凝土温度(因水泥和水产生)/℃								
		砂含水率(%)						石含水率(%)		
		0	1	2	3	4	5	1	2	3
1	0.10	0.30	0.29	0.28	0.27	0.26	0.25	-0.02	-0.04	-0.06
5	0.50	1.50	1.45	1.40	1.35	1.30	1.25	-0.10	-0.20	-0.30
10	1.00	3.00	2.90	2.80	2.70	2.60	2.50	-0.20	-0.40	-0.60
15	1.50	4.50	4.35	4.20	4.05	3.90	3.75	-0.30	-0.60	-0.90
20	2.00	6.00	5.80	5.60	5.40	5.20	5.00	-0.40	-0.80	-1.20
25		7.50	7.25	7.00	6.75	6.50	6.25	-0.50	-1.00	-1.50
30		9.00	8.70	8.40	8.10	7.80	7.50	-0.60	-1.20	-1.80
35		10.50	10.15	9.80	9.45	9.10	8.75	-0.70	-1.40	-2.10
40		12.0	11.60	11.2	10.80	10.4	10.00	-0.80	-1.60	-2.40
45		13.5	13.05	12.6	12.15	11.7	11.25	-0.90	-1.80	-2.70
50		15.0	14.50	14.0	13.50	13.0	12.50	-1.00	-2.00	-3.00
55		16.5	15.95	15.4	14.85	14.3	13.75	-1.10	-2.20	-3.30
60		18.0	17.40	16.8	16.20	15.6	15.00	-1.20	-2.40	-3.60
65		19.5	18.85	18.2	17.55	16.9	16.25	-1.30	-2.60	-3.90
70		21.0	20.30	19.6	18.90	18.2	17.50	-1.40	-2.80	-4.20
75		22.5	21.75	21.0	20.25	19.5	18.75	-1.50	-3.00	-4.50
80		24.0	23.20	22.4	21.60	20.8	20.00	-1.60	-3.20	-4.80

表 55-2　混凝土温度计算表（二）

砂或石温度/℃	混凝土温度（因砂和石产生）/℃									
	砂含水率（%）						石含水率（%）			
	0	1	2	3	4	5	0	1	2	3
− 10	− 2.00	− 2.85	− 3.70	− 4.55	− 5.40	− 6.25	− 4.00	− 5.70	− 7.40	− 9.10
− 5	− 1.00	− 1.83	− 2.65	− 3.48	− 4.30	− 5.13	− 2.00	− 3.65	− 5.30	− 6.95
− 1	− 0.20	− 1.00	− 1.81	− 2.62	− 3.42	− 4.23	− 0.40	− 2.01	− 3.62	− 5.23
0	0	− 0.80	− 1.60	− 2.40	− 3.20	− 4.00	0	− 1.60	− 3.20	− 4.80
1	0.20	0.21	0.22	0.23	0.24	0.25	0.40	0.42	0.44	0.46
5	1.00	1.05	1.10	1.15	1.20	1.25	2.00	2.10	2.20	2.30
10	2.00	2.10	2.20	2.30	2.40	2.50	4.00	4.20	4.40	4.60
15	3.00	3.15	3.30	3.45	3.50	3.75	6.00	6.30	6.60	6.90
20	4.00	4.20	4.40	4.60	4.80	5.00	8.00	8.40	8.80	9.20
25	5.00	5.25	5.50	5.75	6.00	6.25	10.00	10.50	11.00	11.50
30	6.00	6.30	6.60	6.90	7.20	7.50	12.00	12.60	13.20	13.80
35	7.00	7.35	7.70	8.05	8.40	8.75	14.00	14.70	15.40	16.10
40	8.00	8.40	8.80	9.20	9.60	10.00	16.00	16.80	17.60	18.40
45	9.00	9.45	9.90	10.35	10.80	11.25	18.00	18.90	19.80	20.70
50	10.00	10.50	11.00	11.50	12.00	12.50	20.00	21.00	22.00	23.00
55	11.00	11.55	12.10	12.65	13.20	13.75	22.00	23.10	24.20	25.30
60	12.00	12.60	13.20	13.80	14.40	15.00	24.00	25.20	26.40	27.60

注：当材料温度为表中间值时，混凝土温度按直线插值法取值（为便于插值计算，正温时取1℃栏为每1℃增值；负温时取1℃与0℃栏的差值为每1℃的增值）。

【例 55-1】　已知水温 70℃，砂 42℃，石 34℃，水泥 6℃。砂含水率为 3%，石含水率为 2%，用表 55-1 和表 55-2 查混凝土拌合物温度如下：

1）水泥温度 6℃，从表 55-1 水泥栏查得水泥 1℃ 和 5℃ 时，分别为 0.1℃ 和 0.5℃，故混凝土温度为 0.6℃。

2）拌合水的温度 70℃，从表 55-1 中查砂含水率为 3% 和石含水率为 2% 栏，分别为：18.9℃ 和 − 2.8℃，故混凝土温度为 18.9℃ + (− 2.8℃) = 16.1℃。

3）砂的温度为 42℃，含水率 3% 时，查表 55-2，40℃ 时为 9.2℃，1℃ 时为 0.23℃，故混凝土温度为：9.2℃ + 0.23℃ × 2 = 9.66℃。

4）石的温度为 34℃，含水率为 2% 时，查表 55-2 得 30℃ 时为 13.2℃，1℃ 时为 0.44℃，故混凝土温度为：13.2℃ + 0.44℃ × 4 = 14.96℃。

综上，混凝土拌合物的温度为：(0.6 + 16.1 + 9.66 + 14.96)℃ = 41.3℃

用计算法和图表法核算结果，拌合物温度接近。

55.3　混凝土的搅拌、运输、泵送过程热工计算实例

55.3.1　已知工程条件

1）混凝土配合比及原材料温度见表 55-3。

表 55-3　混凝土配合比及原材料温度

材料名称	水泥	粉煤灰	砂	石	水	外加剂
材料用量/（kg/m³）	320	60	850	1020	150	7.6
材料温度/℃	20	5	0	0	65	20

注：表中砂含水率为 3%；石含水率为 0%。

2）气象及环境条件。大气温度 0℃，环境风速小于 3m/s，搅拌站温度 +5℃，泵送混凝土采用罐车运至现场，泵管直径 125mm，外包 25mm 岩棉。

3）要求计算各阶段混凝土温度。

① 计算混凝土出机温度（T_1）。

② 计算混凝土到达施工现场温度（T'_1）。

③ 计算混凝土浇注地点泵管出口温度（T_2）。

55.3.2　热工计算

1. 混凝土拌合物温度（T_0）计算

$$T_0 = \frac{0.92(m_{ce}T_{ce} + m_s T_s + m_g T_g + m_f T_f) + 4.2T_w(m_w - W_s m_s - W_g m_g)}{4.2m_w + 0.9(m_{ce} + m_f + m_g + m_s)}$$

$$+ \frac{c_w(W_s m_s T_s + W_g m_g T_g) - c_i(W_s m_s + W_g m_g)}{4.2m_w + 0.9(m_{ce} + m_f + m_g + m_s)}$$

$$T_0 = \frac{0.92 \times (320 \times 10 + 850 \times 0 + 1020 \times 0 + 60 \times 5) + 4.2 \times 65 \times (150 - 850 \times 3\% - 1020 \times 0)}{4.2 \times 150 + 0.9 \times (320 + 850 + 1020 + 60)} +$$

$$\frac{2.1 \times (3\% \times 850 + 0 + 0) - 335 \times (850 \times 3\% + 0)}{4.2 \times 150 + 0.9 \times (320 + 850 + 1020 + 60)} ℃$$

$$= \left[\frac{0.92 \times (3200 + 300) + 273 \times 124.5}{630 + 2025} + \frac{53.55 - 8542.5}{630 + 2025} \right] ℃ = (14 - 3.2)℃ = 10.8℃$$

2. 混凝土出机温度（T_1）计算

$$T_1 = T_0 - 0.16(T_0 - T_P)$$

$$T_1 = [10.8 - 0.16 \times (10.8 - 5)]℃ = (10.8 - 0.93)℃ = 9.9℃$$

3. 混凝土运输至施工现场的温度（T_2）

采用商品混凝土泵送，按以下公式计算

$$T'_1 = T_1 - \Delta T_y$$

$$\Delta T_y = (\alpha t_1 + 0.032n) \times (T_1 - T_a)$$

本例中，$\alpha = 0.25$，t_1 按 0.5h 取，预拌混凝土一般情况下 $n = 0$，T_a 按 -5℃ 取，则有

$$\Delta T_y = [(0.25 \times 0.5 + 0.032 \times 0) \times (9.9 + 5)]℃ = (0.125 \times 14.9)℃ = 1.86℃$$

计算得混凝土运输至施工现场的温度为

$$T'_1 = (9.9 - 1.86)℃ = 8.04℃$$

4. 计算混凝土输送至浇筑地点泵管出口处温度（T_2）

$$T_2 = T_1 - \Delta T_y - \Delta T_b$$

1）泵管输送过程的混凝土温度损失计算。

$$\Delta T_b = 4\omega \times \frac{3.6}{0.04 + \frac{d_b}{\lambda_b}} \times \Delta T_1 \times t_2 \times \frac{D_w}{C_c \rho_c D_L^2}$$

本例中，系数 ω 按风速小于 3m/s，泵管围护层透风取值，取 $\omega = 1.5$；室外环境温度（T_a）按 -5℃ 取；混凝土运输时间（t_1）按 0.5h 取；混凝土在泵管内运输时间（t_2）取

0.05h 即 3min；混凝土比容热（c_C）取 $c_C = 0.993\text{W}/(\text{m} \cdot \text{K})$；泵送管道外保温材料导热系数，取岩棉 $\lambda_b = 0.04$；泵送管道岩棉外保温层厚度（d_b）按 $d_b = 0.025\text{m}$ 取；混凝土密度按 $\rho_c = 2400\text{kg}/\text{m}^3$ 取；混凝土泵管内径，按 $D_L = 0.125\text{m}$ 取；混凝土泵管外围直径，按外包 2.5mm 岩棉取，则 $D_W = 175\text{mm}$。

泵管内混凝土与环境温差为

$$\Delta T_1 = T_1 - \Delta T_y - T_a = [9.9 - 1.86 - (-5)]\text{℃} = 13\text{℃}$$

混凝土泵送过程温度损失按下式计算

$$\Delta T_b = \left(4 \times 1.5 \times \frac{3.6}{0.04 + \frac{0.025}{0.04}} \times 13 \times 0.05 \times \frac{0.175}{0.993 \times 2400 \times 0.125^2} \right)\text{℃}$$

$$= (6 \times 5.414 \times 0.65 \times 0.005)\text{℃} = 0.11\text{℃}$$

混凝土运送至浇筑地点（泵管出口处）的温度（T_2）为

$$T_2 = (9.9 - 1.86 - 0.11)\text{℃} = 7.9\text{℃}$$

2）计算得混凝土泵管出口（入模）温度为 7.9℃，满足大于 +5℃ 的要求。

55.4　搅拌站设备防冻、保温、测温

55.4.1　搅拌站各部位采暖设备防冻保温

1）搅拌站内应设采暖装置，确保环境温度大于 5℃，设备正常运转。

2）砂石如有冻块应采取措施，予以消除。皮带廊、地廊宜采暖或适当封闭，保持正温，使电子气阀正常开启。

55.4.2　设备、管路保温

1）各种车辆及时更换防冻液和机油型号，寒冷及严寒地区的混凝土生产企业应准备好罐车外保温罩。

2）做好液体外加剂储罐和管道加热、保温准备，防止硫酸钠结晶堵塞输液泵及管道。冬期宜采用不结晶或结晶少的泵送防冻剂，如聚羧酸盐系、萘系与氨基复合等。

3）由于压缩空气中含水易结冰堵塞，影响气路通畅。现介绍几种保障气路通畅措施：

① 空压机储气罐内放入一些酒精，以降低冷凝水的冰点。

② 空压机储气罐内放入一些木炭，以便吸收储气罐内空气中的水分。

③ 入冬前，气路管线外缠电热线或外保温，保持管线内冷凝水处正温不结冰。

④ 压缩空气管路直径适当加粗，这样即使管路中有水结冰，仍会有一部分断面可通气。

4）水路、水泵检查，做好外保温。

5）检修锅炉及其管线，做好燃料的采购和储备。

55.4.3　其他技术措施

1）由于砂有一定含水率，冬季遇到金属很容易黏结在料斗壁上，造成砂下料十分困

难，严重影响冬期生产效率，建议在砂石称斗内衬一层耐磨塑料板，会使下料通畅得多。

2）冬期生产应延长搅拌时间，并随时监测水温、环境温度、混凝土出机温度、到达现场温度和入模温度，做好测温记录，每工作班测温次数不少于 4 次。目前市场上销售的电子测温仪，可方便测定环境温度和混凝土温度，显示直观，价格适宜，应逐渐淘汰传统玻璃棒温度计。

3）做好车辆调度工作，保证混凝土连续供应并不积压车辆。防止因混凝土车辆长时间在现场等待而降温，也要防止混凝土供应中断时间过长，造成已浇筑混凝土无法及时保温而受冻。

4）对易燃、有毒防冻剂要做好安全教育和防护工作，防止意外事故发生。

5）冬期生产结束，应将储水装置如水箱、水泵、水管中水排净，防止冻坏设备。

6）冬期施工前，将有关技术措施送达工地，向用户进行书面和口头交底。同时，要高度重视对用户在施工过程中有关环节的监督检查，如严禁往罐车、泵车中加水；对梁板结构不能随浇筑随覆盖保温材料等不良现象及时进行纠正。对不认真按冬期施工要求操作的用户，要书面通知并留下照片，以防日后出现质量事故时难以分辨责任。

第 56 章　混凝土冬期施工

56.1　冬期施工前的准备

56.1.1　冬期施工方法的选择

混凝土冬期施工方法的选择主要是指混凝土浇筑后，在养护期间选择何种养护措施，使混凝土尽快增长强度并防止混凝土早强受冻。我国冬期施工规程中给出的各种施工方法可分为两大类，即混凝土养护期间加热和不加热两种方法。

1. 混凝土养护期间不加热的方法

此方法是在混凝土浇筑时提高混凝土拌合物的初始温度，加之利用混凝土中水泥水化的热量，使混凝土入模后有一定的温度，加上模板和覆盖保温材料的蓄热，使混凝土在短期内，或混凝土内部温度降到 0℃ 前达到受冻临界强度。

混凝土养护期间不加热的方法有以下几种：

（1）蓄热法　蓄热法是在混凝土拌和前对原材料加热，浇筑后利用混凝土热量和水泥水化热，通过及时保温延缓混凝土冷却时间，或地下工程利用土壤的热量使混凝土冷却到 0℃ 以前，达到预期要求的强度。这种方法主要用于室外最低气温不低于 $-15℃$，表面系数不大于 $5m^{-1}$ 的结构和大体积混凝土结构与地下结构工程。

（2）综合蓄热法　综合蓄热法是混凝土在配制过程中加入了适量的外加剂，如早强剂、防冻剂，混凝土原材料又进行了加热，混凝土浇筑后，利用混凝土热量和水泥水化热，通过外保温，使混凝土冷却到 0℃ 或防冻剂达到规定的温度前，达到预期要求的强度。综合蓄热法适用于表面系数在 $5 \sim 15m^{-1}$ 的结构、养护期间平均气温不低于 $-12℃$（最低温度 $-18℃$）的梁、板、柱及框架结构、大模板墙结构。

（3）负温养护法　负温养护法也称外加剂法，是将混凝土适当加热，再掺入适量的防冻剂，混凝土浇筑后不加热也不保温，使混凝土中水分在负温下保持液相从而使混凝土的强度继续增长。这种方法用于混凝土结构不易保温，且对混凝土强度增长要求不高的工程。

（4）硫铝酸盐水泥混凝土　硫铝酸盐水泥具有早强强度增长快的特点，用这种水泥并加入适量的亚硝酸钠为防冻剂配制混凝土，浇筑后适当保温，混凝土能很快达到较高的抵抗冻害的早强强度。

2. 混凝土养护期间加热的方法

当气温低，混凝土结构又不太厚，混凝土浇筑后要求强度有较快的增长，仅靠保温达不到预期的要求时，需要外部热源对混凝土加热的方法，称为加热法。

加热法有蒸汽加热法、暖棚法、电加热法，由于这些方法不常用，就不作介绍了。

56.1.2 寒冷地区高层建筑施工方法的选择

近几年来高层建筑发展较快，框架结构、框剪结构常不能当年完工，因此高层建筑工程的冬期施工项目较多，其混凝土强度等级往往较高，剪力墙墙面的表面系数为 10～12.5，大部分采用大模板，其冬期施工的选择为众多施工企业所关心。

1. 寒冷地区气象

1）我国冬期施工地区分级表见表 56-1。

表 56-1 我国冬期施工地区分级表

候平均气温分级	地区名称	候平均气温分级	地区名称
微寒	拉萨、西安	大寒	呼和浩特、乌鲁木齐、长春
轻寒	北京、太原、兰州、石家庄	严寒	哈尔滨
小寒	沈阳、西宁、银川	—	—

2）气象特点。

① 日温度变化规律。三北地区日温差为 9～12℃，日最高温度出现时间在中午 12 时，可延续到 16 时左右；日最低温度出现时间在凌晨 3 时，可延续到早 7 时左右。

② 寒流。冬期施工期间每年约有 5 次左右的寒流，当寒流到来时，气温显著下降 5～7℃，一般 4～5 天后气温又回升，寒流时间虽然短，但带来的危害却很大。

③ 风速。三北地区除哈尔滨、长春、呼和浩特冬季风速为三级外，其余大部分为二级（即 1.6～3.3m/s），但高空风力较地面大，如地面风力为 2m/s 时，30m 高空处风力为 6m/s，因此高层建筑要考虑高空风力的影响。

2. 高层建筑深基础冬期施工方案

高层建筑深基础冬期施工方案见表 56-2。

表 56-2 高层建筑深基础冬期施工方案

工程部位	施工项目	候平均气温分级	冬期施工方法	冬期施工措施
基础工程	垫层	轻寒～严寒	混凝土采用综合蓄热法	1. 混凝土掺早强剂或防冻剂 2. 垫层打完后箱基混凝土应在 20～30d 做好
	箱形基础（大体积混凝土）	轻寒～严寒	混凝土采用综合蓄热法	1. 混凝土掺外加剂（其中包括缓凝、减水、微膨胀） 2. 利用混凝土 60d 后期强度 3. 加强保温，控制中心温度与表面温度差低于 20℃ 4. 加强养护，一般不少于 10d 5. 控制好入模温度，一般 10～15℃，不宜过高

3. 剪力墙结构冬期施工方案

剪力墙结构冬期施工方案见表 56-3。

表 56-3　剪力墙结构冬期施工方案

工程类别	施工项目	候平均气温分级	冬期施工方法	冬期施工措施
大模板工程	板墙	微寒	混凝土采用蓄热法或综合蓄热法	1. 混凝土掺早强剂 2. 混凝土保温要求浇灌后48h后达到0℃ 3. 混凝土加热出罐温度为 15~20℃
		轻寒	混凝土采用综合蓄热法	1. 混凝土掺早强型复合外加剂 2. 模板采用高效能保温材料, $K=1.75~2.3W/(m\cdot K)$ 3. 混凝土原材料加热出罐温度 15~20℃ 4. 混凝土受冻临界强度控制在4MPa,成熟度控制值为: C20 混凝土 $M\geqslant700$ C30 混凝土 $M\geqslant540$ C40 混凝土 $M\geqslant480$
		小寒	混凝土采用综合蓄热法	1. 模板采用高效能保温材料, $K=1.75~2.3W/(m\cdot K)$ 2. 混凝土出罐温度在20℃以上 3. 混凝土掺防冻剂
			混凝土采用蓄热兼加热法	1. 模板外用电热毯包好,毯外侧加5cm岩棉保温并封闭好 2. 混凝土掺早强剂 3. 混凝土原材料加热出罐温度在20℃以上
		大寒	混凝土采用电热养护法	1. 混凝土掺早强剂 2. 混凝土原材料加热出罐温度在20℃以上 3. 围护结构封闭好 4. 室内放碳化硅板养护混凝土 5. 碳化硅板规格为 20cm×30cm,每块板功率为1kW 6. $1m^2$ 建筑按 $300~600W/m^2$ 设置碳化硅板 7. 室内养护温度在20℃以上 8. 送电时间 8~12h 9. 加强测温管理,掌握好升温、等温与降温 10. 混凝土受冻临界强度控制在4MPa,成熟度控制公式为 $$M=\sum(T+15)\Delta t$$ 式中　M——混凝土成熟度(℃·h); 　　　T——混凝土养护温度(℃); 　　　Δt——混凝土养护间隔时间(h)。
		严寒	混凝土采用电热养护法	1. 混凝土掺防冻剂 2. 混凝土原材料加热出罐温度在20℃以上 3. 围护结构封严 4. 室内养护温度保持在20℃以上 5. 室内放碳化硅板按 $600~1000W/m^2$ 设置 6. 加强测温管理,掌握好升温、等温与降温
	现浇楼板	微寒~小寒	混凝土采用综合蓄热法	1. 混凝土原材料加热出罐温度在15℃以上 2. 混凝土掺早强型复合外加剂或防冻型复合外加剂 3. 混凝土采用R型早强水泥 4. 楼板用岩棉被覆盖 5. 混凝土温度要求48h后降至0℃
		大寒~严寒	混凝土采用蓄热兼加热法	1. 混凝土原材料加热出罐温度在15℃以上 2. 混凝土掺防冻剂 3. 楼板用岩棉被覆盖 4. 楼板用电热毯养护 5. 混凝土采用R型早强水泥

（续）

工程类别	施工项目	候平均气温分级	冬期施工方法	冬期施工措施
大模板工程	板缝	轻寒～严寒	混凝土采用负温养护法	1. 混凝土原材料加热出罐温度在15℃以上 2. 混凝土掺防冻剂（按当地气温进行选择，如 −25 ～ −10℃型外加剂） 3. 楼板缝用岩棉被覆盖
滑膜工程	板墙	微寒	混凝土采用综合蓄热法	1. 围板采用绝热材料保温 2. 混凝土掺早强剂
		轻寒	混凝土采用电热法	1. 围板采用绝热材料保温（模板面喷聚氨酯泡沫塑料3cm厚） 2. 外防护架用玻璃布封闭 3. 防护架空间施电暖气（10～12m²/台，1.5～2.0kW/台） 4. 防护架下靠混凝土墙部分挂岩棉被覆盖 5. 混凝土原材料加热出罐温度为15～20℃ 6. 混凝土掺防冻剂 7. 遇寒流或大风停止滑膜 8. 混凝土出罐温度参考回归公式为 $$y = 3.3 + 0.16x_1 + 0.2x_2$$ 式中　x_1——水的温度（℃）； 　　　x_2——砂的温度（℃）。

4. 框架结构冬期施工方案

框架结构冬期施工方案见表56-4。

表56-4　框架结构冬期施工方案

工程类别	施工项目	候平均气温分级	冬期施工方法	冬期施工措施
现浇框架工程	柱表面系数＜8	微寒～轻寒～小寒	混凝土采用综合蓄热法	1. 柱模采用聚苯板或岩棉保温材料，$K = 1.75 ～ 2.3$W/（m·K） 2. 混凝土原材料加热出罐温度15～20℃ 3. 混凝土掺早强型外加剂（微寒、轻寒） 4. 混凝土掺防冻型外加剂（小寒） 5. 混凝土受冻临界强度控制在4MPa，成熟度控制值： C20 混凝土 $M ≥ 700$ C30 混凝土 $M ≥ 540$ C40 混凝土 $M ≥ 480$
		大寒～严寒	混凝土采用蓄热兼加热法	1. 柱模采用聚苯板或岩棉保温材料 $K = 1.75 ～ 2.3$W/（m·K） 2. 混凝土原材料加热出罐温度为15～20℃ 3. 混凝土掺防冻剂 4. 采用525R型早强水泥 5. 柱先蓄热法养护2d，脱模后用电热毯包裹养护2～3d 6. 外墙围护用岩棉被挡风
	柱表面系数＞8	微寒～轻寒	混凝土采用综合蓄热法	1. 柱模外用聚苯或岩棉保温 2. 混凝土加热出罐温度为15～20℃ 3. 混凝土掺早强型外加剂 4. 采用525R型早强水泥

（续）

工程类别	施工项目	候平均气温分级	冬期施工方法	冬期施工措施
现浇框架工程	梁板	大寒~严寒	混凝土采用综合蓄热法	1. 外墙围护用岩棉被封闭 2. 混凝土掺早强剂或防冻剂 3. 混凝土原材料加热出罐温度为 15~20℃ 4. 板梁混凝土用岩棉被保温
		小寒~大寒	混凝土采用蓄热兼加热法	1. 外墙围护用岩棉被封闭 2. 混凝土掺防冻剂 3. 混凝土原材料加热出罐温度为 15~20℃ 4. 室内加电热器提高环境温度 5. 梁、板混凝土用岩棉被保温
		严寒	混凝土采用电热法	1. 外墙围护用岩棉被 2. 混凝土掺防冻剂 3. 混凝土原材料加热出罐温度为 15~20℃ 4. 室内用加热风机以提高环境温度 5. 梁板上用电热毯覆盖 6. 电热毯上覆盖岩棉被
预制框架	柱节点及梁迭合层	微寒~轻寒~小寒	混凝土采用综合蓄热法	1. 柱节点四周及叠合梁上用岩棉被保温 2. 柱节点混凝土用硫铝酸盐水泥内掺2%亚硝酸钠 3. 湿养护防止早期脱水 4. 梁混凝土掺防冻剂,用岩棉被覆盖
		大寒~严寒	混凝土采用电热法	1. 柱节点及梁叠合层用电热毯养护 2. 柱节点四周及叠合梁上用高效保温材料保温 3. 混凝土采用硫铝酸盐水泥内掺2%亚硝酸钠 4. 湿养护防止早期脱水 5. 梁混凝土中掺防冻剂,用岩棉被覆盖
	楼板叠合层	微寒~轻寒	混凝土采用蓄热兼加热法	1. 混凝土采用 R 型早强水泥 2. 混凝土掺防冻剂 3. 板上用岩棉被覆盖 4. 室内用加热风机以提高环境温度
		小寒~大寒~严寒	混凝土采用电热法	1. 混凝土掺防冻剂 2. 板上用电热毯养护 3. 电热毯上用岩棉被覆盖 4. 外墙围护用岩棉被挡风
			混凝土采用负温养护法	1. 混凝土掺防冻剂(预计 5d 内日最低气温作为规定温度选用防冻剂) 2. 混凝土浇筑后初始养护温度不低于 5℃ 3. 负温混凝土养护应加强测温,当混凝土内部温度降到规定温度前必须达到受冻临界强度 4. 表面覆盖,防止脱水

　　根据许多施工企业近几年来的施工经验证明，寒冷地区高层建筑施工方法推广综合蓄热法是最经济合理的。

56.1.3　冬期施工前的准备

　　1）施工单位应根据施工现场实际情况，选择合适的施工方法，编制冬期施工方案。

　　2）确定冬期施工的部位，混凝土型号、数量，施工预期进度、起止日期和采用的冬期施工方法，通知混凝土搅拌站。

3）门窗洞口封闭，防止过堂风。准备建筑物内必要的采暖炉具和燃料。

4）备好必要和足够的外部维护保温材料（如岩棉被、五彩布）、混凝土结构保温覆盖材料（如岩棉被、草垫子、苫布）以及测温仪器。

5）对施工人员进行冬期施工培训，让工长、班组长充分掌握主要冬期施工措施要点。

56.1.4　应纠正的几种错误认识

1）用提高混凝土强度等级的办法来弥补施工中因混凝土受冻引起的损失。冬期施工工程中，一些施工企业认为混凝土已采取提高设计强度等级办法，受冻点后期强度还可满足设计要求，殊不知混凝土虽强度判定合格，但因早期受冻其内部结构已形成许多损伤，如内部微裂纹，骨料界面的松动，混凝土与钢筋的黏结力，混凝土抗渗性、抗冻性等耐久性指标的下降已是不可弥补的了。

2）初冬、初春季节的气温若不太低，那么过冬的混凝土冻害程度就低。据资料介绍，混凝土多次冻融造成的结构损害要远比一次冻融严重得多。黄士元教授试验证明，混凝土成型后早期受五次冻融循环，临界强度要在 12MPa 以上。因此，初冬、初春季节浇筑成型后的混凝土早期可能会受到多次冻融循环，绝不可麻痹大意，要高度重视早期覆盖，保持混凝土较长时间预养，才能防止混凝土受冻害。

3）"冬期施工已采取掺防冻剂措施，不必再覆盖保温材料或待浇筑完毕一起覆盖"，这种认识是完全错误的。前面已介绍，即使已掺防冻剂的混凝土，也要采取预养措施、覆盖保温，混凝土达到临界强度后才能免除受冻害、后期强度和耐久性受损的危险。因此，万万不可认为已掺防冻剂就万事大吉了，或待混凝土浇筑结束一并覆盖，此时原材料加热和水化热已全部散失掉，后覆盖时混凝土已受冻了。

56.2　混凝土冬期施工要点

56.2.1　混凝土浇筑

1）施工企业应密切关注天气变化，按未来五天天气预报选择混凝土防冻等级，以文字形式通知混凝土生产企业。

2）防止钢筋、模板内落入积雪；已绑扎好钢筋的施工部位，浇筑混凝土前（尤其是夜间）要用塑料布或五彩布覆盖。一旦模板和钢筋内有积雪，应用热风机消除冰雪，不得用蒸汽除雪，因为这样加热后会在钢筋表面形成冰膜，影响混凝土与钢筋的黏结。

3）气温低于 −10℃ 时，混凝土直接与钢筋接触，会在冷钢筋表面形成一层冰膜，导致混凝土与钢筋间的黏结力下降。因此混凝土浇筑前宜用热风机对钢筋、模板进行预热。泵管可用保温材料包裹，并有一定坡度，防止泵管内清管水排不净而结冰堵管，泵送前宜用热水和热砂浆润管，提升泵送管道的温度。

4）备好振捣机具和人员。混凝土运送到现场后，应迅速组织混凝土浇筑和振捣工作。尽量缩短混凝土在工地的停留时间，一般情况下，冬期混凝土在施工现场的停留时间不得超过 1h。

5）冬期混凝土施工不宜留置施工缝。如因组织和技术上的原因，不能连续浇筑时，其预留时间有可能超过混凝土初凝时间，则应正确留置施工缝，把施工缝留置在剪力最小处。在施工缝处接着浇筑混凝土时，应待已浇筑的混凝土强度达到 1.2MPa 后才能进行，以防止振捣新混凝土时，破坏已浇筑的混凝土内部结构、钢筋与混凝土的握裹力。浇筑混凝土前应将施工缝处水泥浆和石子松动层清除干净，润湿表面，并使施工缝处原混凝土温度提高至 +2℃，铺抹水泥砂浆，再浇筑混凝土。

6）分层浇筑厚大体积混凝土结构时，已浇筑层的混凝土温度，在被上一层混凝土覆盖前，不应降至热工计算的数值以下，也不得低于 2℃。

56.2.2　混凝土养护（综合蓄热法）

混凝土及时保温是冬期施工保证质量的关键，保温越及时、覆盖越好，达到临界强度所需的时间就越短。施工管理应紧紧抓住这一环节，认真检查覆盖质量。混凝土入模温度应大于 5℃，浇筑后应立即覆盖保温材料。

1）表面系数很大的梁板结构，最容易发生冻害事故，因此必须要做到按计算的保温材料厚度随浇筑随覆盖，表面要用木方等压牢，防止保温材料被风吹掉，尽量减少混凝土拌合物中原材料加热和水泥水化热的散失，这是混凝土冬期施工极为重要的控制点。保温材料的品种和厚度要经过热工计算，上盖不透风苫布。

2）电梯间混凝土施工，除钢模用岩棉保温外，电梯口应用木板铺设、岩棉封闭。

3）柱头及剪力墙有插筋处，应用塑料布包裹的小块岩棉覆盖。

4）柱及剪力墙应采用木板，如采用钢模板，在钢模肋间应填塞岩棉板，外包岩棉被保温。

5）要注意混凝土达到临界强度后，还要在梁板结构表面覆盖保温材料，剪力墙及柱宜越冬带模养护，这有利于混凝土保温、保湿养护，防止冬季期间混凝土失水，开春后强度增长受到影响，同时也可大大减小越冬混凝土的碳化。

56.2.3　利用成熟度推算混凝土早强养护的强度

在混凝土综合蓄热法施工中，混凝土养护冷却到 0℃ 的时间平均约 36h，冷却过程的平均温度为 3 ~ 7℃，在此条件下强度范围大致在 3 ~ 6MPa。由于现场留置的混凝土试件与混凝土实体养护条件有较大的区别，建议采用结构实际测温数据为依据的成熟度法来推算混凝土早强养护的强度，这种方法比较方便和可靠。

1. 混凝土成熟度的定义

试验表明，混凝土在养护过程中，其强度的发展与养护的温度和时间的乘积——成熟度有关，一般呈指数或二次方程曲线规律，其中指数曲线较简单，特别是在低温养护，和早强强度增长的相关性很好，因此在工程中应用较广。

混凝土成熟度按下式计算

$$M = \sum (T + 15) \times \Delta t$$

式中　M——混凝土成熟度（℃·h）；

　　　T——混凝土养护温度（℃）；

　　　Δt——混凝土养护间隔时间（h）。

2. 成熟度法的适用范围及条件

1）用于不掺外加剂在 50℃ 以下养护和掺外加剂在 30℃ 以下养护的混凝土，也适用于掺防冻剂负温养护施工的混凝土。

2）用于预估混凝土强度标准值 60% 以内的强度值。

3. 实施步骤

1）首先，预拌混凝土生产企业要事先做出本厂各种负温下、各型号混凝土的配合比，然后测出其标养下 R_{1d}、R_{2d}、R_{3d}、R_{7d}、R_{28d} 强度值，计算出相应的成熟度，见表 56-5。

表 56-5　标准养护条件下各龄期混凝土强度

龄期/d	1	2	3	7
强度/MPa	1.3	5.4	8.2	13.7
成熟度/(℃·h)	840	1680	2520	5880

2）用计算机办公软件 Excel，求出强度-成熟度回归方程式 $f = a \cdot b^{-\frac{b}{M}}$ 和回归曲线，操作步骤见表 56-6。

表 56-6　推算线性回归方程及回归曲线

	A	B	C	D	E	F	G
1							
2	【例 56-1】　已知混凝土 1d、2d、3d、7d 标养（20℃）强度值，推算线性回归方程						
5			龄期/d	成熟度/(℃·h)	强度/MPa	自变量（成熟度）	
6			1	840	1.3	因变量（强度）	
7			2	1680	5.4		
8			3	2520	8.2		
9			7	5880	13.7		
10							
11	1.1		求出	自变量的倒数	因变量的对数		
12			输入函数式为	= -1/(成熟度)	= ln(强度)		
13			得出	-0.001190476	0.262364264		
14				-0.000595238	1.686398954		
15				-0.000396825	2.104134154		
16				-0.000170068	2.617395833		
17							
18	1.2		选择五行二列，选择函数式				
19			LINEST (known_y's, [known_x's], [const], [stats])				
20			Known_y's 选择 E13:E16				
21			Known_x's 选择 D13:D16				

（续）

I	A	B	C	D	E	F	G
22			Const,Stats 输入 "1"				
23			按"Shift"与"Ctrl"键同时单击确定,得出回归方程的 a^n 值,b 值				
24			函数参数 LINEST				
25			Known_y's D12:D15 = {0.26236424646749				
26			Known_x's C12:C15 = {-0.001190476190				
27			Const 1 = TRUE / Stats 1 = TRUE				
28			= {2310.66865777732, 3.				
29			返回线性回归方程的参数				
30			Stats 逻辑值,如果返回附加的回归统计值,返回 TRUE;如果返回系数 m 和常数 b,返回 FALSE				
31			计算结果 = 2310.668658				
32			有关该函数的帮助(H) 确定 取消				
33			b 值	2310.668658	a^n 值	3.026597526	
34			标准误差	38.62697446	0.027024638		
35			相关系数	0.99944141	0.02927111	剩余标准差	
36			F 值	3578.441834	2	误差自由度	
37			回归平方和	3.066001466	0.001713596	残差平方和	
38							
39	1.3	求 a 值	选择函数 = Ex(3.026597526)				
40			a =	20.62693046			
41			函数参数 EXP				
42			Number D32 = 3.026597526				
43			= 20.62693046				
44			返回 e 的 n 次方				
45			Number 指数。常数 e 等于 2.71828182845904,是自然对数的底				
46			计算结果 = 20.62693046				
47			有关该函数的帮助(H) 确定 取消				
48	1.4		把 a,b 值代入线性回归方程中:				
49			$f = 20.62693046^{-\frac{2310.668658}{M}}$				
50							
51			注:强度 f 需乘以综合蓄热法调整系数 0.8				
52	2		例2:已知混凝土成熟度(或强度),求相对应的强度(或成熟度)				
53							
54	2.1		求达到临界强度 5MPa 时需要的成熟度				
55			由现行回归方程导出:$M = -b/(\ln(5) - a^n)$				
56			用 Excel 计算,将 a^n = 3.026597526,b = 2310.668658,f = 5,代入上式中				
57			$M = -2310.668658/(\ln(5) - 3.026597526)$				
58			单击"Enter",得出 M =	1630.492879			

（续）

1	A	B	C	D	E	F	G
59							
60	2.2	求混凝土成熟度为 1630 时的强度					
61		由线性回归方程导出 $:f = a \times \{ \text{Exp}[(-1) \times (b/M)] \}$					
62		用 Excel 计算，将 $a = 20.62693046$，$b = 2310.668658$，$M = 1630$，代入上式中					
63			$f = 20.62693046 \{ \text{Exp}[(-1)(2310.668658/1630)] \}$				
64		点击 "Enter"，得出 $f =$			4.997857858	≈ 5	
65							
66			常用函数及含义				
67			ln——返回给定数值的对数				
68			LINEST——返回线性回归方程的对数				
69			Known_y's——满足线性拟合直线 $y = mx + b$ 的一组已知 y 值				
70			Known_x's——满足线性拟合直线 $y = mx + b$ 的一组已知 x 值，为可选的参数				
71			Const——逻辑值，一般取 "1"				
72			Stats——逻辑值，一般取 "1"				
73			Exp——返回 e 的 n 次方				

3）施工单位根据养护测温记录计算成熟度，见表 56-7。

表 56-7　混凝土浇筑后测温记录及成熟度计算

1	2	3	4	5
从浇筑起算养护时间/h	实测养护温度/℃	间隔的时间 t/h	平均温度 T/℃	$(T + 15)t$
0	15			
4	12	4	13.5	114
8	10	4	11.0	104
12	9	4	9.5	98
16	8	4	8.5	94
20	6	4	7.0	88
24	4	4	5.0	80
32	2	8	3.0	144
40	0	8	1.0	128
60	-2	20	-1.0	280
80	-4	20	-3.0	240
$\sum (T + 15)t$				1370

4）将成熟度 M 值代入回归方程求出混凝土强度推断值，以上过程均可通过计算机完成。

4. 高层建筑混凝土成熟度受冻临界强度控制参考值

高层建筑混凝土成熟度受冻临界强度控制参考值见表 56-8。

表 56-8　　高层建筑混凝土成熟度受冻临界强度控制参考值

混凝土强度等级	英国规定 M 值/(℃ · h)	掺外加剂混凝土 M 值/(℃ · h)
C20	1050	700
C25	780	620
C30	600	540
C40	480	480

从表 56-8 可知，混凝土强度等级越高，达到受冻临界强度所需要的 M 值越小，对冬期施工越有利。

56. 2. 4　混凝土测温

冬期施工要做好环境温度和各阶段温度的测定，并留置好同条件试件，以便掌握混凝土成熟度和测定混凝土到达受冻临界强度的时间以及次年开春后的混凝土强度值，同时测得的温度记录也是计算混凝土养护成熟度的重要依据。

1. 大气温度测记

从冬期施工开始要进行大气温度测记，并配合混凝土施工进行规定项目的测记。

2. 冬期施工测记温度范围

1）大气温度。早 7:30，最高、最低及平均温度，共 4 项。

2）到达施工现场的混凝土拌合物温度和入模温度，每班抽查 4 次。

3）混凝土结构内的养护温度。从浇筑混凝土完毕起的 12h 内，每隔 2h 测一次，12h 后每隔 4h 测一次，停止测温的时间由工程技术负责人另行通知。

3. 混凝土的测温孔应编号

由技术员绘制测温平面布置图。墙柱测温孔与混凝土面倾斜 30°角，孔深墙 10cm，柱 15cm。梁板结构测孔与混凝土面垂直，孔深 7cm。

4. 记录

测温员必须认真做好记录，要字迹清楚，项目填写齐全，以备计算混凝土养护成熟度和资料归档。测温过程中发现混凝土温度不正常要及时向技术负责人报告，查找原因，及时纠正。每次测温后必须用保温材料把测温孔覆盖好。测温员每天早 8 时，要将测温记录交技术员审阅一次。

第九篇

▶▶▶ 预拌砂浆

第 57 章 预拌砂浆的分类及标记

57.1 预拌砂浆的分类

预拌砂浆是由工厂集中生产并运输到现场的砂浆。按产品形式分为湿拌砂浆和干混砂浆。

1. 湿拌砂浆

湿拌砂浆是将水泥、砂、水、矿物掺合料以及根据需要掺入的外加剂等组分，按一定比例在搅拌站经计量，拌制均匀后，再用搅拌运输车运至使用地点，放入专用容器储存，并在规定的时间内使用完毕的砂浆拌合物。预拌砂浆又分为预拌砌筑砂浆、预拌抹灰砂浆、预拌地面砂浆和预拌防水砂浆。

2. 干混砂浆

干混砂浆是水泥、经干燥筛分的砂、矿物掺合料以及根据需要掺入的外加剂等组分，按一定比例混合均匀后，运输至使用地点，再按规定比例加水或配套液体拌和使用的固态混合物。干混砂浆按包装类型分为散装和袋装两种。

干混砂浆又分普通干混砂浆（干混砌筑砂浆、干混抹灰砂浆、干混地面砂浆）和特种干混砂浆（具有特殊性能要求的砂浆，如瓷砖黏结砂浆、耐磨砂浆、自流平砂浆、保温砂浆、耐酸、耐碱砂浆）。

57.2 预拌砂浆的符号与标记

57.2.1 类别和符号

典型预拌砂浆的类别和符号见表 57-1。

表 57-1 典型预拌砂浆的类别和符号

类 别		品 种	符 号
预拌砂浆		预拌砌筑砂浆	WM
		预拌抹灰砂浆	WP
		预拌地面砂浆	WS
		预拌防水砂浆	WW
干混砂浆	普通干混砂浆	干混砌筑砂浆	DM
		干混抹灰砂浆	DP
		干混地面砂浆	DS

（续）

类　　别		品　　种	符　号
干混砂浆	特种干混砂浆	干混瓷砖黏结砂浆	DTA
		干混外保温黏结砂浆	DEA
		干混外保温抹面砂浆	DBI
		干混界面处理砂浆	DIT
		干混自流平砂浆	DSL
		干混耐磨砂浆	DFH
		干混防水砂浆	DWS
		干混灌浆砂浆	DGR
		干混聚苯颗粒保温砂浆	DPG
		干混无机骨料保温砂浆	DTI

57.2.2　预拌砂浆的标记

1）预拌砂浆的标记如图 57-1 所示。

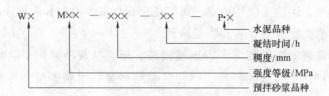

图 57-1　预拌砂浆的标记

2）普通干混砂浆的标记如图 57-2 所示。

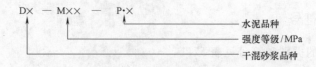

图 57-2　普通干混砂浆的标记

3）示例。

① 预拌砌筑砂浆的强度等级为 M10，稠度为 70mm，凝结时间为 12h，采用普通硅酸盐水泥，其标记为：RM M10—70—12—P·O，凝结时间为规定范围的下限指标。

② 干混砌筑砂浆的强度等级为 M10，采用普通硅酸盐水泥，其标记为：DM M10—P·O。

57.2.3　部分预拌砂浆与传统砂浆对应关系

部分预拌砂浆与传统砂浆对应关系见表 57-2。

表 57-2　部分预拌砂浆与传统砂浆分类对应关系

种　　类	预　拌　砂　浆	传　统　砂　浆
砌筑砂浆	RM5.0、DM5.0	M5.0 混合砂浆、M5.0 水泥砂浆
	RM7.5、DM7.5	M7.5 混合砂浆、M7.5 水泥砂浆
	RM10、DM10	M10 混合砂浆、M10 水泥砂浆
	RM15、DM15	M15 混合砂浆、M15 水泥砂浆
抹灰砂浆	RP5.0、DP5.0	1:1:6 混合砂浆
	RP10、DP10	1:1:4 混合砂浆
	RP15、DP15	1:3 水泥砂浆
	RP20、DP20	1:2 水泥砂浆、1:2.5 水泥砂浆、1:1:2 混合砂浆
地面砂浆	RS20、DS20	1:2 水泥砂浆

第58章 预拌砂浆的技术要求

58.1 湿拌砂浆的技术要求

1）湿拌砌筑砂浆的砌体力学性能应符合《砌体结构设计规范》（GB 50003—2011）的规定。湿拌砌筑砂浆拌合物的表观密度不应小于 1800kg/m³。

2）湿拌砂浆的性能指标应符合表58-1的规定。

表 58-1　湿拌砂浆的性能指标

项　　目		湿拌砌筑砂浆	湿拌抹灰砂浆	湿拌地面砂浆	湿拌防水砂浆
保水率（%）		≥88	≥88	≥88	≥88
14d 拉伸黏结强度/MPa		—	M5，≥0.15 ＞M5，≥0.2	—	≥0.20
28d 收缩率（%）		—	≤0.20	—	≤0.15
抗冻性	强度损失率（%）			≤25	
	质量损失率（%）			≤5	

注：有抗冻性要求时，应进行抗冻性试验。

3）湿拌砂浆的抗压强度应符合表58-2的规定。

表 58-2　预拌砂浆的抗压强度

强度等级	M5	M7.5	M10	M15	M20	M25	M30
28d 抗压强度/MPa	≥5.0	≥7.5	≥10.0	≥15.0	≥20.0	≥25.0	≥30.0

4）湿拌防水砂浆的抗渗压力应符合表58-3的规定。

表 58-3　湿拌防水砂浆的抗渗压力

抗渗等级	P6	P8	P10
28d 抗渗压力/MPa	≥0.6	≥0.8	≥1.0

5）湿拌砂浆稠度实测值与合同规定的稠度值之差应符合表58-4的规定。

表 58-4　湿拌砂浆稠度实测值与合同规定的稠度值之差

规定稠度/mm	允许偏差/mm	规定稠度/mm	允许偏差/mm
50、70、90	±10	110	−10 ~ +5

58.2 干混砂浆的技术要求

1）外观。

① 粉状产品应均匀、无结块。

② 双组分产品。液料组分经搅拌后应呈均匀状态、无沉淀；粉料组分应均匀、无结块。

2）干混砌筑砂浆的砌体力学性能应符合《砌体结构设计规范》（GB 50003—2011）的规定。干混砌筑砂浆拌合物的表观密度不应小于 $1800kg/m^3$。

3）干混砂浆性能指标。干混砂浆的性能指标应符合表 58-5 的规定。

表 58-5 干混砂浆的性能指标

项　　目		干混砌筑砂浆		干混抹灰砂浆		干混地面砂浆	干混普通防水砂浆
		普通砌筑砂浆	薄层砌筑砂浆	普通抹灰砂浆	薄层抹灰砂浆		
保水率(%)		≥88	≥99	≥88	≥99	≥88	≥88
凝结时间/h		3 ~ 9	—	3 ~ 9		3 ~ 9	3 ~ 9
2h 稠度损失率(%)		≤30	—	≤30	—	≤30	≤30
14d 拉伸黏结强度/MPa		—	—	M5，≥0.15 > M5，≥0.20	≥0.30		≥0.20
28d 收缩率(%)		—	—	≤0.20	≤0.20		≤0.15
抗冻性	强度损失率 (%)	≤25					
	质量损失率 (%)	≤5					

注：1. 干混薄层砌筑砂浆宜用于灰浆厚度不大于 5mm 的砌筑，干混薄层抹灰砂浆用于浆层厚度不大于 5mm 的抹灰。
　　2. 有抗冻性要求时，应进行抗冻试验。

4）干混砂浆的抗压强度及抗渗指标。干混砌筑砂浆、干混抹灰砂浆、干混地面砂浆、干混普通防水砂浆的抗压强度符合表 58-2 的规定；干混普通防水砂浆的抗渗压力应符合表 58-3 的规定。

5）干混陶瓷砖黏结砂浆的性能指标应符合表 58-6 的规定。

表 58-6 干混陶瓷砖黏结砂浆的性能指标

项　　目		性 能 指 标	
		室内	室外
拉伸黏结强度 /MPa	常温常态	≥0.5	≥0.5
	晾置时间：20min	≥0.5	≥0.5
	耐水	≥0.5	≥0.5
	耐冻融	—	≥0.5
	耐热	—	≥0.5
压折比			≤3.0

6）干混界面砂浆的性能指标应符合表 58-7 的规定。

7）干混保温板黏结砂浆的性能指标应符合表 58-8 的规定。

8）干混保温板抹面砂浆的性能指标应符合表 58-9 的规定。

表 58-7　干混界面砂浆的性能指标

项　　目		性 能 指 标			
		C（混凝土界面）	AC（加气混凝土界面）	EPS（模塑聚苯板界面）	XPS（挤塑聚苯板界面）
拉伸黏结强度/MPa	常温常态 14d	≥0.5	≥0.3	≥0.10	≥0.20
	耐水				
	耐冻融				
	耐热				
晾置时间/min		—	≥10	—	—

表 58-8　干混保温板黏结砂浆的性能指标

项　　目		EPS（模塑聚苯板）	XPS（挤塑聚苯板）
拉伸黏结强度（与水泥砂浆）/MPa	常温常态	≥0.60	≥0.60
	耐水	≥0.40	≥0.40
拉伸黏结强度（与保温板）/MPa	常温常态	≥0.10	≥0.20
	耐水		
可操作时间/h		1.5 ~ 4.0	

表 58-9　干混保温板抹面砂浆的性能指标

项　　目		EPS（模塑聚苯板）	XPS（挤塑聚苯板）
拉伸黏结强度（与保温板）/MPa	常温常态	≥0.10	≥0.20
	耐水		
	耐冻融		
柔韧性	抗冲击/J	≥3.0	
	压折比	≤3.0	
可操作时间/h		1.5 ~ 4.0	
24h 吸水量/(g/m²)		≤500	

注：对于外墙外保温采用钢丝网做法时，柔韧性可只检测压折比。

9）干混聚合物水泥防水砂浆的性能应符合《聚合物水泥防水砂浆》（JC/T 984—2011）的规定。

10）干混自流平砂浆的性能应符合《地面用水泥基自流平砂浆》（JC/T 985—2005）的规定。

11）干混耐磨地坪砂浆的性能应符合《混凝土地面用水泥基耐磨材料》（JC/T 906—2002）的规定。

12）干混饰面砂浆的性能应符合《墙体饰面砂浆》（JC/T 1024—2007）的规定。

第 59 章　预拌砂浆的生产

59.1　预拌砂浆的生产设施及技术要求

59.1.1　计量设备及精度要求

1）计量设备应按有关规定由法定计量部门进行检定，使用期间应定期进行校准。

2）计量设备应能连续计量不同配合比砂浆的各种材料，并应有实际计量结果逐盘记录和存储功能。

3）各种固体材料的计量均应按质量计，水和液体外加剂的计量可按体积计。

4）湿拌砂浆材料计量的允许偏差应符合表 59-1 的规定。

表 59-1　湿拌砂浆材料计量的允许偏差　　　　　　　　　　　（%）

材料品种	水泥	细骨料	矿物掺合料	外加剂	添加剂	水
每盘计量允许偏差	±2	±2	±2	±2	±2	±2
累计计量允许偏差	±1	±2	±1	±1	±1	±1

注：累计计量允许偏差是指每一运输车中各盘砂浆的每种材料计量和的偏差。

59.1.2　湿拌砂浆的搅拌及要求

1）湿拌砂浆应采用符合《混凝土搅拌机》（GB/T 9142—2000）要求的固定式搅拌机进行搅拌。

2）湿拌砂浆的搅拌时间（从全部材料投完算起）不应少于 90s。

3）生产中应测定细骨料的含水率，每一工作班不应少于一次。

4）湿拌砂浆在生产过程中应避免对周围环境造成污染，所有粉料的输送及计量工序均应在密闭状态下进行，并应有收尘装置。砂料场应有防扬尘措施。

5）应严格控制生产用水的排放。

59.1.3　干混砂浆的生产及要求

1）干混砂浆生产质量控制与湿拌砂浆有以下几点不同。

① 骨料应进行干燥处理，必要时，宜进行筛分处理。砂含水率应小于 0.5%，轻骨料含水率应小于 1.0%。

② 所有原材料计量误差允许值均为 ±2%，见表 59-2。

2）干混砂浆宜采用计算机控制的干粉混合机进行混合。混合时间应根据砂浆品种及混合机型号合理确定，并应保证砂浆混合均匀。

表 59-2　干混砂浆材料计量的允许偏差　　　　　　　　（％）

材料品种	水泥	骨料	添加剂	外加剂	矿物掺合料	其他材料
计量允许偏差	±2	±2	±2	±2	±2	±2

59.2　预拌砂浆的原材料要求

预拌砂浆所用原材料不得对环境有污染和对人体有危害，并应符合《建筑材料放射性核素限量》（GB 6566—2010）的规定，每年应对这些指标进行一次检测。原材料更换时，应重新进行按相关规定检测。

59.2.1　水泥

宜采用通用硅酸盐水泥或砌筑水泥。M15 及其以下强度等级砂浆宜用 32.5 级通用硅酸盐水泥或砌筑水泥，M15 以上强度等级砌筑砂浆宜用 42.5 级通用硅酸盐水泥。同品种、同强度等级、同出厂编号每 500t 需按相应标准进行一次检测。

59.2.2　砂

砂应符合《普通混凝土用砂、石质量及检验方法标准》（JGJ 52—2006）的规定。砂的粒径、含泥量、含水率应符合表 59-3 的要求，每 600m³ 为一检测批。

表 59-3　预拌砂浆用砂粒径、含泥量、含水率要求

指标	最大粒径/mm		含泥量(%)		含水率(%)
	≤2.5	≤1.25	≤5	≤1	≤2.5
用途	抹底层灰	抹面层灰	普通砂浆	特种砂浆	干混砂浆

59.2.3　掺合料

预拌砂浆所用粉煤灰、粒化高炉矿渣粉和硅灰等掺合料，应符合《用于水泥和混凝土中的粉煤灰》（GB/T 1596—2005）和《用于水泥和混凝土中的粒化高炉矿渣粉》（GB/T 18046—2008）的规定。生产干混砂浆用掺合料含量水率≤1%。同一厂家、同一品种、同一等级的掺合料每 200t 为一检验批。

用于预拌砂浆的粉煤灰细度≤25%，烧失量≤8%，需水量比≤110%，f-CaO≤2.5%。

59.2.4　外加剂

用于改善砂浆防水、防冻、早强、防裂、黏结、保水和凝结性能的材料，其质量应符合国家、行业有关标准及规范的相关规定。下面重点介绍最常用的缓凝剂和增稠材料。

1. 预拌砂浆用缓凝剂

预拌砂浆所用的缓凝剂，应能推迟水泥的初凝时间，并能使砂浆在密闭容器内保持规定的时间后，砂浆稠度仍符合施工要求，超过规定时间或砂浆水分被吸收蒸发后，砂浆仍能凝结硬化。缓凝剂一般控制砂浆在 8～24h 可用。

普通混凝土用缓凝剂只能缓凝几小时到十几小时，如加大缓凝剂掺量就会导致水泥强度急剧下降，甚至松溃无强度。而砂浆用的是超缓凝剂，它掺入砂浆中，可使砂浆在一定温度内（10~35℃）和一定时间（20~42h）内不凝结。即使水泥处于"休眠"状态，待"休眠"状态结束后可继续水化硬化。预拌砂浆就是要在密闭的容器内存放 8~24h，保存砂浆硬化性能不变。因此，预拌砂浆采用的缓凝剂须是超缓凝剂。缓凝剂种类可分为：

1）糖类：有糖钙、葡萄糖酸盐。

2）羟基羧酸及其盐类：枸橼（柠檬）酸、酒石酸及其盐，其中以天然酒石酸缓凝剂效果最好。

3）无机盐类：锌盐、磷酸盐。

4）木质磺酸盐等：此类缓凝剂目前较多采用，其有 8%~10% 的减水效果，价格便宜。

砂浆用缓凝剂指标为：氯离子含量≤0.4%；砂浆凝结时间≥24h。

2. 预拌砂浆用保水增稠材料

预拌砂浆用保水增稠材料用于改善砂浆的保水性，使砌筑、抹灰砂浆有良好的可操作性能（稠度、保水性、黏聚性、触变性），减小砂浆失水速度。而掺入的非石灰类、非引气型材料称为保水增稠材料。

保水增稠剂材料分为有机和无机两大类。有机类常用的有甲基纤维素、羧丙基甲基纤维素、羧乙基甲基纤维素；无机材料常用砂浆稠化粉。特种砂浆主要采用纤维素醚作为保水增稠材料。预拌砂浆中都常采用的保水增稠材料是砂浆稠化粉和纤维素醚。

砂浆稠化粉的主要成分是蒙脱石和有机聚合物改性剂以及其他矿物助剂，通过对水的物理吸附作用，使砂浆达到保水增稠的目的。掺加砂浆稠化粉的砂浆耐水、抗冻。在水泥等量条件下，掺加砂浆稠化粉的砂浆较水泥石灰混合砂浆的抗压强度、黏结强度提高 25%，收缩降低 35%，抗渗性能提高 25%，砌体强度符合《砌体结构设计规范》（GB 50003—2011）的要求。因此，目前上海地区主要使用砂浆稠化粉作为湿砂浆和普通干混砂浆的保水增稠剂。

纤维素醚是一种常用的砂浆保水增稠材料。纤维素醚是碱纤维素与醚化剂在一定条件下反应生成的系列产物的总称，它具有水溶性和胶质结构的化学改性多糖。它具有以下功能：

1）可使砂浆增稠，防止离析，并获得均匀一致的可塑体。

2）具有引气作用，可在砂浆中引入均匀、稳定、细小的气泡。

3）有助于保持薄层砂浆中的水分（自由水），从而在砂浆施工后，水泥可有更多的时间水化。

纤维素醚掺量过多，砂浆需水分会增加，砂浆过黏，工作性降低，且砂浆凝结时间会延缓。一般纤维素醚适用于厚度 5mm 以下的干混砂浆产品。

59.3 预拌砂浆配合比设计

59.3.1 预拌砂浆配合比设计原则

1）预拌砌筑砂浆和普通砌筑干混砂浆配合比设计应按《砌筑砂浆配合比设计规程》

（JGJ/T 98—2010）的规定执行。

2）抹灰砂浆和地面砂浆可参照《砌筑砂浆配合比设计规程》（JGJ/T 98—2010）的规定执行。

3）在确定稠度时应考虑预拌砂浆在运输和储存过程中的损失。

4）地面面层砂浆宜采用硅酸盐水泥、普通硅酸盐水泥，且不宜使用掺合料。

5）干混砂浆生产企业应根据试验结果，明确干混砂浆产品加水量的范围。

6）特种砂浆配合比应根据砂浆的用途进行调整。

7）原材料和生产条件发生变化时，应及时调整配合比。

59.3.2　砂浆配合比设计参数

$1m^3$ 水泥砂浆材料用量的参考见表 59-4。

表 59-4　$1m^3$ 水泥砂浆材料用量的参考

强度等级 材料用量	M5	M7.5	M10	M15	M20	M25	M30
水泥/kg	（32.5 级） 200～230	（32.5 级） 230～260	（32.5 级） 260～290	（42.5 级） 290～330	（42.5 级） 340～400	（42.5 级） 360～410	（42.5 级） 430～480
砂/kg	干砂堆积密度值						
水/kg	270～330						
胶凝材料总量/kg	210～240	240～270	270～300	300～330			
稠化粉用量/kg	30～65						
粉煤灰取代率（%）	15～25						

注：采用细砂或粗砂，用水量分别取上限或下限；稠度小于 70mm 时，用水量可小于下限。炎热、干凉季节，用水量可酌量增加。

59.3.3　砌筑砂浆配合比设计

1. 砂浆试配强度

砂浆试配强度按下式计算

$$f_{m,0} = kf_2$$

式中　$f_{m,0}$——砂浆试配强度（MPa），精确至 0.1MPa；

　　　f_2——砂浆设计强度等级值（MPa），精确至 0.1MPa；

　　　k——系数，按表 59-5 取值。

表 59-5　砂浆强度标准差 σ 及 k 值

强度等级 施工水平	强度标准差 σ/MPa							k
	M5	M7.5	M10	M15	M20	M25	M30	
优良	1.0	1.50	2.00	3.00	5.00	5.00	6.00	1.15
一般	1.25	1.88	2.50	3.75	5.00	6.25	7.50	1.20
较差	1.5	2.25	3.00	4.50	5.00	7.50	9.00	1.25

1）当有统计资料时，砂浆强度标准差 σ 应按下式计算

$$\sigma = \sqrt{\frac{\sum_{i=1}^{n} f_{m,i}^2 - n\mu_{fm}^2}{n-1}}$$

式中　$f_{m,i}$——统计周期内同一品种砂浆第 i 组试件的强度（MPa）；

μ_{fm}——统计周期内同一品种砂浆 n 组试件强度的平均值（MPa）；

n——统计周期内同一品种砂浆试件的总组数；$n \geqslant 25$。

2）当无统计资料时，砂浆强度标准差可按表 59-5 选取。

2. 1m³ 砂浆中的水泥用量

1）1m³ 砂浆中的水泥用量应按下式计算

$$Q_c = 1000(f_{m,0} + \beta) / (\alpha \cdot f_{ce})$$

式中　Q_c——1m³ 砂浆中的水泥用量（kg），精确至 1kg；

$f_{m,0}$——砂浆试配强度（MPa）；

f_{ce}——水泥实测强度（MPa），精确至 0.1MPa；

α、β——砂浆特征系数，其中 α 取 3.03，β 取 15.09。

2）在无法取得水泥的实测强度值时，可按下式计算

$$f_{ce} = \gamma_c f_{ce,k}$$

式中　$f_{ce,k}$——水泥强度等级值（MPa）；

γ_c——水泥强度富余系数（可按实际统计资料确定，无统计资料时，取 1.0）。

3. 粉煤灰用量

粉煤灰用量按下式计算

$$Q_{FA} = Q_A - Q_C$$

式中　Q_{FA}——1m³ 粉煤灰用量（kg），精确至 1kg；

Q_A——1m³ 砂浆胶凝材料总用量（kg），精确至 1kg，可取 350kg。

4. 其他材料用量

1）1m³ 砂浆中砂用量 Q_s 应取干燥状态（含水率 <0.5%）砂的堆积密度值作为计算值（kg）。

2）1m³ 砂浆中用水量 Q_w 可根据砂浆稠度要求选用。

3）尽管规范中和一些研究表明还需加入石灰膏改善砂浆流动性，但实践中运用产生的问题太多，因此本节并不建议加入石灰膏。

4）上述计算后，按需要加入保水增稠材料和外加剂等。

5. 试拌并调整用量

取 70~80mm 稠度的砂浆进行试拌，并按现行行业标准《建筑砂浆基本性能试验方法标准》（JGJ/T 70—2009）测定砂浆稠度和保水率。当稠度和保水率不能满足要求时，应调整用料，直到符合要求为止，然后确定试配的砂浆基准配合比。按基准配合比的水泥用量分别增、减 10%，在保证稠度和保水率合格条件下调整用水量、粉煤灰和保水增稠材料的用量，试配出三个不同配合比，分别测定表观密度和强度。选用强度、和易性符合要求、水泥用量最低的配合比作为试验配合比。

6. 砌筑砂浆配合比校正

（1）计算砂浆理论表观密度　按上述方法计算得出各材料用量按下式计算砂浆理论表观密度。

$$\rho_t = Q_c + Q_{FA} + Q_s + Q_w$$

式中　ρ_t——砂浆理论表观密度值（kg/m³），精确至 10kg/m³。

（2）计算砂浆配合比校正系数 δ　按下式计算

$$\delta = \frac{\rho_c}{\rho_t}$$

式中　ρ_c——砂浆的实测表观密度值（kg/m³），精确至 10kg/m³。

ρ_c 与 ρ_t 之差的绝对值不超过理论值 2% 时，可按试配值作为砂浆设计配合比；二者之差超过 2% 时，应将试配各项材料用量乘以校正系数 δ 后，确定为砂浆设计配合比。确定的配合比应符合《预拌砂浆》（GB/T 25181—2010）的规定。

59.3.4　实例

已知采用 P · S32.5 水泥，实测强度为 38MPa，中砂表观密度为 1450kg/m³，试配 M10 砂浆，管理水平一般，取 $k = 1.2$。

$$f_{m,0} = kf_2 = 1.20 \times 10\text{MPa} = 12\text{MPa}$$

$$Q_c = \frac{1000 \times (12 + 15.09)}{3.03 \times 38}\text{kg} = 235\text{kg}$$

取胶凝材料总量为 350kg/m³，则粉煤灰用量 Q_{FA} 为 115kg/m³；$Q_s = 1450$kg/m³；Q_w 根据稠度要求试配确定。

59.3.5　参考配合比

1）M15 抹灰砂浆配合比见表 59-6。

表 59-6　M15 抹灰砂浆配合比

材料品种	C 42.5	FA（Ⅰ）	S	W	减水剂	复合增稠剂	抗压强度/MPa		14d 拉伸黏结强度/MPa
							7d	28d	
配合比	240	120	1471	245	9.6	—	10.1	20.7	0.21
	240	69.6	1471	245	—	67.2	11.7	24.6	0.26

注：复合增稠剂中锂渣占 85%，其余组分为 1.7% 减水剂，0.13% 引气和缓凝组分。

2）干粉砂浆参考配合比见表 59-7。

表 59-7　干粉砂浆参考配合比　　　　　　　（单位：kg/m³）

砂浆种类	标志	强度系数	32.5R	稠化粉	粉煤灰	砂
砌筑	DM5.0	M5.0	12.0	3.3	11.7	73.0
	DM7.5	M7.5	14.0	3.2	9.8	73.0
	DM10	M10	15.0	3.1	9.9	72.0

（续）

砂浆种类	标志	强度系数	32.5R	稠化粉	粉煤灰	砂
砌筑	DM15	M15	20.0	3.0	7.0	69.4
	DM20	M20	22.0	2.8	5.8	69.4
	DM25	M25	28.0	2.6	0	69.4
	DM30	M30	30.0	2.3	0	67.7
抹灰	DP5.0	M5.0	12.0	3.3	9.7	75.0
	DP10	M10	15.0	3.3	6.7	75.0
	DP15	M15	20.0	3.3	2.6	74.1
	DP20	M20	22.0	2.9	5.7	71.2
地面	DS15	M15	22.0	2.8	2.7	72.5
	DS20	M20	24.0	2.8	0	73.2
	DS25	M25	28.0	2.7	0	69.3

3）预拌湿砂浆参考配合比见表 59-8。

表 59-8　预拌湿砂浆参考配合比　　　　　　　　（单位：kg/m³）

砂浆种类	强度等级	P·S32.5	稠化粉	FA	砂
砌筑	M5.0	228	63	222	1390
	M7.5	266	63	186	1350
	M10	285	63	188	1370
	M15	380	57	144	1320
	M20	418	53	110	1320
	M25	532	49	0	1320
	M30	570	44	0	1300
抹灰	M5.0	228	63	184	1425
	M10	285	63	127	1425
	M15	380	63	50	1410
	M20	418	55	108	1360
地面	M15	418	53	50	1380
	M20	456	53	0	1390
	M25	532	51	0	1320

第十篇

▶▶▶ 质量管理体系

第60章 质量管理体系重要性及构成

60.1 建立质量管理体系的重要性

60.1.1 建立质量管理体系的重要意义

质量是企业的生命，没有好的质量，企业就不能生存和发展。对于预拌混凝土生产企业来说，建立完善的质量保证体系有着特殊的重要性。目前，钢筋混凝土结构是我国主要的承重结构形式，混凝土结构的安全性、耐久性是钢筋混凝土结构的重要保证，而混凝土这一特殊产品最终质量检验的结论必须滞后 28d 发生。在当前混凝土施工工程量大、速度快的时代，28d 意味着 5~7 层楼已完成，一旦出现不合格，其后果是极其严重的。为保障人民生命和财产的安全，处理不合格的混凝土结构时，需要付出很大的代价，而且还给用户带来不应有的使用功能损失。因此对于有着特殊过程的预拌混凝土生产企业来说，建立完善的质量管理体系，就有着十分重要的意义。

60.1.2 预拌混凝土的质量要素

预拌混凝土的质量是由材料、机械设备、相关人员这几个要素组成，而人的因素则是第一位的。参与生产全过程的人员必须具有很强的质量意识，认真贯彻执行各项标准、规范和操作规程，准确无误地完成各个工序。同时，预拌混凝土生产企业应采用合格的原材料，提供生产合格混凝土的物质基础和有力的设备保证，使搅拌、运输、泵送三过程得以顺利运行。

60.2 建立健全的检验与试验机构

60.2.1 配备必要的检验与试验设备

预拌混凝土生产企业必须配备的检验与试验设备见第一篇。

60.2.2 配备必要的检验人员和试验人员

预拌混凝土生产企业试验室应有一名中级及其以上职称、具有三年以上预拌混凝土生产企业工作经历的工程师主持技术工作，并配备三名原材料及产品检验人员，以上人员必须持有建设部颁发的试验员证。此外，还宜配备两名跟班服务技术人员，负责 24h 内配合比调整，原材料、产品宏观检验及夜间粉煤灰、外加剂来料检验，施工现场技术服务，带领试验工制作混凝土出厂检验试件等工作。

60.2.3　保持检验与试验设备的精度

检验与试验设备应制订检定周期表，按期进行设备强检和自检。自检设备应有"自检规程"，并保存检定记录。

60.2.4　设备运行标志

经检定合格的试验设备应贴有运行标志，标志上应有设备名称、型号、编号、检定单位、本次检定日期（年、月、日）、下次检定日期（年、月、日）和操作人。设备正常运行标志为绿色，设备停止运行为红色，设备有故障待修为黄色。

60.2.5　保持检验与试验环境符合规定的要求

为保证试验数据的准确性和可靠性，检验与试验环境必须符合有关规范、规程的要求。如成型室温度为（20±5）℃；水泥室温度为（20±2）℃，湿度为50%；水泥养护温度为（20±1）℃，湿度为90%；混凝土养护室温度为（20±2）℃，湿度为95%。试验环境必须随时监测，保存记录。

第61章　原材料选择和供应质量的保证

61.1　对合格分供方评审和选择的重要性

61.1.1　水泥

水泥是混凝土中最主要的原材料,其质量直接影响混凝土的强度、耐久性和可泵性,水泥强度检验周期是28d。预拌混凝土日产量大,不同于现场搅拌,待原材料检测合格后试配,而是每天进厂的水泥,几乎都是当日消耗掉,甚至在水泥供应紧张的生产高峰期,刚出厂的高温水泥入仓后立即被使用掉,这就要求预拌混凝土生产企业必须高度重视对水泥供应商的选择和评价。

对水泥分供方评价可通过以下途径来完成。

1)通过历年使用和检验数据看各水泥品种年平均强度值、均方差以及该种水泥与外加剂的适应性和稳定性。

2)收集其他混凝土生产企业的检测数据。

3)到水泥厂考察其生产规模和质量保证体系。

通过上述办法选择质量稳定、有供应能力的水泥厂作为可靠的合作伙伴。将质量控制做在水泥使用前,否则不合格的水泥入仓,事后发现就会造成不可挽回的后果。同时,事先考察可以将预拌混凝土生产企业对水泥的一些需求指标(如水泥厂须知)提前向其宣传。

61.1.2　砂、石、掺合料、外加剂

这些材料虽使用前可以检验,但也不能忽视对其供应商的考核、评价和选择。通过对其生产规模、供应能力、售后服务、质量保证体系的考核以及历年使用的数据,可分析该产品未来质量的稳定性和供应能力的保证性,不可忽视事先把关的重要性。

61.2　加强对进厂原材料的检验和管理

61.2.1　原材料进厂宏观检查和批量检验有机结合

1. 水泥

水泥进搅拌站时,以每品种、每500t为一检验批,小于500t也为一个检验批,检验其强度和安定性。采用新的水泥品种时,除了采用快测强度检验法检验其强度外,还需做混凝土配合比试验,检测混凝土需水量、流动性以及与外加剂的相容性。

2. 砂、石

在当今砂、石来源较杂、原料不稳定的情况下，应采取进厂砂、石车车宏观检查和批量抽样检验相结合的办法。宏观检查级配、粒径、粒形、含泥量，不合格不卸车，且按批量检验其级配、含泥量、泥块含量和石子压碎指标、针片状含量。

3. 粉煤灰

粉煤灰是一种主要的混凝土掺合料，细度的检测十分方便。因此，应尽可能用取样器取每车车体上、中、下各部位粉煤灰做细度检测，不合格不卸车。每 200t 为一个检验批，检验其需水量比，必要时做含碳量、抗压强度比检验。

4. 矿渣粉

一般每 120t 为一个检验批，检验细度、流动度，每个供应厂每半年做一次活性指数检验。

5. 外加剂

每次进厂检验含固量、比重、净浆流动度，检验十分方便，一般 15～20min 即可完成，在使用中发现问题应随时进行混凝土试验。

61.2.2　加强与供应方的沟通

由于供应方的原料、生产条件在随时变化，因此，其产品质量也是在不断波动。为了保证混凝土质量的稳定与可靠，预拌混凝土生产厂技术部门要随时掌握进厂材料的情况，发现异常及时与供应方联系、沟通，以便及时纠正不良倾向。如混凝土突然坍落度损失明显加大，应询问水泥厂石膏品种、水泥矿物成分有何变化；外加剂减水率或含固量不够，及时提示纠正；砂石含泥量超标，及时去砂石场视察等。

61.2.3　原材料入仓管理

预拌混凝土生产企业为保证对用户持续供应混凝土，就要求有足够的原材料储仓，保证砂、石、水泥、掺合料和外加剂满足连续生产的需要。否则，由于某种原材料的断档，会造成施工现场混凝土供应中断而带来不应有的质量问题。

1. 砂石

一般采用大体积露天或封闭式储仓，应注意按不同品质分别堆放，不混仓，并设标志牌，使材料物尽其用。如含泥量小的粗砂用于高强度等级混凝土；含泥量大一些的或细度模数小的砂，则用于低等级混凝土。各储仓之间应设分隔，防止混仓造成质量问题。储仓地面应有硬覆盖，排水良好，防止地面泥土进入砂石之中。

2. 水泥及掺合料

一般每座预拌混凝土搅拌站应设 5～6 个水泥和掺合料储仓，每仓储量至少为 200～300t，确保每个水泥品种及粉煤灰、矿渣粉都有专用储仓。储仓下都应有明显标志，卸料口处应设锁，禁止货车司机自行开锁。散装物料进搅拌站过磅时，计量员应明确通告运输车司机物料入仓的站号和仓号，由计量员或其他指定人员监视入仓，防止物料入错仓。

粉状物料储入哪一个仓，应由技术部门来确定。当筒仓需要更换物料时，应以"粉状物料入仓通知单"书面通知计量员和搅拌操作员，防止错入仓。若粉煤灰入水泥仓或 32.5 级水泥错入 42.5 级水泥仓，都会造成重大混凝土质量事故。另外，不同品种水泥虽是同一等级，但其需水量、凝结时间等指标不同，混仓使用会造成混凝土坍落度不稳定，甚至离析或楼板开裂等现象。

3. 外加剂

各种型号外加剂配方不同，混仓后两种泵送剂可能会发生化学反应，如聚羧酸减水剂与萘系减水剂相混，混凝土会立即速凝，造成外加剂报废或工程事故。因此，也应专料专储，设明显标志，粉状外加剂应有防雨防潮设施。粉状物料入仓通知单见表 61-1。

表 61-1　粉状物料入仓通知单

时间	物料名称	供货商	车号	入仓号	计量员	入仓监督人
				__站__号		

核准人：　　　　　　　　　　签发人：　　　　　　　　　　　　年　　月　　日

第 62 章　搅拌过程的质量保证

62.1　计量设备的精度保证

搅拌过程是个特殊过程，而计量是这个过程的关键工序。只有保证精确的计量，才能有合格的产品。

62.1.1　校称

1. 法定计量部门检定

准确计量对混凝土质量十分重要《预拌混凝土生产技术规程》（DBJ 08-227—1997）明确规定，除砂、石计量允许误差为 ±3% 外，其余一律为 ±2%。计量失控、电子秤受潮、线路虚连等都会造成计量超差，酿成质量事故。因此，预拌混凝土生产企业搅拌站电子秤必须按时由法定计量部门进行检定，并取得法定计量部门签发的《检定证书》。

2. 静态自校准

搅拌站应备有一整套校秤标准砝码，每月进行静态自校准（秤的校准应在其正常计量范围内），校准记录见表 62-1，校准记录应由技术部门保存。

表 62-1　电子秤静态自校准记录

站号		称名			站号		称名		
加荷百分比（%）	加荷值	实测值	误差	误差（%）	加荷百分比（%）	加荷值	实测值	误差值	误差（%）
0					0				
20					20				
40					40				
60					60				
80					80				
100					100				
80					80				
60					60				
40					40				
20					20				
0					0				
结论					结论				

检定人：　　　　　　　　　　　　　　　　　　　　年　　月　　日

北京五建搅拌站介绍过一种省力简便的电子秤自校准方法，即法定计量部门每年检定时，记下每个电子秤在各检测点显示值对应的输入电压值，自校准时用一台精密数字电压源，输出相应的电压值来检定电子秤仪表，可免除原来搬运几百斤，甚至几吨砝码，且消耗大量体力的校秤。

也可在法定单位年检时，对称量值大的砂、石，用实物标定常用值的料位高度，用油漆做下标记，备平时质量巡查动态计量效验时核对。

3. 动态计量效验

动态计量效验是由搅拌机操作人员在生产时进行。操作员应经常检查原材料设定值与实际计量值的误差，技术质量部门每班也要进行一次检查，误差不得超过计量允许偏差。

4. 定期检查混凝土拌合物表观密度

为了再加强核查，搅拌站每周可用地中衡检查运输车中的混凝土表观密度，如表观密度与设计密度之间的误差超过 ±2%，应检查原因，及时纠正。混凝土表观密度检查表见表 62-2。

表 62-2　混凝土表观密度检查表

日期	车号	型号	空车重	重车重	体积	净重	设计表观密度	实测密度	误差(%)

检查人：

62.2　生产前的组织准备

预拌混凝土生产前的准备包括签发"生产任务单""混凝土配合比通知单"、原材料组织供应、设备检查和试运转、混凝土供应五项工作。

62.2.1　签发"生产任务单"

生产经营部门根据已签订的销售合同和用户的"混凝土生产委托单"，安排每日的生产任务，并签发"生产任务单"。混凝土"日生产计划单"见表 62-3，"混凝土生产委托单"见表 62-4。用户的"生产委托单"十分重要，是当日安排生产的依据，也是日后混凝土型号、特殊技术要求、浇筑部位方面出现矛盾、纠纷时，具有法律效应的书面材料，必须妥善保存。

表 62-3　混凝土日生产计划单

日期	工程名称	型号	数量	开泵时间	泵车型号	联系电话

制表人：　　　　　　　　签发人：　　　　　　　年　月　日

表 62-4 混凝土生产委托单

用户名称				
工程名称				
施工地点				
混凝土型号				
数量				
部位				
技术要求				
浇筑时间	年	月	日	时
工地联系人签字				
联系电话				
委托时间				

注：此表由用户在浇筑混凝土前24h填写，交混凝土公司生产部，联系电话：＊＊＊＊＊＊＊＊＊。

62.2.2 签发"混凝土配合比通知单"

1. 签发"混凝土配合比通知单"的依据

（1）生产经营部门签发的"生产任务单" 技术部门要根据生产经营部门签发的"日生产任务单"和用户签发的"混凝土生产委托单"确定当日配合比。尤其是对用户的特殊施工部位、技术要求、结构特点、工程浇筑部位、运距和气温等都要作为设计混凝土配合比的重要依据。

（2）混凝土配合比 预拌混凝土生产企业的技术部门应根据所用原材料，配制出各季节、各型号、不同技术要求（如早强、抗渗、抗冻、防冻等）的系统配合比，供日常生产用。

（3）砂、石含水率测定结果 砂、石含水率受材料产地、气候变化的影响。技术部门要每班至少测定一次砂、石含水率，新进厂砂、含水率有明显变化或雨后要再次测定，以作为配合比及时调整的依据。

（4）砂、石级配和外加剂、掺合料的变化 预拌混凝土生产企业的砂、石在生产过程中随用随进，因此其质量（粒径、级配细度、含泥量等）波动较大，与配合比所用的砂石不完全一致，这就需要及时根据现场实际情况及时调整配合比。此外，外加剂、掺合料的检验指标也在波动，应根据实测数据加以调整。

2. 签发"混凝土配合比调整通知单"

当班技术负责人根据上述依据签发"混凝土配合比调整通知单"，包括混凝土型号，所用水泥型号，掺合料名称、数量，外加剂名称及数量，砂、石含水率及湿砂石用量，外用水量，经企业技术负责人核查后及时交有关操作人员。有的企业是一种配合比发一个通知单，大部分是当日各种配合比在一张通知单上，但其内容基本包含了上述内容。

62.2.3 材料的组织

依据"生产任务单"和"混凝土配合比调整通知单"，供应部门按需要材料的品种、规格、数量和质量要求及时做好材料供应工作。

进厂材料要有醒目标志，存放在指定的仓库或储仓，技术部门做好材料验收与复试工作。

62.2.4　设备检查和试运转

1. 班前计量检查

1）检查计量装置，防止计量斗的卡、顶等现象的发生。

2）检查传感器导线的接触情况，防止导线脱落或虚连。

3）检查传感器灵敏度，可用人体重量或砝码检查传感器是否灵敏、计量误差有无超差。

4）检查计量显示器零点是否复位。

2. 电子秤调零

对于粉状物料来说，尤其是细砂、湿砂、含泥量大的砂子，很容易黏附在电子秤斗壁上，形成"死料"角，会影响计量精度。一般这部分称为"挂秤"，在调节电子秤时应将其扣除，即电子秤重新调零。

3. 惯性冲量的扣除

搅拌站储斗中的物料往电子秤中下料时，会有一定数量的冲量，即电子秤显示到规定的计量值时，储斗阀门关闭瞬间，会有一定量物料随惯性冲入秤斗，造成实际称料量值大于额定称量值。为此，应测定惯性冲量值后，在配合比输入电子秤时予以扣除。

4. 搅拌机空运转

交接班（生产前）应对搅拌机进行一次检查，如有设备潜在隐患，要交接清楚。对搅拌机的各连接部位、润滑情况、搅拌叶的磨损和内部清理情况都要认真检查。待检查搅拌站清理工人已离开，一切无误后按启动铃，警示各部位人员远离设备后再进行空运转，一切正常方可正式生产。

5. 上料设备和筒仓出料设备的再次确认

为防止错用材料，生产前应对上料设备和筒仓出料设备进行全面检查，确认各仓中的材料品种、规格符合"混凝土配合比调整通知单"的要求。

62.2.5　混凝土运输准备

车队负责人按混凝土生产计划组织混凝土运输车辆，按给出的送货地点和路线，提前做好交通线路必要的协调工作。

62.3　混凝土生产的组织

62.3.1　配合比输入和原材料确认

搅拌操作手在带班工程师的监视下，将配合比输入搅拌机配料系统，经检查无误后，签字确认。此时，要再次检查各筒仓内的材料品种是否正确。

62.3.2　计量和搅拌

搅拌机操作手按调度员发来的生产通知（即计算机上显示的"混凝土发货单"）输入配合比，进行生产搅拌。

跟班维修机电工人随时对设备进行巡回检查。带班工程师组织本班人员对首盘混凝土目测，观察混凝土和易性与坍落度。如与要求有较大的误差时，应分析原因，及时调整。合格后对下一盘混凝土进行规定的质量检查项目。

62.3.3　搅拌过程质量控制

1. 开盘鉴定

凡属于下列情况之一时，应进行混凝土开盘鉴定。

1）混凝土生产间隔 3 个月及 3 个月以上。

2）发生重大质量事故以后。

3）更换人员或搅拌设备大修以后。

混凝土开盘鉴定的记录见表 62-5。

表 62-5　混凝土开盘鉴定记录表

编号：　　　　　商品混凝土有限公司　混凝土开盘鉴定记录　序号：

时机	冬期停产后□		设备大修后□		质量事故后□	
站号		操作人员			时间	
混凝土型号	28d 强度/MPa		评定	混凝土坍落度/mm		评定
	规定值	配比实测值		配比设计值	开盘实测值	
混凝土配合比 /（kg/m³）	水泥	砂	石	水	粉煤灰/ 矿粉	外加剂
搅拌能力	设计能力/（m³/h）		实测能力/（m³/h）		评定	
参加评定人员						
结论						

质量负责人：　　　　　　　　　　　　　　　记录人：

2. 正常生产的管理

每工作班试验室专职技术负责人，应根据当日生产计划，砂、石含水率和原材料情况，向搅拌站操作人员提出所需的"混凝土配合比调整通知单"。计算机自动记录系统应明确记录当日配合比称量的实际数据。技术人员应监视操作人员输入全过程，并目测各种型号混凝土首盘混凝土用水量、坍落度，并抽取混凝土试样成型 R_{3d}、R_{7d}、R_{28d} 试件，作为混凝土出厂检验试件。

3. 搅拌时间

混凝土搅拌时间应根据混凝土组成材料及所用设备说明书要求确定，且每盘搅拌时间（从全部材料投入搅拌机后算起）不得少于 30s。制备 C50 以上强度等级混凝土、冬期施工或采用翻斗车运输干硬性混凝土时，应延长搅拌时间。

4. 监视荧屏和电流观测

一般搅拌站均在混凝土出机口、上料皮带机尾部安有监视荧屏，搅拌站操作人员应通过监视荧屏观测搅拌站出口处混凝土坍落度、上料皮带机运转情况以及后台外加剂添加情况，若发现异常情况，应立即报告相关部门及时纠正。同时，搅拌机的电流表也能较直观地反映物料坍落度的变化。

5. 搅拌计量过程自动记录

搅拌站的计量记录不仅反映搅拌系统的计量精度，更能反映出混凝土的实物质量，是一项重要的质量记录。一般搅拌站均设有各种原材料计量自动记录装置，即每盘混凝土的生产时间和各原材料的计量值均能自动存入计算机备查。一旦发生质量问题时，可随时调出存盘，查出该混凝土在何月、何日、几时、几分生产，各种原材料的计量值。随着电子技术的发展，无纸记录式仪表已问世，使搅拌计量过程有可追溯性，便于日后查询。

62.3.4　配合比实施过程中的动态调整

第五篇中已将预拌混凝土配合比设计方面的问题做了介绍，但是应注意配合比并不是一成不变的，当水泥、外加剂、掺合料波动时，必须随时调整。因此，技术部门必须对配合比实行动态调整。

1. 动态调整的依据

（1）混凝土用水量和出厂坍落度突变　由于预拌混凝土用砂、石、外加剂、掺合料每日吞吐量很大，即使同一供应商提供的材料也不尽均匀，这就会导致混凝土需水量、坍落度及其损失发生变化。若发现异常，带班工程师应直接从搅拌站取所用原材料进行试验（水泥净浆试验、砂浆流动度试验、混凝土配合比试验），分析其产生原因，及时与原材料厂家沟通并采取应急措施，在保证混凝土强度的前提下调整配合比，如适当提高外加剂用量（此时宜另掺减水剂，防止混凝土因泵送剂的用量高而缓凝），在水胶比不变情况下适当提高胶凝材料的用量等。必要时立即跟踪到相关原料厂家去，帮助其查找原因，及时纠正。

（2）用户信息反馈　当班技术负责人应及时将到达各工地的混凝土坍落度、可泵性信息反馈给操作员，有条件时宜在搅拌操作室设对讲台，这样各泵车司机可直接将用户对混凝土需求迅速反馈给操作员，保障各工地泵送顺利进行。

62.3.5　混凝土出厂检验

　　每班、每型号成型混凝土 3d、7d、28d 三龄期试件。随时观测标养混凝土早期强度，一般 3d 强度大于 40% 设计强度，7d 强度大于 70% 设计强度，28d 强度就不会有问题。如连续出现低值，就应立即找原因，采取纠正措施，这就不至于 28d 后发现问题，造成一大批混凝土不合格。

第 63 章　运输过程的质量控制

63.1　运输车司机的培训

63.1.1　培训的主要内容

运输车司机的素质直接影响到运输过程的质量保证。因此预拌混凝土生产企业应重视这部分员工的培训。其中，司机应注意以下几点。

1）遵守交通安全规则。

2）掌握运输车使用和维护保养知识，常见设备故障及其排除办法，三滤、机油更换要求等。

3）掌握运输车司机作业指导要点见附录 H。

①交接班清罐水必须认真检查（宜打反转检查车中有无积水），防止罐内积水造成混凝土离析。

②混凝土出厂前必须按"发货单"标明型号，将运输车上的混凝土标志牌及时更换，并带好"流化剂"。

③运输途中不得往罐体中加水，$1m^3$（单方）用水量每增加 10kg 水，混凝土 28d 强度将下降 3.7MPa。

④混凝土进入施工现场司机要出示"发货单"，唱票，明确告之所拉的混凝土型号，防止错用混凝土。

⑤混凝土从装料运输至卸料浇筑结束的延续时间，常温下不宜超过 3h。运输车司机在现场等待卸料时要随时注意车体中混凝土坍落度的变化，并在上述限定时间到达前，向调度室报告现场情况。如现场故障仍不能排除，应及时将混凝土调至附近工地使用或回站等待处理。否则，混凝土超时不泵送会有报废的可能，时间长、气温高时，特别是高等级混凝土会硬化在罐体中，给运输车带来很大危害。此外，对用户自卸、自泵的工地，运输车司机应主动将现场情况反馈给调度，防止混凝土供应中断时间过长。

⑥应保护混凝土不被破坏。在施工现场禁止任何人往罐车内加水，混凝土坍落度过小难以泵送时，应用车中自带流化剂进行二次流化。流化剂加入后搅拌筒快转 2 ~ 3min 即可卸料。

63.1.2　突发事故处理

混凝土运输车在重载情况下可能突发故障，车体不能转动。此时应立即通知调度室，设法尽快借助另一部车的传动部分将罐体内混凝土导出，防止时间长而导致混凝土硬化，或者造成取力器超载设备损失。如果运输车体虽能转动，但驱动装置出现故障，此时应调泵车、运输车各一台，及时将混凝土从发生故障的车上导出来，防止混凝土硬化在运输车里。

63.2　车辆的合理调度

63.2.1　车辆调度注意事项

对于新开工地，调度员应提前到现场视察，了解运输道路和建筑地点的场地情况。调度室派车时要注意，对施工现场场地条件不好，如有回填土、农田松软土层等或需要将混凝土运输车开到地下基础筏板部位去卸料时，应选择动力强劲、性能良好的车辆，防止车辆陷入泥坑中影响施工。同时调度员应公平、公正地调度车辆，以便充分调动司机的工作积极性。

63.2.2　合理调度及 GPS 卫星定位系统的应用

合理调度是确保生产任务完成的重要保证，由于各种原因，目前比较常见的现象如下：

1）派车不合理造成部分工地车辆积压，另一部分工地供应发生较长时间的中断，罐车、泵车效能不能正常发挥。

2）部分司机自感疲劳，私自下线休息甚至睡觉，运输效率大大下降。

3）部分司机不熟悉交通，走错线路，混凝土不能按时运到现场。

为了提高车辆的工作效率，一些预拌混凝土生产企业安装了车载对讲系统。如能充分利用，应可随时掌握各工地的泵送情况和车流情况。但是，由于此种设备有时受到服务半径的限制，而不能使信息及时得到沟通。同时，若无高度责任心主动联系，信息也得不到及时沟通。近几年来，GPS 卫星定位系统已开始在预拌混凝土生产企业得到推广和利用，其原理是在每个运输车和泵车上安装 GPS 卫星定位信号接收装置，从调度室计算机上可随时显示各车辆运行在城市中的位置以及各泵机（车）工作情况（图像可显示各工地去、返程车辆数量，位置及到达工地罐车数量），从而实现车辆的合理调度和利用，使运输能力得到充分的发挥。据上海某混凝土公司介绍，GPS 卫星定位系统软件 5 万元，每年通讯费 80～100 元/台，其他设备约 10 万元，使用效果极佳，不仅车辆利用率提高，油耗也下降，调度与各泵车司机间的信息得到及时沟通，服务水平得到很大提高。

第64章 混凝土泵送过程的质量控制

64.1 泵送前的准备工作

64.1.1 签发"已签合同通知单"

合同签发后，销售部门应签发"已签合同通知单"，通知生产、技术部门，以便做好泵送前的准备。生产人员应到施工现场进行勘察，以决定泵机类型、泵车臂长、布置泵机位置和运输车行车路线（新开工地行车路线图应通知司机）。"已签合同通知单"见表64-1。

表64-1 已签合同通知单

工程名称		订货单位			
施工单位		建设单位			
工程地址		混凝土型号			
施工方联系人		数量			
项目负责人		其他要求			

审核： 制表人：

64.1.2 勘察现场环境保证泵机安全

对于基础施工，特别是深基施工，应严格执行支泵操作规程，根据泵机自重、地基地质情况、基深和基坑支护情况决定泵车支放位置。对作业周围上空有障碍物、高压线的工程，要采取安全措施。

64.1.3 泵管铺设与检查

泵车司机应根据施工现场情况考虑以下因素进行布管。

1）长距离水平泵送和高层建筑立管应采用材质好的高压泵管，新管宜布置在距泵机较近处。离泵管出口近处，可采用相对旧一些的管材。

2）泵管在泵送过程中会产生巨大的压力和晃动，降低泵送效率。因此，必须采取可靠的措施固定泵管，并将泵管与作业面钢筋隔离开。

3）尽量减小弯头以减小泵送阻力。深基础安装垂直向下管路时，下方弯管应带有排气孔，以防泵机工作间歇时垂直管件中形成空气柱而堵泵。超超高层建筑泵管出口前端应安装逆止阀，以防止泵机停歇时管路混凝土在自重作用下返回泵机，造成再起动困难。

4）泵送前泵工应检查管卡是否紧固，胶圈必须垫好，防止漏气、漏浆。

64.1.4　泵送浇灌条件考察

泵车操作人员按调度通知的开泵时间，提前半小时到达工地，了解工程钢筋和模板的准备情况。监理是否已下"浇灌令"，如一切正常，具备浇灌条件，按"用户生产委托单"要求型号通知调度发车。很多情况下，由于工地不具备浇筑条件，盲目索要混凝土，会造成混凝土运输车的积压，甚至产生混凝土等待过久，超时降级使用或报废的可能性。

64.2　泵送

64.2.1　泵送前应注意的事项

1. 合理要料

泵机操作人员应根据工程部位、型号和浇筑进度合理要料，本着"先高后低"的原则浇筑混凝土，防止低强度等级混凝土注入高强度等级混凝土结构中。在一泵浇筑两种型号时，还要防止泵管中低强度等级混凝土注入高强度等级混凝土结构中。

浇筑混凝土过程中要注意合理要料，既要防止供应中断时间过长，也要防止积压过多车辆，影响车辆利用率，防止混凝土等待超时。

2. 验料

运输车到达施工现场，泵机操作人员要认真核实混凝土型号，当"混凝土发货单"、运输车"标志"与工程需要一致时，方可卸料。混凝土卸出时要认真验料，观察混凝土坍落度、颜色、骨料品种无误后，方可泵送，防止错浇混凝土型号或将不合格混凝土泵入结构中。

3. 润管

泵送前应用清水润管，水路通畅后，润水泥浆或混凝土同标号水泥砂浆，应注意先排出的稀砂浆万万不可排入结构中，以免造成质量事故。

64.2.2　泵送混凝土时应注意的事项

开始泵送时，速度宜慢，待混凝土送出管端，再逐渐加速，转入正常泵送。泵机操作人员应认真按"作业指导书"进行混凝土泵送，并注意以下几点：

1）泵送应连续进行。在混凝土供应不及时等情况下，需降低泵送速度，如遇混凝土中断供应，可每隔5~10min利用泵机进行抽吸往复推动2~3次，以防堵泵；当混凝土因故中断供应60min以上时，应将泵机管路中存留混凝土排净、清泵，防止混凝土硬化在泵机或管路中，造成堵泵。

2）泵送过程中严禁随意加水。

3）需要采取多泵泵送时，应预先规定各自浇筑区域和浇筑顺序，保证混凝土连续有序地泵送。

4）泵送即将结束前，应准确计算剩余的混凝土数量，既保证泵送顺利收尾，也防止混凝土浪费。

5）泵送结束后，及时进行混凝土泵、布料机和管路清洗。可采用压缩空气推动清洗球清洗，也可采用压力水冲洗。

第 65 章　售前、售中、售后服务

65.1　供应混凝土前的技术准备

65.1.1　"用户须知"的编制

预拌混凝土是一种商品，与工程用钢筋一样，在钢筋混凝土结构中起着关键性的作用。由于其需要远距离输送，还要通过泵输入结构。因此，较以往现场搅拌混凝土有所不同。预拌混凝土具有坍落度大、砂率大、胶凝材料用量大，掺加化学外加剂等特点，相应带来收缩大、易开裂等先天性不足。为了保证混凝土的结构质量，就必须将预拌混凝土的特点、使用要求，如润管水及砂浆的排放方法，混凝土型号的识别，混凝土坍落度损失后的处理，混凝土在现场允许停留的时间，混凝土浇筑、振捣、抹压、养护要求等方面，向用户作详细介绍，让用户了解预拌混凝土的性能，掌握使用上的要求，使合格的混凝土能通过完善的施工管理并得到可靠的保证。因此，预拌混凝土生产企业应根据本企业实际编制的"用户须知"，在工程开工前送达施工现场，并进行认真全面的口头交底。为了让相关人员都掌握"用户须知"有关要求，工地监理、施工方、技术负责人、质量负责人、项目经理、混凝土工长等均应参加交底会，以使有关要求能得到全面贯彻的执行。冬期施工前更要高度重视冬期施工措施交底。

65.1.2　施工方案的编制

每一个工程是一场多工种、全方位的会战，施工方案在工程施工中起着"作战方案"的作用。特别是遇到大体积混凝土基础筏板、高强混凝土结构、超长结构工程及特殊结构工程（如钢管混凝土、预应力混凝土结构、有抗冻要求的水池、水塔等）必须高度重视，认真编写施工方案。施工方案一般包括以下几方面内容：

1）工程概况。包括工程名称、施工单位、施工地点、结构形式、特殊部位混凝土型号、数量、结构实体尺寸、平面图等。

2）施工技术特点及难点。针对工程难点（如基础底板厚大、基础超长或混凝土型号特殊等）制订技术路线或方案。

3）原材料选用和配合比。

4）生产组织安排。根据工地地形和用户对施工进度要求提出布泵方案（采用拖泵还是车泵），进行生产能力验算（搅拌、运输、泵送能力验算）以及确定站内人员职责、材料供应设备和意外情况（停电、停水等）的应急措施。

5）大体积混凝土热工计算、测温要求和温控措施。

6）施工有关质量保证措施。

7）质量验收有关说明。

65.2 售中服务

对于预拌混凝土行业来说，售中服务有着特殊、重要的意义，因为混凝土生产、运输、泵送、浇捣等重要过程都发生在售中，因此必须高度重视售中服务。

65.2.1 技术资料及时送达

混凝土开始供应时，技术部门就应及时将相关技术资料送达施工现场，让用户、监理都了解混凝土使用原材料和配合比的情况，并由用户对来料坍落度进行验收，合格后方可泵送。

65.2.2 混凝土浇筑过程中坍落度及供应情况的反馈和调整

预拌混凝土是一种特殊产品，其和易性、可泵性和混凝土供应的连续性对用户十分重要。因此，对售中服务更要引起预拌混凝土生产企业的高度重视。调度室要通过无线对讲机或 GPS 卫星定位系统，随时与各泵车司机、运输车司机保持密切联系，灵活调动车辆，防止积压车辆和中断供应两种倾向，避免出现浇筑混凝土结构冷缝；技术部门应随时掌握各工地混凝土坍落度情况和搅拌站各混凝土型号用水量，发现问题及时纠正。

65.2.3 出厂检验和交货混凝土检验试件制作

预拌混凝土生产企业应按《预拌混凝土》（GB/T 14902—2012）要求抽样制作出厂检验和交货检验试件。

65.3 售后服务

在当前预拌混凝土市场激烈竞争中，要赢得市场就要牢固地树立"以用户为核心"的思想。了解用户"明确和隐含的需要"，找出与其他企业在产品质量、混凝土供应和服务方面的差距，从而调整经营策略，采取有效措施，向用户提供满足并争取超越其需求的产品和服务，以适应市场的变化。

65.3.1 对用户定期走访

企业应指定一个部门负责制订回访计划，按时组织有关人员负责工地回访，这种走访既是了解用户对产品和服务的意见、要求，也起到了与用户的感情沟通，也可消除一些曾经存在的隔阂和抱怨。走访部门应将每次用户的反映和意见归纳整理，进行必要的数据分析，及时将意见反馈给相关部门，督促其制订纠正措施，并对执行情况和效果进行跟踪检查，不断改进服务，提高用户的满意率。

65.3.2　及时解决用户的投诉

预拌混凝土生产企业由于出现供应不及时或间断、混凝土质量方面的一些问题或供应方面的量差等问题，往往遇到用户投诉，企业应有专门科室和人员接待投诉，及时转达到相关部门，督促其整改。最终要将整改结果向用户汇报，得到用户的谅解。

65.3.3　运用统计技术提高产品质量和服务质量

1. 各部门收集与本部门有关过程的相关数据

这些数据来源于外部用户的信息和反馈、材料和产品检查验证信息、质量体系运行过程中的数据、企业内外审、管理评审等方面。

2. 取得数据的统计分析

对混凝土强度进行月、季、年的统计，各供应商产品检验结果统计，用户不满意度统计，设备故障率统计，各混凝土运输车和泵车单方油耗等数据进行分析。应针对主要问题查找原因，做出因果图、对策表，指导和改进下阶段的工作。统计技术在一些先进国家得到高度重视，在他们的车间墙上挂满了各种统计图表。正因为如此，其工作的改进、质量的提高和成本的下降能持续地有效进行，质量保证体系也随之不断完善。

第 66 章　销售合同的管理

66.1　合同的签订

66.1.1　签订合同前的准备工作

1. 对工程项目的调查

1）调查工程开发商的资金、信誉和以往合作情况。

2）本工程的有关信息（设计和施工企业、工程混凝土量、工程高度、有无特殊技术要求和拟开工时间等）。

3）工程所在位置和交通、道路情况，以及周围居住区状况。

2. 与合同签订单位洽谈

初步确定各型号价格、数量、结算方式（车结或图结）和付款方式。

66.1.2　合同的评审与签发

1. 合同的评审

由企业经营经理负责召集，合同负责人、生产经理、设备及技术负责人参加，进行合同评审。评审内容包括：

1）合同签订的风险（即对方的信誉程度）。

2）用户提出的结算方式和付款方式是否合理，企业是否有垫付能力。

3）该工程的技术指标及混凝土的特殊技术要求有无能力达到。

4）公司的设备能否达到该工程施工的要求。

2. 合同的签发

评审后如一致通过，则参加评审的人员签字，加盖企业公章，由项目负责人将合同送施工（或建设单位）加盖法人单位公章。合同一式四份，由合同双方分别保管。

66.1.3　合同签订中应注意的问题

1）销售合同不得盖没有法人资质单位的印章（如单位下属项目经理部的印章）。曾有混凝土公司手持盖有"项目经理部章"的合同，起诉施工方欠货款，因合同不具有法律效应而败诉，白白损失一百多万货款。

2）凡是有地面混凝土的工程要明确其技术要求或用户隐含的要求，如室外地面、上人屋面是否要求抗冻、抗盐冻；室内地面有无饰面层，无饰面的地面是否随打压光。因为这些地面的混凝土配方与一般地面不同，其成本也不同，自然售价也不同。曾有辽宁某混凝土公司承揽某道（路面）路混凝土工程和某室外停车场工程，因未明确是否有抗冻和抗盐冻要求，出现问题后混凝土公司不得不为巨大的经济损失买单。

3）工程上一些特殊技术的要求要在合同上明确单方加价，如清水混凝土、自密实混凝土、抗硫酸盐混凝土、纤维混凝土、抗冻混凝土和膨胀混凝土等，也便于技术部门提前准备相关材料和混凝土配合比。

4）园区内有建筑群的工程应分别按各工程进度进行结算，防止合同不明确造成按全部工程的进度进行付款，使混凝土公司产生很大的经济压力。曾有某混凝土公司承揽了 9 栋高层的园区工程，由于合同含糊不清，用户按 9 个工程完工的进度付款，使货款迟迟不能到位。

5）销售人员应掌握各种工程的 $1m^3$ 混凝土用量，防止出现工程主体完工，合同签订的付款混凝土量还没有到，给混凝土公司的资金流动带来困难。2001 年一位初做销售的销售人员签订了一个点式楼的合同，合同规定混凝土浇筑量达到 $8000m^3$ 第一次付款，可该工程全部完成也达不到 $8000m^3$，最后造成公司货款迟迟不能回笼。建筑工程现场浇筑混凝土 $1m^3$ 用量见表 66-1。

表 66-1　建筑工程现场浇筑混凝土 $1m^3$ 用量

序　　号	工程名称	层数	结构	用量	单位
1	普通住宅	7 层以下	砖混构造柱	0.26	m^3
2	普通住宅	7 层以下	砖混框架	0.31	m^3
3	普通住宅	7 层以上	框架	0.34	m^3
4	普通住宅	7 层以上	框剪	0.38	m^3
5	公寓	7 层以上	框剪	0.41	m^3
6	小区会所	1~3 层	框架	0.35	m^3
7	车库	1 层	框架	0.42	m^3
8	网点	1~3 层	框架	0.34	m^3
9	门诊楼	13 层以下	框剪	0.38	m^3
10	住院处	18 层以下	框剪	0.40	m^3
11	综合楼	7 层以下	框剪	0.37	m^3
12	办公楼	7 层以下	框架	0.36	m^3
13	办公楼	7 层以上	框剪	0.38	m^3
14	标准化厂房	1~3 层	框架	0.37	m^3
15	商厦	7 层以上	框剪	0.42	m^3
16	高层住宅	18 层以上	框剪	0.38	m^3
17	高层公寓	18 层以上	框剪	0.40	m^3
18	商场	多层	框架	0.42	m^3
备注	以上仅供参考				

6）别墅工程、砖混工程结构断面小，浇筑过程混凝土量损失较大，不宜按图结算。地下孔桩、垫层、基础底板以及造型工程工程量的影响因素较多，也不宜按图结算。

7）要明确混凝土工程完工和浇筑工程完工是两个概念。浇筑工程包括地面、防水、装饰工程、抹灰工程、门窗工程，水电工程等，其完成的周期会很长，而混凝土主体完工后

28d 就可以验收，合同中要写清楚这些。曾有某混凝土生产企业因为合同标明"待工程全部完工后 28d 付清余款"，最终导致该混凝土生产企业整整等了一年多才收回货款。

66.2　合同实施过程的管理

66.2.1　混凝土供应统计与结算

1. 混凝土日生产统计

混凝土生产企业应有专人负责各型号、各工程、各运输车、各泵和各搅拌站的日生产量的统计。

2. 安排专人定期与甲方进行对票

混凝土生产企业安排专人负责与施工方定期进行混凝土各型号方量的及时核对，发现不一致时及时查找原因。如有较大出入，应提交有关领导解决，防止积累时间过长，无法查找原因或实测实量（有的工程甚至已装修才发现量差，无法实测）。

3. 要按合同及时与用户进行阶段性结算，及时回款

对于不按合同办事的用户，要由项目负责人或主管领导及时与其沟通，防止货款过长，时间推迟，影响企业正常运转。

66.2.2　加强和改善服务

1）项目负责人，生产、技术部门要经常走访、与用户联系，听取用户对混凝土供应、质量的意见和要求。凡是用户提出的合理要求和意见，公司要切实组织有关部门及时实施，并对实施后的效果进行检查，征求用户对改进措施效果的意见。

2）对施工方不正确使用混凝土的现象，要及时纠正和进行必要的技术培训，如一些施工人员往混凝土中加水，无度地加流化剂，不按要求对混凝土梁板结构进行模压、养护，冬期施工不随浇筑随覆盖等。混凝土生产企业可协助施工方对有关人员进行培训，让施工工人、质量检查员、监理工程师和工长等都能掌握施工要点，以保证施工质量。

3）混凝土量差是供需方存在的主要矛盾之一。混凝土生产企业要经常做好混凝土配合比和计量的检查工作，确保用户的利益不受损失。同时，也要经常检查工地上混凝土损失浪费的现象和个别人挪用混凝土的现象。如有的工地挪用混凝土做预制构件，将剩余混凝土随意倒掉等，要及时发现并纠正。

66.3　销售人员的管理

66.3.1　销售人员的培训

销售人员来自四面八方，往往缺乏混凝土专业知识，势必会带来工作上不应有的损失。因此必须重视对销售队伍的培训，使他们少走弯路，公司少受损失。培训要点有以下几条：

1）合同及法律相关知识培训。可由公司的法律顾问进行讲解。

2）混凝土专业知识培训，包括混凝土种类、混凝土质量指标、混凝土通病及其原因等基本知识。

3）混凝土合同签订技巧培训和交流。可由优秀销售员讲解并介绍工作经验和体会。

66.3.2　建立销售激励机制

销售是企业的龙头，只有拥有优秀的销售队伍、源源不断的合同和稳定的用户，企业才能在激烈的竞争中立于不败之地。因此，为了把销售人员的积极性充分调动起来，建立销售激励机制就显得十分重要了。

1）销售人员的收入必须和其业绩（签订混凝土量、回款率）紧密挂钩。

2）销售人员实行底薪加提成，年销售量和回款-奖励的阶梯式递增办法，即销售的混凝土量越高、回款率越高，其单方混凝土的提成也越高，对有突出业绩的销售员进行重奖。

第十一篇

▶▶▶ 新技术、新工艺、新材料及其他

第67章 新技术、新工艺、新材料简介

1. 什么是路用透水型再生混凝土

路用透水型混凝土是一种绿色低碳环保型混凝土，这种混凝土内部含有较多连续的孔洞，可有效地将地表雨水迅速渗入地表下，减少地表积水，增加道路舒适性和安全性，并能改善城市环境，减轻对河道和排水管网的压力。在透水混凝土中再掺入再生骨料，就是透水型再生混凝土，可消耗大量建筑垃圾，减少天然石料的开采，有效地保护自然资源和环境。还可在这种混凝土中掺入不同颜料形成彩色混凝土，美化环境，降低太阳的热辐射。

根据一些单位介绍，这种地面混凝土中掺入 0.9% 聚丙烯纤维可显著提高混凝土弯拉强度；混凝土中掺入 30% 矿渣，对强度最有利，颜色（一般用无机耐候颜料）对混凝土透水性、抗压、弯拉强度无明显影响。

2. 什么是 UHPC 超高性能混凝土

UHPC 超高性能混凝土又称活性粉末混凝土。1993 年法国人率先研制出抗压强度为 $200 \sim 800$ MPa、抗拉折强度为 $30 \sim 145$ MPa 的专利产品，称为 UHPC 混凝土。它通过细化原材料颗粒，减少了材料内部缺陷，改善了内部微观结构，获得了极高的耐久性和力学性能。1999 年在加拿大人行桥的桁架结构中得到应用，大大减轻了结构自重，提高了结构在高温度、氯离子侵蚀和冻融循环下的耐久性。

3. 什么是钢管混凝土

钢管混凝土是将混凝土灌注于空钢管中，采用不同的施工工艺使之密实而形成钢管与混凝土在外荷载作用下能共同工作的组合结构材料。这种组合结构材料具有优异的结构性能，承受压载的能力远远超过了按钢管截面承载力与混凝土截面承载力之和，而且还相应地大幅度提高抗变形能力，使钢管内的混凝土的受压破坏特征由脆性转变为塑性破坏。

由于钢管内混凝土是在外部钢管的约束下工作，因此延缓了混凝土内部原始裂纹的扩展，可以大幅提高混凝土抗压承载力，这种混凝土也称为"约束混凝土"或"套箍混凝土"。

钢管混凝土有以下几种结构形式：

1）空钢管内充填素混凝土。

2）在钢管内除充填混凝土外，还配置螺旋筋和少量纵向筋。

3）在大钢管内配置了小钢管束的钢管混凝土。

浇筑"钢管混凝土"时对混凝土的要求有：

1）有自密实混凝土功能，即混凝土坍扩度一般 ≥（220mm/600mm），保塑性好，混凝土不振捣自密性能好。

2）具有一定的膨胀率，以确保混凝土与钢管紧密结合，一般要求标养下 14d 水中限制膨胀率为 2.0×10^{-4}，28d 限制膨胀率为 $(1.8 \pm 0.1) \times 10^{-4}$。

3）混凝土不得离析、泌水。

C50 钢管混凝土参考配合比及性能见表 67-1 和表 67-2。

表 67-1　C50 钢管混凝土参考配合比　　　　　　（单位：kg/m³）

W	C	FA	AEA	S	G1 5～10mm	G2 15～25mm	外加剂
174	445	68	57	656	402	604	15.9

注：C 为 P·O 42.5（f_{ce} = 47MPa），FA 为 I 级粉煤灰，需水量比为 94%，AEA 为硫铝酸钙-氧化钙类膨胀剂，外加剂为 P.C，含固量为 38.2%，砂为 μ_f = 2.7 的中砂，含泥量为 1.5%，石子针片状含量为 0.7%，含泥量为 0.1%，压碎指标为 6.5%。

表 67-2　C50 钢管混凝土的性能

坍扩度/mm				含气量 （%）	压力泌水率 （%）	初凝 /h	抗压强度 /MPa	
0h	1h	2h	4h				4d	28d
240/610	240/600	240/590	230/530	2.5	0.3	23.4	58.3	70.2

4. 什么是劲性钢筋混凝土

劲性钢筋混凝土又称型钢混凝土，就是用型钢代替传统的钢筋骨架。这种结构相对于钢结构而言，克服了钢结构易发生局部屈曲的缺点，增加了钢结构的延性，降低了造价，改善了结构防火和防腐性能；相对钢筋混凝土结构而言，可有效地减小结构的截面尺寸，增加建筑物使用空间，同时改善由于高强混凝土延性差而带来的不利于抗震的脆性特点。劲性钢筋混凝土主要用于高层建筑或大型工业民用建筑。

5. 什么是堆石混凝土

堆石混凝土施工技术的概念于 2003 年由清华大学金峰教授和安雪晖教授提出，是在自密实混凝土技术的基础上发展起来的一种新型的大体积混凝土施工技术。

该技术主要由石材（8～30mm 为小块，30mm 以上为大块）大小块间隔直接入仓，然后浇筑自密实混凝土共两道工序组成，或采用自密实混凝土浇筑缓冲层后再将石材抛入仓内，然后再浇筑自密实混凝土，待混凝土液面上升 1m 后，继续抛石循环施工，这样形成的混凝土称为堆石混凝土，如图 67-1 所示。

利用自密实混凝土本身所具有的卓越的流动填充性，能很好地无需人工振捣而填充所有堆石体中的孔隙，从而形成有较高强度的密实混凝土，这样的施工技术称为堆石混凝土施工技术。堆石混凝土施工工艺具有相对简单、成本低、水化温升低、施工速度快等优点，特别适合房建、市政、水利等诸多行业的大体积混凝土施工，具有广阔的发展空间。

该施工方法发展至今，已经在国内诸多大体积混凝土的水利工程中得到实际应用，并且取得较好的效果。如北京军区某重力大坝工程、河南

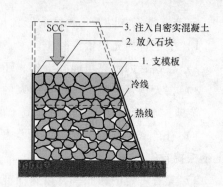

图 67-1　堆石混凝土施工技术示意图

宝泉抽水蓄能电站、四川金沙江向家坝水电站等。

这种施工方法技术简单、工作效率高、成本低，解决了大体积混凝土发热量高的问题。

C20 自密实混凝土堆石率 55% 的堆石混凝土参考配合比见表 67-3。

表 67-3　C20 自密实混凝土堆石率 55% 的堆石混凝土参考配合比

材料	水泥	粉煤灰	石子	堆石	水	砂	外加剂
用量/（kg/m³）	77	127.8	374	1534.5	94.5	344.3	2.4

堆石混凝土相比普通混凝土，水化热产生的热量更少，内部温度更低，对裂缝控制更有效。同时，堆石混凝土和普通混凝土的抗压、抗拉、抗渗等性能几乎一致。

6. 什么是智力动力混凝土

低强度等级、高性能化的混凝土称为智力动力混凝土，其代号为 SDC。一般其胶凝材料用量 ≤380kg/m³，3d、7d、28d 强度与普通混凝土相当，但其初始扩散度可达 600～700mm，不离析、不泌水，和易性、保塑性好。

7. 什么是防静电混凝土

此种混凝土具有良好的导电性，能防止地面摩擦起火。地面骨料由不发火（如白云石）、特殊的导电耐磨料或金属骨料制成。现在市场上有专业地坪公司，可在普通地面或砂浆面层上做 3mm 防静电面层、不发火耐磨地坪或防静电环氧涂料。近年来也有采用碳纤维混凝土来制作防静电地面，如 TC36 碳纤维，直径 ≤8μm，拉伸强度可达 8000MPa，电阻率为 1.0～1.6Ω·m，但目前价格较贵尚未广泛采用。

8. 什么是轻细骨料内养护混凝土

高强低水胶比混凝土由于内部相对湿度随水泥水化进行而降低，产生自干燥现象引起收缩，易产生原始微裂纹，影响混凝土耐久性。轻细骨料内养护混凝土则是在高强混凝土中掺入部分轻砂，如陶粒粉煤灰砂作为混凝土内养材料，轻砂孔隙中含有部分水，当混凝土内部湿度下降时，饱和轻骨料中的水分释放到毛细孔中，促进水泥水化继续进行，从而减小了混凝土自收缩。这种轻砂可取代 4% 体积的普通砂，在水胶比 ≤0.3 的混凝土中有内养护效果，而不降低混凝土强度。

9. 什么是混合骨料混凝土

混合骨料混凝土又称特定密度混凝土，是一种结合普通混凝土与轻骨料混凝土二者优点的过渡性混凝土。这种混凝土一般采用小粒径陶粒与大粒径碎石组成混合级配，小粒径陶粒由于有较大的比表面积，使其在混凝土内部的返水作用更明显，可细化界面水泥石的孔结构，从而改善混凝土早期收缩开裂以及后期抗渗性和抗冻性。这种混凝土在欧美一些国家用于桥梁、海上石油平台。参考配合比见表 67-4。

表 67-4　混合骨料混凝土参考配合比

材料	水 /（kg/m³）	水泥 /（kg/m³）	砂 /（kg/m³）	碎石 /（kg/m³）	陶粒 /（kg/m³）	粉煤灰 /（kg/m³）	减水剂
类别	自来水	P·O 42.5	$\mu_f = 2.5$	5～10mm	5～10mm	I 级	UNF—5
用量	160	425	650	534	275	98	1.4%

10. 什么是气密性混凝土

混凝土的气密性主要体现在透气系数上。用混凝土气密性测试仪对混凝土试件单位时间透气量进行测定，透气系数越小，混凝土气密性越好。这种混凝土用于隧道衬砌，防止瓦斯渗透爆炸和氯离子渗透腐蚀钢筋，维持隧道稳定与安全。

根据资料介绍，当水胶比为 0.35，粉煤灰掺量为 25%，硅灰掺入 3%，砂率为 40% 时，混凝土透气系数最小。

11. 怎样配制低胶凝材料聚羧酸混凝土

聚羧酸盐减水剂具有高减水率、高保坍、高环保等特点。聚羧酸盐减水剂在高速铁路、桥梁、隧道、大坝等大批重点工程中获得成功应用，但在普通民用工程中应用还较少，尤其是在量大面广的 C30 左右低强度等级混凝土中的应用更少。聚羧酸混凝土为了控制成本，配合比采用的胶凝材料用量一般较低。当胶凝材料用量少，浆骨比低时易引起混凝土和易性差等问题。因此，改善低胶凝材料聚羧酸混凝土的工作性能是推广应用的关键点。

经试验证明，通过对粗骨料大小石子的比例调整，在粗骨料孔隙率达到 45% 时，混凝土的工作性能最好。而粗骨料孔隙率高（高于 46%）或低（低于 44%）时，低胶凝材料聚羧酸混凝土的工作性能就差。但细骨料孔隙率不是影响混凝土工作性能的主要因素，如在粗骨料孔隙率为 45.17% 时，孔隙率较低的细骨料对混凝土工作性能有一定的改善作用，如细骨料中加入特细砂能有效改善低胶凝材料聚羧酸混凝土的工作性能。粗骨料孔隙率不同，细砂的最佳掺量不同，当粗骨料孔隙率为 45.17% 时，细砂含量为 5% 时混凝土状态较好；当粗骨料孔隙率为 47.18% 时，此时细砂含量为 20% 较合适。可见，当石子孔隙率较大时，适当提高细骨料中的特细砂掺量能有效改善混凝土的工作性能。粗骨料孔隙率对混凝土工作性能的影响见表 67-5。

表 67-5　粗骨料孔隙率对混凝土工作性能的影响

编号	骨料孔隙率（%）	大小石子比例	减水剂用量（%）	坍落度/mm	扩散度/mm	状态描述
1—1	48.29	—	0.44	210	520	漏石多、包裹性差
1—2	47.18	10.0	0.46	210	510	石子包裹性差
1—3	45.96	8.2	0.46	210	520	石子包裹性较差
1—4	45.17	6.4	0.50	210	500	和易性好
1—5	44.32	7.3	0.48	215	510	有少量石子外露
1—6	42.51	—	0.58	200	420	小石子多、包裹性差

细骨料细度模数对低胶凝材料聚羧酸混凝土的工作性能有较大的影响。当细度模数较高时，混凝土浆体包裹性能差，降低其细度模数，有利于改善混凝土的工作性能。试验可知，对于低胶凝材料聚羧酸混凝土，细骨料的细度模数一般低于 2.6 为宜。

总之，在相同条件下，骨料间孔隙率越小，则填充骨料孔隙的浆体体积越少，可流动的浆体越多，混凝土的流动性也就更好。试验表明，粗骨料孔隙率较低、细骨料细度模数较小时均利于低胶凝材料聚羧酸混凝土的配制。

12. 怎样配制滑模混凝土

滑模混凝土除满足强度、耐久性、可泵性要求外，还对混凝土凝结时间有较严格的要求。而混凝土凝结时间又受到温度、光照、减水剂、胶凝材料组成等众多因素的影响。因此，对凝结时间的控制是滑模混凝土质量控制的技术关键和难点。一般混凝土要求 8h 达到初凝，可以提模。下面介绍 C35 滑模泵送混凝土参考配合比，见表 67-6。

表 67-6　C35 滑模泵送混凝土参考配合比

C /(kg/m³)	FA /(kg/m³)	S /(kg/m³)	G1 (5~25mm) /(kg/m³)	G2 (5~16mm) /(kg/m³)	P.C /(kg/m³)	R_{7d} /MPa	R_{28d} /MPa
343	86	779	862	99	9.21	35.0	48.6

注：1. C 为 P·O 42.5，$f_{ce} = 53.2$MPa，河砂 $\mu_f = 2.4 \sim 2.7$，FA 为 II 级。
　　2. 泵送剂中调凝组分要随气温随时调整，确保混凝土初凝时间在 8h 左右。
　　3. 混凝土坍落度控制在 110 ~ 170mm。

13. 怎样制备水泥基彩色地坪混凝土

水泥基彩色地坪混凝土主要是将无机颜料、普通硅酸盐水泥、矿物掺合料、骨料、外加剂和水等投入搅拌机搅拌均匀，用混凝土运输车运往施工现场浇筑，经摊铺、振捣、整平、收光，形成能满足工程要求的平整度、装饰性及强度的地坪。

（1）原材料的选择

1）颜料。颜料必须具有较好的分散性和较强的着色能力，对外界破坏因素具有良好的稳定性，能耐碱、耐光、耐风化，大气中长期不褪色，与水泥有很好的相容性。无机颜料相比有机颜料耐久性好，常用于生产水泥基彩色地坪混凝土。要选择同一厂家、同一批次的颜料，以保证混凝土颜色均匀一致。氧化铁系列颜料稳定性好，其关键性能指标见表 67-7。水泥基彩色地坪混凝土随颜料掺量的增大呈色提高，但掺量过大，会对混凝土性能产生不利影响，如导致外加剂用量高、工作性能损失大、抗压强度下降等，经试验知较佳掺量为 4%。常用混凝土着色剂及用量见表 67-8，水泥砂浆的颜料掺量参考用量见表 67-9。

表 67-7　颜料关键性能指标

Fe_2O_3 (%)	水溶性盐 (%)	1000℃,0.5h 热损失 (%)	吸水量 (%)	着色力 (%)	色差 (%)
≥95	≤0.5	≤4.0	约25	95 ~ 105	≤1.0

表 67-8　常用混凝土着色剂及用量

色　　调	化 学 颜 料	用量(%)
蓝	绀青蓝，钛化青蓝	2.8
浅红至深红	氧化铁红	5.6
棕	氧化铁棕、天然赭土、烧赭土	3.9
象牙色、奶油色、浅黄色	氧化铁黄、铬酸铅	3.9
绿	氧化铬、钛花青绿	3.9

注：颜料参考用量是指占白色硅酸盐水泥的质量百分比。

表 67-9　水泥砂浆的颜料掺量参考用量

呈色	红色			黄色			绿色			棕色		
	浅红	中红	暗红	浅黄	中黄	深黄	浅绿	中绿	暗绿	浅棕	中棕	深棕
普通硅酸盐水泥	93	86	79	95	90	85	95	90	85	95	90	85
颜　料	7	14	21	5	10	15	5	10	15	5	10	15

注：如用白水泥时，表中所列颜料用量酌减 60% ~ 70%。

2）水泥。水泥自身颜色对颜料的着色力影响很大。灰色调对任何颜色都会产生弱化作用，当生产黄、绿、蓝等彩色混凝土时，最好使用白水泥。对一些深颜色如红色、棕色和黑色，使用灰色水泥与白色水泥没有大的区别。水泥采用 P·O 42.5 级。

3）矿物掺合料。水泥基彩色地坪混凝土保水性要求较高，因矿粉的保水性相对较差，不作为彩色混凝土矿物掺合料，而选择掺入优质粉煤灰用于改善混凝土性能，也可掺入适量沸石粉、硅灰等提高混凝土的保水性。粉煤灰颜色对混凝土颜色影响较大，宜选用颜色较浅的粉煤灰。

4）骨料。应用于彩色混凝土的骨料有三类：白色砂石、颜色较浅的普通砂石和彩色砂石。一般可采用颜色较浅的普通骨料，粗骨料为连续级配碎石，其最大粒径应小于地坪厚度的 1/4，且控制在 31.5mm 以下，含泥量小于 1.0%；细骨料选用中砂，含泥量控制在 1.0% 以下，为保证混凝土的颜色均匀一致，含泥量是细骨料控制的重点。

5）减水剂。由于水泥基彩色地坪混凝土的坍落度不宜太大，且减水剂带入的碱应尽量少，以减少构件表面泛碱，减水率一般控制在 20% 左右。

（2）配合比　为保证水泥基彩色地坪混凝土表观效果，对其黏聚性和保水性有较高的要求，应选用优质的粉煤灰、掺入高性能聚羧酸减水剂、优选性能稳定的无机颜料。C30 水泥基彩色地坪混凝土参考配合比见表 67-10，C30 水泥基彩色混凝土性能指标见表 67-11。

表 67-10　C30 水泥基彩色地坪混凝土参考配合比

胶凝材料用量 /(kg/m³)	用量（%）		砂率 （%）	水胶比	无机颜料 （%）	减水剂 （%）
	水泥	粉煤灰				
400	80	20	50	0.41	4.0	2.0

表 67-11　C30 水泥基彩色地坪混凝土性能指标

坍落度/mm		扩展度/mm		抗压强度/MPa		
0h	2h	0h	2h	7d	14d	28d
200	180	520	500	30.4	41.8	49.6

（3）质量控制

1）投料、搅拌。水泥基彩色地坪混凝土生产要求专机专用，搅拌机在每次生产前要进行彻底清洗，防止出现混色、有杂质及油脂污染。为使颜料发挥最好的效果，颜料和胶凝材料在搅拌机中搅拌 30s 后，待颜料与胶凝材料混合均匀，再加水和外加剂继续搅拌 30s，防止产生条痕或不均匀现象发生。

2）出机。混凝土出机坍落度控制在 180~200mm，扩散度为 480~510mm。

3）运输。运输水泥基彩色地坪混凝土的罐车在每次使用前要彻底清洗干净。颜料对外加剂有较强的吸附作用，在运输过程中混凝土的坍落度相对普通混凝土损失较大，应根据气温条件、运输距离及原材料指标等具体情况，适当对原配合比进行微调，以确保混凝土浇筑时不泌水、不离析，确保混凝土供应质量。

4）浇筑。在夏季施工时应避免太阳直晒，太阳直晒或温度过高会使表面过干，形成大量的缺陷，如褪色、表面裂纹等。地坪浇筑要分段按顺序进行，每个施工段的混凝土要保证连续浇筑到设计标高，尽量缩短浇筑时间间隔，避免产生分层冷缝。混凝土的振捣、整平与表面收光是影响色差很重要的因素，应先人工将浇筑后的混凝土摊铺均匀，然后用平板振动器进行振捣，振捣到一定密实度与平整度。振捣时间不宜过长，否则将导致表面泌水产生黑色水纹，影响表面效果。为保证混凝土表面光滑、平整，应使用大面积混凝土抹平收光机对混凝土表面进行两次收光，在混凝土临近初凝时进行首次收光，在混凝土初凝后终凝前进行二次收光，收光时不可在表面洒水，否则会留下水印。

14. 怎样配制耐磨混凝土地面

车辆进出频繁和运输荷载较大的仓库、码头、工厂和住宅楼地下车库坡道等应采用耐磨地面。耐磨地面有非金属耐磨地面和金属骨料耐磨地坪两种：前者骨料为石英砂、金刚砂，$1m^2$ 用量约 $3kg$ 混凝土，初凝时，将骨料均匀撒在混凝土表面，用抹平机磨平，使骨料与混凝土形成一个整体；后者骨料为钢铁屑，颗粒级硒钛合金浸铜骨料，施工方法基本与前者相同，这种地面由专业施工队伍完成。

还可以用掺加硅灰和钢纤维的混凝土来施工耐磨地面。其参考配合比和抗磨损能力对比分别见表 67-12 和表 67-13。

表 67-12　C45 耐磨地面参考配合比

材料用量						坍落度/mm	R_{28d}/MPa	单位面积磨损/(kg/m²)
水泥	硅灰	中砂	碎石	P.C	水			
350kg/m³	17kg/m³	750kg/m³	1123kg/m³	3.6kg/m³	160kg/m³	150	61.3	2.953
P·O 42.5R	183000m²/kg	$\mu_f=2.6$	5~20mm	羧酸	—			

表 67-13　不同掺合料混凝土抗磨损能力对比

序号	硅粉掺量（%）	膨胀剂（%）	钢纤维（%）	磨损量/g		相对比值	
				30min	60min	30min	60min
1	0	—	—	147.0	322.0	1	1
2	5	—	—	131.0	274.5	0.89	0.85
3	5	10	—	111.0	258.0	0.79	0.80
4	5	—	1	112.0	208.7	0.79	0.65

15. 什么是金尾砂新型胶凝材料

由采矿尾砂和少量胶结剂（水泥）或选取工业废渣——水淬高炉矿渣，以金尾砂、脱硫石膏、石灰为复合激发剂，适当掺入减水剂组成的材料称为金尾砂胶凝材料。

16. 什么是多步搅拌混凝土工艺

多步搅拌混凝土工艺是指多次投料、多次搅拌的生产工艺。目前常规的混凝土搅拌是将配制混凝土的物料一次性投入搅拌机中进行搅拌，这种工艺容易造成水泥颗粒聚成团块，材料各组分之间也容易形成大量大气泡，残存在混凝土中，影响混凝土的强度和耐久性。

多步搅拌混凝土是采用将组成混凝土的原材料分多次投入、多次搅拌的方法，主要有水泥砂浆法、水泥净浆法、水泥裹石法和水泥裹砂石法等。安阳工学院付向红等人做了不同多步搅拌法试验，证明多步搅拌法比一次搅拌所生产的混凝土的抗压强度和抗渗性都有所提高，保持混凝土强度不变则可节省水泥10%。其工艺流程、试验配合比及混凝土强度分别见表67-14 ~ 表67-16。

表 67-14　混凝土搅拌工艺流程

搅拌方法	编号	工 艺 流 程
一次搅拌	111	水泥、石、砂、减水剂一次投入，搅拌180s出料
先拌水泥砂浆法	112	先将水泥、70%水、砂投入搅拌机，搅拌60s，再将石子和剩余水、减水剂投入，搅拌120s出料
水泥裹石法	113	先将水泥、70%水加入搅拌20s，再加入石子搅拌40s，最后将砂、减水剂、剩余的水加入搅拌120s出料
水泥裹砂法	114	先将砂、70%水搅拌20s，再加入水泥搅拌40s，最后加入石子、减水剂、剩余的水搅拌120s出料
水泥裹砂石法	115	先将砂、石、70%水加入搅拌20s，再加入水泥搅拌40s，最后将减水剂、剩余的水加入搅拌120s出料

表 67-15　C50 混凝土试验配合比

材料名称	水	水泥	人工中砂	天然中砂	碎石 (10 ~ 20mm)	外加剂
材料用量/(kg/m³)	175	529	271.5	271.5	1153	5.29
配合比	0.33	1	0.51	0.51	2.18	0.01

表 67-16　不同搅拌工艺的混凝土强度

编号	28d 抗压强度/MPa	强度提高(%)
111	63.4	—
112	73.5	15.9
113	72.9	15.0
114	75.2	18.6
115	78.5	23.8

17. 什么是碾压混凝土

碾压混凝土是一种干硬性贫水泥的超缓凝混凝土，由硅酸盐水泥、火山灰质掺合料、水、外加剂、砂和分级控制的粗骨料组成。因掺有大量粉煤灰，与常态混凝土相比，水泥用量减少，水化热减少。碾压混凝土分层浇筑，浇筑厚度不大，每层在300mm左右，这种工艺一般用于大坝工程中。大坝碾压混凝土铺筑采用"通仓平铺法"和"斜层平推法"两种浇筑方式，如图67-2和图67-3所示。

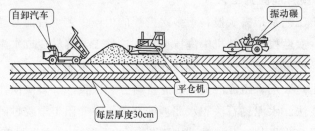

图 67-2　通仓平铺法示意图

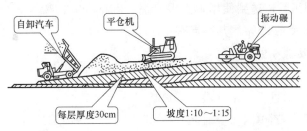

图 67-3　斜层平推法示意图

碾压混凝土参考配合比见表 67-17。

表 67-17　碾压混凝土参考配合比

C (P·O 42.5) /(kg/m³)	FA /(kg/m³)	S /(kg/m³)	G (5~20mm) /(kg/m³)	G (20~40mm) /(kg/m³)	W /(kg/m³)	缓凝减水剂 /(kg/m³)	初凝 /min	终凝 /min	R_{28d} /MPa	R_{90d} /MPa
80.6	98.8	822	617	754	86	1.79	635	720	26.5	34.9

18. 什么是透水模板布（CPFL）

透水模板布（CPFL）是一种新型有机衬里材料，黏贴在模板内侧，其作用有以下几点：

1）可引导新浇混凝土中的气泡和部分游离水经布体排出，而将水泥等胶凝物质颗粒截留在布体内侧，可显著提高表层混凝土密实度，减少气泡孔洞、麻面、骨料外露等表面缺陷。

2）可提高混凝土构件表层抗冲磨强度。

3）可使混凝土表层凝胶材料聚集，碱性储备量增大，迟缓碳化反应向更深处进行，有效保护钢筋减少锈蚀。

4）应用 CPFL 使混凝土表层形成一层低水胶比、高密实度、低孔隙率的覆盖层，可提高混凝土抵抗水、空气和其他侵蚀性介质渗透入混凝土内部的能力，提高混凝土耐久性。

因此，CPFL 适用于水工工程。

19. 什么是聚合物浸渍混凝土

将已硬化的普通水泥混凝土经干燥和真空处理后，浸渍在以树脂为原料的液态单体中，用加热或辐射的方法使渗入混凝土孔隙内的单体产生聚合作用，把混凝土和聚合物结合成一体，即为聚合物混凝土。

通过浸渍，混凝土内部微孔中渗入聚合物，不仅混凝土强度能提高，而且混凝土的抗渗、耐腐蚀、耐冻融性能均有很大提高。聚合物浸渍混凝土常用于水工建筑、耐腐蚀材料、制作高强构件以及海上结构物等，但聚合物浸渍混凝土由于价格高而应用不普遍。

20. 什么是高水材料

高水材料是以硫铝酸盐水泥或含 Al_2O_3 较高的特种水泥加入外加剂（悬浮剂、缓凝剂）为甲料，以石灰、石膏、外加剂（悬浮剂、速凝早强剂）为乙料，形成的新型二组分混合材料，可用于采矿工程巷道支护、道路紧急抢修等。

这种材料可分别用管道送到使用地点混合后，在 30min 内凝固，3h 即具有一定的早期强度，7d 到达最终强度的 95%。其特点有：

1）黏度低，流动性和可注性好。

2）浆液凝固快且可调节。

3）稳定性好，流动过程中不分层、不离析。

4）施工方便，甲、乙单料可泵时间长达 2h，施工条件要求低。

5）浆液固化无收缩现象，结晶率高，结晶体抗渗性好。

6）同化体抗水侵蚀能力强，且具有一定塑性，可抵抗海浪拖拽力的破坏。

7）无有害有毒成分，利于环境保护，来源广泛，价格便宜。

高水材料已在湛江护岸的维修加固中得到应用。

21. 什么是聚合物改性自密实混凝土

为提高自密实混凝土抗氯离子渗透性能，提高混凝土结构寿命，可在混凝土中掺入聚合物，称为聚合物改性自密实混凝土。这种混凝土通电量下降，抗渗性提高，见表 67-18。

表 67-18　聚合物改性自密实混凝土通电量性能比较

P · O 42.5	FA	G	S	PS (%)	W/B	不同聚合物乳胶掺量（%）		
						5%	10%	15%
						通电量下降值（%）		
330	220	842	842	1.0	0.34	29	35	52

22. 什么是废旧橡胶混凝土

废旧橡胶是一种在自然条件下难以降解的高分子弹性材料，对其无害化处理对自然环境的保护及社会可持续发展有重要意义。将废旧橡胶磨成粉，掺入到混凝土中，可有效提高混凝土的抗裂性和韧性。据资料介绍，橡胶骨料配制的混凝土梁，可提高开裂弯矩 10% ~ 60%，而且混凝土抗冻性也明显提高。

将废旧橡胶制成 2 ~ 4mm 粗颗粒（$\gamma = 1250kg/m^3$）、30 ~ 40 目细橡胶粉（$\gamma = 900kg/m^3$）、60 ~ 80 目（$\gamma = 890kg/m^3$）粉，经 3% NaOH 溶液预处理后，可掺入混凝土中，见表 67-19。

表 67-19　废旧橡胶混凝土参考配合比及抗冻性能

材料用量/（kg/m³）					抗冻/次			
C	S	G	W	减水剂	橡胶粉 (10%)	掺30~40目 (10%)	掺60~80目 (10%)	基准
405	562	1266	158	3.04	250	275	300	175

从表 67-19 中可知，掺入 10% 橡胶颗粒的混凝土抗冻性能明显提高，且颗粒越细，混凝土抗冻性越好。

橡胶混凝土改善混凝土抗冻性能的机理为：

1）废旧橡胶作为弹性体，在混凝土受力过程中吸收应变能。

2）废旧橡胶细颗粒填充了混凝土中的孔隙和缺陷，大大提高了混凝土密实性。

因此，橡胶颗粒在一定程度上降低了混凝土中孔隙水结冰膨胀而导致混凝土内部出现裂纹而产生破坏的可能性。

23. 什么是橡胶钢纤维再生骨料混凝土

橡胶钢纤维再生骨料混凝土是一种新型再生环保混凝土。通过对废弃混凝土和废旧轮胎橡胶的回收利用，以及应用橡胶颗粒和钢纤维的力学机理来改善混凝土材料的一些缺点，如较低的抗拉强度和显著的脆性。广东工业大学研究的"橡胶钢纤维再生骨料混凝土"已获实用新型专利。

该技术在混凝土中掺入 8% 橡胶颗粒（废旧轮胎经破碎、清洗而制得，其粒径为 0.85 ~ 1.40mm），缓解混凝土裂缝前端处的应力集中，延缓裂缝的传播和集聚，以提高混凝土的耗能能力。在混凝土掺入 $78kg/m^3$ 的钢纤维，以大幅度提高混凝土的抗拉强度和抗裂能力。利用钢纤维和橡胶颗粒在混凝土基体中的协调工作形成混杂效应，共同改善再生骨料混凝土的性能。图 67-4 分别给出了再生骨料、橡胶颗粒和钢纤维的外观形态。

图 67-4　再生骨料、橡胶颗粒和钢纤维的外观形态

a）再生骨料　b）橡胶颗粒　c）钢纤维

24. 什么是 GC 地质聚合物混凝土

GC 地质聚合物混凝土是近 30 年来发展起来的一种新型无机硅酸盐材料，较普通硅酸盐水泥混凝土更具有更高的强度、韧性、高温稳定性。参考配合比见表 67-20。

表 67-20　GC 地质聚合物混凝土参考配合比

材料	矿渣	粉煤灰	中砂	碎石	水	液体硅酸钠	NaOH
用量/（kg/m³）	300	100	671	1033	105	125	30
类别	比表面积 492m²/kg；28d 活性指数 95%	I 级	$\mu_f=22.8$	（5 ~ 10mm）15%（10 ~ 20mm）85%		模数：3.1 ~ 3.4	8.2% 含量

GC 地质聚合物混凝土加入体积率为 0.3% 的陶瓷增强纤维，可制得地质聚合物基陶瓷纤维混凝土（GCFC）。

25. 什么是无机聚合物混凝土

无机聚合物混凝土是一种新型绿色环保材料，是以矿粉、粉煤灰等在强碱性激发剂溶液（主要成分为氢氧化钠溶液和水玻璃）中反应生成的类似普通水泥混凝土的胶凝材料。无机聚合物混凝土配合比见表 67-21。

表 67-21　无机聚合物混凝土配合比　　　　　　（单位：kg/m³）

矿粉	粉煤灰	激发剂	砂	石
200	200	180	615	1262

该混凝土平均抗压强度为 62.3MPa，弹性模量为 3.16×10^4 MPa，泊松比为 0.26 （普通水泥 C60 混凝土泊松比为 0.20），比相同强度等级普通 C60 混凝土高 22.2%，说明无机聚合物混凝土变形能力优于普通混凝土。

26. 什么是超强吸水聚合物

高性能混凝土养护的突出问题是早期的大量塑性泌水及快速水化造成的水分不足。因此，其养护的立足点应控制早期的质量损失以及增加内部相对湿度，要求养护技术既要保水，又能避开致密的结构层在其内部最需要湿度的区域内及时增水养护。超强吸水聚合物简称 SAP，加入混凝土中可以满足这一要求。SAP 的性能指标见表 67-22。

表 67-22　SAP 的性能指标

性能指标	单位	规格要求	性能指标	单位	规格要求
外观	—	白色颗粒或粉末	吸 0.9% 生理盐水	mL/g	70 ~ 100
公称粒径	μm	75	吸水速率	s	< 28
保水量	%	> 96	密度	g/cm³	0.70 ~ 75
含水量	%	< 5	pH	1% 水分分散液	5.5 ~ 6.8
吸水倍率	去离子水 mi/g	400 ~ 600	残余单体	$\times 10^{-6}$ (ppm)	< 200

SAP 吸水前呈白色粉末的聚集状态，吸水后体积溶胀，变得滚圆富有弹性，用手触摸有润湿感，施加一定压力，水不会释放出来，具有良好的吸水能力和保水能力。图 67-5 分别为 SPA 吸水前后的颗粒形貌。

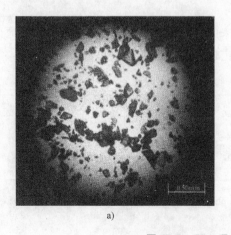
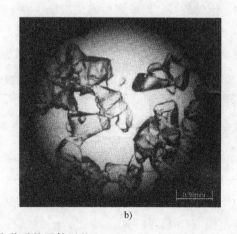

a)　　　　　　　　　　　　　　　　　　　　b)

图 67-5　SPA 吸水前后的颗粒形貌

a) SPA 吸水前的颗粒形貌　b) SPA 吸水后的颗粒形貌

掺 SAP 的混凝土抗压强度随龄期增长，强度发展规律与普通混凝土相似。但掺 SAP 后，混凝土强度有所降低，随其掺量增加，强度逐渐降低。

27. 什么是纳米 SiO_2 高性能混凝土

纳米材料是指颗粒尺寸在纳米量级（1~100nm）的超细材料，由于其尺寸小，因此具有尺寸效应、量子效应、表面效应和界面效应。研究表明，在混凝土中添加适量的纳米 SiO_2，能增强火山灰反应并改善混凝土微观结构，从而提高其各项性能，这种混凝土称为纳米 SiO_2 高性能混凝土。纳米 SiO_2 加入混凝土中可提升混凝土强度，改善水泥石微观结构，提高混凝土的抗氯离子渗透能力和抗冻耐久性。但加入纳米材料，混凝土坍落度会明显下降。

不同纳米外加剂如纳米 $CaCO_3$、纳米 Al_2O_3 等将引入特种混凝土中，还需进行超高强混凝土、修复混凝土、抗腐蚀混凝土、吸震混凝土、环保混凝土、智能混凝土等相关研究。

28. 什么是氧化石墨烯（GO）纳米分散液

水泥基复合材料是一种高强度、高脆性的材料，为解决水泥基复合材料的脆性及裂缝问题，目前，主要方法是在水泥基材料中添加钢筋、各种纤维、超细粉和纳米 SiO_2。但这些材料虽然提高了水泥基复合材料的整体强度和韧性，但是水泥浆的结构和韧性并没有改变，脆性及裂缝问题仍然存在。同时，各种填充材料增加了水泥浆体的缜密性，往往使脆性更高，裂缝更容易出现。

氧化石墨烯（GO）纳米分散液是以石墨为主要材料，加入硝酸钠、过氧化氢（双氧水）、聚羧酸等，通过氧化及超声波处理，制得的一种分散液。

当在水泥中掺入 0.03% 氧化石墨烯（GO）纳米分散液后，水泥水化产物的形状发生了显著变化，呈花形水化晶体，这种花形水化晶体大都形成在水泥浆体的孔隙处，起着连接、填充作用，具有增韧作用，其对水泥水化产物的调控机理如图 67-6 所示。图 67-6a 为当 GO 参与水泥水化时，GO 首先吸附水泥中的活性成分 C_3S、C_2S、C_3A 和 C_4AF，与其表面上含氧活性基团发生反应形成活性点，即水化晶体生长点；同时 P.C 的缓凝作用暂时抑制了水化反应的进行，如图 67-6b 所示。当 P.C 的缓凝作用消失时，水化反应会继续在 GO 表面的活性点上进行，GO 的形状及表面上活性点起到了控制水化产物形成路径及形状的模板作

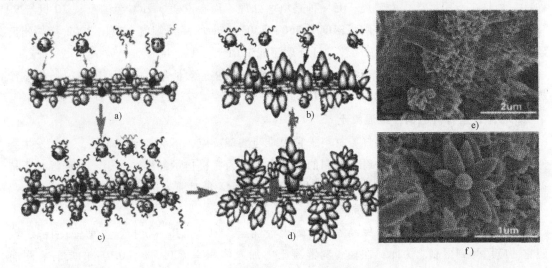

图 67-6　GO 对水泥水化产物的调控机理

用，在水化初期显示不规则的球状体、柱状体，继续水化则形成比较规则的棒状、柱状体，如图 67-6c 所示，是由 AFt、AFm、CH 和 C-S-H 构成并随着水化反应的进行逐渐变大。变大的水化晶体进入到孔洞、孔隙及结构疏松的地方，就会开裂形成花形结构，如图 67-6d ~ f 所示。因此，GO 对水化晶体产物的花形晶体的形状起到了模板和组装的作用。这种花形水化晶体可能大多形成在水泥基复合材料中结构疏松处、孔隙处，起着连接、填充的作用，具有增强、增韧的效果。

加入 GO 后，水泥基复合材料的抗拉强度、抗折强度、抗压强度得到显著提高。当 GO 纳米分散液含氧量为 24.43% 时，水泥基复合体 28d 的抗拉强度、抗折强度、抗压强度分别提高 85.3%、60.7%、31.9%，水泥浆体的韧性得到改善。

29. 什么是纳米水化硅酸钙

纳米水化硅酸钙是水泥水化过程形成的纳米级水化产物，可明显改善混凝土的孔结构，提高混凝土的抗渗透性，降低钢筋的腐蚀速率，延长钢筋发生锈蚀的时间，提高混凝土结构使用寿命。加入纳米水化硅酸钙后，混凝土的绝热温升和单位开裂面积降低，抗拉裂性能得到改善，混凝土的抗压强度也有一定提高，对水泥基材料需水量无不利影响。纳米水化硅酸钙的掺量一般为 1% ~ 2%。

30. 什么是固硫灰

近几年来我国一些地区的发电站开始使用循环流化床锅炉燃烧高硫和低热值燃料。循环流化床燃煤固硫过程是一种硫的形态转化过程，利用固化剂（石灰石等）将循环流化床锅炉内的 SO_2 转化为以 $CaSO_4$ 的形式存在而固定下来，形成燃煤废弃物固硫灰渣。这种灰渣的主要矿物成分是石英、硬石膏、赤铁以及少量游离氧化钙等组分，故其具有自硬性、火山灰性和膨胀性等特性。经粉磨后，可在混凝土中内掺 20% 左右代替水泥，获得 50MPa 左右的强度。

31. 什么是污泥陶粒

污水处理厂的污水经处理后，会产生大量污泥。目前污泥的无害化处理方法主要有两种：一种是在专用生产线上焚烧；另一种是填埋处理。而在欧美、日本等国家从 20 世纪 90 年代已先后研究用污泥来生产堆积密度为 750 ~ 880kg/m^3 的高强陶粒。我国 2002 年广州已建生产线，可年产 5 万 m^3 污泥陶粒，日处理污泥 170t。

污泥陶粒是以 70% ~ 80% 污泥加入部分粉煤灰或黏土经混合、成球、预热、焙烧、冷却等工序制作而成，堆积密度为 400 ~ 600kg/m^3。

32. 什么是有机仿钢纤维混凝土

有机仿钢纤维是一种新型纤维材料，它很难与酸碱反应，不会被空气氧化，不会发生类似钢纤维的锈蚀情况。用这种纤维配制的混凝土，称为有机仿钢纤维混凝土。这种混凝土抗裂性能好，见表 67-23。表中显示不同有机仿钢纤维掺入量对混凝土早期开裂的影响。

33. 什么是纤维增强轻骨料混凝土

轻骨料混凝土具有质轻、保温隔热、耐火等优点。但其抗压、抗拉、抗剪强度比较低，使它的应用受到限制。为此，在轻骨料混凝土中加入体积率为 0.5% ~ 0.7% 的质轻、耐腐蚀、价格低廉与轻骨料黏结性好的改性聚丙烯粗纤维（塑钢纤维），既使混凝土保持了轻质

表 67-23 有机仿钢纤维混凝土抗裂性能情况

纤维掺量 /（kg/m³）	最大裂纹宽度 /mm	裂纹平均开裂面积 /（mm²/根）	单位面积开裂隙面积 /（mm²/m²）
0	0.70	152.0	2216.8
3	0.68	184.4	1536.7
6	0.38	47.8	796.6

注：仿钢纤维由深圳维持耐工程有限公司生产，纤维直径 0.5～0.85mm，长 30～50mm，断裂强度 >460MPa，断裂延伸率≤22%。

的特征，又使轻骨料混凝土由脆性破坏转变为具有一定塑性的破坏形态。塑钢纤维比钢纤维价格便宜，与轻骨料混凝土的黏结性好于钢纤维。图 67-7 和图 67-8 显示了钢纤维增强轻骨料混凝土与塑钢纤维轻骨料增强混凝土破坏时的断面，可见塑钢纤维与轻骨料混凝土的黏结性较好。

图 67-7 塑钢纤维增强轻骨料混凝土断面

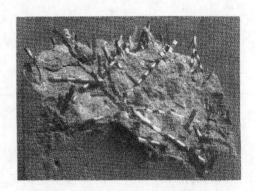

图 67-8 钢纤维增强轻骨料混凝土断面

例如 LC30 混凝土配合比见表 67-24。不同纤维掺量的 LC30 轻骨料混凝土测试结果见表 67-25。

表 67-24 LC30 混凝土配合比

水	水泥	轻骨料	中砂
190	420	570	710

表 67-25 不同纤维掺量的 LC30 轻骨料混凝土测试结果

纤维掺量体积率（%）	抗压强度/MPa	抗折强度/MPa	初裂耗能/（N·m）	破坏耗能/（N·m）
0	37.8	4.743	24.280	28.694
0.5	38.43	4.794	41.938	209.589
0.7	39.47	4.667	81.668	414.963
0.9	35.40	4.760	66.218	787.988
1.1	38.58	4.956	68.425	2110.131
1.3	37.24	4.862	35.316	728.393

34. 什么是剑麻纤维混凝土和亚麻纤维混凝土

剑麻纤维是众多植物纤维中的一种，与其他植物纤维相比，除了具有质地坚硬、富有弹性、拉伸强度高、耐摩擦、耐低温等特点外，还具有纤维长、色泽洁白和耐海水腐蚀等诸多特性。这种纤维混凝土适用于海洋工程。

亚麻纤维则是亚麻干径中的纤维，其来源广泛、价格低廉。以体积率 0.3% 掺入混凝土中，与普通砂浆比，产生裂缝总面积减少 99.5%，裂缝最大宽度小于 0.022mm，减小了 98.5%。

35. 什么是活性粉末混凝土

采用超级水泥，即比表面积为 $600m^2/kg$ 的 32.5 级水泥，再掺入普通 42.5 级水泥（比表面积为 $360m^2/kg$），S95 矿渣（比表面积为 $408m^2/kg$）、Ⅰ 级粉煤灰（比表面积为 $278m^2/kg$）、天然石英砂（40~70 目）、外加剂和钢纤维，就可获得高流动性、高强度的活性粉末混凝土（RPC）。某活性粉末混凝土（RPC）配合比及相关性能见表 67-26。

表 67-26　某活性粉末混凝土（RPC）配合比及相关性能

超级水泥	普通 P·O 42.5	矿渣	粉煤灰	水胶比	P.C (%)	砂胶比	流动度 /mm	抗压强度 /MPa
1.0	—				1.0		232.5	165.7
0.6	—	0.4		0.17	1.5	0.91	262.0	169.8
0.1	0.4	0.4	0.1		2.0		230.0	157.3

注：掺入 2% 钢纤维，长度为 8mm，直径为 0.12mm。

36. 混杂纤维混凝土

常见的掺入混凝土中的纤维有钢纤维、碳纤维、玻璃纤维和合成纤维。不同纤维在混凝土中所起的作用不同，用高弹性模量的纤维（如铂纤维、碳纤维）与低弹性模量的纤维（如聚丙烯合成纤维）同时掺入混凝土中时，称为混杂纤维混凝土。

混杂纤维可互相取长补短，协同工作，达到叠加增强的效果。采用纤维混杂技术可从多个层次提高混凝土性能，特别是提高混凝土的抗折强度和抗渗性。低弹性模量纤维可通过缓解微裂纹处的应力集中来延缓裂纹间的贯通；高弹模纤维能通过桥接作用，在不同结构层次上抑制裂纹的产生和发展，从多层次改善混凝土性能。据资料介绍，当钢纤维体积掺量为 0.5%，聚丙烯纤维体积掺量为 0.1% 时混杂效果最好。

37. 废弃纤维再生骨料混凝土

在纺织废料、弃用地毯等废品中，绝大多数是不可降解的丙纶、涤纶等。利用再生丙纶纤维作为再生混凝土的增强纤维，可配制成废弃纤维再生骨料混凝土。沈阳建筑大学试验研究表明，废弃纤维掺入到再生混凝土中，对其轴心抗压强度有很大程度的提高。这是因为废弃纤维抑制了早期混凝土中原始裂纹的产生和发展，降低了微裂纹的数量和尺寸，钝化了原始裂隙尖端的应力集中。当纤维长度为 19mm，再生骨料掺量为 50%，纤维体积掺量为 0.08%，P·O 42.5 水泥用量为 $433kg/m^3$，水胶比为 0.45 时的轴心抗压强度可达 41MPa。

38. 陶瓷纤维混凝土

陶瓷纤维是一种耐久性好，抗拉强度高的新型纤维，其直径为 $10~12\mu m$，抗拉强度达 3000MPa，长期可在 1204℃ 温度下使用，用这种纤维掺入混凝土中可配制成耐火性好的陶瓷纤维混凝土。C50 陶瓷纤维混凝土参考配合比见表 67-27。

表 67-27　C50 陶瓷纤维混凝土参考配合比　　　　　（单位：kg/m³）

P·O 42.5	W	S	G	FON	FA	硅粉	陶瓷纤维
371	180	672	1008	5	99	25	11.64

39. 玄武岩纤维混凝土

玄武岩是自然界中分布最广的一种火成岩，将这种天然玄武岩矿石经 1450 ~ 1500℃ 高温熔融后，拉丝成外观为深褐色、有金属光泽的具有高抗拉强度、高弹性模量、耐腐蚀、化学稳定性好的纤维。其极限抗压强度为 4150 ~ 4800MPa，弹性模量为 93 ~ 110 MPa。将此纤维浸胶、短切为 9mm 的纤维掺入混凝土中，当纤维掺量为 3kg/m³ 时，混凝土抗折强度提高 25%，劈裂强度提高 27%，28d 抗压强度提高 46%。

40. 什么是棉秆纤维水泥基砌块

利用农作物剩余物——棉花秸秆，以水泥和砂为基体相，以表面处理过的棉秆纤维为增强相（棉秆纤维采用碱液浓度为 1.5% ~ 2%，浸泡 24 ~ 28h），可制备棉秆纤维水泥基砌块，其 28d 抗压强度可达 12.4MPa，劈拉强度为 1.5MPa。

41. 碳纤维-碳黑混杂发热混凝土

在混凝土中掺入碳纤维后，材料具有明显的导电性，由于碳纤维的价格是碳黑的 7 倍，为降低成本，采用碳纤维和碳黑同时掺入混凝土中，可获得碳纤维-碳黑混杂混凝土。利用其电热效应，可用于道路路面除冰化雪，相对其他除冰化雪的方法成本低，简易方便。

42. 纤维再生骨料混凝土

再生骨料和纤维同时掺入混凝土中构成纤维再生骨料混凝土。椐华北水利水电大学研究，再生骨料掺量为 50%，粉煤灰掺量为 10%，高效减水剂掺量为 0.5%，铣削波纹型钢纤维（等效直径为 0.75mm，平均长度为 50mm，长径比为 53）掺量为 1% 时，混凝土强度和抗冻性最佳。

43. 煅烧硅藻土改性高性能再生骨料混凝土

由于再生骨料的低品质、高吸水和新旧界面过渡区的劣化，造成再生骨料混凝土力学性能和耐久性表现不佳，使其推广应用受到限制。宁夏大学等单位采用低掺量、高活性的煅烧硅藻土，改善再生骨料混凝土水泥基体及界面过渡区性能，为高性能再生骨料混凝土的制备与推广提供了依据。煅烧硅藻土化学组分及物理性能见表 67-28。

表 67-28　煅烧硅藻土化学组分及物理性能

化学组分(%)								物理性能					
SiO_2	Al_2O_3	Fe_2O_3	CaO	MgO	SO_2	水	Loss	比表面积	孔体积	堆积密度	粒径分布（筛余）(%)		
								cm²/g	mL/g	g/cm³	0.06mm	0.15mm	0.075mm
76.17	13.46	4.30	0.50	0.96	0.90	1.07	2.73	53.8 万	1.34	0.4	0	0.3	4

经过正交试验取得的最佳配合比见表 67-29。

试验证明：

1）煅烧硅藻土对再生骨料混凝土 28d 劈拉强度影响特别显著，对抗压强度和拉压比影响显著。

表 67-29　经过正交试验取得的最佳配合比

水胶比	煅烧硅藻土	砂率	粉煤灰	抗压强度/MPa	劈拉强度/MPa	减水剂	坍落度/mm	黏结性
0.28	0	38%	0	64.7	3.5	0.5%	70	优
0.36	2%	50%	20%	65.2	4.6	0.5%	230	优

2）煅烧硅藻土掺入再生骨料混凝土中能显著降低再生骨料混凝土的渗水高度和相对渗透系数，分别为 48.5% 和 58.9%，改性效果明显。

3）煅烧硅藻土掺入再生骨料混凝土中可使再生骨料混凝土 150 次冻融循环后强度损失降低一半，对再生混凝土抗冻性能提高显著。

上述试验结果说明煅烧硅藻土对改善再生混凝土效果显著，使再生骨料混凝土基本上满足了高强度、低渗透和高抗冻的要求。

44. 什么是水热合成 C-S-H 凝胶

利用碳酸钙和气态二氧化硅为原料，通过 1100℃ 煅烧碳酸钙，得到活性较高的氧化钙，再均匀混合气态二氧化硅，控制水固比为 10，反应温度为 80℃，反应 7d，可合成 C-S-H 凝胶晶体。将 C-S-H 凝胶晶体以 2% 的掺量添加到水泥中，可提高 1d 强度 34%，提高 3d 强度 51.85%。

45. 什么是玻化微珠

用火山岩破碎成矿砂，经特殊膨化加工，形成不规则的球形体颗粒。其内部为空隙结构，表层玻化封闭，具有轻质、耐高温、耐老化的特点，是一种极好的保温材料。其性能指标见表 67-30。

表 67-30　玻化微珠性能指标

性能	粒度/mm	堆积密度/(g/L)	导热系数/[W/(m·K)]	漂浮率(%)	耐火度/℃	使用温度/℃
指标	0.5~1.5	80~120	0.032~0.045	≥95	1280~1360	1000

46. 什么是玻化微珠承重保温混凝土

玻化微珠承重保温混凝土是在普通混凝土的基础上，加入一定量的玻化微珠、掺合料和专用外加剂配制而成的新型保温混凝土。它具有普通混凝土的一般性能，又能满足建筑节能标准要求的保温性能。

轻骨料玻化微珠材料为不规则球形状颗粒，内部为空腔结构，表面玻化封闭，具有轻质、隔热防火、耐高低温、抗老化和理化性能稳定等优点，是一种绿色环保型高性能无机轻质保温材料。C30 玻化微珠承重保温混凝土中加入 0.5%（体积率）；可增加混凝土韧性，显著减小混凝土收缩和微裂缝，同时可使玻化微珠在混凝土均匀分布，减少混凝土离析和泌水。混凝土中加入适量引气剂矿物可提高混凝土抗渗性。C30 玻化微珠承重保温混凝土配合比见表 67-31。

表 67-31　C30 玻化微珠承重保温混凝土配合比

水泥/(kg/m³)	砂/(kg/m³)	石/(kg/m³)	水/(kg/m³)	玻化微珠	聚丙烯纤维	引气剂
420	620	1100	210	120	体积率 0.5%	0.003%

47. 什么是空心玻璃微珠泡沫混凝土

泡沫混凝土是一种无机防火保温材料，但是其密度大、抗压强度低。在泡沫混凝土中掺入 5% ~ 15% 空心玻璃微珠代替部分水泥，可制得干密度为 120 ~ 300kg/m³，导热系数为 0.044W/(m·K) 的空心玻璃微珠泡沫混凝土。

48. 什么是玻化微珠浮石混凝土

浮石是火山爆发时喷出的岩浆冷却后形成的多空天然轻骨料。外观呈坚固海绵块体，气孔丛生，状如蜂窝，具有质轻、抗压强度高、保温性能好、隔音、耐火、耐久性及加工性好等特点。利用水泥、玻化微珠、浮石、外加剂可配制出导热系数小、具有一定强度的玻化微珠浮石混凝土。玻化微珠浮石混凝土参考配比及性能见表 67-32。

表 67-32　玻化微珠浮石混凝土参考配比及性能

混凝土配合比/(kg/m³)					混凝土性能		
水泥	玻化微珠	浮石	粉煤灰	中砂	导热系数 /[W/(m·K)]	28d 抗压强度 /MPa	密度 /(kg/m³)
160	30	400	120	120	0.2512	11.05	1598

注：浮石松散干密度为 616kg/m³，玻化微珠密度为 100kg/m³，水泥为 P·O 42.5。

49. 新型高密硅灰

硅灰堆积密度很小，运输成本较高。采用机械加压的方法，在一定压力下将硅灰压制成块状，可有效降低硅灰的运输成本。不仅如此，这种硅灰还对混凝土坍落度经时损失有减小的趋势，对混凝土抗压强度和抗渗性能无影响。

50. 什么是渗透性控制模板

该模板能把刚入模的混凝土表面多余的空气和水分排出去，大大降低混凝土表面的水胶比，同时又可确保混凝土在养护期保持高湿度，将裂缝风险减到最小，从而大幅度提高混凝土的密度和强度，C35 混凝土回弹强度能达到 C60。该技术已用于杭州湾跨海大桥，效果很好。

51. 怎样合理计算外加剂用量

在混凝土减水剂用量的计算上，绝大多数混凝土生产企业仍然沿用传统计算方法，这种计算方法容易引起低强度等级混凝土减水剂用量不足而高强度等级混凝土减水剂用量过多。

（1）混凝土减水剂用量传统计算方法

1m³ 混凝土胶凝材料总量 × 外加剂掺量（%）＝ 1m³ 混凝土减水剂用量

其中胶凝材料包括：水泥、矿粉、粉煤灰。

一些预拌混凝土搅拌站在计算减水剂用量时，经常使用减水剂厂家推荐的掺量上下浮动来计算。例如：减水剂厂家推荐掺量为 2.0%，则 C25 用 1.8%，C30 用 1.9%，C35 用 2.1%，C40 用 2.2%，C50 用 2.4%，C60 用 2.8% 等。然而，这样计算只是凭经验操作，没有形成系统的计算规则，容易导致低强度等级混凝土减水剂不足而高强度等级混凝土减水剂过量。

混凝土减水剂用量传统计算方法存在一定的弊端，主要表现在：①忽视了原材料中非胶凝材料对外加剂的吸附作用。事实上，非胶凝材料中的粉料对减水剂同样具有吸附作用，只是比水泥稍弱而已。②只用胶凝材料计算减水剂用量不能真实反映混凝土原材料对减水剂的确切需求：粉料多了，减水剂没有随着增多，从而造成混凝土和易性不好，即使通过加大用水量达到增加坍落度的目的，牺牲的是强度，却又改变不了料易干、坍落度损失大的缺点；粉料少了，减水剂不能随着减少，给用水量控制带来困难，因为减水剂过多容易造成混凝土离析、泌水、骨料易下沉、堵塞输送管，混凝土强度也将降低。③容易造成高强度等级混凝土（C40 及以上）中外加剂用量过多，而低强度等级混凝土（C40 以下）中外加剂掺量不足。

（2）用原材料总粉量计算混凝土减水剂用量　　混凝土生产所用的原材料大部分为石和砂，而石又分天然河石和碎石，砂分天然河砂和人工砂。近年来由于天然资源日渐枯竭，人工砂石开始日渐应用并推广。高石粉含量的人工砂取代部分天然砂的应用，不仅节约能源、降低成本，还可提高混凝土强度。近年来一些惰性的矿物细粉，如石灰石粉也作为矿物掺合料加入到混凝土中，以改善混凝土的某些性能。但对石灰石粉应将其归入胶凝材料，还是归入砂，目前也是一个悬而未决的问题。不管混凝土原材料是天然的，还是人工的，这些原材料都避免不了夹杂着粉料。特别是石灰石质人工砂，粉料量更是高达 15% 左右，这样 $1m^3$ 混凝土所用的石、砂中所含粉料就有 100kg 左右，而这些粉料同样也依靠水和减水剂去分散颗粒以达到一定的流动性，同样要消耗减水剂。

一般非胶凝材料粉料含量见表 67-33，各粉料对减水剂吸附情况见表 67-34。

表 67-33　一般非胶凝材料粉料含量　　　　　　　　　　　　　　（%）

河石	碎石	河砂	碎石人工砂
1.0	1.0	4.5	15.0

注：含粉率 H =（原材料中粉料质量/原材料质量）×100%；颗粒小于 160μm 为粉料。

表 67-34　各粉料对减水剂吸附情况（净浆流动度）

粉料	用量/g	用水量/g	减水剂用量/g	净浆流动度/mm
水泥	300	87	6.0	195
矿粉	300	87	6.0	210
粉煤灰	300	87	6.0	250
河砂粉	300	111	6.0	210
人工砂粉	300	87	6.0	240

注：1. 河砂粉如用 87g 水，测不出流动性，主要是当中泥粉消耗了用水，所以应再增加河砂含水率 8% 的水，即 24g，共计 111g。

　　2. 河石粉等同于河砂粉；碎石粉等同于碎石人工砂粉。

以水泥为基准，各粉料对减水剂的吸附比率见表 67-35。

表 67-35　以水泥为基准，各粉料对减水剂的吸附比率　　　　　　（%）

水泥	矿粉	粉煤灰	河砂粉	人工砂粉
100	93	78	84	81

注：吸附比率 X =（水泥净浆流动度/非胶凝材料粉料净浆流动度）×100%。

所以，用传统方法计算减水剂用量时，仅以胶凝材料来计算而忽视非胶凝材料粉料对减水剂的吸附是有失偏颇的。计算减水剂用量时要将胶凝材料、非胶凝材料中的粉料一起纳入计算范围才是科学的、符合实际的方法。

（3）用原材料总粉量计算混凝土减水剂用量的方法　先确定基准混凝土，通过试验得出配合比和最佳减水剂用量；按配合比计算出总粉量；计算减水剂通用掺量；再用通用掺量计算其他强度等级的减水剂用量。

混凝土减水剂掺量存在饱和点现象，当掺量大于饱和点掺量时，不但增加成本，而且混凝土还会离析。而掺量小于饱和点掺量太多又会引起混凝土和易性不好（特别是流动性不好）以及水泥水化不充分而强度不能完全发挥。

1）通过配合比计算及经试验确定 C30、C40 基准泵送混凝土配合比见表 67-36。

表 67-36　C30、C40 基准泵送混凝土配合比

强度等级	河石	碎石	河砂	人工砂	水泥	矿粉	粉煤灰	减水剂	水
C30	1077	—	507	273	207	89	70	8.1	175
C40	—	1071	464	250	266	114	60	9.7	170

2）计算原材料总粉量。原材料总粉量是 $1m^3$ 混凝土所用各种胶凝材料和非胶凝材料，按各自对减水剂的吸附比率计算所得数量的总和（$G_{总粉}$）。其表达式如下

$$G_{总粉} = G_{水泥} + G_{矿粉}X_{矿粉} + G_{煤灰}X_{煤灰} + G_{河石}H_{河石}X_{河石} + G_{河砂}H_{河砂}X_{河砂} + G_{碎石}H_{碎石}X_{碎石} + G_{人工砂}H_{人工砂}X_{人工砂}$$

式中　G——混凝土中各原材料用量（kg/m^3）；

　　　H——天然和人工的砂、石含粉率（%）；

　　　X——非胶凝材料中粉料对减水剂的吸附比率（%）。

式中如果混凝土只用一种石或砂，只计算该种石或砂的量即可。

用上式计算 C30、C40 的原材料总粉量结果见表 67-37。

表 67-37　C30、C40 的原材料总粉量

强度等级	河石	碎石	河砂	人工砂	水泥	矿粉	粉煤灰	减水剂	总粉量
C30	1076	—	507	273	207	89	70	8.1	428
C40	—	1070	464	250	266	114	60	9.7	497

3）确定减水剂通用掺量（%）。

$$减水剂通用掺量 = \frac{1m^3 基准混凝土减水剂用量}{1m^3 基准混凝土原材料总粉量} \times 100\%$$

按照上式计算减水剂通用掺量为

用河石时（C40 以下）减水剂通用掺量　　$\beta_{河石} = \frac{8.1}{428} \times 100\% = 1.9\%$

用碎石时（C40 以下）减水剂通用掺量　　$\beta_{碎石} = \frac{9.7}{497} \times 100\% = 2.0\%$

4）计算其他强度等级混凝土减水剂用量。

其他强度等级混凝土减水剂用量 = 该强度等级原材料总粉量 × 减水剂通用掺量。

52. 什么是混凝土用有机硅防护材料

有机硅防护涂料是一种憎水材料，在混凝土结构表面涂有机硅材料，可以在混凝土表面和毛细孔内壁形成硅氧烷薄膜，改变混凝土空隙的表面性能，进而阻止毛细孔对水的吸收作用，达到长期有效防水和提高混凝土耐久性的目的。

有机硅涂料有以下几种：

1）水性有机硅涂料。其优点是价格便宜，使用方便，但固化时间长，遇雨水冲刷或霜冻，反应不完全的涂料会脱离基体而失去憎水作用。

2）溶剂性有机硅涂料。其具有突出的憎水性和化学稳定性，防水抗渗性好，涂料不影响混凝土透气性，却能显著降低混凝土的吸水性，提高混凝土耐久性和使用寿命。溶剂涂层挥发速度快，混凝土外观无色透明，使用范围较广，但施工时溶剂挥发对环境有污染。

3）乳液型有机硅涂料。涂层透明，其与基层黏结性好，能长时间保持乳液稳定性，但耐热性和耐候性较差。但如在涂料中加入交联剂和催化剂后，各种性能可明显改善。

有机硅防护涂料作为一种有效提升混凝土结构寿命的涂料已被广泛用于各类钢筋混凝土浇筑结构当中，特别是用于处于环境复杂多变的海港码头，受盐雾侵蚀的桥梁，受化冰盐侵蚀的公路、立交桥，污水处理厂的污水沉淀处理池。2000 年我国宁波大榭跨海大桥使用高分子改性疏水型有机硅涂料，观感质量可达清水混凝土要求，可大大提高结构耐久性和使用寿命。

53. 什么是酰胺型聚羧酸减水剂

酰胺型聚羧酸减水剂是上海三瑞高分子材料有限公司开发的一种新产品，以聚醚胺（PN-220）为原料，通过酰胺化反应制备而成。通过对主链组成和侧链密度的优化，获得了比聚羧酸醚和聚羧酸酯类具有更高减水率、更高坍落度保持性能和更高抗压强度比的新型聚羧酸系减水剂，其固含量可达到 80% 以上，有利于降低包装运输成本。

第 68 章 其 他

1. C60 及其以上混凝土强度增长的规律

对 C60 混凝土而言,在不同季节施工,增长规律略有不同。夏季施工 14d、60d 增长速度都比冬季成型的对应龄期强度增长速度快。根据河北联合大学陈海彬等人的试验资料统计回归,得出某地区 C60 混凝土在 $14 \leqslant d \leqslant 360$ 龄期内的强度增长曲线为

夏季成型 $\qquad f = 13.81 \lg d + 46.9$

冬季成型 $\qquad f = 6.36 \ln d + 58.2$

式中 f——d 龄期混凝土标准值(MPa);

$\qquad d$——混凝土龄期(d)。

2. 混凝土芯样抗压强度的计算及其影响因素

1)按照以下公式进行计算

$$f_{cu,co} = F_c/A$$

式中 $f_{cu,co}$——芯样试件混凝土抗压强度(MPa);

$\qquad F_c$——芯样抗压试验测得的最大压力(N);

$\qquad A$——芯样抗压截面面积(mm^2)。

2)芯样抗压强度测试结果要考虑以下影响因素:

① 芯样端面平整度。端面不平整,与受力方向不垂直,则芯样会局部承压,降低测试值。一般抗压强度低于 40MPa 的芯样,可由水泥砂浆、水泥净浆或聚合物砂浆找平,补平厚度不宜大于 5mm。也可采用硫黄砂浆补平,补平厚度不宜大于 1.5mm。据山东省建筑科学研究院试验研究表明,锯切芯样的抗压强度比端面加工芯样试件抗压强度要低,如图 68-1 所示。

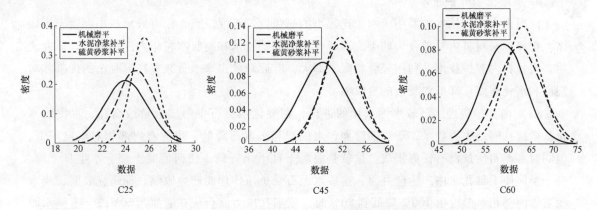

图 68-1 不同端面处理方式下芯样抗压强度概率分布图

从图 68-1 分析表明:采用硫黄砂浆补平方式,芯样抗压强度标准差最小,数据分布最

集中，即采用这种方式加工过程最稳定。采用水泥净浆补平次之，而采用机械磨平方式，其试验结果最离散，因为此种方式对机械磨平设备的加工精度以及试验人员技术能力、熟练程度有很高要求，垂直度与平整度控制相对不够稳定，很容易造成加工过程的波动，从而使试验结果出现离散性大的特点。

② 芯样取芯方向。据江苏省建筑职业技术学院的试验结果证明，取芯方向与混凝土成型方向不同，混凝土芯样抗压强度存在明显的差异。总之，采取进钻方向与混凝土成型方向垂直时比与成型方向平行时取出的芯样强度低 5.1% 。

③ 芯样直径（D）和高径比。芯样强度与其高径比有关系，非标准芯样强度 $f_{非}$ 换算成标准高径比 1:1，芯样强度可用下式计算（H 为芯样高）

$$f = \left(0.691 \frac{H}{D} + 0.187 \frac{D}{100} \times 0.065 \right) f_{非}$$

也可用表 68-1 芯样强度换算系数进行换算。

表 68-1　芯样强度换算系数

芯样直径/mm	芯样高/直径(高径比)				
	1.5	1.2	1.0	0.8	0.5
100	1.15	1.07	1.00	0.85	0.54
67	1.18	1.11	0.96	0.80	0.48
49	1.19	1.06	0.92	0.78	0.44
32	1.08	0.93	0.85	0.68	0.36

④ 芯样直径。芯样直径对混凝土抗压强度值影响不大，但是芯样直径目前向小型化发展。这是由于高层和超高层建筑日益增加，人们对结构的安全度和抗震要求逐渐提高，使钢筋混凝土结构构件的配筋率越来越大，钢筋间距越来越小，因此为取芯时不损伤到钢筋，芯样势必要小一些。目前上海地区对骨料粒径为 5～25mm 的结构，可以用高径比为 1、直径分别为 100mm、70mm、55mm 的芯样。

3. 混凝土内养护技术

混凝土内养护技术主要用于水胶比很小的高强度等级混凝土，以有效地减小混凝土自收缩。按养护材料将内养护分为两类，即轻骨料内养护技术和高吸水树脂内养护技术。研究表明，轻骨料内养护技术是利用轻骨料吸水率大，滞后释放出来水分来提高混凝土的内部相对湿度和水化程度，降低混凝土的自收缩。

（1）内养护机理　随着水泥水化的进行，在硬化水泥石中形成大量微细孔，水泥的水化从微细孔网络中吸收水，形成凹液面，水的饱和蒸汽压降低，水泥石内部相对湿度降低，但同时水泥石质量没有任何损失，这就是混凝土自干燥现象。任何混凝土都会产生自干燥，自干燥促使毛细孔水中产生弯月面，造成水泥石受负压作用而产生收缩。据研究表明，当水泥浆体内部相对湿度由 100% 降低到 80% 时，毛细孔压力就会从 0 增加到 30MPa。不同水胶比对混凝土自干燥效应引起的自身相对湿度变化与收缩有一定的影响，混凝土水胶比越小，混凝土自干燥效应引起的自身相对湿度下降越大，如不能通过其他途径提供水分，混凝土有可能在早期就停止强度发展。自收缩的控制对早期混凝土的体积稳定性起着至关重要的作用。

内养护材料具有大量的管孔或三维空间网状结构，可以通过外界条件及自身的毛细管或官能团作用，调整和转换储存与释水功能。内养护材料中的水分在早期水化阶段不参与水化反应，而当体系中自由水分降至一定程度时能释放水分，维持体系中水化反应的进行。整个过程中，储水的内养护材料就作为一个外界的水源。

内养护材料在混凝土中的释水动力是：水泥石与内养护材料内部毛细管压力差、内养护材料与水泥石毛细孔内部的湿度差。由于内养护材料中孔的尺寸大于水泥基材中毛细孔的尺寸，因而内养护材料中的水将逐渐向硬化水泥浆体迁移，形成微养护机制。

（2）内养护材料的选择　轻质骨料宜选择较小粒径，其内养护效果较大粒径的要好，这是因为内养护材料的颗粒半径越小，与水泥浆体的接触面积越大，养护效率越高，内养护效果也就越好。同时，在使用内养护材料时，还要考虑内养护组分的粒径分布。

（3）内养护对混凝土性能的影响

1）轻质骨料密度小，在新拌混凝土中可能上浮，而使拌合物流动性变差。但饱水后的轻质骨料密度变大了，不会产生上浮现象，对混凝土的工作性能基本无影响。

2）内养护材料通过向混凝土内部提供水分，提高了混凝土内部的相对湿度，促进水化，进而会抑制混凝土的早期收缩，有效地降低混凝土的自收缩和干燥收缩。

3）内养护可以增强混凝土的水化程度，提高水化产物 C-S-H 的生成量，改善混凝土的力学性能。内养护还可缓解混凝土因自干燥产生的裂缝，使混凝土具有一定的自愈能力。内养护技术还可改善和增强混凝土界面过渡区的致密性，有利于混凝土抗拉强度的提高。轻质骨料内养护混凝土 7d 早期强度约降低 12%，但 28d 强度影响较小，与普通混凝土相近。

4）由于轻质骨料的多孔表面结构，水化产物会进入骨料一定深度，二者之间存在咬合作用，这就会增加界面的致密性和均匀性，而且内养护促进水化，增加水化产物含量，进一步提高混凝土的密实性，提高混凝土的耐久性和抗氯离子的侵蚀能力。由于轻骨料弹性模量低，能释放冰冻水产生的膨胀能。试验证明，轻骨料内部的水释放后，其内部的孔将不再吸水，在混凝土内部留下众多的微小气泡，相当于引气混凝土，因此，与普通混凝土相比，内养护混凝土的抗冻性能更好，90d 抗冻融循环性能是普通混凝土的 2.5 倍。使用内养护技术可将高性能混凝土桥面的使用寿命延长 20 年。

（4）关系内养护混凝土配合比的设计问题　在采用内养护混凝土技术时，引入的养护因子不能过多，否则不仅浪费资源，还会使混凝土孔隙率增大，而且轻骨料用量越多，混凝土强度越小。所以，在设计内养护混凝土配合比时必须注意内部养护所需水量和内养护材料的用量。根据丹麦学者试验研究表明，水胶比为 0.36，骨料所占体积为 50% 的高性能混凝土，内部养护水的理论最大值约为 $50kg/m^3$。又据研究试验表明，内部水的最大传输距离为 1mm，说明了内部养护水并不能在混凝土中任意传输，仅有内养护组分周围一部分的水泥浆体得到较好的养护。因此，为得到预期的养护效果，应考虑内养护水源的分布，即组分的分布、尺寸和体积。试验表明，小粒径的轻质骨料的内养护效率要好于大粒径骨料，因其颗粒半径越小，与水泥浆体的接触面积越大，养护效率越高，内养护效果也就越好，并提出了确定内养护材料用量的计算公式作参考。

$$M_{\mathrm{LWA}} = \frac{C_{\mathrm{r}} \cdot CS \cdot \alpha_{\max}}{S\phi_{\mathrm{LWA}}}$$

式中　M_{LWA}——单位体积混凝土中干燥轻质骨料的用量（kg/m³）；

　　　C_{r}——混凝土中水泥用量（kg/m³）；

　　　CS——完全水化时水泥化学收缩值（%）；

　　　$\alpha_{\max}$——水化程度最大期望值（%）；

　　　S——骨料的饱水程度（%）；

　　　ϕ_{LWA}——轻骨料的吸水率（%）。

内养护混凝土配合比设计在实际应用中需通过试验确定。

4. 采用丙乳砂浆维修混凝土的表面质量缺陷

丙乳砂浆是丙烯酸酯共聚液改性的聚合物砂浆，是丙烯酸酯共聚液与水泥砂浆的简称。丙乳砂浆能在一定环境条件下成膜覆盖在水泥颗粒及骨料上，使水泥与砂粒形成强有力的黏结，改善了硬化水泥砂浆的物理组织结构与结构内应力，其形成的聚合物网络能阻止微裂缝的发生及扩展，减少产生裂缝的可能性。此外，聚合物有减水作用，使砂浆的水胶比减小，聚合物膜填充了水泥浆体的孔隙，切断了孔隙与外界的通道，起到了密封作用。丙乳砂浆与普通砂浆相比具有较高的抗折和抗拉强度，收缩率较小，极限延伸率大，抗拉弹性模量低，抗裂性能好。丙乳砂浆对旧混凝土的黏结强度好，抗水、抗盐分渗透及耐冻融的性能都很好。丙乳砂浆基本无毒，与旧混凝土适应性好，施工简便，易操作控制施工质量，成本低及密封作用好，能防止旧混凝土进一步碳化，延缓钢筋锈蚀速度，抵抗剥蚀破坏作用。

（1）丙乳砂浆的配制　丙烯酸酯共聚液是由丙烯酸酯、甲基丙烯酸甲酯、甲基丙烯酸共聚液制成的水溶性乳液，与水泥、砂拌制成丙乳砂浆。

1）丙乳砂浆配合比。水泥：砂子 = 1:1～1:2，水泥：丙乳 = 1:0.15～1:0.3，水胶比0.4左右，施工应根据现场水泥和砂的和易性要求通过试拌确定水胶比，但尽量采用小水胶比。

2）材料要求。丙乳外观呈乳白色，为无沉淀的乳液，pH 为 11.5～12.5，黏度为（12.6 ± 0.5）s，密度为 1.056g/cm³，需储存在 0℃ 以上的环境中，保存期为 2 年；水泥宜采用 P·O 32.5 级；砂子选用细度模数为 1.6，粒径小于 2.5mm 的过筛净砂，其他应满足相关规范要求。

（2）丙乳砂浆维修施工工艺流程

1）破损混凝土的凿除。将基底表面松软、脆弱、损坏、失效的部分混凝土全部凿除干净，并在薄层修补区的边缘凿出深齿槽，以便增加修补面与旧混凝土的黏结。

2）钢筋除锈、防锈。对裸露锈蚀的钢筋用钢刷除锈干净，露出新鲜钢筋后，用空压机高压气流吹净表面尘土，用环氧液作防锈液涂抹在已除好锈的钢筋上。

3）施工面的清洗。用高压水枪冲刷清洗施工面，并处于饱和状态（表面不要有自由水）时涂抹丙乳净浆。丙乳净浆配比为 1kg 丙乳加入 2kg 水泥搅拌而成，宜随拌随用（一次不宜拌制过量），涂抹要均匀且不能漏涂。

4）丙乳砂浆的拌制。先将水泥和砂干拌均匀，再加入经试拌确定的水量及丙乳，充分拌和均匀。不宜一次拌制过量,每次拌制的丙乳砂浆要在 45min 内使用完。

5)进行抹压操作。在丙乳净浆涂刷后立即铺筑丙乳砂浆,每层厚度控制在 5mm 左右(厚度过大易造成板底砂浆悬垂脱落),铺筑砂浆难度较大,需要耐心且多次少量地进行铺筑压抹,分多次铺筑时等底层砂浆黏结住且湿润时铺筑上一层,铺筑到位后要用力压实,随后抹面,要向一个方向抹平,不要来回多次抹,也不需二次收光。

6)养护管理。丙乳砂浆抹压完后 3 ~ 4h 就可洒水养护,要及时、不间断、无遗漏地均匀喷水雾进行养护,养护 1d 后再用毛刷在面层刷一层丙乳净浆,涂匀密封,待丙乳净浆凝结硬化后继续喷雾养护。处于风口位置时,要注意防挡风口,并不间断喷水养护,否则易出现裂缝造成质量问题,又要对裂缝重新进行修补。

(3)丙乳砂浆的物理力学性能　丙乳砂浆的抗压强度低于普通砂浆,抗折、抗拉强度高于普通砂浆,抗冻性能大大优于普通砂浆,其抗冻强度等级大于 F300。由于丙乳砂浆内聚合物的分子在水泥颗粒及骨料之间成网络结构,使丙乳砂浆固结体内孔隙大大减少,密实性显著提高,从而加强了抗渗、抗冻能力。丙乳砂浆与普通砂浆相比,其黏结性和附着扩散性好。经试验证明,丙乳砂浆与旧砂浆块的黏结强度可提高 4 倍,详见表 68-2。

表 68-2　丙乳砂浆与旧砂浆的黏结强度

编号	普通砂浆/MPa	丙乳砂浆/MPa	备注
1	1.39	6.38	粗砂布打磨
2	1.43	6.69	粗砂布打磨
3	1.41	6.58	粗砂布打磨

5. 采用水泥基渗透结晶型防水涂料修补结构裂缝

水泥基渗透结晶型防水材料简称 CCCW,是以硅酸盐水泥为主要成分,掺加活性化学物质的防水材料,在瑞士、加拿大、美国已有 30 多年的历史,具有裂缝自愈合性强、施工方便、耐酸碱、抗腐蚀、无污染等优点。其活性物质组成见表 68-3。

表 68-3　水泥基渗透结晶型防水材料活性物质组成

成分	CaO	SiO_2	MgO	Na_2O
含量(%)	33 ± 5	37 ± 5	5 ± 1	5 ± 1

混凝土表面裂缝等的处理方法如下:

1)基层处理。清除混凝土表面酥松物,用水充分润湿至饱和,用水泥基渗透结晶型防水砂浆将结构表面缺陷修补。

2)用粉料:水 =3 ~ 4:1 拌和成料浆。

3)将调好的涂料浆均匀地涂刷在基层上,涂层厚度不低于 1mm,第一层初凝时涂刷第二层。

4)养护。涂层初凝后用喷雾器进行喷雾养护,每天喷雾 3 次以上,保湿养护 7d。混凝土湿养护是关键,只有在潮湿、水饱和状态下才能确保形成针状、线状的细长网状晶体,裂缝才能封闭。

6. 超长桩基混凝土配制与施工需要注意的问题

高层建筑由于单桩承载力大，桩的直径和长度均较大，单桩浇筑的混凝土量大，灌注时间长，因此对混凝土性能的要求很苛刻。同时，其施工具有隐蔽性，混凝土的施工质量不便在线检查，缺陷难于修补，因此，良好的混凝土配合比设计和严格的施工过程质量管理是控制超长灌注桩基混凝土成桩质量的关键。

首先，桩基混凝土不能像普通混凝土一样靠外力振捣密实，只能依靠自身重力作用径向流动，从而达到自密实状态。其次，超长桩基要求每根桩混凝土连续浇灌，不得间断，因此，要求混凝土具有良好的工作性能、适合的凝结时间和足够的强度，确保桩身混凝土不产生接缝、空洞、夹渣分离及断桩现象。

为此，原材料选择需要注意以下几点：

1）水泥应优先采用保水性和流动性良好的硅酸盐水泥和普通硅酸盐水泥。

2）应选择颗粒级配良好的中砂（细度模数为 2.3 ~ 3.0）。

3）选用连续级配、粒形良好的 5 ~ 25mm 粗骨料。

混凝土强度和工作性能要求为：

1）由于混凝土靠自重向导管中流下，其强度和密实度要低于地上震动施工的混凝土，因此混凝土试配强度的富裕系数在 1.2 以上。

2）混凝土初凝时间不能过早。由于超长桩单方混凝土量大，必须在施工过程中一次浇筑完成，整体凝结硬化才能保证桩身质量，因此，一般来说超长桩基混凝土的初凝时间应控制在 14h 以内。

3）混凝土坍落扩展度宜在 600mm 左右，混凝土 2h 坍落度基本不损失，倒坍落度流空时间为 10s 左右。

7. 超细粉末橡胶砂浆

超细粉末橡胶即纳米细度橡胶（50 ~ 100nm），掺入 0.75% ~ 1.5% 的环氧树脂砂浆中，可提高砂浆抗拉强度 24.4% 和 43%，提高砂浆抗折强度 14.6% 和 30.9%。其配合比见表 68-4。

表 68-4　超细粉末橡胶砂浆配合比

环氧树脂	固化剂	粉煤灰	硅砂	超细橡胶粉	砂浆强度/MPa		
					抗拉强度	抗折强度	抗压强度
300	100	600	1000	0	12.3	35.6	111.6
				15	15.3	40.8	106.8
				30	17.6	46.6	104.7

附　　录

附录 A　用　户　须　知

为保证建筑工程主体结构的质量，确保预拌混凝土的顺利泵送和浇筑，请用户仔细阅读本须知，并给予密切配合，工程监理监督执行，保质保量，共同完成混凝土浇筑任务。

A.1　混凝土供应

A.1.1　生产委托

合同生效后，用户在使用混凝土前，需提前24h填写"混凝土生产委托书"或通过其他联系方式预定登记，说明需要混凝土的时间、型号（混凝土强度等级），坍落度、数量、浇筑部位及其他特殊要求等，我们将按照您的要求安排生产和准备技术资料。

A.1.2　供应前准备

1. 浇筑条件检查

混凝土供应前，请施工单位认真做好浇筑前的一切施工准备工作，具备浇筑条件，消除影响正常泵送的施工因素，确保浇筑连续进行。要认真检查模板支撑的牢固性，严防胀模情况的发生，避免造成不必要的损失。

2. 行车线路准备

混凝土运输前，工程所在区域遇有禁止混凝土运输车通行或必须在单行线逆行的交通路线，请施工单位（协同建设单位）事先与交警和城管等部门进行沟通，办理临时通行证手续，保证混凝土运输畅通。

A.1.3　润管

混凝土泵送前，用来润滑泵车及管道的水和砂浆，请施工单位配合将排出的水和稀砂浆排在模外，防止稀砂浆进入结构造成墙、柱断条，或梁板底部混凝土酥松（特别是采用拖式泵输送混凝土时，因每台泵只配一名司机，混凝土的浇筑全部由施工单位的民工进行操作，很容易出事故）。较稠部分砂浆若是混凝土同型号砂浆（由施工单位时先委托），则可作为混凝土接搓铺垫砂浆，分散铺放在模内。

目前，已有单位研制出一种润管剂，用一小袋润管剂加20kg水搅拌后倒入泵车斗中即可代替水和砂浆润管，省去水和砂浆车，大大降低成本。

A.1.4　混凝土进场验收

1. 混凝土型号确认

本公司商品混凝土运输车上设有混凝土型号标志牌，混凝土运至现场，请用户核对

"发货单"及运输车标志牌与您要求的混凝土施工型号是否一致，确认无误后再进行泵送。

2. 坍落度检测与调整

施工单位应设专人对进入现场的混凝土进行检测验收，若坍落度超过了您委托的要求，您可以要求退回并重新提供坍落度符合要求的混凝土；若坍落度达不到委托的要求难以泵送，我公司每辆车上都备有流化剂，泵送前在我公司技术人员或泵车司机的指导下，视混凝土坍落度大小加入适量流化剂（粉剂或水剂），进行二次流化，运输车罐体快转 3 ~ 5min，坍落度瞬间即可增加，这对混凝土强度不会带来影响。必要时，可再次流化，以达到施工要求。严禁采取加水增加混凝土坍落度的错误做法，也不允许在掺流化剂的同时大量加水，当混凝土采用萘系高效生产和流化时，多次流化混凝土强度不会下降。

我公司严禁运输司机和施工现场人员任意往混凝土中加水，这将严重影响混凝土强度。如发现我公司人员加水，应予以阻止，并记录车号、时间，随时向我公司举报。施工现场人员任意加水，造成后果，责任自负。

3. 现场停留时间

混凝土在施工现场不可停留过久，因为混凝土坍落度将大幅度降低，即使多次流化也难以卸车和泵送。因此，常温下混凝土从发车到浇筑结束不得超过 3h，中途严禁加水。

4. 冲罐水排放

为避免运输罐车口残留混凝土浆渣而污染城市道路，罐车每次卸完料后，需在现场对罐口进行初步冲洗。为此，请施工单位配合在现场指定冲洗地点及安排好冲洗泥浆渣水的排放措施。

A. 2　混凝土浇筑

A. 2. 1　浇筑顺序

两种型号混凝土同时施工时，应先浇筑强度等级高的混凝土，再浇筑低强度等级的混凝土，防止错用混凝土型号；交叉浇筑时，施工方案中要明确浇筑程序，并现场设专人负责指挥。在浇筑中务必确认泵口所出的混凝土为工程结构所需型号的混凝土，严防错浇型号而引起质量事故。

A. 2. 2　振捣

采用振动棒振捣混凝土时，严格按有关混凝土的施工规范和工艺规程操作，防止漏振而影响混凝土的密实性，或过振而造成混凝土分层、表面裂纹等现象发生，影响混凝土质量。

A. 2. 3　抹压

预拌混凝土是大流态混凝土，其相对沉缩变形几乎超过普通混凝土干缩变形的 30 ~ 60 倍，如不注意，很易产生早期裂纹。为此，应在初振半小时后进行二次复振，混凝土初凝前后，适时用木抹子搓压两遍以上，必要时可用铁滚筒先滚压两遍再抹平，以防产生收缩裂纹。浇筑早强混凝土梁板结构时，更要注意设专人在混凝土终凝前找裂纹，并采取措施消除裂纹。

A.3　养护

A.3.1　浇水

预拌混凝土浇筑后应及时养护，做到"早而适时"。梁板结构混凝土初凝前后（手按有印，但不黏手）开始喷雾养护（水管前加扁嘴铁管，水管向高处扬），混凝土终凝后设专人浇水养生，保持混凝土 7d 内处于潮湿状态（抗渗混凝土养生期延长至 14d），防止梁板结构混凝土开裂。

A.3.2　覆盖

柱、墙等垂直构件，尤其是 C50 以上小水胶比、高强度等级混凝土构件，宜采用混凝土表面包裹塑料薄膜或涂刷养护剂方法养护，以确保混凝土内部有足够的湿度进行水化反应。试验证明，常温下包裹塑料薄膜的混凝土强度比自然养护的混凝土高 15% ~20%。

A.3.3　冬期养护

冬期施工，根据环境气温将在混凝土中掺入防冻剂，用户在浇筑混凝土后，应立即采取有效的保温措施，并密切注意混凝土温度的变化情况。当混凝土温度降至防冻剂规定温度以下时，其强度不得小于规范规定的混凝土"受冻临界强度值"。

A.3.4　大体积混凝土温控

大体积混凝土施工时，用户应按规定进行热工计算，在混凝土表面留测温孔，安排专人测温。混凝土表面覆盖材料的厚度，应据温度测定情况随时调整，控制混凝土内外温差 ≤25℃，防止产生温度裂纹。

A.4　试件制作

施工现场应按施工规范规定留足试件并及时标养，每一种混凝土型号，每 $100m^3$ 至少留置一组试件（抗渗试件按规范规定留置）。试件在未送至试验室标养前，应注意覆盖养护，提供良好温湿度条件，防止受冻、暴晒、风干，影响早期强度的发展。

A.5　拆模

用户在施工过程中应留置同条件试件，以测定混凝土结构拆模强度。现浇结构拆模所需混凝土强度，应按设计要求或施工规范执行。在无确切数据情况下应慎重对待，若达不到拆模强度而过早拆除，梁板易产生结构裂纹而造成质量事故，给工程带来不必要的损失。

A.6　服务

A.6.1　售中服务

在混凝土施工过程中，请用户指定专人与我公司调度室保持联系，尤其在两种混凝土型号同时交叉施工时，尤为重要。我公司保证按照用户要求的混凝土型号、数量及时供应。

A.6.2　售后服务

我公司销售部将定期回访用户，您对我们的产品质量、服务质量有何意见和要求，可填写"顾客意见征询单"，我们会认真研究、分析您的意见，做出合理的解答。

附录 B　预拌混凝土冬期生产与施工措施

B.1　冬期施工的定义

按《建筑工程冬期施工规程》（JGJ/T 104—2011）规定，室外日平均气温连续 5 天稳定低于 5℃时，混凝土结构工程进入冬期施工，并要及时采取气温突然下降的防冻措施。

B.2　本措施的适用范围

本公司冬期采用原材料适当加热和混凝土中掺入防冻剂方法进行生产，所产混凝土适用于综合蓄热法施工的工程，即混凝土浇筑后，利用原材料加热及水泥水化热的热量通过适当保温，延长混凝土冷却时间，使混凝土温度降到 0℃前，达到临界强度，这种方法适用于表面系数为 5~15，最低气温为 -15℃（或平均气温 -12℃）以上的地区的工程冬期施工。如施工现场条件超出上述范围，需另行研究冬期施工措施。

B.3　冬期施工混凝土的配制

1）水泥。宜采用 P·O 42.5 和 P·O 32.5 水泥，-15℃时基本上采用 P·O 42.5R 水泥。

2）砂石。砂石为室内堆场，设有采暖设施，基本上无冻块。

3）外加剂。泵送防冻剂掺量见表 B-1。

表 B-1　防冻剂掺量及保温要求

日最低气温	防冻剂规定温度	掺量（水泥质量百分数）（%）	混凝土标志	混凝土保温措施
-5 ~ -10℃	-5℃	3	CXXF5	塑料薄膜加草袋保温
-10 ~ -15℃	-10℃	4	CXXF10	塑料薄膜加 6cm 厚草垫子保温
-15 ~ -20℃	-15℃	5	CXXF15	塑料薄膜加 6cm 厚草垫子保温

用户根据浇筑混凝土后未来 5d 的天气预报的最低气温来选择防冻剂用量，并在混凝土生产委托单上注明按何种环境温度掺加防冻剂。我公司原则上按用户要求掺防冻剂。

4）水。热电厂热水，水温 75℃。

B.4　冬期施工混凝土的搅拌

B.4.1　搅拌站保温

1）搅拌站砂石储料斗下部用保温材料密封，内部安装热风幕，确保气路和电磁气阀处正温下工作。

2）混凝土所用骨料清洁，不含有冰、雪等冻结物，每天停止作业时，砂石储料斗中剩余料通过皮带运输机和搅拌机将其排出储料斗，返回砂石堆场，防止砂石冻结物堵塞下料口。

3）泵送剂为液态，温度为 30~40℃（储罐外部用电热毯加热并保温），采用电子秤计量，计量误差≤1%。

4）搅拌站主机室保持室温为 5~15℃。

B.4.2　混凝土搅拌措施

1）搅拌用水水温为 75℃，砂石先与热水搅拌，后加水泥，以提高混凝土出机温度。确保出机温度大于 10℃，混凝土入模温度大于 5℃。

2）冬期生产应延长搅拌时间 10~15s，保证混凝土均匀性。

3）冬期生产，值班人员应测定混凝土出机和出罐温度，每班 2 次。

B.5　混凝土运输

1）冬期施工，应加强调度室与施工现场的联系，防止混凝土在现场等待时间过长，一般情况下，混凝土在现场停留时间不得大于 1h。一般情况下，混凝土从搅拌站运至施工现场，由于水泥水化缓慢放出热量，泵送时混凝土温度基本上不降低，可确保入模温度大于 5℃。

2）当环境温度低于 -5℃时，混凝土运输车外部设保温罩，以减小混凝土热量损失。

B.6　混凝土浇筑

B.6.1　浇筑前的防雪措施

施工现场应准备充足的覆盖材料，随时收听未来 2d 的天气预报。雨雪降临前，应用塑料布或玻璃丝布将已绑钢筋结构表面覆盖，防止冰雪侵入模板和钢筋中，一旦出现钢筋、模板中有冰雪，宜采用热风机清除冰雪，不得用蒸汽直接融化冰雪，避免钢筋表面有冰层时浇筑混凝土，削减钢筋与混凝土握裹力。气温低时宜采用热风机预热钢筋和模板。

B.6.2　管道保温

采用地泵施工的工程，泵管固定部分可采用岩棉保温，也可泵送前用热风机预热泵管，防止管道吸热造成润管水、砂浆受冻或混凝土降温。

B.6.3　保温、防风

冬期施工，提高减水剂用量，尽量减小水胶比，降低坍落度，加快施工速度。混凝土运至施工现场应立即浇筑，尽量减少热损失，浇筑与振捣要衔接好，间歇时间不大于 15min。梁板结构随浇筑，随抹压，随覆盖塑料薄膜和保温材料，连续作业；柱及剪力墙由于保温质量不易保证，应提高混凝土一个强度等级。薄壁结构、高层建筑不宜冬期施工，如必须冬期施工，其混凝土强度等级宜提高两个等级，并采取可靠的保温、防风措施。

B.7　养护

B.7.1　浇筑后保温

冬期施工应采用木质模板，即使掺加了防冻剂，也要采取保温防冻、防风、防失水措施，尽量延长混凝土正温养护时间，使混凝土尽早达到受冻临界强度。混凝土达到受冻临界强度值前不得拆除保温层，达到临界强度拆除保温材料的混凝土表面必须用塑料布包裹，防止越冬混凝土失水后强度降低（梁板结构表面覆盖塑料布；柱表面包裹塑料布；基础尽早回填土；剪力墙建议越冬带模养护）。正确的保温覆盖是确保混凝土冬期施工质量的重要条件，请各施工单位务必高度重视。

B.7.2 高层建筑防风措施

高层建筑冬期施工应特别注意模板和保温材料的透风系数对混凝土养护质量的影响，高空风力大，如地面风力为 2m/s 时，高空 30m 处风力为 6m/s，风力提高二级，请施工单位特别制订框架、剪力墙结构保温措施，封闭围护结构及门窗洞口，西侧、北侧设挡风墙，并采用加热设施提高围护结构内的环境温度。

B.7.3 各种结构推荐的保温措施

1）柱子宜采用木模、胶合板模，如必须采用钢模板，则肋间应加塑料布包裹的 5cm 岩棉或聚苯板，用铁丝通过肋上连接孔将保温模固定，柱合模后再外挂 5cm 岩棉被，注意柱四角部位保温。

2）剪力墙模板同上。剪力墙上表面钢筋间塞塑料包小岩棉块或条（外包塑料布接头烫封牢固，以便周转）。目前，北方大部分外墙设计时都用苯板，可以在模板设计时考虑施工时将苯板固定在模板内侧（此时外模板总长需增加两倍苯板厚），这样苯板既可以是建筑物的永久性保温材料，又可以作为冬期施工的保温措施。

3）梁板宜用 5cm 厚木板，必须采用钢模时，模板上铺一层厚塑料，梁板上部一塑二垫。剪力墙在气温低时施工可将外围门窗洞口封闭，在室内生焦炭炉，在混凝土浇筑后 2～3d 保持室内温度在零度以上，防止比表面积大的梁板结构混凝土受冻。地下室外墙也可在其周围护坡与墙体间设焦炭炉，以使混凝土浇筑后强度尽快增长，尽快达到受冻临界强度值。

4）电梯间除模板外保温外，电梯间上、下口铺脚手板，上盖岩棉封闭。

5）柱头宜用 5cm 厚木模，木模外钉挂岩棉板，柱混凝土上表面盖塑料布包的小岩棉块。填塞严密后其上压木方或小块脚手板。

6）保温材料覆盖要压实，接搓部位严密，大风天应检查保温覆盖情况，发现问题及时修复。

7）各结构混凝土负温条件下养护，表面禁止浇水。

B.7.4 测温

冬期施工时，施工单位应加强测量环境气温和混凝土内部温度，混凝土达临界强度前，每 2h 测温 1 次，达临界强度后，每 6h 测温 1 次。测温孔应设在有代表性的结构部位以及温度变化大、易冷却的部位，孔深为 1/2 板（墙）厚。混凝土初期养护温度，不得低于防冻剂的规定温度，达不到规定温度时应采取保温措施。

B.7.5 混凝土受冻临界强度

冬期浇筑的混凝土，受冻临界强度取值应符合表 B-2 的要求。

混凝土强度未达到受冻临界强度前，不得拆除其表面覆盖的保温材料。

B.7.6 同条件试件

各施工现场冬期施工留置的同条件试件，应与结构同样覆盖、保温，以便检验其受冻前混凝土强度和转入正温养护后的强度。

表 B-2　混凝土受冻临界强度取值

施工条件		混凝土受冻临界强度取值
采用蓄热法、暖棚法、加热法等施工的普通混凝土	采用硅酸盐水泥、普通硅酸盐水泥配制	不应小于设计强度等级值的30%
	采用矿渣硅酸盐水泥、火山灰硅酸盐水泥、粉煤灰硅酸盐水泥、复合硅酸盐水泥	不应小于设计强度等级值的40%
采用综合蓄热法、负温养护法施工	室外最低气温不低于 -15℃	不应小于4.0MPa
	室外最低气温不低于 -30℃	不应小于5.0MPa
强度等级 ≥ C50 的混凝土		不宜小于设计强度的50%
有抗掺要求的混凝土		不宜小于设计强度等级值的50%
有抗冻耐久性要求的混凝土		不宜小于设计强度等级值的70%
当采用暖棚法施工的混凝土中掺入早强剂时		可按综合蓄热法受冻临界强度取值
当施工需要提高混凝土强度等级时		应按提高后的强度等级确定受冻临界强度

B.8　其他

B.8.1　防火及安全措施

1）混凝土工程停止施工时，上部越冬覆盖材料若有易燃物应采取有效措施，防止烟头和烟花爆竹火花引起火灾（如铺草垫子，上部必须铺砂层等）。

2）越冬工程各洞口应盖板，上铺保温材料，防止外人坠入洞中或穿堂风损坏混凝土。

B.8.2　防锈措施

越冬混凝土表面甩出钢筋应采取有效措施防止锈蚀（如钢筋表面涂水泥浆、亚硝酸盐水泥浆等）。

附录 C　预拌混凝土工程冬期生产及施工热工计算

C.1　预拌混凝土冬期生产

C.1.1　原材料温度

1. 水泥

冬期施工应优先采用硅酸盐水泥和普通硅酸盐水泥，水泥进场温度约 40 ~ 50℃，使用时宜大于10℃。

2. 骨料

粗骨料为碎石，粒径为 5 ~ 25mm，基本不含水，细骨料为河砂，含水率3%左右（入冬前入场储存，含水率较稳定），砂石温度大于5℃。

3. 泵送防冻剂

泵送防冻剂为液态，掺量为 3% ~ 5%（视气温调节），采用电热毯保温。液剂温度大于20℃，不结晶。

4. 水

水为地下水，其加热的方法和水温计算见"55.2 冬期混凝土的搅拌及热工计算"。

C.1.2　混凝土拌合物温度（T_0）、混凝土出机温度（T_1）、混凝土运输至浇筑地点的温度（T_2）的计算

见"55.2 冬期混凝土的搅拌及热工计算"。

C.2　混凝土施工热工计算有关资料

C.2.1　保温材料透风系数

保温材料透风系数见表 C-1。

表 C-1　保温材料透风系数

维护层种类	透风系数		
	$V_W \leq 3m/s$	$3m/s \leq V_W \leq 5m/s$	$V_W \geq 5m/s$
维护层由易透风材料组成	2.0	2.5	3.0
透风保温材料外包不易透风材料	1.5	1.8	2.0
维护层由不易透风材料组成	1.3	1.45	1.6

注：V_W 为风速。

C.2.2　保温材料的导热系数、比热容

保温材料的导热系数、比热容见表 C-2。

表 C-2　保温材料的导热系数、比热容

材料名称	干密度/(kg/m³)	导热系数/[W/(m·K)]	比热容/[kJ/(kg·K)]
钢筋混凝土	2400	1.74	0.92
矿棉、岩棉	80~200	0.045	1.22
苯板	—	0.039	—
胶合板	600	0.17	2.51
纤维板	1000	0.34	2.51
稻草板	300	0.13	—
稻壳	120	0.06	2.01
干草	100	0.047	2.01
钢模	7850	58.2	0.48
竹胶模板	—	0.23	—
聚氨酯泡沫	—	0.03	—

注：一般体积含水率每增加 1%，导热系数提高 1%。

附录 D　大体积混凝土施工方案

D.1　工程概况

工程名称：××大厦　　　　混凝土型号：C30P8

施工单位：××建筑集团有限公司

施工地点：××市××区××街

混凝土外形尺寸及型号见表 D-1。

表 D-1　混凝土外形尺寸及型号

部位	混凝土型号	底板厚度/m	工程量/m³
基础底板	C30P8	2.0	约 6000

D.2　生产能力计算

本工程基础底板浇注量 6000m³，计划在 72h 内完成，生产运输、泵送设备能力计算如下。

D.2.1　搅拌站生产能力计算

本公司搅拌站每小时生产 150m³ 混凝土。6000m³ 需 40h，搅拌能力满足要求。

D.2.2　泵送能力计算

本工程根据施工场地情况，设车泵 2 台，按每台泵 45m³/h 泵送能力计算，则生产 6000m³ 需 67h，泵送能力满足要求（有条件情况下，现场可设溜子辅助卸料）。

D.2.3　运输车辆计算

$$N_1 = \frac{Q_1}{60 V_1 \eta_2} \left(\frac{60 L_1}{S_0} + T_1 \right)$$

式中　N_1——混凝土运输车台数；

　　　Q_1——每台泵实际平均输出量（m³/h），$Q_1 = 45 m^3$；

　　　S_0——运输车平均车速（km/h），取 25km/h；

　　　L_1——运输车往返距离（km），取 30km；

　　　T_1——每台运输车累计停放时间（min），取 30min；

　　　V_1——每台混凝土搅拌运输车容量（m³），取 10m³；

　　　η_2——运输车容量折减系数，取 0.9。

则　　　　　　　$N_1 = [45 \times (60 \times 30/25 + 30)/(60 \times 10 \times 0.9)]$台 $= 8.5$台

实际两台泵配车 25 台，满足要求。

D.3　混凝土配合比和热工计算

D.3.1　混凝土配合比

本工程在混凝土中适量掺入一定量的Ⅰ级粉煤灰。粉煤灰为球状玻璃体，具有良好的滚珠效应，有利于混凝土泵送，同时粉煤灰中含有丰富的活性 SiO_2，与水泥水化反应放出的 $Ca(OH)_2$ 进行二次水化反应，生成对强度有贡献的水化硅酸钙凝胶，可填充混凝土孔隙，提高混凝土后期强度和密实度，同时也延缓了热峰期，降低了热峰值。可有效控制混凝土内外温差，具体配合比见表 D-2。

表 D-2　C30P8 混凝土配合比

P·S32.5	粉煤灰	UEA	砂	碎石	水	外加剂	混凝土强度/MPa		
							R_{7d}	R_{28d}	R_{60d}
290	100	30	758	1046	176	10.1	22.4	30.9	42.1

D.3.2　混凝土热工计算

本工程 4 月初施工，混凝土入模温度 $T_0 = 5$℃，混凝土中心绝热温升 $T(t)$ 为

$$T(t) = \frac{WQ}{C\rho}(1 - e^{-mt})$$

式中　$T(t)$——龄期为 t 时，混凝土的绝热温升（℃）；

　　　W——1m³ 混凝土的胶凝材料用量（kg），取 $W = 390$kg；

　　　Q——胶凝材料水化热总量（kJ/kg）；P·S 32.5 水泥 $Q = 334$kJ/kg；

　　　C——混凝土比热容（kJ/(kg·K)），取 $C = 0.92$kJ/(kg·K)；

　　　ρ——混凝土表观密度（kg/m³），可取 2400～2500 kg/m³；取 $\rho = 2400$ kg/m³；

　　　m——与水泥品种、浇筑温度等有关的系数（d⁻¹），可取 0.3～0.5d⁻¹；

　　　t——龄期（d）。

则　　　　　$T_t = \left[\frac{390 \times 334}{0.92 \times 2400}(1 - e^{-0.4 \times 4^{-1}})\right]$℃ $= 59.0$℃

本工程混凝土基础厚 2m，入模温度 5℃，查表 D-3 得混凝土降温系数 ξ 为 0.57，则混凝土中心计算温度为

$$T_{max} = T_0 + T(t) \cdot \xi = (5 + 59 \times 0.57)℃ = 38.6℃$$

表 D-3　降温系数 ξ

浇筑层厚度/m	龄期 t/d									
	3	6	9	12	15	18	21	24	27	30
1.0	0.36	0.29	0.17	0.09	0.05	0.03	0.01	—	—	—
1.25	0.42	0.31	0.19	0.11	0.07	0.04	0.03	—	—	—
1.50	0.49	0.46	0.38	0.29	0.21	0.15	0.12	0.08	0.05	0.04
2.50	0.65	0.62	0.57	0.48	0.38	0.29	0.23	0.19	0.16	0.15
3.00	0.68	0.67	0.63	0.57	0.45	0.36	0.30	0.25	0.21	0.19
4.00	0.74	0.73	0.72	0.65	0.55	0.46	0.37	0.30	0.25	0.24

注：浇筑厚度大于 5.0m 时，$\xi = 1.0$。

4 月初环境平均温度为 5℃，若混凝土表面覆盖一层塑料，上铺草垫子保温材料，计算保温材料厚度 δ。

$$\delta = 0.5h\lambda_x(T_2 - T_q)K_b/[\lambda(T_{max} - T_2)]$$

式中　T_2——混凝土表面温度（℃）；

　　　T_q——环境温度（℃），实测为 5℃；

　　　h——混凝土实际厚度（取 2m）；

　　　λ——混凝土导热系数（W/(m·K)），湿混凝土 $\lambda = 2.33$W/m·K；

　　　λ_x——草垫子导热系数（W/(m·K)），$\lambda_x = 0.14$W/m·K。

取 $(T_2 - T_q) = 20℃$，$T_{max} - T_2 = 20℃$，则

$$\delta = (0.5 \times 2 \times 0.14 \times 20/2.33 \times 20)m = 0.06m$$

混凝土表面铺一层6cm厚草垫子可满足保温要求。

施工时预计环境平均温度为5℃左右。施工单位可根据浇筑混凝土时实测混凝土表面温度和中心温度、环境温度，随时调整覆盖材料的厚度。

若采用蓄水养护，蓄水养护深度按下式计算

$$h_w = XM(T_{max} - T_2)K_b\lambda_w/(700T_j + 0.28m_cQ)$$

式中　　h_w——养护水深度（m）；

$\quad\quad X$——混凝土维持到指定温度的延续时间，即蓄水养护时间（h）；

$\quad\quad M$——混凝土结构表面系数（1/m），$M = F/V$；

$\quad\quad F$——与大气接触的表面积（m^2）；

$\quad\quad V$——混凝土体积（m^3）；

$T_{max} - T_2$——一般取 20 ~ 25℃；

$\quad\quad K_b$——传热系数修正值；

$\quad\quad 700$——折算系数（kJ/（$m^3 \cdot K$））；

$\quad\quad \lambda_w$——水的热导系数（W/（$m \cdot K$）），取 0.58W/（$m \cdot K$）；

$\quad\quad T_j$——混凝土浇筑温度（℃）；

$\quad\quad m_c$——混凝土中胶凝材料（包括膨胀剂）的用量（kg/m^3）；

$\quad\quad Q$——胶凝材料水化热总量（kJ/kg）。

D.3.3　混凝土测温要求

为确保混凝土内外温差小于25℃，有条件的施工单位可采用自动混凝土温度测定仪，预先在须测温部位预埋温度探头，也可在混凝土各种厚度有代表性处设测温孔，测温孔处预埋塑料管，待混凝土硬化后孔中注水，孔顶用保温材料封闭。测温方法如下：

1）环境温度每昼夜测4次。

2）混凝土浇灌第二天开始测量混凝土表面及内部温度，全部测温孔应编号，并测绘测温孔布置图。

3）升温阶段每6h测温一次，降温阶段每8h测温一次，混凝土浇灌后7d内连续测温并记录。

4）测量温度时，测温表应采取措施与外界气温隔离，测温表留置在测温孔内的时间不应少于3min。

5）施工人员随时根据测得混凝土内部温度和表面温度来确定是否需覆盖保温材料。一般情况下，混凝土浇灌后2~3d内部温度处热峰，第4天以后，开始降温，温控阶段为浇灌后2~6d。

D.4　混凝土质量控制

D.4.1　混凝土生产质量控制

1）配合比合理设计见表 D-1。

2）严格控制砂石、原材料质量（见本公司质量保证措施）。

3）严格控制生产水胶比，到达施工现场坍落度为 160～180mm。

4）如由于设备、现场各种原因到达现场坍落度过小，难以泵送，严禁现场任意加水，必要时可采取二次流化，每次用流化剂量视混凝土坍落度而定，在我公司试验人员指导下进行。流化剂加入后，搅拌车转 2～3min 方可卸料。

D.4.2　施工质量控制

1）本公司所配 C30P8 混凝土，初凝时间为 6～8h，终凝时间为 8～12h，基础底板混凝土各区域内不设甩茬。

2）混凝土泵送前需用水和砂浆润管，水及稀砂浆必须排在模板外，稠砂浆若采用，必须分散布开。

3）混凝土浇灌应分散布料，防止布料集中，不得漏振，振捣棒要快插慢拔，防止过振砂浆上浮，石子下沉，表面开裂。

4）混凝土底板浇筑后，表面应适时用木抹子磨平搓毛两遍以上，应特别注意混凝土终凝前，设专人找裂纹，用木抹子拍合裂纹。

5）掺 UEA 抗渗混凝土应特别注意早期湿养护，确保其膨胀值，防止混凝土干缩开裂。混凝土初凝（手轻按不粘手）开始洒水养护，终凝后必须保持混凝土湿养护 14d，这一条是防止裂纹和保证混凝土膨胀率的关键，希望施工单位予以高度重视。

D.5　混凝土质量验收

本工程按《混凝土结构工程施工质量验收规范（2010 版）》（GB 5024—2002）进行混凝土质量验收。混凝土验收龄期为 60d。

××商品混凝土有限公司
2013 年 3 月

附录 E　混凝土耐久性试验方法简化表

表 E-1　混凝土耐久性试验及结果判断

项目	标识	试件尺寸	开始测试龄期	结果判断
抗冻	D50、D100、D150、D200、>D200（慢冻）	100mm×100mm×100mm　5组	24d 标养 + 4d 水中浸泡	抗压强度损失率≥25% 或质量损失≥5%
	F50～F400、>F400（快冻）	100mm×100mm×400mm　2组	同上	质量损失 >5% 或相对动弹性模量下降 >60%
抗渗	P4、P6、P8、P10、P12、>P12	φ175mm（上口）φ185mm（下口）h=150mm　6个	≥28d	6 个试件中有 4 个未出现渗水的最大水压乘于 10 来确定 抗渗等级 P=10H−1，H 为 6 个试件中有 3 个试件渗水时的水压（MPa）

（续）

项目	标　识	试件尺寸	开始测试龄期	结果判断
抗硫酸盐	KS30、KS60、KS90、KS120、KS150、>KS150	100mm×100mm×100mm 5组	28d	抗压强度耐腐蚀系数 $K_f=75\%$ 时的干湿循环次数为试件抗硫酸盐等级 抗压强度耐腐蚀系数应按下式进行计算 $$K_f=\frac{f_{cn}}{f_{co}}\times100\%$$ 式中　K_f——抗压强度耐蚀系数（%）； 　　　f_{cn}——N次干湿循环后受硫酸盐腐蚀的一组混凝土试件的抗压强度测定值（MPa）； 　　　f_{co}——与受硫酸盐腐蚀试件同龄期的标准养护的一组对比混凝土试件的抗压强度测定值（MPa）。
抗氯离子渗透	RCM-Ⅰ~RCM-Ⅴ（氯离子迁移系数时）	直径 $\phi(100\pm1)$mm，高 (50 ± 2)mm，圆柱体（RCM法）3个	—	$$D_{RCM}=\frac{0.0239\times(273+T)L}{(U-2)t}\times\left(X_d-0.0238\sqrt{\frac{(273+T)LX_d}{U-2}}\right)$$ 式中　D_{RCM}——混凝土的非稳定氯离子迁移系数（m²/s）； 　　　U——所用电压的绝对值（V）； 　　　T——阳极溶液的初始温度和结束温度的平均值（℃）； 　　　L——试件厚度（mm）； 　　　X_d——氯离子渗透深度平均值（mm）； 　　　t——试验持续时间（h）。
	Q-Ⅰ~Q-Ⅴ（电通量法）	直径 $\phi(100\pm1)$mm $h=(50\pm2)$mm 3个	28d 或 56d	$$Q=900(I_0+2I_{30}+2I_{60}\cdots+2I_t+\cdots+2I_{300}+2I_{330}+2I_{360})$$ 式中　Q——通过试件的总电通量（C）； 　　　I_0——初始电流（A）； 　　　I_t——在时间 t(min)时的电流（A）。 $$Q_S=Q_X\times(95/X)^2$$ 　　　Q_S——通过直径为95mm试件的电通量（C）； 　　　Q_X——通过直径为 X(mm)试件的电通量（C）； 　　　X——试件的实际直径（mm）。
抗碳化	T-Ⅰ~T-Ⅴ	棱柱体 长宽比不宜小于3	28d	$$\bar{d}_t=\frac{1}{h}\sum_{i=1}^{n}d_i$$ 式中　$\bar{d}_t$——试件碳化28d后的平均碳化深度（mm）； 　　　d_i——各测点的碳化深度（mm）； 　　　n——测点总数。
早期抗裂	L-Ⅰ~L-Ⅴ	800mm×600mm×100mm 薄板2块	试件成型后30min~24h	$$a=\frac{1}{2N}\sum_{i=1}^{N}(W_iL_i)$$ $$b=\frac{N}{A}$$ $$c=ab$$ 式中　W_i——第 i 条裂缝的最大宽度（mm）； 　　　L_i——第 i 条裂缝的长度（mm）； 　　　N——总裂缝数（条）； 　　　A——平板的面积（m²）； 　　　a——每条裂缝的平均开裂面积（mm²/条）； 　　　b——单位面积的裂缝数（条/m²）； 　　　c——单位面积上的总开裂面积（mm²/m²）。

附录 F　试验与经验数据汇总

表 F-1　环境因素对混凝土水分蒸发率的影响

环境因素	影响值		参数来源
	环境条件	混凝土水分蒸发速率	
风速	从 0 升至 25m/h	由 0.07kg/m² /h 提高至 0.66kg/m² /h	《混凝土》2005.5
湿度	从 90% 降至 10%	由 0.1kg/m² /h 提高至 0.85kg/m² /h	《混凝土》2005.5
气温	从 10℃ 升至 37.8℃	由 0.13kg/m² /h 提高至 0.85kg/m² /h	《混凝土》2005.5

表 F-2　风力等级与风速关系

风力等级	风速/(m/s)	风力等级	风速/(m/s)	参数来源
0	0~0.2	7	13.9~17.1	
1	0.3~1.5	8	17.2~20.7	
2	1.6~3.3	9	20.8~24.4	项翥行著《混凝土冬季施工工艺学》
3	3.4~5.4	10	24.5~28.4	
4	5.5~7.9	11	28.5~32.6	
5	8.0~10.7	12	32.6 以上	
6	10.8~13.8	—	—	

表 F-3　混凝土养护条件对强度增长的影响

养护条件	湿养护 7d 转空气中养护 21d	湿养护 3d 转空气中养护 25d	完全在干燥空气中养护 28d	标准养护 28d	参数来源
相对强度	92%	83%	55%	100%	《混凝土》2005.5

表 F-4　混凝土养护方式对强度增长的影响

养护方式	强度值（相当于 R_{28d},%）		说　明	参数来源
	试验批 1	试验批 2		
标准养护	118	134	平均气温 25℃ 自然养护比标养低 10%~20% 包塑料布湿热养护、强度高，几乎无碳化	辽宁金盾混凝土有限公司 2006.8.16~9.13 试验
同条件自然养护	96	110		
包裹塑料布养护	126	144		

表 F-5　C80 级混凝土去石砂浆养护湿度与强度增长的关系

相对湿度（%）	强度/(MPa/%)							
	7d	14d	28d	60d	90d	180d	360d	720d
100	81.9/77	88.4/83	106.8/100	123.2/115	131.3/123	134.1/126	149.6/140	161/151

（续）

相对湿度（%）	强度/（MPa/%）							
	7d	14d	28d	60d	90d	180d	360d	720d
80	69.3 /76	84.3 /93	90.9 /100	98.4 /108	102.8 /113	107 /118	110.3 /121	124.5 /137
60	64.5 /78	81.0 /97	83.1 /100	90.8 /109	92.3 /111	96.3 /116	103.5 /125	112 /135

注：1. 一般混凝土湿度对强度增长影响参数：按标养为 100%，则相对湿度 80% 时 R_{28d} 为 85%；相对湿度 60% 时 R_{28d} 为 75%。

2. 参数来源：沈阳 C80 ~ C100 高性能泵送混凝土鉴定材料之二。

表 F-6　混凝土养护方法对强度的影响

养护方式	R_{3d}/（MPa/%）	R_{7d}/（MPa/%）	R_{28d}/（MPa/%）	参数来源
标养（20±3）℃	22.9/48	34.3/71	48.1/100	沈阳泰丰混凝土有限公司提供
自然养护（每天浇水 3 次,覆盖塑料布）	18.4/38	26.7/56	38.1/79	

表 F-7　混凝土在相同的度天值下，其不同养护方式对强度、碳化的影响

养护方式	自然养护	涂养护液	包塑料布养护	标准养护	参数来源
环境温度	16.5℃	16.5℃	16.5℃	20℃	沈阳四方混凝土公司 2004.9.9 ~ 2004.10 试验
混凝土强度/（MPa/%）	39.1/100	42.1/108	46.4/119	50.0/128	
度天值/（℃·d）	462	462	462	532	
碳化值/mm	3	1 ~ 1.5	0	0	

注：包塑料较自然养护 28d 强度高近 20%，且无碳化。

表 F-8　环境因素对混凝土塑性开裂的影响

环境因素	影响值			参数来源
	环境条件	普通混凝土开裂率	加掺合料混凝土开裂率	
相对湿度	从 60% 提高至 85%	下降 4.1%	下降 96.4%	《混凝土》2005.6
风速	从 8m/s 下降至 3m/s	下降 13%	下降 74.5%	
温度	从 35℃ 下降到 25℃	下降 54.8%	下降 28.3%	

注：1.0kg/m²/h 水分蒸发率是混凝土出现塑性裂纹的临界值。

表 F-9　环境温、湿度因素对混凝土碳化速度的影响

环境因素	影响值		参数来源
温度	10 ~ 60℃	温度升高,碳化速度增大	《混凝土》2004.11
湿度	45% ~ 95%	湿度升高,碳化速度减缓	

表 F-10　引气量-用水量-坍落度-强度关系

引气量	用水量	坍落度	强度	混凝土体积	注
每增加 1%（超出 4% 以后）	—	—	下降 3%～5%	—	黄士元著《近代混凝土技术》
每增加 1%	下降 1%～2%（坍落度不变）	提高 1cm（用水量不变）		增加 3%～4%	

表 F-11　混凝土原材料因素与用水量、强度的影响关系

影响关系	影响值				参数来源
水泥 C_3A 含量与用水量关系	水泥中 C_3A 含量每提高 1%（质量分数），水泥标准稠度用水量提高 1%，混凝土用水量提高 6～8kg/m³				《混凝土》2005.1
粗骨料粒径与混凝土强度的关系	当水胶比小于 0.4 后，混凝土强度随粗骨料粒径增大而降低，因此，配制高强度等级混凝土应采用最大粗径在 20mm 以下的碎石				黄士元著《近代混凝土技术》
石子针片状含量与混凝土强度损失率关系	针片状含量（%）	10	15	25	
	混凝土强度损失率（%）	3.3	9.9	16.8	
石子粒径与高强混凝土强度的关系	石子粒径 /mm	15　20　30　40		配比相同时，碎石比卵石混凝土提高 20%～35% 强度	
	混凝土强度 /MPa	81.6　80.9　78.3　77.2			
砂粒径与混凝土用水量的关系	混凝土采用细砂比相同坍落度中砂用水提高 5～8kg/m³，采用粗砂则减少用水 5～10kg/m³				混凝土配合比设计规程
碎、卵石与混凝土用水量的关系	达到相同坍落度，同粒径卵石比碎石少用约 10kg/m³ 用水量				
坍落度与用水量的关系	坍落度为 90mm 的混凝土，每增大 2cm 坍落度，需增加 5kg/m³ 用水量				
坍落度与砂率的关系	坍落度每增加 2cm，砂率需提高 1%				

表 F-12　气泡直径与混凝土中游离水冰点的关系

孔径/mm	5×10^{-6} mm	5×10^{-10} mm	1.5×10^{-10} mm	项翥行著《混凝土冬季施工工艺学》
冰点/℃	−5	−60	−70	

表 F-13　胶凝材料品种与引气剂用量的关系

普通硅酸盐水泥	矿渣水泥	普硅水泥加 20% 粉煤灰	水泥用量每提高 50kg/m³，混凝土含气量减少 1%	唐明著《现代混凝土外加剂及掺合料》
1	1.3	2		

表 F-14　混凝土用水量与强度的关系

混凝土中每多增加10kg/m³ 水,28d混凝土强度下降3.7MPa;以用水量调节稠度,每增加1cm坍落度,混凝土强度下降1MPa	沈阳汉拿混凝土公司提供

表 F-15　NaNO₂ 掺量与混凝土强度发展的关系

<2%	2~4%	≥4%	10%	
早强	不早强,不缓凝	缓凝,后期强度下降	混凝土42h不凝,后期强度下降10%~20%	黑龙江寒地建研院提供

表 F-16　混凝土浇筑前停歇时间对强度的影响

停歇时间强度	h						
	0	2	4	6	8	10	沈阳泰丰混凝土有限公司提供
（MPa/%） （气温25℃）	44.3 /100	40.1 /91	38.4 /87	27.8 /63	19.7 /44	15.0 /34	

表 F-17　水泥温度对混凝土用水量、强度的影响

水泥温度	混凝土用水量	混凝土 R_{28d} 抗压强度	混凝土抗折强度	
37℃	提高1.5%	下降6.4%	下降1.2%	《混凝土》2005
57℃	提高3.0%	下降10%	下降3.4%	

表 F-18　用化学成分含量推断水泥 28d 强度

立窑	$R_{28d} = CaO + Al_2O_3 + Fe_3O_4 - SiO_2 - SO_3$	朱效荣高级工程师提供
回转窑	$R_{28d} = CaO + Al_2O_3 + Fe_3O_4 - SiO_2 - SO_3$	

表 F-19　煤灰混凝土强度增长规律

$f_{c,28d}$:粉煤灰混凝土强度 FA:粉煤灰用量 t:养护温度 f_{ce}:水泥实际强度 B/W:胶水比	$f_{c,28d} = 0.286 f_{ce} (FA)^{-0.318} (B/W)^{1.017} t^{0.329}$	摘自《混凝土》2005.7,P24,《粉煤灰混凝土强度增长规律初探》

表 F-20　各矿物成分-各龄期强度表

单矿物名称	各龄期强度值/MPa				参数来源
	3d	28d	180d	365d	
C_3S	31.60	45.70	50.20	57.30	黄土元著《近代混凝土技术》
$\beta-C_2S$	2.35	4.12	18.90	51.90	
C_3A	11.60	12.20	0	0	
C_3AF	29.40	37.70	48.30	58.30	

表 F-21　大体积混凝土厚度、环境温度与水化热的关系

混凝土厚度	厚度 0.8m～2m:3d 达最高温,以后开始降温	厚度 5m 以上:实际温升接近绝热温升,高温持续时间长	《混凝土》2005.5,P10
环境温度	环境温度 20℃:第一个 24h 水化热 = 7d 水化热的 43%	环境温度 30℃:第一个 24h 水化热 = 7d 水化热的 62.5%	

表 F-22　混凝土变形与体积收缩的关系

变形种类	塑性收缩	干缩	化学收缩	摘自《混凝土》2002.5,P26,《预拌混凝土和裂纹问题系统分析》
体积收缩(%)	2	0.2	8	
完成时间	成形后 1～3h	3 月内	$W/B < 0.35$ 相对湿度 8% 以下自收缩可观	

表 F-23　混凝土龄期-收缩关系

混凝土龄期时间	半个月	三个月	一年	《混凝土》2005.5
占 20 年收缩的百分数(%)	20～25	50～60	75～80	

表 F-24　C50～C80 混凝土后期强度增长关系

时间/d	28	60	90	180	360	《混凝土》2002.6
增长率(%)	100	106	112	118	121	

附录 G　预拌混凝土碳化

　　混凝土水化过程中，产生 $Ca(OH)_2$，使混凝土呈碱性。当混凝土置于空气中一段时间后，$Ca(OH)_2$ 与空气中的 CO_2 反应生成 $CaCO_3$，混凝土表面碱性渐渐失去，这种现象称为碳化。用回弹仪检测强度时，用酚酞试液测定混凝土表面碳化深度，碳化层不变色，未碳化层呈红色，混凝土碳化层由于硬度提高，回弹值相应提高，因此，必须查表对混凝土强度进行修正。按现行回弹规程，混凝土的碳化深度对混凝土回弹强度推算值影响很大。为此，我们必须了解有哪些因素与混凝土碳化有关，以及如何降低混凝土的碳化值。

G.1　影响混凝土碳化的因素

　　水泥品种、水泥用量、粉煤灰掺量、养护方式等都对混凝土碳化有不同程度的影响。混凝土碳化系数表见表 G-1。

表 G-1　混凝土碳化影响系数表

条件	影响系数符号	影响系数				
水泥用量/(kg/m³)	K_c	250	300	350	400	500
		1.4	1.0	0.9	0.8	0.7
水胶比	K_W	0.4	0.5	0.6	0.7	—
		0.7	1.0	1.4	1.9	—

（续）

条件	影响系数符号	影响系数				
粉煤灰取代量(%)	K_{FA}	0	10	20	30	—
		1.0	1.3	1.5	2.0	—
水泥品种	K_γ	普硅 32.5	矿渣 32.5			
		1.0	1.35		—	
养护方式	K_b	标养	蒸气养护			
		1.0	1.85			
碳化系数	α	2.32				

从表 G-1 可知，优先采用硅酸盐和普通硅酸盐水泥，并降低预拌混凝土水胶比，可降低混凝土碳化速度和表层碳化厚度。

中国建筑科学研究院龚洛式先生提出的混凝土多系数碳化方程如下

$$X = K_W K_C K_g K_{FA} K_b K_\gamma \alpha \sqrt{t}$$

式中　X——碳化深度（mm）；

K_W——水胶比影响系数；

K_C——水泥用量；

K_g——骨料品种；

K_{FA}——粉煤灰取代量影响系数；

K_b——养护方法影响系数；

K_γ——水泥品种影响系数；

α——碳化系数；

t——碳化时间（d）。

G.2　降低混凝土碳化速度，减小混凝土碳化厚度的途径

水泥品种不同其采用的掺合料品种和掺量不同，水化产物中碱性物质含量不同，碳化速度也不同。各种水泥碳化速度依次排列为：

粉煤灰水泥 > 矿渣水泥 > 普硅水泥 > 硅酸盐水泥

G.2.1　降低水胶比，采用引气型高效减水剂

水胶比越大混凝土越不密实，碳化速度越快。混凝土碳化速度与水胶比有着很好的相关性。此外，掺入引气型高效减水剂对降低混凝土碳化速率是十分有利的。优质引气剂可减水 6%～8%，引入的无数小气泡不仅增加了混凝土的流动性，且封闭了混凝土毛细孔，提高了混凝土抗渗性、抗冻性和抗碳化能力。减水剂、引气剂、水泥品种对混凝土碳化速度的影响见表 G-2。

G.2.2　宜采用 5～20mm 石子

卵石与碎石对混凝土碳化无明显的影响，但试验表明，在水胶比、混凝土型号相同的情况下，粒径大的较粒径小的混凝土碳化速度要快 10%～20%。因为，大石子易产生混凝土

分层，从而降低了混凝土渗透性。因此，从混凝土工作性能、强度和耐久性出发，预拌混凝土宜采用 5~20mm 的石子。

表 G-2　减水剂、引气剂、水泥品种对混凝土碳化速度的影响比率

水泥 ＼ 外加剂	空白	掺引气剂	掺减水剂
普硅水泥	1	0.6	0.4
早强普硅水泥	0.6	0.4	0.2
矿渣水泥(掺量 30%~40%,质量分数)	1.4	0.8	0.6
矿渣水泥(掺量 60%,质量分数)	2.2	1.3	0.9
粉煤灰水泥	1.8	1.1	0.7

G.2.3　采用湿养护

环境湿度是影响混凝土碳化速度的重要因素。混凝土在干燥环境下，CO_2 能经毛细管进入混凝土中，加快碳化速度，而在饱和水状态下，混凝土毛细孔通道被堵塞，碳化不易进行。据资料介绍，相对湿度分别为 90%、70%、50% 时，混凝土碳化速率比为 0.6:1:1.4，室内碳化速度是室外的 3 倍。

在环境湿度基本相同的条件下，大气中 CO_2 浓度是影响混凝土碳化速度的重要因素。试验证明，碳化速度与 CO_2 浓度平方根近似为正比。北方地区冬季因采暖，空气中 CO_2 浓度较高，这对越冬养护是极不利的，混凝土应尽量带模养护，梁板结构表面加以覆盖。常温下混凝土拆模后应做好湿养护：柱子宜包塑料膜；剪力墙宜采用养护剂，封闭表面毛细孔；梁板结构应采用浇水养护；大型基础底板则宜采用水膜养护。在此再次强调，预拌混凝土湿养护要抓"早"字，混凝土初凝开始湿养护。

G.2.4　提高混凝土振捣质量

混凝土振捣不实，降低其密实度，甚至出现表面蜂窝、麻面和气泡等缺陷，会加快碳化速度。预拌混凝土企业技术部门要做好对用户的宣传与交底工作。

附录 H　主要岗位作业指导书

表 H-1　泵车司机及泵工作业指导书

指导书编号	××—ZD—01	操作者	泵车司机及泵工	页数	1/6
序号	项目	内　容			
1	准备	1. 泵送前泵车司机应与现场施工人员共同赴现场勘察地形,确定泵车停放位置,确定管路配置线路 2. 本公司泵车泵送能力为 $100^3/h$,最大水平输送距离为 600m,最大输送高度为 150m			
2	配管	1. 需要配置管线的工程,应于施工前将泵管运至现场,泵管直径为 125mm,检查管道通畅,无龟裂、无凹凸损伤,无弯折后按设计的线路配管,管线应取最短线路,宜采用浇筑方向与泵送方向相反的方法,并尽量减少弯管 2. 管线同时采用新、旧泵管时,应将新管布置在泵送压力最大处,泵管接头应严密不漏浆,有足够的强度			

(续)

指导书编号	× ×—ZD—01	操作者	泵车司机及泵工	页数	1/6

序号	项目	内 容
2	配管	3. 垂直向上配管时,地面水平管长度不小于垂直管长度的1/4,且不宜小于15 m,并应在垂直管下端弯管处设支撑,支撑垂直管的重量 4. 泵送地下室结构物时,管路宜倾斜向下配置,适当增加弯管,以防混凝土自由下落时,在管路内形成空气柱堵塞管路或混凝土离析 5. 混凝土输送管的固定,不得直接支撑在钢筋、模板上,水平管应每隔一定距离设支架,垂直管应固定在墙和柱子上且每节不少于一个固定点,如固定在脚手架上时,应根据需要对脚手架加固。应定期检查管道,特别是弯管等部位的磨损情况,以防爆管
3	稳车检车	1. 按现场调度员通知,泵车进入现场,停放在水平坚实的场地上,并使其便于供料和施工现场泵送。作业范围内不得有高压线等障碍物,同时应考虑远离高空坠物打击的地方,如现场条件较差,则泵车上部应架设蓬网,以防落物打击 2. 泵车支腿完全伸出,接好安全销 3. 关闭所有支腿卸压阀 4. 伸展臂架,按下段—中段—上段顺序进行,伸杆时注意各杆是否卸压,一杆伸展不大于60°时,待一、二杆安全钩安全拖开,再伸展二杆、三杆,待四杆安全钩拖开后再展四杆,杆升期间严格监视四腿受压情况,如有异常要紧急将杆转向支撑好的一方后,再视情况处理,应注意如不工作一方两腿没全展开,禁止将杆转过工作面中心线45°角(禁止将臂杆转向支脚未展开的一面)。在臂杆伸展过程中,其前端只可挂一根胶管,当臂全伸展状态下,泵车不得有微小移动,并注意与相临物体保持1m以上的距离 5. 臂架前端软管最多可接8m,严禁软管前端接铁管,如必须接长,可采取硬连接 6. 五级以上大风或瞬间风速大于16m/s(电线产生口哨声),停止作业
4	联络要料	泵车到达现场后,检查用户需要混凝土的施工部位的钢筋、模板是否完工,监理"浇灌令"是否已下,布管是否已完成,无误后通知搅拌站发送水车以及陆续供应的混凝土型号、数量
5	泵送	1. 水车及砂浆车到现场后,先泵送适量水,湿润混凝土料斗、活塞及输送管内壁、布料机,排出的水应排到模板外 2. 经润管检查,确认混凝土泵及管路中无异物后,开始泵送砂浆,如砂浆为1:2水泥砂浆,应将砂浆分散布料,稀砂浆必须排放在模外,由施工方妥善处理以防止污染环境 3. 混凝土泵送过程中泵车司机应及时与搅拌站取得联系,反馈混凝土坍落度情况、供应型号、数量等信息。结构关键部位(悬挑结构、大跨度梁、预应力结构等)应特殊说明,提醒试验室、计算机操作室予以高度重视 4. 混凝土泵送工程中,有计划中断时,应预先确定中断浇筑部位,通知调度室,泵送中断时间不宜超过1h 5. 混凝土泵送出现非堵塞中断时,应将泵车卸料,清洗后重新泵送,或利用臂架(配管)与料斗内的料进行慢速间歇正反泵 6. 泵送过程中放料工或泵工应随时将泵车筛网上滚出的大石子等杂物及时清理掉,防止粒径过大的骨料或异物入泵造成管路堵塞 7. 混凝土泵送即将结束前,应及时与施工方取得联系,正确计算需用的混凝土数量,及时通知搅拌站 8. 泵送过程中,废弃的和泵送终止时多余的混凝土应预先确定处理方法和场所,及时进行妥善处理 9. 泵送完毕,应将混凝土泵车和输送管道清洗干净,清洗时,布料设备出口应朝安全方向,防止废浆高速飞出伤人

（续）

指导书编号	××—ZD—01	操作者		泵车司机及泵工	页数	1/6
序号	项目	内　容				
6	收杆与支腿	1. 发动机熄火后，清洗泵车，防止水渗入空气滤清器和电器设备内 2. 臂架收杆应按上段—中段—下段顺序进行，将臂杆转向安全方向，收一杆角度不得小于60°，防止二杆损伤一杆油缸，先收三、四杆，待三、四杆收紧后再收二杆，避免快收操作，一杆臂杆收紧后以最小油门将臂杆落到位 3. 臂架收好后，收泵车支腿，先收支腿再收大腿，泵车相对方向两大腿交替收回，禁止一方向一次收回或单收一腿 4. 收杆、换管、抬管时，应注意前后左右，防止砸伤腿脚和他人 5. 冬期停止作业时，散热器、水路中水排净，全车清理、保养、检修合格后，摘下蓄电池入库				
7	施工记录	1. 泵车司机在泵送过程中要随时监视施工现场胀模、模板坍塌、移管撒料、多要料倒掉等浪费混凝土的现象，填写在"泵送浇灌记录"上并及时请施工方或建设单位签字认可，如对方不认可应立即通知销售部 2. 每天、每个工程，泵车司机均应认真填写"泵车浇筑记录"，记录施工部位（层、轴线、梁或板、柱等），并做好"泵车交接记录"，交与当日调度员				
8	安全文明生产	1. 泵车应遵守交通规则，安全文明行驶，严禁酒后驾车 2. 泵车应按规定，定期保养车辆，更换润滑油，并配合修理部做好泵车大、小修 3. 经常检查泵车各易损部位及管路、弯头，防止管路爆炸伤人，清理料斗及泵车内外应在沉淀池边进行，检修废油应及时回收，以防止废油污染沉淀池水 4. 不得随便打开高压油路液压密封部位，必须检修时，应先把球形阀关上，拉下安全阀，待油箱压力下降后方可操作 5. 软管架和端部软管与臂架部段为安全绳，防止其脱落伤人 6. 作业时应戴安全帽、眼镜，高空作业系安全带 7. 泵车车身长，上方有泵管、车身高、车体重、进行中应保持中速，注意周围电线、管路、沟坠。风雪天车速控制在 3～5km/h 8. 泵车选择停放在平整坚硬的地面上，禁止将支腿安放在管线或未压实的回填基坑上，与施工现场建筑物、起重机、拖拉线、电线保持足够的安全距离，并便于混凝土运输车进出停放 9. 在高压线附近使用臂架时，臂架与高压线间距应满足下表要求				

电压	臂架与高压线间距（雨天加倍）
1kV 以下	1m
1～10kV	3m
110～220kV	4m
220～380kV	5m
未知电压	5m

10. 臂杆软管出口下不得站人，泵管线上不得坐人，防止爆管伤人

表 H-2　混凝土运输车司机作业指导书

指导书编号	××—ZD—02	操作者	混凝土运输车司机	页数	1/3
序号	项目	内　容			
1	车检	混凝土运输车司机接班时，应与交班司机一同进行车辆检查，并填写交接班记录。出车前反转操作杆，检查罐车内有无积水，检查发动机油、散热器内的水是否够量，发动机机油压力是否正常，冷却液温度是否正常，制动系统及减速器油量是否处于标准范围内。罐车低速空转确认各部位有无异音、异臭、发热、漏油，结合部有无松动、流水等，并将油箱内加满柴油，调节搅拌筒制动器，保持搅拌筒软垫与衬垫间隙为 0～3mm，在冬季发动机起动后要低运转，不可大油门，待发动机温度升至正常后方可行车			

（续）

指导书编号		× ×—ZD—02	操作者	混凝土运输车司机	页数	1/3
序号	项目	内　　容				
2	标志	混凝土运输车司机按值班调度员安排,锁紧正转操作杆,到混凝土搅拌站下料口接料,通过手台向计算机操作室、调度室报告进站车号,同时将搅拌运输车散热器装满水,并去调度室取"发货单"				
3	装料核对型号	当听到铃响时,装料结束,将运输车开出接料口检查混凝土料位有无异常,如有溢料须将多余料排到沉淀池内。将正转操纵杆锁牢,保持拌筒慢速转动,经检查站检查混凝土质量合格后,按指定行车路线将混凝土送至施工现场。车辆行驶、起车均应稳行,防止撒料,如发现撒料,应停车清除				
4	运输	行车前将操纵杆提起,设定在定速搅拌位置,混凝土运输车在运输途中,要保持中速行驶,市内最高速不超过 50km/h,二环路不超过 70km/h。拌筒应保持慢速转动,行车中不得随意加水				
5	现场验收	混凝土运输车到达施工现场,应唱票(说明来料型号)并将混凝土发货单交泵车司机或泵工验收。核对型号无误后,泵车司机盖章,再经用户盖章确认后,按泵车司机指定的顺序等待卸料				
6	流化	搅拌车卸料时,泵车司机观察混凝土坍落度是否适宜,如过小,可取适量流化剂,进行二次流化,筒体快转 3～5min 后方可出料				
7	喂料	混凝土运输车喂料应中速旋转拌筒,使混凝土拌和均匀,车辆开至浇灌地点应保持与基坑边有安全距离。停车后固定前后轮,再开始卸料。混凝土喂料时,应配合泵送均匀进行,且应使混凝土保持在骨料斗内高度标志线以上。中断喂料作业,保持拌筒低速转动。车辆在现场停留超过 2h(冬期不超过 1h),司机应及时与工地及调度室联系,防止超时强度下降				
8	再接料	混凝土运输车空罐回到搅拌站接下车混凝土时,如罐内有剩余混凝土,应将型号、数量通知调度员,经试验当班技术人员确认罐内混凝土质量符合标准时,再续接同型号混凝土,发往其他工地				
9	洗车	每天应视气温和所运输的混凝土型号适时到洗车场清洗罐内残留的混凝土,同时工作结束,应将运输车内外和驾驶室内外(包括罐内外壁、导料槽、接料斗、车底盘)残留的混凝土清洗干净,并及时将拌筒内积水排尽,气温低时应注意将水路中积水彻底排尽,防止冻裂				
10	保养	1. 按说明书要求,每月底盘各注油孔、筒体导辊和导轨间、导料槽托架轴、支柱及后部控制杆使用油脂润滑,清洗、更换三滤,并做好记录 2. 检修废油不得淌入沉淀池内,防止污染搅拌用水 3. 按公司规定,配合修理工做好车辆保养,大、中、小修				
11	交接班	每天早 7:30 进行交接班和添加柴油。本班若有机械异常情况或需报修,应向下班交接清楚,并在领油卡上签字确认				
12	安全操作	1. 严禁酒后驾车,路面行驶安全礼让,中速行驶;弯道、不平道路、阴雨天减速行驶,院内行驶车速控制在 5km/h 2. 清理罐体内部,须关闭发动机,拔下发动机钥匙,锁好车门,并挂"罐内正在作业"标志牌,设人监护,方可作业 3. 安全防火规定 1)车辆应停在远离火源的地方,检查油箱不得用明火 2)每天上班检查制动器是否有效,前轮、转向机构是否完好,电路、连接螺钉及导料槽锁固有无松动,防止事故发生 3)防止排气管路沾油起火 4)每车应设灭火器,并经常检查其状况是否正常				

（续）

指导书编号	××—ZD—02		操作者	混凝土运输车司机	页数	1/3
序号	项目	内　容				
12	安全操作	5）安装蓄电池时，应先接火线，再接蓄电池连线，最后安装搭铁线，防止扳手接铁发出火花爆炸，拆卸蓄电池时，则按相反步骤进行 　4. 冬季停产车辆入库时，应将蓄电池卸下并统一保管 　5. 司机擦拭罐体时应防止卷入搅拌筒和导辊之间 　6. 车辆检修、加油拉起驾驶室时，应先将安全插销抽出；检修完驾驶室复位后，及时将挂钩插销挂牢，防止驾驶室翻倾 　7. 车辆需要焊接时，拆除蓄电池搭铁线				
13	故障处理	生产中出现运输车动力系统发生故障而罐体内又积有混凝土时，及时报告调度员用同型号接头借用另一台搅拌车动力系统将罐内混凝土卸出。其他故障通知汽车修理工，及时处理				
14	水泵使用注意事项	1. 使用前打开供水阀，开动发电机，再启动水泵（指电动），防止水泵空转 　2. 水泵勿在持续逆转时关闭 　3. 冬季使用水泵后，应将水罐、喷嘴、管道、水泵各处积水排净，防止冻裂				

表 H-3　调度员作业指导书

指导书编号	××—ZD—03		操作者	调度员	页数	1/2
序号	项目	内　容				
1	接班	1. 了解上班结转工程需供应的混凝土型号、数量，继续保持匀速供料 2. 了解当日混凝土供应计划，按计划派泵、发车				
2	发料	1. 泵车司机到达工地后，及时与其取得联系，对具备浇灌条件的工程，核实混凝土型号、数量，无误后发水和砂浆车，并将有悬臂结构、8m 以上大梁和预应力结构的工程，及时通知技术部门。如站内用聚羧酸和萘系两种泵送剂时，要按技术部门的通知，通告运输车司机和泵送人员，不可混用流化剂 　2. 通知混凝土运输车司机到指定站接料，并通知计算机操作员生产混凝土的型号、用户名称和施工部位。按用户委托的工程名称、部位、型号、坍落度等要求准确打印"混凝土发货单"，并要求返站的第一辆罐车将用户"生产委托单"带回，再次核实混凝土型号，防止错发混凝土				
3	信息沟通，灵活调动	1. 随时观察进、出厂混凝土运输车情况，根据工程泵送进展，在上一车混凝土搅拌最后一盘料时，通知待命车辆准备进站，并通知计算机操作室生产下一车混凝土的型号，以提高生产效率 　2. 随时与各泵车取得联系（如有 GPS 装置，则可掌握各工地去、返程车辆和工地待泵送车辆情况），保持各工程均衡供料，防止积压或车辆断条，提高车辆利用率 　3. 随时与各罐车司机联系，掌握各车辆行进情况，防止车辆私自下线、错走路线 　4. 注意与自泵、自吊工程项目负责人取得联系，防止由于信息不沟通供应中断时间过长 　5. 对发车已近 3h 未返回搅拌站的车辆主动联系，必要时及时调离现场，就近处理，防止混凝土超时报废 　6. 对泵、罐车司机反馈的设备故障信息高度重视，第一时间通知修理部，派车、派人赶往现场抢修，缩短设备故障造成混凝土供应中断的时间 　7. 搅拌站出现停电时，及时组织发电机组工作，缩短生产中断时间。出现停水、设备故障或其他原因造成较长时间的生产中断，应立即与邻近搅拌站联系，请求临时协助供应部分混凝土，以防止重要结构出现冷缝 　8. 利用生产空隙时间，组织各搅拌机分批清罐，避免交接班时集中清站，影响工地施工进度				

（续）

指导书编号	××—ZD—03	操作者	调度员	页数	1/2
序号	项目	内　容			
4	接听电话	1. 文明礼貌接听客户来电,对不能按计划供应混凝土的工程,诚恳说明原因,取得对方谅解并实事求是报告开泵时间 2. 对各工地反馈的质量信息,如混凝土泌水、离析、坍落度过大或过小等情况,应及时传达给带班技术人员,以便随时调整配合比,保证泵送顺利进行,防止质量事故 3. 准确记录客户用料计划,按公司规定的时间报生产经理(也有的搅拌站由生产经理直管此工作)			
5	记录	1. 记录每天各工程生产型号、数量 2. 记录当日混凝土降级、报废型号、数量、原因 3. 记录当班设备隐患、需报修的设备名称,并向下一班交接			

表 H-4　计算机操作员作业指导书

指导书编号	××—ZD—04	操作者	计算机操作员	页数	1/2
序号	项目	内　容			
1	设备检查和试运转	1. 协助维修工检查计量装置,重点检查各计量斗情况,防止计量斗卡、顶等现象的发生 2. 协助维修工检查荷重传感器是否灵活,导线接触是否良好 3. 计量显示器零点复位 4. 协助维修工检查搅拌机各部位联结、润滑情况,一切正常后启动搅拌机空运转,无误后方可生产 5. 确认上料设备和筒仓出料设备,保证原材料品种、规格符合"混凝土配合比通知单"所规定的要求			
2	配合比输入和原材料确认	1. 严格按照技术部门签发的"混凝土配合比调整通知单",将配合比输入配料系统,并由带班技术人员核查签字确认 2. 严格核查各仓储存原材料的品种、规格是否与下达的配合比一致			
3	计量搅拌	1. 按"配合比调整通知单"规定值计量,保证混凝土配合比计量准确无误 2. 根据调度员通知的工程名称、型号、部位、气温按加料程序和搅拌时间搅拌混凝土,并通过搅拌机电流和出料监视计算机屏幕,观察混凝土坍落度是否适宜,发现异常及时与带班技术员联系,查明原因,调整配合比 3. 通过监视计算机屏幕随时观察皮带运输机、后台粉剂计量秤工作情况,如有异常应及时通知带班技术员,防止不符合配合比要求的混凝土出厂			
4	配合比调整	根据砂、石含水率变化、各工地反馈坍落度损失变化、各施工现场浇筑部位对坍落度的要求,通过带班技术员调整配合比			
5	计量检查	1. 生产过程中应注意动态计量误差,水、水泥、外加剂计量误差不大于2%,砂、石不大于3%。发现超差应及时报告技术部门检查原因,并予以纠正 2. 每月应配合电工对电子秤进行自校验,其误差不得大于上述规定			
6	记录	1. 做好每班生产记录和每盘计量记录的保存、归档工作 2. 做好计量设备自校准记录和归档工作			

表 H-5　带班技术员作业指导书

指导书编号	××—ZD—05	操作者		带班技术员	页数	1/2
序号	项目	内　容				
1	砂石含水率测定	1. 每班工作前，应测定砂石含水率，并按测定值调整混凝土配合比，填写"混凝土配合比调整通知单"，经技术负责人审核后，送计算机操作室 2. 每班应随时注意观察砂石含水率、石子含砂率变化，并根据此变化随时调整配合比				
2	配合比输入及确认	1. 每班应核查计算机操作员混凝土配合比输入工作并确认签字 2. 站内同时采用聚羧酸和萘系两种外加剂时，要注意通知调度时，防止混用发生事故				
3	混凝土质量检查	1. 每班、每种型号首盘应目测混凝土和易性和坍落度，如与要求有较大出入，应分析原因，在水胶比允许围内，通过调节水泥浆量或外加剂用量，及时调整 2. 调整合格后的混凝土，组织试验员每班、每种型号、每种配合比、每 100m³ 应留取一组 28d 抗压标养试件，此外，还宜留置 3d、7d 试件各一组，以观测混凝土早期强度，对用户有要求的工程尚应留置同条件试件 3. 每月组织技术人员对电子秤校准一次，每周宜从混凝土运输车上抽测一次混凝土表观密度并记录，以宏观检查计量工作是否正常 4. 配合工地在监理的旁站下测定混凝土坍落度，制作交货检验试件，标明试件型号、成型日期 5. 随时注意听取工地反馈质量信息，发现混凝土坍落度过大或过小、离析、泌水等情况随时采取措施加以调整 6. 应随混凝土运输车经常到各工地巡查混凝土质量和坍落度适宜情况，发现问题及时通知计算机操作室加以纠正				
4	技术资料送达及技术交底	1. 按工程施工进度和部位要求，及时将必要的技术资料随首辆混凝土运输车及时送达工地并将工地签收单带回 2. 首次供应混凝土工程或重要工程开工前，应将"用户须知"或施工方案（措施）主要内容向工地技术、质量、施工、监理等人员做口头和书面交底				
5	不合格品控制	1. 对进厂砂石应宏观检查，发现有疑问的要立即通报试验室取样检验，不合格退货 2. 对进厂掺合料车车检测，不合格者不得卸车 3. 对进场外加剂、水泥抽样，拌制混凝土检查相容性，确定适宜掺量 4. 对离析混凝土、超时混凝土应取样检查，经技术负责人审批后，离析混凝土视具体情况掺水泥干砂浆调整；超时混凝土降级或报废处理，并做好记录				
6	记录	1. 做好施工日记。记录当天气象情况，各工地生产型号、数量、坍落度，混凝土试件成型数量 2. 冬期生产做好混凝土出机、入泵温度测定和记录工作				

附录 I　补偿收缩混凝土无缝施工方案实例

I.1　编制依据

1）工程设计图样。

2）设计交底及图样会审答疑。

3）土建工程施工涉及的现行国家建筑工程质量验收规范和规程。

《混凝土结构工程施工质量验收规范（2010 版）》（GB 50204—2002）

《混凝土质量控制标准》（GB 50164—2011）

《混凝土泵送施工技术规程》（JGJ/T 10—2011）

《混凝土强度检验评定标准》（GB/T 50107—2010）

4）超长结构无缝施工所涉及的标准及工法。

《补偿收缩混凝土应用技术规程》（JGJ/T 178—2009）

《混凝土外加剂应用技术规范》（GB 50119—2013）

《混凝土膨胀剂》（GB 23439—2009）

《补偿收缩混凝土防水工法》（YJGF 22—92）

《超长钢筋混凝土结构无缝设计和施工方法》（专利号：93117132.6）

I.2　工程概况及需要解决的问题

I.2.1　工程概况

　　该工程为地下两层结构，地下室墙柱混凝土为 C45，梁板混凝土为 C35，地下室顶板厚度为 200mm，剪力墙厚度为 450mm，底板厚度为 500mm。本工程地下室底板长约 315m，宽约 137m。

I.2.2　需要解决的问题

　　1. 结构尺寸超长

　　由于该工程地下室超长、超宽，平面尺寸大，属大型超长结构，浇筑后的混凝土极易产生收缩裂缝，影响整个结构的耐久性及实际使用。按传统做法需在结构上设置多条后浇带，把整体结构分割成若干块，分别浇筑混凝土，待 60d 混凝土收缩完成后再来填充，这样不但设计、施工复杂，而且结构的整体质量很难保证。

　　2. 整体性防水

　　本工程地下水位较高，结构及工程条件复杂，施工技术要求较高。地下室为现浇混凝土结构，防水要求十分严格，如何做好整体防水是关键。

　　3. 施工进度

　　根据工程的具体情况，如采用传统的设后浇带的做法需留出做外防水、砌保护层的时间，这样工期比较长，并对建筑物以后的商业运作造成很大影响。

　　4. 抗裂防渗

　　本工程结构及工程条件复杂，施工技术要求较高，除必须满足强度、刚度、整体性和耐久性外，还存在超长结构裂缝控制及结构防水的问题。所以，如何控制混凝土硬化期间由于水泥水化过程释放的水化热所产生的温度应力和混凝土干缩应力的共同作用，导致钢筋混凝土结构的开裂，破坏结构防水封闭性及耐久性，将成为设计、施工技术的关键。

I.3　技术支持

I.3.1　超长无缝施工技术简介

　　针对本工程的具体特点，建议使用 SY—K 补偿收缩混凝土实现超长无缝结构施工的技术，提高混凝土整体质量，并且可以实现良好的综合效益。该技术自 20 世纪 90 年代末开始已经被广泛运用，取得了良好的技术、经济效益，并由此产生了行业标准《补偿收缩混凝土应用技术规程》（JGJ/T 178—2009）。

对本工程实际情况提出在该工程的地下室底板、侧墙、顶板混凝土中掺加 SY—K 膨胀纤维抗裂防水剂，这样可以实现良好的抗裂、抗渗效果，根据工程实际情况和特点，在本工程地下室进行超长结构无缝施工。

注意：该技术的核心是采用补偿收缩混凝土进行浇筑，该技术不改变地下室基础的配筋和混凝土结构设计，不额外增加施工工序，不影响结构受力与沉降，对于该工程涉及的具体基坑开挖、支护、降水与普通地下工程施工相同。

本施工方案依据为国家行业相关标准、规范以及项目设计图纸，为建设单位提供技术参考，本方案中涉及的加强带设置、实际施工控制以及其他未尽事宜，建设单位和设计单位应结合工程实际情况进行相应调整。

相比常规后浇带施工，超长无缝施工的技术优势见表 I-1。

表 I-1　超长无缝施工的技术优势

施工技术	常规后浇带	超长无缝施工
技术特点	1. 后浇带一般在两侧混凝土浇筑 60d 后回填，严重耽误工期，影响下一步施工进场进度	可以实现连续施工，大大节约工期
	2. 后浇带处混凝土浇筑存在 60d 时间差，在新老混凝土连接处存在结合不严密的情况，是引起渗漏的极大隐患，进而影响结构的使用功能	避免了后浇带的施工冷缝，确保建筑结构质量的整体性
	3. 常规地下室混凝土需要使用外防水（如卷材防水）以满足结构的抗渗要求，但是常规外防水使用寿命有限，后浇带施工容易引起开裂、渗水，因此混凝土结构防水、抗渗性能堪忧	补偿收缩混凝土在施工措施完善的条件下可以实现结构自防水，提高混凝土自身抗渗性能、节约成本
	4. 后浇带填充混凝土之前，需将两侧混凝土凿毛、清理，由于后浇带处钢筋密布，凿毛、清理极其麻烦，增加工序	连续施工不需要进行凿毛、清洗，不改变结构受力状态，不需要额外的模板支护，使结构更安全
	5. 后浇带处遇板断板，遇梁断梁，后浇带将双向板断开，造成简支结构变为挑梁结构，使梁、板的受力特征发生了变化，其固端所受弯矩变大，需要长时间进行模板支撑，一旦拆模过早极易造成结构开裂、破坏，存在安全隐患	
	6. 由于地下室地下水较多，容易锈蚀钢筋，常规地下室后浇带回填之前需要不断地采取降水措施，由此产生不菲的降水费用	可以实现连续施工，不需要进行降水措施
	7. 为了防止混凝土结构渗水，常规后浇带内需要采用钢板止水带等措施，这种做法不仅会增加施工程序，而且会增加额外的材料费和人工费	实现钢筋混凝土结构连续施工，简化施工工序，节约成本

I.3.2　产品简介

SY—K 膨胀纤维抗裂防水剂由硫铝酸盐膨胀剂、聚丙烯纤维、防水剂和增强剂等多种功能材料复合而成，具有膨胀性能和阻裂纤维的共同优点，同时还具有高抗裂、高抗渗的超叠加效应。它具有膨胀、抗裂、抗渗和防水等功能，并特别配制了流化、泵送组分，以便加入后可达到现场泵送的功能，并可以根据季节调整其缓凝、早强等作用。

该产品具有以下方面的独特性：

1）双重保护、双重功效。SY—K膨胀纤维抗裂防水剂可从物理和化学两方面提高混凝土的抗裂能力，为混凝土提供双重保护。一方面，数量众多的合成纤维产生微细配筋及网状承托的效果，抑制了混凝土的开裂进程；另一方面，膨胀组分与水泥水化产物发生化学反应并产生适度膨胀，可防止混凝土收缩开裂。

2）阶段抗裂、层次抗裂。微膨胀剂主要在混凝土硬化过程发生作用，而聚丙烯纤维则主要在混凝土塑性阶段发挥作用。SY—K膨胀纤维抗裂防水剂将两者复合，体现了"阶段抗裂、层次抗裂"的科学理念，可达到全程抗裂的目的。它们从不同层面，以不同方式，在不同时段对混凝土做出最有效的贡献。

3）三重防水机理。混凝土结构自防水即依靠混凝土本体来实现建筑防水，已被证明为最根本的建筑防水技术，目前广泛采用的结构自防水措施主要包括补偿收缩、增强密实及抗裂防水三种类型。由多种功能材料复合而成的SY—K同时具备以上三种防水机理，故而比单一的组分具有更高的抗渗防水能力。

4）SY—K产品掺入混凝土中后，依靠纤维在混凝土中巨大数量的均匀分布，在混凝土内部构成一种均匀的乱向支撑体系，从而产生一种有效的二级加强效果，并有助于削减混凝土塑性收缩及冻融时的应力。收缩的能量被分散到 $1m^3$ 上千万条具有高抗拉强度而弹性模量相对较低的纤维单丝上，从而有效增强了混凝土的韧性，抑制了微细裂纹的产生和发展。同时，无数纤维单丝的加入可有效阻碍骨料的离析，保证了混凝土早期的均匀泌水性，从而阻碍了沉降裂纹的形成。实践证明，掺入该产品的混凝土与普通混凝土相比较，其抗裂能力大大提高。

5）大大提高混凝土的抗渗防水性能。掺入大量微细纤维可以有效地抑制混凝土早期干缩微裂纹及离析裂纹的产生及发展，极大地减少了混凝土的收缩裂缝，尤其是有效抑制了连通裂缝的产生。均匀分布在混凝土中彼此相连的大量纤维起了"承托"骨料的作用，这样有效降低了混凝土表面的析水与骨料的离析，从而使混凝土中直径为 $50 \sim 100nm$ 和大于 $100nm$ 的孔隙的数量大大降低，可以极大地提高抗渗能力。

I.4　无缝施工技术

I.4.1　膨胀加强带的设计要求

1. 膨胀加强带基本规定

《补偿收缩混凝土应用技术规程》（JGJ/T 178—2009）规定，膨胀加强带的设置可按照常规后浇带的设置原则进行，膨胀加强带一般设在原设计留有后浇带的部位，收缩应力比较集中，需要采用自应力大的补偿收缩混凝土对两侧混凝土进行强化补偿。膨胀加强带的宽度宜为2m，并应在其两侧用密孔钢丝网将带内混凝土与带外混凝土分开。墙体在与底板膨胀加强带相对应的位置上设置一条膨胀加强带，膨胀加强带保持贯通。

根据《混凝土外加剂应用技术规范》规定（GB 50119—2013），当用于补偿收缩混凝土时，强度等级不低于25.0MPa，用于填充混凝土时，不低于30.0MPa。由于后浇带和膨胀加强带的部位一般应力比较大，故用于后浇带和膨胀加强带的混凝土设计强度等级应比两侧混凝土提高一个等级。

2. 膨胀加强带膨胀率设计要求

为了保证工程质量，《补偿收缩混凝土应用技术规程》（JGJ/T 178—2009）规定，针对不同部位不同用处的补偿收缩混凝土，其限制膨胀率不同，具体要求见表 I-2。

表 I-2　补偿收缩混凝土的限制膨胀率取值

用途	限制膨胀率（%）	
	水中 14d	水中 14d 转空气中 28d
用于补偿混凝土收缩	≥0.015	≥ − 0.030
用于后浇带、膨胀加强带和工程接缝填充	≥0.025	≥ − 0.020

根据以上要求，本工程地下室底板、顶板和侧墙混凝土中均掺加 SY—K，掺量为总胶凝剂量的 8%，带内掺量为 10%（占总胶凝材料的质量分数）。SY—K 具体用量可根据设计要求按试配结果确定。

3. 膨胀加强带钢筋设计要求

为了达到更好的抗裂性能，建议膨胀加强带内底板（墙）中增设 $\phi10@150$ 水平温度钢筋（垂直于加强带长度方向），并均匀布置在上下层钢筋上，两端各伸出膨胀带约 1000mm，并固定在上下层（或内外层）钢筋上，如图 I-1 所示。

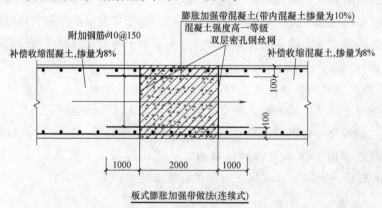

板式膨胀加强带做法(连续式)

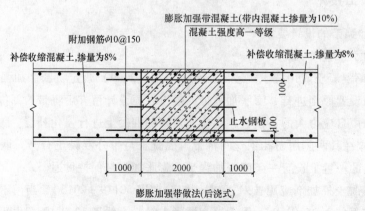

膨胀加强带做法(后浇式)

图 I-1　膨胀加强带做法

I.4.2　膨胀加强带设置

本工程膨胀加强带设在原后浇带位置上，根据板的厚度，带宽宜设置为 2m。膨胀加强带的两侧采用 5mm 密目钢丝网（快易收口网），为防止混凝土压坏钢丝网，并用立筋 $\phi 8@150$ 及水平筋 $\phi 16@200$ 骨架加固，防止混凝土流入加强带，影响抗裂性能。这样就可以实现混凝土连续浇筑或称无缝施工。本工程膨胀加强带布置简图如图 I-2 所示。

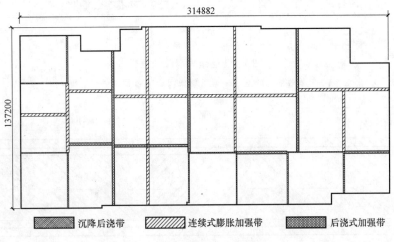

图 I-2　膨胀加强带布置简图

I.4.3　膨胀加强带浇筑方式

本工程的膨胀加强带浇筑方式宜采用连续式、后浇式两种，依据为《补偿收缩混凝土应用技术规程》（JGJ/T 178—2009），见表 I-3。

表 I-3　补偿收缩混凝土的浇筑方式和构造形式

结构类别	结构长度 L/m	结构厚度 H/m	浇筑方式	构造形式
墙体	$L \leq 60$	—	连续浇筑	连续式膨胀加强带
	$L > 60$	—	分段浇筑	后浇式膨胀加强带
板式结构	$L \leq 60$	—	连续浇筑	—
	$60 < L \leq 120$	$H \leq 1.5$	连续浇筑	连续式膨胀加强带
	$60 < L \leq 120$	$H > 1.5$	分段浇筑	后浇式、间歇式膨胀加强带
	$L > 120$		分段浇筑	后浇式、间歇式膨胀加强带

膨胀加强带的浇筑方法如图 I-3 和图 I-4 所示。

由上述标准要求并结合本工程地下室的实际情况，由于沉降后浇带不能取消，需要在结构封顶、沉降稳定后再回填，将非沉降后浇带改设为膨胀加强带，确定了该项目地下室结构宜采用连续式膨胀加强带与后浇式膨胀加强带相结合的方式进行浇筑。

如图 I-3 和图 I-4 所示，在连续式膨胀加强带范围内（也即后浇式膨胀加强带两侧的区域）可以实现整体连续浇筑混凝土，而留置的后浇式膨胀加强带一般在实际工程中于两侧混凝土浇筑后 7~14d 回填。墙体由于养护难度较大，宜采用后浇式膨胀加强带进行浇筑，

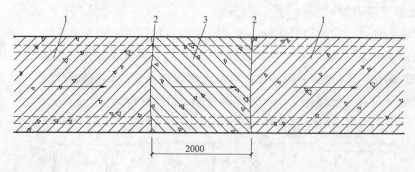

图 I-3　连续式膨胀加强带

1—补偿收缩混凝土　2—密孔铁丝网　3—膨胀加强带混凝土

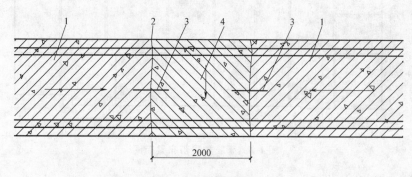

图 I-4　后浇式膨胀加强带

1—补偿收缩混凝土　2—施工缝　3—钢板止水带　4—膨胀加强带混凝土

7 ~ 14d 后回填。

I.5　补偿收缩混凝土的技术要求

I.5.1　原材料的要求和计量

1. 对原材料要求

1) 水泥。应选用强度等级大于或等于 42.5 的普通硅酸盐水泥或矿渣水泥。

2) 砂。宜采用中砂，含泥量不应大于 2.5%，泥块含量不应大于 1%，通过 0.315mm 筛孔的颗粒含量不应小于 15%。

3) 石子。宜选 5 ~ 25mm 连续级配的碎石，含泥量不应大于 1%，泥块含量不应大于 0.5%，骨料中针状和片状应小于 10%（质量百分数）。

4) 抗裂防水剂。选用武汉三源特种建材有限责任公司生产的 SY—K 高效抗裂防水剂，其技术指标应符合相关标准要求。

5) 粉煤灰。地下室底板和剪力墙强度等级较高，应考虑用适量的 II 级粉煤灰以降低混凝土的水化热，不得使用高钙粉煤灰。

6) 水。洁净自来水。

2. 原材料计量

补偿收缩混凝土的各种原材料应采用专用计量设备进行准确计量。计量设备应定期校验，使用前进行零点校核。原材料每盘称量的允许偏差应符合表 I-4 的规定。

表 I-4　原材料每盘称量的允许偏差

材料名称	允许偏差（%）	材料名称	允许偏差（%）
水泥、SY—K、矿物掺合料	±2	水、外加剂	±2
粗、细骨料	±3		

I.5.2　补偿收缩混凝土的搅拌

1）应派专人负责投料，并符合计量要求，混凝土生产应 24h 跟班监督。

2）及时测定砂、石的含水量，以便及时调整混凝土拌合用水量，严禁随意增加用水量。

3）对混凝土配合比的执行及外加剂计量准确性建立定期或不定期抽查制度，确保混凝土生产质量。

4）混凝土搅拌时间。补偿收缩混凝土应搅拌均匀。对预拌补偿收缩混凝土，其搅拌时间可与普通混凝土的搅拌时间相同。

I.5.3　补偿收缩混凝土的运输

补偿收缩混凝土自搅拌机中卸出后，应及时运至浇筑地点，为保证补偿收缩混凝土的质量，对补偿收缩混凝土运输的基本要求是：

1）在运输过程中应保持补偿收缩混凝土的均匀性，避免分层离析、泌水，不得任意加水。

2）应使补偿收缩混凝土在初凝之前浇筑完毕。补偿收缩混凝土从搅拌机卸出后到浇筑完毕的延续时间不宜超过 2h。

3）当补偿收缩混凝土从运输工具中自由倾倒时，如自由倾倒高度超过 2m，应使用串筒、溜槽或振动溜管等工具协助下落，并应保证补偿收缩混凝土出口的下落方向垂直。串筒的向下垂直输送距离可达 8m。

4）道路尽可能平坦且运距尽可能短。尽量减少补偿收缩混凝土转运次数，或不转运。

I.5.4　补偿收缩混凝土的浇筑

1）施工现场严禁向混凝土罐车及泵槽内加水。施工过程应随时与混凝土公司调度员进行协调，确保施工现场不压车。如遇特殊情况导致混凝土坍落度不能满足泵送要求时，应由混凝土公司试验室派出技术人员现场流化处理。

2）浇筑补偿收缩混凝土时应分段分层进行，每层浇筑高度应根据结构特点、钢筋疏密决定。一般分层高度为插入式振动器作用部分长度的 1.25 倍，最大不超过 500mm。平板振动器的分层厚度为 200mm。

3）补偿收缩混凝土振捣必须密实，不能漏振、欠振，也不可过振。振捣时间为 20～30s，以混凝土面不再出现气泡，不再显著下沉，表面泛浆和表面形成水平面为准。使用插入式振动器应做到快插慢拔，插点要均匀排列，逐点移动，按顺序进行，不得遗漏，做到均匀振实。移动间距不大于振动棒作用半径的 1.5 倍（一般为 300～400mm），靠近模板距离不应小于 200mm。振捣上一层时应插入下层混凝土面的 50～100mm，以消除两层间的接缝。

平板振动器的移动间距应能保证振动器的平板覆盖已振实部分边缘。

4）底板、顶板混凝土的浇筑。底板、顶板混凝土的施工，建议沿纵向每区段内采用"一个坡度、循序推进、一次到顶"的连续浇筑方法，使混凝土自然流淌形成一个斜坡。这种方法能较好地适应泵送工艺，避免泵管的经常拆除冲洗和接长，提高泵送效率，保证及时接茬，避免冷缝的出现。

在浇筑混凝土时，在每个浇筑带的前后布置两道振动器，第一道布置在混凝土的卸料点，主要解决上部的振实，第二道布置在混凝土的坡角处，确保下部混凝土的密实。为防止混凝土集中堆积，先振捣出料口处混凝土，形成自然流淌坡度，然后全面振捣，并严格控制振捣时间、振捣棒的移动间距和插入深度。施工时不得用振捣棒拖赶混凝土。

每个浇筑带的宽度应根据现场混凝土的方量、结构物的长、宽及供料情况和泵送工艺等情况预先计算好，确保浇筑带之间软接茬，严禁出现冷缝。

底板浇筑应先远后近，在浇筑中逐渐拆管。

5）底板、顶板混凝土浇筑完毕，在混凝土终凝前必须用木抹刀搓压混凝土表面两次以上，以防混凝土表面出现裂缝。底板、顶板混凝土原浆收面后，应立即进行保湿养护。

6）地下室侧墙浇筑前，或新浇混凝土与下层混凝土结合处（施工缝处，水平施工缝宜留在高出底板表面≥300mm处），应在底面上均匀浇筑50mm厚与混凝土同标号的SY—K水泥砂浆。

7）地下室侧墙混凝土采取"斜面分层，阶梯式逐层推进"的浇筑方法。每层浇筑厚度控制在500mm左右。

8）墙体混凝土浇筑时，混凝土下料点应分散布置，循环推进，连续进行。避免混凝土自然流淌面过长，混凝土离散性过大，内部收缩应力集中导致开裂。

I.5.5　补偿收缩混凝土的养护

补偿收缩混凝土的主要膨胀源是钙矾石，所以要生成足够的钙矾石就需要补充足够的水分，这就是补偿收缩混凝土必须进行充分湿养的原因所在。因此，只有在保证养护措施完善的前提下，才可充分发挥产品的效能，实现提高混凝土抗裂、抗渗的能力。混凝土的养护应设立专人负责养护工作。

在实际的施工过程中，针对不同的建筑部位，应采用不同的养护方法。

1. 地下室底板与顶板的养护方法

在工程条件满足的情况下，建议在底板部位直接使用蓄水养护，参照该项目的底板厚度及实际情况，建议蓄水高度在10cm左右，保持蓄水养护14d，由此可以保证SY—K补偿收缩混凝土抗裂效果的最大发挥，对于结构的裂缝控制有着良好的效果。如图I-5所示，为地下室底板的蓄水养护实例。

在没有条件进行蓄水养护的情况下，对于地下室板式结构也可以采取以下养护

图I-5　地下室底板的蓄水养护实例

方式：

1）底板与顶板可用麻袋覆盖混凝土表面，然后淋水养护，保持麻袋24h都处于潮湿状态，养护28d后去掉麻袋转入自然养护。

2）薄膜布加滴灌管养护。在有条件的情况下，可采用不透水和不透气的薄膜布（如塑料薄膜布），在膜下铺设PVC塑料管，并接通自来水，管上间隔30~50cm刺一小孔，派人定时开水滴灌管，用薄膜布把混凝土表面敞露的部分全部严密地覆盖起来保证混凝土在不失水的情况下得到充足的养护，如图I-6所示。

2. 侧壁的养护方法

墙体浇筑完后，顶部接好DN20PVC塑料管，并接通自来水，塑料管迎墙面每隔20~30cm刺一小孔，形成喷淋小水幕带模养护1~2d。松动模板的螺钉，让模板离混凝土墙体有2~3mm的间隙，不断淋水，带模养护5~7d，拆除模板后，用麻袋片或塑料薄膜紧贴墙体表面，继续淋水养护28d，如图I-7所示。

图I-6　薄膜布加滴灌管养护

图I-7　侧壁的养护方法

I.5.6　混凝土裂缝控制措施

补偿收缩混凝土是指在所使用的配筋条件下能使混凝土内部建立0.2~0.7MPa的预压应力或者使混凝土所受的拉力低于混凝土抗拉强度的一种微膨胀混凝土。它能有效补偿混凝土的干缩和冷缩，同时水化形成的大量晶体物质（钙矾石）具有填充毛细孔缝的作用，使毛细孔变细、减小，增加致密性，显著提高混凝土的抗裂防渗性能。

本工程现浇混凝土工程量大，预防和控制混凝土结构裂缝是保证工程质量的关键。根据结构特点，控制的主要对象是超长的地下室底板、侧墙和顶板。采取的技术措施主要是：

1）狠抓结构质量，增强全员质量意识。从项目部到生产班组、从干部到工人要始终把加强施工管理、提高工程质量放在工作首位，坚持贯彻"百年大计、质量第一"的方针，走质量效益型道路，在狠抓结构质量、提高工程产品质量上下工夫，争创优质结构工程。

2）加强施工管理，严密组织施工，完善施工工艺。

3）优化混凝土配合比。在混凝土中掺加HEA高效膨胀抗裂剂，利用其膨胀性能，补偿混凝土在水化硬化过程中因干缩、冷缩等引起的体积收缩。

① 在满足结构要求的基础上，通过适量掺加优质粉煤灰和缓凝高效减水剂，尽量降低水泥用量，使水化热相应降低。

② 在保证满足泵送工艺要求的前提下，尽量降低混凝土单方用水量及砂率。

③ 控制混凝土初凝时间在 10h 左右，避免冷缝，推迟水化热峰值。

4）严格执行混凝土配合比。

5）保证混凝土浇筑质量。为了保证混凝土浇捣的质量，在浇捣前做好有针对性和可操作性的、详细的质量与安全交底。在施工过程中，管理人员严格督促操作班组按规程和交底要求去做。浇捣混凝土要派专人负责平仓和养护，以保证混凝土浇捣的质量。

6）构造（温度）钢筋的设计对膨胀混凝土有效膨胀能的利用和分散收缩应力集中起到重要作用。为补偿温度应力，在膨胀加强带部分增加双层双向配筋，位置垂直于加强带。

7）对底板、顶板混凝土表面在初凝后终凝前进行多次原浆收面，用木抹刀或机械多次搓压，以闭合早期塑性收缩裂纹，然后进行养护。

8）及时加强养护。

I.6 经济分析

使用 SY—K 配置补偿收缩混凝土，不留后浇带，做无缝施工可以大大简化工序和缩短工期，实现良好的经济效益，具体的经济分析如下。

SY—K 按照常规部位 8% 掺量计算，单方价格约为 30 元/m^3。地下车库方量以 80000m^2 为例计算，SY—K 的材料费用为（80000×30）元 = 240 万元，采用 SY—K 补偿收缩混凝土进行超长无缝施工可以节省的费用如下：

1）抗渗费用。采用常规防水混凝土的抗渗费用为 35 元/m^3，地下车库总方量为 8 万 m^2，防水费用为（80000×35）元 = 2800000 元 = 280 万元。

2）止水费用。采用 SY—K 配制补偿收缩纤维混凝土后，不必设置伸缩后浇带，当采用连续浇筑时，可取消底板、中板、顶板后浇带两侧止水带（目前市场价 80~100 元/m），本工程地下两层，底板、中板、顶板可连续浇筑的加强带长度约为（650×3）m = 1950m，节省了这部分的材料费用大约为（1950×2×80）元 = 312000 元 = 31.2 万元。

3）降水费用。本工程地下水位较高，取消后浇带可以节省降水费用。由于普通伸缩后浇带需 60d 后进行混凝土回填，而膨胀加强带可连续施工，节省了降水费用。降水需要的设备占用租赁费、电费，目前大概的价格为 300 元每台每天，按 10 台来计算，则节省的费用为 300 元/每台每天×10 台×60 天 = 180000 元 = 18 万元。

4）清理费用。留于地下室基础上的后浇带，至少要历经 6 周以上。在这样长的时间里，后浇带将不可避免地落进各种垃圾杂物，钢筋也会出现锈蚀。在后浇带填充混凝土之前，需将两侧混凝土凿毛、清理、处理锈蚀钢筋。根据后浇带长度，按照每米 200 元的费用计算，本工程所需清理费为（1950×200）元 = 390000 元 = 39 万元。

5）模板租赁费用。常规后浇带施工遇到梁、板要断开，需在后浇带回填后且混凝土强度达到 100% 时再撤出支撑模板，因此造成的模板租赁费用大大增长，而采用无缝施工可以实现连续施工，支撑模板可以早日拆除，因此可以节约大量的租赁费用，以碗扣式脚手架计算，至少可以延长 30d 拆模，此部分的费用粗略计算约为 3 万元。

6）管理费用。采用无缝施工最少节约 30d 的工期，保证下步施工尽早进行，按照项目部每天 10000 元的日常管理费用，这部分节约的资金为（30 × 10000）元 = 300000 元 = 30 万元。

经综合比较可发现，采用超长无缝施工可以节省的费用为

$$[(280 + 31.2 + 18 + 39 + 30 + 3) - 240]万元 = 161.2万元$$

由此可见采用超长无缝施工技术可以带来明显的经济效益。

附录 J　混凝土拌合物自密实性能试验方法

J.1　坍落扩展度和扩展时间试验方法

1）本方法用于测试自密实混凝土拌合物的填充性。

2）自密实混凝土的坍扩度（坍落扩展度）和扩展时间试验应采用下列仪器设备：

① 混凝土坍落度筒应符合现行行业标准《混凝土坍落度仪》（JG/T 248—2009）的规定。

② 底板应为硬质不吸水的光滑正方形平板，边长应为 1000mm，最大挠度不得超过 3mm，并应在平板表面标出坍落度筒的中心位置和直径分别为 200mm、300mm、500mm、600mm、700mm、800mm 及 900mm 的同心圆，如图 J-1 所示。

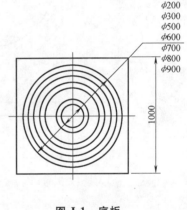

图 J-1　底板

3）混凝土拌合物的填充性能试验应按下列步骤进行：

① 应先润湿底板和坍落度筒，坍落度筒内壁和底板上应无明水；底板应放置在坚实的水平面上，并把筒放在底板中心，然后用脚踩住两边的脚踏板，坍落度筒在装料时应保持在固定的位置。

② 应在混凝土拌合物不产生离析的状态下，利用盛料容器一次性使混凝土拌合物均匀填满坍落度筒，且不得捣实或振动。

③ 应采用刮刀刮除坍落度筒顶部及周边混凝土余料，使混凝土与坍落度筒的上缘齐平后，随即将坍落度筒沿铅直方向匀速地向上快速提起 300mm 左右的高度，提起时间宜控制在 2s 内。待混凝土停止流动后，应测量展开圆形的最大直径，以及与最大直径呈垂直方向的直径。自开始入料至填充结束应在 1.5min 内完成，坍落度筒提起至测量拌合物扩展直径结束应控制在 40s 内完成。

④ 测定扩展度达 500mm 的时间（T_{500}）时，应自坍落度筒提起离开地面时开始，至扩展开的混凝土外缘初触平板上所绘直径 500mm 的圆周为止，应采用秒表测定时间，精确至 0.1s。

4）混凝土的扩展度应为混凝土拌合物坍落扩展终止后扩展面相互垂直的两个直径的平均值，测量精确应至 1mm，结果修约至 5mm。

5）应观察最终坍落后的混凝土状况，当粗骨料在中央堆积或最终扩展后的混凝土边缘有水泥浆析出时，可判定混凝土拌合物抗离析性不合格，应予记录。

J.2　J 环扩展度试验方法

1）本方法适用于测试自密实混凝土拌合物的间隙通过性。

2）自密实混凝土 J 环扩展度试验应采用下列仪器设备：

① J 环，应采用钢或不锈钢，圆环中心直径和厚度应分别为 300mm、25mm，并用螺母和垫圈将 16 根 ϕ16mm × 100mm 圆钢锁在圆环上，圆钢中心间距应为 58.9mm，如图 J-2 所示。

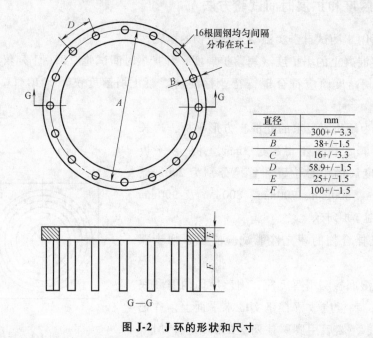

直径	mm
A	300+/-3.3
B	38+/-1.5
C	16+/-3.3
D	58.9+/-1.5
E	25+/-1.5
F	100+/-1.5

图 J-2　J 环的形状和尺寸

② 混凝土坍落度筒，应符合现行行业标准《混凝土坍落度仪》（JG/T 248—2009）的规定。

③ 底板应采用硬质不吸水的光滑正方形平板，边长应为 1000mm，最大挠度不得超过 3mm。

3）自密实混凝土拌合物的间隙通过性试验应按下列步骤进行：

① 应先润湿底板、J 环和坍落度筒，坍落度筒内壁和底板上应无明水。底板应放置在坚实的水平面上，J 环应放在底板中心。

② 应将坍落度筒倒置在底板中心，并应与 J 环同心，然后将混凝土一次性填充至满。

③ 应采用刮刀刮除坍落度筒顶部及周边混凝土余料，随即将坍落度筒沿垂直方向连续地向上提起 300mm，提起时间宜为 2s。待混凝土停止流动后，测量展开扩展面的最大直径以及与最大直径呈垂直方向的直径。自开始入料至提起坍落度筒应在 1.5min 内完成。

④ J 环扩展度应为混凝土拌合物坍落扩展终止后扩展面相互垂直的两个直径的平均值，测量应精确至 1mm，结果修约至 5mm。

⑤ 自密实混凝土间隙通过性性能指标（PA）结果应为测得混凝土坍落扩展度与 J 环扩展度的差值。

⑥ 应目视检查 J 环圆钢附近是否有骨料堵塞，当粗骨料在 J 环圆钢附近出现堵塞时，可判定混凝土拌合物间隙通过性不合格，应予记录。

J.3　离析率筛析试验方法

1）本方法适用于测试自密实混凝土拌合物的抗离析性。

2）自密实混凝土离析率筛析试验应采用下列仪器设备和工具：

① 天平。应选用称量 10kg、感量 5g 的电子天平。

② 试验筛。应选用公称直径为 5mm 的方孔筛，且应符合现行国家标准《金属穿孔板试验筛》（GB/T 6003.2—2012）的规定。

③ 盛料器。应采用钢或不锈钢，内径为 208mm，上节高度为 60mm，下节带底净高为 234mm，在上、下层连接处需加宽 3～5mm，并设有橡胶垫圈，如图 J-3 所示。

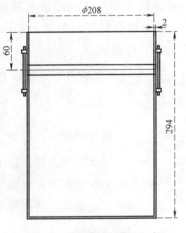

图 J-3　盛料器形状和尺寸

3）自密实混凝土拌合物的抗离析性筛析试验应按下列步骤进行：

① 应先取（10±0.5）L 混凝土置于盛料器中，放置在水平位置上，静置（15±0.5）min。

② 将方孔筛固定在托盘上，然后将盛料器上节混凝土移出，倒入方孔筛；用天平称量其 m_0，精确到 1g。

③ 倒入方孔筛，静置（120±5）s 后，先把筛及筛上的混凝土移走，用天平称量筛孔流到托盘上的浆体质量 m_1，精确到 1g。

4）混凝土拌合物离析率（SR）应按下式计算

$$SR = \frac{m_1}{m_0} \times 100\%$$

式中　SR——混凝土拌合物离析率（%），精确到 0.1%；

m_1——通过标准筛的砂浆质量（g）；

m_0——倒入标准筛混凝土的质量（g）。

J.4　粗骨料振动离析率跳桌试验方法

1）本方法适用于测试自密实混凝土拌合物的抗离析性能。

2）粗骨料振动离析率跳桌试验应采用下列仪器设备和工具：

① 检测筒应采用硬质、光滑、平整的金属板制成，检测筒内径应为 115mm，外径应为 135mm，分三节，每节高度均应为 100mm，并应用活动扣件固定，如图 J-4 所示。

② 跳桌振幅应为（25±2）mm。

③ 应选用称量 10kg、感量 5g 的电子天平。

④ 应选用公称直径为 5mm 的方孔筛，其性能指标应符合现行国家标准《金属穿孔板试验筛》（GB/T 6003.2—2012）的规定。

3）自密实混凝土拌合物的抗离析性跳桌试验应按下列步骤进行：

① 应将自密实混凝土拌合物用料斗装入稳定性检测筒内，平至料斗口，垂直移走料斗，静置 1min，用抹刀将多余的拌合物除去并抹平，且不得压抹。

② 应将检测筒放置在跳桌上，每移转动一次摇柄，使跳桌跳动 25 次。

③ 应分节拆除检测筒，并将每节筒内拌合物装入孔径为 5mm 的圆孔筛子中，用清水冲洗拌合物，筛除浆体和细骨料，将剩余的粗骨料用海绵拭干表面的水分，用天平称其质量，精确到 1g，分别得到上、中、下三段拌合物中粗骨料的湿重 m_1、m_2 和 m_3。

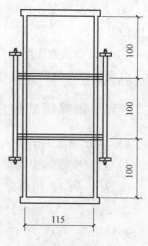

图 J-4　检测筒尺寸

4）粗骨料振动离析率应按下式计算

$$f_m = \frac{m_3 - m_1}{\overline{m}} \times 100\%$$

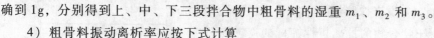

式中　f_m——粗骨料振动离析率（%），精确到 0.1%；

　　　$\overline{m}$——三段混凝土拌合物中湿骨料质量的平均值（g）；

　　　m_1——上段混凝土拌合物中湿骨料的质量（g）；

　　　m_3——下段混凝土拌合物中湿骨料的质量（g）。

附录 K　试验室常用标准、规范（现行）

序号	标准名称	标准代号
01	通用硅酸盐水泥	GB 175—2007
02	中热硅酸盐、低热硅酸盐、低热矿渣硅酸盐水泥	GB 200—2003
03	抗硫酸盐硅酸盐水泥	GB 748—2005
04	水泥取样方法	GB/T 12573—2008
05	水泥标准稠度用水量、凝结时间、安定性检验方法	GB/T 1346—2011
06	水泥细度检验方法筛析法	GB/T 1345—2005
07	水泥胶砂强度检验方法（ISO）	GB/T 17671—1999
08	水泥胶砂流动度测定方法	GB/T 2419—2005
09	水泥强度快速检验方法	JC/T 738—2004
10	混凝土外加剂定义、分类、命名与术语	GB/T 8075—2005
11	混凝土外加剂应用技术规范	GB 50119—2013
12	混凝土外加剂	GB 8076—2008

（续）

序号	标 准 名 称	标准代号
13	混凝土外加剂匀质性试验方法	GB/T 8077—2012
14	混凝土防冻剂	JC 475—2004
15	混凝土膨胀剂	GB 23439—2009
16	建设用砂	GB/T 14684—2011
17	建筑用卵石、碎石	GB/T 14685—2011
18	普通混凝土用砂、石质量及检验方法标准	JGJ 52—2006
19	用于水泥和混凝土中的粉煤灰	GB/T 1596—2005
20	高强高性能混凝土用矿物外加剂	GB/T 18736—2002
21	用于水泥中的粒化高炉矿渣	GB/T 203—2008
22	混凝土用水标准	JGJ 63—2006
23	普通混凝土配合比设计规程	JGJ 55—2011
24	预拌混凝土	GB/T 14902—2012
25	轻骨料混凝土技术规程	JGT 51—2002
26	混凝土结构工程施工质量验收规范(2010 版)	GB 50204—2002
27	普通混凝土拌合物性能试验方法标准	GB/T 50080—2002
28	普通混凝土力学性能试验方法标准	GB/T 50081—2002
29	普通混凝土长期性能和耐久性能试验方法标准	GB/T 50082—2002
30	混凝土耐久性检验评定标准	JGJ/T 193—2009
31	混凝土质量控制标准	GB 50164—2011
32	混凝土泵送施工技术规程	JGJ/T 10—2011
33	回弹法检测混凝土抗压强度技术规程	JGJ/T 23—2011
34	建筑结构检测技术标准	GB/T 50344—2004
35	建筑工程冬期施工规程	JGJ/T 104—2011
36	自密实混凝土设计与施工指南	CCES 02—2004
37	自密实混凝土应用技术规程	JGJ/T 283—2012
38	补偿收缩混凝土应用技术规程	CECS 203—2006 JGJ/T 178—2009
39	高强混凝土结构技术规程	CECS 104—1999
40	纤维混凝土应用技术规程	JGJ/T 221—2010
41	清水混凝土应用技术规程	JGJ 169—2009
42	大体积混凝土施工规程	GB 50496—2009
43	重晶石防辐射混凝土应用技术规范	GB/T 50557—2010
44	预拌砂浆	GB/T 25181—2010
45	泡沫混凝土	GB/T 266—2011

参 考 文 献

[1] 黄士元，等. 近代混凝土技术 [M]. 西安：陕西科学技术出版社，2002.

[2] 李斯. 混凝土生产质量控制与配合比设计技术实用手册 [M]. 北京：金版电子出版社，2003.

[3] 项玉璞，曹继文. 冬期施工手册 [M]. 北京：中国建筑工业出版社，2004.

[4] 韩淑芳，王安岭. 混凝土质量控制手册 [M]. 2 版. 北京：化学工业出版社，2013.

[5] 陈向铎. 中国预拌混凝土生产企业管理实用手册 [M]. 北京：中国新闻联合出版社，2004.

[6] 冯浩，等. 混凝土外加剂工程应用手册 [M]. 北京：中国建筑工业出版社，2005.

[7] 朱效荣，等. 绿色高性能混凝土 [M]. 沈阳：辽宁大学出版社，2005.

[8] 唐明，等. 现代混凝土外加剂及掺合料 [M]. 沈阳：东北大学出版社，1999.

[9] 项翥行. 混凝土冬季施工工艺学 [M]. 北京：中国建筑工业出版社，1993.

[10] 陈建奎. 混凝土外加剂的原理与应用 [M]. 北京：中国计划出版社，1997.

[11] 王树农，等. 泰宸湖畔佳园工程大体积混凝土基础施工的温度控制 [J]. 混凝土，2004（5）：
      51-55.

[12] 严波. 大体积混凝土配合比设计与综合温差控制技术 [J]. 混凝土，2004（5）：65-68.

[13] 李劲松. 焦炭塔框架基础承台大体积混凝土结构裂纹控制 [J]. 混凝土，2004（5）：61-64.

[14] 钱晓倩，等. 减水剂对混凝土早期收缩的影响 [J]. 混凝土，2004（5）：17-20.

[15] 雷道斌. 外加剂在商品混凝土中存在的问题及解决方法、混凝土外加剂及其应用技术 [M]. 北京：
      机械工业出版社，2004.

[16] 孙振平，等. 中国土木工程学会混凝土外加剂专业委员会编论文集 [C]. 北京：机械工业出版
      社，2004.

[17] 赵宵龙，等. 中国土木工程学会混凝土外加剂专业委员会编论文集 [C]. 北京：机械工业出版
      社，2004.

[18] 张德琛. 中国土木工程学会混凝土外加剂专业委员会编论文集 [C]. 北京：机械工业出版
      社，2004.

[19] 张玉海. 在细集料缺乏地区混凝土施工的新经验 [J]. 混凝土，2004（11）：63-66.

[20] 苏晓宁，等. 混凝土受冻机理及防冻外加剂作用研究（J）. 混凝土，2004（11）：22-24.

[21] 富文权，等. 混凝土工程裂缝的裂因-裂防（控）脉络 [J]. 混凝土，2005（5）：3-5.

[22] 邱玉琛. 混凝土结构的变形约束度及其控制 [J]. 混凝土，2005（5）：6-9.

[23] 丁凌凌，等. 大体积混凝土裂缝探讨 [J]. 混凝土，2005（5）：10-12.

[24] 周晓. 地下构筑物混凝土裂缝控制 [J]. 混凝土，2005（5）：62-65.

[25] 李霞，等. 机制砂和细砂在高性能混凝土中的应用研究 [J]. 混凝土，2004（12）：63-65.

[26] 于鸣新. 机制砂在预拌泵送混凝土中应用的初探 [J]. 混凝土，2005（7）：73-77.

[27] 龚洛书，等. 混凝土实用手册 [M]. 北京：中国建筑工业出版社，1987.

[28] 杨伯科. 混凝土实用新技术手册 [M]. 长春：吉林科学技术出版社，1998.

[29] 周虎，等. 低水泥用量自密实混凝土配合比设计试验研究 [J]. 混凝土，2005（1）：20-23.

[30] 建设部标准定额研究所. 补偿收缩混凝土应用技术导则 [M]. 北京：光明日报出版社，2006.

[31] 葛兆明. 混凝土外加剂 [M]. 北京：化学工业出版社，2005.

[32] 黄荣辉. 预拌混凝土实用技术 [M]. 北京：机械工业出版社，2008.

[33] 黄荣辉. 预拌混凝土生产施工 300 问 [M]. 北京：机械工业出版社，2009.

[34] 冯乃谦，邢锋. 混凝土与混凝土结构的耐久性 [M]. 北京：机械工业出版社，2009.